0 Einleitung	15
1 Grundlagen	18
2 Regelstrecken	106
3 Konventionelle Regeleinrichtungen	199
4 Regelkreise mit konventionellen Regeleinrichtungen	233
5 Abtastregelung	331
6 Modellgestützte gehobene Regelung	387
7 Fuzzy-Technik und neuronale Netze	429
8 Technische Realisierungen	487
9 Anhang	582
10 Literatur- und Normenverzeichnis	602
11 Sachwortverzeichnis	625
12 Über die Autoren	636

Aufbau des Buchs: Kapitel und Themen

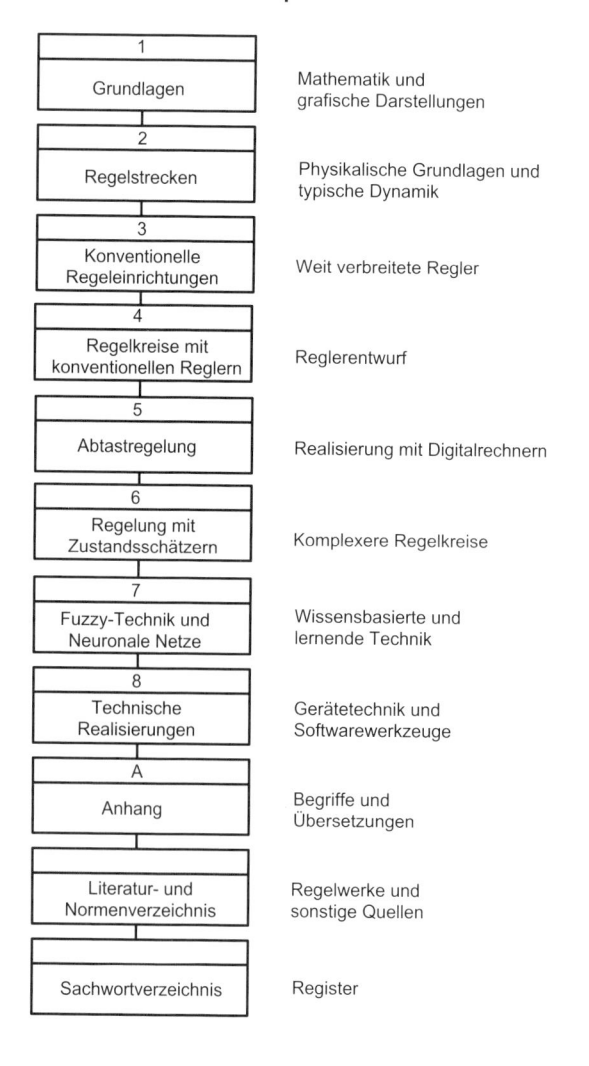

1 Grundlagen — Mathematik und grafische Darstellungen

2 Regelstrecken — Physikalische Grundlagen und typische Dynamik

3 Konventionelle Regeleinrichtungen — Weit verbreitete Regler

4 Regelkreise mit konventionellen Reglern — Reglerentwurf

5 Abtastregelung — Realisierung mit Digitalrechnern

6 Regelung mit Zustandsschätzern — Komplexere Regelkreise

7 Fuzzy-Technik und Neuronale Netze — Wissensbasierte und lernende Technik

8 Technische Realisierungen — Gerätetechnik und Softwarewerkzeuge

A Anhang — Begriffe und Übersetzungen

Literatur- und Normenverzeichnis — Regelwerke und sonstige Quellen

Sachwortverzeichnis — Register

N. Große / W. Schorn
Taschenbuch der praktischen Regelungstechnik

Bleiben Sie einfach auf dem Laufenden:
www.hanser.de/newsletter
Sofort anmelden und Monat für Monat
die neuesten Infos und Updates erhalten.

Herausgeber

Prof. Dr.-Ing. Norbert Große, Fachhochschule Köln
Wolfgang Schorn, Kaarst

Autoren

Prof. Dr.-Ing. Rainer Bartz Fachhochschule Köln	Kapitel 7
Prof. Dr.-Ing. Norbert Becker Fachhochschule Bonn-Rhein-Sieg	Kapitel 1, 4, 5, 6, 8
Prof. Dr.-Ing. Norbert Große Fachhochschule Köln	Kapitel 1, 2, 3, 4, 5, 6, 8
Prof. Dr. -Ing. Martin Kluge Fachhochschule Gelsenkirchen	Kapitel 1, 4
Wolfgang Schorn Kaarst	Kapitel 1, 2, 3, 4, 5, 6, 8

Taschenbuch der praktischen Regelungstechnik

herausgegeben von
Norbert Große, Wolfgang Schorn

Mit 262 Bildern und 44 Tabellen

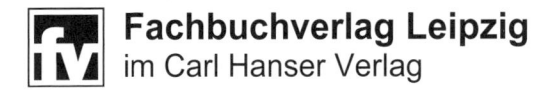

Fachbuchverlag Leipzig
im Carl Hanser Verlag

Alle in diesem Buch enthaltenen Programme, Verfahren und elektronischen Schaltungen wurden nach bestem Wissen erstellt und mit Sorgfalt getestet. Dennoch sind Fehler nicht ganz auszuschließen. Aus diesem Grund ist das im vorliegenden Buch enthaltene Programm-Material mit keiner Verpflichtung oder Garantie irgendeiner Art verbunden. Autor und Verlag übernehmen infolgedessen keine Verantwortung und werden keine daraus folgende oder sonstige Haftung übernehmen, die auf irgendeine Art aus der Benutzung dieses Programm-Materials oder Teilen davon entsteht.

Die Wiedergabe von Gebrauchsnamen, Handelsnamen, Warenbezeichnungen usw. in diesem Werk berechtigt auch ohne besondere Kennzeichnung nicht zu der Annahme, dass solche Namen im Sinne der Warenzeichen- und Markenschutz-Gesetzgebung als frei zu betrachten wären und daher von jedermann benutzt werden dürften.

Bibliografische Information Der Deutschen Bibliothek

Die Deutsche Bibliothek verzeichnet diese Publikation in der Deutschen Nationalbibliografie; detaillierte bibliografische Daten sind im Internet über <http://dnb.ddb.de> abrufbar.

ISBN-10: 3-446-40302-7
ISBN-13: 978-3-446-40302-4

Dieses Werk ist urheberrechtlich geschützt.
Alle Rechte, auch die der Übersetzung, des Nachdruckes und der Vervielfältigung des Buches, oder Teilen daraus, vorbehalten. Kein Teil des Werkes darf ohne schriftliche Genehmigung des Verlages in irgendeiner Form (Fotokopie, Mikrofilm oder ein anderes Verfahren), auch nicht für Zwecke der Unterrichtsgestaltung – mit Ausnahme der in den §§ 53, 54 URG genannten Sonderfälle –, reproduziert oder unter Verwendung elektronischer Systeme verarbeitet, vervielfältigt oder verbreitet werden.

Fachbuchverlag Leipzig
im Carl Hanser Verlag

© 2006 Carl Hanser Verlag München Wien
http://www.hanser.de/taschenbuecher

Lektorat: Dipl.-Ing. Erika Hotho
Herstellung: Dipl.-Ing. Franziska Kaufmann
Druck und Binden: Kösel, Krugzell
Printed in Germany

Vorwort

Einem Ingenieur am Anfang des 21. Jahrhunderts kann es durchaus geschehen, dass er auf seinem Mobiltelefon die E-Mail eines Reglers vorfindet, in welcher er über einen unzulässigen Temperaturtrend unterrichtet wird. Dabei ist er sich wohl kaum der Tatsache bewusst, dass regelungstechnische Anwendungen zwar schon im antiken Griechenland und Ägypten zu finden sind, die systematische und theoretisch fundierte Entwicklung aber erst gegen Ende des 19. Jahrhunderts mit den Arbeiten von ROUTH, LJAPUNOV, HURWITZ et al. einsetzte. Regelwerke, welche u. a. die weitere Verbreitung der Regelungstechnik in industriellen Anwendungen erleichterten, entstanden etwa in der Mitte des 20. Jahrhunderts. Der heutige Stand der Technik mit allgemein hohem Automatisierungsgrad speziell im Bereich der Produktion ist ohne den gezielten Einsatz der Regelungstechnik undenkbar. Damit sind sehr schnelle und dabei hochgenaue Vorgänge möglich, eine Voraussetzung für die Produktivität der Wirtschaft.

Das vorliegende Buch befasst sich vorwiegend mit der praktischen Anwendung regelungstechnischer Methoden. Hierbei wird die Regelungstechnik schwerpunktmäßig als Disziplin der Ingenieurwissenschaften betrachtet. Die Grundlagen dieser Veröffentlichung bilden im Wesentlichen ingenieurwissenschaftliche Vorlesungen an den Fachhochschulen Köln, Bonn-Rhein-Sieg und Gelsenkirchen sowie die industriellen Erfahrungen der Autoren, wobei die Anforderungen der Produktionstechnik besondere Berücksichtigung finden. Demzufolge werden nicht nur mathematische Verfahren behandelt, die Anwendung steht im Vordergrund; auch Aspekten der Gerätetechnik und der Realisierung regelungstechnischer Projekte wird Rechnung getragen. Somit eignet sich das Buch sowohl als begleitende Lektüre während des Studiums als auch als Nachschlagewerk in der industriellen Praxis.

Einige Beispiele und Aktualisierungen sind im Internet unter **www.automatisierungstechnik-koeln.de/plt/tb-prt** herunterladbar.

Die Herausgeber bedanken sich für die engagierte Mitarbeit und die kompetenten Beiträge der Koautoren. Besonders herzlicher Dank sei dem Fachbuchverlag Leipzig, insbesondere Frau E. Hotho und Frau F. Kaufmann, für die exzellente Kooperation ausgesprochen.

Norbert Große	Wolfgang Schorn
Köln, September 2006	Kaarst, September 2006

Inhaltsverzeichnis

Einleitung 15
1 Grundlagen 18
1.1 *Einführung* 18
    1.1.1 Merkmale der Regelungstechnik 18
    1.1.2 Regelungstechnik als Teilgebiet der Kybernetik 20
        1.1.2.1 Kybernetik und System 20
        1.1.2.2 Bereiche der Kybernetik 21
1.2 *Begriffe der Prozesstechnik* 22
    1.2.1 Prozess und Information 22
        1.2.1.1 Prozessklassen 22
        1.2.1.2 Begriffe der Informationstheorie 24
    1.2.2 Wirkungspläne 26
        1.2.2.1 Elemente von Wirkungsplänen 26
        1.2.2.2 Strukturen 27
    1.2.3 Steuerung und Regelung 29
        1.2.3.1 Begriffe der Leittechnik 29
        1.2.3.2 Elemente einschleifiger Regelkreise 30
        1.2.3.3 Darstellung von Regelungsaufgaben in Fließbildern 34
1.3 *Mathematische Grundlagen linearer Systeme* 36
    1.3.1 Grundzüge der linearen Algebra 36
        1.3.1.1 Allgemeine Definition linearer Übertragungsglieder 36
        1.3.1.2 Vektoren und Matrizen 37
        1.3.1.3 Das GAUßsche Eliminationsverfahren 42
        1.3.1.4 Determinanten 45
        1.3.1.5 Eigenwerte und Eigenvektoren 48
    1.3.2 Systemanalyse im Zeitbereich 51
        1.3.2.1 Lineare Differenzialgleichungen 51
        1.3.2.2 FOURIER-Reihen 57
        1.3.2.3 Testsignale zur Systemidentifikation 61
        1.3.2.4 Differenzialgleichungssysteme und Zustandsraum 65
    1.3.3 Systemanalyse im Frequenzbereich 70
        1.3.3.1 LAPLACE-Transformation 70
        1.3.3.2 Lösen von Differenzialgleichungen 75
        1.3.3.3 Übertragungsfunktionen 77
        1.3.3.4 Partialbruchzerlegung 77
        1.3.3.5 Frequenzgangrechnung 80
        1.3.3.6 Darstellen und Verknüpfen linearer Übertragungsglieder ... 84
1.4 *Mathematische Grundlagen nichtlinearer Systeme* 93
    1.4.1 Einführung 93
        1.4.1.1 Kriterien nichtlinearer Systeme 93
        1.4.1.2 Ausgewählte Übertragungsglieder 94
    1.4.2 Rückgewinnen von Eingangssignalen 96
        1.4.2.1 Kennlinieninvertierung 96

8 Inhaltsverzeichnis

        1.4.2.2 Gegenkopplung 97
    1.4.3 Linearisierungsverfahren 98
        1.4.3.1 Tangenten- und Sekantenlinearisierung 98
        1.4.3.2 Harmonische Linearisierung 101

2 Regelstrecken 106
2.1 *Allgemeine Merkmale* 106
    2.1.1 Komponenten von Regelstrecken 106
    2.1.2 Streckenverhalten 106
        2.1.2.1 Streckenarten 106
        2.1.2.2 Kenngrößen von Regelstrecken 107
2.2 *Stellgeräte* 108
    2.2.1 Allgemeiner Aufbau 108
    2.2.2 Zeitverhalten 110
2.3 *Messeinrichtungen* 110
    2.3.1 Allgemeiner Aufbau 110
    2.3.2 Zeitverhalten 111
        2.3.2.1 Einstellzeit 111
        2.3.2.2 Kompensieren der Einstellzeit 113
2.4 *Stoff- und Energiebeeinflussung* 115
    2.4.1 Strecken mit Ausgleich 115
        2.4.1.1 Allgemeine Darstellung 115
        2.4.1.2 Strecken ohne Totzeit 118
        2.4.1.3 Strecken mit Totzeit 127
    2.4.2 Strecken ohne Ausgleich 129
        2.4.2.1 Strecken mit integrierendem Verhalten 129
        2.4.2.2 Weitere Strecken ohne Ausgleich 136
2.5 *Prozessmodelle* 140
    2.5.1 Grundlagen 140
        2.5.1.1 Technische Motivation 140
        2.5.1.2 Begriffe und Taxonomien 140
        2.5.1.3 Modellierungsvorgang 145
    2.5.2 Grafische Methoden der Parameterschätzung 147
        2.5.2.1 Einführung 147
        2.5.2.2 Wendetangentenverfahren 149
        2.5.2.3 Zeitprozentverfahren 154
        2.5.2.4 T-Summen-Konstruktion für Strecken mit Ausgleich 157
        2.5.2.5 Analyse von Schwingungen bei PT_2-Strecken 159
        2.5.2.6 Verfahren für Strecken ohne Ausgleich 160
        2.5.2.7 Streckenmodelle für das Beharrungsverhalten 163
    2.5.3 Numerische Methoden der Parameterschätzung 165
        2.5.3.1 Technische Voraussetzungen 165
        2.5.3.2 Schätzen von Totzeiten 166
        2.5.3.3 Parameterschätzung für stationäre Prozessmodelle 170
        2.5.3.4 Parameterschätzung für dynamische Prozessmodelle 180
    2.5.4 Zustandsschätzung 182
        2.5.4.1 Grundlagen 182

Inhaltsverzeichnis

- 2.5.4.2 Zustandsschätzung mit Parallelmodellen 184
- 2.5.4.3 Zustandsschätzung mit Beobachterverfahren 187
- 2.5.4.4 Zustandsprognosen... 196

3 Konventionelle Regeleinrichtungen.. 199
3.1 *Allgemeine Merkmale* 199
- 3.1.1 Komponenten von Regeleinrichtungen.. 199
- 3.1.2 Klassifizierung von Reglern 200
  - 3.1.2.1 Merkmalsklassen.. 200
  - 3.1.2.2 PID- und Mehrpunktregler... 200
  - 3.1.2.3 Anwendungsspezifische Regler und Universalregler 201
  - 3.1.2.4 Regler ohne und mit Hilfsenergie...................................... 201
  - 3.1.2.5 Baustein- und Kompaktregler.. 202
  - 3.1.2.6 Feldregler und Wartenregler.. 202
  - 3.1.2.7 Stetige und unstetige Regler.. 203
  - 3.1.2.8 Digital- und Analogregler.. 204
  - 3.1.2.9 DDC und SPC.. 204
  - 3.1.2.10 Festwert- und Folgeregler.. 205

3.2 *Regler* 206
- 3.2.1 Vergleichsglied.. 206
- 3.2.2 Elementare PID-Regler 207
  - 3.2.2.1 Bausteine elementarer Regler.. 207
  - 3.2.2.2 Grundformen des PID-Reglers.. 208
- 3.2.3 Varianten des PID-Reglers 217
  - 3.2.3.1 Quadratische P-Regelung.. 217
  - 3.2.3.2 Begrenzen des I-Anteils... 218
  - 3.2.3.3 Modifikation des D-Anteils... 219
  - 3.2.3.4 Lead-Lag-Regler.. 220
  - 3.2.3.5 Floating-Gap-Regelung... 221
- 3.2.4 Schaltende Regler 223
  - 3.2.4.1 Einfache Zweipunktregler.. 223
  - 3.2.4.2 Zweipunktregler mit Rückführung.................................... 225
  - 3.2.4.3 Dreipunktregler.. 227

3.3 *Ausgabeglied* 228
- 3.3.1 Funktionsspektrum 228
- 3.3.2 Bilden und Ausgeben der Stellgröße.. 229
  - 3.3.2.1 Einstellen des Arbeitspunktes 229
  - 3.3.2.2 Auswahl Automatik-/Handstellwert.................................. 230
  - 3.3.2.3 Begrenzungen 230
  - 3.3.2.4 Ausgeben von Stellwerten... 230

3.4 *Ermitteln des Reglerverhaltens* 231
- 3.4.1 Technische Motivation 231
- 3.4.2 Aufnehmen von Antwortfunktionen 231

4 Regelkreise mit konventionellen Reglern... 233
4.1 *Einführende Betrachtungen* 233
- 4.1.1 Beharrungszustände einschleifiger Regelkreise 233

10 Inhaltsverzeichnis

        4.1.1.1 Modellregelkreis 233
        4.1.1.2 Stationärzustände 234
    4.1.2 Typische Regler-Strecken-Kombinationen 238
        4.1.2.1 Zusammenfassung 238
        4.1.2.2 Allgemeine Hinweise 239
4.2 *Zeitverhalten einschleifiger Regelkreise* 240
    4.2.1 Stabilitätsbetrachtungen 240
        4.2.1.1 Begriffsklärungen 240
        4.2.1.2 ROUTH- und HURWITZ-Kriterium 242
        4.2.1.3 Das Wurzelortskurvenverfahren 243
        4.2.1.4 Das NYQUIST-Kriterium 247
        4.2.1.5 Stabilitätskriterien für die Praxis im Vergleich 254
    4.2.2 Regelung von Strecken mit Ausgleich 255
        4.2.2.1 Überblick 255
        4.2.2.2 (P)I-Regler und P-Strecke 256
        4.2.2.3 PI-Regler und PT_1-Strecke 256
        4.2.2.4 PI-Regler und PT_2-Strecke 257
        4.2.2.5 PI(D)-Regler und PT_n-Strecke 261
        4.2.2.6 P(I)-Regler und Totzeit-Strecke 262
        4.2.2.7 PI(D)-Regler und PT_1T_t-Strecke 263
    4.2.3 Regelung von Strecken ohne Ausgleich 264
        4.2.3.1 P(I)-Regler und I-Strecke 264
        4.2.3.2 PI(D)-Regler und IT_n-Strecke 265
        4.2.3.3 (P)I-Regler und progressive Strecke 268
4.3 *Regelungsstrukturen* 268
    4.3.1 Folgeregelung 268
        4.3.1.1 Zeitplanregelung 268
        4.3.1.2 Verhältnisregelung 270
        4.3.1.3 Kaskadenregelung 273
    4.3.2 Hilfsgrößenaufschaltungen 278
        4.3.2.1 Störgrößenaufschaltung 278
        4.3.2.2 Arbeitspunkteinstellung 280
    4.3.3 Regelungen mit mehreren Prozessgrößen 282
        4.3.3.1 Einflussgrößenaufschaltung 282
        4.3.3.2 Ablöseregelung 284
        4.3.3.3 Regelung mit Bereichsaufspaltung 285
4.4 *Reglerparametrierung* 287
    4.4.1 Einführung 287
        4.4.1.1 Grundsätzliche Vorgehensweise 287
        4.4.1.2 Anforderungen an Regelungen 289
    4.4.2 Optimierungskriterien 290
        4.4.2.1 Überblick 290
        4.4.2.2 Betragsoptimum und symmetrisches Optimum 291
    4.4.3 Einstellverfahren 292
        4.4.3.1 Grundsätzliche Vorgehensweise 292
        4.4.3.2 Parameterwahl für Strecken mit Ausgleich 292
        4.4.3.3 Parameterwahl für Strecken ohne Ausgleich 301

Inhaltsverzeichnis 11

    4.4.3.4 Parametrierung von Reglerkaskaden 305
  4.4.4 Parametrierung von Zweipunktreglern.. 305
4.5 *Adaptive Regelung* 306
  4.5.1 Einführung 306
  4.5.2 Grundlagen 306
    4.5.2.1 Begriffe nach Regelwerken 306
    4.5.2.2 Adaptionsprinzipien 307
  4.5.3 Parameteradaption 308
    4.5.3.1 Identifikationsverfahren 308
    4.5.3.2 Sprungantwortmethode 309
    4.5.3.3 Impulsantwortmethode 314
    4.5.3.4 Relay-Feedback-Methode 318
4.6 *Anfahren von Regelkreisen* 324
  4.6.1 Technischer Hintergrund 324
    4.6.1.1 Ablauf von Anfahrvorgängen 324
    4.6.1.2 Ausführungszustände und Betriebsarten 325
  4.6.2 Arbeitspunkteinstellung 326
    4.6.2.1 Einstellung im Handbetrieb 326
    4.6.2.2 Einstellung im Automatikbetrieb 328

5 Abtastregelung 331
5.1 *Mathematische Grundlagen diskreter Systeme* 331
  5.1.1 Abtastvorgang 331
    5.1.1.1 Technische Motivation 331
    5.1.1.2 Abtasthalteglied 332
    5.1.1.3 Wahl der Abtastperiode 335
  5.1.2 Numerische Behandlung diskreter Werte 341
    5.1.2.1 Differenzengleichungen 341
    5.1.2.2 Abtastverzögerungen 346
    5.1.2.3 Programmieren von Differenzengleichungen 348
  5.1.3 *z*-Transformation 353
    5.1.3.1 Transformation in den Bildbereich 353
    5.1.3.2 Operationen der *z*-Transformation 355
    5.1.3.3 Rücktransformation 356
    5.1.3.4 *z*-Übertragungsfunktion 358
    5.1.3.5 Grenzwertsätze 359
    5.1.3.6 Stabilität zeitdiskreter Systeme 360
  5.1.4 Korrespondenz von LAPLACE- und *z*-Transformation 363
  5.1.5 Einfluss der Lage der Pole in der z-Ebene 364
5.2 *Digitale Regelalgorithmen* 369
  5.2.1 Zeitdiskrete PID-Regelung 369
    5.2.1.1 Einführung 369
    5.2.1.2 Vergleichsglied und Regelglied 369
    5.2.1.3 Ausgabeglied 371
    5.2.1.4 Parameterwahl für digitale PID-Regler 375
  5.2.2 Deadbeat-Regelung 379
    5.2.2.1 Einführung 379

5.2.2.2 Deadbeat-Regler ohne Betrachtung von Störungen.......... 380
5.2.2.3 Deadbeat-Regler mit Betrachtung von Störungen............ 383

6 Modellgestützte gehobene Regelung.. 387
6.1 *Zustandsregelung* 387
6.1.1 Allgemeine Eigenschaften 387
6.1.1.1 Zustandsraum.. 387
6.1.1.2 Transformation auf Normalformen 389
6.1.1.3 Steuerbarkeit und Beobachtbarkeit 394
6.1.1.4 Übertragungsfunktion 395
6.1.1.5 Stabilität... 396
6.1.2 Zustandsregelung 396
6.1.2.1 Regelungsstruktur.. 396
6.1.2.2 Reglerentwurf nach Polvorgabe 397
6.1.2.3 Optimale Zustandsregelung 399
6.1.2.4 Vorfilter 401
6.1.2.5 Störgrößenkompensation 402
6.1.3 Beobachtung von Zustandsgrößen 405
6.1.3.1 Überblick 405
6.1.3.2 LUENBERGER-Beobachter 406
6.1.3.3 KALMAN-Filter 407
6.1.4 Ausgangsrückführung.. 408
6.1.5 Zeitdiskreter Zustandsregelkreis 411
6.1.5.1 Diskretisierung der Zustandsraumdarstellung 411
6.1.5.2 Zustandsreglerentwurf nach Polvorgabe 413
6.1.5.3 Optimaler Zustandsreglerentwurf.................................... 413
6.1.5.4 Zeitdiskrete Zustandsbeobachter..................................... 414
6.1.5.5 Zeitdiskrete Ausgangsrückführungen 415
6.2 *Prädiktive Regler*.. 416
6.2.1 Modellbasierte prädiktive Regelung 416
6.2.2 Regelung mit SMITH-Prädiktor 425

7 Fuzzy-Technik und neuronale Netze... 429
7.1 *Fuzzy-Technik in der Regelungstechnik* 429
7.1.1 Einführende Betrachtungen 429
7.1.1.1 Fuzzy-Set-Theorie 429
7.1.1.2 Technische Motivation.. 429
7.1.1.3 Grundlagen und Begriffe 430
7.1.2 Fuzzy-Logic-Systeme 432
7.1.2.1 Strukturen 432
7.1.2.2 Fuzzifizierung 433
7.1.2.3 Inferenz.. 437
7.1.2.4 Defuzzifizierung 445
7.1.3 Anmerkungen zu Fuzzy-Systemen 448
7.1.3.1 Allgemeines... 448
7.1.3.2 Benennung der linguistischen Terme 449
7.1.3.3 Unterschiedlich vertrauenswürdige Regeln..................... 450

            7.1.3.4 Scharfe Konklusionen 450
      7.1.4 Regelungstechnische Anwendungen... 451
            7.1.4.1 Ersetzen von Regelalgorithmen.. 451
            7.1.4.2 Parameteradaption... 452
            7.1.4.3 Strukturumschaltungen 453
            7.1.4.4 Stabilität eines Regelkreises mit Fuzzy-Regler 453
            7.1.4.5 Produktbeispiele und Einsatzgebiete 454
7.2 *Neuronale Netze in der Regelungstechnik* 455
      7.2.1 Einführung in neuronale Netze 455
            7.2.1.1 Technische Motivation... 455
            7.2.1.2 Grundlagen und Begriffe... 456
      7.2.2 Aufbau eines neuronalen Netzes 459
            7.2.2.1 Vernetzung von Neuronen 459
            7.2.2.2 Neuronen.. 459
            7.2.2.3 Die Struktur eines neuronalen Netzes 463
      7.2.3 Lernmethoden für neuronale Netze 467
            7.2.3.1 Klassifizierung... 467
            7.2.3.2 Backpropagation-Algorithmus 468
      7.2.4 Anmerkungen zu neuronalen Netzen 479
            7.2.4.1 Allgemeines 479
            7.2.4.2 Berücksichtigung der Signaldynamik............................. 480
            7.2.4.3 Online- und Offline-Verfahren...................................... 480
            7.2.4.4 Lernmatrizen 481
      7.2.5 Einsatzgebiete in der Regelungstechnik..................................... 483
            7.2.5.1 Einsatz neuronaler Netze.. 483
            7.2.5.2 Fuzzy-Logic und neuronale Netze................................ 485

8 Technische Realisierungen.. 487
8.1 *Regelungstechnische Projekte* 487
      8.1.1 Projektieren... 487
            8.1.1.1 Begriffe.. 487
            8.1.1.2 Ablauf von PLT-Projekten 488
            8.1.1.3 Lastenheft und Pflichtenheft 491
      8.1.2 Beschreibungsmittel 492
            8.1.2.1 ER-Diagramme 492
            8.1.2.2 Phasendiagramme 496
            8.1.2.3 Anlagenbeschreibung... 498
            8.1.2.4 PLT-Stellenblätter und PLT-Stellenpläne 505
            8.1.2.5 Programmiersprachen... 507
            8.1.2.6 Zustandsgraphen 517
8.2 *Gerätetechnik* 519
      8.2.1 Anwendungsspezifische Regler 519
            8.2.1.1 Begriffe.. 519
            8.2.1.2 Regler ohne Hilfsenergie 519
            8.2.1.3 Stellungsregler 524
      8.2.2 Kompaktregler 529
            8.2.2.1 Überblick 529

               8.2.2.2 Grundsätzlicher Aufbau von Kompaktreglern 533
               8.2.2.3 Algorithmen 537
               8.2.2.4 Konfigurieren und Bedienen von Kompaktreglern 538
        8.2.3 Regelung mit Prozessleitsystemen 542
               8.2.3.1 Begriffe und Komponenten 542
               8.2.3.2 Leittechnische Hierarchien 547
               8.2.3.3 Bedienen und Beobachten 549
8.3 *Regelungstechnische Hilfswerkzeuge* 552
        8.3.1 Begriffe und Komponenten 552
               8.3.1.1 Klassen von Hilfswerkzeugen 552
               8.3.1.2 Prozesssimulation 554
        8.3.2 Simulationssprachen 556
               8.3.2.1 Allgemeine Eigenschaften 556
               8.3.2.2 ACSL 559
               8.3.2.3 MODELICA 562
               8.3.2.4 MATLAB-Scriptsprache 564
               8.3.2.5 OOCSMP 565
        8.3.3 Simulationssysteme 565
               8.3.3.1 Allgemeiner Aufbau 565
               8.3.3.2 Ausgewählte numerische Verfahren 567
               8.3.3.3 Ausgewählte Simulationssysteme 570
        8.3.4 Control Performance Monitoring (CPM) 576

A Anhang **582**
A.1 *Begriffe und Benennungen* 582
        A.1.1 Abkürzungen 582
        A.1.2 Ausgewählte deutsche und englische Begriffe 585
        A.1.3 Formelzeichen 595
A.2 *Standardisierungsinstitutionen* 599

Literatur- und Normenverzeichnis **602**
        Regelwerke 602
        Standardliteratur 604
        Kapitelbezogene Quellenangaben 607

Sachwortverzeichnis **625**

Über die Autoren **636**

Einleitung

Wolfgang Schorn, Norbert Große

Kurze etymologische und historische Betrachtung. Der Begriff *Regeln* lässt sich zurückführen auf das lateinische Verb *regere* mit der zunächst gesellschaftspolitisch bezogenen Bedeutung „lenken", „herrschen"; DROSDOWSKI et al. [E.1]. Im technisch-naturwissenschaftlichen Bereich wird das Wort gebraucht im Sinne von *regulieren*, d. h. „für den gleichmäßigen Ablauf eines Vorgangs sorgen", bzw. von *korrigieren*, also „berichtigen" oder „verbessern". Bei abstrakter, recht allgemein gehaltener Betrachtung hat eine Regelung die Aufgabe, das Einhalten von Sollvorgaben bei der Ausführung von Vorgängen zu gewährleisten. Diese Problemstellung findet man sowohl in der Produktionstechnik als auch im naturwissenschaftlichen, politischen und sozialen Umfeld.

Die Wurzeln der Regelungstechnik kann man bis in das 3. vorchristliche Jahrhundert zurückverfolgen, wobei in den Anfängen gewiss eine phänomenologische, vielleicht auch magische Betrachtungsweise zu Grunde gelegt wurde. Eines der wichtigsten Beispiele datiert auf das 1. Jahrhundert, und zwar handelt es sich hierbei um die **Füllstandsregelung** nach HERON von Alexandria. Neuerungen auf dem Gebiet der Temperaturregelung sind erst zu Beginn des 17. Jahrhunderts nach Christus zu finden; CANAVAS [E.2]. Die systematische Durchdringung von Gesetzmäßigkeiten begann allmählich in der zweiten Hälfte des 19. Jahrhunderts insbesondere mit den Stabilitätsbetrachtungen von ROUTH (1877) und HURWITZ (1899); KRIESEL et al. [E.3]. Einen bedeutenden Aufschwung in der Theorie nahm die Regelungstechnik mit den Überlegungen von WIENER zur **Kybernetik** (1948) [E.4], in der Praxis mit der industriellen Einführung der analogen **Universalregler** etwa ab 1955 und dem Einzug der **Digitalrechner** in die Prozessautomatisierung seit 1959. Weitere Impulse kamen ab Mitte der sechziger Jahre des vergangenen Jahrhunderts mit Einführung des **Beobachterkonzepts**, der **unscharfen Logik** (*Fuzzy Logic*) und der aus der Physiologie abgeleiteten **künstlichen neuronalen Netze** hinzu. Bis zur Mitte des 20. Jahrhunderts ist dazu eine eigene Terminologie entstanden, welche erstmals 1940 in einer VDI-Druckschrift zusammengestellt und 1954 in der Erstausgabe von DIN 19226 [E.5] für den deutschen

Sprachraum festgeschrieben wurde. 1944 wurde der erste Lehrstuhl für die Regelungstechnik in Deutschland eingerichtet; FASOL [E.6].

Aufbau des Buchs. Die *theoretische Regelungstechnik* beschäftigt sich mit der Entwicklung interdisziplinär anwendbarer Methoden, während die *praktische Regelungstechnik* schwerpunktmäßig den Einsatz solcher Verfahren zum Ziel hat. Hierbei kommen jeweils Erkenntnisse angrenzender Wissensgebiete wie der Informatik, der Physik, der Mathematik etc. zum Tragen. Unter besonderer Berücksichtigung geltender Regelwerke behandelt das vorliegende Buch vorwiegend praktische Aspekte, wobei die Theorie als unverzichtbares Handwerkszeug in ihren Grundzügen dargestellt wird. Das Bild im inneren Buchdeckel zeigt die Abfolge der einzelnen Kapitel.

Gute Ingenieurpraxis ist es, zu Beginn eines Projekts die Aufgabenstellung zu klären. Als Voraussetzung dienen die in Kapitel 1 erläuterten elementaren Begriffe und grundlegenden mathematischen Methoden, welche in der Regelungstechnik Anwendung finden. Damit kann eine Analyse der Wirklichkeit stattfinden. Hier wird die Dynamik eines Systems herausgearbeitet; diese Methoden sind auch bei der Konstruktion von dynamischen Systemen entscheidend. Das Kapitel 2 befasst sich daher mit Objekten, deren Verhalten zu regeln ist (Regelstrecken), und analysiert diese. Einfache regelnde Objekte (konventionelle Regeleinrichtungen) werden in Kapitel 3 vorgestellt. Beide Kapitel bilden die Grundlage, um in Kapitel 4 gezielt die Dynamik des zu regelnden Problems zu untersuchen. Dies geschieht durch Zusammenschalten von Strecken und Reglern. Moderne Technik ist wegen der enormen Flexibilität bei niedrigen Kosten stets rechnerbasiert. Das sich dadurch ergebende Verhalten bedarf einer diskreten mathematischen Beschreibung. Kapitel 5 hat damit mathematische Verfahren zum Gegenstand, welche bei der Betrachtung der Zeit als diskrete Größe anzuwenden sind. Für komplexere Regelungsprobleme höherer Ordnung sind Zustandsraumverfahren hilfreich und wenn viele Streckeninformationen nicht wirtschaftlich messbar und Vorhersagen über den künftigen Prozessverlauf erforderlich sind, setzt man Beobachter und prädiktive Regelungen ein. In Kapitel 6 werden dazu auf mathematische Modelle gestützte Verfahren behandelt. Ist das Wissen über den zu beeinflussenden Prozess überwiegend in Form von Regelwerken verfügbar, bieten sich zur Modellbeschreibung Fuzzy-Methoden an. Auch lernende Modelle, welche mit neuronalen Netzen realisiert werden können, sind z. B. bei stark ausgeprägten Nichtlinearitäten überaus nützlich. Diese relativ neuen Verfahren der Regelungstechnik sind in

Kapitel 7 beschrieben. Der praktischen Umsetzung aller Reglerentwürfe für den industriellen Einsatz ist Kapitel 8 gewidmet. Hier werden die industrieübliche Gerätetechnik sowie die Softwarewerkzeuge vorgestellt, um gefahrlos die Reglerentwürfe zu simulieren und die Realisierung von Projekten zu unterstützen. Der Anhang enthält Zusammenstellungen von wichtigen Begriffen; hier sind insbesondere die englischsprachigen Bedeutungen wesentlich. Auf die einschlägigen Normen und Richtlinien sowie die Standardwerke der jeweilgen Technik wird verwiesen, um erforderlichenfalls weitere Vertiefungen zu ermöglichen. Nicht zuletzt soll dieses Taschenbuch auch als Nachschlagewerk dienen; es enthält daher ein ausführliches Sachwortverzeichnis.

1 Grundlagen

1.1 Einführung

Wolfgang Schorn, Norbert Große

1.1.1 Merkmale der Regelungstechnik

> Der Begriff **Regeln** kennzeichnet das Einhalten von gewünschten Prozessverläufen oder Zuständen, auf welche Störungen einwirken können, durch zielgerichtete Maßnahmen. Ermöglicht werden Regelungen durch das Erfassen von Gegebenheiten und den Vergleich mit Vorgaben im Sinne einer **Rückkopplung**, wodurch sich ein **Regelkreis** ergibt (→ Bild 1.1).

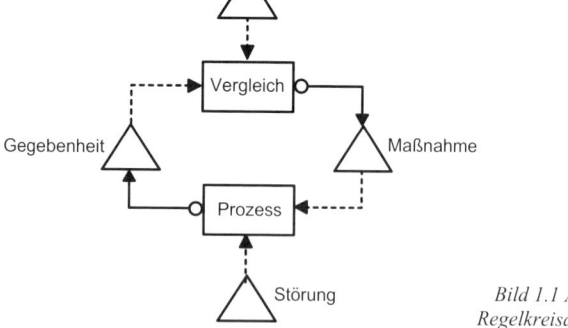

Bild 1.1 Allgemeine Regelkreisdarstellung

In Bild 1.1 (einem **Phasenmodell**, → SCHORN, GROßE [1.1] und Abschnitt 8.2) wird folgende Symbolik verwendet:

- Rechtecke bedeuten Vorgänge.
- Dreiecke repräsentieren Informationen, d. h. Kenntnisse über Sachverhalte.
- Durchgezogene gerichtete Linien kennzeichnen den Fluss einer gemessenen Information (Statusinformation).

- Gestrichelte gerichtete Linien stellen den Fluss einer Vorgänge beeinflussenden oder auslösenden Information dar (Steuerinformation).

Regelungsvorgänge finden sich in nahezu allen Bereichen der Wirklichkeit, siehe z. B. FRANK [1.2] und v. CUBE [1.3]:

- Ein bekanntes Beispiel aus der Physiologie ist die Regelung der menschlichen Körpertemperatur auf ca. 37 °C, welche bei Erkrankungen ansteigen kann. Unklar ist hier allerdings, woher diese Sollvorgabe stammt.
- Zielgerichtete Lernvorgänge sind ebenfalls Regelungen. Vorgaben erfolgen vom Lehrenden oder auch – bei einem Selbststudium – vom Lernenden. Das Einhalten der Vorgaben kann durch Kontrollfragen oder Klausuren überprüft werden; Defizite lassen sich durch Erklärungen und Wiederholungen ausgleichen.
- Technische Regelungen finden in von Menschen geschaffenen technischen Gebilden (z. B. Produktionsanlagen) statt.

Die **theoretische Regelungstechnik** befasst sich mit der Erforschung und Beschreibung abstrakter Regelungsvorgänge. In der **praktischen Regelungstechnik** wendet man diese Erkenntnisse auf technische Regelungen an.

Zur Erfüllung ihres Zwecks bedient sich die Regelungstechnik unterschiedlicher Hilfsmittel:

- Zur Analyse von Vorgängen und Zusammenhängen verwendet man mathematische Methoden. Zeitbezogene Darstellungen werden mit Differenzialgleichungen beschrieben, bei Betrachtungen im Frequenzbereich zieht man die FOURIER-Analyse und die LAPLACE-Transformation hinzu. Für komplexe Zusammenhänge wie etwa bei umfangreichen Modellen wird die lineare Algebra – im Wesentlichen das Matrixkalkül – benötigt. Zur Beschreibung regelloser Vorgänge verwendet man statistische Verfahren.
- Das Gewinnen von Informationen (Messen und Rechnen) und das Eingreifen in den Prozess (Stellen) erreicht man über Erkenntnisse der Physik mit Mitteln der Elektrotechnik.
- Während man zur Konstruktion von Regeleinrichtungen bis Mitte der siebziger Jahre des letzten Jahrhunderts analoge Elemente wie elektronische Operationsverstärker und pneumatische Bauteile verwendete, kommen heute für universelle Zwecke fast ausschließlich Mikroprozessoren, zunehmend auch PCs zum Einsatz. Das Verhalten von Regeleinrichtungen wird mit Hilfe von Programmierspra-

chen festgelegt. Die Regelungstechnik wird somit wesentlich von Methoden der Informatik sowie der numerischen Mathematik geprägt.
- Moderne Verfahren der Regelungstechnik bilden Lernvorgänge nach, welche auf Erkenntnissen der Physiologie bzw. Biologie basieren (Neuronenmodelle).

Das vorliegende Buch hat als Gegenstand die praktische Regelungstechnik. Damit liegt der Schwerpunkt nicht auf der Entwicklung, sondern auf der Anwendung bekannter Methoden; auf mathematische Herleitungen und Beweise von Lehrsätzen wird bewusst weitgehend verzichtet, die Anwendung steht im Vordergrund.

1.1.2 Regelungstechnik als Teilgebiet der Kybernetik

1.1.2.1 Kybernetik und System

Bereits im Jahr 1834 verwendete AMPÈRE den Begriff **Kybernetik** im Zusammenhang mit der Kunst der Staatslenkung. Sprachliche Wurzel ist das griechische Substantiv κυβερνήτης (*kybernetes*), welches Steuermann oder Lenker bedeutet. 1947 schlug WIENER [1.4] den Terminus als Bezeichnung für eine interdisziplinäre Wissenschaft vor, und zwar als die Wissenschaft der „Regelung und Nachrichtenübertragung in Lebewesen und in der Maschine".

> Nach SACHSSE [1.5] ist die Kybernetik „die Wissenschaft von den Wirkungsgefügen".

Anstatt von einem Wirkungsgefüge spricht man heute meist von einem **System**. Dieser Terminus ist von zentraler Bedeutung und u. a. in DIN 19226-1 [1.6] festgelegt:

> Unter einem **System** versteht man eine von der Umgebung abgegrenzte Menge von Komponenten oder Objekten, welche miteinander in Wechselwirkung stehen, d. h. einander wechselweise beeinflussen. Solche Objekte können aus den unterschiedlichsten Begriffswelten stammen und sowohl konkrete Gegenstände als auch z. B. Personen, Prozesse oder philosophische Ideen sein; sie müssen sich aber an Hand eines gemeinsamen Merkmals als dem System zugehörig identifizieren lassen. Die Kommunikation mit der Umgebung erfolgt über festgelegte Schnittstellen.

1.1 Einführung 21

So ist es beispielsweise üblich, von einem Gesellschaftssystem, einem Prozessleitsystem, einem Differenzialgleichungssystem, einem PC-Betriebssystem usw. zu sprechen. Bild 1.2 stellt ein abstraktes System schematisch dar. Die Rechtecke geben Objekte wieder, die gerichteten Pfeile bedeuten Wirkungen. Einen höheren Detaillierungsgrad der Systemdarstellung erreicht man durch die Verwendung von Wirkungsplänen (→ Abschnitt 1.2.2).

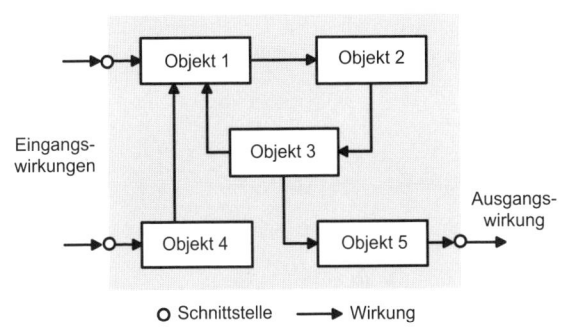

Bild 1.2 Beispiel für ein System

1.1.2.2 Bereiche der Kybernetik

In den letzten Jahrzehnten haben sich nach FRANK [1.2] vier Bereiche der Kybernetik herauskristallisiert:

- **Nachrichtentheorie**: Sie befasst sich abstrahierend von informationsverarbeitenden Systemen zunächst im Rahmen der Zeichentheorie mit elementaren Phänomenen wie Zeichen, Signalen und Nachrichten. Weitere Gebiete sind die Informationstheorie, welche die Begriffsbestimmung und das Messen von Informationsgehalten behandelt, und die Codierungstheorie, welche die Strukturanalyse von Nachrichten zum Ziel hat.
- **Nachrichtenverarbeitungstheorie**: Sie umfasst die BOOLEsche Algebra (Schaltnetztheorie), sequenzielle Logik (Schaltwerktheorie), die Automatentheorie (endliche Automaten, TURING-Maschinen) sowie die Informationstechnologie (IT, d. h. Nachrichtentechnik und Datenverarbeitung). Bei diesen Teilgebieten geht es noch nicht um Möglichkeiten, Einfluss auf die Umwelt des jeweiligen Systems zu nehmen.

- **Kreisrelationstheorie**: Hierbei handelt es sich um Systeme, welche durch Informationsaustausch mit der Umwelt diese beeinflussen. Teilgebiete sind Sensor- und Aktortechnik, Regelungs- und Steuerungstechnik sowie die künstliche Intelligenz (KI), welche auch die Robotertechnik, Expertensysteme und die unscharfe Logik (Fuzzy Logic) beinhaltet.
- **Systemkomplextheorie**: In diesem Bereich werden Wechselspiele zwischen Systemen untersucht. Soziokybernetik (Unternehmensforschung und kybernetische Pädagogik), Spieltheorie und Biokybernetik einschließlich künstlicher neuronaler Netze (KNN) sind die wichtigsten Teilgebiete.

1.2 Begriffe der Prozesstechnik

Wolfgang Schorn, Norbert Große, Norbert Becker

1.2.1 Prozess und Information

1.2.1.1 Prozessklassen

Regelungs- und Steuerungstechnik finden Anwendung bei der Automatisierung **produktionstechnischer Prozesse**.

> **Prozesse** sind nach DIN V 19233 [1.7] Vorgänge, mit welchen Stoffe, Energien oder Informationen verarbeitet werden. Je nach Art der zu beeinflussenden Objekte definiert man unterschiedliche **Prozessklassen** (→ SCHORN, GROßE [1.8]).

In der Produktionstechnik unterscheidet man stoffbeeinflussende und energietechnische Prozesse.

- **Stoffbeeinflussende Prozesse** teilt man ein in **Verfahren** und **Fertigungen**. Bei einem Verfahren handelt es sich um das Erzeugen formloser Substanzen; dies sind z. B. Gase, Flüssigkeiten, Pasten u. dgl. Die physikalischen Bedingungen sind entweder weitgehend stationär (Fließ- oder **Kontiverfahren**) oder sie werden mit festgelegten Vorschriften (Rezepten) nach einem Zeitplan geändert (Absatz- oder **Chargenverfahren**). Eine Fertigung (Stückgutprozess) hat als Ziel die Herstellung einzelner Werkstücke mit definierter Form und festgelegten Abmessungen; bei diesen Gütern spielt die geometrische Gestalt die herausragende Rolle. Verfahren

finden in **Anlagen** statt, Fertigungen werden in **Werkstätten** (auch: Anlagen) durchgeführt.
- Bei einem **energietechnischen Prozess** werden gebundene Energien in Energieformen umgesetzt, welche sich unmittelbar in technischen Anwendungen nutzen lassen. Die Energiegewinnung geschieht in Kraftwerken.

Informationstechnische Prozesse sind Abläufe zum Gewinnen, Auswerten und Erzeugen von Informationen. Bei der Automatisierung produktionstechnischer Prozesse gehören hierzu prozessnahe Vorgänge wie das Messen und das Datenerfassen sowie Regelungs- und Steuerungsvorgänge, aber auch prozessfernere Vorgänge wie das Anzeigen, Bedienen, Melden, Protokollieren und das Auswerten. Zur Durchführung der prozessnahen Vorgänge verwendet man eher dedizierte Rechnerkomponenten wie z. B. Prozessregler und Steuerungen, die so genannten **prozessnahen Komponenten** eines Prozessleitsystems, für die prozessferneren Vorgänge werden EDV-Geräte wie Workstations und PCs eingesetzt. Bild 1.3 gibt das Begriffsgebäude der Prozesstechnik wieder; die hier verwendete Symbolik ist in Abschnitt 8.2 erläutert.

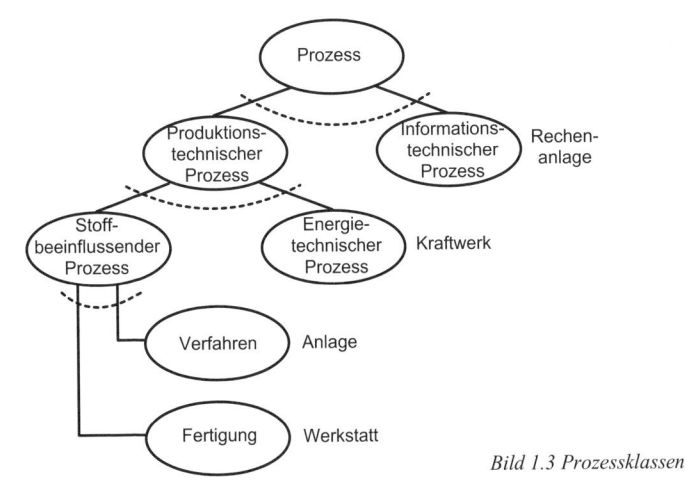

Bild 1.3 Prozessklassen

1.2.1.2 Begriffe der Informationstheorie

Regelungs- und Steuerungsvorgänge gehören zu den informationstechnischen Prozessen. Daher sind hier einige Begriffe der Informationstheorie von Bedeutung (→ SCHORN, GROßE [1.1]).

> **Informationen** beschreiben Sachverhalte; sie sind darauf ausgerichtet, Wirkungen seitens des Informationsempfängers hervorzurufen.

Im Zusammenhang mit Produktionsprozessen lässt sich Information zunächst als Attribut eines Stoffs oder einer Energie bzw. eines Energieträgers auffassen (**Zustandsinformation**); weiterhin kann sie Eingriffe in den Prozess auslösen (**Steuerinformation**). So bewirkt etwa die Angabe, dass eine Flüssigkeitstemperatur (Stoffattribut) einen gewissen Wert hat, beim Empfänger – z. B. einem Regler – die Bestimmung eines zur Beeinflussung dieser Temperatur geeigneten Stellwerts (→ Abschnitt 1.2.3).

> Eine für Übertragungszwecke beschriebene oder gemessene Information nennt man **Nachricht**. Informationsdarstellungen zu Verarbeitungs- und Speicherzwecken bezeichnet man als **Daten**.

> Ein **Signal** ist die physikalische Wiedergabe von Nachrichten oder Daten, meist in Form elektrischer Größen (Sensorsignale). Diese Größen werden als **Signalträger** bezeichnet; das Attribut des Signalträgers, welches zur Darstellung verwendet wird, heißt **Signalparameter**. Eine **Größe** beschreibt die Eigenschaft eines Stoffs oder einer Energie qualitativ und quantitativ. Der **Wert** einer Größe ist das Produkt eines Zahlenwerts und einer zugehörigen Einheit.

So ist eine Stofftemperatur ϑ eine thermodynamische Größe, ihren Wert bezeichnet z. B. die Angabe $\vartheta = 17{,}2$ °C. ϑ kann durch einen Strom als Signalträger dargestellt werden; als Signalparameter eignet sich z. B. die Amplitude.

Signaltaxonomien. Signale lassen sich nach DIN E 40146 [1.9] und GÖLDNER [1.10] unterschiedlich klassifizieren (→ Bild 1.4):

- Klassifizierung nach dem **Signalort**: **Eingangssignale** liegen am Eingang eines Übertragungsglieds an, **Ausgangssignale** am Ausgang.
- Klassifizierung nach Art der **Signalwerte**: Bei **wertkontinuierlichen** Signalen kann der Signalparameter alle Werte eines definier-

ten Intervalls annehmen; bei **wertdiskreten** (**digitalen**) Signalen gibt es für den Signalparameter endlich viele Werte eines Intervalls. Einen Spezialfall der Digitalsignale s_D stellen die **binären** Signale s_B dar, welche genau zwei Werte repräsentieren können.
- Klassifizierung nach Art der Zeitdarstellung: Hier unterscheidet man zwischen **zeitkontinuierlichen** Signalen, welche für jeden beliebigen Zeitpunkt definiert sind, und **zeitdiskreten** Signalen s_T, bei welchen die Signalparameterwerte nur in diskreten Zeitpunkten t_k gegeben sind. Zeitdiskrete Signale werden durch **Abtastvorgänge** gewonnen (→ Abschnitt 5.1).
- Klassifizierung nach Art der analytischen Darstellbarkeit: Signale, welche sich – z. B. über eine Differenzialgleichung – analytisch beschreiben lassen, nennt man **deterministische** Signale. Das ist bei regellosen Signalen, deren Werte vom Zufall abhängen, nicht möglich; hier spricht man von **stochastischen** Signalen.

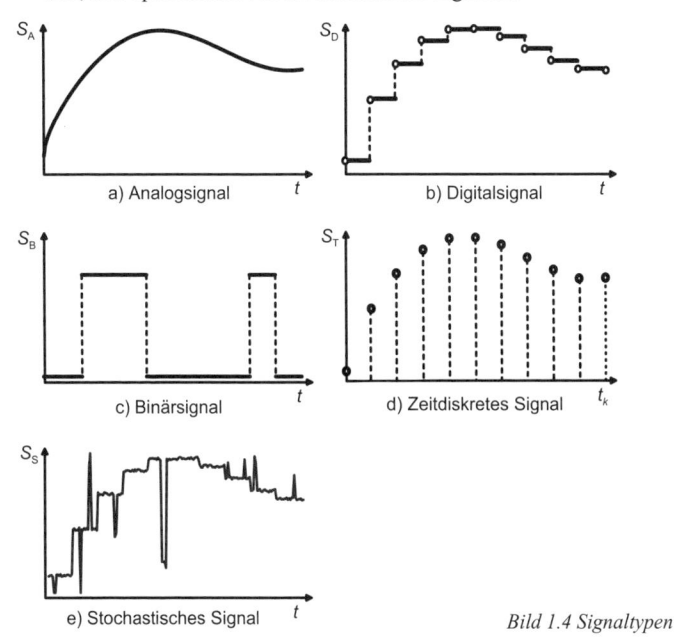

a) Analogsignal t

b) Digitalsignal t

c) Binärsignal t

d) Zeitdiskretes Signal t_k

e) Stochastisches Signal t

Bild 1.4 Signaltypen

Signale, welche sowohl wert- als auch zeitkontinuierlich sind, nennt man meist **Analogsignale** s_A, weil zwischen dem Signal und der repräsentierten Information jederzeit ein analoger Zusammenhang besteht. In der Regelungstechnik sind die Eingangssignale von Übertragungsgliedern überwiegend analog. Ausgangssignale für Stellglieder können ebenfalls Analogsignale sein; oft verwendet man auch Binärsignale oder Pulse.

1.2.2 Wirkungspläne

1.2.2.1 Elemente von Wirkungsplänen

> Mit einem **Wirkungsplan** nach DIN 19226-1 [1.6], DIN 19226-2 [1.11] und DIN 19226-4 [1.12] stellt man Zusammenhänge zwischen einzelnen Objekten in einem System dar. Diese Objekte können wiederum Systeme sein.

Ein Wirkungsplan besteht dabei aus folgenden Elementen (→ Bild 1.5):

a) Wirkungslinie (analog)

b) Wirkungslinie (binär)

c) Übertragungsglied allgemein

d) Summationsstelle

e) Verzweigungsstelle

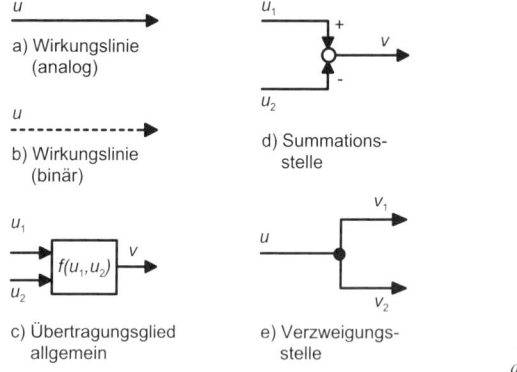

Bild 1.5 Elemente des Wirkungsplans

- Rechtecke (Blöcke) repräsentieren den Zusammenhang zwischen **Eingangsgrößen** $u_1 \ldots u_n$ (unabhängige Größen) und **Ausgangsgrößen** $v_1 \ldots v_m$ (abhängige Größen) mit Ausnahme der Summation. Die Verarbeitung der Eingangsgrößen wird innerhalb des Rechtecks textuell (z. B. durch Formeln) oder grafisch kenntlich gemacht. Kreise repräsentieren die Summation mehrerer Eingangsgrößen. Die Vorzeichen (+, −) der Größen werden am Eingang des Kreises eingezeichnet. Die durch Kreise oder Rechtecke symbolisierten Objekte, welche Eingangsgrößen zu Ausgangsgrößen umformen, bezeichnet man als **Übertragungsglieder** $Ü_i$.

- Die durch Signale hervorgerufenen möglichen Wirkungen zwischen Übertragungsgliedern gibt man mit gerichteten Linien (**Wirkungslinien**) wieder, welche bei Analogsignalen durchgezogen, bei Binärsignalen gestrichelt dargestellt werden. An diesen Linien notiert man die Bezeichnungen der zugehörigen Größen. Einfache Linien bedeuten Wirkungen skalarer Größen, doppelte Linien kennzeichnen Wirkungen von Vektoren. Tritt auf einer Wirkungslinie eine mögliche Wirkung tatsächlich ein, nennt man diesen Vorgang **Wirkungsablauf**.
- Die Verzweigung einer (skalaren oder vektoriellen) Größe von einem Übertragungsglied zu mehreren anderen Übertragungsgliedern wird durch einen Punkt auf der betreffenden Wirkungslinie dargestellt.

1.2.2.2 Strukturen

Wirkungswege. Die Wege, auf welchen Signale einen Wirkungsweg durchlaufen können, werden als **Wirkungswege** bezeichnet. Bei für die Regelungs- und Steuerungstechnik relevanten Systemen findet man als elementare Typen die Reihenstruktur, die Parallelstruktur und die Kreisstruktur (→ Bild 1.6). Aus diesen Grundtypen lassen sich komplexe Wirkungsgefüge (Netze) aufbauen.

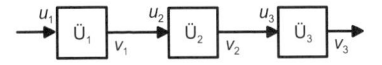

a) Typische Reihenstruktur

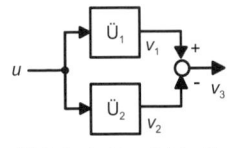

b) Typische Parallelstruktur

c) Typische Kreisstruktur

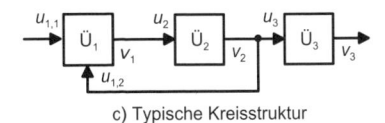

Bild 1.6 Elementare Systemstrukturen

- Bei einer **Reihenstruktur** durchlaufen Größen sequenziell angeordnete Übertragungsglieder. Eingangsgrößen u_k eines Übertra-

gungsgliedes können Ausgangsgrößen v_j des davor liegenden Übertragungsgliedes sein.
- Bei einer **Parallelstruktur** verzweigen Ausgangsgrößen v_j eines Übertragungsgliedes zu nebeneinander angeordneten nachgeschalteten Übertragungsgliedern, deren Ausgänge in einem folgenden Übertragungsglied wieder zusammengeführt werden.
- Bei einer **Kreisstruktur** werden Ausgangsgrößen v_j eines Übertragungsgliedes als Eingangsgrößen u_k auf dieses oder ein davor angeordnetes zurückgeführt. Man spricht hierbei auch von **Rückkopplung** ($\rightarrow$ Bild 1.7). Werden die zurückgeführten Größen mit positivem Vorzeichen auf eine Summationsstelle geschaltet, nennt man das **Mitkopplung**; bei negativem Vorzeichen liegt **Gegenkopplung** vor. Angenommen wird stets, dass das Übertragungsverhalten der Blöcke positiv ist. Bei Blöcken mit negativem Übertragungsverhalten wird der Vorzeichenwechsel separat mit einer Summationsstelle (nur ein Signal) mit negativem Vorzeichen dargestellt.

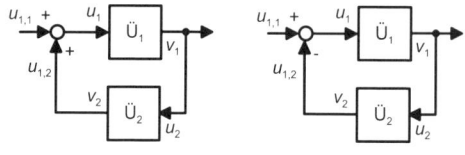

a) Typische Mitkopplung   b) Typische Gegenkopplung

Bild 1.7 Mitkopplung und Gegenkopplung

Der Gegenkopplung kommt bei Regelungsvorgängen eine stabilisierende Wirkung zu; Mitkopplungen bewirken Signalverstärkungen und i. Allg. instabiles Systemverhalten. Bei Reihen- und Parallelschaltungen wirken die Ausgangsgrößen nicht auf die Eingangsgrößen zurück; hier sind **offene** Wirkungswege gegeben. Bei Kreisstrukturen hat man **geschlossene** Wirkungswege.

Wirkungsabläufe. Wenn ein Signal einen Wirkungsweg durchläuft, liegt ein **Wirkungsablauf** vor.

> Bei offenen Wirkungswegen können Ausgangsgrößen nicht auf Eingangsgrößen zurückwirken; die Wirkungsabläufe sind **offen**. Bei einem geschlossenen Wirkungsweg wird der Wirkungsablauf dann ebenfalls als **geschlossen** bezeichnet, wenn Ausgangsgrößen permanent (fortlaufend) auf Eingangsgrößen zurückwirken.

1.2.3 Steuerung und Regelung

1.2.3.1 Begriffe der Leittechnik

DIN 19226-4 [1.12] und DIN V 19222 [1.13] definieren eine Reihe wichtiger Begriffe, welche in der Leittechnik gebräuchlich sind.

> Beim **Steuern** beeinflussen Eingangsgrößen u_i eines Systems dessen Ausgangsgrößen v_k. Diese Ausgangsgrößen wirken gar nicht (bei offenem Wirkungsweg) oder nicht fortlaufend (bei geschlossenem Wirkungsweg) auf sich selbst zurück. Somit liegt ein **offener Wirkungsablauf** vor. Bei Reihenstrukturen sind auf Grund des offenen Wirkungsweges stets Steuerungsvorgänge gegeben. Solche Strukturen bezeichnet man auch als **Steuerketten**. Der Terminus *Steuerung* wird sowohl synonym zum Begriff *Steuern* als auch für eine den Steuerungsvorgang ausführende Einrichtung verwendet.

Geht man vom offenen zum geschlossenen Wirkungsablauf im Sinne einer Gegenkopplung über, gelangt man zum Begriff des **Regelns**.

> Beim **Regeln** (Regelung) wird eine zu beeinflussende Größe, die **Regelgröße** x, als Rückführgröße r erfasst und mittels einer Kreisstruktur (Gegenkopplung) in einem *geschlossenen Wirkungsablauf* fortlaufend an eine andere Größe, die **Führungsgröße** w, angeglichen. Diese Kreisstruktur nennt man **Regelkreis**. Die Regelgröße beeinflusst sich damit selbst. Regelungen ausführende Einrichtungen heißen nach DIN 19226-4 [1.12] **Regeleinrichtungen**; in der Praxis nennt man sie meist kurz **Regler**.

Steuerungs- und Regelungsvorgänge setzen Möglichkeiten zum Erfassen und Beeinflussen von Prozessgrößen voraus. Dies führt auf die Begriffe des Messens und Stellens.

> Beim **Messen** wird der aktuelle Wert einer physikalischen Größe als Vielfaches einer zugehörigen Einheit ermittelt. Ist die Messgröße eine Anzahl von Elementen, nennt man das Bestimmen des Messwerts **Zählen**.

Ein Messwert ist somit wie bereits erwähnt das Produkt aus einer Zahl und einer Einheit. Zählvorgänge findet man typisch bei zeitbezogenen Messungen. So gibt man Drehzahlen oft an als n Umdrehungen pro Minute, z. B. $s = 100 \text{ min}^{-1}$.

> Beim **Stellen** werden Masse-, Energie- oder Informationsflüsse mit Hilfe von Stellgliedern beeinflusst. Kann die zugehörige Stellgröße lediglich endlich viele (typisch zwei) verschiedene Werte annehmen, spricht man meist von **Schalten**.

Messen, Steuern, Regeln und Stellen sind Ausprägungen des Vorgangs **Leiten**.

> Unter dem Begriff **Leiten** versteht man alle Maßnahmen, welche den gewünschten Ablauf eines Prozesses in Hinblick auf ein gesetztes Ziel bewirken sollen.

Diese Maßnahmen werden mit leittechnischen Einrichtungen (Regler, Steuerungen, Prozessrechner etc.) realisiert, wobei einzelne Abläufe auch über menschliche Eingriffe gesteuert werden; SCHULER, in [1.14].

Im angelsächsischen Sprachbereich verwendet man die Begriffe *control* für das Leiten, *closed loop control* für das Regeln und *open loop control* für das Steuern. Sowohl bei der Automatisierung produktionstechnischer Prozesse als auch bei natürlichen Vorgängen treten Regelungen und Steuerungen sehr häufig im Zusammenspiel auf. Im Folgenden werden überwiegend technische Regelungen betrachtet.

1.2.3.2 Elemente einschleifiger Regelkreise

Wirkungsplan. Bild 1.8 zeigt in Anlehnung an DIN 19226-4 [1.12] und DIN E 1304-10 [1.15] die Funktionseinheiten und Größen eines einschleifigen Regelkreises der Produktionstechnik als Wirkungsplan. Der Begriff *einschleifig* besagt, dass lediglich *eine* Größe durch *einen* Regler zu regeln ist. In dieser Darstellung lassen sich grob drei Bestandteile erkennen:

- **Funktionsglied zum Bilden der Führungsgröße**: Aus der Zielgröße c, welche meist der Sollwert der Aufgabengröße q ist, wird zunächst der Wert der **Führungsgröße** w, der **Sollwert**, für die Regelgröße x gebildet. Ist der Sollwert konstant, spricht man von **Festwertregelung**, ist er variabel, nennt man dies **Folgeregelung**; siehe z. B. Abschnitt 4.2.
- **Regeleinrichtung**: Im **Vergleichsglied** (Summationsstelle) wird zunächst die **Regeldifferenz** e (in älteren Arbeiten mit x_d bezeichnet) zwischen dem Sollwert w und dem die eigentliche Regelgröße x repräsentierenden **Rückführwert** r gebildet. Diese Regeldifferenz entsteht durch Sollwertänderungen oder durch das Einwirken von

Störgrößen (siehe unten). Das nachgeschaltete **Regelglied** bestimmt hieraus nach einem der in Kapitel 3 angegebenen Regelalgorithmen die **Reglerausgangsgröße** m, bei einem digitalen Regler typisch als Gleitpunktzahl. Vergleichs- und Regelglied bilden den **Regler**. Die Größe m wird einem **Ausgabeglied** zugeführt, welches hieraus nach eventuellen weiteren Verarbeitungsschritten – z. B. Addition einer zusätzlichen Eingangsgröße, siehe Abschnitt 3.2 – mit Hilfe eines **Stellers** die **Stellgröße** y etwa in Form eines Stromsignals oder einer Impulsfolge erzeugt und an das Stellgerät weiterreicht.

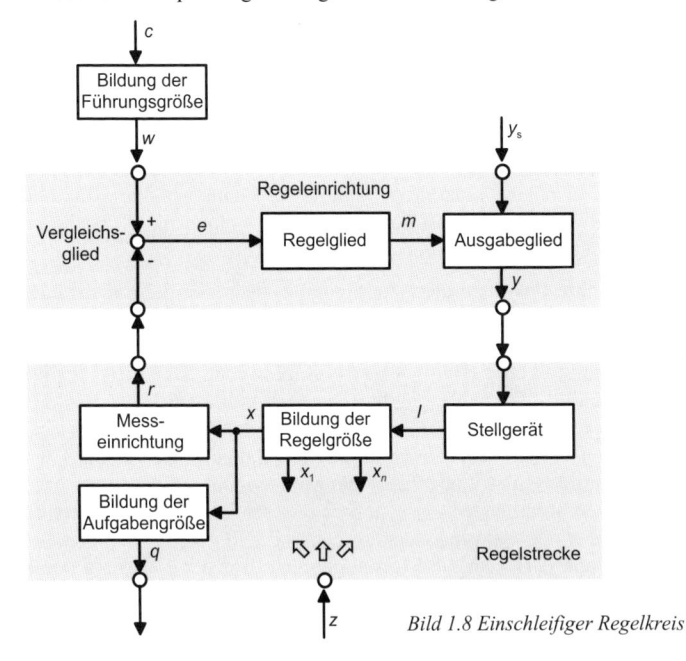

Bild 1.8 Einschleifiger Regelkreis

- **Regelstrecke**: Das **Stellgerät** besteht zunächst aus einem **Stellglied**, welches den Stellwert y in eine andere physikalische Größe (Stellgliedausgang) l umsetzt; dies kann beispielsweise ein veränderlicher Rohrquerschnitt sein. Bei mechanisch betätigten Stellgliedern (Ventile, Klappen, Schieber und Hähne) kommt ein **Stellantrieb** hinzu, welcher meist mit einem **Stellungsregler** ausgestattet ist (→ Abschnitt 8.1). Im folgenden Übertragungsglied, welches den letztendlich zu regelnden Prozessabschnitt enthält, finden weitere physikalische, chemische oder biologische Vorgänge der Stoff- bzw. Energieumwandlung oder des Transports statt, bei welchen neben den inneren **Zustandsgrößen** x_1, x_2 ... (Temperaturen, Drücken etc.) der Wert der **Regelgröße** x (Temperatur, Durchfluss etc.) entsteht. Weiterhin resultiert hier der Wert der **Aufgabengröße** q, welcher der eigentliche Gegenstand der Regelung ist. Meistens gilt $q = x$. Die Regelgröße wird von einer **Messeinrichtung** erfasst und durch die Rückführgröße r (typisch als Strom- oder Spannungssignal) dargestellt. Auf die gesamte Regelstrecke wirken **Störgrößen** z ein, von welchen im Bild 1.8 stellvertretend lediglich eine dargestellt ist und welche an jedem Ort der Strecke angreifen können.

Oft ist die Aufgabengröße messtechnisch nur schwer oder gar nicht erfassbar, so dass man sich für eine Regelung mit einer leichter zugänglichen Ersatzgröße behelfen muss. Ein typisches Beispiel ist die Konzentrationsregelung bei einer Kolonne: Da die Konzentration q der leichter siedenden Komponente unmittelbar kaum messbar ist, wählt man als Regelgröße x meist den Druck p am Kolonnenkopf. Natürlich müssen q und x korreliert sein.

Vereinfachte Darstellungen. An Stelle des detaillierten Strukturbildes zieht man beim Regelkreisentwurf aus Gründen der Übersichtlichkeit möglichst vereinfachte Darstellungen vor. Dies soll bezogen auf die allgemeine Struktur in Bild 1.8 kurz gezeigt werden. Das Ausgabeglied ist für das dynamische Verständnis des Regelkreises nicht wichtig und wird daher weggelassen; die Eingangsgröße y der Regelstrecke ist dann identisch mit dem Ausgangssignal des Regelgliedes. Die Bildung der Aufgabengröße entfällt ebenfalls. Die Messeinrichtung wird man nach Möglichkeit so aufbauen, dass sie keine wesentlichen Zeitverzögerungen aufweist, vielmehr der Rückführwert r der Regelgröße x proportional ist. Dann darf man die Messeinrichtung in erster Näherung durch eine Konstante c ersetzen mit $r = c \cdot x$. Diese Konstante c verlegt man in Signalflussrichtung über die Differenzbildung und das Regelglied hinaus zum bisherigen Teil der Regelstrecke und erhält somit den Standardregelkreis in Bild 1.9. Dort werden für den Sollwert w und die Regeldifferenz e aus Gründen der Einfachheit keine neuen, sondern die bisherigen Variablen weiter verwendet. Der Block *Regelstrecke* in Bild 1.9 beinhaltet nun in seinem Übertragungsverhalten die Messeinrichtung. Der Regler (1) ist nach DIN 19227-2 [1.16] mit seiner Funktionsweise (PI, → Abschnitt 3.2) wiedergegeben, in den Blöcken für die Strecke (2) und das Regelglied (4) sind stilisierte Sprungantworten gezeigt (→ Abschnitt 1.3). In Kap. 2 wird auf das dynamische Verhal-

1.2 Begriffe der Prozesstechnik

ten von Messeinrichtungen und Stellgeräten eingegangen, da dies für die betriebliche Praxis von Bedeutung ist.

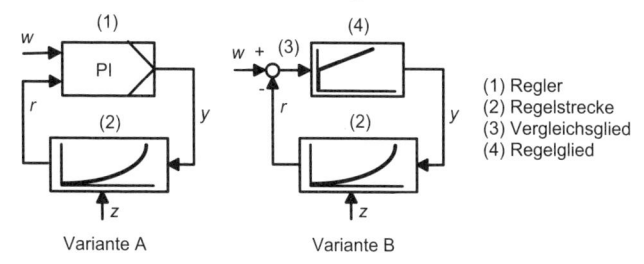

Variante A   Variante B

(1) Regler
(2) Regelstrecke
(3) Vergleichsglied
(4) Regelglied

Bild 1.9 Vereinfachte Regelkreisdarstellungen

Formelzeichen. Für die unterschiedlichen Größen sind nach den Regelwerken DIN 19226-4 [1.12] und DIN E 1304-10 [1.15] zugehörige Wertebereiche und Formelzeichen definiert (→ Tabelle 1.1).

Tabelle 1.1 Regelkreisgrößen und Bereiche

Formelzeichen	Definition
$u_1 \ldots u_n$	Eingangsgrößen allgemein
$v_1 \ldots v_m$	Ausgangsgrößen allgemein
w	Führungsgröße
x	Regelgröße
x_i	Zustandsgröße i
e	Regeldifferenz (früher: x_d)
r	Rückführgröße
m	Reglerausgangsgröße. Alternative Formelzeichen: y_r, y_R
y	Stellgröße
y_s	Zusätzliche Eingangsgröße des Ausgabeglieds (nicht genormt)
l	Stellgliedausgangsgröße (nicht genormt)
c	Zielgröße
q	Aufgabengröße
z	Störgröße
X_h	Regelbereich

Formelzeichen	Definition
X_{Ah}	Aufgabenbereich
W_h	Führungsbereich
Y_h	Stellbereich
Z_h	Störbereich

Wertebereiche. Technische Systeme sind stets Begrenzungen unterworfen, nur innerhalb dieser Begrenzungen lässt sich gewünschtes Verhalten erreichen. Nachfolgend werden Wertebereiche im Regelkreis definiert:

- **Regelbereich** X_h: Bereich, in welchem die Regelgröße x eingestellt werden kann.
- **Aufgabenbereich** X_{ah}: Bereich, in welchem die Aufgabengröße q bei voller Funktionsfähigkeit der Regelung liegen kann.
- **Führungsbereich** W_h: Bereich, in welchem die Führungsgröße w liegen kann.
- **Stellbereich** Y_h: Bereich, in welchem die Stellgröße y einstellbar ist.
- **Störbereich** Z_h: Bereich, in welchem die Störgröße z ausregelbar ist.

1.2.3.3 Darstellung von Regelungsaufgaben in Fließbildern

Leittechnische Aufgaben der Verfahrenstechnik und der Energietechnik stellt man mit **Fließbildern** dar. In den Regelwerken DIN 19227-1 [1.17] und DIN EN ISO 10628 [1.18] werden Festlegungen zur Dokumentation der Funktionalität (Bezeichnungsschema) und zur grafischen Repräsentation von Anlageteilen (Apparate u. s. w.) getroffen; Symbole für die Gerätetechnik (Regler etc.) sind in DIN 19227-2 [1.16] enthalten. Eine ausführliche Beschreibung der Symbolik zur Darstellung von Anlagen und ihrer Instrumentierung findet sich bei GROßE, SCHORN in [1.18] sowie im Abschnitt 8.2.

1.2 Begriffe der Prozesstechnik

Bild 1.10 gibt einen typischen Fließbildausschnitt wieder. Dieses Bild zeigt Folgendes:

- Der Kreis (1) symbolisiert die Messeinrichtung, hier einen Druckaufnehmer.
- Die Wirkungslinie (2) gibt den Wirkungsweg der Rückführgröße r (Druck) wieder.
- Bei (3) ist die Regeleinrichtung selbst dargestellt. Die Beschriftung innerhalb des Langrundes hat folgende Bedeutung: In der oberen Hälfte wird die Funktionalität dokumentiert. Der erste Buchstabe (P) kennzeichnet die physikalische Größe (hier: Druck, *pressure*), die folgenden Buchstaben die Verarbeitung. I steht dabei für Anzeige (*indication*), C für Regelung (*control*). In der unteren Hälfte ist eine alphanumerische Kennung eingetragen (P100). Der waagerechte Strich innerhalb des Langrundes bedeutet, dass die Bedienung und Beobachtung des Reglers in einer zentralen Leitwarte stattfindet.
- Der Sollwert w wird dem Regler bei (4) zugeführt.
- Die gestrichelte Linie (5) kennzeichnet den Wirkungsweg des Stellwerts y.
- Der Kreis (6) ist das Symbol für den Stellantrieb.
- Bei (7) ist das Stellglied mit seiner Bezeichnung (H10) eingezeichnet.
- Die Linie (8) repräsentiert die Rohrleitung.

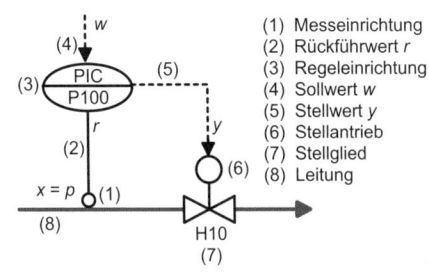

(1) Messeinrichtung
(2) Rückführwert r
(3) Regeleinrichtung
(4) Sollwert w
(5) Stellwert y
(6) Stellantrieb
(7) Stellglied
(8) Leitung

Bild 1.10 Fließbildausschnitt

Die dargestellte Einheit zum Erfassen und Beeinflussen einer einzelnen Prozessgröße (hier: Leitungsdruck p) nennt man **Einzelleiteinrichtung** oder **PLT-Stelle** (→ Abschnitt 8.2).

1.3 Mathematische Grundlagen linearer Systeme

Martin Kluge, Norbert Große, Wolfgang Schorn

1.3.1 Grundzüge der linearen Algebra

1.3.1.1 Allgemeine Definition linearer Übertragungsglieder

Linearen Übertragungsgliedern kommt in der Regelungstechnik herausragende Bedeutung zu. Auch nichtlineare Zusammenhänge lassen sich oft in guter Näherung linear beschreiben, was zu einer wesentlichen Vereinfachung der mathematischen Analyse führt. Folgend wird von Übertragungsgliedern ausgegangen, welche mit ihrem Übertragungsverhalten φ *mehrere* Eingangssignale $u_k(t)$ auf *ein* Ausgangssignal $v(t)$ abbilden. Man nennt solche Übertrager auch **MISO-Glied** (MISO: *Multiple Input, Single Output*).

> Ein Übertragungsglied wirkt **linear**, wenn es das **Verstärkungsprinzip** und das **Überlagerungsprinzip** (**Superpositionsprinzip**) realisiert. Die Zusammenfassung ergibt das **Linearitätsprinzip**.

Dies bedeutet (→ Bild 1.11):

- **Verstärkungsprinzip**: Mit einem Eingangssignal $u(t)$ und einer Konstanten α wird das Ausgangssignal $v(t)$ zu

$$v(t) = \varphi(\alpha \cdot u(t)) = \alpha \cdot \varphi(u(t)) \tag{1.1}$$

- **Überlagerungsprinzip**: Mit den Eingangssignalen $u_1(t)$ und $u_2(t)$ wird das Ausgangssignal $v(t)$ zu

$$v(t) = \varphi(u_1(t) + u_2(t)) = \varphi(u_1(t)) + \varphi(u_2(t)) \tag{1.2}$$

- **Linearitätsprinzip**: Die Zusammenfassung von (1.1) und (1.2) ergibt als Charakteristikum der Linearität:

$$\begin{aligned} v(t) &= \varphi(\alpha \cdot u_1(t) + \beta \cdot u_2(t)) \\ &= \alpha \cdot \varphi(u_1(t)) + \beta \cdot \varphi(u_2(t)) \end{aligned} \tag{1.3}$$

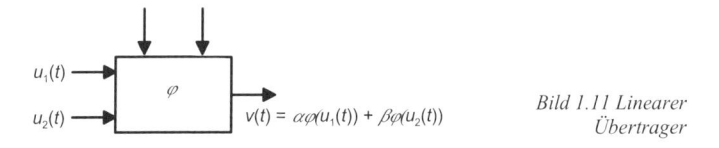

Bild 1.11 Linearer Übertrager

Beispiele für lineare Übertragungsglieder sind Integratoren und Differenzierer.

1.3.1.2 Vektoren und Matrizen

Vektoren und Matrizen sind wichtige Hilfsmittel zur Behandlung geometrischer und algebraischer Sachverhalte. Im vorliegenden Abschnitt werden mathematische Beziehungen aus dem Bereich der linearen Algebra kurz gefasst dargestellt, soweit sie von regelungstechnischer Relevanz sind. Zur Vertiefung sei auf die umfangreiche Fachliteratur verwiesen, z. B. auf CUNNINGHAM [1.20], AITKEN [1.21], LAUGWITZ [1.22], GRÖBNER [1.23] und ZURMÜHL [1.24]. Dort findet man auch geometrische Deutungen und die bedeutsame Verwendung in der Physik.

Grundlegende Definitionen. Vektoren und Matrizen werden algebraisch so definiert:

> Unter einem **Vektor** versteht man eine *eindimensionale* Auflistung von Elementen, z. B. von Konstanten oder Funktionen. Eine **Matrix** ist eine *zweidimensionale* Anordnung von Elementen.

Man bezeichnet als *Spalte* angeordnete Vektoren mit fett gedruckten Kleinbuchstaben. In (1.4) sei dies als Beispiel der Vektor $\boldsymbol{a}$, der aus den Elementen a_1 bis a_n bestehe:

$$\boldsymbol{a} = \begin{bmatrix} a_1 \\ a_2 \\ \vdots \\ a_n \end{bmatrix} \tag{1.4}$$

Als *Zeile* angeordnete Vektoren werden mit dem hochgestellten „T" (für **Transposition**) gekennzeichnet:

$$\boldsymbol{a}^{\mathrm{T}} = \begin{bmatrix} a_1 & a_2 & \cdots & a_n \end{bmatrix} \tag{1.5}$$

In (1.6) sei eine Matrix das aus n Zeilen und m Spalten bestehende Gebilde $\boldsymbol{B}$. Matrizen kennzeichnet man mit fett gedruckten Großbuchstaben, und die Zeilen- und Spaltenzahl wird abkürzend als $n \times m$-Matrix beschrieben:

$$B = \begin{bmatrix} b_{11} & b_{12} & \cdots & b_{1m} \\ b_{21} & b_{22} & \cdots & b_{2m} \\ \vdots & \vdots & \ddots & \vdots \\ b_{n1} & b_{n2} & \cdots & b_{nm} \end{bmatrix} \quad (1.6)$$

Die **Transposition** einer Matrix vertauscht Zeilen und Spalten; mit der Matrix B aus (1.6) ergibt sich die transponierte Matrix B^T:

$$B^T = \begin{bmatrix} b_{11} & b_{21} & \cdots & b_{n1} \\ b_{12} & b_{22} & \cdots & b_{n2} \\ \vdots & \vdots & \ddots & \vdots \\ b_{1m} & b_{2m} & \cdots & b_{nm} \end{bmatrix} \quad (1.7)$$

Ein Vektor kann als eine Matrix mit *einer* Spalte bzw. *einer* Zeile aufgefasst werden.

Spezielle Matrizen. Bedeutsame Rollen kommen folgenden Matrixformen zu:

Einheitsmatrix I: Bei der Einheitsmatrix I sind die Hauptdiagonalelemente mit dem Wert 1 besetzt, alle anderen Elemente haben den Wert 0. Die **Hauptdiagonale** enthält diejenigen Elemente, bei welchen Zeilen- und Spaltenindex gleich sind. I ist das neutrale Element der Matrizenmultiplikation, d. h.

$A \cdot I = I \cdot A = A$.

Nullmatrix O: Bei der Nullmatrix O haben alle Elemente den Wert 0. Die Nullmatrix ist das neutrale Element der Matrizenaddition, d. h.

$A + O = O + A = A$.

Diagonalmatrix: Bei einer **Diagonalmatrix** haben alle Elemente außerhalb der Hauptdiagonalen den Wert 0. Diagonalmatrizen bezeichnet man oft mit dem Buchstaben Λ und schreibt mit den Diagonalelementen λ_1, λ_2, ... auch $\Lambda = \mathrm{diag}(\lambda_i)$.

Blockmatrix: Eine **Blockmatrix** ist eine Matrix, deren Elemente wiederum Matrizen sind.

Addition. Die **Addition** von Vektoren und Matrizen ist elementweise definiert für Operanden mit gleicher Anzahl von Zeilen und Spalten, (1.9). Diese Operation ist **kommutativ**, d. h. es gilt

$$\boxed{\begin{aligned} a + b &= b + a \\ A + B &= B + A \end{aligned}} \tag{1.8}$$

Multiplikation. Die **Multiplikation** einer Matrix oder eines Vektors mit einer Zahl oder einer Funktion (einem **Skalar**) b ist definiert als die Multiplikation jedes Matrixelementes mit b, (1.10).

$$\boxed{\begin{aligned} A + B &= \begin{bmatrix} a_{11} & a_{12} & \cdots & a_{1m} \\ a_{21} & a_{22} & \cdots & a_{2m} \\ \vdots & \vdots & \ddots & \vdots \\ a_{n1} & a_{n2} & \cdots & a_{nm} \end{bmatrix} + \\ &+ \begin{bmatrix} b_{11} & b_{12} & \cdots & b_{1m} \\ b_{21} & b_{22} & \cdots & b_{2m} \\ \vdots & \vdots & \ddots & \vdots \\ b_{n1} & b_{n2} & \cdots & b_{nm} \end{bmatrix} \\ &= \begin{bmatrix} a_{11} + b_{11} & a_{12} + b_{12} & \cdots & a_{1m} + b_{1m} \\ a_{21} + b_{21} & a_{22} + b_{22} & \cdots & a_{2m} + b_{2m} \\ \vdots & \vdots & \ddots & \vdots \\ a_{n1} + b_{n1} & a_{n2} + b_{n2} & \cdots & a_{nm} + b_{nm} \end{bmatrix} \end{aligned}} \tag{1.9}$$

$$\boxed{b \cdot A = \begin{bmatrix} ba_{11} & ba_{12} & \cdots & ba_{1m} \\ ba_{21} & ba_{22} & \cdots & ba_{2m} \\ \vdots & \vdots & \ddots & \vdots \\ ba_{n1} & ba_{n2} & \cdots & ba_{nm} \end{bmatrix}} \tag{1.10}$$

Auch die Multiplikation mit einem Skalar ist **kommutativ**, d. h. es gilt $Ab = bA$. Die *Multiplikation zweier Matrizen* ist nur definiert, wenn der erste Operand eine $n \times m$-Matrix und der zweite eine $m \times n$-Matrix ist. Dann berechnet sich das Element c_{ij} der Ergebnismatrix $C = A \cdot B$ in der i-ten Zeile und der j-ten Spalte nach (1.12).

Im Gegensatz zur Addition oder Multiplikation mit einer Zahl ist die Multiplikation zweier Matrizen i. Allg. *nicht* kommutativ; $AB = BA$ gilt meist *nicht*. Drei spezielle Fälle seien hervorgehoben:

- **Matrix-Vektor-Produkt.** Die Multiplikation einer Matrix A mit einem Vektor x ergibt wieder einen Vektor b:

$$\boxed{Ax = b} \tag{1.11}$$

Elementweise hat man hier ein **lineares Gleichungssystem** entsprechend (1.13).

$$\boxed{\begin{aligned} A &= \begin{bmatrix} a_{11} & a_{12} & \cdots & a_{1m} \\ a_{21} & a_{22} & \cdots & a_{2m} \\ \vdots & \vdots & \ddots & \vdots \\ a_{n1} & a_{n2} & \cdots & a_{nm} \end{bmatrix} \\ B &= \begin{bmatrix} b_{11} & b_{12} & \cdots & b_{1n} \\ b_{21} & b_{22} & \cdots & b_{2n} \\ \vdots & \vdots & \ddots & \vdots \\ b_{m1} & b_{m2} & \cdots & b_{mn} \end{bmatrix} \\ c_{ij} &= \sum_{k=1}^{m} a_{ik} b_{kj} \end{aligned}} \tag{1.12}$$

$$\boxed{\begin{aligned} a_{11}x_1 + \ldots + a_{1m} &= b_1 \\ &\ldots \\ a_{n1}x_1 + \ldots + a_{nm} &= b_m \end{aligned}} \tag{1.13}$$

Bei $b = 0$ nennt man (1.11) **homogen**, andernfalls ist das System **inhomogen**. Solche Zusammenhänge kommen in technischen Anwendungen überaus häufig vor. Oft handelt es sich bei x um einen unbekannten Vektor, dessen Elemente aus den bekannten Komponenten A und b zu bestimmen sind. x erhält man durch Multiplizieren von (1.13) mit der **inversen Matrix (Kehrmatrix)** A^{-1} von links:

$$\boxed{x = A^{-1}b} \tag{1.14}$$

Restriktionen bez. A und Hinweise zur numerischen Bestimmung von A^{-1} sind weiter unten angegeben.

- **Skalarprodukt.** Die Multiplikation eines Zeilenvektors mit einem Spaltenvektor liefert einen *Skalar*:

$$a^T b = \sum_{j=1}^{n} a_j b_j \qquad (1.15)$$

a und b müssen die gleiche Anzahl von Elementen aufweisen.

- **Dyade.** Das Produkt eines Spaltenvektors mit einem Zeilenvektor bezeichnet man als **Dyade**. Das Ergebnis ist eine *Matrix*:

$$a \cdot b^T = \begin{bmatrix} a_1 b_1 & \ldots & a_1 b_m \\ & \ldots & \\ a_n b_1 & \ldots & a_n b_m \end{bmatrix} \qquad (1.16)$$

Hierbei können a und b unterschiedlich viele Elemente haben.

Inversion. Die zu einer quadratischen Matrix A inverse Matrix A^{-1} ist definiert durch die Eigenschaft:

$$AA^{-1} = A^{-1}A = I \qquad (1.17)$$

wobei I die Einheitsmatrix ist. Für jede Matrix A gilt bei passend gewählter Größe von I:

$$AI = IA = A \qquad (1.18)$$

Zu einer Matrix A existiert *genau dann* eine Inverse, wenn die **Determinante** der Matrix A ($\rightarrow$ Abschnitt 1.3.1.3) ungleich null ist. Dann nennt man A **regulär**; andernfalls ist A **singulär**.

Lineare Abhängigkeit und Unabhängigkeit von Vektoren. Man bezeichnet die Vektoren a_1, a_2, ..., a_n als **linear abhängig**, wenn sie sich mit Skalaren x_1, x_2, ..., x_n, welche nicht sämtlich null sind, zum Nullvektor 0 verknüpfen lassen, d. h. wenn gilt:

$$x_1 a_1 + x_2 a_2 + \ldots + x_n a_n = 0 \qquad (1.19)$$

Ist dies nur möglich bei $x_1 = x_2 = \ldots = x_n = 0$, so sind die a_i **linear unabhängig**. Fasst man die Vektoren a_i spaltenweise zu einer Matrix A zusammen und ordnet man die Skalare x_i in einem Spaltenvektor x an, lässt sich (1.19) schreiben als

$$Ax = 0 \qquad (1.20)$$

Eine nichttriviale Lösung $x \neq 0$ für (1.20) gibt es nur dann, wenn A *singulär* ist. In diesem Fall sind die Spaltenvektoren a_i von A linear abhängig.

1.3.1.3 Das GAUßsche Eliminationsverfahren

Grundsätzliches Vorgehen. Die Berechnung der Kehrmatrix $X = A^{-1}$ bei regulärem A kann mittels des GAUßschen **Eliminationsverfahrens** erfolgen. Dazu schreibt man gemäß folgendem Schema die Matrix A und die Einheitsmatrix I nebeneinander:

$$\begin{bmatrix} a_{11} & a_{12} & \cdots & a_{1n} & | & 1 & 0 & \cdots & 0 \\ a_{21} & a_{22} & \cdots & a_{2n} & | & 0 & 1 & \cdots & 0 \\ \vdots & \vdots & \ddots & \vdots & | & \vdots & \vdots & \ddots & \vdots \\ a_{n1} & a_{n2} & \cdots & a_{nn} & | & 0 & 0 & \cdots & 1 \end{bmatrix} \quad (1.21)$$

Das Ziel der durchzuführenden Umformungen ist es nun, auf der linken Seite die Einheitsmatrix I zu erzeugen. Dann befindet sich auf der rechten Seite die Inverse A^{-1} der Ausgangsmatrix A. Folgende Operationen sind dabei erlaubt:

- Vertauschung von Zeilen,
- Addition eines beliebigen Vielfachen einer Zeile zu einer anderen Zeile.

Nun erzeugt man in einem ersten Schritt zunächst eine **obere Dreiecksmatrix**, d. h. eine Matrix, bei der alle Elemente unterhalb der Hauptdiagonalen null sind. Beginnend mit der ersten Spalte wiederholt man folgendes Verfahren für jede Spalte (Index i):

- Vertausche die i-te Zeile mit einer unterhalb stehenden Zeile so, dass nach der Vertauschung das neue Hauptdiagonalelement a_{ii} möglichst groß ist (**Pivotisierung**). Ist dann $a_{ii} = 0$, ist A singulär, und es existiert keine Inverse.
- Addiere die i-te Zeile so zu jeder unterhalb stehenden Zeile, dass in der i-ten Spalte die resultierenden Elemente den Wert null haben.

Nach Erstellung der oberen Dreiecksmatrix fährt man in einem zweiten Schritt in umgekehrter Weise fort, um auch die Elemente oberhalb der Hauptdiagonalen zu null zu setzen. Abschließend werden die Zeilen durch die Werte der jeweiligen Hauptdiagonalelemente dividiert. Damit hat man auf der linken Seite die Einheitsmatrix, rechts steht die gesuchte Kehrmatrix X. Man nennt dieses Verfahren auch **LU-Zerlegung**, weil A als Produkt einer unteren Dreiecksmatrix L (*lower*) und einer oberen Dreiecksmatrix U (*upper*) dargestellt wird und der Algorithmus in den beiden Eliminationsschritten die Operation $X = U^{-1}L^{-1}$ ausführt. Für spezielle Matrixbesetzungen (z. B. symmetrische Matrizen) gibt es zahlreiche numerisch besonders günstige alternative Berechnungsverfahren ($\rightarrow$ ZURMÜHL [1.24] u. a.).

Algorithmische Darstellung. Den beschriebenen GAUßschen Algorithmus gibt das folgend dargestellte C-Programm exemplarisch wieder. Hierbei sind zwei softwaretechnische Aspekte zu beachten:

- Indizes beginnen bei C mit dem Wert 0.
- Um die numerische Stabilität sicherzustellen, wird bei der Pivotisierung für die Lösbarkeit von $A \cdot X = I$ verlangt, dass die Hauptdiagonalelemente in den einzelnen Eliminationsstufen nicht ungleich null, sondern betragsmäßig größer als eine untere Schranke ε sind.

Aus Gründen der Lesbarkeit wurde auf die bei C möglichen Programmiertricks verzichtet.

```
/* TB PRT
   Demo: Kehrmatrix mittels LU-Zerlegung
   (c) W. Schorn, 22.09.2005
   gcc -o gauss.exe gauss.c
*/

/* Praeprozessor-Definitionen */

#include <stdio.h>
#include <math.h>
#define EPS 0.000001            /* Epsilon fuer Pivot-El. */

/* Algorithmus */

int main()
  {

/* Initialisieren */

  int i, j, k;                  /* Laufindizes */
  int n = 3;                    /* Dimension */
  int pi;                       /* Zeile Pivotelement */
  double swap, pe;              /* Tauschzelle, Pivot-El. */
/* Matrix [A|I] */
  double a[3][6] = {2.0, 1.0, 2.0,  1.0, 0.0, 0.0,
                    1.0, 2.0, 0.0,  0.0, 1.0, 0.0,
                    2.0, 1.0, 1.0,  0.0, 0.0, 1.0};

/* 1. Erzeuge obere Dreiecksmatrix */
```

44   1 Grundlagen

```
   for (i=0; i<n-1; i++)         /* Abwaerts */
/* 1.1 Pivotsuche */
     {
     pe = fabs(a[i][i]); pi = i; /* Pivot-El. + -Index */
     for (j=i+1; j<=n-1; j++)    /* Teste Folgezeilen */
        {
        if (fabs(a[j][i]) > pe)
           {
           pe = fabs(a[j][i]); pi = j; /* Neues Element */
           }
        }
     if (pe < EPS )
        {
        printf("A singulaer!\n");
        exit(0);
        }
     if (pi != i)                /* Neue Pivotzeile? */
/* Ja: Zeilentausch */
        {
        for (k=i; k<2*n-1; k++)
           {
           swap=a[i][k]; a[i][k]=a[pi][k]; a[pi][k]=swap;
           }
        }
/* 1.2 Top-Down-Elimination */
     for (j=i+1; j<=n-1; j++)    /* Folgezeilen */
        {
/* Zeile j minus Zeile i: */
        for (k=i+1; k<=2*n-1; k++)/* Folgespalten */
           {
           a[j][k]=a[j][k]-a[i][k]*a[j][i]/a[i][i];
           }
        a[j][i] = 0.0;
        }
     }

/* 2. Erzeuge Einheitsmatrix links */

  for (i=n-1; i>=0; i--)         /* Aufwaerts */
     {
     for (j=i-1; j>=0; j--)      /* Vorlaeuferzeilen */
        {
/* Zeile j minus Zeile i: */
        for (k=i+1; k<=2*n-1; k++) /* Folgespalten */
           {
           a[j][k]=a[j][k]-a[i][k]*a[j][i]/a[i][i];
           }
        a[j][i] = 0.0;
        }
/* Division durch Hauptdiagonale: */
     for (k=i+1; k<= 2*n-1; k++)
        {
        a[i][k]=a[i][k]/a[i][i];
```

```
      }
    a[i][i] = 1.0;
    }
/* 3. Ausgabe Resultat: */

  printf("\nResultat:\n\n");
  for (i=0; i<=n-1; i++)
    {
    for (k=0; k<=2*n-1; k++)
      {
      printf("%8.5f ",a[i][k]);
      }
    printf("\n");
    }
  printf("\n");
  exit(0);
  }
```

Ein Programmlauf liefert folgendes Resultat:

```
bash-2.05$ ./gauss.exe

Ausgangsdaten:

 2.00000  1.00000  2.00000  1.00000  0.00000  0.00000
 1.00000  2.00000  0.00000  0.00000  1.00000  0.00000
 2.00000  1.00000  1.00000  0.00000  0.00000  1.00000

Zwischenresultat:

 2.00000  1.00000  2.00000  1.00000  0.00000  0.00000
 0.00000  1.50000 -1.00000 -0.50000  1.00000  0.00000
 0.00000  0.00000 -1.00000 -1.00000  0.00000  1.00000

Endresultat:

 1.00000  0.00000  0.00000 -0.66667 -0.33333  1.33333
 0.00000  1.00000  0.00000  0.33333  0.66667 -0.66667
 0.00000  0.00000  1.00000  1.00000 -0.00000 -1.00000

bash-2.05$
```

Die ersten drei Spalten enthalten bei den Ausgangsdaten die Matrix A, im Zwischenresultat die Matrix U und im Endresultat die Einheitsmatrix I. Ebenfalls zeigt das Endresultat in den letzten drei Spalten die Kehrmatrix A^{-1}. Auch die Lösung linearer Gleichungssysteme $Ax = b$ kann mittels GAUß-Elimination vonstatten gehen, wenn man in diesem Rechenschema auf der rechten Seite die Matrix I durch den Vektor b ersetzt.

1.3.1.4 Determinanten

Allgemeine Betrachtungen. Determinanten geben Auskunft darüber, ob eine Matrix regulär oder singulär ist. Damit lassen sie u. a. Rückschlüsse darauf zu, ob ein lineares Gleichungssystem lösbar ist bzw. ob zu einer gegebenen Matrix eine Inverse existiert. Auch zur Eigenwertbestimmung ($\rightarrow$ Abschnitt 1.3.1.4) sind sie nützlich. Determinanten ordnen einer Matrix A eine Zahl det(A) zu und sind ausschließlich für quadratische Matrizen definiert, d. h. für Matrizen mit gleicher Zeilen- und Spaltenzahl. Die wichtigste Eigenschaft ist die folgende:

> Für Determinanten *regulärer* Matrizen A gilt det(A) $\neq$ 0. Bei *singulären* Matrizen A ist det(A) = 0.

Bei Matrizen A, deren Determinante betragsmäßig sehr klein ist, entstehen bei der numerischen Bestimmung der Kehrmatrix Stabilitätsprobleme; dann bezeichnet man A als **schlecht konditioniert** (*ill conditioned*). In solchen Fällen ist die Wahl eines geeigneten Berechnungsverfahrens besonders wichtig ($\rightarrow$ ZURMÜHL [1.25] et al.).

Für kleine Matrizen kann der Wert der Determinante mit den folgenden Formeln direkt ermittelt werden:

- 1x1-Matrix:

$$\det(A) = a_{11} \qquad (1.22)$$

- 2x2-Matrix:

$$\det(A) = a_{11}a_{22} - a_{12}a_{21} \qquad (1.23)$$

- 3x3-Matrix (**Regel von SARRUS**):

$$\det(A) = a_{11}a_{22}a_{33} + a_{13}a_{21}a_{32} + a_{12}a_{23}a_{31} - a_{31}a_{22}a_{13} - a_{11}a_{23}a_{32} - a_{12}a_{21}a_{33} \qquad (1.24)$$

Für größere Matrizen werden Fortentwicklungen der aufgeführten Formeln sehr schnell unübersichtlich. Zwei Methoden zur Ermittlung der Determinante für Matrizen beliebiger Größe sollen daher folgend explizit betrachtet werden.

LAPLACEscher Entwicklungssatz. Die Anwendung des **LAPLACEschen Entwicklungssatzes** (1.25) ist besonders dann empfehlenswert, wenn mindestens eine Zeile oder Spalte viele Nullen enthält:

$$\det(A) = \sum_{j=1}^{n} (-1)^{i+j} a_{ij} \det(A_{ij})$$
$$= \sum_{i=1}^{n} (-1)^{i+j} a_{ij} \det(A_{ij})$$
(1.25)

Dabei stellt A_{ij} die $(n-1) \times (n-1)$-dimensionale Untermatrix dar, die durch Streichen der i-ten Zeile und der j-ten Spalte aus der Matrix A entsteht. Die Entwicklung kann dabei, wie in (1.25), über eine Zeile oder eine Spalte erfolgen. Mit diesem Satz wird die Dimension der zu berechnenden Determinanten um 1 verringert. Das Verfahren wird so lange wiederholt, bis (1.24) anwendbar ist. $(-1)^{i+j} A_{ij}$ heißt **Adjunkte** des Elements a_{ij}.

GAUßscher Algorithmus. Eine Alternative zur Entwicklung nach LAPLACE ist der **GAUßsche Algorithmus**. Dabei wird die Determinante nach folgenden Regeln berechnet:

- Ist A eine Dreiecks- oder Diagonalmatrix, so gilt:

$$\det(A) = \prod_{i=1}^{n} a_{ii}$$
(1.26)

d. h. die Determinante ist das Produkt aller Hauptdiagonalelemente.

- Die Determinante ändert sich nicht, wenn ein beliebiges Vielfaches einer Zeile oder Spalte zu einer anderen Zeile oder Spalte addiert wird.

- Falls sich B aus A durch Vertauschung zweier Zeilen oder zweier Spalten ergibt, dann ist

$$\det(B) = -\det(A)$$
(1.27)

- Falls sich B aus A durch Multiplikation einer Zeile oder Spalte mit der Zahl c ergibt, dann ist

$$\det(B) = c \cdot \det(A)$$
(1.28)

Ausgehend von einer beliebigen Matrix kann man die letzten drei Regeln anwenden, um die Matrix in eine obere (bzw. untere) Dreiecks-

1 Grundlagen

matrix umzuwandeln. Anschließend berechnet man die Determinante mit der ersten Regel.

Rechenregeln. Für Determinanten gelten folgende Rechenregeln:

- $\det(AB) = \det(A) \cdot \det(B)$ (1.29)

- $\det(cB) = c^n \det(B)$ (1.30)

  Dabei ist B eine $n \times n$-Matrix und c ein Skalar.

- $\det(A^{-1}) = \dfrac{1}{\det(A)}$ (1.31)

  Hierbei muss A invertierbar, also regulär sein.

- $\det(A^T) = \det(A)$ (1.32)

  Die Spiegelung einer Matrix ändert also den Wert ihrer Determinante nicht.

- Wenn die Matrizen A und B einander **ähnlich** sind, d. h. wenn eine reguläre Matrix C so existiert, dass $B = C^{-1}AC$ gilt, dann haben A und B identische Determinanten:

$\det(B) = \det(C^{-1}AC) = \det(A)$ (1.33)

1.3.1.5 Eigenwerte und Eigenvektoren

Begriffe. Die Multiplikation $Ax = b$ bewirkt die Transformation des Vektors x in den Vektor b. Geometrisch bedeutet dies in der Regel eine Streckung von x sowie eine Drehung um einen Winkel φ, bei einer $n \times m$-Matrix auch die Projektion eines m-dimensionalen Vektors auf einen n-dimensionalen Vektor. Bei technischen Anwendungen quadratischer Matrizen interessiert häufig die Frage, für welche Vektoren t eine solche Transformation lediglich die Wirkung einer Multiplikation mit einem konstanten Faktor hat. Diese Faktoren werden in der Regelungstechnik mit dem Formelzeichen s, in der Mathematik meist mit λ bezeichnet. Gesucht sind also Lösungen von t und λ für

$At = \lambda t$ (1.34)

Hierzu gibt es folgende Begriffe:

Vektoren t, für welche $At = \lambda t$ gilt, heißen **Eigenvektoren** (*eigenvectors*) von A. Die zugehörigen Faktoren λ nennt man **Eigenwerte** (*eigenvalues*).

Bestimmung der Eigenwerte und -vektoren. (1.34) führt auf

$$(\lambda I - A)t = 0 \tag{1.35}$$

Soll (1.35) nicht lediglich für $t = 0$ (triviale Lösung) gelten, muss die Matrix $\lambda I - A$ singulär sein, und das bedeutet nach Abschnitt 1.3.1.3:

$$\det(\lambda I - A) = 0 \tag{1.36}$$

Man nennt (1.36) die **charakteristische Gleichung** oder **Säkulargleichung** der Matrix A. Die Entwicklung der Determinante nach Abschnitt 1.3.1.3 führt auf

$$p(\lambda) = \lambda^n + a_{n-1}\lambda^{n-1} + \ldots + a_1\lambda + a_0 = 0 \tag{1.37}$$

mit den Koeffizienten a_i. $p(\lambda)$ ist das **charakteristische Polynom** von A, und die Nullstellen $\lambda_1, \lambda_2 \ldots \lambda_n$ sind die Eigenwerte. Zahlreiche Verfahren zur Nullstellenbestimmung beschreibt u. a. ZURMÜHL [1.25]; dort und bei ZURMÜHL [1.24] findet man auch alternative Methoden zur Eigenwertermittlung, bei welchen das charakteristische Polynom nicht benötigt wird (V.-MISES-Verfahren, JACOBI-Verfahren etc.).

Im einfachsten Fall sind alle λ_i verschieden, und dann gibt es auch n zugehörige, linear unabhängige Eigenvektoren t_i. Diese kann man bei ermittelten Eigenwerten λ_i beispielsweise so berechnen:

- Man bildet zunächst aus (1.35) $B_i = \lambda_i I - A$.
- Für t_i besetzt man das Element t_{in} willkürlich mit dem Wert 1, die übrigen Elemente berechnet man dann nach GAUß aus B_i entsprechend Abschnitt 1.3.1.2.

Bei mehrfachen Eigenwerten lassen sich linear unabhängige Eigenvektoren oft nicht auf diese Weise konstruieren. Für dann anwendbare Verfahren sei auf GRÖBNER [1.23] und ZURMÜHL [1.24] verwiesen.

Modalmatrix. Für n verschiedene Eigenwerte und -vektoren hat man n Gleichungssysteme der Form

$$At_i = \lambda_i t_i \tag{1.38}$$

Fasst man die Eigenvektoren t_i spaltenweise zu einer (regulären) Matrix T zusammen und ordnet man die Eigenwerte λ_i in einer Diagonalmatrix $\Lambda = \mathrm{diag}(\lambda_i)$ an, so wird aus (1.38):

$$\boxed{\begin{aligned} AT &= T\Lambda \\ T^{-1}AT &= \Lambda \end{aligned}} \tag{1.39}$$

Hierzu gilt folgender Begriff:

> Die Matrix $T = [t_1, ..., t_n]$ mit den Eigenvektoren t_i von A heißt **Modalmatrix** von A.

Wie man sieht, lässt sich A gemäß (1.39) in Diagonalform transformieren, sofern die angeführten Restriktionen erfüllt sind. Hiervon wird z. B. bei der Lösung linearer Differenzialgleichungssysteme ausgiebig Gebrauch gemacht.

Berechnungsbeispiel. Gegeben sei folgende Matrix A:

$$\boxed{A = \begin{bmatrix} 1 & 3 \\ 1 & -1 \end{bmatrix}} \tag{1.40}$$

Hierzu sollen die Eigenwerte und -vektoren ermittelt werden.

- **Schritt 1: Eigenwertbestimmung**. Die Forderung in (1.36) führt auf

$$\boxed{\det\begin{bmatrix} \lambda-1 & -3 \\ -1 & \lambda+1 \end{bmatrix} = 0} \tag{1.41}$$

Die Anwendung von (1.20) liefert hieraus

$$\boxed{\begin{aligned} p(\lambda) &= (\lambda-1)(\lambda+1) - 3 = 0 \\ \lambda_1 &= 2,\ \lambda_2 = -2 \end{aligned}} \tag{1.42}$$

- **Schritt 2: Eigenvektorbestimmung**. Für den Eigenwert λ_1 erhält man aus (1.35) mit $B_1 = \lambda_1 I - A$:

$$\boxed{B_1 t_1 = \mathbf{0}} \tag{1.43}$$

$$\boxed{\begin{bmatrix} 1 & -3 \\ -1 & 3 \end{bmatrix} \begin{bmatrix} t_{11} \\ t_{21} \end{bmatrix} = \begin{bmatrix} 0 \\ 0 \end{bmatrix}} \tag{1.44}$$

Addition der ersten Zeile in (1.42) zur zweiten Zeile ergibt

$$\begin{bmatrix} 1 & -3 \\ 0 & 0 \end{bmatrix} \begin{bmatrix} t_{11} \\ t_{21} \end{bmatrix} = \begin{bmatrix} 0 \\ 0 \end{bmatrix} \tag{1.45}$$

Setzt man hier $t_{21} := 1$, so folgt aus der ersten Zeile $t_{11} = 3$, also

$$\boldsymbol{t}_1 = \begin{bmatrix} 3 \\ 1 \end{bmatrix} \tag{1.46}$$

Nach der gleichen Methode erhält man $\boldsymbol{t}_2$ zu λ_2:

$$\boldsymbol{t}_2 = \begin{bmatrix} -1 \\ 1 \end{bmatrix} \tag{1.47}$$

Insgesamt ist dann

$$\begin{aligned} \boldsymbol{T} &= [\boldsymbol{t}_1 \quad \boldsymbol{t}_2] = \begin{bmatrix} 3 & -1 \\ 1 & 1 \end{bmatrix} \\ \boldsymbol{\Lambda} &= \operatorname{diag}(\lambda_i) = \begin{bmatrix} 2 & 0 \\ 0 & -2 \end{bmatrix} \end{aligned} \tag{1.48}$$

Die Probe zeigt: $\boldsymbol{AT} = \boldsymbol{T\Lambda}$.

1.3.2 Systemanalyse im Zeitbereich

1.3.2.1 Lineare Differenzialgleichungen

Technische Motivation und Begriffe. Viele technische Systeme haben ein dynamisches Verhalten, d. h. die Ausgangsgrößen sind nicht nur von den Momentanwerten der Eingangsgrößen abhängig, sondern auch von deren Änderungen sowie von den vorherigen Werten der Ausgangsgrößen und deren Änderungen. Zunächst wird von Systemen mit *einer* Eingangsgröße u und *einer* Ausgangsgröße v ausgegangen. Solche Systeme werden durch **Differenzialgleichungen** (DGln) beschrieben, d. h. durch Gleichungen, in denen Zeitfunktionen und ihre Ableitungen gemeinsam vorkommen. Die Lösung einer DGl ist daher keine Zahl, sondern eine Zeitfunktion. Verwendet werden die folgenden Begriffe:

- Bei **gewöhnlichen DGln** hängt die Ausgangsgröße von *einer* Variablen ab (für die Betrachtungen der Regelungstechnik ist dies die

Zeit), bei **partiellen DGln** von *mehreren* Variablen (meist die Zeit und räumliche Koordinaten).
- Bei einer **linearen DGl** treten die Ausgangsgröße und ihre Ableitungen ausschließlich *linear* auf.
- Sind die Koeffizienten der Ausgangsgröße und ihrer Ableitungen konstant, spricht man von einer **zeitinvarianten DGl**. Handelt es sich bei diesen Koeffizienten um Funktionen der Zeit, ist die DGl **zeitvariant**.
- Ist die Eingangsgröße einer DGl identisch null, liegt eine **homogene DGl** vor; andernfalls ist sie **inhomogen**.

Im Folgenden werden lineare zeitinvariante Eingrößensysteme betrachtet, welche sich in der Form (1.49)

$$a_n \overset{(n)}{v}(t) + \ldots + a_2\ddot{v}(t) + a_1\dot{v}(t) + a_0v(t) = \\ = b_m \overset{(m)}{u}(t) + \ldots + b_2\ddot{u}(t) + b_1\dot{u}(t) + b_0u(t)$$

(1.49)

darstellen lassen. Dabei sei $v(t)$ die Ausgangs- und $u(t)$ die Eingangsgröße. Die Koeffizienten a_i und b_j sind konstant. Bei realen Systemen kann zudem vorausgesetzt werden, dass diese Koeffizienten reell sind. Viele technische Systeme lassen sich zumindest näherungsweise durch solche Gleichungen beschreiben und die Lösungsmethoden für diesen Gleichungstyp sind gut erforscht.

Lösung der linearen Differenzialgleichung. Gesucht werden die Lösungen der DGL (1.49), d. h. der Zeitverlauf der Ausgangsgröße $v(t)$ bei vorgegebenem Zeitverlauf der Eingangsgröße $u(t)$. Dazu werden zunächst die Lösungen der homogenen DGl

$$a_n \overset{(n)}{v}(t) + \ldots + a_2\ddot{v}(t) + a_1\dot{v}(t) + a_0v(t) = 0$$

(1.50)

gesucht. Die Lösungen der homogenen DGl (1.50) werden auch als **Eigenbewegungen** des Systems bezeichnet. Durch Einsetzen kann man Folgendes leicht zeigen:

Sei $v_s(t)$ irgendeine *spezielle Lösung* der DGl (1.49) bei vorgegebenem $u(t)$ sowie $v_{h1}(t)$ und $v_{h2}(t)$ zwei Lösungen der homogenen DGl (1.50). Dann gilt mit beliebigen Konstanten c_1, c_2:
- Die Linearkombination $c_1v_{h1}(t) + c_2v_{h2}(t)$ ist eine weitere Lösung der homogenen DGl (1.50).

1.3 Mathematische Grundlagen linearer Systeme

- Die Linearkombination $c_1 v_{h1}(t) + v_s(t)$ ist eine weitere Lösung der DGl (1.49).

Auch die Umkehrung gilt, d. h. die Differenz zweier beliebiger Lösungen der DGl (1.49) ist eine Lösung der homogenen DGl (1.50).

Lösung der homogenen DGl. Zur Ermittlung der Lösungen von (1.50) wird als Ansatz eine Exponentialfunktion gewählt, d. h.

$$v(t) = c\mathrm{e}^{st} \tag{1.51}$$

Dann gilt für die Ableitungen:

$$\dot{v}(t) = sc\mathrm{e}^{st}\,;\; \ddot{v}(t) = s^2 c\mathrm{e}^{st}\,;\; \overset{(n)}{v}(t) = s^n c\mathrm{e}^{st} \tag{1.52}$$

Einsetzen in (1.50) und Kürzen des in allen Termen auftretenden Faktors $c\mathrm{e}^{st}$ ergibt

$$a_n s^n + \ldots + a_2 s^2 + a_1 s + a_0 = 0 \tag{1.53}$$

Diese Gleichung wird wie bei der Eigenwertproblematik bei Matrizen als **charakteristische Gleichung** bezeichnet. Sie hat genau n Lösungen $s_1, s_2, \ldots, s_n$, welche die **Eigenwerte** des durch die DGl (1.49) beschriebenen Systems sind.

Die Lösungen der charakteristischen Gleichung (1.53) sind die Eigenwerte des Systems (1.49).

Jedem Eigenwert s_i entspricht eine Lösung $\mathrm{e}^{s_i t}$ der homogenen DGl (1.50). Falls s_i ein Eigenwert der Vielfachheit k ist, dann sind $t\mathrm{e}^{s_i t}$, $t^2 \mathrm{e}^{s_i t}, \ldots, t^{k-1}\mathrm{e}^{s_i t}$ ebenfalls Lösungen von Gl. (1.50). Die Linearkombination dieser Lösungen für alle Eigenwerte ist die allgemeine Lösung der homogenen DGl (1.50):

$$\begin{aligned}v(t) &= c_1 \mathrm{e}^{s_1 t} + c_2 \mathrm{e}^{s_2 t} + \cdots \\ &+ \mathrm{e}^{s_i t}\left(c_i + t c_{i+1} + \cdots + t^{k-1} c_{i+k-1}\right) + \cdots\end{aligned} \tag{1.54}$$

mit beliebigen Koeffizienten $c_1 \ldots c_n$ (BRONSTEIN, SEMENDJAJEW [1.26]). Es handelt sich bei dieser allgemeinen Lösung also nicht um eine bestimmte Funktion, sondern um eine *Funktionenschar*, die durch insgesamt n freie Parameter bestimmt ist. Für den Fall, dass ein Eigenwert nicht rein reell ist, sondern einen Imaginärteil besitzt, d. h. für

$$\boxed{s_i = \sigma_i + j\omega_i} \tag{1.55}$$

$\sigma_i, \omega_i \in \mathbb{R}$

$j^2 := -1$

existiert auf Grund der Voraussetzungen (reelle Koeffizienten a_i) stets ein dazu konjugiert komplexer Eigenwert

$$\boxed{s_k = \bar{s}_i = \sigma_i - j\omega_i} \tag{1.56}$$

Gemäß der Beziehung $e^{j\varphi} = \cos\varphi + j\cdot\sin\varphi$ lässt sich dann der Beitrag dieser beiden Eigenwerte s_i und s_k zur Gesamtlösung unter Vermeidung komplexer Größen statt als $c_i e^{s_i t} + c_k e^{s_k t}$ auch als $A\cdot e^{\sigma t}\cdot\cos(\omega t + \varphi)$ darstellen, wobei A und φ beliebige Konstanten sind ($\rightarrow$ BRONSTEIN, SEMENDJAJEW [1.26]). Es handelt sich also in diesem Fall um eine sinusförmige Schwingung beliebiger Phasenlage mit einer *Einhüllenden* (Hüllkurve) der Form $e^{\sigma t}$. Für viele regelungstechnische Fragestellungen ist dieser Zusammenhang äußerst bedeutsam.

Einem reellen Eigenwert s entspricht als Lösung der homogenen DGl eine Exponentialfunktion e^{st}; einem konjugiert komplexen Eigenwertpaar $\sigma \pm j\omega$ entspricht eine sinusförmige Schwingung der Kreisfrequenz ω mit beliebiger Phasenlage und einer exponentiell verlaufenden Hüllkurve $e^{\sigma t}$.

Lösung der vollständigen Differenzialgleichung. Viele Fragestellungen der Regelungstechnik lassen sich auf Anfangswertprobleme zurückführen, d. h. man interessiert sich für die zukünftige Entwicklung der Ausgangsgröße bei gegebenem Anfangszustand sowie gegebener Eingangsgröße. Dies wird formal so dargestellt:

Gesucht ist die Lösung der DGl (1.49) für $t > 0$ bei gegebenen **Anfangswerten**, d. h. bei $v(0)$, $\dot{v}(0)$, ..., $\overset{(n-1)}{v}(0)$ sowie $u(t)$ für $t \geq 0$. Unter diesen Voraussetzungen existiert **genau eine** Lösung.

Zur Vereinfachung der Beschreibung führt man die **Sprungfunktion** $\varepsilon(t)$ ein ($\rightarrow$ Abschnitt 1.3.2.3):

1.3 Mathematische Grundlagen linearer Systeme

$$\varepsilon(t) = \begin{cases} 1; & t \geq 0 \\ 0; & t < 0 \end{cases} \qquad (1.57)$$

Nun wird die partikuläre Lösung $v_p(t)$ der DGl (1.49) gesucht, zunächst ohne Berücksichtigung der Anfangswerte. Für zwei technisch relevante Spezialfälle sind dafür folgende Ansätze verfügbar:

- Hat das System keinen integralen Anteil und ist $u(t) = A \cdot \varepsilon(t)$, d. h. eine Konstante, dann existiert auch ein konstantes $v_P(t)$ als partikuläre Lösung von (1.46), d. h. $v_P(t) = B \cdot \varepsilon(t)$.

- Ist $u(t) = A \cdot \sin(\omega t + \varphi_0) \cdot \varepsilon(t)$ eine sinusförmige Funktion beliebiger Phasenlage, dann existiert eine partikuläre Lösung $v_P(t)$ als sinusförmige Funktion mit derselben Frequenz und ggf. davon abweichender Phasenlage: $v_P(t) = B \cdot \sin(\omega t + \varphi_1) \cdot \varepsilon(t)$.

Die Koeffizienten B (und ggf. φ_1) lassen sich durch Einsetzen des jeweiligen Lösungsansatzes in Gl. (1.49) gewinnen. Bei anderen Formen von $u(t)$ (Polynome, e-Funktionen etc.) gibt es für $v_P(t)$ ebenfalls Standardansätze.

Eine Alternative zur Gewinnung einer partikulären Lösung ist möglich, wenn die **Gewichtsfunktion** $g(t)$ des Systems bekannt ist. Diese ist definiert als die Antwort des zum Zeitpunkt $t = 0$ energiefreien Systems auf den sog. **DIRAC**schen Delta-Stoß $\delta(t)$ ($\rightarrow$ Abschnitt 1.3.2.3).

Bei einem zum Zeitpunkt $t = 0$ energiefreien System sind die Ausgangsgröße $v(t)$ und alle ihre Ableitungen null für $t = 0$.

$\delta(t)$ kann wie folgt definiert werden ($\rightarrow$ Abschnitt 1.3.2.3):

$$\begin{array}{l} \delta(t) = 0; \quad t \neq 0 \\ \displaystyle\int_{-\infty}^{\infty} \delta(t)\mathrm{d}t = 1 \end{array} \qquad (1.58)$$

Der Delta-Impuls ist die verallgemeinerte Ableitung der Sprungfunktion $\varepsilon(t)$. Entsprechend kann die Gewichtsfunktion $g(t)$ auch gewonnen werden als Ableitung der **Übergangsfunktion** $h(t)$, das ist die Antwort des zum Zeitpunkt $t = 0$ energiefreien Systems auf den Einheitssprung $u(t) = \varepsilon(t)$.

Bei vielen technischen Systemen sind $g(t)$ bzw. $h(t)$ bekannt, da diese Funktionen das Übertragungsverhalten des Systems charakterisieren. Dann kann die Ausgangsgröße $v(t)$ eines zum Zeitpunkt $t = 0$ energiefreien, linearen zeitinvarianten Systems zu einer Eingangsgröße $u(t)$ nach (1.59) bestimmt werden:

$$v(t) = \int_0^t u(\tau)g(t - \tau)d\tau = y(t) * g(t) \qquad (1.59)$$

Das Integral in (1.59) wird als **Faltungsintegral** bezeichnet; nach dem zweiten Gleichheitszeichen ist die hierfür übliche abkürzende Schreibweise angegeben. Die Faltung ist *kommutativ*, d. h. es gilt für zwei Funktionen $f_1(t)$ und $f_2(t)$:

$$f_1(t) * f_2(t) = f_2(t) * f_1(t) \qquad (1.60)$$

Berücksichtigung der Anfangswerte. Die Lösung unter Berücksichtigung von Anfangswerten findet man durch Addition der allgemeinen Lösung der homogenen DGl (1.50) zur gefundenen partikulären Lösung und Ermittlung der ersten $n - 1$ Ableitungen. Durch Gleichsetzen mit den entsprechenden Anfangswerten erhält man n Gleichungen für die n Koeffizienten in (1.50). Ein System sei beispielsweise beschrieben durch

$$\ddot{v}(t) + 3\dot{v}(t) + 2v(t) = 4u(t) + \dot{u}(t) \qquad (1.61)$$

Weiterhin seien die Anfangswerte sowie die Eingangsgröße vorgegeben:

$$\begin{aligned} \dot{v}(0) &= 3; v(0) = 5 \\ u(t) &= 3\varepsilon(t) \end{aligned} \qquad (1.62)$$

Die charakteristische Gleichung lautet:

$$s^2 + 3s + 2 = 0 \qquad (1.63)$$

mit den beiden Eigenwerten $s_1 = -2$ und $s_2 = -1$. Die partikuläre Lösung wird durch Einsetzen des Funktionsansatzes $v_p(t) = A \cdot \varepsilon(t)$ in (1.61) bei vorgegebenem $u(t)$ gemäß Gl. (1.62) gewonnen. Da $v(t)$ und $u(t)$ Konstanten sind, verschwinden die Ableitungen:

$$2A\varepsilon(t) = 4 \cdot 3 \cdot \varepsilon(t)$$
$$\Rightarrow A = 6 \tag{1.64}$$

Nun bestimmt man die noch unbekannten Koeffizienten c_1 und c_2 der vollständige Lösung $v(t) = \varepsilon(t) \cdot \left(6 + c_1 e^{-2t} + c_2 e^{-t}\right)$ durch Ermitteln der ersten Ableitung $\dot{v}(t) = \varepsilon(t) \cdot \left(-2c_1 e^{-2t} - c_2 e^{-t}\right)$ und Gleichsetzen mit den entsprechenden Anfangswerten:

$$\left.\begin{aligned} v(0) &= 5 = 6 + c_1 e^0 + c_2 e^0 \\ \dot{v}(0) &= 3 = -2c_1 e^0 - c_2 e^0 \end{aligned}\right\} \tag{1.65}$$

woraus sich $c_1 = -2$ und $c_2 = 1$ leicht ermitteln lassen. Die vollständige Lösung lautet damit:

$$v(t) = \varepsilon(t) \cdot (6 - 2e^{-2t} + e^{-t}) \tag{1.66}$$

Allgemeine Lösung einer linearen DGl erster Ordnung. Ein System, das durch

$$\begin{aligned} \dot{v}(t) &= av(t) + bu(t) \\ v(0) &= v_0 \end{aligned} \tag{1.67}$$

beschrieben wird, hat folgende allgemeine Lösung ($\rightarrow$ BRONSTEIN, SEMENDJAJEW [1.26]):

$$v(t) = v_0 e^{at} + \int_0^t e^{a(t-\tau)} bu(\tau) d\tau \tag{1.68}$$

Das Integral in (1.68) ist ein Faltungsintegral, $\rightarrow$ (1.59).

1.3.2.2 FOURIER-Reihen

Eigenschaften. In der Regelungstechnik sind periodische Funktionen von besonderer Bedeutung. Eine solche Funktion hat die Eigenschaft

$$f(t + mT) = f(t) \tag{1.69}$$

$m \in \mathbb{Z}$

$T > 0$

Die Konstante T ist die **Periodendauer** dieser Funktion. Periodische Funktionen $f(t)$, welche endlich viele Sprungstellen enthalten dürfen, können durch eine (unendliche) Summe $f_F(t)$ von Sinus- und Cosinusfunktionen angenähert werden:

$$f(t) \approx f_F(t)$$
$$f_F(t) = \lim_{n \to \infty} \left(\frac{a_0}{2} + \sum_{k=1}^{n} \left(a_n \cos(k\omega t) + b_n \sin(k\omega t) \right) \right) \quad (1.70)$$

Die $f(t)$ approximierende Funktion $f_F(t)$ heißt **FOURIER-Reihe**, die Koeffizienten a_n, b_n sind die **FOURIER-Koeffizienten**. $a_0/2$ ist der **Gleichanteil**, die Reihenglieder mit $k = 1$ bilden die **Grundwelle**. Die Bestimmung von $f_F(t)$ nennt man **harmonische Analyse**.

Die Werte von a_k und b_k gewinnt man aus der Forderung, dass $f_F(t)$ die Funktion $f(t)$ *im quadratischen Mittel* annähern soll:

$$\int_{-T/2}^{T/2} (f(t) - f_F(t))^2 \, dt \stackrel{!}{=} \min \quad (1.71)$$

Hieraus ergibt sich

$$\omega = 2\pi/T$$
$$a_k = \frac{2}{T} \int_{-T/2}^{T/2} f(t) \cos(k\omega t) \, dt \quad (1.72)$$
$$b_k = \frac{2}{T} \int_{-T/2}^{T/2} f(t) \sin(k\omega t) \, dt$$

Da sich die Überlagerung gleichfrequenter Sinus- und Cosinusfunktionen als eine einzige Sinus- bzw. Cosinusfunktion mit geänderter Amplitude und Phasenlage darstellen lässt, kann man $f_F(t)$ auch so formulieren:

1.3 Mathematische Grundlagen linearer Systeme

$$f_F(t) = \lim_{n \to \infty} \left(\frac{a_0}{2} + \sum_{k=1}^{n} A_k \cos(k\omega t + \varphi_k) \right)$$
$$A_k = \sqrt{a_k^2 + b_k^2}$$
$$\tan \varphi_k = a_k / b_k$$
(1.73)

Die Menge der Wertepaare ($k\omega$, A_k) bildet das diskrete **Amplitudenspektrum** von $f(t)$, welchem bei nichtperiodischen Funktionen der kontinuierliche **Amplitudengang** entspricht (→ Abschnitt 1.3.3.4).

Eine andere, formal kompaktere Darstellung der FOURIER-Reihe erhält man bei Verwendung komplexer Zahlen:

$$f_F(t) = \lim_{n \to \infty} \sum_{k=-n}^{n} c_k e^{jk\omega t}$$
$$c_k = \frac{1}{T} \int_{-T/2}^{T/2} f(t) e^{-jk\omega t} dt$$
(1.74)

Zwischen den Koeffizienten der reellen und der komplexen Darstellung gelten folgende Zusammenhänge:

$$\begin{aligned} c_0 &= \frac{a_0}{2} \\ c_k &= \frac{a_k - jb_k}{2} \quad ; k > 0 \\ c_k &= \frac{a_k + jb_k}{2} \quad ; k < 0 \end{aligned}$$
(1.75)

Bei Punkt- oder Achsensymmetrie von $f(t)$ lassen sich die Formeln zur Koeffizientenbestimmung noch vereinfachen.

Anwendungsbeispiel. Es sei folgende 2π-periodische Funktion gegeben:

$$f(t) = \begin{cases} 0 & \text{für } 0 < t < \pi \\ 1 & \text{für } \pi < t < 2\pi \end{cases}$$
(1.76)

Damit ist $T = 2\pi$ und nach (1.72) $\omega = 1$. Bei $t = k \cdot \pi$ liegt jeweils eine Sprungstelle vor. Für die Koeffizienten ergibt sich

1 Grundlagen

$$a_0 = \frac{2}{2\pi} \int_{-\pi}^{0} \mathrm{d}t = 1$$

$$\frac{a_0}{2} = 0{,}5$$
(1.77)

$$a_k = \frac{2}{2\pi} \int_{-\pi}^{0} \cos kt \, \mathrm{d}t = 0$$
(1.78)

$$b_k = \frac{2}{2\pi} \int_{-\pi}^{0} \sin kt \, \mathrm{d}t = \frac{1}{\pi k}\left(-1 + (-1)^{2k+1}\right)$$
(1.79)

Insgesamt hat man also

$$f_\mathrm{F}(t) = \frac{1}{2} + \frac{2}{\pi}\left(\sin t + \frac{1}{3}\sin 3t + \frac{1}{5}\sin 5t + \ldots\right)$$
(1.80)

Bild 1.12 zeigt $f(t)$ sowie Näherungen von $f_\mathrm{F}(t)$ für $n = 5$ und $n = 7$.

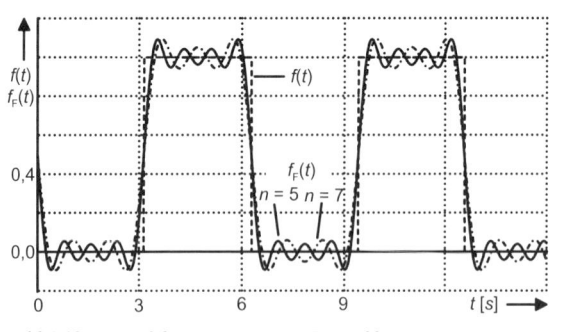

Bild 1.12 Beispiel für eine FOURIER-Entwicklung

An den Sprungstellen von $f(t)$ ist das für FOURIER-Reihen typische Überschwingen von $f_\mathrm{F}(t)$ zu sehen, welches auch für $n \to \infty$ gegeben ist (**GIBBsches Phänomen**). Ausführliche Darstellungen FOURIERscher Reihen findet man z. B. bei LAUGWITZ [1.22] und BRONSTEIN, SEMENDJAJEW [1.26]. ZURMÜHL [1.25] beschreibt auch die Berechnung von FOURIER-Koeffizienten bei diskret gegebenen Funktionen $f(t)$.

1.3.2.3 Testsignale zur Systemidentifikation

Antwortformalismus. Bei technischen Systemen ist das dynamische Verhalten zunächst oft nicht bekannt. Dann muss es, etwa zur Auswahl von Reglern, durch Messen seiner Antwort auf **Testsignale** $u(t)$ bestimmt werden. Man spricht hierbei vom **Antwort-** oder *Response-Formalismus*. Üblicherweise werden Standardsignale gewählt, welche deterministischer oder stochastischer Natur sind.

Deterministische Testsignale. Das am häufigsten verwendete Testsignal ist der HEAVISIDEsche **Einheitssprung** $\varepsilon(t)$, welcher sich als ein bei $t = 0$ unstetiger Grenzfall einer stetigen Funktion $\varepsilon_{\Delta t}(t)$ definieren lässt. Als Näherung eignet sich eine Rampe:

$$\boxed{\begin{aligned}\varepsilon(t) &= \lim_{\Delta t \to 0} \varepsilon_{\Delta t}(t) \\ \varepsilon_{\Delta t}(t) &= \begin{cases} 0 & \text{für } -\infty < t < 0 \\ \dfrac{1}{\Delta t} t & \text{für } 0 \leq t \leq \Delta t \\ 1 & \text{für } \Delta t < t < \infty \end{cases}\end{aligned}} \quad (1.81)$$

Mit $\varepsilon(t)$ lassen sich z. B. Einschaltvorgänge nachbilden.

> Die Ausgangsgröße $v(t)$ eines Übertragungsgliedes bei der Eingangsgröße $u(t) = \varepsilon(t)$ ist die **Übergangsfunktion** $h(t)$; die Reaktion auf einen Sprung $u(t) = u_0 \varepsilon(t)$ der Höhe u_0 heißt **Sprungantwort**. Eine durch Multiplikation mit $\varepsilon(t - t_0)$ entstandene, für $-\infty < t < t_0$ identisch verschwindende Funktion bezeichnet man als *verkürzt*.

Als Ableitung des Einheitssprungs erhält man den DIRACschen **Delta-Stoß** (**Impulsfunktion**) $\delta(t)$. Auch $\delta(t)$ lässt sich heuristisch durch einen Grenzprozess aus einer Funktion $\delta_{\Delta t}(t)$ gewinnen, welche ihrerseits die Ableitung von $\varepsilon_{\Delta t}(t)$ ist. Im *herkömmlichen* Sinn ist $\varepsilon_{\Delta t}(t)$ allerdings bei $t = 0$ und $t = \Delta t$ nicht differenzierbar, da dort die rechts- und linksseitigen Grenzwerte der jeweiligen Differenzenquotienten nicht gleich sind. Dies gilt sinngemäß erst recht für $\varepsilon(t)$ bei $t = 0$. Man *definiert* $\delta(t)$ gemäß (1.82):

1 Grundlagen

$$\delta(t) = \lim_{\Delta t \to 0} \delta_{\Delta t}(t)$$

$$\delta_{\Delta t}(t) = \dot{\varepsilon}_{\Delta t}(t) = \begin{cases} 0 & \text{für } -\infty < t < 0 \\ \dfrac{1}{\Delta t} & \text{für } 0 \leq t \leq \Delta t \\ 0 & \text{für } \Delta t < t < \infty \end{cases} \qquad (1.82)$$

Man bezeichnet Funktionen, für welche man auch an Sprungstellen Differenzialquotienten definiert, sowie die durch Differenzieren entstehenden Impulsfunktionen als **verallgemeinerte Funktionen** oder **Distributionen**, die Ableitungen nennt man **verallgemeinert**.

Als Grenzfall für $\Delta t = 0$ stellt die Deltafunktion $\delta(t)$ einen Impuls verschwindender Breite und „unendlicher" Höhe der Fläche 1 dar (**Nadelimpuls**). Die verallgemeinerten Ableitungen von $\delta(t)$ sind dementsprechend Mehrfachimpulse. Die Einführung von Distributionen hat sich zur Vereinfachung der Analyse technischer Übertragungsglieder als höchst nützlich erwiesen ($\to$ LAUGWITZ [1.22], BERZ [1.28] und UNBEHAUEN [1.29]).

Die Reaktion $v(t)$ eines Übertragungsgliedes auf $u(t) = \delta(t)$ ist die **Gewichtsfunktion (GREENsche Funktion)** $g(t)$; die Reaktion auf das Signal $u(t) = u_0\delta(t)$ heißt **Impulsantwort**.

Eine Besonderheit der Deltafunktion ist ihre *Ausblendeigenschaft*. Aus der Definition (1.82) für $\delta_{\Delta t}(t)$ und dem Mittelwertsatz der Integralrechnung folgt für eine in $0 < t < \Delta t$ stetige Funktion $f(t)$ mit einem festen, nicht unbedingt bekannten Wert t_0 und $0 < t_0 < \Delta t$:

$$\int_{-\infty}^{\infty} f(t)\delta_{\Delta t}(t)\mathrm{d}t = \int_0^{\Delta t} f(t)\delta_{\Delta t}(t)\mathrm{d}t = f(t_0)\int_0^{\Delta t} \frac{1}{\Delta t}\,\mathrm{d}t = f(t_0) \qquad (1.83)$$

und dies gilt auch für $\Delta t \to 0$, $t_0 \to 0$. Daraus folgt dann

$$\int_{-\infty}^{\infty} f(t)\delta(t)\mathrm{d}t = f(0) \qquad . \qquad (1.84)$$

und entsprechend mit beliebiger Zeitverschiebung τ

$$\int_{-\infty}^{\infty} f(t)\delta(t - \tau)dt = f(\tau) \quad . \tag{1.85}$$

Weitere wichtige Eigenschaften sind

$$\begin{aligned} f(t)\delta(t - \tau) &= f(\tau)\delta(t - \tau) \\ f(t)\dot{\delta}(t - \tau) &= f(\tau)\dot{\delta}(t - \tau) - \dot{f}(\tau)\delta(t - \tau) \end{aligned} \tag{1.86}$$

Bild 1.13 zeigt typische Näherungen für Sprung- und Impulsfunktion. Beide Funktionstypen werden für die Untersuchung von Übertragern im Zeitbereich verwendet.

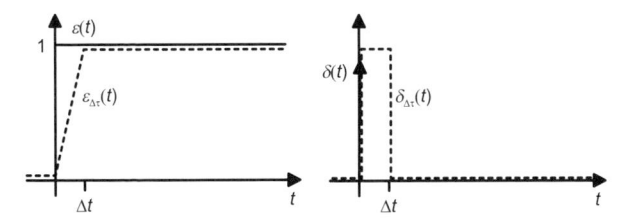

Bild 1.13 Einheitssprung und Impulsfunktion

Eine weitere oft genutzte Testfunktion ist die **Sinusfunktion**, welche sich besonders für Systemanalysen im Frequenzbereich eignet:

$$u(t) = u_0 \sin \omega t \tag{1.87}$$

Hiermit lässt sich etwa ermitteln, wie die Amplitude $v_0(\omega)$ des Ausgangssignals $v(t)$ von der Kreisfrequenz ω des Eingangssignals $u(t)$ abhängt. Die Sinusfunktion wird z. B. zum Erstellen von BODE-Diagrammen (→ Abschnitt 1.3.3.4) und zur Beurteilung der Systemstabilität angewendet.

Stochastische Testsignale. Stochastische Testsignale, bei welchen der Verlauf vom Zufall abhängt, dienen typisch zur Simulation von Störgrößen mit unbekanntem Zeitverhalten. Meist verwendet man Funktionen $u(t)$ der folgenden Form:

$$u(t) = u_0 \sum_j \left[\varepsilon(t - \tau_{2j}) - \varepsilon(t - \tau_{2j+1}) \right] \tag{1.88}$$

1 Grundlagen

$u(t)$ ist ein **Puls**. Die τ_k sind zufällige Zeitpunkte für die Flanke des zeitverschobenen Einheitssprungs, wobei $\tau_k < \tau_i$ für $k < i$ gilt. Eine solche Funktion wird als **Pseudo-Rausch-Binärsignal** (**PRB-Signal**, *Pseudo Random Binary Signal*) bezeichnet. Dabei erklärt sich der Wortbestandteil *Pseudo* aus der Tatsache, dass die benötigten Zufallszeitpunkte von einem Generator geliefert werden, welcher algorithmisch festgelegt und selbst somit deterministisch ist ($\rightarrow$ Abschnitt 8.3). Das *Aussehen* der erzeugten Zahlen τ_k ist aber regellos.

Rechnen mit verallgemeinerten Funktionen. Der Umgang mit verallgemeinerten Funktionen sei an einem einfachen Beispiel demonstriert. Gegeben sei ein lineares Übertragungsglied der Form

$$\boxed{T\dot{v}(t) + v(t) = u(t)} \tag{1.89}$$

welches mit der Störfunktion

$$\boxed{u(t) = \varepsilon(t) - \varepsilon(t - \tau)} \tag{1.90}$$

für $\tau > 0$ angeregt werde. Da $u(t)$ eine verallgemeinerte Funktion bestehend aus zwei zeitverschobenen Einheitssprüngen ist, wird $v(t)$ mit zwei Unbekannten $v_1(t)$, $v_2(t)$ ebenfalls als verallgemeinerte Funktion angesetzt:

$$\boxed{v(t) = v_1(t)\varepsilon(t) - v_2(t)\varepsilon(t - \tau)} \tag{1.91}$$

Mit (1.89) und (1.90) erhält man

$$\boxed{\begin{aligned}&\left(T\dot{v}_1(t) + v_1(t)\right)\varepsilon(t) + Tv_1(0)\delta(t) +\\ &+ \left(T\dot{v}_2(t) + v_2(t)\right)\varepsilon(t - \tau) + Tv_2(\tau)\delta(t - \tau)\\ &= \varepsilon(t) - \varepsilon(t - \tau)\end{aligned}} \tag{1.92}$$

Ein Koeffizientenvergleich bezüglich der Sprung- und Impulsfunktionen $\varepsilon(t)$, $\varepsilon(t - \tau)$, $\delta(t)$ und $\delta(t - \tau)$ ergibt

$$\boxed{\begin{aligned}T\dot{v}_1(t) + v_1(t) &= 1\\ Tv_1(0) &= 0\end{aligned}} \tag{1.93}$$

$$\boxed{\begin{aligned}T\dot{v}_2(t) + v_2(t) &= -1\\ Tv_2(\tau) &= 0\end{aligned}} \tag{1.94}$$

Durch Lösen dieser DGln und Einsetzen der Anfangsbedingungen erhält man

$$v_1(t) = 1 - e^{-\frac{t}{T}}, \quad v_2(t) = -1 + e^{-\frac{t-\tau}{T}},$$

also insgesamt (→ Bild 1.14):

$$v(t) = \left(1 - e^{-\frac{t}{T}}\right)\varepsilon(t) - \left(1 - e^{-\frac{t-\tau}{T}}\right)\varepsilon(t - \tau) \tag{1.95}$$

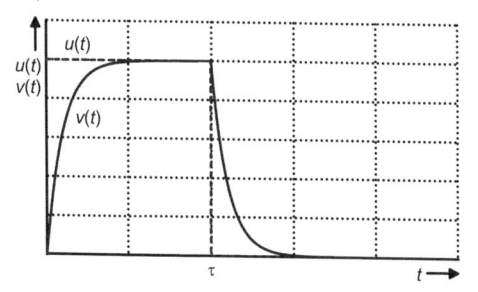

Bild 1.14 Beispiel für verallgemeinerte Funktionen

Enthält die Störfunktion $u(t)$ Impulse, hat man den Ansatz für $v(t)$ ggf. passend zu modifizieren. In BERZ [1.28] und UNBEHAUEN [1.29] ist die Handhabung verallgemeinerter Funktionen ausführlich beschrieben.

1.3.2.4 Differenzialgleichungssysteme und Zustandsraum

Zustandsdifferenzialgleichungen. Vielfach lassen sich technische Systeme als verkoppelte Systeme von Differenzialgleichungen erster Ordnung beschreiben. Nun wird davon ausgegangen, dass das System p Eingangsgrößen $u_1(t), u_2(t), \ldots, u_p(t)$ sowie q Ausgangsgrößen $v_1(t), v_2(t), \ldots, v_q(t)$ besitzt. Dabei treten die inneren Größen $x_1(t), x_2(t), \ldots, x_n(t)$ auf, welche als **Zustandsgrößen** des Systems bezeichnet werden und physikalische Bedeutung haben *können*, aber nicht *müssen*. In allgemeiner Schreibweise erhält man das Gleichungssystem (1.96):

$$\begin{aligned}
\dot{x}_1(t) &= f_1(x_1,\dots,x_n,u_1,\dots,u_p,t) \\
&\dots \\
\dot{x}_n(t) &= f_n(x_1,\dots,x_n,u_1,\dots,u_p,t) \\
v_1(t) &= g_1(x_1,\dots,x_n,u_1,\dots,u_p,t) \\
&\dots \\
v_q(t) &= g_q(x_1,\dots,x_n,u_1,\dots,u_p,t)
\end{aligned} \tag{1.96}$$

Die Zusammenfassung gleichartiger Variablen zu Vektoren ergibt:

$$\boldsymbol{x} = \begin{bmatrix} x_1 \\ \dots \\ x_n \end{bmatrix}; \boldsymbol{u} = \begin{bmatrix} u_1 \\ \dots \\ u_p \end{bmatrix}; \boldsymbol{v} = \begin{bmatrix} v_1 \\ \dots \\ v_q \end{bmatrix};$$
$$\boldsymbol{f} = \begin{bmatrix} f_1 \\ \dots \\ f_n \end{bmatrix}; \boldsymbol{g} = \begin{bmatrix} g_1 \\ \dots \\ g_q \end{bmatrix} \tag{1.97}$$

Hiermit lässt sich das DGl-System (1.96) kürzer darstellen:

$$\left.\begin{aligned} \dot{\boldsymbol{x}}(t) &= \boldsymbol{f}(\boldsymbol{x},\boldsymbol{u},t) \\ \boldsymbol{v} &= \boldsymbol{g}(\boldsymbol{x},\boldsymbol{u},t) \end{aligned}\right\} \tag{1.98}$$

Der aus den Zustandsgrößen $x_1(t)$, $x_2(t)$, ..., $x_n(t)$ gebildete Vektor $\boldsymbol{x}(t)$ heißt **Zustandsvektor** des betrachteten Systems. Der zugehörige Vektorraum ist der **Zustandsraum**. Der Verlauf der Endpunkte von $\boldsymbol{x}(t)$ in Abhängigkeit von der Zeit wird als **Trajektorie** bezeichnet.

Im Folgenden betrachten wir lediglich lineare zeitinvariante Systeme mit *einer* Eingangs- und *einer* Ausgangsgröße (**SISO-Systeme**, → Abschnitt 2.5.1), welche jeweils skalar sind. Dann vereinfacht sich die allgemeine Darstellung (1.69) zu

$$\begin{aligned} \dot{\boldsymbol{x}}(t) &= \boldsymbol{A}\boldsymbol{x}(t) + \boldsymbol{b}u(t) \\ v(t) &= \boldsymbol{c}^\mathrm{T}\boldsymbol{x}(t) + du(t) \end{aligned} \tag{1.99}$$

Die konstanten Größen in (1.99) werden nach DIN 19226-2 [1.11] wie folgt bezeichnet.

A: **Systemmatrix**
b: **Eingangsvektor**
c^T: **Ausgangsvektor**
d: **Durchgangsfaktor**

Die Besetzung dieser Größen hängt wesentlich davon ab, wie man die Zustandsgrößen festlegt. Gegeben sei z. B. eine Systemstruktur gemäß Bild 1.15. Hierbei handelt es sich um eine Reihenschaltung zweier Verzögerungsglieder 1. Ordnung (PT$_1$-Glieder) und eines Proportionalgliedes (→ Abschnitt 1.3.4.1). In diesem Beispiel können die Zeitfunktionen physikalische Bedeutung haben. Man erhält folgendes DGl-System:

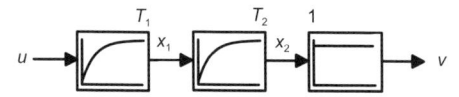

Bild 1.15 Reihenschaltung von Übertragungsgliedern

$$\begin{aligned} T_1 \dot{x}_1(t) + x_1(t) &= u(t) \\ T_2 \dot{x}_2(t) + x_2(t) &= x_1(t) \\ v(t) &= x_2(t) \end{aligned} \quad (1.100)$$

Umgestellt wird daraus

$$\begin{aligned} \dot{x}_1(t) &= -a_1 x_1(t) + a_1 u(t) \\ \dot{x}_2(t) &= -a_2 x_2(t) + a_2 x_1(t) \\ v(t) &= x_2(t) \end{aligned} \quad (1.101)$$

$a_i = 1/T_i,\ i = 1, 2$

Man hat dann eine Darstellung gemäß (1.99) mit

$$A = \begin{bmatrix} -a_1 & 0 \\ a_2 & -a_2 \end{bmatrix},\ b = \begin{bmatrix} a_1 \\ 0 \end{bmatrix}$$
$$c = \begin{bmatrix} 1 \\ 0 \end{bmatrix},\ d = 0 \quad (1.102)$$

(1.101) kann auch mit Hilfe von Integratoren und Rückführungen ausgedrückt werden:

68 1 Grundlagen

$$\begin{aligned} x_1(t) &= a_1 \int \bigl(-x_1(t) + u(t)\bigr)\mathrm{d}t \\ x_2(t) &= a_2 \int \bigl(-x_2(t) + x_1(t)\bigr)\mathrm{d}t \\ v(t) &= x_2(t) \end{aligned} \qquad (1.103)$$

Hieraus resultiert die alternative Struktur entsprechend Bild 1.16.

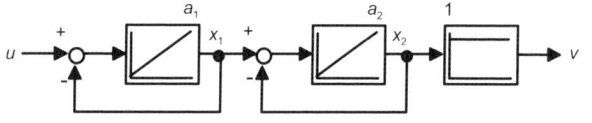

Bild 1.16 Alternative Systemstruktur für PT_1-Glieder

Auf diese Weise lässt sich eine DGl n-ter Ordnung mit n einfachen Integrationen lösen. Diese Tatsache wird u. a. in Simulatoren ausgenutzt (→ Abschnitt 8.3.3).

Lösung der Zustandsdifferenzialgleichung. Gesucht ist nun entsprechend der Lösung von (1.50) eine Lösung von (1.99), die ja in Vektorschreibweise eine vergleichbare Form hat. Dazu wird analog zur Darstellung der skalaren e-Funktion als unendliche Reihe (1.104)

$$\mathrm{e}^x = 1 + x + \frac{x^2}{2!} + \frac{x^3}{3!} + \ldots \qquad (1.104)$$

die **Matrix-Exponentialfunktion** (1.105) eingeführt:

$$\mathrm{e}^{At} := I + At + A^2 \frac{t^2}{2!} + A^3 \frac{t^3}{3!} + \ldots \qquad (1.105)$$

Es lässt sich zeigen, dass für die Matrix-Exponentialfunktion eine Reihe gleicher Rechenregeln gilt wie für die skalare Exponentialfunktion, und daher kann man $x(t)$ ausgehend von (1.99) bei gegebenem $u(t)$ für $t > 0$ sowie dem Anfangswert $x(0)$ berechnen als

$$x(t) = \mathrm{e}^{At} x(0) + \int_0^t \mathrm{e}^{A(t-\tau)} b u(\tau) \mathrm{d}\tau \qquad (1.106)$$

Die endgültige Lösung, also der Verlauf von $v(t)$ für $t > 0$, lässt sich jetzt leicht angeben, denn der Vektor $x(t)$ gemäß (1.106) kann dazu in die Ausgangsgleichung (1.99) eingesetzt werden:

1.3 Mathematische Grundlagen linearer Systeme

$$v(t) = c^{\mathrm{T}} e^{At} x(0) + \int_0^t c^T e^{A(t-\tau)} bu(\tau) d\tau + du(t) \quad (1.107)$$

Der erste Term in (1.107) hängt nur von den Anfangswerten ab, der zweite nur von der Eingangsgröße. Setzt man $u(t) \equiv 0$, dann erhält man die Darstellung der Entwicklung des Systemzustandes in Abhängigkeit vom Anfangszustand:

$$x(t) = e^{At} x(0) \quad (1.108)$$

Da in diesem Fall die Entwicklung von $x(t)$ ausschließlich vom Anfangszustand abhängt, wird die Matrix-Exponentialfunktion auch als **Transitionsmatrix** (**Fundamentalmatrix**) $\Phi(t)$ bezeichnet; DIN 19226-2 [1.11]:

$$\Phi(t) := e^{At} = I + At + \cdots + A^n \frac{t^n}{n!} + \cdots \quad (1.109)$$

Die praktische Berechnung von $\Phi(t)$ führt man möglichst nicht über die Reihenentwicklung durch. Ist A diagonalähnlich, so gilt mit der Modalmatrix T, den Eigenwerten λ_i und der Diagonalmatrix $\Lambda = \mathrm{diag}(\lambda_i)$:

$$\begin{aligned} e^{At} &= T e^{\Lambda t} T^{-1} \\ &= T \mathrm{diag}(e^{\lambda_i t}) T^{-1} \end{aligned} \quad (1.110)$$

Diese Rechnung verläuft naturgemäß wesentlich schneller als die Anwendung von (1.109).

Vorüberlegungen zur Stabilitätsbetrachtung im Zustandsraum. Für Stabilitätsbetrachtungen ($\rightarrow$ Abschnitt 4.1.2) gehen wir von der homogenen DGl

$$\dot{x}(t) = Ax(t) \quad (1.111)$$

aus. Vereinfachend sei nun angenommen, dass alle Eigenwerte λ_i verschieden sind. Dann sind die Eigenvektoren t_i linear unabhängig und jeder Systemzustand lässt sich als Linearkombination der t_i darstellen. Dies motiviert den Lösungsansatz (1.112):

$$x(t) = \sum_{i=1}^{n} c_i t_i e^{\lambda_i t} \quad (1.112)$$

Einsetzen in (1.111) zeigt, dass (1.112) tatsächlich diese Gleichung löst:

$$\begin{aligned}\dot{x}(t) &= \sum_{i=1}^{n} c_i t_i \lambda_i e^{\lambda_i t} = Ax(t) \\ &= A\sum_{i=1}^{n} c_i t_i e^{\lambda_i t} = \sum_{i=1}^{n} At_i c_i e^{\lambda_i t} = \sum_{i=1}^{n} \lambda_i t_i c_i e^{\lambda_i t}\end{aligned} \quad (1.113)$$

Die Eigenwerte λ_i der Systemmatrix A bestimmen das dynamische Verhalten bzw. die Stabilität des homogenen Systems.

1.3.3 Systemanalyse im Frequenzbereich

1.3.3.1 LAPLACE-Transformation

Begriffe. Eine häufige Aufgabenstellung bei der Betrachtung dynamischer Systeme ist die Berechnung des Ausgangssignals $v(t)$ aus einem gegebenen Eingangssignal $u(t)$. Die Dynamik des Systems wird i. Allg. in Form einer DGl bzw. eines Systems von Differenzialgleichungen beschrieben. Wie in Abschnitt 1.3.2 dargestellt wurde, ist die allgemeine Lösung dieser Aufgabe anhand von Differenzialgleichungen aber häufig sehr aufwändig. Im vorliegenden Abschnitt wird als alternative Lösungsmethode die **LAPLACE-Transformation** vorgestellt, bei deren Anwendung an Stelle von Differenzialgleichungen lediglich algebraische Gleichungen zu lösen sind.

Mit Hilfe der **LAPLACE-Transformation** wird eine DGl in eine einfacher lösbare algebraische Gleichung überführt. Bei dieser Transformation entsprechen den Operationen *Differenziation* und *Integration* im **Zeitbereich** (**Originalbereich**) jeweils *algebraische* Operationen im **Frequenzbereich** (**Bildbereich**). An die Stelle der reellen Variablen t (Zeit) tritt die komplexe Variable s (Frequenz). Eine Funktion im Zeitbereich (**Originalfunktion**) wird mit kleinen Buchstaben bezeichnet, z. B. $f(t)$, die ihr zugeordnete Funktion im Frequenzbereich (**Bildfunktion**) mit großen Buchstaben, z. B. $F(s)$.

Für die LAPLACE-Transformation wird oft das Symbol $\circ\!\!-\!\!\bullet$ verwendet:

$$\begin{array}{cc} f(t) & \circ\!\!-\!\!\bullet \quad F(s) \\ \text{Zeitbereich} & \text{Bildbereich} \end{array} \quad (1.114)$$

Man liest dies als „$f(t)$ ist Originalfunktion von $F(s)$" oder „$F(s)$ ist Bildfunktion von $f(t)$". Alternativ schreibt man

$$F(s) = L\{f(t)\} \tag{1.115}$$

Original- und Bildfunktion. Der Zusammenhang zwischen der Originalfunktion im Zeitbereich und der Bildfunktion im Frequenzbereich ist durch folgende Gleichungen gegeben:

$$F(s) = L\{f(t)\} = \int_0^\infty f(t) \cdot e^{-st} dt \tag{1.116}$$

$$f(t) = L^{-1}\{F(s)\} = \begin{cases} \dfrac{1}{2\pi j} \int_{\alpha-j\infty}^{\alpha+j\infty} F(s) \cdot e^{st} ds & t \geq 0 \\ 0 & t < 0 \end{cases} \tag{1.117}$$

Die unabhängige Variable s ist eine komplexe Zahl. Da in (1.116) nur Werte von $f(t)$ für positive Zeiten berücksichtigt werden, wird $f(t) \equiv 0$ für $t < 0$ angenommen. Damit die LAPLACE-Transformation als Hin- und Rücktransformation umkehrbar und eindeutig ist, muss zudem der Realteil von s positiv sein. Die Konstante α im Rücktransformationsintegral (1.117) muss positiv und groß genug sein, damit das Integral in (1.115) konvergiert, BRONSTEIN, SEMENDJAJEW [1.28].

Sätze zur Anwendung der LAPLACE-Transformation. Die nachstehend aufgeführten Entsprechungen zwischen wichtigen Operationen im Originalbereich und im Bildbereich sind die Basis für die vereinfachten Rechenschritte im Bildbereich. Dabei wird von folgenden Zusammenhängen ausgegangen:

$$\begin{aligned} L\{f_1(t)\} &= F_1(s) \\ L\{f_2(t)\} &= F_2(s) \end{aligned} \tag{1.118}$$

Nach BRONSTEIN, SEMENDJAJEW [1.26] gelten für die Anwendung der LAPLACE-Transformation folgende Sätze:

- **Additionssatz**: Mit den Konstanten α und β ist

$$L\{\alpha \cdot f_1(t) + \beta \cdot f_1(t)\} = \alpha F_1(s) + \beta F_2(s) \tag{1.119}$$

Die LAPLACE-Transformation ist also *linear*.

1 Grundlagen

- **Faltungssatz**: Ein Faltungsintegral im Zeitbereich wird zu einem Produkt im Frequenzbereich:

$$L\left\{\int_0^t f_1(t-\tau)f_2(\tau)\mathrm{d}\tau\right\} = F_1(s) \cdot F_2(s) \tag{1.120}$$

- **Integrationssatz**: Der Integration im Zeitbereich entspricht die Division durch s im Frequenzbereich:

$$L\left\{\int_0^t f(\tau)\mathrm{d}\tau\right\} = \frac{1}{s} F(s) \tag{1.121}$$

- **Differenziationssatz**: Bei der Differenziation werden auch Anfangswerte berücksichtigt:

$$L\{\dot{f}(t)\} = sF(s) - f(0+)$$
$$L\{\overset{(n)}{f}(t)\} = s^n F(s) - s^{n-1}f(0+) - \ldots - s^0 \overset{(n-1)}{f}(0+) \tag{1.122}$$

Hierbei bedeutet $\overset{(k)}{f}(0+)$ den rechtsseitigen Grenzwert der betreffenden Ableitung ($t \to +0$).

- **Verschiebungssatz**: Eine Verschiebung im Zeitbereich bewirkt die Multiplikation mit einer e-Funktion im Frequenzbereich:

$$L\{f(t-\tau)\} = e^{-\tau s} F(s) \tag{1.123}$$

- **Ähnlichkeitssatz**: Mit der Konstanten $\alpha > 0$ gilt

$$L\{f(\alpha t)\} = \frac{1}{\alpha} F(\frac{s}{a}) \tag{1.124}$$

- **Dämpfungssatz**: Die Multiplikation mit einer e-Funktion im Zeitbereich bewirkt eine Verschiebung im Frequenzbereich:

$$L\{e^{-\tau s}f(t)\} = F(s+\tau) \tag{1.125}$$

- **Multiplikationssatz**: Der Multiplikation mit einer Potenz von t im Zeitbereich entspricht eine vorzeichenbehaftete mehrfache Differenziation im Frequenzbereich:

1.3 Mathematische Grundlagen linearer Systeme 73

$$L\{t^n f(t)\} = (-1)^n \overset{(n)}{F}(s)$$ (1.126)

- **Divisionssatz**: Die Division durch t im Zeitbereich bewirkt die Integration nach s im Frequenzbereich:

$$L\left\{\frac{1}{t} f(t)\right\} = \int_s^\infty F(\sigma)\mathrm{d}\sigma$$ (1.127)

Tabellen. Die Integrale (1.116) und (1.117) zur LAPLACE-Transformation sind häufig nicht einfach lösbar. Für wichtige elementare Funktionen wurden daher umfangreiche Tabellen erstellt, welche beispielsweise bei BRONSTEIN, SEMENDJAJEW [1.26] zu finden sind.

Tabelle 1.2 kann sowohl für die Transformation in den Bildbereich als auch für die Rücktransformation in den Originalbereich verwendet werden. Sofern eine Funktion als Linearkombination solcher elementaren Funktionen darstellbar ist, lässt sich auf Grund der Linearität dann auch die transformierte Funktion als entsprechende Summe der transformierten elementaren Funktionen gewinnen. Multiplikationen werden ggf. mit Hilfe der Partialbruchzerlegung in Summen überführt. In der nachfolgenden Tabelle 1.2 ist stets $f(t) \equiv 0$ für $t < 0$ vorausgesetzt; auf die dafür formal notwendige Multiplikation mit $\varepsilon(t)$ wird zur Vereinfachung der Darstellung verzichtet. Für n gilt $n \in \mathbb{N}$.

Tabelle 1.2 Wichtige Korrespondenzen zwischen Original- und Bildfunktion

Originalfunktion $f(t)$ für $t \geq 0$	Bildfunktion $F(s)$
$\delta(t)$	1
$\varepsilon(t)$	$\dfrac{1}{s}$
t	$\dfrac{1}{s^2}$
$\dfrac{1}{(n-1)!} \cdot t^{n-1} \cdot e^{s_p t}$	$\dfrac{1}{s^n}$
$\dfrac{1}{T} e^{-\frac{t}{T}}$	$\dfrac{1}{1 + sT}$
$\dfrac{1}{(n-1)!} \cdot t^{n-1} \cdot e^{s_p t}$	$\dfrac{1}{(s - s_p)^n}$

Originalfunktion $f(t)$ für $t \geq 0$	Bildfunktion $F(s)$
$\dfrac{\omega_0 e^{-\vartheta\omega_0 t}}{\sqrt{1-\vartheta^2}}\sin(\sqrt{1-\vartheta^2}\,\omega_0 t); \quad \|\vartheta\| < 1$ $\omega_0^2 \cdot t \cdot e^{-\vartheta\omega_0 t}; \quad \|\vartheta\| = 1$ $\dfrac{\omega_0 e^{-\vartheta\omega_0 t}}{\sqrt{\vartheta^2-1}}\sinh(\sqrt{1-\vartheta^2}\,\omega_0 t); \quad \|\vartheta\| > 1$	$\dfrac{\omega_0^2}{s^2 + 2\vartheta\omega_0 s + \omega_0^2}$
$\dfrac{1}{T_1-T_2}\left(e^{-\frac{t}{T_1}} - e^{-\frac{t}{T_2}}\right); \quad T_1 \neq T_2$	$\dfrac{1}{(1+sT_1)(1+sT_2)}$
$\dfrac{1}{T}\left(\delta(t) - \dfrac{1}{T}e^{-\frac{t}{T}}\right)$	$\dfrac{s}{1+sT}$
$\dfrac{1}{T_1 T_2(T_1-T_2)}\left(T_1 e^{-\frac{t}{T_2}} - T_2 e^{-\frac{t}{T_1}}\right);$ $T_1 \neq T_2$	$\dfrac{s}{(1+sT_1)(1+sT_2)}$
$\omega_0^2 \cdot e^{-\vartheta\omega_0 t}\left(\cos\omega t - \vartheta\dfrac{\sin\omega t}{\sqrt{1-\vartheta^2}}\right);$ $\|\vartheta\|<1; \quad \omega = \sqrt{1-\vartheta^2}\,\omega_0$	$\dfrac{s\omega_0^2}{s^2 + 2\vartheta\omega_0 s + \omega_0^2}$
$1 - e^{-\frac{t}{T}}$	$\dfrac{1}{s(1+sT)}$
$1 - \dfrac{1}{T_1-T_2}\left(T_1 e^{-\frac{t}{T_1}} - T_2 e^{-\frac{t}{T_2}}\right)$ $T_1 \neq T_2$	$\dfrac{1}{s(1+sT_1)(1+sT_2)}$
$1 - e^{-\vartheta\omega_0 t}\left(\cos\omega t + \vartheta\dfrac{\sin\omega t}{\sqrt{1-\vartheta^2}}\right);$ $\|\vartheta\|<1; \quad \omega = \sqrt{1-\vartheta^2}\,\omega_0$	$\dfrac{\omega_0^2}{s(s^2 + 2\vartheta\omega_0 s + \omega_0^2)}$

Grenzwertsätze. Es gibt zwei Grenzwertsätze, welche über die LAPLACE-Transformierte $F(s) = L\{f(t)\}$ einer Zeitfunktion die Grenzwerte von $f(t)$ für $t \to 0$ (Anfangswert) bzw. $t \to \infty$ (Endwert) direkt liefern. Man muss also zur Ermittlung dieser Grenzwerte die häufig aufwändige Rücktransformation von $F(s)$ nicht explizit vornehmen. Voraussetzung ist, dass die Grenzwerte tatsächlich existieren und einen endlichen Wert haben. Die Sätze lauten folgendermaßen:

$$\boxed{\lim_{t \to 0+} f(t) = \lim_{s \to \infty} sF(s)} \tag{1.128}$$

$$\boxed{\lim_{t \to \infty} f(t) = \lim_{s \to 0} sF(s)} \tag{1.129}$$

1.3.3.2 Lösen von Differenzialgleichungen

Das Lösen von Differenzialgleichungen (DGln) im Zeitbereich wird anstatt der häufig nur schwer durchzuführenden direkten Lösung mit Hilfe der LAPLACE-Transformation im Bildbereich gefunden. Das Lösungsverfahren funktioniert wie in Bild 1.17 dargestellt.

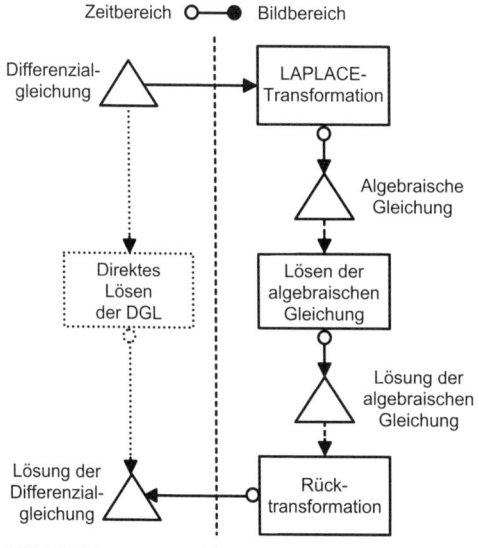

Bild 1.17 Lösen einer DGl mittels LAPLACE-Transformation

Ausgehend von der DGl wird die Aufgabenstellung zunächst in den Bildbereich transformiert. Die dort auftretenden algebraischen Gleichungen werden dann gelöst; anschließend wird die im Bildbereich gewonnene Lösung in den Zeitbereich zurücktransformiert. Das Vorgehen soll an einem einfachen Beispiel gezeigt werden. Gegeben sei eine DGl mit Anfangswert:

$$\boxed{\begin{aligned} T\dot{v}(t) + v(t) &= ku(t) \\ v(0) &= 0 \end{aligned}} \tag{1.130}$$

Die Eingangsgröße $u(t)$ sei festgelegt zu

$$\boxed{u(t) = \frac{1}{\tau} e^{-\frac{t}{\tau}}; \quad \tau \neq T} \tag{1.131}$$

Als LAPLACE-Transformierte von (1.130) ergibt sich:

$$\boxed{TsV(s) + V(s) = kU(s)} \tag{1.132}$$

Auflösen nach $V(s)$ liefert

$$\boxed{V(s) = \frac{1}{1 + Ts} U(s)} \tag{1.133}$$

Aus Tabelle 1.2 gewinnt man für die Bildfunktion des Eingangs

$$\boxed{U(s) = \frac{1}{1 + \tau s}} \tag{1.134}$$

Damit folgt

$$\boxed{V(s) = \frac{1}{(1 + Ts) \cdot (1 + \tau s)}} \tag{1.135}$$

Ebenfalls entnimmt man Tabelle 1.2 die zugehörige Zeitfunktion, welche nur für $t \geq 0$ gilt; für negative Werte von t ist $v(t)$ null. Formal wird das durch Multiplikation mit dem Einheitssprung $\varepsilon(t)$ ausgedrückt:

$$\boxed{v(t) = \frac{1}{T - \tau} \left(e^{-\frac{t}{T}} - e^{-\frac{t}{\tau}} \right) \varepsilon(t)} \tag{1.136}$$

1.3.3.3 Übertragungsfunktionen

Lineare Übertragungsglieder lassen sich im Zeitbereich durch die DGl (1.49) beschreiben. Interessiert man sich ausschließlich für das Verhalten des Systems bei Wirkung von Eingangssignalen, dann nennt man dies Übertragungsverhalten. Im Frequenzbereich wird hieraus bei Anwendung von (1.122) unter der Annahme verschwindender Anfangswerte, also mit $\overset{(j)}{v}(0) = \overset{(k)}{u}(0) = 0, j = 0 \dots n, k = 0 \dots m$:

$$\begin{aligned}(a_n s^n + a_{n-1} s^{n-1} + \ldots + a_1 s + a_0)V(s) = \\ = (b_m s^m + b_{m-1} s^{m-1} + \ldots + b_1 s + b_0)U(s)\end{aligned} \quad (1.137)$$

Man gewinnt hieraus die **Übertragungsfunktion**:

> Die **Übertragungsfunktion** $G(s)$ eines Übertragungsgliedes ist das Verhältnis der LAPLACE-Transformierten der Ausgangs- und Eingangsgröße, d. h.
>
> $$G(s) = \frac{V(s)}{U(s)}$$

Bei Regelstrecken treten drei Arten von Übertragungsfunktionen auf:

- **Stellübertragungsfunktion**: $G_S(s) = R(s)/Y(s)$
- **Störübertragungsfunktion**: $G_{SZ}(s) = R(s)/Z(s)$
- **Führungsübertragungsfunktion**: $G_W(s) = R(s)/W(s)$

$R(s)$, $Y(s)$, $Z(s)$ und $W(s)$ sind die LAPLACE-Transformierten der Rückführgröße $r(t)$, der Stellgröße $y(t)$, der (Haupt-)Störgröße $z(t)$ und des Sollwerts $w(t)$. An Stelle von $R(s)$ wird oft auch die LAPLACE-Transformierte $E(s)$ der Regeldifferenz $e(t)$ verwendet. Zu einem Regler gehört die **Reglerübertragungsfunktion** $G_R(s) = Y(s)/E(s)$.

1.3.3.4 Partialbruchzerlegung

Im Folgenden wird nur der gebrochen rationale Anteil von Übertragungsfunktionen betrachtet:

$$G(s) = \frac{b_m s^m + b_{m-1} s^{m-1} + \ldots + b_1 s + b_0}{a_n s^n + a_{n-1} s^{n-1} + \ldots + a_1 s + a_0} \quad (1.138)$$

Die Funktion $v(t)$ im Zeitbereich ist dann

1 Grundlagen

$$\boxed{\begin{aligned} v(t) &= L^{-1}\{V(s)\} \\ V(s) &= G(s) \cdot U(s) \end{aligned}} \qquad (1.139)$$

Für den besonders häufig auftretenden Fall, dass $u(t)$ eine Impuls- oder Sprungfunktion ist, hat man auch für $V(s)$ eine rationale Funktion, welche nach Möglichkeit mit Hilfe von Tabelle 1.2 in den Originalbereich zurücktransformiert werden soll. Dies ist recht einfach durchführbar, wenn man $V(s)$ als Linearkombination elementarer Brüche darstellt. Hierzu kann das Verfahren der **Partialbruchzerlegung** angewendet werden, deren Grundzüge folgend anhand der Übertragungsfunktion $G(s)$ erläutert werden ($\rightarrow$ BRONSTEIN, SEMENDJAJEW [1.26], LAUGWITZ [1.30] et al.).

Partialbruchzerlegung bei einfachen Polen von $G(s)$. Gegeben sei $G(s)$ in der Form

$$\boxed{\begin{aligned} G(s) &= \frac{b_m s^m + b_{m-1} s^{m-1} + \ldots + b_1 s + b_0}{s^n + a_{n-1} s^{n-1} + \ldots + a_1 s + a_0} \\ &= \frac{Z_m(s)}{N_n(s)} \end{aligned}} \qquad (1.140)$$

Diese Darstellung kann stets durch Division von (1.130) durch a_n erreicht werden. Vorausgesetzt sei weiterhin $m < n$, da sich bei $m \geq n$ ein Polynom vom Grad $m - n$ abspalten lässt, und die Pole von $G(s)$ bzw. die Nullstellen von $N_n(s)$ $s_1, \ldots, s_n$ seien reell und paarweise verschieden. Dann kann man mit zu bestimmenden Konstanten A_k so ansetzen:

$$\boxed{\frac{Z_m(s)}{N_n(s)} = \frac{A_1}{s - s_1} + \frac{A_2}{s - s_2} + \ldots + \frac{A_n}{s - s_n}} \qquad (1.141)$$

Für $N_n(s)$ gilt die Darstellung

$$\boxed{N_n(s) = (s - s_1)(s - s_2) \ldots (s - s_n)}. \qquad (1.142)$$

Die Multiplikation von (1.141) mit $N_n(s)$ ergibt weiterhin

$$\boxed{\begin{aligned} Z_m(s) &= Q_{n-1,1}(s) A_1 + Q_{n-1,2}(s) A_2 + \ldots \\ &\quad + Q_{n-1,n}(s) A_n \end{aligned}} \qquad (1.143)$$

mit

1.3 Mathematische Grundlagen linearer Systeme

$$\begin{aligned}Q_{n-1,k}(s) &= N_n(s) / (s - s_k) \\ &= (s - s_1) \ldots (s - s_{k-1})(s - s_{k+1}) \ldots (s - s_n)\end{aligned} \qquad (1.144)$$

und

$$Q_{n-1,j}(s_k) = 0 \qquad (1.145)$$

für $j \neq k$. Für die A_k hat man daher

$$A_k = Z_m(s_k) / Q_{n-1,k}(s_k) \qquad (1.146)$$

Gegeben sei beispielsweise

$$G(s) = \frac{s + 2}{s^2 - s - 2} \qquad (1.147)$$

Dann ist zunächst

$$\begin{aligned}Z_1(s) &= s + 2 \\ N_2(s) &= s^2 - s - 2 \\ &= (s - s_1)(s - s_2)\end{aligned} \qquad (1.148)$$

mit $s_1 = -1$, $s_2 = 2$. (1.144) liefert hierzu

$$\begin{aligned}Q_{1,1}(s) &= N_2(s) / (s - s_1) = s - 2 \\ Q_{1,2}(s) &= N_2(s) / (s - s_2) = s + 1\end{aligned} \qquad (1.149)$$

Daraus folgt für A_1, A_2:

$$\begin{aligned}A_1 &= Z_1(s_1) / (s_1 - 2) = -\frac{1}{3} \\ A_2 &= Z_1(s_2) / (s_2 + 1) = \frac{4}{3}\end{aligned} \qquad (1.150)$$

Insgesamt hat man

$$G(s) = -\frac{1}{3(s + 1)} + \frac{4}{3(s - 2)} \qquad (1.151)$$

Man verifiziert durch direktes Ausrechnen leicht, dass die Gleichungen (1.151) und (1.147) gleichbedeutend sind.

Partialbruchzerlegung bei konjugiert komplexen und mehrfachen Polen von G(s). Bei konjugiert komplexen Polen $s_k, \bar{s}_k$ von $G(s)$ setzt man auf der rechten Seite von (1.141) Linearkombinationen aus Termen der Form

$$\boxed{Q(s) = \frac{A_1 s + A_0}{s^2 + \omega_k^2}} \tag{1.152}$$

mit den Polen $s_k = j\omega_k, \bar{s}_k = -j\omega_k$ an. Für reelle Pole s_k mit der Vielfachheit p wählt man

$$\boxed{Q(s) = \frac{A_1}{s - s_k} + \frac{A_2}{(s - s_k)^2} + \ldots + \frac{A_p}{(s - s_k)^p}} \tag{1.153}$$

In beiden Fällen multipliziert man (1.141) dann mit dem Nenner $N_n(s)$ und bestimmt die Unbekannten A_k durch Koeffizientenvergleich.

1.3.3.5 Frequenzgangrechnung

Definition des Frequenzgangs. Für technische Fragestellungen sind häufig Zeitfunktionen interessant, welche aus sinusförmigen Komponenten zusammengesetzt sind. Bei linearen Übertragungsgliedern resultiert aus einem Eingangssignal der Form

$$\boxed{u(t) = u_0 \sin \omega t} \tag{1.154}$$

ein Ausgangssignal der Form

$$\boxed{v(t) = v_0(\omega)\sin(\omega t + \varphi(\omega))} . \tag{1.155}$$

Die Amplitude v_0 und die Phasenverschiebung (der Phasenwinkel) φ von u sind in der Regel abhängig von der Kreisfrequenz ω, welche selbst bei der Übertragung unverändert bleibt. Stationär lassen sich diese Zusammenhänge im Frequenzbereich über die LAPLACE-Transformation beschreiben, indem man s rein imaginär als $s = j\omega$ ansetzt. Damit vereinfacht sich (1.116) für die Übertragungsfunktion $G(s)$ zu (1.156):

$$\boxed{G(j\omega) = \int_0^\infty g(t) \cdot e^{-j\omega t} dt} \tag{1.156}$$

Das Integral (1.156) existiert nur wenn $g(t)$ für $t \to \infty$ abklingt.

> Die Übertragungsfunktion $G(s)$ für $s = j\omega$ bezeichnet man als **Frequenzgang** $G(j\omega)$; DIN 19226-2 [1.11]. Das Integral in (1.156) ist das **FOURIER-Integral**.

Sofern man auch für negatives t von null verschiedene Werte von $g(t)$ zulässt, muss die untere Integrationsgrenze durch $-\infty$ ersetzt werden. Die Rücktransformation erfolgt analog zu (1.117) durch

$$g(t) = \begin{cases} \dfrac{1}{2\pi j} \displaystyle\int_{-\infty}^{\infty} G(j\omega) \cdot e^{j\omega t} d\omega & t \geq 0 \\ 0 & t < 0 \end{cases} \qquad (1.157)$$

Wenn man die untere Integrationsgrenze in (1.156) auf $-\infty$ gesetzt hat, entfällt die Fallunterscheidung in (1.157); die obere Zeile dieser Gleichung beschreibt die Rücktransformation dann vollständig. Das FOURIER-Integral kann man z. B. aus Tabelle 1.2 gewinnen, wenn man s durch $j\omega$ ersetzt. Daher werden die Gleichungen (1.165) und (1.166) in der Praxis nicht benötigt.

Amplitudengang und Phasengang. Diese von der Kreisfrequenz ω abhängigen Funktionen lassen sich gemäß DIN 19226-2 [1.11] über den Frequenzgang definieren. (1.156) kann man folgendermaßen ausdrücken:

- In **Polarkoordinaten**:

$$\boxed{G(j\omega) = A(\omega) e^{j\varphi(\omega)}} \qquad (1.158)$$

- In **rechtwinkligen Koordinaten**:

$$\boxed{G(j\omega) = \mathrm{Re}(\omega) + j \cdot \mathrm{Im}(\omega)} \qquad (1.159)$$

$\mathrm{Re}(\omega) = A(\omega) \cdot \cos\varphi(\omega)$ - Realteil von $G(j\omega)$
$\mathrm{Im}(\omega) = A(\omega) \cdot \sin\varphi(\omega)$ - Imaginärteil von $G(j\omega)$

Dabei ist

$$\boxed{\begin{aligned} A(\omega) &= |G(j\omega)| = \sqrt{\mathrm{Re}^2(\omega) + \mathrm{Im}^2(\omega)} \\ \varphi(\omega) &= \arg G(j\omega) = \arctan\frac{\mathrm{Im}(\omega)}{\mathrm{Re}(\omega)} \end{aligned}} \qquad (1.160)$$

1 Grundlagen

$A(\omega)$ ist der **Amplitudengang**, $\varphi(\omega)$ der **Phasengang** von $G(j\omega)$. Dabei gilt $A(\omega) = v_0(\omega)/u_0$.

Rechenbeispiel. Ein Übertragungsglied erster Ordnung (PT$_1$-Glied) sei durch die zugehörige DGl gegeben:

$$T\dot{u}(t) + u(t) = K_P v(t) \tag{1.170}$$

Hierzu gehört die Übertragungsfunktion

$$G(s) = \frac{K_P}{1 + Ts} \tag{1.162}$$

und damit der Frequenzgang

$$G(j\omega) = \frac{K_P}{1 + jT\omega}. \tag{1.163}$$

(1.163) lässt sich so umformen:

- Rechtwinklige Koordinaten

$$\begin{aligned}\text{Re}(\omega) &= \frac{K_P}{1 + \omega^2 T^2} \\ \text{Im}(\omega) &= -\frac{\omega T K_P}{1 + \omega^2 T^2}\end{aligned} \tag{1.164}$$

- Polarkoordinaten

$$\begin{aligned}A(\omega) &= \frac{K_P}{\sqrt{1 + \omega^2 T^2}} \\ \varphi(\omega) &= -\arctan \omega T\end{aligned} \tag{1.165}$$

Beim PT$_1$-Glied nennt man den Wert $\omega_1 = 1/T$ **Eckkreisfrequenz**. Für den zugehörigen Phasenwinkel gilt $\varphi(\omega_1) = -45°$. An (1.165) kann man folgende Eigenschaften des PT$_1$-Gliedes ablesen:

- A hat das Maximum bei $A(0) = K_P$, für $\omega \to \infty$ geht A gegen null. Je höher die Kreisfrequenz des Eingangssignals $u(t)$ ist, desto stärker wird die Amplitude des Ausgangssignals $v(t)$ gedämpft. PT$_1$-Glieder eignen sich u. a. zur Unterdrückung von Störfrequenzen.
- φ sinkt mit wachsendem ω von $0°$ bis auf $-90°$. Ein PT$_1$-Glied bewirkt also für $\omega \neq 0$ eine **Phasenverschiebung**.

1.3 Mathematische Grundlagen linearer Systeme

Grafische Darstellungen. Zur Frequenzgangdarstellung verwendet man die **Ortskurve** und das **BODE-Diagramm**; siehe z. B. SCHLITT [1.31], DIN 19226-2 [1.11] et al.

> Die **Ortskurve** ist die grafische Darstellung des Frequenzgangs $G(j\omega)$ in der komplexen Zahlenebene mit der Kreisfrequenz ω als Parameter.

Bild 1.18 zeigt die Ortskurve eines PT_1-Gliedes entsprechend (1.164) und (1.165) mit $K_P = 1$ und $T = 0{,}5$ s ($\omega_1 = 2$ Hz). Ortskurven lassen anschaulich Rückschlüsse auf die Stabilität eines Übertragungsgliedes zu ($\rightarrow$ Abschnitt 4.1.2).

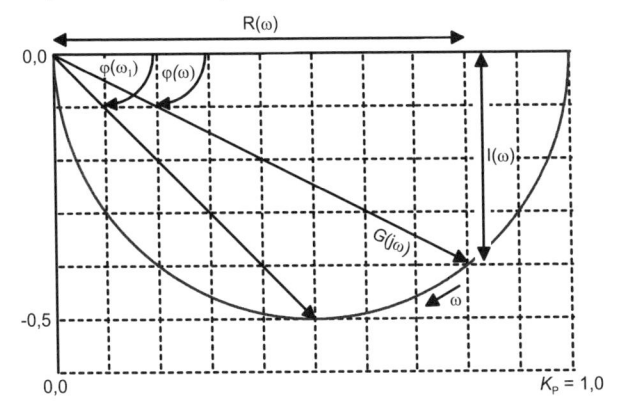

Bild 1.18 Ortskurve eines PT_1-Gliedes

> In einem **BODE-Diagramm** ($\rightarrow$ Bild 1.19) werden Amplitudengang $A(\omega)$ und Phasengang $\varphi(\omega)$ gemeinsam dargestellt, wobei ω und $A(\omega)$ in logarithmischem Maßstab (BRIGGscher Logarithmus $\log_{10} = \lg$) und $\varphi(\omega)$ linear abgebildet werden; DIN 19226-2 [1.11].

Oft zeichnet man A auch in **Dezibel** ein. Dann gilt

$$\left.A\right|_{dB} = 20\,dB\,\lg A$$
$$A = 10^{0{,}05\,A|_{dB}} \tag{1.166}$$

Zur Konstruktion im BODE-Diagramm betrachtet man das Verhalten für kleine ω, im Beispiel $A(\omega) = K_P$; $\varphi(\omega) = 0$, und für große ω, im Bei-

84　1 Grundlagen

spiel $A(\omega) = 1/\omega$; $\varphi(\omega) = -90°$. Wie aus Bild 1.19 ersichtlich schneiden sich die Asymptoten von A für $\omega \to 0$ und $\omega \to \infty$ bei der Eckkreisfrequenz $\omega = \omega_1$; diese Geraden erzeugen also dort eine „Ecke". Die Abweichung zwischen $A(0)$ und $A(\omega_1)$ beträgt $-\dfrac{1}{\sqrt{2}} \approx -3$ dB. Mit Hilfe von BODE-Diagrammen kann man das stationäre Verhalten zusammengesetzter Systeme leicht analysieren.

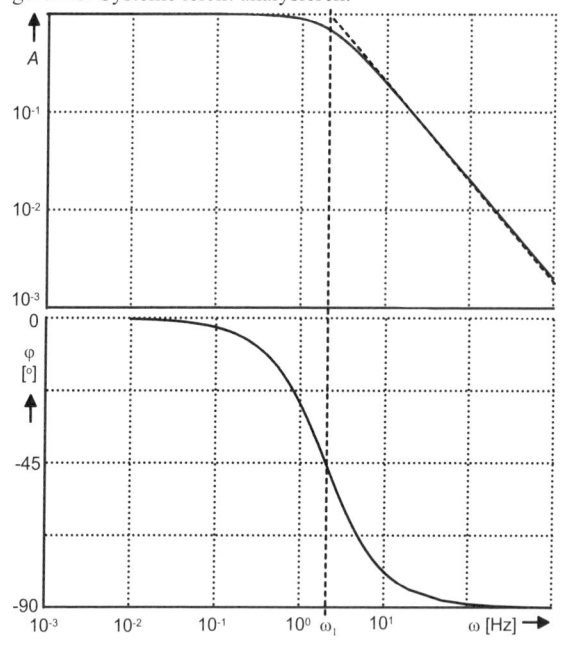

Bild 1.19 BODE-Diagramm eines PT_1-Gliedes

1.3.3.6　Darstellen und Verknüpfen linearer Übertragungsglieder

Symbole für Übertragungsglieder im Wirkungsplan. In einem Wirkungsplan stellt man lineare Übertragungsglieder mit Rechtecken dar, in welche man eine stilisierte Sprungantwort oder die Formel der Übertragungsfunktion einträgt. Bei der Sprungantwort schreibt man gelegentlich Faktoren der Eingangs- und Ausgangsgröße mit an. Bild 1.20

1.3 Mathematische Grundlagen linearer Systeme

zeigt diese Möglichkeiten anhand des PT_1-Gliedes. Bild 1.21 stellt häufig verwendete Sprungantwortsymbole zusammen, Tabelle 1.3 enthält die Differenzialgleichungen und die Übertragungsfunktionen zu den Übertragungsgliedern in Bild 1.21.

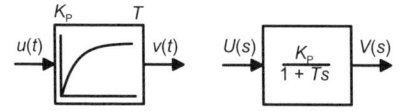

Bild 1.20 Darstellungen des PT_1-Gliedes im Wirkungsplan

Verknüpfen von Übertragungsgliedern. Regelungstechnisch bedeutsam sind die bereits in Abschn. 1.1 aufgeführten Reihenschaltungen, Parallelschaltungen und Kreisschaltungen. Mit Hilfe der einzelnen Übertragungsfunktionen lässt sich die gesamte Übertragungsfunktion und damit auch das Zeitverhalten solcher Strukturen sehr einfach bestimmen.

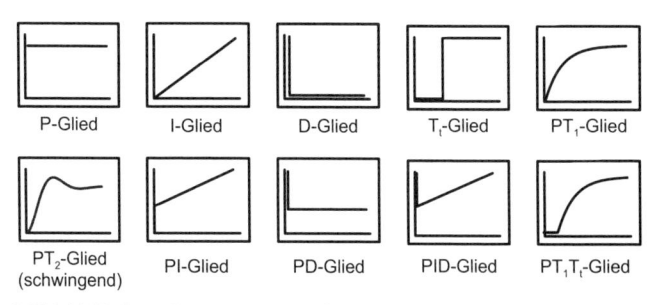

P-Glied   I-Glied   D-Glied T_t-Glied PT_1-Glied

PT_2-Glied (schwingend)   PI-Glied   PD-Glied   PID-Glied PT_1T_t-Glied

Bild 1.21 Wichtige Sprungantwortsymbole

Tabelle 1.3 Formeln für ausgewählte Übertragungsglieder

Übertragungsglied	DGl	$G(s)$
P	$v(t) = K_P u(t)$	K_P
I	$v(t) = K_I \int u(t) dt$	$\dfrac{K_I}{s}$
D	$v(t) = K_D \dot{u}(t)$	$K_D s$
T_t	$v(t) = v(t - T_t)$	$e^{-T_t s}$

Übertragungsglied	DGl	$G(s)$
PT_1	$T\dot{v}(t) + v(t) = K_P u(t)$	$\dfrac{K_P}{1 + Ts}$
PT_2 [1] ($\vartheta < 1$)	$T^2\ddot{v}(t) + T\vartheta\dot{v}(t) + v(t) =$ $= K_P u(t)$	$\dfrac{K_P}{1 + 2\vartheta Ts + T^2 s^2}$
PI	$v(t) = K_P u(t) + K_I \int u(t)\mathrm{d}t$	$K_P + \dfrac{K_I}{s}$
PD	$v(t) = K_P u(t) + K_D \dot{u}(t)$	$K_P + K_D s$
PID	$v(t) = K_P u(t) +$ $+ K_I \int u(t)\mathrm{d}t + K_D \dot{u}(t)$	$K_P + \dfrac{K_I}{s} + K_D s$
$PT_1 T_t$	$T\dot{v}(t) + v(t) = K_P u(t - T_t)$	$\dfrac{K_P e^{-T_t s}}{1 + Ts}$

[1] Schwingungsfähiges Übertragungsglied

Für die Grundschaltungen ($\rightarrow$ Bild 1.22) gelten folgende Regeln:

a) Parallelschaltung I

b) Parallelschaltung II

c) Reihenschaltung

d) Kreisschaltung
(Gegenkopplung)

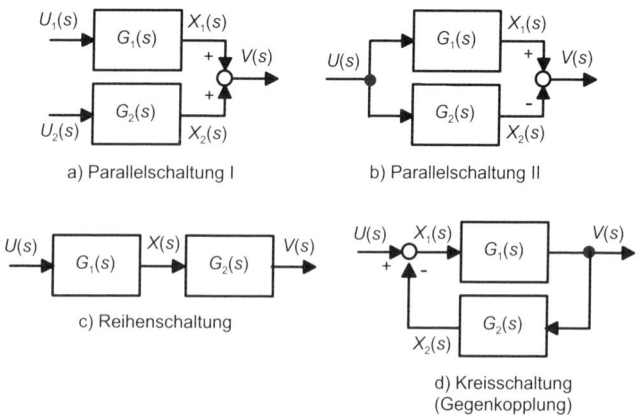

Bild 1.22 Elementare Verknüpfungen von Übertragungsgliedern

- **Parallelschaltung**: $V(s)$ ist additiv aus Größen $X_k(s)$ zusammengesetzt, welche ihrerseits aus Eingangsgrößen $U_k(s)$ entstehen; die

$X_k(s)$ sind LAPLACE-Transformierte von Zustandsgrößen $x_k(t)$. Ist nur eine Eingangsgröße $U(s)$ gegeben, addieren sich die einzelnen Übertragungsfunktionen. Für Teilbild a) in Bild 1.22 gilt beispielsweise:

$$\begin{aligned} V(s) &= X_1(s) + X_2(s) \\ &= G_1(s)U_1(s) + G_2(s)U_2(s) \end{aligned} \tag{1.167}$$

In Teilbild b) ist $U_1(s) = U_2(s) = U(s)$, $X_2(s)$ wird von $X_1(s)$ subtrahiert. Also hat man:

$$\begin{aligned} V(s) &= X_1(s) - X_2(s) \\ &= G_1(s)U(s) - G_2(s)U(s) \\ &= G(s)U(s) \end{aligned} \tag{1.168}$$

$G(s) = G_1(s) - G_2(s)$

Allgemein gilt für $G(s)$ bei einer Eingangsgröße $U(s)$:

$$G(s) = G_1(s) \pm G_2(s) \pm \ldots \pm G_n(s) \tag{1.169}$$

- **Reihenschaltung**: $V(s)$ entsteht multiplikativ aus Größen $X_1(s)$, ..., $X_{n-1}(s)$. Es ist

$$\begin{aligned} X_1(s) &= G_1(s)U(s) \\ X_k(s) &= G_k(s)X_{k-1}(s) \\ V(s) &= G_n(s)X_{n-1}(s) \end{aligned} \tag{1.170}$$

$k = 2, 3, \ldots, n-1$

Die Übertragungsfunktion $G(s)$ wird zu

$$G(s) = G_1(s)G_2(s) \ldots G_n(s) \tag{1.171}$$

In Bild 1.22, Teilbild c) ergibt sich

$$V(s) = G_1(s)G_2(s)U(s) \tag{1.172}$$

$G(s) = G_1(s)G_2(s)$

- **Kreisschaltung**: Dies ist eine Kombination aus Parallel- und Reihenschaltung. Die Ausgangsgröße $V(s)$ wird additiv (**Mitkopplung**) oder subtraktiv (**Gegenkopplung**) über ein zweites Übertragungsglied auf den Eingang des ersten Übertragungsgliedes zurückgeführt. Man hat dann

- bei Gegenkopplung (Teilbild d) in Bild 1.22):

$$G(s) = \frac{G_1(s)}{1 + G_1(s)G_2(s)} \qquad (1.173)$$

- bei Mitkopplung:

$$G(s) = \frac{G_1(s)}{1 - G_1(s)G_2(s)} \qquad (1.174)$$

In Bild 1.23 ist das Rechnen mit Übertragungsgliedern verdeutlicht.

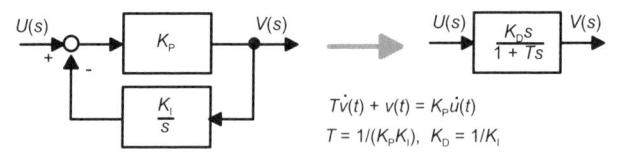

$T\dot{v}(t) + v(t) = K_P \dot{u}(t)$
$T = 1/(K_P K_I), \quad K_D = 1/K_I$

Bild 1.23 Rechnen mit Übertragungsgliedern

Es handelt sich hierbei um eine Gegenkopplung, welche ein Proportionalglied und ein Integrierglied enthält. Die sich ergebende Übertragungsfunktion berechnet sich nach (1.173):

$$G(s) = \frac{K_D s}{1 + Ts} \qquad (1.175)$$

$K_D = 1/K_I, \quad T = (K_P K_I)^{-1}$

Als Frequenzgang erhält man

$$G(j\omega) = \frac{K_D j\omega}{1 + j\omega T} \qquad (1.176)$$

Hieraus ergibt sich der Amplitudengang

$$A(\omega) = |G(j\omega)| = \frac{K_D \omega}{\sqrt{1 + T^2 \omega^2}} \qquad (1.177)$$

und der Phasengang

$$\varphi(\omega) = \arctan \frac{\text{Im}(\omega)}{\text{Re}(\omega)} = 90° - \arctan \omega T \qquad (1.178)$$

Die zu (1.175) entsprechende DGl ist

1.3 Mathematische Grundlagen linearer Systeme

$$\boxed{T\dot{v}(t) + v(t) = K_D \dot{u}(t)} \tag{1.179}$$

Es liegt ein differenzierend wirkendes Übertragungsglied mit der Zeitverzögerung T vor (DT_1-Glied).

Die Kapitel 2 und 3 enthalten weitere Beispiele für Übertragungsglieder einschließlich grafischer Darstellungen (Ortskurven und BODE-Diagramme).

BODE-Diagramm für Reihenschaltungen. Die Reihenschaltung von Übertragungsgliedern kann in einem BODE-Diagramm besonders einfach dargestellt werden. Für n Übertragungsglieder mit den Amplitudengängen A_k und den Phasengängen φ_k, $k = 1, \ldots, n$ ergibt sich insgesamt

$$\boxed{\begin{aligned}\lg A(\omega) &= \lg A_1(\omega) + \ldots + \lg A_n(\omega)\\ \varphi(\omega) &= \varphi_1(\omega) + \ldots + \varphi_n(\omega)\end{aligned}} \tag{1.180}$$

Einen Überblick über das Verhalten des gesamten Übertragungssystems kann man sich verschaffen, indem man die Asymptoten der A_k und φ_k für $\omega \to 0$ und $\omega \to \infty$ skizziert und zeichnerisch summiert. Dann ergeben sich Polygonzüge, durch welche man nach Augenmaß glatte Kurvenzüge legt, die A und φ näherungsweise wiedergeben. Bild 1.24 demonstriert dieses Vorgehen anhand zweier in Serie geschalteter PT_1-Glieder mit $K_{P1} = K_{P2} = 1$, $T_1 = 1$ s, $T_2 = 10$ s.

Vereinfachte Darstellung im BODE-Diagramm. Alle noch so komplizierten Frequenzgänge von Übertragungssystemen lassen sich als Reihenschaltung einfacher Elemente des Typs $(1+j\omega T)$ darstellen. Ausnahmen sind nur schwingungsfähige PT_2-Anteile und Totzeitanteile. Der Kehrwert das Anteile wird im Amplitudengang durch Spiegelung an der 1-Linie (10^0 oder 0 dB) und im Phasengang durch Spiegelung an der 0°-Linie dargestellt. Grundsätzlich betrachtet man den Frequenzgang als Funktion für kleine ω und für große ω. Der Bereich dazwischen wird durch Verbinden der Asymptoten als Näherung im Amplitudengang und als Wendetangentennäherung im Phasengang vereinfacht. Der Amplitudengang für Elemente des Typs $(1+j\omega T)$ ist konstant für kleine ω und steigt mit der Steigung +1 (doppeltlogarithmischer Maßstab) für große ω, der Kehrwert dieses Elements fällt dann mit der Steigung –1 (vgl. Bild 1.19). Der Phasengang kann ebenso durch Geraden angenähert werden; für kleine ω ist die Phase 0°, für große ω +90° und bei der Eckfrequenz ω_1 (Realteil = Imaginärteil) ist die Phase +45° und es gibt einen Wendepunkt. Die Gerade durch diesen Wendepunkt hat die Steigung 0,68 ≈ 0,7 logarithmische Einheiten für 45°, vgl. Bild 1.25. Eine logarithmische Einheit entspricht einer Zehnerpotenz und ist eine Dekade. Der größte Fehler zwischen der Geradennäherung und dem genauen Phasengang beträgt 11,3°.

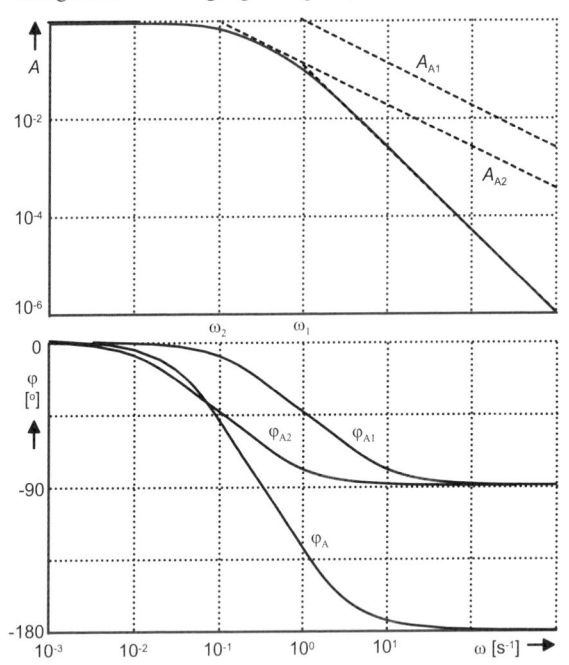

Bild 1.24 BODE-Diagramm zweier in Reihe geschalteter PT_1-Glieder

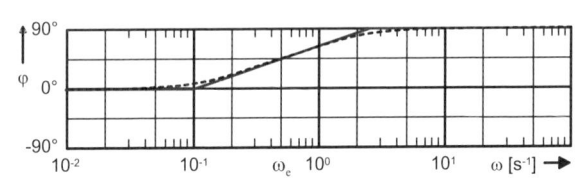

Bild 1.25 Phasengang des Elements $(1+j\omega T)$ mit Wendetangentennäherung

Elemente zweiter Ordnung $1 + 2\vartheta Ts + T^2 s^2$ lassen sich in einfache Elemente $(1+j\omega T)$ aufteilen, wenn $\vartheta \geq 1$ ist; andernfalls sind sie schwingungsfähig und es ist keine Geradenapproximation zulässig. Für ein schwingungsfähiges PT_2-Element sind die Unterschiede bei Betrag und Phase zwischen der Geradennäherung und dem genauen Kurvenverlauf im BODE-Diagramm zusammengestellt. Mit diesen Stützstellen lässt sich der genaue Verlauf konstruieren (→ Bild 1.26).

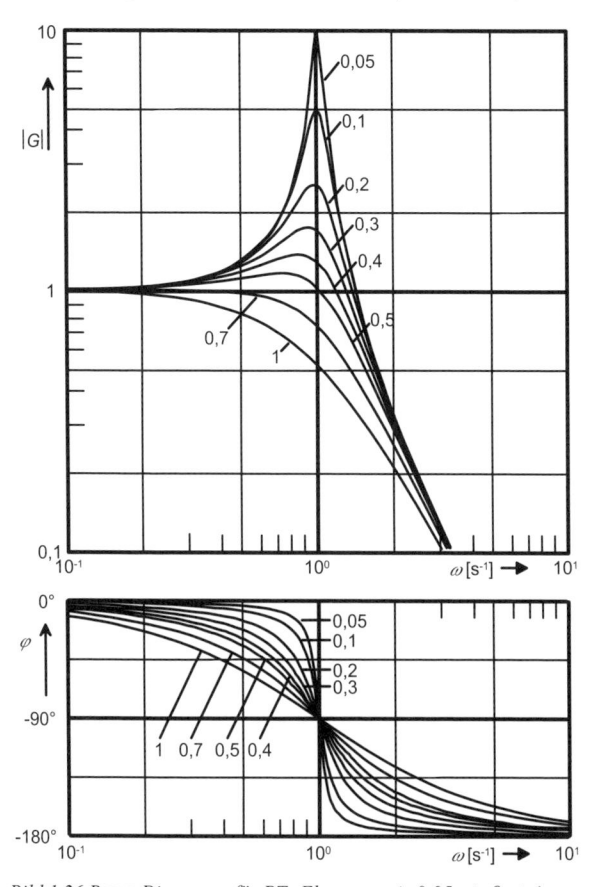

Bild 1.26 BODE-Diagramm für PT_2-Elemente mit $0{,}05 \leq \vartheta \leq 1$

92 1 Grundlagen

Tabelle 1.4 Korrekturwerte für Betrag und Phase schwingungsfähiger PT_2-Elemente

$\dfrac{\omega}{\omega_e}$ ϑ	|lg|G| − lg|Asymptoten||				|$\varphi - \varphi_{\text{Wendetangente}}$|			
	0,1	0,5	0,8	1	0,1	0,5	0,8	1
1	−0,004	−0,097	−0,215	−0,301	11,4°	53,1°	77,3°	90,0°
0,707	0	−0,013	−0,075	−0,151	8,1°	43,4°	72,3°	90,0°
0,5	0,002	0,045	0,057	0	5,8°	33,7°	65,8°	90,0°
0,4	0,003	0,071	0,134	0,097	4,6°	28,1°	60,6°	90,0°
0,3	0,004	0,093	0,222	0,222	3,5°	21,8°	53,1°	90,0°
0,2	0,004	0,110	0,317	0,398	2,3°	14,9°	41,6°	90,0°
0,1	0,004	0,121	0,405	0,699	1,2°	7,6°	24,0°	90,0°
0,05	0,004	0,124	0,433	1	0,6°	3,8°	12,5°	90,0°

Die Darstellung von Totzeitanteilen $e^{-j\omega T_t}$ im BODE-Diagramm kann ebenfalls nicht mit Geraden angenähert werden. Der Betrag ist unabhängig von ω konstant 1; die Phase $\varphi = -\omega T_t$ fällt linear ab, was im logarithmischen Maßstab des BODE-Diagramms zu exponentiellem Abfall führt. Es genügt aber für die Darstellung der Phase ein Punkt, der Verlauf selbst ist unabhängig von T_t. Meist wird $\omega_t = 1/T_t$ gewählt, was eine Phase von −57,3° ergibt; siehe Bild 1.27.

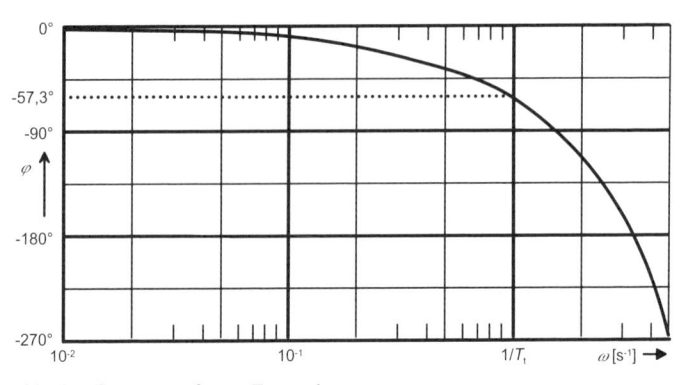

Bild 1.27 Phasengang für ein Totzeitelement

1.4 Mathematische Grundlagen nichtlinearer Systeme

Martin Kluge, Norbert Große, Wolfgang Schorn

1.4.1 Einführung

1.4.1.1 Kriterien nichtlinearer Systeme

Technische Motivation. In Abschnitt 1.3.1 wurde der Begriff der **Linearität** eingeführt.

> Ein System, bei welchem das Linearitätsprinzip nicht uneingeschränkt gilt, heißt **nichtlinear**.

Technische Systeme sind allenfalls bereichsweise linear, weil den Wertebereichen der zu verarbeitenden Größen messtechnische Grenzen gesetzt sind. Sehr oft hat man es aber auch innerhalb dieser Grenzen mit nichtlinearem Übertragungsverhalten zu tun.

> Bei einem nichtlinearen Übertragungsglied wird der Zusammenhang zwischen den Eingangsgrößen $u_i(t)$ und den Ausgangsgrößen $v_k(t)$ mathematisch durch nichtlineare (Differenzial-)Gleichungen beschrieben.

Im vorliegenden Abschnitt wird von je *einer* Eingangs- und Ausgangsgröße ausgegangen, wobei mindestens eine dieser Größen nichtlinear auftritt.

Analysemethoden. Für nichtlineare Systeme gibt es im Gegensatz zu linearen Systemen keine in sich abgeschlossene Theorie zur analytischen Behandlung. Für Untersuchungen bieten sich nach GÖLDNER, KUBIK [1.34] im Wesentlichen folgende Verfahren an:

- Bei einem gegebenen Anwendungsfall sucht man eine geschlossene Lösung der vorliegenden algebraischen Gleichung bzw. DGl. BRONSTEIN, SEMENDJAJEW [1.26] und LAUGWITZ [1.36] führen hierzu verschiedene Methoden auf.
- Man entwirft für das Übertragungsverhalten ein **Modell** und studiert dessen Verhalten mit Hilfe eines **Simulators**. Hierauf wird in den Abschnitten 2.5.3 und 8.3 näher eingegangen.
- Zur Rückgewinnung der Eingangssignale von Übertragungselementen kann man **Kennlinieninvertierungen** oder **Gegenkopplungen** vornehmen (→ Abschnitt 1.4.2)

94 1 Grundlagen

- Am weitesten verbreitet sind **Linearisierungen** in der Umgebung von **Arbeitspunkten** (→ Abschnitt 1.4.3). Hiermit lassen sich nichtlineare Zusammenhänge in Grenzen näherungsweise linear beschreiben.

Darstellung im Wirkungsplan. Lineare Übertragungselemente stellt man mit stilisierten Sprungantworten oder Formeln der Übertragungsfunktion dar. Bei nichtlinearen Übertragungsgliedern werden stattdessen statische Kennlinien oder Formeln für den statischen Zusammenhang gewählt. Auf die korrekte Reihenfolge im Wirkungsplan muss unbedingt geachtet werden, weil nichtlineare Übertrager nicht kommutativ wirken.

1.4.1.2 Ausgewählte Übertragungsglieder

Zusammenstellung. In Tabelle 1.5 und Bild 1.28 ist das statische Verhalten einiger in der Regelungstechnik besonders wichtiger Übertragungsglieder zusammengestellt; PREßLER [1.35]. Angenommen ist hierbei, dass sich das gesamte System in statische nichtlineare und dynamische lineare Komponenten zerlegen lässt. Tabelle 1.4 enthält algebraische und transzendente Gleichungen ohne Angabe von Zeitabhängigkeiten.

Tabelle 1.5 Gleichungen ausgewählter nichtlinearer Übertragungselemente

Übertragungsglied	Gleichung
Quadrierer	$v = u^2$
e-Funktion	$v = e^{\lambda u}$
Betragsbildner	$v = \lvert u \rvert$
Begrenzer auf $[u_{min}, u_{max}]$	$v = \begin{cases} u_{max} & \text{für } u > u_{max} \\ u & \text{für } u_{min} \le u \le u_{max} \\ u_{min} & \text{für } u < u_{min} \end{cases}$
Zweipunktschalter mit Schaltdifferenz u_{SD}	$v = \begin{cases} 1 & \text{für } u > u_{SD}/2 \\ \text{unverändert} & \text{für } -u_{SD}/2 \le u \le u_{SD}/2 \\ 0 & \text{für } u < -u_{SD}/2 \end{cases}$

Bild 1.28 Symbole ausgewählter nichtlinearer Übertragungselemente

Technische Anwendungen. Als Beispiel für ein Übertragungsglied mit quadrierender Wirkung kann eine **Durchflussmessung** nach dem **Wirkdruckverfahren** dienen ($\rightarrow$ Bild 1.29); STROHRMANN [1.37], SCHLITT [1.31] et al. Hierbei wird in ein durchströmtes Rohr eine Scheibe mit kreisrunder Einlauföffnung (**Messblende**) eingebaut, welche dem Produktstrom q einen Widerstand mit resultierendem Staudruckabfall $\Delta p = p_N - p_V$ entgegensetzt.

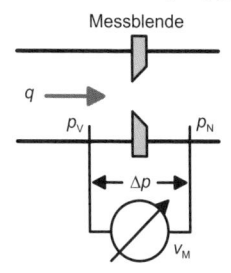

Bild 1.29 Durchflussmessung mittels Wirkdruckverfahren

Der Produktstrom q ist der Wurzel dieses Druckabfalls proportional:

$$q(t) = c\sqrt{\Delta p(t)} \tag{1.181}$$

$\Delta p(t)$ kann nun mit einer Messeinrichtung zur Differenzdruckmessung erfasst werden, welche den Wert dieses Druckabfalls verzögert als Messwert $v_M(t)$ liefert, d. h.

$$T\dot{v}_M(t) + v_M(t) = \Delta p(t) \tag{1.182}$$

bzw.

$$T\dot{v}_M(t) + v_M(t) = c^{-2}q^2(t) \tag{1.183}$$

In nachgeschalteten Übertragungsgliedern kann der Wert von q durch Kompensation der Verzögerung und Radizieren zurückgewonnen werden. Weitere Beispiele für nichtlineare Übertrager sind

- Ventile mit gleichprozentigem Verhalten (e-Funktion),
- Regler mit quadratischem Proportionalverhalten (Betragsbildner),
- Messeinrichtungen und Steller (Begrenzer),
- Vergleicher (Schalter ohne Schaltdifferenz) sowie
- Zwei- und Dreipunktregler (zwei- bzw. dreiwertige Schalter, meist mit Schaltdifferenz).

1.4.2 Rückgewinnen von Eingangssignalen

1.4.2.1 Kennlinieninvertierung

Die **Kennlinieninvertierung** zur Rückgewinnung des Eingangssignals u eines Übertragungselements ist möglich, wenn dieses *bijektiv* (eineindeutig) wirkt. Allgemein gilt dabei

$$\boxed{\begin{aligned} x &= f(u) \\ v &= g(x) \end{aligned}} \tag{1.184}$$

und mit $g = f^{-1}$ erhält man $v = u$. Zum Beispiel hat man bei einem Quadrierer mit der Eingangsgröße $u \geq 0$ und anschließender Invertierung für $v \geq 0$:

$$\boxed{\begin{aligned} x &= c \cdot u^2 \\ v &= \frac{1}{\sqrt{c}} \sqrt{x} \end{aligned}} \tag{1.185}$$

und $v = u$ ($\rightarrow$ Bild 1.30).

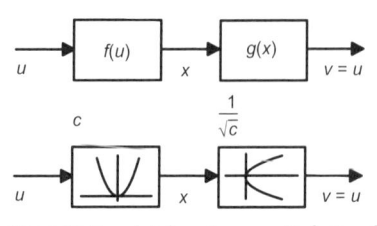

Bild 1.30 Signalrückgewinnung mittels Kennlinieninvertierung

Invertierungen nimmt man oft mit Hilfe von **Polygonzügen** vor, falls eine formelmäßig geschlossene Realisierung von $g(x)$ nicht möglich oder zu aufwändig ist.

1.4.2.2 Gegenkopplung

Funktionsweise. Bei der Signalrekonstruktion mittels **Gegenkopplung** führt man das Ausgangssignal v über eine Vergleichsstelle auf das Eingangssignal u zurück; LUTZ, WENDT [1.38]. Die Differenz $e = u - v$ wird verstärkt und anschließend dem eigentlichen Übertragungselement aufgegeben ($\rightarrow$ Bild 1.31).

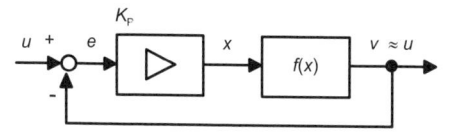

Bild 1.31 Signalrückgewinnung mittels Gegenkopplung

Hierbei gilt zunächst

$$\begin{aligned} v &= f(x) \\ x &= K_\text{P} e \\ e &= u - v \end{aligned} \qquad (1.186)$$

also

$$v = f\bigl(K_\text{P}(u - v)\bigr) \qquad (1.187)$$

Auflösen nach v auf der rechten Seite von (1.187) ergibt

$$v = u - \frac{1}{K_\text{P}} g(v) \qquad (1.188)$$

$g = f^{-1}$

Falls $g(v)$ endlich bleibt, geht v gegen u für $K_\text{P} \to \infty$. Die Umkehrfunktion g muss hier nicht explizit gebildet werden. Das Verfahren wirkt ähnlich wie ein Regelkreis, wenn man den Verstärker als Regelglied, den nichtlinearen Übertrager als Strecke auffasst. Der wesentliche Unterschied zu einer Regelung ist darin zu sehen, dass u als Pendant zur Führungsgröße w nicht *zielgerichtet* vorgegeben wird. Weitverbreitete Anwendung dieses Verfahrens ist die Beschaltung von Operationsverstärkern, bei denen damit das Übertragungsverhalten ausschließlich von den passiven Bauteilen abhängig ist.

Wirkungsweise bei einem Quadrierer. Oft lässt sich v direkt aus (1.187) isolieren, was Konvergenzabschätzungen wesentlich erleichtert. So gilt beispielsweise bei einem Quadrierer:

98 1 Grundlagen

$$\boxed{v = f(x) = x^2}\qquad(1.189)$$

und mit (1.186), (1.187):

$$\boxed{v = K_P(u - v)^2}\qquad(1.190)$$

Auflösen nach v ergibt

$$\boxed{v = u + \frac{1}{2K_P^2} \pm \sqrt{\frac{4K_P^2 u + 1}{4K_P^4}}}\qquad(1.191)$$

Für $K_P \to \infty$ gilt $v \to u$.

1.4.3 Linearisierungsverfahren

1.4.3.1 Tangenten- und Sekantenlinearisierung

Begriffe. Bei der Tangenten- und Sekantenlinearisierung nähert man nichtlineare Kurvenverläufe abschnittsweise durch Geradenstücke an; siehe z. B. GÖLDNER, KUBIK [1.34].

> Bei der **Tangentenlinearisierung** wird eine Kennlinie durch ihre Tangente in einem ausgewählten Arbeitspunkt ersetzt. Bei der **Sekantenlinearisierung** nähert man die Kennlinie durch eine Sekante innerhalb eines vorgegebenen Kennlinienbereichs an.

Bei einer punktweise gegebenen Kennlinie ist nur die Sekantenlinearisierung möglich. In beiden Fällen ist die Genauigkeit der Näherung durch die maximal zulässige Abweichung von der Kennlinie gegeben, welche im Wesentlichen von deren Krümmung bestimmt wird.

> Die Signale u_M, v_M, ..., welche die gesamte Kennlinie oder ein Kennlinienfeld beschreiben, nennt man **Großsignale**. Linearisierte Signale in der Nähe eines Arbeitspunktes oder innerhalb eines vorgegebenen Kennlinienbereichs werden als **Kleinsignale** u, v, ... bezeichnet; siehe Abschnitt 4.1.1.

Der Index M steht für *Messbereich*.

Tangentenlinearisierung. Zunächst sollen Funktionen *einer* Variablen u_M analytisch betrachtet werden. Die Funktion $v_M = f(u_M)$ sei um einen Arbeitspunkt $A = (u_{M0}, v_{M0})$ zu linearisieren; $f(u_M)$ sei dort mindestens

1.4 Mathematische Grundlagen nichtlinearer Systeme

zweimal differenzierbar und nicht allzu stark gekrümmt. Dann ergibt sich als TAYLOR-Reihe:

$$v_M = f(u_{M0}) + f'(u_{M0})(u_M - u_{M0}) + \frac{1}{2}f''(u_{M0})(u_M - u_{M0})^2 + R(u_M) \quad (1.192)$$

Nun setzt man

$$\begin{aligned} v_{M0} &= f(u_{M0}) \\ v_T &= v_M - v_{M0} \\ u &= u_M - u_{M0} \\ K_P &= f'(u_{M0}) \end{aligned} \quad (1.193)$$

und erhält

$$v_T = K_P u + \frac{1}{2}f''(u_{M0})u^2 + R(u_M) \quad (1.194)$$

K_P nennt man **Proportionalbeiwert** oder **Verstärkungsfaktor**. Die Gleichung der Tangente ist nun nach Übergang zu Kleinsignalen:

$$v = K_P u \quad (1.195)$$

und die maximale absolute Abweichung Δv_{max} zwischen v_T und v kann man bei Vernachlässigen des Rests $R(u_M)$ durch die 2. Ableitung abschätzen:

$$\Delta v_{max} = |v_T - v|_{max} \approx \frac{1}{2}|f''(u_{M0})|u^2 \quad (1.196)$$

Δv_{max} ist also im Wesentlichen durch die Krümmung von $f(u_M)$ bestimmt. Gibt man Δv_{max} vor und fordert man

$$\frac{1}{2}|f''(u_{M0})|u^2 < \Delta v_{max} \quad , \quad (1.197)$$

so folgt für den Gültigkeitsbereich von u:

$$|u| < \sqrt{\frac{2\Delta v_{max}}{|f''(u_{M0})|}} \quad (1.198)$$

Ist der Zusammenhang $v_M = f(u_M)$ grafisch oder tabellarisch gegeben, so muss man die Näherung $v = K_P u$ mit Hilfe von Lineal und Bleistift oder auch eines Programms zur Tabellenkalkulation vornehmen und den Gültigkeitsbereich durch Ausmessen bzw. durch Suchen der aus der Tabelle resultierenden maximalen Abweichung bestimmen. Auf die Linearisierung von Funktionen mehrerer Variablen mit Tangentenkonstruktionen wird in Abschnitt 4.1.1 eingegangen.

Sekantenlinearisierung. Bei der Sekantenlinearisierung wird eine nichtlineare Kennlinie $v_M = f(u_M)$ innerhalb vorgegebener Grenzen u_{Mmin}, u_{Mmax} so durch eine Gerade $v_{MS} = K_P u_M + v_{S0}$ ersetzt, dass die Abweichung *im Mittel* möglichst klein ist. Ist eine analytische Behandlung dieses Approximationsproblems möglich, kann die Bestimmung der Parameter K_P und v_{S0} z. B. durch Erfüllen der Forderung

$$Q(K_P, v_{S0}) = \int_{u_{Mmin}}^{u_{Mmax}} \{v_M - v_{MS}\}^2 du_M \stackrel{!}{=} \min \qquad (1.199)$$

erfolgen. Grafisch ermittelt man v_{MS} nach Augenmaß durch Einzeichnen der Sekante in die Kennlinie. Für die Kleinsignale und K_P gilt:

$$\begin{aligned} v &= v_{MS} - v_{S0} \\ u &= u_M - u_{M0} \\ K_P &= \frac{dv_{MS}}{du_M} \end{aligned} \qquad (1.200)$$

Vergleich. Bild 1.32 zeigt Beispiele für die beschriebenen Linearisierungsmethoden. Bei diesen Verfahren ergeben sich im Wesentlichen folgende Unterschiede:

- Im Gegensatz zur Tangentenlinearisierung ist eine Sekantenlinearisierung auch bei nicht mindestens zweimal differenzierbarer oder bei mehrdeutiger Kennlinie möglich.
- $f(u_M)$ kann mit einer Sekantenlinearisierung bei gleicher mittlerer Genauigkeit oft über einen größeren Bereich angenähert werden als mit einer Tangentenlinearisierung.
- Bei der Tangentenlinearisierung ist es einfacher als bei der Sekantenlinearisierung möglich, vorgegebene Genauigkeitsanforderungen zu erfüllen bzw. die Genauigkeit der Näherung zuvor abzuschätzen.

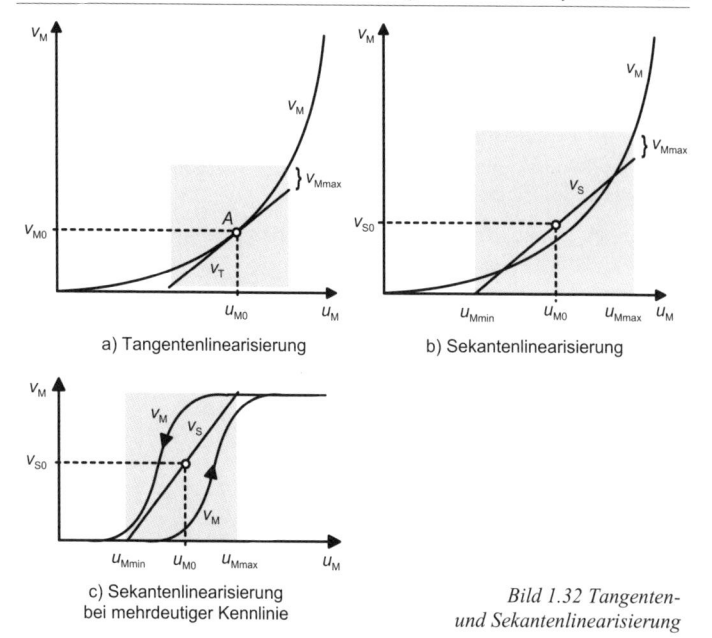

1.4 Mathematische Grundlagen nichtlinearer Systeme 101

a) Tangentenlinearisierung

b) Sekantenlinearisierung

c) Sekantenlinearisierung
bei mehrdeutiger Kennlinie

*Bild 1.32 Tangenten-
und Sekantenlinearisierung*

1.4.3.2 Harmonische Linearisierung

Prinzip. Bei der **harmonischen Linearisierung** – auch als **harmonische Balance** bezeichnet – wird die Reaktion eines nichtlinearen Übertragungsgliedes auf ein sinusförmiges Eingangssignal untersucht. Das Verfahren kann ggf. recht aufwändig sein und soll hier nur exemplarisch beschrieben werden. Ausgegangen wird von folgenden Voraussetzungen:

- Als Eingangssignal $u(t)$ wird die komplexe Funktion

$$u(t) = u_0 e^{j\omega t} \quad (1.201)$$

verwendet.

- Es wird angenommen, dass die Oberwellen des Ausgangssignals vernachlässigbar sind, etwa weil sie von zusätzlichen linearen Übertragungsgliedern (Tiefpass) weitgehend unterdrückt werden. Dann lässt sich das Ausgangssignal $v(t)$ näherungsweise als

Grundwelle $v_1(t)$ einer FOURIER-Reihe angeben, d. h. in komplexer Schreibweise:

$$\boxed{v(t) \approx v_1(t) = v_0 e^{j(\omega t + \varphi)}} \qquad (1.202)$$

Amplitude v_0 und Phasenverschiebung φ hängen von der Amplitude u_0 des Eingangssignals ab.

Mit diesen Voraussetzungen wird nun die Beschreibungsfunktion $B(u_0)$ definiert; DIN 19226-2 [1.11]:

> Die **Beschreibungsfunktion** $B(u_0)$ ist der Quotient der Grundwelle $v_1(t)$ des Ausgangssignals $v(t)$ und des Eingangssignals $u(t)$ eines nichtlinearen Übertragungselements.

Mit dieser Festlegung wird $B(u_0)$ zu

$$\boxed{B(u_0) = \frac{v_0}{u_0} e^{j\varphi}} \qquad (1.203)$$

$v_0 = v_0(u_0)$
$\varphi = \varphi(u_0)$

(1.203) kann man nun umschreiben:

$$\boxed{B(u_0) = \frac{b_1 + ja_1}{u_0}} \qquad (1.204)$$

$b_1 = v_0 \cos\varphi$
$a_1 = v_0 \sin\varphi$

Mit der Periode T, d. h. $\omega = 2\pi/T$ können die Größen b_1 und a_1 als FOURIER-Koeffizienten berechnet werden:

$$\boxed{\begin{aligned} b_1 &= \frac{2}{T} \int_0^T v(t) \sin \omega t \, dt \\ a_1 &= \frac{2}{T} \int_0^T v(t) \cos \omega t \, dt \end{aligned}} \qquad (1.205)$$

Wie der Frequenzgang lässt sich auch die Beschreibungsfunktion als **Ortskurve** darstellen. Als Parameter wird dann jedoch nicht die Kreisfrequenz ω, sondern die Eingangsamplitude u_0 gewählt.

1.4 Mathematische Grundlagen nichtlinearer Systeme 103

Beschreibungsfunktion eines Zweipunktgliedes mit Hysterese. Bei Regelungen findet man oft Zweipunktglieder, deren Ausgangssignal $v(t)$ in Abhängigkeit von der Eingangsgröße $u(t)$ und einer Hysterese u_{SD} die Werte $-v_0$ und v_0 annehmen kann. Bild 1.33 zeigt die Zeitfunktionen und die Kennlinie für ein sinusförmiges Eingangssignal.

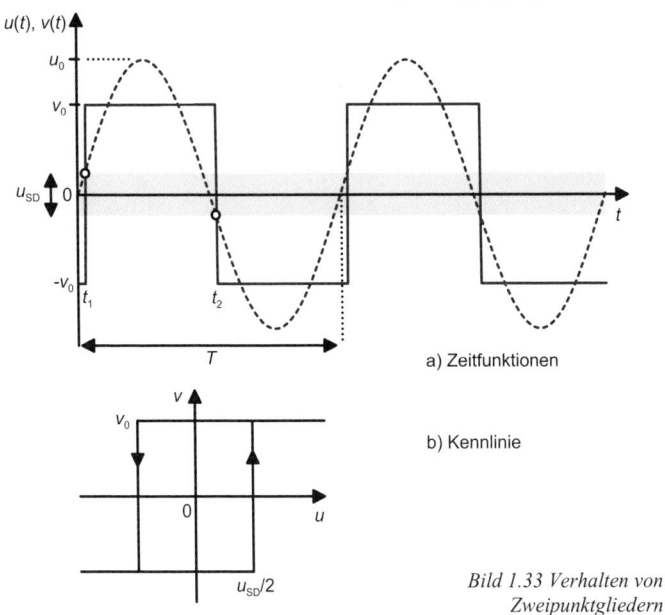

a) Zeitfunktionen

b) Kennlinie

Bild 1.33 Verhalten von Zweipunktgliedern

Innerhalb des Zeitintervalls $0 \leq t \leq T$ gilt mit der Periode T und dem Anfangswert $v(0) = -v_0$:

$$v(t) = \begin{cases} -v_0 & \text{für } 0 \leq t \leq t_1 \\ v_0 & \text{für } t_1 < t < t_2 \\ -v_0 & \text{für } t_2 \leq t \leq T \end{cases} \quad (1.206)$$

Das Eingangssignal ist

$$u(t) = u_0 \sin \omega t \quad (1.207)$$

$\omega = 2\pi/T$

1 Grundlagen

Mit $u(t_1) = u_{SD}/2$, $u(t_2) = -u_{SD}/2$ ergibt sich aus (1.207) für die Schaltzeitpunkte t_1 und t_2:

$$\boxed{\begin{aligned} t_1 &= \frac{T}{2\pi}\arcsin\frac{u_{SD}}{2u_0} \\ t_2 &= t_1 + \frac{T}{2} \end{aligned}} \quad (1.208)$$

Die Größen a_1 und b_1 der Beschreibungsfunktion berechnen sich nach (1.205) folgendermaßen:

$$a_1 = \frac{2}{T}\int_0^T v(t)\cos\omega t\, dt$$

$$= \frac{2v_0}{T}\left\{-\int_0^{t_1}\cos\omega t\, dt + \int_{t_1}^{t_2}\cos\omega t\, dt - \int_{t_2}^T \cos\omega t\, dt\right\}$$

$$\boxed{a_1 = -\frac{2u_{SD}}{\pi}\frac{v_0}{u_0}} \quad (1.209)$$

$$b_1 = \frac{2}{T}\int_0^T v(t)\sin\omega t\, dt$$

$$= \frac{2v_0}{T}\left\{-\int_0^{t_1} v(t)\sin\omega t\, dt + \int_{t_1}^{t_2} v(t)\sin\omega t\, dt - \int_{t_2}^T v(t)\sin\omega t\, dt\right\}$$

$$\boxed{b_1 = \frac{4v_0}{\pi u_0}\sqrt{1-\left(\frac{u_{SD}}{2u_0}\right)^2}} \quad (1.210)$$

Die Beschreibungsfunktion $B(u_0)$ ist damit

$$\boxed{B(u_0) = \frac{4v_0}{\pi u_0}\left\{\sqrt{1-\left(\frac{u_{SD}}{2u_0}\right)^2} - j\,\frac{u_{SD}}{2u_0}\right\}} \quad . \quad (1.211)$$

1.4 Mathematische Grundlagen nichtlinearer Systeme

Als Ortskurve mit dem Parameter u_0 ergibt sich ein Halbkreis mit dem Radius $r = 4v_0/(\pi u_0)$ ($\rightarrow$ Bild 1.34).

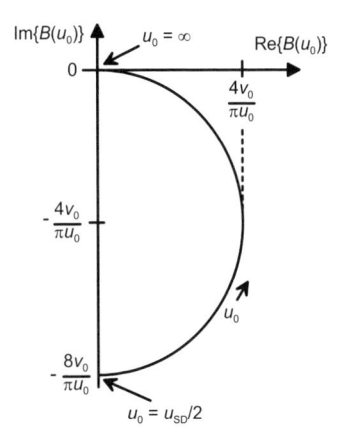

Bild 1.34 Ortskurve für ein Zweipunktglied

Gilt für die Schaltdifferenz $u_{SD} = 0$, wird $B(u_0)$ ausschließlich reell:

$$B(u_0) = \frac{4v_0}{\pi u_0} \quad \text{für} \quad u_{SD} = 0 \tag{1.212}$$

Die Ortskurve ist dann ein Strahl auf der positiven reellen Achse.

2 Regelstrecken

2.1 Allgemeine Merkmale

Wolfgang Schorn, Norbert Große

2.1.1 Komponenten von Regelstrecken

Eine Regelstrecke besteht aus **Stellgeräten**, aus Vorrichtungen (z. B. Anlageteilen) zur **Energie- und Stoffbeeinflussung** und aus **Messeinrichtungen** zum Erfassen von Prozessgrößen x_i, u. a. der Rückführgröße r; siehe Bild 2.1.

Stell-gerät   Stoff-/Energie-beeinflussung   Mess-einrichtung

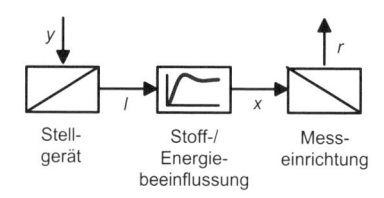

Bild 2.1 Komponenten von Regelstrecken

2.1.2 Streckenverhalten

2.1.2.1 Streckenarten

Allgemein unterscheidet man Strecken mit und ohne Ausgleich.

Bei einer **Strecke mit Ausgleich** strebt die Regelgröße x und damit die Rückführgröße r nach sprungförmiger Änderung der Stellgröße y von einem konstanten Wert y_0 auf den konstanten Wert y_R und bei stationären Störgrößenwerten $z_{1R} = 0$, $z_{2R} = 0$ ... gegen einen endlichen Beharrungswert x_R bzw. r_R. Zwischen y und r liegt asymptotisch ein proportionaler Zusammenhang vor (**Proportionalstrecke, P-Strecke**).

Zu den Strecken mit Ausgleich zählen z. B. Durchflussregelstrecken, Transportstrecken und Reihenschaltungen von RC-Gliedern sowie die meisten Temperatur- und Druckregelstrecken. Hier ergibt sich mit jeweils mehr oder weniger deutlich ausgeprägten Zeitverzögerungen zu jedem konstanten Wert von y ein zugehöriger konstanter Wert von r.

2.1 Allgemeine Merkmale

> Bei einer **Strecke ohne Ausgleich** stellt sich nach Änderung der Stellgröße y auf einen neuen Wert kein zugehöriger neuer Beharrungswert der Regelgröße x bzw. der Rückführgröße r ein. Zwischen y und r liegt asymptotisch meist ein integraler Zusammenhang vor (**integrierende Strecke, I-Strecke**).

Ein solches Verhalten findet man z. B. bei Füllstandsregelungen, Positioniervorgängen, exothermen Temperaturverläufen und manchen Druckregelstrecken. Sowohl bei Strecken mit als auch bei solchen ohne Ausgleich können zusätzlich Totzeiten auftreten. Sie resultieren aus Transportvorgängen, z. B. aus örtlichen Änderungen von Stoffkonzentrationen; ähnliche zeitliche Effekte ergeben sich durch Reihenschaltungen mehrerer Verzögerungsglieder 1. Ordnung.

2.1.2.2 Kenngrößen von Regelstrecken

Bild 2.2 zeigt die beiden häufigsten Typen von Sprungantworten für Strecken mit und ohne Ausgleich.

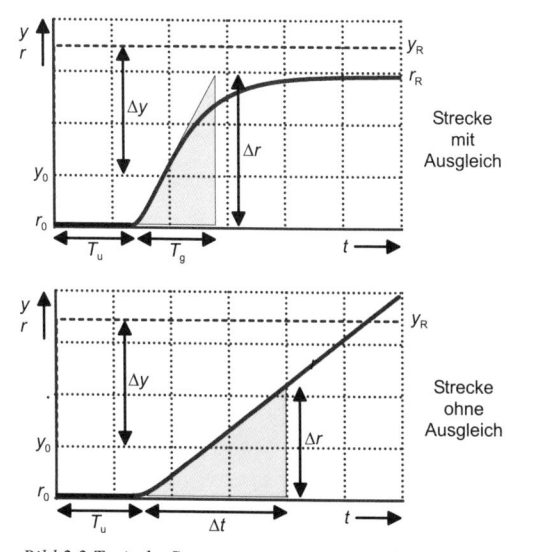

Bild 2.2 Typische Sprungantworten von Regelstrecken

Hieraus lassen sich Kenngrößen zur quantitativen Beschreibung des Streckenverhaltens nach DIN 19226-2 [2.1] und DIN 1304-10 [2.2] ableiten.

Für Strecken mit Ausgleich hat man allgemein folgende Kenngrößen:

- **Verzugszeit** T_u: Zeit nach dem y-Sprung, nach welcher r sich merklich zu ändern beginnt. Bei reinen Transportvorgängen ist T_u identisch mit der Totzeit T_t. Für schnelle Regelstrecken gilt $T_u = 0$.
- **Ausgleichszeit** T_g: Subtangente der Sprungantwort. Bei Strecken erster Ordnung ist T_g identisch mit der Zeitkonstanten T.
- **Proportionalbeiwert** K_{PS}: Dies ist die stationäre Änderung Δr von r, bezogen auf die Höhe Δy des y-Sprungs:

$$\boxed{\begin{aligned} K_{PS} &= \frac{\Delta r}{\Delta y} \\ \Delta y &= y_R - y_0 \\ \Delta r &= r_R - r_0 \end{aligned}} \tag{2.1}$$

Bei Strecken ohne Ausgleich mit integrierendem Verhalten hat man Folgendes:

- **Verzugszeit** T_u: Sie ist definiert wie bei Strecken mit Ausgleich.
- **Integrierbeiwert** K_{IS}: Der Integrierbeiwert ist die auf den y-Sprung bezogene Steigung der Asymptote von r für $t \to \infty$:

$$\boxed{K_{IS} = \frac{\Delta r}{\Delta t} / \Delta y} \tag{2.2}$$

2.2 Stellgeräte

Wolfgang Schorn, Norbert Große

2.2.1 Allgemeiner Aufbau

Stellgeräte dienen zum Beeinflussen von Energie- oder Materieströmen.

Bild 2.3 zeigt den generellen Aufbau. Teilbild a) enthält die allgemeine Darstellung, Teilbild b) gibt exemplarisch ein pneumatisch angetriebenes Ventil mit einem Stellungsregler zum Verstellen eines Flüssigkeitsstroms wieder.

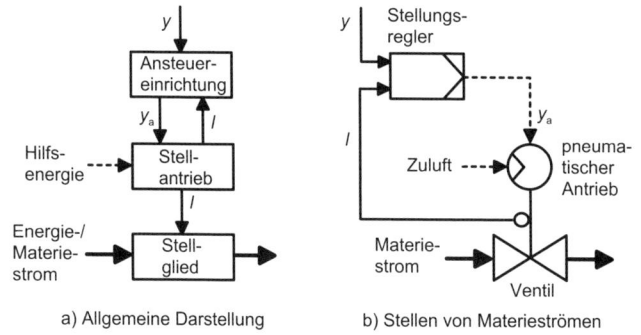

Bild 2.3 Komponenten von Stellgeräten

a) Allgemeine Darstellung
b) Stellen von Materieströmen

Stellgeräte sind nach JACQUES in [2.3] und DIN 19226-5 [2.4] aus folgenden Komponenten aufgebaut:

- **Ansteuereinrichtung**: Hiermit wird das Stellsignal y des vorgeschalteten Stellers in eine für den Stellantrieb oder das Stellglied geeignete Form y_a umgewandelt. Bei Materieströmen geschieht dies meist über einen **Stellungsregler** (→ Abschnitt 8.1).
- **Stellantrieb**: Stellantriebe werden ebenfalls bei der Beeinflussung von Materieströmen benötigt. Sie erzeugen aus dem umgewandelten Stellsignal y_a die Position l des Stellgliedes und sind je nach Ausführung mit pneumatischer, hydraulischer oder elektrischer Hilfsenergie zu versorgen.
- **Stellglied**: Dies ist ein veränderlicher Widerstand (Drosselelement) zum Beeinflussen des Energie- oder Materiestroms. Typische Stellglieder für elektrische Energieströme sind Thyristoren, Potentiometer und Transistoren, für Materieströme werden Ventile, Klappen und Kugelhähne (für Gase und Flüssigkeiten) sowie Schieber (für Feststoffe) verwendet.

Ein elektrisch angesteuertes Stellgerät nennt man **Aktor**; JANOCHA et al. [2.5]. Stellglieder für Materieströme gehören zu den **Armaturen** (Rohrleitungszubehör).

2.2.2 Zeitverhalten

Das zeitliche Verhalten von Stellgliedern charakterisiert die **Laufzeit** T_l.

> Die **Laufzeit** T_l gibt an, wie lange die Stellgliedausgangsgröße l zum Durchfahren des gesamten Stellbereichs Y_h benötigt.

Stellglieder zum Steuern von Energieströmen (z. B. Thyristoren) arbeiten praktisch verzögerungsfrei. Dies ist bei Materieströmen anders, da hier mechanische Elemente zum Einsatz kommen und Trägheiten sowie Reibungswiderstände zu überwinden sind. Das Zeitverhalten von Stellgliedern für Materieströme hängt u. a. von folgenden Faktoren ab:

- Stellgliedtyp (Ventil, Klappe etc.),
- maximaler Stellweg,
- Beschaffenheit des Stoffstroms (z. B. Aggregatzustand),
- Art des Antriebs (pneumatisch, elektrisch, hydraulisch).

Tabelle 2.1 gibt typische Stellzeiten nach SCHLITT [2.6] wieder. Im Folgenden wird davon ausgegangen, dass der Stellvorgang in guter Näherung durch ein Verzögerungsglied erster Ordnung mit der Zeitkonstanten T beschrieben werden kann und dass T_l die Zeit ist, nach welcher die Stellgliedausgangsgröße l dem Stellwertsprung $y(t) = y_0 + \Delta y \cdot \varepsilon(t)$ zu 99 % gefolgt ist. Für T gilt dann $T \approx 0{,}22 \cdot T_l$.

Tabelle 2.1 Stellzeiten für Materieströme

T_l typisch	elektrisch	pneumatisch	hydraulisch
Ventil, Schieber	5 ... 30 s	10 ... 30 s	0,5 ... 6 s
Klappe	3 ... 30 s	10 ... 30 s	1 ... 60 s

2.3 Messeinrichtungen

Wolfgang Schorn, Norbert Große

2.3.1 Allgemeiner Aufbau

> Eine **Messeinrichtung** setzt die Werte von Prozessgrößen in eine zur Weiterverarbeitung (Anzeige, Regelung usw.) geeignete Darstellung um. Liefert sie ein elektrisches Ausgangssignal, nennt man sie **Sensor**.

2.3 Messeinrichtungen 111

Allgemein besteht eine Messeinrichtung aus zwei Komponenten, siehe Bild 2.4.

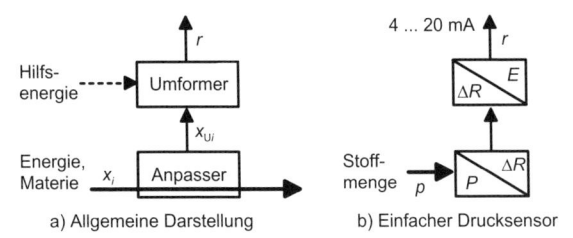

a) Allgemeine Darstellung   b) Einfacher Drucksensor

Bild 2.4 Komponenten von Messeinrichtungen

- **Anpasser**: Er erfasst den Wert der Prozessgröße x_i und setzt ihn in eine zur weiteren Umformung geeignete Darstellung x_{Ui} um.
- **Umformer**: Er erzeugt aus der Eingangsgröße x_{Ui} die Rückführgröße r, wobei meist auch eine Signalverstärkung stattfindet. Bei einem Sensor ist r üblicherweise ein Stromsignal im Einheitsbereich $I = 4 \ldots 20$ mA.

Teilbild b) in Bild 2.4 zeigt exemplarisch einen einfachen Drucksensor, bei welchem ein Dehnungsmessstreifen als Aufnehmer fungiert. Intelligente Sensoren verfügen über weitere Möglichkeiten zur Signalverarbeitung (Korrekturrechnungen, Analog-Digital-Wandlung etc.).

2.3.2 Zeitverhalten

2.3.2.1 Einstellzeit

Das zeitliche Verhalten von Messeinrichtungen wird durch die Einstellzeit T_E beschrieben, siehe z. B. VDI 2449-1 [2.7].

> Die **Einstellzeit** T_E ist die Zeit, nach deren Verstreichen die Rückführgröße r nach sprungförmiger Änderung der Regelgröße x den neuen Beharrungswert r_R dauerhaft bis auf eine Abweichung von 10 % erreicht hat, d. h. T_E ist erreicht für $0{,}9 \cdot r_R \leq r(T_E) \leq 1{,}1 \cdot r_R$. Bei stationär fehlerfreier Messung ist $r_R = x$.

Viele Hersteller von Sensoren verwenden alternativ die Begriffe **Antwortzeit** oder **Einschwingdauer** und definieren diese Kenngrößen durch verschiedene Zeitprozentwerte t_n; üblich sind $n = 50, 90, 95$ und 99. Nach der zitierten Richtlinie ist $T_E = t_{90}$. Die häufigsten Verläufe der Sprungantwort von $r(t)$ gibt Bild 2.5 wieder.

112　2 Regelstrecken

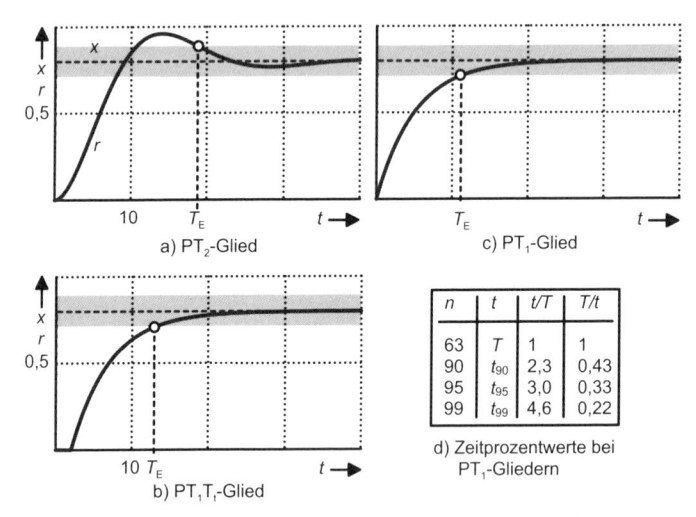

n	t	t/T	T/t
63	T	1	1
90	t_{90}	2,3	0,43
95	t_{95}	3,0	0,33
99	t_{99}	4,6	0,22

a) PT_2-Glied

b) PT_1T_t-Glied

c) PT_1-Glied

d) Zeitprozentwerte bei PT_1-Gliedern

Bild 2.5 Sprungantworten von Messeinrichtungen und deren Einstellzeit

In Teilbild d) sind zusätzlich die Zusammenhänge zwischen T_E und der Zeitkonstanten T bei einem Verzögerungsglied erster Ordnung aufgeführt. Besonders oft liegt eine Verzögerung erster Ordnung vor. Je nach Messprinzip können auch Übertragungsglieder höherer Ordnung auftreten; bei den meisten Wägeverfahren und Beschleunigungsaufnehmern stellt sich r mit Schwingungen ein. Konzentrationsmessungen sind mit einer Totzeit behaftet, wenn die Probe über eine Leitung der Analyseeinrichtung zugeführt wird.

Allgemein sind im Wesentlichen folgende Faktoren für das Zeitverhalten von Messeinrichtungen maßgebend:

- Beschaffenheit des Messguts (Aggregatzustand, Strömungsgeschwindigkeit etc.),
- Messprinzip (elektrisch, elektrochemisch, optisch u. a.),
- Ausstattung der Messeinrichtung (z. B. Temperatursensor mit oder ohne Schutzrohr).

Tabelle 2.2 enthält typische Einstellzeiten nach HART [2.8] und Datenblättern diverser Hersteller. Angenommen ist hierbei $T_E = t_{90}$.

Tabelle 2.2 Typische Einstellzeiten von Messeinrichtungen

Messgröße	T_E typisch
Temperatur	Pyrometer: < 1 ms Thermoelement: 5 ms ... 10 s Widerstandsthermometer mit Schutzrohr: 0,5 s ... 10 min
Drehzahl, Weg	5 ms
Druck, Masse, Dichte	< 0,5 s
Durchfluss	Wirkdruckprinzip: < 0,5 s Schwebekörper mit Dämpfung: 1 s
Füllstand	Ultraschall-Echolot: < 10 ms Massemessung: < 0,5 s Gedämpfte Messung: > 1 s
pH-Wert	5 ... 10 s
Gaskonzentration	5 ... 80 s
Feuchte	20 ... 100 s

2.3.2.2 Kompensieren der Einstellzeit

Ist das Zeitverhalten der Messeinrichtung bekannt, d. h. ist ein **Messmodell** gegeben, kann der Einfluss der Einstellzeit T_E zumindest annähernd kompensiert werden. Mit der Übertragungsfunktion $G(s)$ besteht zwischen der Regelgröße $X(s)$ und der Rückführgröße $R(s)$ allgemein die Beziehung $R(s) = G(s) \cdot X(s)$. Führt man die korrigierte Rückführgröße $R_k(s) = G_k(s) \cdot R(s)$ ein und wählt man $G_k(s) = G^{-1}(s)$, so ist $R_k(s) = X(s)$.

Bei einer Verzögerung erster Ordnung von $r(t)$ gilt mit der Zeitkonstanten $T_1 = 0{,}43 T_E$:

$$\boxed{\begin{array}{l} G(s) = \dfrac{1}{1 + T_1 s} \\ \Rightarrow G_k(s) = 1 + T_1 s \end{array}} \qquad (2.3)$$

Dies bedeutet für $r_k(t)$ ein PD-Glied ($\to$ Abschnitt 1.3):

$$\boxed{r_k(t) = r(t) + T_1 \dot{r}(t) = x(t)} \qquad (2.4)$$

In der Praxis ist T_1 meist nicht genau bekannt bzw. nicht konstant, so dass ein Näherungswert T_v zu wählen ist. Störungen in $r(t)$ unterdrückt

2 Regelstrecken

man mit einer Zeitkonstanten T_f, wobei üblicherweise $T_f = 0{,}1 \cdot T_v$ gesetzt wird. Insgesamt ist

$$G_k(s) = \frac{1 + T_v s}{1 + T_f s} \tag{2.5}$$

$$T_f \dot{r}_k(t) + r_k(t) = r(t) + T_v \dot{r}(t) \tag{2.6}$$

also ein PDT$_1$-Glied (*Lead-Lag*-Glied). Für die Beharrungswerte folgt $r_{kR} = r_R = x_R$. Bild 2.6 zeigt Sprungantworten von $r_k(t)$ für $T_1 = 5$ s und $T_v = 0{,}95 \cdot T_1$, $T_v = T_1$ und $T_v = 1{,}05 \cdot T_1$ mit $T_f = 0{,}1 \cdot T_v$.

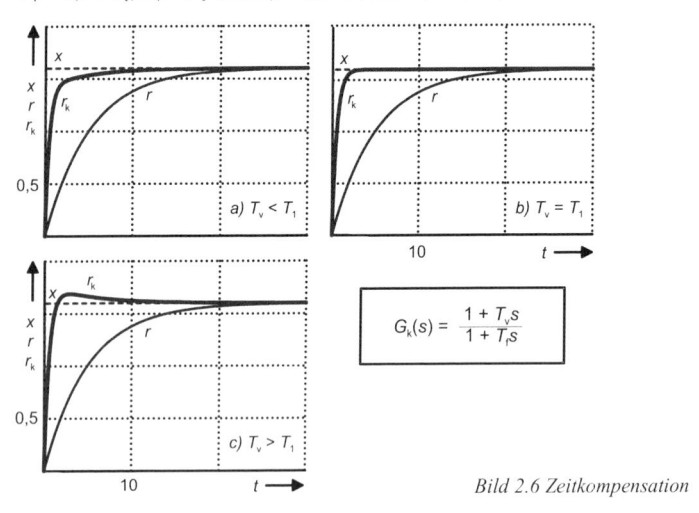

Bild 2.6 Zeitkompensation

$r(t)$ ist dabei als störungsfrei angenommen.

Mit solchen Maßnahmen lässt sich die Ordnung der Regelstrecke reduzieren und somit die Stabilität des geschlossenen Regelkreises verbessern (→ Abschnitt 4.1). In der Praxis kann eine Kompensation wesentlich aufwändiger sein, weil für $r(t)$ auch Verzögerungen höherer Ordnung und variable (z. B. lastabhängige) Zeitkennwerte auftreten können.

2.4 Stoff- und Energiebeeinflussung

Wolfgang Schorn, Norbert Große

2.4.1 Strecken mit Ausgleich

2.4.1.1 Allgemeine Darstellung

Differenzialgleichung und Frequenzgang. Wenn sich die Messeinrichtung wie ein PT_1-Glied verhält, lässt sich das dynamische Verhalten von Regelstrecken mit Ausgleich für die Kleinsignale folgendermaßen beschreiben:

- Regelgröße: $\alpha_{n-1} \overset{(n-1)}{x}(t) + \ldots + \alpha_1 \dot{x}(t) + x(t) = K_{PS} y(t - T_t)$
- Rückführgröße: $T\dot{r}(t) + r(t) = x(t)$

Für die Rückführgröße r ergibt sich daher mit $R(s) = G(s) \cdot Y(s)$:

$$G(s) = \frac{K_{PS} e^{-T_t s}}{a_n s^n + \ldots + a_1 s + 1} \quad (2.7)$$

$$a_n \overset{(n)}{r}(t) + \ldots + a_1 \dot{r}(t) + r(t) = K_{PS} y(t - T_t) \quad (2.8)$$

mit

$a_1 = \alpha_1 + T$
$a_k = \alpha_k + T \cdot \alpha_{k-1}, \qquad k = 2 \ldots n - 1$
$a_n = \alpha_{n-1} \cdot T$

Die Koeffizienten a_1 bis a_n bedeuten hierbei Potenzen von Zeitgrößen. Es liegt ein lineares Übertragungsglied (eine lineare Strecke) n-ter Ordnung mit Totzeit T_t und Proportionalbeiwert K_{PS} vor. Da auf der rechten Seite der Differenzialgleichung Ableitungen des Eingangssignals nicht auftreten, ist ein reines Verzögerungssystem gegeben. Bei dieser Darstellung wird davon ausgegangen, dass die Größen K_{PS}, T_t und a_1 bis a_n konstant sind und die Strecke ausschließlich von der Stellgröße y angeregt wird ($z(t) \equiv 0$). Bei $T_t = 0$ und verschwindenden zeitlichen Ableitungen der Rückführgröße r ergibt sich der Beharrungszustand $r_R = K_{PS} \cdot y_R$.

Reihenschaltung von Streckenelementen. Besonders häufig resultieren Strecken *n*-ter Ordnung aus einer Reihenschaltung von *n* Übertragungsgliedern erster Ordnung mit Totzeitglied, siehe Bild 2.7.

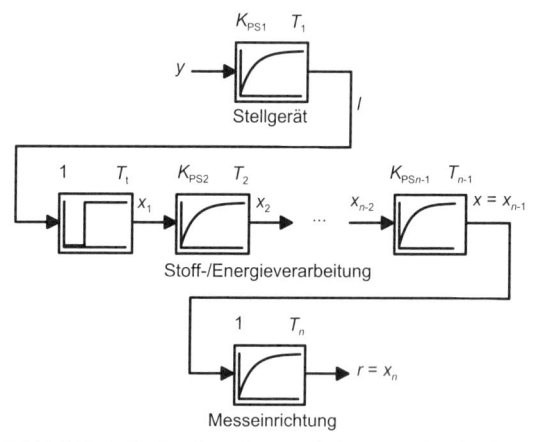

Bild 2.7 Typische Regelstrecke n-ter Ordnung mit Ausgleich

Dies ergibt das Gleichungssystem

$$\begin{aligned} T_1 \dot{l}(t) + l(t) &= K_{PS1} y(t) \\ x_1(t) &= l(t - T_t) \\ T_k \dot{x}_k(t) + x_k(t) &= K_{PSk} x_{k-1}(t) \, ; \qquad k = 2,...,n \end{aligned}$$

(2.9)

Der Frequenzgang ist

$$G(s) = \frac{K_{PS} e^{-T_t s}}{(T_1 s + 1)(T_2 s + 1) \ldots (T_n s + 1)}$$

(2.10)

Im Zustandsraum hat man

$$\begin{aligned} \dot{x}_1(t) &= -\frac{1}{T_1} x_1(t) + \frac{K_{PS1}}{T_1} y(t - T_t) \\ \dot{x}_k(t) &= -\frac{1}{T_k} x_k(t) + \frac{K_{PSk}}{T_k} x_{k-1}(t) \end{aligned}$$

(2.11)

mit $k = 2, 3, ..., n$,

2.4 Stoff- und Energiebeeinflussung

$x_1 = l$ (Stellgliedposition),
$x_{n-1} = x$ (Regelgröße),
$x_n = r$ (Rückführgröße),
$T_n = T$ (Zeitkonstante der Rückführgröße),
$K_{PS} = K_{PS1} \cdot K_{PS2} \cdot \ldots \cdot K_{PSn}$ (gesamter Proportionalbeiwert),
$K_{PSn} = 1$.

In Matrix-Vektor-Notation gilt nach Abschnitt 1.3:

$$\dot{x}(t) = Ax(t) + Bu(t) \tag{2.12}$$

Zwischen dem Eingangsvektor $u(t)$, der Stellgröße $y(t)$ und dem Störvektor $z(t)$ besteht der Zusammenhang

$$Bu(t) = b_y y(t - T_t) + B_z z(t) \tag{2.13}$$

mit B: Eingangsmatrix
b_y: Stellvektor
B_z: Störmatrix

Setzt man verschwindende Störgrößen z_k voraus, so ist

$$z(t) \equiv 0$$

und

$$\begin{aligned} \dot{x}(t) &= Ax(t) + b_y y(t - T_t) \\ r(t) &= c^T x(t) \end{aligned} \tag{2.14}$$

mit

Zustandsvektor: $x(t)^T = [x_1(t) \; x_2(t) \; x_3(t) \; \ldots \; x_{n-1}(t) \; x_n(t)]$,

Stellvektor: $b_y^T = [K_{PS1}/T_1 \; 0 \; 0 \; \ldots \; 0 \; 0]$,

Messvektor: $c^T = [0 \; 0 \; 0 \; \ldots \; 0 \; 1]$,

Systemmatrix: $A = \begin{bmatrix} -\dfrac{1}{T_1} & 0 & 0 & \ldots & 0 & 0 \\ \dfrac{K_{PS2}}{T_2} & -\dfrac{1}{T_2} & 0 & \ldots & 0 & 0 \\ 0 & \dfrac{K_{PS3}}{T_3} & -\dfrac{1}{T_3} & \ldots & 0 & 0 \\ \ldots & \ldots & \ldots & \ldots & \ldots & \ldots \\ 0 & 0 & 0 & \ldots & \dfrac{K_{PSn}}{T_n} & -\dfrac{1}{T_n} \end{bmatrix}$.

118 2 Regelstrecken

2.4.1.2 Strecken ohne Totzeit

Verzögerungsarme Strecken (P-Strecken). Regelstrecken, welche ohne jede Verzögerung auf einen y-Sprung reagieren, gibt es nicht. In vielen Fällen sind die Zeitgrößen einzelner Übertragungsglieder aber so klein, dass man sie für die gegebene Aufgabenstellung weitgehend vernachlässigen kann. Bild 2.8 zeigt eine typische Durchflussregelstrecke für Flüssigkeiten.

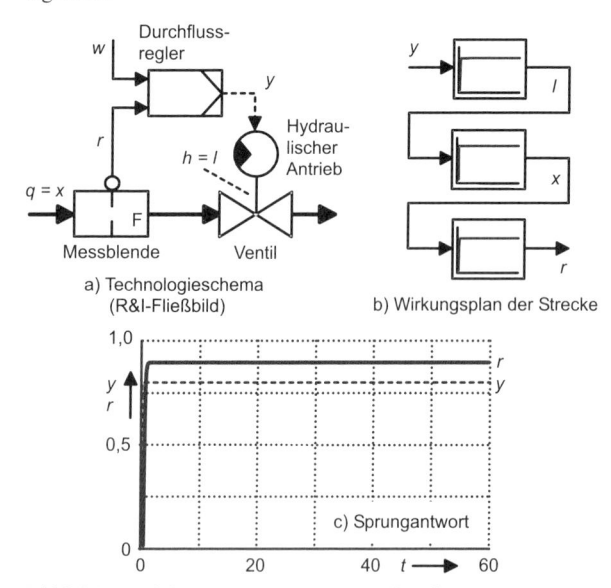

Bild 2.8 Beispiel für eine verzögerungsarme Strecke

1. Stellgerät: Hydraulikventil; Ausgangsgröße l ist der Ventilhub h. Laufzeit: $T_1 \approx 500$ ms; Proportionalbeiwert: $K_{PS} = 1{,}1$.

2. Stoffbeeinflussung: Flüssigkeitsstrom q (Regelgröße x), welcher Änderungen des Ventilhubs praktisch verzögerungsfrei folgt; Flüssigkeiten sind nahezu inkompressibel.

3. Messeinrichtung: Messblende, an welcher nach dem Wirkdruckprinzip ein dem Quadrat des Durchflusses proportionaler Druckabfall Δp erfasst wird. Δp wird radiziert und in ein elektrisches Einheitssignal (Rückführgröße r) umgewandelt. Einstellzeit zur Bildung von r: $T_E \approx 100$ ms.

2.4 Stoff- und Energiebeeinflussung

Daraus ergibt sich bei Vernachlässigung von T_1 und T_E:

$$\boxed{G(s) = K_{PS}} \tag{2.15}$$

$$\boxed{r(t) = K_{PS}\,y(t)} \tag{2.16}$$

Teilbild c) stellt den Verlauf von r und y nach sprungförmiger Änderung von y auf $y(t) = y_0 + \Delta y \cdot \varepsilon(t)$ dar. Verzögerungen sind hier kaum zu erkennen und für den Betrachter z. T. auf die Ungenauigkeit und Trägheit der Aufzeichnung zurückzuführen. Ideal verzögerungsfreie Strecken sind regelungstechnisch völlig unproblematisch; da in Wirklichkeit aber doch zumindest sehr kleine Zeitverzögerungen etwa durch Signalfilter vorliegen, ergeben sich geschlossene Regelkreise, welche bei Reglern mit integrierendem Anteil prinzipiell schwingungsfähig sind und bei der Wahl der Reglerparameter zu natürlichen Restriktionen führen (→ Abschnitt 4.2).

Strecken erster Ordnung (PT_1-Strecken). Wenn in einer Regelstrecke genau eine Komponente mit Speicherwirkung und dominierender Zeitkonstante enthalten ist, lässt sie sich meist in guter Näherung durch ein Übertragungsglied erster Ordnung charakterisieren. Bild 2.9 zeigt in Teilbild a) exemplarisch eine Teilanlage zur Drucklufterzeugung in Anlehnung an Unterlagen der Fa. BOGE [2.9] und den zugehörigen Wirkungsplan in Teilbild b). Die Strecke enthält folgende Bestandteile:

1. Stellgerät: Kompressor mit drehzahlgeregeltem Motor und Hydraulikkolben. Ausgangsgröße l: Drehzahl s; Laufzeit: $T_1 = 500$ ms; Proportionalbeiwert: $K_{PS} = 1{,}1$.

2. Stoffbeeinflussung: Der vom Kompressor erzeugte Druck $x_1 = p_V$ ändert sich praktisch verzögerungsfrei mit der Drehzahl s. Der Behälterdruck p_B (Regelgröße x) folgt bei geschlossenem Abzugsventil dem Vordruck p_V mit einer Verzögerung T, welche vom Widerstand des Rückschlagventils, dem Behältervolumen und der Temperatur im Behälter abhängt. Angenommene Zeitkonstante: $T \approx 10$ s.

3. Messeinrichtung: Druckaufnehmer mit Membran; Einstellzeit zur Bildung von r: $T_E = 100$ ms.

Die Linkskrümmung der Sprungantwort (Teilbild c)) im Anfangsbereich ist kaum erkennbar. Bei Vernachlässigung von T_1 und T_E ergibt sich:

$$\boxed{G(s) = \frac{K_{PS}}{1 + Ts}} \tag{2.17}$$

$$\boxed{T\dot{r}(t) + r(t) = K_{PS}y(t)}\qquad(2.18)$$

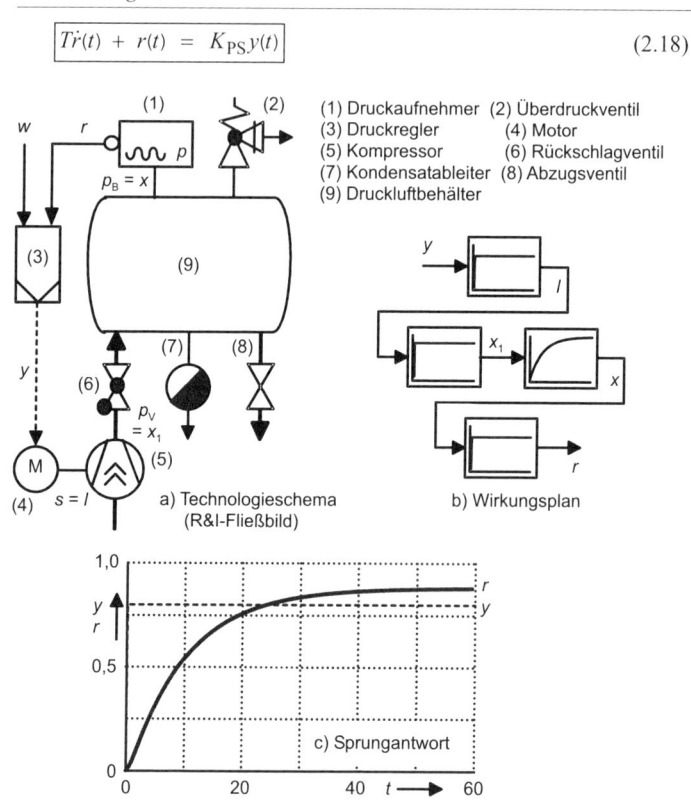

(1) Druckaufnehmer (2) Überdruckventil
(3) Druckregler (4) Motor
(5) Kompressor (6) Rückschlagventil
(7) Kondensatableiter (8) Abzugsventil
(9) Druckluftbehälter

a) Technologieschema (R&I-Fließbild)

b) Wirkungsplan

c) Sprungantwort

Bild 2.9 Beispiel für eine Strecke erster Ordnung

Verzögerungsstrecken zweiter Ordnung (PT_2-Strecken). Solche Strecken liegen dann vor, wenn sie zwei Übertragungsglieder mit dominierenden Zeitkonstanten enthalten. Falls Rückwirkungsfreiheit vorliegt, d. h. diese Übertragungsglieder einander nicht beeinflussen, verläuft die Sprungantwort ohne Schwingungen (Dämpfungsgrad $\vartheta \geq 1$). Die Vorgänge beim in Bild 2.10 nach SCHLITT [2.6] dargestellten Rührkessel lassen sich durch eine rückwirkungsfreie Reihenschaltung von Übertragungsgliedern und damit durch eine schwingungsfreie Sprungantwort beschreiben; zu regeln ist hierbei die Konzentration c_{Ba} eines Stoffes B am Kesselausgang (Flüssigkeitsmischung).

2.4 Stoff- und Energiebeeinflussung

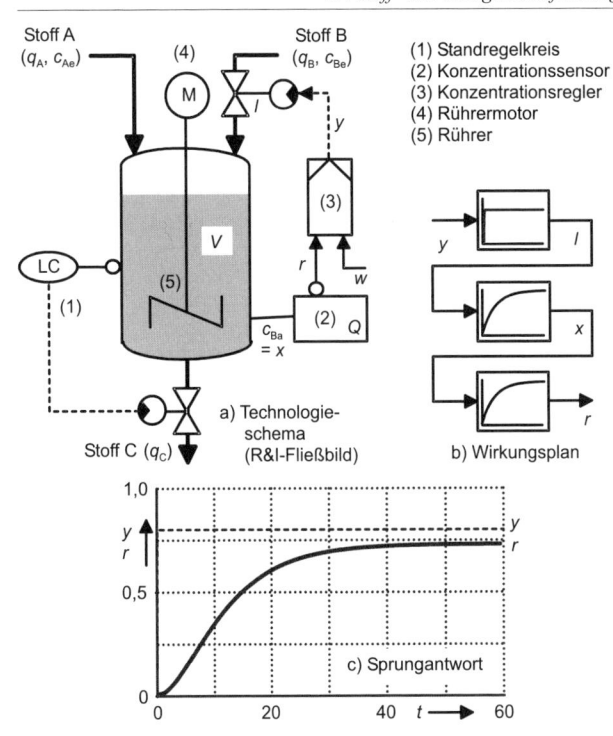

Bild 2.10 Beispiel für eine Strecke zweiter Ordnung

1. Stellgerät: Hydraulisches Ventil für die Zufuhr q_{Be} des Stoffes B mit der Eingangskonzentration c_{Be}. Laufzeit: $T_1 = 500$ ms; Proportionalbeiwert: $K_{PS1} = 1{,}0$.

2. Stoffbeeinflussung: Der Eingangsstrom q_A mit der Konzentration c_{Ae} des Stoffes A wird ungeregelt zugeführt. Der Eingangsstrom q_B und damit die Eingangskonzentration c_{Be} von Stoff B folgen dem Ventilhub y_x praktisch unverzögert; mit als linear angenommener Betriebskennlinie und dem Proportionalbeiwert K_{PS2} gilt also

$$c_{Be}(t) = K_{PS2} \cdot yx(t)$$

Im Rührkessel werden die Stoffe A und B zu einem Stoff C vermischt. Als mittlere Verweilzeit T_V für ein Molekül des Ausgangsprodukts C hat man

$$T_V = V / q_C$$

mit V: Produktvolumen im Kessel,
     q_C: Produktabzug.

Wegen der Füllstandsregelung LC ist in guter Näherung

$$q_C = q_A + q_B$$

mit q_A: Zufuhr Stoff A,
     q_B: Zufuhr Stoff B.

V und T_V sind damit praktisch konstant. Zwischen der Ausgangskonzentration c_{Ba} (Regelgröße x) am Kesselauslauf und den Konzentrationen c_{Ae} und c_{Be} am Kesseleintritt besteht in guter Näherung folgende Beziehung:

$$T_V \dot{c}_{Ba}(t) + c_{Ba}(t) = K_{PS3} c_{Be}(t)$$

mit $K_{PS3} = q_A / q_C$.

Für $K_{PS} = K_{PS1} \cdot K_{PS2} \cdot K_{PS3}$ schließlich ist

$$T_V \dot{c}_{Ba}(t) + c_{Ba}(t) = K_{PS} y_x(t).$$

Angenommen sind im Beispiel $K_{PS} = 0{,}9$ und $T_V = 7{,}5$ s.

3. Messeinrichtung: Konzentrationsmessgerät ohne merkliche Totzeit (näherungsweise PT_1-Verhalten); Zeitkonstante: $T = 5$ s.

Mit den dominierenden Zeitkonstanten T_V und T sowie den Koeffizienten $a_2 = T_V \cdot T$, $a_1 = T_V + T$ hat man als Frequenzgang bzw. Differenzialgleichung:

$$\boxed{\begin{aligned} G(s) &= \frac{K_{PS}}{(1 + T_V s)(1 + Ts)} \\ &= \frac{K_{PS}}{1 + a_1 s + a_2 s^2} \end{aligned}} \qquad (2.19)$$

$$\boxed{a_2 \ddot{r}(t) + a_1 \dot{r}(t) + r(t) = K_{PS} y(t)} \qquad (2.20)$$

Schwingungsfähige Strecken zweiter Ordnung. Wenn der Dämpfungsgrad einer Strecke zweiter Ordnung $\vartheta < 1$ ist, verläuft die Sprungantwort mit Schwingungen; ein solches Verhalten findet man typisch bei Feder-Masse-Systemen, z. B. bei Waagen und Beschleunigungsmessern.

Weitere Beispiele sind pneumatische und hydraulische Antriebe, welche sich typisch schwach gedämpft verhalten und zum Überschwingen neigen. Hier sei ein hydraulischer Linearantrieb in Bild 2.11 betrachtet, GROßE [2.10]. Die Ausgangsgröße sei die Geschwindigkeit $\dot{x}$.

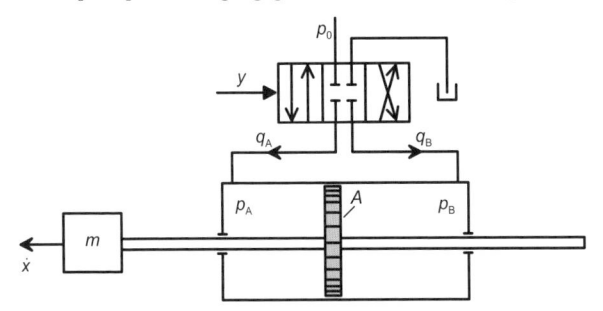

Bild 2.11 Schwach gedämpfter hydraulischer Antrieb

1. Stelleinrichtung: Es kommt ein Servoventil (3/2-Wegeventil) zum Einsatz; es sei als schnell angenommen im Vergleich zum Verhalten des Zylinders, Laufzeit $T_1 < 100$ ms.

2. Strecke: Es sollen nur kleine Abweichungen von einem Arbeitspunkt betrachtet werden, so dass die Haftreibung vernachlässigt und die von der Position x abhängigen hydraulischen Kapazitäten als konstant angenommen werden. Die typische relativ geringe Gleitreibung und der Leckvolumenstrom zwischen den beiden Kammern darf meist vernachlässigt werden. Das NEWTONsche Kräftegleichgewicht liefert mit der Kolbenfläche A:

$$\boxed{m\ddot{x}(t) = Ap_B(t) - Ap_A(t)} \tag{2.21}$$

Für den Druckaufbau in den Zylinderkammern gilt

$$\boxed{\dot{p}_A(t) = \frac{1}{C_H}\left(q_A(t) + A\dot{x}(t)\right)} \text{ und} \tag{2.22}$$

$$\boxed{\dot{p}_B(t) = \frac{1}{C_H}\left(q_B(t) - A\dot{x}(t)\right)}. \tag{2.23}$$

Dabei sei der Leckvolumenstrom vernachlässigt und die hydraulische Kapazität C_H in beiden Kammern als gleich angenommen. Die Zusammenhänge zwischen Druck und Volumenstrom in den Gleichungen (2.22) und (2.23) sind i. a. nichtlinear (→ Abschnitt 1.4). Die Volumenströme werden mit dem Stellsignal y mittels eines schnellen Servoventils verstellt:

$$\boxed{q_A(t) = K_y y + K_A p_A} \qquad (2.24)$$

$$\boxed{q_B(t) = -K_y y + K_B p_B} \qquad (2.25)$$

3. Messeinrichtung: Die Geschwindigkeit wird mittels Inkrementalgebern oder Dynamos gemessen. Nur bei Inkrementalgebern entsteht bei sehr geringen Geschwindigkeiten wegen der notwendigen Frequenzzählung eine Totzeit. Sonst können die Messverfahren als proportional angesehen werden.

Die Gleichungen (2.21) bis (2.25) beschreiben damit ein System dritter Ordnung, wie man auch leicht an der Zustandsraum-Darstellung erkennt.

Zustandsvektor: $\quad \boldsymbol{x}(t)^T = [\dot{x}(t) \quad p_A(t) \quad p_B(t)]$,

Stellvektor: $\quad \boldsymbol{b}_y^T = \left[0 \quad \dfrac{K_y}{C_h} \quad -\dfrac{K_y}{C_h}\right]$,

Messvektor: $\quad \boldsymbol{c}^T = [1 \quad 0 \quad 0]$,

Systemmatrix: $\quad A = \begin{bmatrix} 0 & -\dfrac{A}{m} & \dfrac{A}{m} \\ \dfrac{A}{C_h} & -\dfrac{K_A}{C_h} & 0 \\ -\dfrac{A}{C_h} & 0 & \dfrac{K_B}{C_h} \end{bmatrix}$.

Die Übertragungsfunktion des Antriebs findet man, indem man die Systemmatrix in die JORDANsche Normalform überführt, an der die Eigenwerte, also die Pole der Übertragungsfunktion erkennbar sind. Alternativ können die Gleichungen (2.21) bis (2.25) im Bildbereich ineinander eingesetzt werden, GROßE [2.10], was zu folgender allgemein dargestellten Übertragungsfunktion führt:

$$\boxed{G(s) = \frac{X(s)}{Y(s)} = \frac{b_1 s + b_0}{a_3 s^3 + a_2 s^2 + a_1 s + a_0}} \qquad (2.26)$$

Bei Kenntnis der Pole findet sich eine Verzögerung erster Ordnung und ein konjugiert komplexes Polpaar, welches zu einem schwingungsfähigen PT_2 gehört.

$$G(s) = \frac{X(s)}{Y(s)} = K \frac{1 + T_z s}{(1 + sT)(s^2 + 2\vartheta\omega_0 s + \omega_0^2)} \qquad (2.27)$$

Typische Werte für den Dämpfungsgrad ϑ sind 0,03 bis 0,07 und für die Kennkreisfrequenz $\omega_0 = 50$ bis 150 s^{-1}. In Bild 2.12 findet sich die Sprungantwort der Geschwindigkeit eines hydraulischen Linearantriebs.

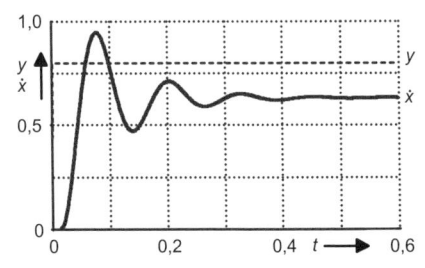

Bild 2.12 Sprungantwort einer schwingfähigen PT_2-Strecke

Verzögerungsstrecken höherer Ordnung (PT_n-Strecken). Bild 2.13 zeigt eine Regelstrecke vierter Ordnung. Hierbei handelt es sich um den Verlauf der Innentemperatur eines ummantelten und mit Dampf beheizten kleinen Rührkessels.

1. Stellgerät: Der Hub l des pneumatischen Heizdampfventils folgt dem Stellsignal y mit einer Verzögerung von $T_1 \approx 1$ s (d. h. Laufzeit $T_1 \approx 5$ s) und dem Proportionalbeiwert $K_{PS1} = 1,0$. Für Kühlzwecke lässt sich über y auch das Kühlwasserventil ansteuern.
2. Stoffbeeinflussung: Der als laminar (wirbelfrei) vorausgesetzte Dampfstrom x_1 ändert sich nahezu verzögerungsfrei mit dem Ventilhub. Verzögerungen $T_2 \approx 2,5$ s und $T_3 \approx 12$ s ergeben sich für die Manteltemperatur x_2 und die Innentemperatur x (Regelgröße) auf Grund von Wärmeübergängen. Wärmeverluste führen zu einem Proportionalbeiwert $K_{PS2} < 1$; hier ist $K_{PS2} = 0,9$ angenommen.
3. Messeinrichtung: Widerstandsthermometer mit Schutzrohr (PT_1-Verhalten); Zeitkonstante für r: $T_4 \approx 2$ s.

Insgesamt hat man hier also eine Strecke vierter Ordnung. Es ist deutlich zu erkennen, dass die Sprungantwort sich erst nach Ablauf einer gewissen Zeit – der **Verzugszeit** T_u, siehe Abschnitt 2.3 – merklich zu ändern beginnt. Kühlvorgänge zeigen üblicherweise das gleiche Verhalten; das Abkühlen erfolgt aber mit anderen Zeitkenngrößen als das Aufheizen.

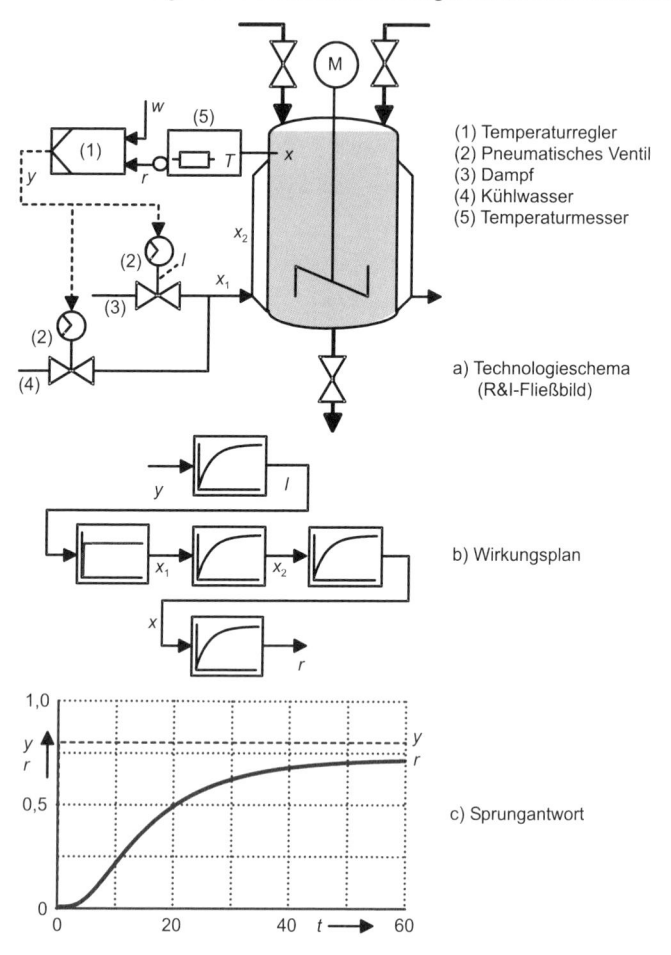

(1) Temperaturregler
(2) Pneumatisches Ventil
(3) Dampf
(4) Kühlwasser
(5) Temperaturmesser

a) Technologieschema (R&I-Fließbild)

b) Wirkungsplan

c) Sprungantwort

Bild 2.13 Beispiel für eine Strecke höherer Ordnung

2.4.1.3 Strecken mit Totzeit

Verzögerungsarme Totzeitstrecke (PT$_t$-Strecke). In Bild 2.14 ist eine Mischstation für Schwefelsäure in Anlehnung an Unterlagen der SGL CARBON GROUP [2.11] wiedergegeben.

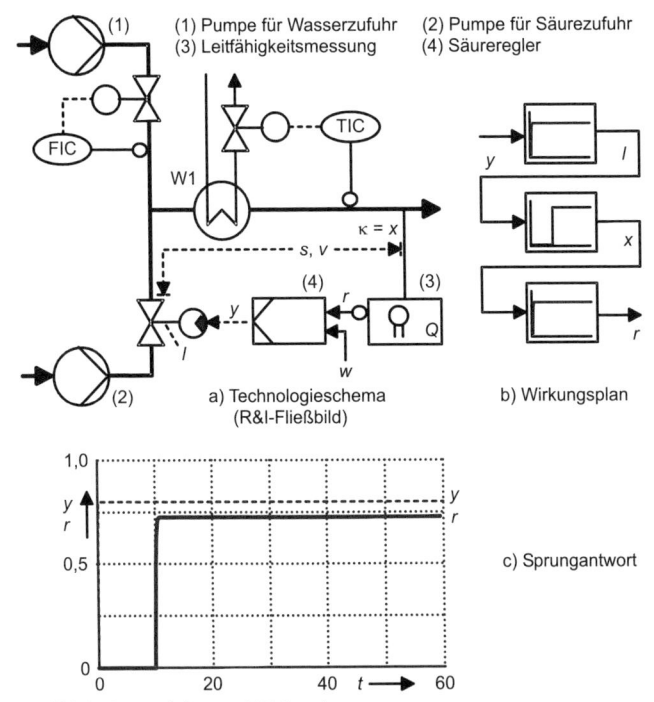

(1) Pumpe für Wasserzufuhr (2) Pumpe für Säurezufuhr
(3) Leitfähigkeitsmessung (4) Säureregler

a) Technologieschema (R&I-Fließbild) b) Wirkungsplan

c) Sprungantwort

Bild 2.14 Beispiel für eine PT$_t$-Strecke

Die Wasserzufuhr wird geregelt, der Strom konzentrierter Schwefelsäure wird so eingestellt, dass sich hinter dem Wärmetauscher W1 (Säurekühler) eine dem gewünschten Säuregehalt %H$_2$SO$_4$ entsprechende spezifische Leitfähigkeit κ (Regelgröße x) ergibt.

1. Stellgerät: Hydraulisches Ventil; Laufzeit: $T_1 = 500$ ms; Proportionalbeiwert: $K_{PS1} = 0{,}9$.

2. Stoffbeeinflussung: Vom Stellventil bis zum Messwertaufnehmer für die Leitfähigkeit ist der Weg s zurückzulegen. Bei der Fließge-

schwindigkeit v macht sich die Änderung der Säurekonzentration nach der Totzeit

$$T_t = s/v$$

am Sensor bemerkbar. Angenommen sind hier $T_t = 10$ s und der Proportionalbeiwert $K_{PS2} = 1{,}0$.

3. Messeinrichtung: Leitfähigkeitssensor; Einstellzeit: $T_E \approx 100$ ms.

Bei Vernachlässigung der kleinen Zeitkennwerte T_1 und T_E ergibt sich:

$$\boxed{G(s) = K_{PS} e^{-T_t s}} \quad (2.28)$$

$$\boxed{r(t) = K_{PS} y(t - T_t)} \quad (2.29)$$

mit $K_{PS} = K_{PS1} \cdot K_{PS2} = 0{,}9$.

Totzeitstrecke zweiter Ordnung (PT_2T_t-Strecke). Bei dem in Bild 2.15 dargestellten Rührkessel ist ein Stoff A in einem Lösemittel C so zu lösen, dass sich am Kesselausgang ein vorgegebener pH-Wert einstellt. Hierzu wird dem Stoff A über eine Mischdüse ein Stoff B geregelt zugesetzt und der pH-Wert über eine Sonde erfasst.

1. Stellgerät: Hydraulisches Ventil; Laufzeit: $T_1 = 500$ ms (vernachlässigbar); Proportionalbeiwert: $K_{PS1} = 1{,}0$.

2. Stoffbeeinflussung: Konzentrationsänderungen von Stoff B machen sich am Kesseleintritt nach einer Totzeit T_{t1} bemerkbar, welche von der Entfernung s zwischen Regelventil und Kessel einerseits und der Fließgeschwindigkeit v andererseits abhängt wie vorstehend bei der Säuremischstation beschrieben. Angenommen ist hier $T_{t1} = 9$ s. Der pH-Wert am Kesselausgang stellt sich mit der mittleren Verweilzeit T_v (hier: 7,5 s) als Verzögerung erster Ordnung ein ($\rightarrow$ Bild 2.7). Als Proportionalbeiwert sei dabei $K_{PS2} = 0{,}9$ gegeben.

3. Messeinrichtung: PT_1T_t-Verhalten;

    Totzeit: $T_{t2} \approx 1$ s, Zeitkonstante: $T \approx 2$ s.

Mit $T_t = T_{t1} + T_{t2}$ hat man in guter Näherung eine PT_2T_t-Strecke mit folgendem Frequenzgang bzw. folgender Differenzialgleichung:

$$\boxed{G(s) = \frac{K_{PS} e^{-T_t s}}{1 + a_1 s + a_2 s^2}} \quad (2.30)$$

2.4 Stoff- und Energiebeeinflussung

$$a_2\ddot{r}(t) + a_1\dot{r}(t) + r(t) = K_{PS}y(t - T_t)$$ (2.31)

mit $a_2 = T \cdot T_v$, $a_1 = T + T_v$, $K_{PS} = K_{PS1} \cdot K_{PS2}$.

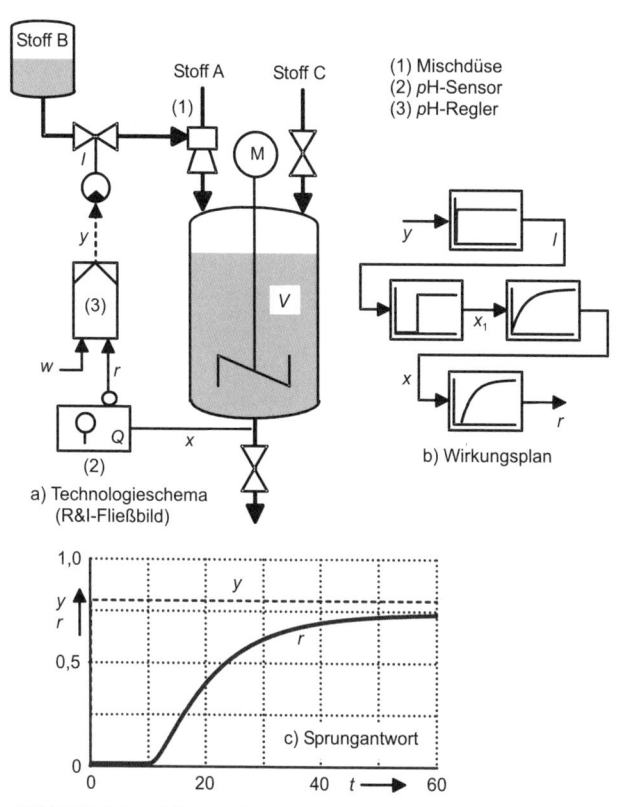

(1) Mischdüse
(2) *pH*-Sensor
(3) *pH*-Regler

a) Technologieschema (R&I-Fließbild)

b) Wirkungsplan

c) Sprungantwort

Bild 2.15 Beispiel für eine PT_2T_t-Strecke

2.4.2 Strecken ohne Ausgleich

2.4.2.1 Strecken mit integrierendem Verhalten

Allgemeine Merkmale. Bei Strecken mit integrierendem Verhalten folgt der Gradient der Regelgröße x ggf. verzögert und totzeitbehaftet der Stellgröße y. Hat die Messeinrichtung PT_1-Verhalten, lässt sich die

130 2 Regelstrecken

Dynamik für die Kleinsignale daher folgendermaßen beschreiben (der Koeffizient a_1 wird zu 1 angenommen und a_0 verschwindet):

- Regelgröße: $a_n \overset{(n)}{x}(t) + \ldots + a_2 \ddot{x}(t) + \dot{x}(t) = K_{IS} y(t - T_t)$

- Rückführgröße: $T\dot{r}(t) + r(t) = x(t)$

Dies führt mit $r(0) = 0$ auf folgende Darstellung:

$$G(s) = \frac{K_{IS} e^{-T_t s}}{s(a_n s^n + \ldots + a_1 s + 1)} \tag{2.32}$$

$$a_n \overset{(n)}{r}(t) + \ldots + a_1 \dot{r}(t) + r(t) = K_{IS} \int y(t - T_t) dt \tag{2.33}$$

mit

$a_1 = \alpha_2 + T$

$a_k = \alpha_{k+1} + T \cdot \alpha_k, \qquad k = 2, \ldots, n-1$

$a_n = \alpha_n \cdot T$

Weil angenommen wird, dass die Anfangswerte verschwinden, wird für das bestimmte Integral im Folgenden stets ein unbestimmtes Integral geschrieben.

$$\int_0^t v(\tau) d\tau \rightarrow \int v(t) dt$$

Wenn man davon ausgeht, dass der Integrator direkt hinter dem Totzeitglied angeordnet ist und dass $r(0) = 0$ gilt, hat man für eine Reihenschaltung folgendes Gleichungssystem, siehe Bild 2.16:

$$\begin{aligned} T_1 \dot{l}(t) + l(t) &= K_{PS1} y(t) \\ x_1(t) &= l(t - T_t) \\ x_2(t) &= \frac{1}{T_{IS}} \int x_1(t) dt \\ T_k \dot{x}_k(t) + x_k(t) &= K_{PSk} x_{k-1}(t); \quad k = 3, \ldots, n \end{aligned} \tag{2.34}$$

Die Übertragungsfunktion ist

2.4 Stoff- und Energiebeeinflussung

$$G(s) = \frac{K_{IS} e^{-T_t s}}{s(T_1 s + 1)(T_3 s + 1) \ldots (T_n s + 1)} \quad . \tag{2.35}$$

Im Zustandsraum ergibt sich

$$\begin{aligned}
\dot{x}_1(t) &= -\frac{1}{T_1} x_1(t) + \frac{K_{PS1}}{T_1} y(t - T_t) \\
\dot{x}_2(t) &= \frac{1}{T_{IS}} x_1(t) \\
\dot{x}_k(t) &= -\frac{1}{T_k} x_k(t) + \frac{K_{PSk}}{T_k} x_{k-1}(t)
\end{aligned} \tag{2.36}$$

mit $k = 3, 4, \ldots, n$,

$x_1 = l$	(Stellgliedposition),
$x_{n-1} = x$	(Regelgröße),
$x_n = r$	(Rückführgröße),
$T_n = T$	(Zeitkonstante der Rückführgröße),
$K_{IS} = (K_{PS1} \cdot K_{PS3} \cdot \ldots \cdot K_{PSn})/T_{IS}$	(Integrierbeiwert),
$K_{PSn} = 1$.	

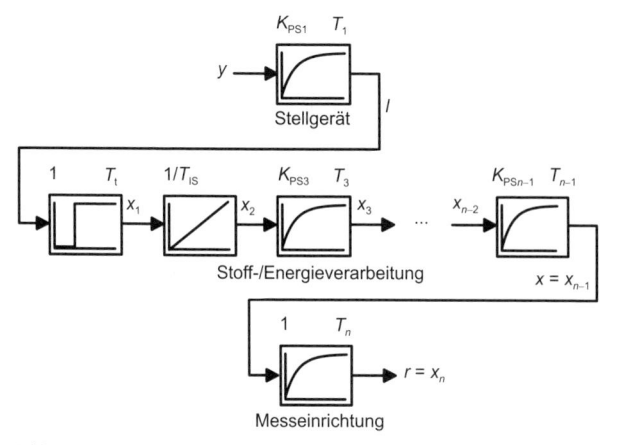

Bild 2.16 Typische integrierende Regelstrecke n-ter Ordnung

In Matrix-Vektor-Notation gilt

$$\begin{aligned} \dot{\boldsymbol{x}}(t) &= \boldsymbol{A}\boldsymbol{x}(t) + \boldsymbol{b}_y y(t - T_t) \\ r(t) &= \boldsymbol{c}^T \boldsymbol{x}(t) \end{aligned} \qquad (2.37)$$

mit

Zustandsvektor: $\boldsymbol{x}^T(t) = \begin{bmatrix} x_1(t) & x_2(t) & x_3(t) & \ldots & x_{n-1}(t) & x_n(t) \end{bmatrix}$,

Stellvektor: $\boldsymbol{b}_y^T = \begin{bmatrix} \dfrac{K_{PS1}}{T_1} & 0 & 0 & \ldots & 0 & 0 \end{bmatrix}$,

Messvektor: $\boldsymbol{c}^T = \begin{bmatrix} 0 & 0 & 0 & \ldots & 0 & 1 \end{bmatrix}$,

Systemmatrix: $\boldsymbol{A} = \begin{bmatrix} -\dfrac{1}{T_1} & 0 & 0 & \ldots & 0 & 0 \\ \dfrac{1}{T_{IS}} & 0 & 0 & \ldots & 0 & 0 \\ 0 & \dfrac{K_{PS3}}{T_3} & -\dfrac{1}{T_3} & \ldots & 0 & 0 \\ \ldots & \ldots & \ldots & \ldots & \ldots & \ldots \\ 0 & 0 & 0 & \ldots & \dfrac{K_{PSn}}{T_n} & -\dfrac{1}{T_n} \end{bmatrix}$.

Einfach verzögernde I-Strecken (IT$_1$-Strecken). Bild 2.17 zeigt eine typische Füllstandsstrecke. Die Produktzufuhr erfolgt ungeregelt, über den Produktabzug wird der Füllstand L im Behälter auf dem Sollwert $w = 0{,}5$ (50 %) gehalten. Da die Auslaufgeschwindigkeit nach TORRICELLI vom Füllstand abhängt, ist dem Standregler ein Durchflussregler unterlagert (Kaskade, siehe Abschnitt 4.2). Zum Aufnehmen der Sprungantwort wird die Zufuhr abgesperrt und das Ausgangssignal y des Standreglers (= Sollwert w_F des Durchflussreglers) auf 0,8 (80 %) eingestellt, so dass der Kesselstand sinkt.

1. Produktabzug: Regelkreis mit hydraulischem Ventil; Laufzeit: $T_1 = 500$ ms (vernachlässigbar). Der Durchflussregler gibt das Stellsignal y_F aus; der Regelkreis ist so eingestellt, dass der mittels Messblende erfasste Rückführwert r_F der Prozessgröße $x_1 = q_A$ dem vom Standregler vorgegebenen Wert y mit PT$_1$-Verhalten folgt. Zeitkonstante: $T = 1$ s; Proportionalbeiwert: $K_{PS1} = 1{,}0$.

2. Stoffbeeinflussung im Behälter: Allgemein ergibt sich bei konstanter Dichte ρ das Produktvolumen V im Kessel zu

2.4 Stoff- und Energiebeeinflussung

$$V(t) = V(0) + \int \left(q_E(t) - q_A(t) \right) dt$$

mit $q_E(t)$: Produktzufuhr
$q_A(t)$: Produktabzug
$V(0)$: Volumen bei $t = 0$.

Beim Aufnehmen der Sprungantwort sei $q_E(t) \equiv 0$. Für den Produktabzug gilt

$$T \cdot \dot{q}_A(t) + q_A(t) = q_{Amax} \cdot K_{PS2} \cdot l(t)$$

mit $l(t)$: Ventilhub

q_{Amax}: maximaler Durchfluss

K_{PS2}: Verstärkung der Betriebskennlinie (normiert)

Damit hat man

$$T \cdot \dot{V}(t) + V(t) = V(0) - q_{Amax} \cdot K_{PS2} \int l(t) dt$$
$$\approx V(0) - q_{Amax} \cdot K_{PS2} \int y(t) dt$$

Der als normiert vorausgesetzte Füllstand L (Regelgröße x) ergibt sich durch Umrechnen des Produktvolumens aus dem physikalischen Bereich in den Einheitsbereich:

$$T \cdot \dot{L}(t) + L(t) = L(0) - \frac{q_{Amax} \cdot K_{PS2}}{V_{max}} \int y(t) dt$$

Der Wert $L = 0$ ist dabei auf die Grundfläche des zylindrischen Kesselbereichs bezogen.

3. Messeinrichtung für Füllstand: Ultraschall-Echolot; vernachlässigbare Einstellzeit: $T_E = 10$ ms.

Insgesamt ist

$$\boxed{T \cdot \dot{r}(t) + r(t) = L(0) + K_{IS} \int y(t) dt} \qquad (2.38)$$

mit $K_{IS} = -\dfrac{q_{Amax} \cdot K_{PS2}}{V_{max}}$

Es liegt eine Strecke erster Ordnung vor. Angenommen ist im Beispiel der Integrierbeiwert $K_{IS} \approx -0{,}01 \text{ s}^{-1}$.

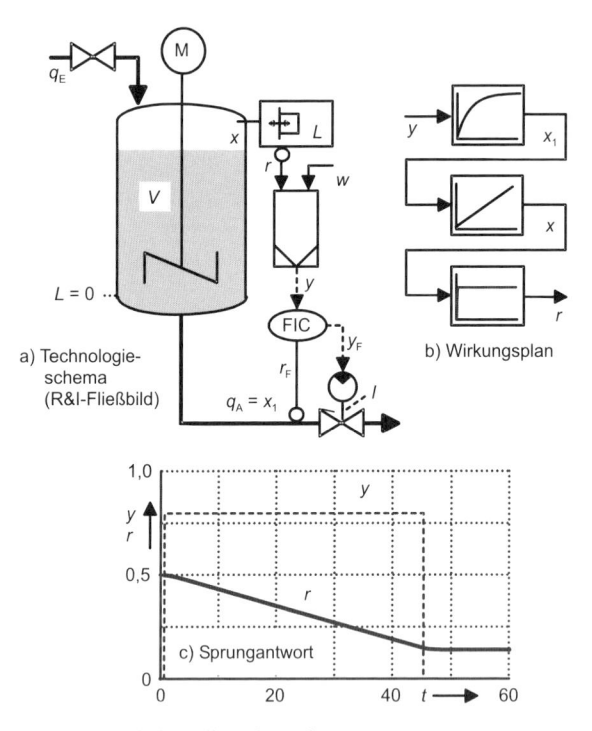

Bild 2.17 Einfache Füllstandsstrecke

Doppelt verzögernde I-Strecken (IT_2-Strecke). In Bild 2.18 ist eine weitere Füllstandsstrecke dargestellt, welche zwei Verzögerungen aufweist. Der Produktabzug erfolgt ungeregelt, über die Produktzufuhr wird der Füllstand L im Behälter auf dem Sollwert $w = 0{,}5$ (50 %) gehalten. Zum Aufnehmen der Sprungantwort wird der Abzug bei leerem Behälter geschlossen und das Zulaufventil auf 0,8 (80 %) eingestellt, so dass der Kesselstand ansteigt.

1. Stellgerät (Zufuhr): Pneumatisches Ventil (PT_1-Glied). Zeitkonstante: $T_1 = 1 \text{ s}$ (Laufzeit $T_1 \approx 5 \text{ s}$); Proportionalbeiwert: $K_{PS1} = 1{,}0$.

2. Stoffbeeinflussung: Allgemein ergibt sich bei konstanter Dichte ρ das Produktvolumen V im Kessel zu

$$V(t) = V(0) + \int \big(q_E(t) - q_A(t)\big)dt$$

mit $q_E(t)$: Produktzufuhr
$q_A(t)$: Produktabzug
$V(0)$: Volumen bei $t = 0$.

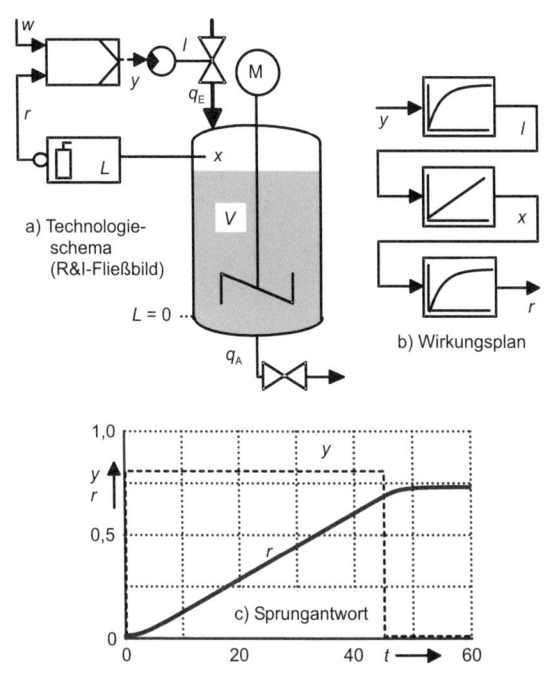

Bild 2.18 Füllstandsstrecke mit Verzögerungen

Beim Aufnehmen der Sprungantwort ist $V(0) = 0$ und $q_A(t) \equiv 0$. Für die Produktzufuhr gilt

$$T_1 \dot{q}_E(t) + q_E(t) = q_{Emax} \cdot K_{PS2} \cdot y(t)$$

mit q_{Emax}: maximaler Durchfluss

K_{PS2}: Verstärkung der Betriebskennlinie (normiert)

Damit hat man

$$V(t) = \int q_E(t) dt$$

$$T_1 \dot{V}(t) + V(t) = q_{Emax} \cdot K_{PS2} \int y(t) dt$$

Der als normiert vorausgesetzte Füllstand L (Regelgröße x) ergibt sich durch Umrechnen des Produktvolumens aus dem physikalischen Bereich in den Einheitsbereich:

$$T_1 \dot{L}(t) + L(t) = \frac{q_{AEmax} \cdot K_{PS2}}{V_{max}} \int y(t) dt$$

Der Wert $L = 0$ ist dabei auf die Grundfläche des zylindrischen Kesselbereichs bezogen.

3. Messeinrichtung: Radar-Laufzeitmessung (P-Verhalten). Um Schwankungen der Rückführgröße auf Grund von Rührvorgängen zu unterdrücken, wird die Regelgröße mit der Zeitkonstanten $T_2 = 2$ s geglättet, d. h. es ist

$$T_2 \dot{r}(t) + r(t) = L(t)$$

Insgesamt hat man

$$\boxed{a_2 \ddot{r}(t) + a_1 \dot{r}(t) + r(t) = K_{IS} \int y(t) dt} \qquad (2.39)$$

mit

$$a_2 = T_1 \cdot T_2$$
$$a_1 = T_1 + T_2$$
$$K_{IS} = \frac{q_{Emax} \cdot K_{PS2}}{V_{max}}$$

Es liegt eine Strecke zweiter Ordnung vor. Angenommen ist im Beispiel $K_{IS} \approx 0{,}02 \text{ s}^{-1}$.

2.4.2.2 Weitere Strecken ohne Ausgleich

Strecke mit näherungsweisem Allpassverhalten. STROHRMANN beschreibt in [2.12] die Vorgänge in einer Dampftrommel zum Rückgewinnen thermischer Energie, siehe Bild 2.19.

2.4 Stoff- und Energiebeeinflussung

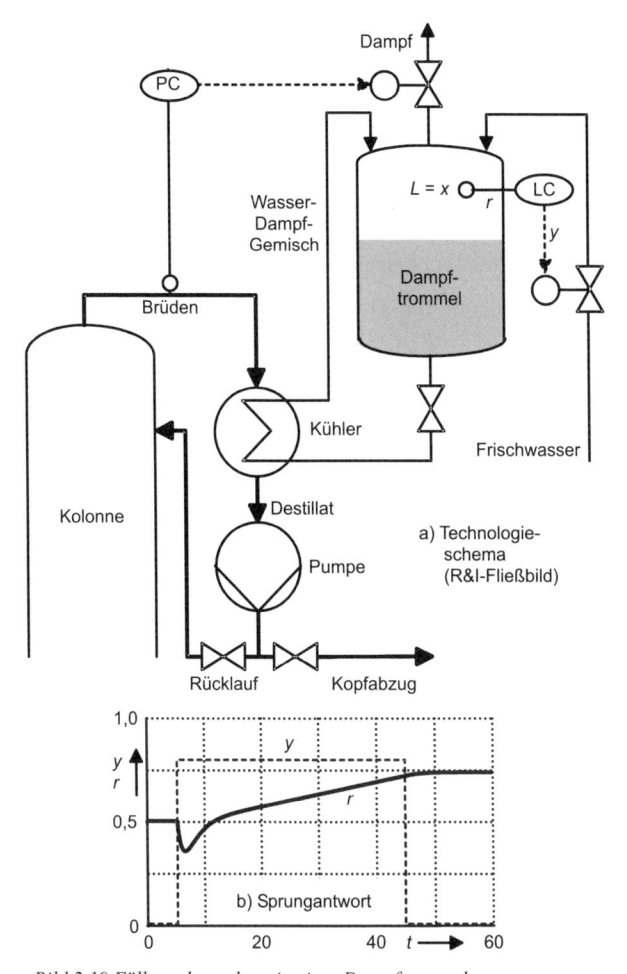

Bild 2.19 Füllstandsregelung in einer Dampftrommel

Der am Kopf der Destillationskolonne abgezogene Dampf (Brüden) kondensiert in einem Kühler, welcher mit Wasser aus einer Dampftrommel versorgt wird. Das Kühlwasser beginnt zu sieden, so dass ein Wasser-Dampf-Gemisch entsteht; der aus der Trommel abströmende

138 2 Regelstrecken

Dampf wird in das Energieversorgungssystem eingeleitet und zum Heizen anderer Anlageteile verwendet. Sinkt der Füllstand L in der Dampftrommel ab, wird kaltes Frischwasser nachgezogen. Die Temperaturabsenkung führt dazu, dass die Luftblasen im Wasser-Dampf-Gemisch zusammenbrechen und der Füllstand auf Grund der schnellen Dichteerhöhung zunächst abfällt, um dann wieder anzusteigen. Die Sprungantwort in Teilbild b) macht deutlich, dass für kleine Zeitwerte zunächst allpassähnliches Verhalten vorliegt, welches anschließend in einen integrierenden Verlauf übergeht. Man hat hier ein Allpassglied, welchem ein integrierendes Glied parallel geschaltet ist.

Strecke mit progressivem Verhalten. Strecken mit progressivem Verlauf der Regelgröße sind häufig bei Reaktionsvorgängen anzutreffen, siehe Bild 2.20.

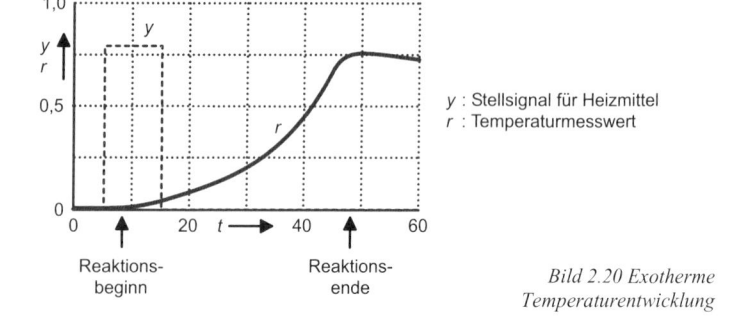

Bild 2.20 Exotherme Temperaturentwicklung

Dort ist der typische Temperaturverlauf bei einer exothermen Reaktion dargestellt. EMONS et al. geben in [2.13] hierfür Beispiele an. In einer Polymerisationsanlage wird ein niedermolekularer Stoff (z. B. Vinylchlorid) zu einem hochmolekularen Stoff (z. B. Polyvinylchlorid PVC) umgesetzt. Bei diskontinuierlich durchgeführter Suspensionspolymerisation legt man zunächst ein Lösungsmittel in einen Reaktor vor; dann wird das Monomer zugegeben. Anschließend wird der Behälter unter Rühren und Inertgasüberlagerung auf die gewünschte Temperatur (typisch 45 bis 75 °C) aufgeheizt. Nach Einsetzen der Reaktion entsteht Wärme (exothermer Prozess), welche eine Beschleunigung der Umsetzung mit weiterem Temperaturanstieg zur Folge hat und durch Kühlung abgeführt werden muss. Ohne Kühlung ergibt sich über weite Bereiche eine exponentielle Temperaturentwicklung, welche erst nach vollständigem Umsetzen des Monomeren endet.

Ein weiteres typisches Beispiel für progressives Verhalten ist die Lenkung von Flugkörpern. Betrachtet wird hierzu der Lenkvorgang mit Hilfe eines Seitentriebwerks bei einer Rakete, Bild 2.21. Untersucht sei ein Seitentriebwerk, welches die Schubkraft F entwickelt. Das interessierende Ausgangssignal x sei der Lenkwinkel φ. Das Momentengleichgewicht um den Schwerpunkt S liefert:

$$J\ddot{\varphi} = R \cdot F - B \cdot \dot{\varphi}$$

Darin ist J das Trägheitsmoment der Rakete. Im luftleeren Raum und bei geringen Drehgeschwindigkeiten ist der Term $B\dot{\varphi}$ zu vernachlässigen. Damit ergibt sich für die Lenkung des Flugkörpers doppelt integrierendes Verhalten

$$\ddot{\varphi} = \frac{R}{J} F \;.$$

Die Sprungantwort des Lenkwinkels φ verhält sich parabelförmig und die Lenkgeschwindigkeit $\dot{\varphi}$ rampenförmig.

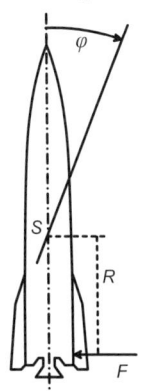

Bild 2.21 Gelenkter Flugkörper

2.5 Prozessmodelle

Wolfgang Schorn, Norbert Große

2.5.1 Grundlagen

2.5.1.1 Technische Motivation

Die Ursprünge modellgestützter Methoden im Bereich der Regelungstechnik lassen sich etwa auf die 40er-Jahre des 20. Jahrhunderts datieren. Im Jahre 1942 stellten ZIEGLER und NICHOLS [2.14] ihre bahnbrechenden Einstellempfehlungen für PID-Regler vor, wobei sie von einem PT_1T_t-Modell der Regelstrecke ausgingen. Hierbei wird eine Strecke höherer Ordnung mit Ausgleich durch eine **Ersatzstrecke** erster Ordnung mit Totzeit approximiert. Bereits diese Einstellempfehlungen zeigen den Nutzen von Modellen.

Ein Prozess lässt sich naturgemäß umso besser leiten, je mehr Informationen man über ihn besitzt. So ist es oft sinnvoll, gemessene Daten mit so genannten **Soft-Sensoren** durch abgeleitete Größen zu ergänzen, wenn bestimmte Prozessgrößen messtechnisch gar nicht oder nur mit großem Aufwand zugänglich sind. Weiterhin muss man bei regelungs- und steuerungstechnischen Aufgabenstellungen möglichst genau wissen, wie Stellsignale an den Prozess dessen Verhalten, also den Verlauf der Zustandsgrößen, beeinflussen. Oft möchte man auch gemessene Größen mit einer Gleichlaufüberwachung auf Plausibilität prüfen, und schließlich eignen Modelle sich zur Prozesssimulation, welche z. B. zur Verfahrensoptimierung und zum Training des Anlagenpersonals dienen kann.

Die folgenden Abschnitte befassen sich mit der Gewinnung und Anwendung von Prozessmodellen.

2.5.1.2 Begriffe und Taxonomien

Modelle und Ersatzstrecken. Der Modellbegriff ist in DIN 19226-1 [2.15] und bei HOLL, in [2.16] sinngemäß so definiert:

> Ein **Modell** ist die Darstellung eines Systems oder Prozesses. Es muss nicht unbedingt ein *exaktes* Abbild der Realität wiedergeben, sondern lediglich die darzustellenden Objekte in Bezug auf vorgelegte Fragestellungen *hinreichend genau* beschreiben.

Der Vorgang der Modellbildung für einen Prozess, d. h. das Gewinnen eines **Prozessmodells**, heißt **Prozessidentifikation**. Prozessmodelle werden mit mathematischen Methoden beschrieben. Sie können durch **Anlagenmodelle** im Labormaßstab ergänzt werden.

> Eine **Ersatzstrecke** ist das Prozessmodell einer Regelstrecke.

In der praktischen Regelungstechnik werden Ersatzstrecken in folgenden Anwendungsfällen eingesetzt:

- Zur dynamischen Nachbildung des Streckenverhaltens benutzt man sie bei modellgestützten Regelungsverfahren wie Zustandsregelungen oder Regelungen mit Vorhersage der Rückführgröße.
- Aus Streckenkenngrößen werden Werte zur Reglereinstellung und für die Abtastperiode ermittelt, um eine gewünschte Regelkreisdynamik zu bewirken.
- Das asymptotische Verhalten der Ersatzstrecken ermöglicht bei Strecken mit Ausgleich das Gewinnen von Kennlinienfeldern, d. h. von stationären Prozessmodellen.

Modellklassen. Taxonomien für Prozessmodelle sind u. a. bei HOLL [2.16] und SCHÖNE [2.18] zu finden. Tabelle 2.3 enthält eine hieran angelehnte Zusammenstellung der regelungstechnisch bedeutsamsten Begriffe.

Tabelle 2.3 Modelltaxonomien

Merkmal	Merkmalseigenschaft	
Modellgewinnung	analytisch	empirisch
Modelldarstellung	parametrisch	nichtparametrisch
	stationär	dynamisch
Modellparameter	zeitinvariant	zeitvariant
	verteilt	konzentriert
Interpretierbarkeit	*black box*	*white box*
Größenanzahl	SISO	SIMO
	MISO	MIMO

Im Folgenden werden die Merkmalseigenschaften der Tabelle 2.3 erläutert:

Klassifizierung nach Art der Modellgewinnung. Für ein **analytisch** begründetes (theoretisches) Modell ist eine qualitative Vorstellung über den betrachteten Prozess vonnöten. Die physikalischen, chemischen oder biologischen Vorgänge werden auf Grund theoretischer Überlegungen etwa mit Hilfe von Erhaltungssätzen und Gleichgewichtsbedingungen etc. beschrieben; Kenngrößen (z. B. Geräte- und Stoffdaten) werden gemessen oder Literaturquellen entnommen. Theoretisch begründete Modelle bilden die Vorgänge innerhalb des zu untersuchenden Systems gut nach; sie werden bereits seit langem z. B. bei der Kolonnen- und Rührkesselsimulation, der Simulation des Verhaltens von Fahrzeugen und Flugkörpern, von Antrieben und Energiesystemen eingesetzt. Nach Aufstellen der theoretischen Gesetze ist das Auffinden der richtigen sich hierin befindenden Parameter ein großes Problem in der Praxis. Die Gültigkeit analytischer Modelle hängt vom Gültigkeitsbereich der zu Grunde liegenden theoretischen Gesetzmäßigkeiten ab. Bei **empirischen** Modellen werden die benötigten Eingangs- und Ausgangsgrößen des Systems so weit als möglich gemessen, die Prozessstruktur (d. h. die Beschreibung der Zusammenhänge zwischen Eingangs- und Ausgangsgrößen) versucht man durch Vergleich mit bekannten Übertragungsgliedern möglichst genau festzulegen. Die Modellparameter ermittelt man anschließend aus der gewählten Prozessstruktur mit grafischen oder numerischen Methoden; man nennt dies **Parameterschätzung**. Das zu untersuchende System selbst wird als *black box* aufgefasst; man spricht hier auch von einer **behaviouristischen** Betrachtungsweise. Es ist zu beachten, dass empirische Modelle nur innerhalb der zu Grunde liegenden Messdaten gültig sind und keine Extrapolation über die Messbereiche hinaus erlauben.

Klassifizierung nach Art der Modelldarstellung. Ein **parametrisches** Modell wird geschlossen mit Hilfe von Gleichungssystemen formuliert. Diese enthalten dann z. B. algebraische Gleichungen bzw. Übertragungsfunktionen oder Differenzialgleichungen. **Nichtparametrische** Darstellungen sind Tabellen oder Kurven wie etwa Sprungantworten, Nomogramme, Phasenmodelle, Ortskurven etc. Bei **stationären** oder statischen Modellen wird die Zeitabhängigkeit von Prozessgrößen nicht dargestellt; stattdessen betrachtet man das Systemverhalten in Beharrungszuständen. Anwendungen findet man bei den in Abschnitt 2.5.3 behandelten Kennlinienfeldern für Strecken mit Ausgleich. **Dynamische** Modelle geben das zeitliche Verhalten von Eingangs- zu Ausgangsgrößen wieder. Man benötigt sie allgemein zum Reglerentwurf und beispielsweise für *Deadbeat-Response-Regelungen* und zum automatischen Anfahren von Regelkreisen.

2.5 Prozessmodelle

Klassifizierung nach Art der Modellparameter. Bei einem **zeitinvarianten** Modell werden sowohl die Struktur als auch die Parameter einmalig festgelegt. So geht man dann vor, wenn die Kenngrößen des zu modellierenden Systems weitgehend konstant sind, was z. B. für viele Apparatedaten (Volumina, Maximaldrücke ...) gilt. Auch bei der Auslegung konventioneller Regler nimmt man überwiegend zeitinvariante Gegebenheiten an. **Zeitvariante** Modelle nehmen Rücksicht auf zeitlich veränderliche Kenngrößen, wobei die Modellstruktur meist beibehalten wird und lediglich Parameter zu bestimmten Zeitpunkten bzw. auf Grund bestimmter Ereignisse angepasst werden. Beispiele findet man etwa bei adaptiven Regelungen. Da in die numerische Parameterbestimmung historische Werte von Eingangsgrößen meist über ein gleitendes Zeitintervall konstanter Breite eingehen, spricht man oft auch von **ARMA-Modellen**, wobei ARMA für *Auto-Regressive – Moving Average* steht. Bei Modellen mit **verteilten** Parametern wird neben der Zeitabhängigkeit der Parameter auch deren Ortsabhängigkeit berücksichtigt, z. B. bei der Simulation von Kolonnen mit örtlich unterschiedlichen Stoffzusammensetzungen. Modelle mit **konzentrierten** Parametern gehen von der Ortsunabhängigkeit dieser Parameter aus.

Klassifizierung nach der Interpretierbarkeit. Bei einem *Black-Box*-**Modell** bleibt dessen innere Struktur verborgen. Beispiele hierfür sind künstliche neuronale Netze (KNN, → Abschnitt 7.2) und mit grafischen Methoden gewonnene Ersatzstrecken. Bei *White-Box*-**Modellen** wie etwa DGl-Systemen ist der Aufbau bekannt.

Klassifizierung nach der Größenanzahl. Diese Klassifizierung unterscheidet je nach Anzahl der Ein- und Ausgangsgrößen vier Typen:

- **SISO**: *Single Input – Single Output.* Aus *einer* Eingangsgröße wird *eine* Ausgangsgröße ermittelt; allgemein sind dies Eingrößensysteme. Beispiel: Modellierung von Ersatzstrecken über Sprungantworten.
- **SIMO**: *Single Input – Multiple Output.* Aus *einer* Eingangsgröße werden *mehrere* Ausgangsgrößen ermittelt. Beispiel: Modelle für Regelungen mit Bereichsaufspaltung.
- **MISO**: *Multiple Input – Single Output.* Aus *mehreren* Eingangsgrößen wird *eine* Ausgangsgröße ermittelt. Beispiel: Kennlinienfelder.
- **MIMO**: *Multiple Input – Multiple Output.* Aus *mehreren* Eingangsgrößen werden *mehrere* Ausgangsgrößen ermittelt; allgemein sind dies Mehrgrößensysteme. Beispiel: Energie- und Massenbilanzen bei Reaktoren und Kolonnen.

144 2 Regelstrecken

Anwendung auf ein Modell für Aufheizzeiten. Die verschiedenen Modellarten lassen sich miteinander kombinieren. So kann man etwa in die Prozesselemente eines **Phasenmodells** (nichtparametrische Darstellung; s. Abschnitt 1.1) erklärende Gleichungen eintragen (parametrische Darstellung). Vertiefend sei ein einfaches Beispiel zum Erstellen einer Dampfmassenbilanz und zum Abschätzen von Aufheizzeiten betrachtet (→ Bild 2.22). Die Wärmemenge Q, welche zur Temperaturänderung $\Delta\vartheta = \vartheta_E - \vartheta_A$ einer Stoffmenge mit der Masse m und der spezifischen Wärmekapazität c erforderlich ist, ergibt sich zu

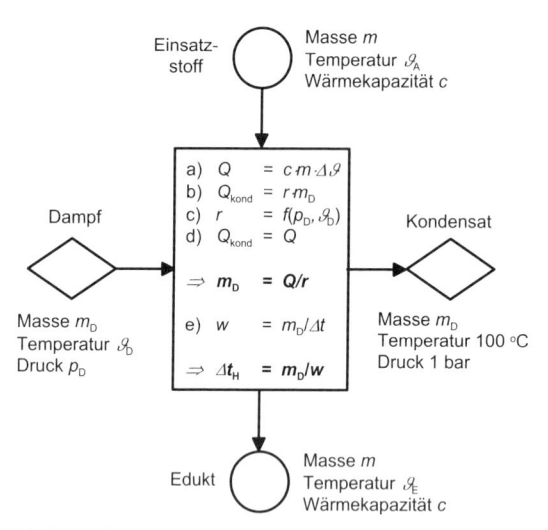

$$\boxed{Q = c \cdot m \cdot \Delta\vartheta} \tag{2.40}$$

Bild 2.22 Phasenmodell zur Dampfmassenbilanz

Hieraus lässt sich z. B. berechnen, welche Dampfmenge (hier angenommen für Sattdampf) für einen Aufheizvorgang benötigt wird. Die Wärmemenge Q_{kond}, welche die Dampfmasse m_D beim Kondensieren abgibt, beträgt

$$\boxed{Q_{\text{kond}} = r \cdot m_D} \tag{2.41}$$

wobei r (ein *Prozessparameter*) die spezifische Kondensationswärme ist; sie hängt vom Druck p_D und der Temperatur ϑ_D ab und kann Dampfdrucktabellen entnommen werden. Aus den beiden aufgeführten Gleichungen lässt sich die Dampfmenge berechnen. Wenn man Verluste durch Wärmeabgaben an die Umgebung vernachlässigen kann, so ist $Q_{kond} = Q$, also $m_D = Q/r$, und wenn der mittlere Dampfstrom $\dot{m} = m_D / \Delta t$ als Sollwert w (z. B. in kg/h) vorgegeben wird, hat man als Aufheizzeitraum Δt_H:

$$\Delta t_H = \frac{w}{m_D} \qquad (2.42)$$

Wie man sieht, kann aus den gemessenen Größen Masse m und Temperatur ϑ eines Stoffs mit den Daten c (spezifische Wärmekapazität) und r (spezifische Kondensationswärme) die Dauer Δt_H eines Aufheizvorgangs abgeschätzt werden. Solche Angaben werden z. B. zur Koordinierung von Teilanlagen in einer Anlage benötigt.

Das Modell hat folgende Merkmale:

- Modellgewinnung: *analytisch*; es sind physikalische Gesetze gegeben
- Modelldarstellung: *parametrisch*; das Verhalten wird mit Gleichungen beschrieben
  stationär; für die Zustandsgrößen werden Beharrungszustände betrachtet
- Modellparameter: *zeitinvariant*; die Modellstruktur und der gegebene Prozessparameter r werden als unveränderlich aufgefasst
  konzentriert; der Modellparameter r ist ortsunabhängig
- Interpretierbarkeit: *White-Box*; die Modellstruktur ist bekannt
- Größenanzahl: MISO; *drei* Eingangsgrößen c, m und $\Delta\vartheta$ ergeben *eine* Ausgangsgröße Δt_H

Phasenmodelle werden in Abschnitt 8.1.2 genauer erläutert.

2.5.1.3 Modellierungsvorgang

Bei HOLL, in [2.16] ist der typische Lebenszyklus der Modellverwendung zu finden, siehe Bild 2.23. Er besteht aus mehreren Phasen, welche ggf. iterativ durchlaufen werden.

- Ausgegangen wird von einer Problemstellung (1), welche bei größeren Aufgaben als **Lastenheft** formuliert ist.

- Der Vorgang der Modellbildung führt zu einer Modellbeschreibung (2), meist in Form eines **Pflichtenhefts**.
- Als Ergebnis der Modellumsetzung erhält man das Modell (3) typisch als **Programmbaustein**, welcher z. B. in Funktionsbausteinsprache oder einer problemorientierten Programmiersprache (strukturierter Text, FORTRAN, C o. Ä.) abgefasst ist.
- Bei der folgenden Modellausführung wird sowohl dieser Baustein als auch der zu modellierende Prozess mit Testsignalen angeregt. Mit Hilfe der Modellresultate (4) (Ausgangssignale und Werte von Kenngrößen) kann die logische Korrektheit des Bausteins und der Modellbeschreibung durch Vergleich mit den Ausgangssignalen des realen Prozesses geprüft werden (**Validierung**). Sind die Resultate nicht zufrieden stellend, erfolgt nun die Überarbeitung des Programms und ggf. der Modellbeschreibung. Gravierende Unzulänglichkeiten machen eine erneute Analyse und ein neues Lastenheft erforderlich.

Zentrales Gewicht in der Prozessleittechnik kommt dem Begriff der *Validierung* zu. Im Zusammenhang mit der Modellentwicklung hat er folgende Bedeutung:

> Die **Validierung** eines Modells ist der formale und systematische Nachweis, dass es das Verhalten des betreffenden Prozesses hinreichend genau beschreibt und mit hoher Wahrscheinlichkeit spezifikationsgerechte Resultate liefern wird; NAMUR NE 58 [2.19].

Üblicherweise unterscheidet man zwischen *retrospektiver* und *prospektiver* Validierung:

- Bei **retrospektiver** Validierung wird die innerhalb vorgegebener Toleranzgrenzen korrekte Reproduktion von Eingangsdaten des Modells nachgewiesen. In der Statistik nennt man die Schätzung solcher Eingangsdaten **Ex-Post-Prognose**.
- Bei **prospektiver** Validierung wird die innerhalb vorgegebener Toleranzgrenzen korrekte Schätzung von Prozesswerten sichergestellt, welche bei der Modellgewinnung nicht ausgewertet wurden. Eine solche Schätzung heißt **Ex-Ante-Prognose**.

Toleranzgrenzen sind z. B. durch Maximalwerte von Varianzen oder Streuungen festgelegt.

Je nach Aufgabenstellung können einzelne Phasen des Modell-Lebenszyklus entfallen. Will man etwa eine Regelstrecke durch ihre Sprungantwort beschreiben, benötigt man meist kein Lasten- oder Pflichtenheft.

Bei der Realisierung eines Beobachters hingegen bedarf es in der Regel aller Phasen.

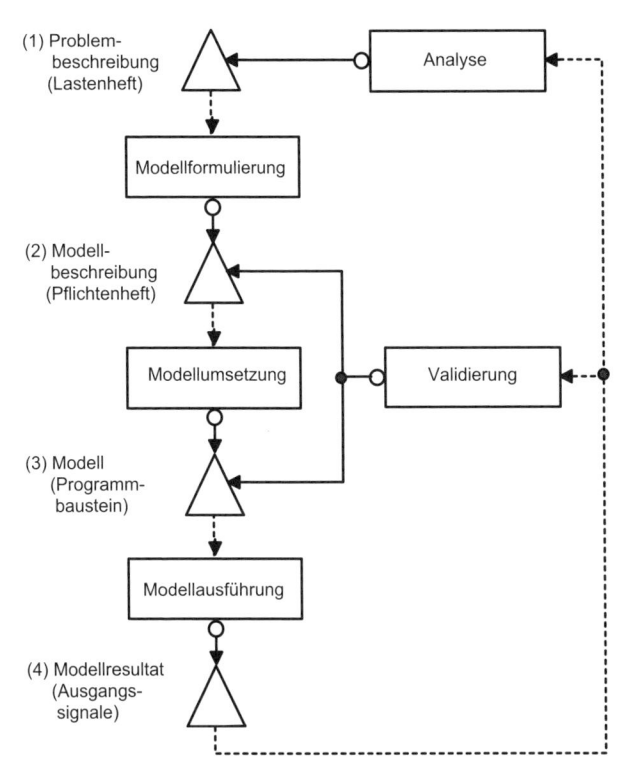

Bild 2.23 Lebenszyklus der Modellentwicklung

2.5.2 Grafische Methoden der Parameterschätzung

2.5.2.1 Einführung

Überblick. In den folgenden Abschnitten wird schwerpunktmäßig die Auswertung besonders häufig auftretender Sprungantworten (also die Reaktion der Strecke auf ein *deterministisches* Eingangssignal) mit grafischen Methoden – ggf. unter Zuhilfenahme eines Taschenrechners –

behandelt. Die sich ergebenden Ersatzstrecken zählen zu den *empirischen* Prozessmodellen mit je *einer* Eingangs- und Ausgangsgröße (SISO), der zu modellierende Teilprozess wird als *black box* aufgefasst. Das bedeutet insbesondere, dass die die Ersatzstrecke bildenden einzelnen Übertragungsglieder keine realen Zustandsgrößen definieren, sondern nur Hilfsmittel zur mathematischen Beschreibung der Strecke sind. Lediglich das Ausgangssignal der Ersatzstrecke ist die Approximation einer physikalischen Größe.

Nachstehend werden Strecken mit und ohne Ausgleich jeweils mit Verzögerungen betrachtet. Auf bei adaptiver Regelung wichtige Berechnungsmethoden wird ebenfalls kurz eingegangen. Die Regelkreisgrößen werden jeweils als Einheitsgrößen aufgefasst. Bei der Sprungantwort ist die Höhe Δy des *y*-Sprungs die Einheit der Rückführgröße *r*, der Zeitpunkt des *y*-Sprungs legt den Zeitnullpunkt $t_0 = 0$ fest. Der allgemeine Umgang mit Testfunktionen ist in Abschnitt 1.3.1 beschrieben.

Aufnehmen von Sprungantworten. Das manuelle Aufnehmen einer Sprungantwort ist in Bild 2.24 dargestellt.

- Im Stationärzustand $r = r_0$ und $y = y_0$ wird die Hauptstörgröße *z* auf dem interessierenden Wert z_0 konstant gehalten. Dies ist in der Praxis oft nicht einfach, aber unumgänglich.
- Die Ausgangsgröße *m* des Reglers wird vom Streckeneingang abgetrennt, über einen Bedieneingriff an der Leiteinrichtung (z. B. ein **Leitgerät** oder die **Anzeige- und Bedienkomponente ABK** eines Leitsystems) wird ein konstanter Stellwert y_R als Handstellwert y_h sprungförmig vorgegeben. Die Regeleinrichtung muss dazu in der Betriebsart *Hand* stehen ($\rightarrow$ Abschnitt 8.1.2).
- Die Sprungantwort der Rückführgröße *r* wird mit einem Zeitschreiber oder Oszilloskop oder mit Hilfe einer Leitsystem-ABK aufgezeichnet.

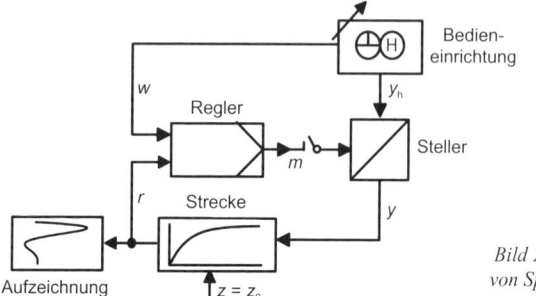

Bild 2.24 Aufnehmen von Sprungantworten

Ist man an der Impulsantwort interessiert, so erhält man diese durch Differenzieren der Sprungantwort.

In den folgenden Abschnitten wird $r_0 = 0$ und $y_0 = 0$ angenommen; die Änderungen dieser Größen sind damit $\Delta r = r_R$ und $\Delta y = y_R$. In vielen Fällen hängen die Streckenkenngrößen von der Richtung des y-Sprungs ab. So verlaufen z. B. Kühlvorgänge häufig langsamer als Aufheizvorgänge. Dann müssen zwei Sprungantworten für y: $0 \Rightarrow y_R$ und $y_R \Rightarrow 0$ analysiert werden, woraus man zwei Teilmodelle erhält.

2.5.2.2 Wendetangentenverfahren

Vorgehensweise. Wendetangentenverfahren können bei Strecken mit Ausgleich eingesetzt werden. Hierzu geht man so vor ($\rightarrow$ Bild 2.25):

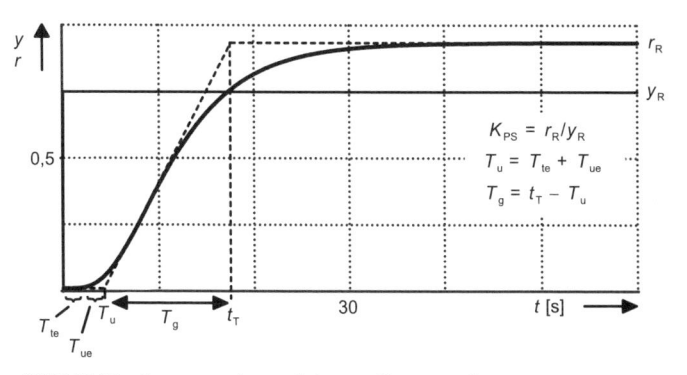

Bild 2.25 Wendetangentenkonstruktion von Ersatzstrecken

- Der Stationärwert r_R für $t \rightarrow \infty$ bestimmt mit der Höhe y_R des y-Sprungs $y(t) = y_R \cdot \varepsilon(t)$ den **Proportionalbeiwert** K_{PS} der Strecke:

$$\boxed{K_{PS} = r_R / y_R} \quad (2.43)$$

- Der Schnittpunkt der Wendetangente mit der Zeitachse definiert die **Verzugszeit** T_u. Behält $r(t)$ nach Aufschalten des y-Sprungs über eine merkliche Zeit T_{te} den Ausgangswert $r(0)$, kann man T_u in eine **Ersatztotzeit** T_{te} und eine **Ersatzverzugszeit** T_{ue} zerlegen:

$$\boxed{T_u = T_{te} + T_{ue}} \quad (2.44)$$

150 2 Regelstrecken

- Vom Schnittpunkt der Wendetangente mit der Parallelen zur Zeitachse $r = r_R$ wird das Lot auf die Zeitachse gefällt; dies liefert den Zeitpunkt $t = t_T$. Die **Ausgleichszeit** T_g (Subtangente) ist dann

$$\boxed{T_g = t_T - t_u} \qquad (2.45)$$

Aus diesen Kenngrößen können Ersatzstrecken auf unterschiedliche Weise gewonnen werden. Man erhält sie als Reihenschaltung elementarer Übertragungsglieder, deren Reihenfolge jedoch *nicht* bestimmbar ist.

PT_1T_t-Ersatzstrecke. Diese Näherung wurde bereits von ZIEGLER und NICHOLS [2.14] zur Reglereinstellung verwendet. Die Ersatzstrecke lässt sich so beschreiben:

$$\boxed{\begin{aligned} G_e(s) &= \frac{K_{PS}}{1 + Ts} e^{-T_t s} \\ T\dot{r}_e(t) + r_e(t) &= K_{PS} y(t - T_t) \end{aligned}} \qquad (2.46)$$

K_{PS} : Proportionalbeiwert
$T_t := T_u$: Totzeit
$T := T_g$: Zeitkonstante

Bild 2.26 zeigt die Originalsprungantwort $r(t)$ für eine Strecke fünfter Ordnung und die Sprungantwort $r_e(t)$ der Ersatzstrecke. Wie man sieht, beschreibt $r_e(t)$ das Verhalten von $r(t)$ nur recht grob; die zu Grunde gelegte Originalstrecke fünfter Ordnung hat die Zeitkonstanten $T_1 = T_2 = T_3 = 1{,}5$ s, $T_4 = 2{,}0$ s, $T_5 = 6{,}0$ s.

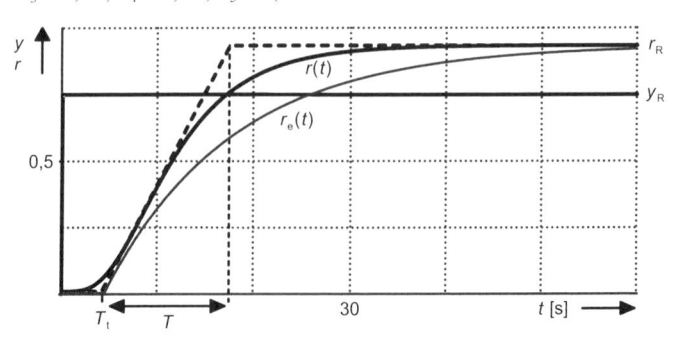

Bild 2.26 PT_1T_t-Ersatzstrecke

2.5 Prozessmodelle

PT$_2$-Ersatzstrecke ohne Einschwingvorgang. Bei diesem Streckenmodell wird aus einer Reihenschaltung zweier PT$_1$-Glieder folgende Näherung konstruiert:

$$\boxed{\begin{aligned} G_e(s) &= \frac{K_{PS}}{1 + (T_1 + T_2)s + T_1 T_2 s^2} \\ T_1 T_2 \ddot{r}_e(t) &+ (T_1 + T_2)\dot{r}_e(t) + r_e(t) = K_{PS} y(t) \end{aligned}} \tag{2.47}$$

Als Sprungantwort ergibt sich durch Lösen der Differenzialgleichung mit $r_R = K_{PS} \cdot y_R$:

$$\boxed{r_e(t) = r_R \left[1 - \frac{T_1 e^{-t/T_1} - T_2 e^{-t/T_2}}{T_1 - T_2} \right] \cdot \varepsilon(t)} \tag{2.48}$$

Den Zusammenhang zwischen den gesuchten Zeitkonstanten T_1, T_2 und den abgelesenen Kenngrößen T_u und T_g erhält man, indem man zunächst die 2. Ableitung von (2.48) zu null setzt und den Zeitpunkt t_W des Wendepunktes berechnet. Einsetzen von t_W in die erste Ableitung von (2.48) liefert die Steigung $\dot{r}_e(t)$ der Wendetangente; es gilt $\dot{r}_e(t) = r_R / T_g$. Auflösen dieser Gleichung nach $T_g = f_1(T_1, T_2)$ und Einsetzen von T_g in $T_u = t_W - T_g r_e(t_W) / \dot{r}_e(t_W)$ ergibt die Beziehung $T_u = f_2(T_1, T_2)$.

Mit $\vartheta = T_2/T_1$ führen die beschriebenen Schritte schließlich zu

$$\boxed{\begin{aligned} \frac{T_u}{T_g} &= f(\vartheta) = \frac{g(\vartheta)(\vartheta \ln \vartheta + \vartheta^2 - 1)}{\vartheta - 1} - 1 \\ g(\vartheta) &= \vartheta^{\frac{\vartheta}{\vartheta - 1}} = \frac{T_g}{T_1} \end{aligned}} \tag{2.49}$$

$$\boxed{\begin{aligned} T_1 &= T_g / g(\vartheta) \\ T_2 &= \vartheta \cdot T_1 \end{aligned}} \tag{2.50}$$

Siehe dazu Tabelle 2.4 und die Bilder 2.27, 2.28. Weil auf Grund der Linearität die Reihenfolge der Verzögerungsglieder in der Ersatzstrecke nicht festliegt, ist $f(\vartheta) = f(\vartheta^{-1})$; die Werte von T_1 und T_2 sind austauschbar.

Tabelle 2.4 Werte von $f(\vartheta) = T_u/T_g$, $g(\vartheta) = T_g/T_1$

ϑ	$f(\vartheta)$	$g(\vartheta)$	ϑ	$f(\vartheta)$	$g(\vartheta)$
0,0	0,0000	1,0000	2,0	0,0966	4,0000
0,2	0,0716	1,4954	4,0	0,0786	6,3496
0,4	0,0917	1,8420	6,0	0,0657	8,5858
0,6	0,0997	2,1517	8,0	0,0566	10,7672
0,8	0,1029	2,4414	10,0	0,0498	12,1955
1,0	0,1036	2,7183	15,0	0,0385	18,2011

Bei gegebenem T_u und T_g werden T_1 und T_2 nun so bestimmt:

- Ermitteln von $T_u/T_g = f(\vartheta)$,
- Ermitteln von ϑ zu $f(\vartheta)$ aus Tabelle 2.4 oder Bild 2.27,
- Ermitteln von $g(\vartheta)$ aus Tabelle 2.4 oder Bild 2.28,
- Ermitteln von T_1 und T_2 nach (2.50).

Wie man über die Regeln von DE L'HOSPITAL leicht nachweisen kann, liegt der Maximalwert von $f(\vartheta)$ bei $f(1) = 3 \cdot e^{-1} - 1 \approx 0,1036$; das Erstellen einer PT$_2$-Ersatzstrecke aus T_u und T_g ist somit nur für $T_u/T_g \leq 0,1036$ möglich. Das Konstruktionsverfahren ist leider recht fehleranfällig; bereits kleine relative Fehler bei der Bestimmung von $f(\vartheta)$ können zu wesentlich größeren relativen Fehlern in ϑ führen.

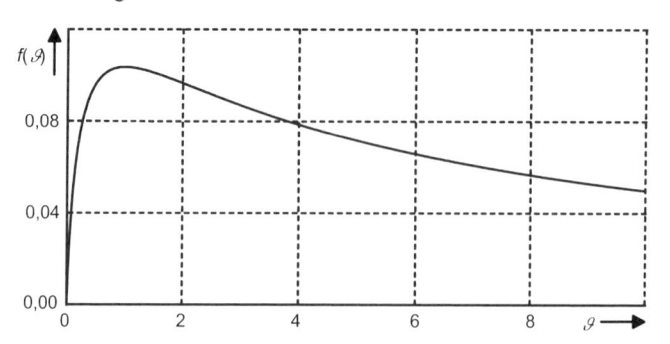

Bild 2.27 Verlauf von $f(\vartheta) = T_u/T_g$ zum Bestimmen von ϑ

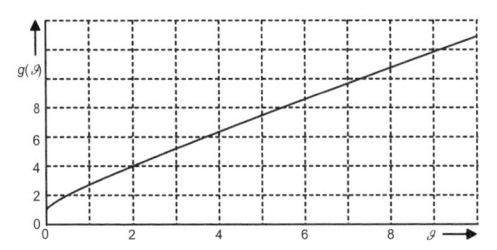

Bild 2.28 Verlauf von g(ϑ) = T_g/T_1 zum Bestimmen von T_1

PT$_2$T$_t$-Ersatzstrecke. Wenn wegen $T_u/T_g > 0{,}1036$ eine PT$_2$-Ersatzstrecke nicht bestimmbar ist, muss ein anderes Modell gewählt werden. Eine Möglichkeit ist, von der Verzugszeit T_u eine Ersatztotzeit T_{te} abzuziehen und in Formel (2.49) $T_{ue} = T_u - T_{te}$ an Stelle von T_u zu verwenden. Setzt man $T_t = T_{te}$, erhält man eine PT$_2$T$_t$-Approximation:

$$\boxed{\begin{array}{l} G_e(s) = \dfrac{K_{PS} e^{-T_t s}}{1 + (T_1 + T_2)s + T_1 T_2 s^2} \\ T_1 T_2 \ddot{r}_e(t) + (T_1 + T_2)\dot{r}_e(t) + r_e(t) = K_{PS} y(t - T_t) \end{array}} \quad (2.51)$$

So liest man z. B. aus Bild 2.25 folgende Näherungswerte ab:

$T_u = 4{,}5$ s, $T_g = 13{,}5$ s, $K_{PS} = 1{,}25$.

Wegen $T_u/T_g \approx 0{,}33$ ist ein PT$_2$-Modell nicht konstruierbar. Setzt man nun $T_{te} = 3{,}5$ s, so ist $T_{ue} = 1$ s und $T_{ue}/T_g = 0{,}074$. Der zugehörige ϑ-Wert und $g(\vartheta)$ ergeben sich mit Interpolation aus Tabelle 2.4. Für die Ersatzstrecke ($\rightarrow$ Bild 2.29) ist insgesamt:

$\vartheta = 0{,}22, \quad g(\vartheta) = 1{,}53,$
$T_1 = T_g/1{,}53 = 8{,}7$ s,
$T_2 = 0{,}22 \cdot T_1 = 1{,}9$ s,
$T_t = T_{te} = 3{,}5$ s,
$K_{PS} = 1{,}25$.

154 2 Regelstrecken

Dieses Modell ist ersichtlich genauer als die PT_1T_t-Näherung nach Bild 2.26.

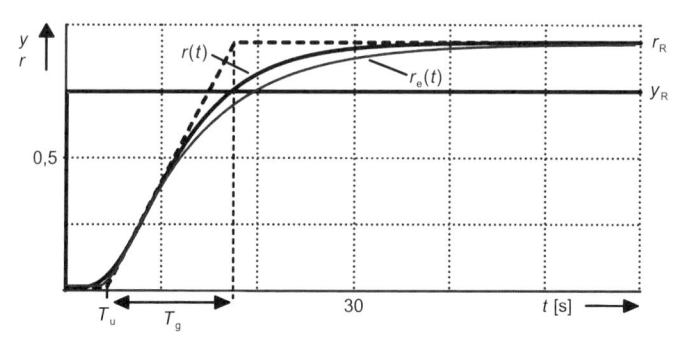

Bild 2.29 Typisches PT_2T_t-Modell

Der Bestimmung von Totzeitanteilen an der Verzugszeit haftet stets eine messtechnisch bedingte Unsicherheit an. Bei visueller Inspektion kann man die Totzeit lediglich qualitativ als denjenigen Zeitraum identifizieren, über welchen nach dem y-Sprung eine Änderung der Rückführgröße nicht erkennbar ist. Ersatztotzeiten können als Summe kleiner Zeitkonstanten entstehen; messtechnisch sind sie von echten, durch Transportvorgänge entstandenen Totzeiten nicht zu unterscheiden.

2.5.2.3 Zeitprozentverfahren

Verfahren von SCHWARZE. In [2.20] gibt SCHWARZE Methoden zur Konstruktion von Ersatzstrecken zweiter Ordnung mit verschiedenen Zeitkonstanten oder Ersatzstrecken n-ter Ordnung mit n gleichen Zeitkonstanten an. Bei letzterem Verfahren gilt dann für die Ersatzstrecke:

$$G_e(s) = \frac{K_{PS}}{(1 + Ts)^n}$$
$$T^n \overset{(n)}{r_e}(t) + \ldots + nT\dot{r}_e(t) + r_e(t) = K_{PS} y(t)$$

(2.52)

Als Sprungantwort ergibt sich mit $r_R = K_{PS} \cdot y_R$:

$$r_e(t) = r_R \left[1 - e^{-\frac{t}{T}} \sum_{j=0}^{n-1} \left(\frac{t}{T}\right)^j / j! \right] \cdot \varepsilon(t) \tag{2.53}$$

Mit $r_R = 1$ können für verschiedene Werte von n verschiedene Werte τ_k der normierten Zeitvariablen $\tau = t/T$ berechnet werden; bei $n > 1$ ist hierzu ein Iterationsverfahren (typisch nach NEWTON) notwendig. Der normierte Zeitwert τ_k bedeutet hierbei, dass die Sprungantwort $r(t)$ sich dem Endwert r_R zu k % genähert hat; deshalb wird τ_k als **Zeitprozentwert** bezeichnet. Weiterhin lassen sich unterschiedliche Quotienten $\mu_{i,k} = \tau_i/\tau_k = t_i/t_k$ berechnen, deren Werte ebenfalls von n abhängen. Tabelle 2.5 enthält die Zeitprozentwerte τ_k mit $k = 10$, 50 und 90 sowie die Quotienten $\mu_{10,50}$ und $\mu_{10,90}$.

Tabelle 2.5 Normierte Zeitprozentwerte und Zeitwertquotienten

n	τ_{10}	τ_{50}	τ_{90}	$\mu_{10,50}$	$\mu_{10,90}$
1	0,11	0,69	2,30	0,15	0,05
2	0,53	1,68	3,89	0,32	0,14
3	1,10	2,67	5,32	0,41	0,21
4	1,74	3,67	6,68	0,48	0,26
5	2,43	4,67	7,99	0,52	0,30
6	3,15	5,67	9,27	0,56	0,34
7	3,89	6,67	10,53	0,58	0,37
8	4,66	7,67	11,77	0,61	0,40
9	5,43	8,67	12,99	0,63	0,42
10	6,22	9,67	14,21	0,65	0,44

Mit Hilfe dieser Tabelle können Ersatzstrecken bis zur Ordnung $n = 10$ so gewonnen werden:

- Aus der Sprungantwort liest man die Zeitpunkte t_{10}, t_{50} und t_{90} ab, zu welchen $r(t)$ den Endwert r_R zu 10 %, 50 % und 90 % erreicht hat.
- Dann werden die Quotienten $m_{10,50} = t_{10}/t_{50}$ und $m_{10,90} = t_{10}/t_{90}$ gebildet.
- Mit Hilfe von Tabelle 2.5 bestimmt man nun diejenigen Werte von $\mu_{10,50}$ und $\mu_{10,90}$, welche den jeweiligen Werten von $m_{10,50}$ bzw. $m_{10,90}$ am nächsten liegen.
- Aus den so gefundenen Daten $\mu_{10,50}$ und $\mu_{10,90}$ ergeben sich die Ordnung n und die Zeitprozentwerte τ_k. Ergeben sich hierbei zwei ver-

schiedene Werte für n, wählt man denjenigen aus, zu welchem $\mu_{10,50}$ bzw. $\mu_{10,90}$ am besten passen, wenn möglich einen mittleren Wert.
- Schließlich berechnet man die zu n gehörige Zeitkonstante T als Mittelwert aus

$$T = \left(\frac{t_{10}}{\tau_{10}} + \frac{t_{50}}{\tau_{50}} + \frac{t_{90}}{\tau_{90}} \right) \cdot \frac{1}{3} \tag{2.54}$$

Für die Strecke in Bild 2.25 findet man beispielsweise Folgendes:

$K_\mathrm{PS} = 1{,}25$
$t_{10} \approx 5{,}5$ s, $t_{50} \approx 11{,}0$ s, $t_{90} \approx 21{,}5$ s
$\Rightarrow m_{10,50} = 0{,}50, m_{10,90} = 0{,}26$

Nach Tabelle 2.5 passt hierzu am besten die Ordnung $n = 4$. Die Zeitkonstante wird bestimmt zu

$T = (5{,}5 \text{ s}/1{,}74 + 11{,}0 \text{ s}/3{,}64 + 21{,}5 \text{ s}/6{,}68)/3 \approx 3{,}1$ s.

Die Sprungantwort $r_\mathrm{e}(t)$ der Ersatzstrecke mit vier gleichen Zeitkonstanten $T_j = T$ ist von der Originalsprungantwort $r(t)$ mit verschiedenen Zeitkonstanten kaum zu unterscheiden ($\rightarrow$ Bild 2.30).

Verfahren von STREJC. Wie ZIEGLER und NICHOLS [2.14] verwendet auch STREJC [2.21] eine PT_1T_t-Ersatzstrecke. Die Zeitgrößen T_t und T_1 werden jedoch hier durch die Forderung festgelegt, dass die Sprungantwort der Ersatzstrecke $r_\mathrm{e}(t)$ in zwei Punkten mit der Originalsprungantwort $r(t)$ übereinstimmen muss. Folgend bezeichnen t_j bzw. t_k wieder Zeitpunkte, zu welchen $r(t)$ sich dem Stationärwert r_R zu j bzw. k Prozent angenähert hat; damit lassen sich T_t und T_1 nach (2.55) berechnen.

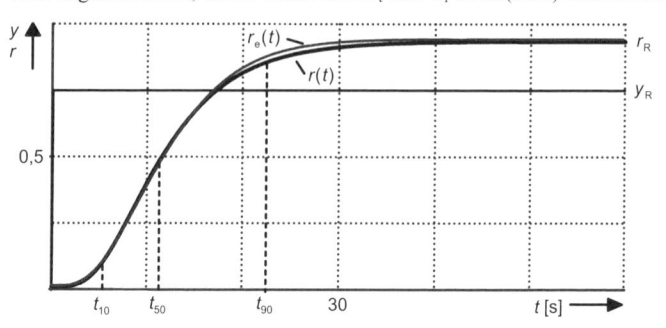

Bild 2.30 Typische Ersatzstrecke nach SCHWARZE

$$T_1 = \frac{(t_k - t_j)}{\ln\dfrac{r_R - r(t_j)}{r_R - r(t_k)}} \quad ; \quad T_t = \frac{T_{tj} + T_{tk}}{2} \tag{2.55}$$

mit

$$T_{tj} = t_j + T_1 \ln\frac{r_R - r(t_j)}{r_R}$$
$$T_{tk} = t_k + T_1 \ln\frac{r_R - r(t_k)}{r_R} \tag{2.56}$$

Für die Strecke nach Bild 2.25 erhält man z. B. mit $j = 10$, $k = 63$:

$r(t_j) \approx 0{,}1, \quad r(t_k) \approx 0{,}6$
$t_j \approx 5{,}3$ s, $\quad t_k \approx 5{,}3$ s
$\Rightarrow T_1 = 8{,}94$ s, $\quad T_t = 4{,}36$ s

Bild 2.31 gibt den Verlauf von $r(t)$ und $r_e(t)$ wieder. Die Approximation ist ersichtlich besser als bei einer Wendetangentenkonstruktion in Bild 2.26.

2.5.2.4 T-Summen-Konstruktion für Strecken mit Ausgleich

Hauptsächlich als Hilfe zum Einstellen von PID-Reglern gibt KUHN [2.22] ein Verfahren an, mit welchem sich die **Summenzeitkonstante** T_Σ ermitteln lässt. Für eine Strecke mit der Übertragungsfunktion

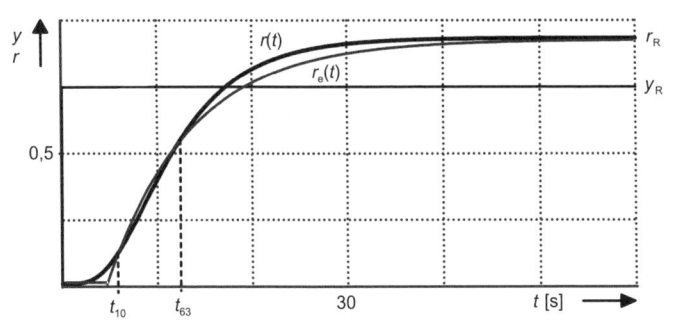

Bild 2.31 Typische Ersatzstrecke nach STREJC

2 Regelstrecken

$$G(s) = \frac{K_{PS} e^{-T_t s}}{(1 + T_1 s) \cdot \ldots \cdot (1 - T_n s)} \quad (2.57)$$

ist sie definiert als

$$T_\Sigma = T_t + \sum_{k=1}^{n} T_k \quad (2.58)$$

Numerisch lässt sich T_Σ über die Forderung $F_1 \stackrel{!}{=} F_2$ mit

$$F_1 = \int_0^{T_\Sigma} r(t)\,\mathrm{d}t \;;\quad F_2 = \lim_{t \to \infty} \int_{T_\Sigma}^{t} r(\tau)\,\mathrm{d}\tau \quad (2.59)$$

ermitteln, siehe Bild 2.32.

Bei der Reihenschaltung eines Totzeitgliedes und n PT$_1$-Gliedern mit gleicher Zeitkonstante T folgt aus (2.59)

$$T = (T_\Sigma - T_t) / n \quad (2.60)$$

Die Methode wurde nicht zur Ersatzstreckenkonstruktion entworfen; sie liefert daher auch keine Aussage über die Streckenordnung n. Ist diese aber zumindest annähernd bekannt, kann man mit T_Σ ein dynamisches Modell ähnlich wie beim Verfahren von SCHWARZE gewinnen.

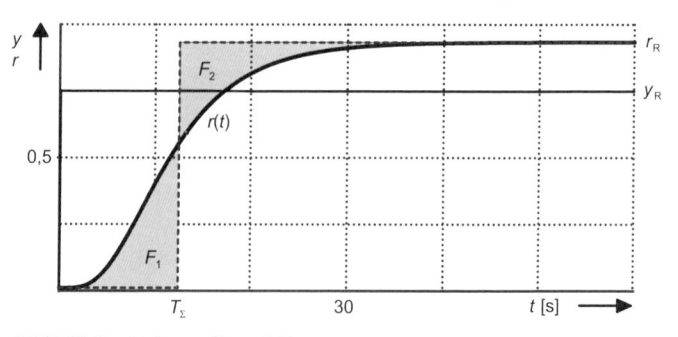

Bild 2.32 Ermitteln von T_Σ nach KUHN

2.5.2.5 Analyse von Schwingungen bei PT$_2$-Strecken

Wenn die Sprungantwort $r(t)$ sich mit abklingenden Schwingungen auf den Endwert r_R einstellt, kann man für die Ersatzstrecke den in (2.61) angegebenen Ansatz mit der Zeitkonstanten T und dem Dämpfungsgrad ϑ, $0 < \vartheta < 1$ machen ($\rightarrow$ Abschnitt 1.3).

$$\boxed{\begin{aligned} G_e(s) &= \frac{K_{PS} e^{-T_t s}}{1 + 2\vartheta T s + T^2 s^2} \\ T^2 \ddot{r}_e(t) &+ 2\vartheta T \cdot \dot{r}_e(t) + r_e(t) = K_{PS} y(t - T_t) \end{aligned}} \quad (2.61)$$

Die Modellparameter lassen sich aus Bild 2.33 bestimmen.

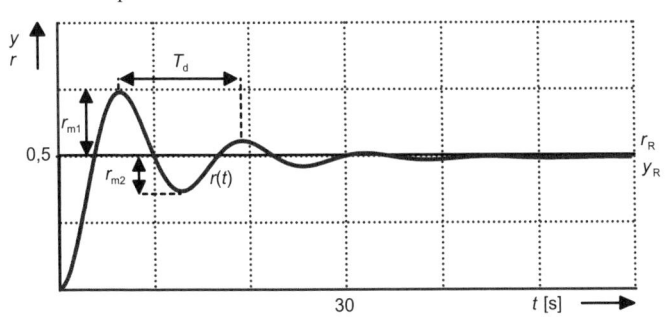

Bild 2.33 PT$_2$-Strecke mit Einschwingvorgang

- K_{PS} ermittelt man aus dem zu y_R gehörenden Stationärwert r_R.
- Als Totzeit T_t identifiziert man den Zeitpunkt, ab welchem dauerhaft $r(t) > 0{,}02\, r_R$ ist ($\rightarrow$ Abschnitt 2.5.2.2).
- Aus zwei aufeinander folgenden Überschwingweiten r_{mk} und $r_{m(k+1)}$ berechnet man das logarithmische Dekrement Λ:

$$\boxed{\Lambda = \ln\left|\frac{r_{m(k+1)}}{r_{mk}}\right|} \quad (2.62)$$

Am genauesten lassen sich meist r_{m1} (maximales Überschwingen) und r_{m2} ablesen.

- Λ liefert den Dämpfungsgrad ϑ:

$$\vartheta = \frac{1}{\sqrt{1 + \left(\frac{\pi}{\ln \varLambda}\right)^2}} \tag{2.63}$$

- Aus ϑ und der Periode T_d der Schwingung erhält man die Zeitkonstante T:

$$T = \frac{\sqrt{1 - \vartheta^2}}{2\pi} T_d \tag{2.64}$$

T_d kann zum Erhöhen der Genauigkeit als Mittelwert aufeinanderfolgender Perioden T_{dk} berechnet werden.

2.5.2.6 Verfahren für Strecken ohne Ausgleich

Identifikation integrierender Strecken. Für Strecken mit integrierendem Verhalten setzt man meist ein IT_1T_t-Modell an:

$$\begin{aligned} G_e(s) &= \frac{K_{IS} e^{-T_t s}}{s(1 + Ts)} \\ T\dot{r}_e(t) + r_e(t) &= K_{IS} \int y(t - T_t) dt \end{aligned} \tag{2.65}$$

Asymptotisch steigt die Sprungantwort linear mit der Zeit. Einführen der Variablen $r_{de}(t) = \dot{r}_e(t)$ führt auf eine Ersatzstrecke mit Ausgleich:

$$\begin{aligned} G_{de}(s) &= \frac{K_{IS} e^{-T_t s}}{1 + Ts} \\ T\dot{r}_{de}(t) + r_{de}(t) &= K_{IS} y(t - T_t) \end{aligned} \tag{2.66}$$

Man sieht an diesem Beispiel, dass auf integrierende Strecken die gleichen Methoden zum Bestimmen der Modellparameter angewendet werden können wie bei Strecken mit Ausgleich, wenn man den zeitlichen Verlauf der differenzierten Rückführgröße analysiert; siehe Bild 2.34. Dies ist gleichbedeutend mit der Analyse der **Impulsantwort**.

Grundsätzlich können die Streckenkenngrößen also auf zweierlei Arten ermittelt werden:

- **Streckenidentifikation anhand der Sprungantwort $r(t)$**: Zunächst wird die Asymptote $r_A(t)$ für $t \to \infty$ eingezeichnet. Der Schnittpunkt mit der Zeitachse ergibt die Verzugszeit T_u, welche sich in die Totzeit T_t und die Zeitkonstante T zerlegen lässt, d. h. $T_u = T_t + T$. Aus Bild 2.34 ermittelt man

$T_u = 7$ s, $T_t = 3{,}2$ s, $T = 3{,}8$ s.

Der Integrierbeiwert K_{IS} ergibt sich als auf den y-Sprung y_R bezogene Steigung $\Delta r_A/\Delta t$ von $r_A(t)$:

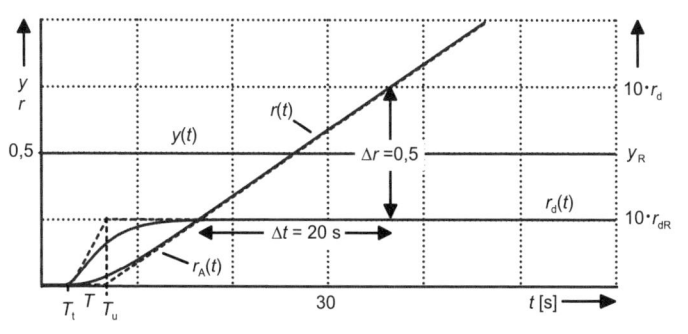

$K_{IS} = 0{,}05$ s^{-1}.

Bild 2.34 Typische I-Strecke mit Totzeit und Zeitkonstante

- **Streckenidentifikation anhand der differenzierten Sprungantwort $r_d(t)$** (Analyse der Impulsantwort): Die Streckenkenngrößen wurden bei diesem Beispiel nach dem Verfahren von STREJC bestimmt. Man erhält hierbei die gleichen Werte wie bei Auswertung der nicht differenzierten Sprungantwort. Im Bild 2.34 ist zur besseren Lesbarkeit die Größe $10 \cdot r_d(t)$ dargestellt.

Identifikation progressiver Strecken. Bei einer progressiven Strecke verläuft die Sprungantwort exponentiell; siehe Bild 2.35. Meist kann man nach JACOB, CHIDAMBARAM [2.23] von folgender Näherung ausgehen:

$$G_e(s) = \frac{K_{PS} e^{-T_t s}}{Ts - 1}$$
$$T\dot{r}_e(t) - r_e(t) = K_{PS} y(t - T_t)$$
(2.67)

Für $y(t) = y_R \cdot \varepsilon(t)$ ergibt sich als Lösung von (2.67)

162   2 Regelstrecken

$$r_e(t) = r_R(e^{\frac{t-T_t}{T}} - 1) \tag{2.68}$$

mit $r_R = K_{PS} \cdot y_R$.

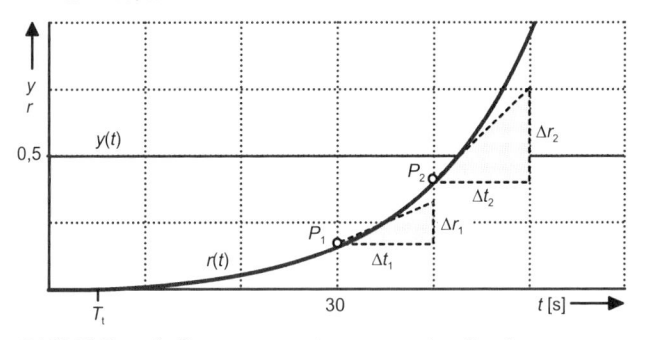

Bild 2.35 Typische Sprungantwort einer progressiven Strecke

Aus (2.68) kann man die Kenngrößen so bestimmen:

- T_t wird als der Zeitraum ermittelt, über welchen keine erkennbare Änderung von $r(t)$ nach Aufschalten des y-Sprungs erfolgt.

- In zwei Punkten $P_1 = (t_1, r(t_1))$, $P_2 = (t_2, r(t_2))$ zeichnet man die jeweilige Tangente an die Sprungantwort. Aus den zugehörigen Steigungen $\dot{r}_1$, $\dot{r}_2$ resultiert die Zeitkonstante T zu

$$T = \frac{t_2 - t_1}{\ln(\dot{r}_2/\dot{r}_1)} \tag{2.69}$$

- Der Proportionalbeiwert ergibt sich z. B. aus P_1 folgendermaßen:

$$K_{PS} = \frac{r(t_1)}{y_R\left(e^{\frac{t_1-T_t}{T}} - 1\right)} \tag{2.70}$$

Wenn das Modell nicht präzise genug ist, können die Streckenkenngrößen durch Mitteln über mehrere Punkte der Sprungantwort genauer bestimmt werden.

2.5.2.7 Streckenmodelle für das Beharrungsverhalten

Betriebskennlinien. Betriebskennlinien wurden bereits in Abschnitt 1.4 vorgestellt; sie lassen sich ausschließlich für Strecken mit Ausgleich gewinnen. Ausgehend von einem Beharrungszustand (y_0, r_0, z_0) nimmt man entsprechend (2.71) mehrere Sprungantworten bezüglich der Stellgrößenverläufe y_i auf:

$$\begin{array}{|l|} \hline y_i(t) = y_{i0} + \Delta y_i \cdot \varepsilon(t) \\ \Delta y_i = y_{Ri} - y_{i0} \\ y_{i0} = y_{R,i-1} \\ y_{1,0} = y_0 \\ \hline \end{array} \qquad (2.71)$$

Zu den Werten y_{Ri} ergeben sich jeweils zugehörige Werte r_{Ri}. Auf diese Weise erhält man eine Stützstellentabelle, welche den stationären Zusammenhang zwischen y und r für einen festen Störgrößenwert z_0 wiedergibt und die Darstellung einer Betriebskennlinie ermöglicht. Die beschriebenen Vorgänge sind in Bild 2.36 dargestellt. Die Beziehung zwischen y und r kann man z. B. durch ein Ausgleichspolynom formelmäßig geschlossen darstellen (→ Abschnitt 2.5.3.3).

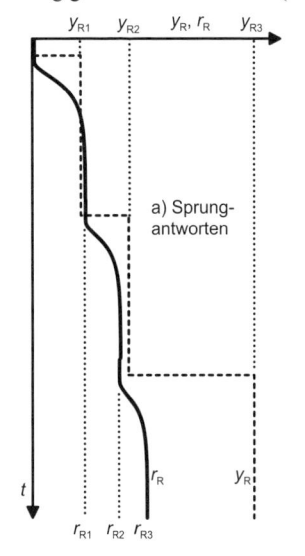

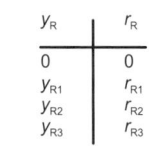

a) Sprungantworten

b) Stützstellentabelle

y_R	r_R
0	0
y_{R1}	r_{R1}
y_{R2}	r_{R2}
y_{R3}	r_{R3}

c) Betriebskennlinie

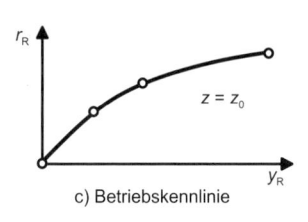

Bild 2.36 Erstellen einer Betriebskennlinie

Kennlinienfelder. Nimmt man Betriebskennlinien für unterschiedliche Werte z_k der Hauptstörgröße auf, erhält man ein **Kennlinienfeld** mit z als Kurvenscharparameter. Als wichtige Kenngröße lässt sich über eine Tangentenlinearisierung in verschiedenen Arbeitspunkten der jeweilige Proportionalbeiwert der Strecke ermitteln. Zur Bestimmung von K_{PS} werden die Regelstreckengrößen aus den jeweiligen physikalischen Bereichen (z. B. 20 °C bis 80 °C) in den Einheitsbereich (0 bis 1) umgerechnet; damit ist K_{PS} dimensionslos. Bild 2.37 verdeutlicht die Zusammenhänge an Hand eines mit TAS (Tetra-Acrylsilikat oder -Arylsilikat) betriebenen Wärmetauschers nach SCHLITT [2.6]. Mit diesem Heizmittel lassen sich Produkttemperaturen bis zu ca. 400 °C erzielen. Für den eingezeichneten Arbeitspunkt A gilt:

$z_{MR0} = 320$ °C (Heizmitteltemperatur),
$y_{MR0} = 50$ %   (Ventilstellung),
$r_{M0} = 200$ °C (Produkttemperatur).

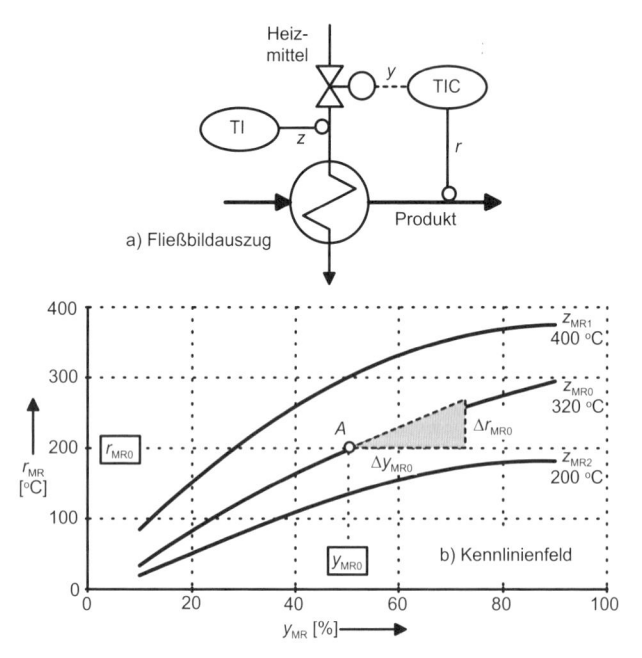

Bild 2.37 Typisches Kennlinienfeld eines Wärmetauschers

Die Steigung der Betriebskennlinie für eine konstante Störgröße z_{MR0} ist in A ungefähr

$$\frac{\Delta r_{MR0}}{\Delta y_{MR0}} = \frac{75\ ^\circ C}{20\ \%}\ .$$

Durch Umrechnen von r_{MR0} und y_{MR0} aus den Messbereichen 0 °C bis 400 °C bzw. 0 % bis 100 % in die Größen r_{R0} bzw. y_{R0} im Einheitsbereich 0 bis 1 ergibt sich

$$K_{PS} = \frac{75\ ^\circ C / 400\ ^\circ C}{20\%/100\%} \approx 0{,}94$$

Kennlinienfelder kann man u. a. zur Störgrößenkompensation sowie bei der gesteuerten Adaption von Reglerparametern verwenden, wobei der Reglerparameter K_P in Abhängigkeit vom Arbeitspunkt eingestellt wird (→ Abschnitt 4.4). Sie gehören zu den stationären Prozessmodellen vom MISO-Typ (→ Abschnitt 2.5.1.2); *eine* Prozessgröße r_R hängt stationär von *zwei* Prozessgrößen y_R und z_R ab.

2.5.3 Numerische Methoden der Parameterschätzung

2.5.3.1 Technische Voraussetzungen

Anforderungen bezüglich des Datenzugangs. Sollen Regelstrecken numerisch analysiert werden, muss der Zugriff zu den Messdaten und ihrer Historie über einen hinreichend großen Zeitraum gewährleistet sein. Hierzu gibt es im Wesentlichen zwei Möglichkeiten:

- Die Daten liegen bereits als Messreihe einschließlich ihrer für Zeitreihenanalysen erforderlichen Zeitstempel vor. Bei Prozessleitsystemen wird hierzu in der Regel eine **SQL-Datenbank** verwendet. So setzt etwa die Firma EUROTHERM in ihrem Leitsystem ESUITE das Datenbanksystem MS SQL SERVER ein; GROßE [2.24]. SQL ist die Datenbank-Standardsprache *Structured Query Language*.
- Die Daten werden zyklisch unmittelbar aus dem Prozess oder Prozessabbild eingelesen, z. B. über herstellerspezifische Treiber oder **OPC-Zugriffe**. Die Applikation zur Parameterschätzung muss dann selbst für die Datenarchivierung mit zugehörigen Zeitstempeln sorgen oder rekursive Algorithmen verwenden, bei welchen die Speicherung historischer Daten nicht vonnöten ist. OPC steht hierbei für *Object Linking and Embedding (OLE) for Process Control*.

Sollen stationäre Prozessmodelle gewonnen werden, ist das Erfassen von Zeitstempeln nicht erforderlich.

Das zur Datenanalyse eingesetzte Tool benötigt entsprechende Programmierschnittstellen (**APIs**, *Application Programming Interfaces*) zur Datenbank bzw. zum Prozess. Zugang zu relationalen Datenbanken bieten viele Sprachen wie PERL, C, MATLAB etc. über *Embedded SQL*; dies bedeutet, dass man SQL-Kommandos direkt in das eigentliche Quellprogramm einbetten kann. Auch in EXCEL können SQL-Kommandos verwendet werden. Wenn keine SQL-Schnittstelle verfügbar ist, kann man sich meist mit Datenexport bzw. -import über ASCII-Dateien behelfen. OPC-Schnittstellen gibt es u. a. für C++ und MATLAB; siehe dazu Abschnitt 8.3.

Datenrepräsentation. Für die numerische Modellgewinnung werden sowohl die Daten der Prozessgrößen u_i und v als auch die Zeit t als diskrete Größen aufgefasst ($\rightarrow$ Abschnitt 1.2.1). Ausgewertet werden also o Datensätze:

$$t_0 \quad u_{10} \quad \ldots \quad u_{m0} \quad v_0$$
$$\ldots$$
$$t_{o-1} \quad u_{1o-1} \quad \ldots \quad u_{mo-1} \quad v_{o-1}$$

mit $u_{ij} = u_i(t_j)$, $v_j = v(t_j)$. Dabei ist v die zu modellierende Prozessgröße (z. B. Regel- oder Rückführgröße), deren Abhängigkeit von anderen Größen u_i (Stellgrößen, Störgrößen etc.) beschrieben werden soll. Zur Vereinfachung der Rechenverfahren wird für die Erfassungszeitpunkte **Äquidistanz** angenommen, d. h. mit $j = 0 \ldots o-1$

$$\boxed{\begin{aligned} t_{j+1} &= t_j + T_a \\ t_j &= j \cdot T_a \end{aligned}} \qquad (2.72)$$

Hierbei bezeichnet T_a die **Abtastperiode**. Abschnitt 5.1 geht genauer auf die Problematik der Zeitdiskretisierung und Messwertabtastung ein.

2.5.3.2 Schätzen von Totzeiten

Teststrecke. Nachstehend wird folgendes Streckenverhalten zu Grunde gelegt:

$$\boxed{G_S(s) = \frac{K_{PS} e^{-T_t s}}{(1 + T_{14}s)^4 (1 + T_5 s)}} \qquad (2.73)$$

K_{PS} = 0,9 : Proportionalbeiwert (Streckenverstärkung)
T_t = 10 s : Totzeit
T_{14} = 1 s : Zeitkonstante Übertragungsglied 1 bis 4
T_5 = 10 s : Zeitkonstante Übertragungsglied 5

Ist eine integrierende Strecke gegeben, kann man daraus durch Differenzieren der Rückführgröße eine Strecke mit Ausgleich gewinnen.

Auswerten der Sprungantwort. In [2.17] empfehlen LUTZ, WENDT, bei verrauschten Messgrößen denjenigen Zeitpunkt $t_{0,02}$ als Ende der Totzeit T_t aufzufassen, ab welchem dauerhaft $r(t) > 0,02 \cdot r_R$ gilt. Eine Alternative bietet die Verwendung der in Abschnitt 2.5.2.2 angeführten Verzugszeit, welche sich nach Bild 2.38 numerisch so ermitteln lässt:

- Der Extremwert der ersten Ableitung von $r(t)$ ergibt den Wendepunkt $P_w(t_w, R_w)$ und die zugehörige Steigung $\dot{r}_w$ der Wendetangente. Für die Tangente selbst gilt dann
$$g_w(t) = r_w + \dot{r}_w(t - t_w).$$

- Die Lösung von $g_w(t) = 0$ liefert die Verzugszeit T_u und damit als Näherung für T_t:

$$\boxed{T_t \approx T_u = t_w - r_w / \dot{r}_w} \qquad (2.74)$$

Für die gegebene Strecke ergibt sich

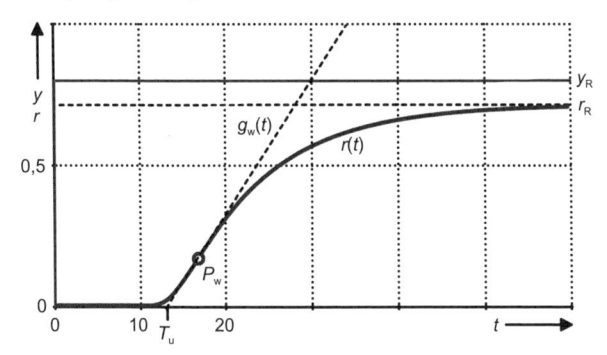

$T_t \approx t_{0,02}$ = 12,6 s
$T_t \approx T_u$ = 13,1 s

Bild 2.38 Totzeitschätzung durch Verzugszeit

Beim Wendetangentenverfahren wurde die Differenziation über eine Regressionsgerade durch vier Stützstellen angenähert (→ Abschnitt 5.1.2).

Kreuzkorrelation. Bei stark verrauschtem Messsignal sind die vorstehend beschriebenen Methoden zum Schätzen der Totzeit mit statistischen Unsicherheiten behaftet. In solchen Fällen kann man die Kreuzkorrelationsfunktion $\varPhi_{uv}(\tau)$ verwenden.

> Die **Kreuzkorrelation** $\varPhi_{uv}(\tau)$ zweier Größen u und v ist die Kovarianz zwischen der Größe v und der um die Zeit $\tau \geq 0$ verschobenen Größe u.

Für kontinuierliche Rückführgrößen $r(t)$ und Stellgrößen $y(t)$ gilt:

$$\varPhi_{ry}(\tau) = \lim_{T \to \infty} \frac{1}{2T} \int_{-T}^{T} (r(t) - \mu_r)(y(t - \tau) - \mu_y) \, dt \qquad (2.75)$$

mit den Erwartungswerten μ_r und μ_y. Für diskrete Signale ergibt sich bei einer Zeitreihe mit endlichem Messintervall $0 \leq T < \infty$ und n Stützstellen:

$$\varPhi_{ry}(\tau_k) = \frac{1}{o - k - 1} \sum_{j=k}^{o-1} (r_j - \bar{r})(y_{j-k} - \bar{y}) \qquad (2.76)$$

$\bar{r} \approx \mu_r$ Mittelwert von r
$\bar{y} \approx \mu_y$ Mittelwert von y
$k = 0, 1, ..., o - 1$
$T = (o - 1) \cdot T_a$ T_a: Abtastperiode
$\tau_k = k \cdot T_a$
$y_{j-k} = y(t_j - k \cdot T_a) = y(t_j - \tau)$
$T_t = d \cdot T_a$ $0 \leq d \leq o - 1$

d ist die auf T_a normierte **diskrete Totzeit**. Bei einer unverzögerten Strecke mit $r(t) = K_{PS} y(t - T_t)$ wird $\varPhi_{ry}(\tau_k)$ maximal für $\tau_k = T_t = d \cdot T_a$, also bei $k = d$. Kommen Verzögerungen hinzu, liegt das Maximum von $\varPhi_{ry}(\tau_k)$ in der Nähe von T_t, wobei dann $\tau_k > T_t$ gilt. Das Verfahren eignet sich auch bei Verwendung einer periodischen oder pulsförmigen Stellgröße, z. B. bei dem in Abschnitt 1.3.1 beschriebenen PRB-Signal. Näheres hierzu ist z. B. bei SCHRÜFER [2.25], ISERMANN et al. [2.26] und SEITZ et al. [2.27] nachzulesen. In der Literatur findet man unterschiedliche Angaben zur Bestimmung von $\varPhi_{ry}(\tau_k)$; Gleichung (2.76) orientiert sich an ISERMANN et al. [2.26]. Algorithmisch erfolgt die Totzeitbestimmung nach (2.76) wie in Bild 2.39 dargestellt.

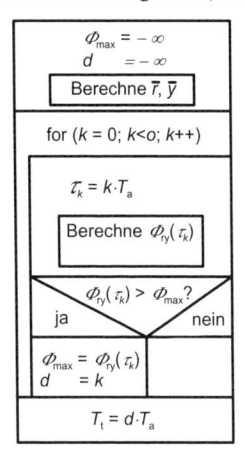

```
Φ_max = −∞
d    = −∞
┌─────────────────┐
│ Berechne r̄, ȳ  │
└─────────────────┘

for (k = 0; k<o; k++)

  τ_k = k·T_a
  ┌─────────────────┐
  │ Berechne Φ_ry(τ_k) │
  └─────────────────┘

     Φ_ry(τ_k) > Φ_max?
  ja              nein
  Φ_max = Φ_ry(τ_k)
  d    = k

  T_t = d·T_a
```

Bild 2.39 Totzeitbestimmung mittels Kreuzkorrelation

Die Genauigkeit der Totzeiterkennung lässt sich noch verbessern, wenn man Verzögerungen weitgehend kompensiert. Dies gelingt bereits mit einem Modell erster Ordnung, wie man es über ein Wendetangentenverfahren erhält. Dazu wird die Ausgleichszeit T_g ermittelt, dem Rückführwert r wird dann ein PD-Glied mit der Vorhaltzeit $T_v = T_g$ nachgeschaltet, so dass sich ein gefiltertes Signal r_f ergibt (→ Abschnitt 2.3.2). In (2.76) verwendet man anschließend r_f an Stelle des Originalsignals r. Weitere Varianten führen ISERMANN et al. in [2.26] auf; dort findet man auch eine Empfehlung für den Erfassungszeitraum. Danach ist $T \approx t_{95}$ zu wählen, wobei t_{95} der Zeitpunkt ist, zu welchem $r(t)$ sich dem Endwert r_R zu 95 % genähert hat.

Bild 2.40 zeigt die Sprungantworten von r bzw. r_f. Entsprechend Bild 2.38 wurde für das PD-Glied $T_v = T_g = 13{,}1$ s gesetzt. Es ergeben sich folgende Näherungen:

- Kreuzkorrelation $\Phi_{ry}(\tau_k)$ zwischen r und y:

$$\Phi_{ry,max}(\tau_k) = 4{,}29 \cdot 10^{-3}$$
$$T_t \approx \tau_d = 12{,}5 \text{ s}$$

- Kreuzkorrelation $\Phi_{r_f y}(\tau_k)$ zwischen r_f und y:

$$\Phi_{r_f y,max}(\tau_k) = 5{,}78 \cdot 10^{-3}$$

170 2 Regelstrecken

$T_t \approx \tau_{fd} = 10{,}6$ s

Bild 2.41 gibt die Verläufe der zugehörigen Kreuzkorrelationsfunktionen für $T_a = 0{,}05$ s wieder.

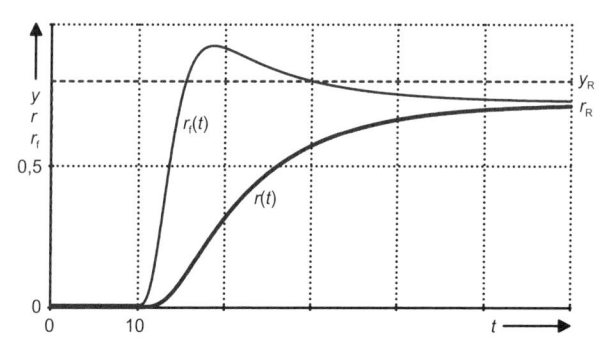

Bild 2.40 Sprungantworten von r und r_f

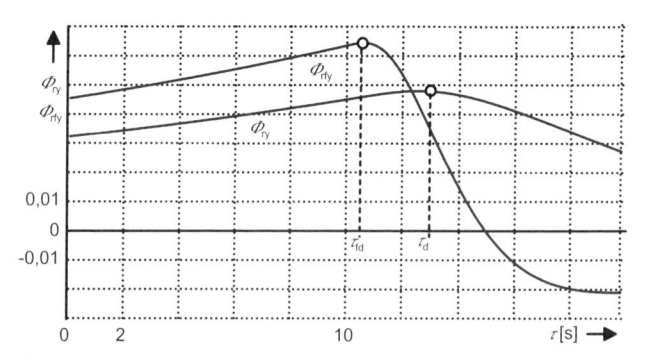

Bild 2.41 Kreuzkorrelationen zwischen r bzw. r_f und y

2.5.3.3 Parameterschätzung für stationäre Prozessmodelle

Allgemeines Vorgehen. Stationäre Prozessmodelle beschreiben näherungsweise die Zusammenhänge zwischen Prozessgrößen in Ruhezuständen; sie repräsentieren also Kennlinien oder Kennlinienfelder. Das Procedere bei der numerischen Konstruktion zeigt Bild 2.42. Man geht hierbei so vor, dass Werte der Eingangsgrößen $u_{1R}, ..., u_{mR}$ (unabhängige Variablen) mit den zugehörigen Werten der Ausgangsgröße v_R (abhän-

2.5 Prozessmodelle

gige Variable) einem Algorithmus zugeführt werden, welcher entsprechend einer zuvor festgelegten Modellstruktur programmiert wurde. Aus diesen Daten werden Parameter $a_0, ..., a_n$ bestimmt, welche zusammen mit der Modellstruktur eine Schätzgröße $\hat{v}_R$ für v_R definieren. Das Schätzen (d. h. die numerische Ermittlung) der Parameter geschieht durch Minimieren eines **Gütekriteriums** J, welches von der Differenz e zwischen Mess- und Schätzwerten abhängt:

$$\begin{aligned} J &= J(e) \\ e &= v_R - \hat{v}_R \end{aligned} \qquad (2.77)$$

e bezeichnet man als **Residuum**. Den sich ergebenden Wert von J kann man auch zur Validierung des Modells (→ Abschnitt 2.5.1) heranziehen. Wenn J einen festzulegenden Wert überschreitet, wird das Modell als zu ungenau und damit als nicht gültig angesehen. Dann müssen die Modellparameter mit weiteren Stützstellen erneut berechnet werden, oder die Modellstruktur ist zu ändern.

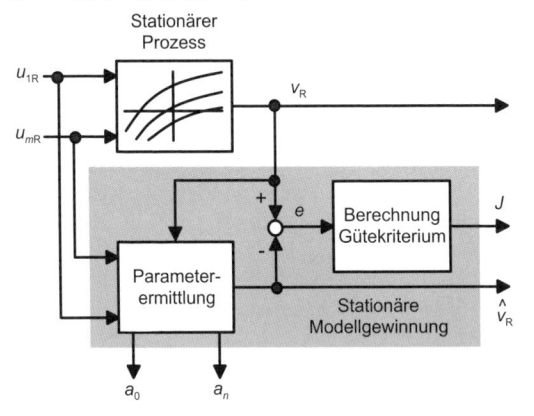

Bild 2.42 Parameterschätzung mit stationären Prozessmodellen

Regressionsanalyse. Eine der am weitesten verbreiteten Methoden zum Schätzen von Modellparametern ist die **Regressionsanalyse**.

Die **Regressionsfunktion** $\hat{v}_R = f(u_{1R}, ..., u_{mR})$ minimiert die Varianz s_e^2 der Differenzen e_i zwischen den gemessenen Werten v_{Ri} und den Schätzwerten $\hat{v}_{Ri}$; → BRONSTEIN, SEMENDJAJEW [2.28]. Aufgabe der **Regressionsanalyse** ist die Ermittlung von f.

Die Gütefunktion J ist hier also die Varianz der Residuen. f approximiert v_R im **quadratischen Mittel**; v_R ist der **Regressand**, die u_{kR} sind die **Regressoren**. Die (empirische) Varianz der e_j um den Wert 0 ist für o Stützstellen so definiert:

$$s_e^2 = \frac{1}{o-1} \sum_{j=0}^{o-1} e_j^2 \qquad (2.78)$$

Das Verfahren basiert auf Arbeiten von LEGENDRE und GAUß aus den Anfängen des 19. Jahrhunderts; → HARDTWIG [2.29].

Wenn davon auszugehen ist, dass die Modellparameter unveränderlich sind, kann die Berechnung offline über einen nicht notwendig an die Anlage gekoppelten Rechner erfolgen. Die erforderlichen Stützstellentabellen werden dann meist durch das Betriebspersonal bei der Inbetriebnahme der Anlage erstellt. Bei zeitvarianten Parametern ist die Modellierung von Zeit zu Zeit zu wiederholen; dann ist es günstig, wenn der Rechner mit den Messeinrichtungen der Anlage verbunden ist. Ob eine neue Modellanpassung an den Prozess (**Adaption**) erforderlich ist, lässt sich an dauerhafter Verschlechterung des Gütemaßes J erkennen, vgl. (2.77).

Eindimensionale Regression. Bei der eindimensionalen Regressionsanalyse geht man davon aus, dass v_R lediglich von *einer* Variablen u_R abhängt (SISO-Modell, → 2.5.1.2) und sich also durch die Schätzfunktion $\hat{v}_R = f(u_R)$ zufrieden stellend approximieren lässt. Besonders häufig macht man einen **Polynomansatz**:

$$\hat{v}_R = p_n(u_R) = \sum_{i=0}^{n} a_i u_R^i \qquad (2.79)$$

Als Modellparameter sind somit $n+1$ Regressionskoeffizienten $a_0 \dots a_n$ zu bestimmen, für deren Berechnung mindestens $n+1$ verschiedene Stützstellen erforderlich sind. Um zufällige Messfehler auszugleichen, empfiehlt MAGER in [2.30], $o \approx 4 \cdot (n+1)$ Datensätze aufzunehmen; bei $o = n+1$ liegt **Interpolation** *ohne* Fehlerausgleich vor. Setzt man (2.79) in (2.77) ein, erhält man das folgende überbestimmte Gleichungssystem:

$$\begin{aligned}
v_{R0} - (a_n u_{R0}^n + \ldots + a_1 u_{R0} + a_0) &= e_0 \\
v_{R1} - (a_n u_{R1}^n + \ldots + a_1 u_{R1} + a_0) &= e_1 \\
&\ldots \\
v_{Ro-1} - (a_n u_{Ro-1}^n + \ldots + a_1 u_{Ro-1} + a_0) &= e_{o-1}
\end{aligned} \quad (2.80)$$

Gl. (2.80) kann in Matrix-Vektor-Notation geschrieben werden

$$\boxed{v_R - U_R \cdot a = e} \quad (2.81)$$

mit

$$U_R = \begin{bmatrix} u_{R0}^n & \ldots & u_{R0} & 1 \\ u_{R1}^n & \ldots & u_{R1} & 1 \\ & \ldots & & \\ u_{Ro-1}^n & \ldots & u_{Ro-1} & 1 \end{bmatrix} \quad (2.82)$$

$$\begin{aligned}
v_R &= \begin{bmatrix} v_{R0} & v_{R1} & \ldots & v_{Ro-1} \end{bmatrix}^T \\
a &= \begin{bmatrix} a_n & a_{n-1} & \ldots & a_0 \end{bmatrix}^T \\
e &= \begin{bmatrix} e_0 & e_1 & \ldots & e_{o-1} \end{bmatrix}^T
\end{aligned} \quad (2.83)$$

(2.80) bzw. (2.81) ist das System der **Fehlergleichungen**. Als Gütemaß $J(e)$ ist nach der oben gegebenen Definition

$$J(e) = \frac{1}{o-1} \sum_{j=0}^{o-1} e_j^2 \quad (2.84)$$

zu minimieren; dies führt auf die Forderung

$$\frac{\partial J}{\partial e} \cdot \frac{\partial e}{\partial a_i} \stackrel{!}{=} 0 \quad (2.85)$$

mit $i = 0 \ldots n$. Aus (2.85) folgt ein neues Gleichungssystem zur Bestimmung der Koeffizienten a_i:

$$\boxed{C_R \cdot a = c_R} \quad (2.86)$$

mit

$$\boxed{\begin{aligned} \boldsymbol{a} &= \begin{bmatrix} a_0 & a_1 & \dots & a_n \end{bmatrix}^{\mathrm{T}} \\ \boldsymbol{c}_{\mathrm{R}} &= \begin{bmatrix} \sum_j v_{\mathrm{R}j} & \sum_j v_{\mathrm{R}j} u_{\mathrm{R}j} & \dots & \sum_j v_{\mathrm{R}j} u_{\mathrm{R}j}^n \end{bmatrix}^{\mathrm{T}} \end{aligned}}$$ (2.87)

$$\boxed{\boldsymbol{C}_{\mathrm{R}} = \begin{bmatrix} o & \sum_j u_{\mathrm{R}j} & \dots & \sum_j u_{\mathrm{R}j}^n \\ \sum_j u_{\mathrm{R}j} & \sum_j u_{\mathrm{R}j}^2 & \dots & \sum_j u_{\mathrm{R}j}^{n+1} \\ \dots & \dots & \dots & \dots \\ \sum_j u_{\mathrm{R}j}^n & \sum_j u_{\mathrm{R}j}^{n+1} & \dots & \sum_j u_{\mathrm{R}j}^{2n} \end{bmatrix}}$$ (2.88)

und $j = 0 \dots o - 1$.

(2.86) ist das System der **Normalgleichungen**; es hängt mit (2.81) so zusammen:

$$\boxed{\begin{aligned} \boldsymbol{C}_{\mathrm{R}} &= \boldsymbol{U}_{\mathrm{R}}^{\mathrm{T}} \boldsymbol{U}_{\mathrm{R}} \\ \boldsymbol{c}_{\mathrm{R}} &= \boldsymbol{U}_{\mathrm{R}}^{\mathrm{T}} \boldsymbol{v}_{\mathrm{R}} \end{aligned}}$$ (2.89)

Die Koeffizienten a_i bezeichnet man als **KQ-Schätzer**, weil ihre Werte nach (2.85) zur **k**leinstmöglichen **Q**uadratsumme der Residuen e_j führen.

Die Matrix $\boldsymbol{C}_{\mathrm{R}}$ zeichnet sich durch die wichtige Eigenschaft der **Symmetrie** aus, d. h. es gilt $\boldsymbol{C}_{\mathrm{R}}^{\mathrm{T}} = \boldsymbol{C}_{\mathrm{R}}$, und für symmetrische Gleichungssysteme lässt sich ein numerisch besonders stabiles Lösungsverfahren angeben. Nach CHOLESKY rechnet man mit Zwischengrößen r_{ik} in zwei Schritten wie folgt, siehe z. B. ZURMÜHL [2.31]:

- **Schritt 1**: Das Gleichungssystem wird auf die obere Dreiecksform gebracht:

$$r_{ii} = \sqrt{c_{ii} - \sum_{v=1}^{i-1} r_{vi}^2}$$

$$r_{ik} = \left(c_{ik} - \sum_{v=1}^{i-1} r_{iv}r_{vk}\right) / r_{ii} \qquad (2.90)$$

$$r_i = \left(c_i - \sum_{v=1}^{i-1} r_{iv}r_v\right) / r_{ii}$$

$i, k = 0 \ldots n$

- **Schritt 2**: Die Koeffizienten a_i werden sukzessive von unten nach oben bestimmt:

$$a_i = \left(r_i - \sum_{v=1}^{i-1} r_{i,i+v} a_{i+v}\right) \cdot \frac{1}{r_{ii}} \qquad (2.91)$$

$i = n \ldots 0$

Die Güte der Approximation kann in einem $(v_R - \hat{v}_R)$-Diagramm anschaulich dargestellt werden. Im Idealfall ist $\hat{v}_{Rj} = v_{Rj}$, d. h. die Punkte liegen auf einer 45°-Linie.

Ein typisches Anwendungsbeispiel ist die Ermittlung des Volumens V in einem zylinderförmigen, liegenden Tank mit Kugelkalotten aus dem Füllstand L, vgl. Bild 2.43. Beim *Auslitern* füllt man den Behälter sukzessive mit abgemessenen Mengen ΔV_j, berechnet das jeweils resultierende Gesamtvolumen V_{Rj} und liest den zugehörigen Füllstand L_{Rj} ab. Tabelle 2.6 enthält eine exemplarische Auslitertabelle.

Tabelle 2.6 Auslitertabelle für einen liegenden Tank

j	L_{Rj} [%]	V_{Rj} [l]	j	L_{Rj} [%]	V_{Rj} [l]
0	0	0	7	54	110
1	9	10	8	57	120
2	15	20	9	64	140
3	36	60	10	74	160
4	43	80	11	86	180
5	46	90	12	91	190
6	50	100	13	100	200

176 2 Regelstrecken

Für ein Ausgleichspolynom vierten Grades ergibt sich

$a_0 = 1{,}1166617$ l
$a_1 = 0{,}50911893$ l/%
$a_2 = 0{,}045668215$ l/%^{2}
$a_3 = -3{,}4142489 \cdot 10^{-4}$ l/%^{3}
$a_4 = 3{,}1693649 \cdot 10^{-7}$ l/%^{4}

Bild 2.43 zeigt die Kennlinie für $\hat{V}_R = p_4(L_R)$ sowie das $(V_R - \hat{V}_R)$-Diagramm.

Bild 2.43 Typischer Stand-Volumen-Zusammenhang

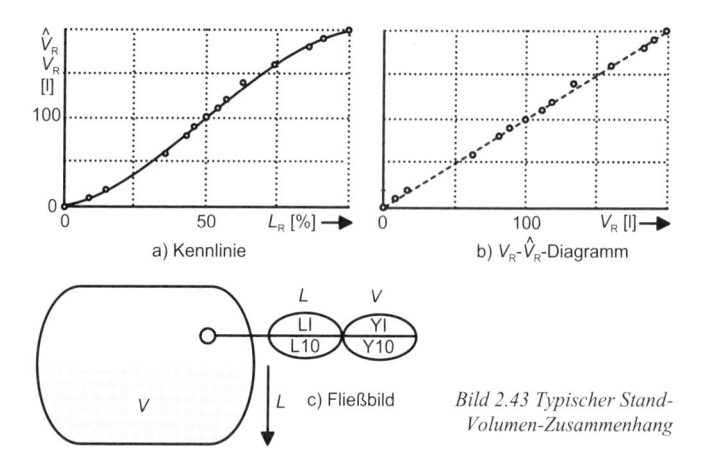

Das angegebene Ausgleichsverfahren kann auf unterschiedliche Weise modifiziert werden:

- Soll $\hat{v}_R$ die Größe v_R in einer kleinen Umgebung um einen Arbeitspunkt $A = (u_{R0}, v_{R0})$ besonders gut annähern, kann man die Eingangsdaten vor der Regressionsanalyse linear in neue Werte u'_{Rj}, v'_{Rj} transformieren:

$$\begin{aligned} u'_{Rj} &= u_{Rj} - u_{R0} \\ v'_{Rj} &= v_{Rj} - v_{R0} \end{aligned} \qquad (2.92)$$

Zusätzlich kann man a priori $a_0 := 0$ setzen; man spricht hierbei von **homogenisieren**. Diese beiden Maßnahmen stellen sicher, dass $f(u_{R0}) = v_{R0}$ erfüllt ist.

2.5 Prozessmodelle

- Weist die Ausgleichsfunktion $f(u_R)$ eine sehr starke monotone Krümmung auf, deutet dies auf einen exponentiellen Zusammenhang zwischen u_R und v_R hin. Dann empfiehlt sich folgender Ansatz:

$$\begin{array}{l} v'_R = \ln(v_R - v_{R0}) \\ p_n(u_R) \approx v'_R \end{array} \quad (2.93)$$

v_{R0} ist dabei so zu wählen, dass $v_R - v_{R0} > 0$ wird. In die Regressionsanalyse gehen an Stelle der Werte v_{Rj} die Werte v'_{Rj} ein; als Ausgleichsfunktion ergibt sich

$$f(u_R) = v_{R0} + e^{p_n(u_R)} \quad (2.94)$$

Solche Zusammenhänge sind z. B. bei Dampfdruckkurven, bei gleichprozentigen inhärenten Ventilkennlinien und bei Säuremessungen über die Leitfähigkeit gegeben. Auch andere Linearisierungen wie das Radizieren können hilfreich sein.

Ein Beispiel für ein ausgeführtes AWK-Programm zur eindimensionalen Regressionsanalyse ist z. B. in SCHORN [2.32] zu finden. Es kann über den Download-Bereich der angegebenen Quelle aus dem Internet geladen werden.

Multiple (mehrdimensionale) Regression. Hängt die Größe v_R von mehreren Variablen $\boldsymbol{u}_R = (u_{1R}, ..., u_{mR})$ ab, wendet man zur Parameterbestimmung die multiple Regression an (MISO-Modell). Auch hierbei führt meist ein Polynomansatz zum Ziel. Die Entwicklung von $f(\boldsymbol{u}_R)$ in eine MCLAURIN-Reihe liefert

$$f(\boldsymbol{u}_R) = \sum_{v=0}^{p} \left[\frac{1}{v!} \left(\sum_{i=1}^{m} u_{iR} \frac{\partial}{\partial u_{iR}} \right)^v f(\boldsymbol{0}) \right] + R_{p+1}(\boldsymbol{u}_R) \quad (2.95)$$

mit dem Rest $R_{p+1}(\boldsymbol{u}_R)$ der Reihenentwicklung nach dem p-ten Glied. So erhält man für ein Polynom 2. Grades zweier Variablen u_{1R}, u_{2R}:

$$\begin{array}{l} f(\boldsymbol{u}_R) = p_2(\boldsymbol{u}_R) + R_3(\boldsymbol{u}_R) \approx p_2(\boldsymbol{u}_R) \\ p_2(\boldsymbol{u}_R) = a_0 + a_1 u_{1R} + a_2 u_{2R} + \\ \qquad + a_3 u_{1R}^2 + a_4 u_{1R} u_{2R} + a_5 u_{2R}^2 \end{array} \quad (2.96)$$

$a_0 = f(0,0)$

$$a_1 = \frac{\partial}{\partial u_{1R}} f(0,0)$$

$$a_2 = \frac{\partial}{\partial u_{2R}} f(0,0)$$

$$a_3 = \frac{1}{2} \frac{\partial^2}{\partial u_{1R}^2} f(0,0)$$

$$a_4 = \frac{\partial^2}{\partial u_{1R} \partial u_{2R}} f(0,0)$$

$$a_5 = \frac{1}{2} \frac{\partial^2}{\partial u_{2R}^2} f(0,0)$$

Solche nichtlinearen Modelle lassen sich durch Variablensubstitutionen auf lineare Modelle in Variablen u'_{kR} zurückführen, indem man setzt

$$\boxed{\begin{aligned} u'_{1R} &= u_{1R}, & u'_{2R} &= u_{2R} \\ u'_{3R} &= u_{1R}^2, & u'_{4R} &= u_{1R} u_{2R}, & u'_{5R} &= u_{2R}^2 \end{aligned}}$$
(2.97)

usw. Bei linearer Regression macht man den Ansatz

$$\boxed{p_1(\boldsymbol{u}_R) = a_0 + a_1 u_{1R} + a_2 u_{2R} + \ldots + a_m u_{mR}}$$
(2.98)

Da die u_{kR} meist sowohl unterschiedliche physikalische Dimensionen als auch verschiedene Wertebereiche haben, lassen sich die Koeffizienten a_i in der Form (2.98) nicht unmittelbar miteinander vergleichen. Man führt daher **Standardvariable** w_{kR} ein:

$$\boxed{w_{kR} = \frac{u_{kR} - \bar{u}_{kR}}{s_{u_{kR}}}}$$
(2.99)

$$\bar{u}_{kR} = \frac{1}{o} \sum_{j=0}^{o-1} u_{kRj} \qquad \text{(arithmetisches Mittel)}$$

$$s_{u_{kR}} = \sqrt{\frac{1}{o-1} \sum_{j=0}^{o-1} (u_{kRj} - \bar{u}_{kR})} \qquad \text{(Streuung)}$$

Damit wird (2.98) zu

$$p_1(\boldsymbol{w}_R) = b_0 + b_1 w_{1R} + b_2 w_{2R} + \ldots + b_m w_{mR} \qquad (2.100)$$

und hier kann man an den absoluten Werten der Regressionskoeffizienten b_i erkennen, welche der Standardvariablen w_{kR} die größten Einflüsse auf die Regressionsfunktion haben bzw. welche Variablen ggf. von der Regression ausgeschlossen werden können. Zur verlässlichen Beurteilung der Parametersignifikanz stehen unterschiedliche statistische Verfahren wie z. B. der t-Test und der F-Test zur Verfügung; Näheres siehe z. B. bei RINNE [2.33] und CLAUS, EBNER [2.34]. Nach der Elimination von Variablen muss die Regressionsanalyse natürlich erneut durchgeführt werden. Ist hingegen die Varianz des Residuums e signifikant von null verschieden, so heißt dies, dass man weitere Regressoren zur Modellbildung benötigt oder dass der Grad eines angesetzten Polynoms zu erhöhen ist.

Die numerische Bestimmung der b_i geschieht wie bei der eindimensionalen Regression durch Minimieren der Varianz von $e = v_R - p_1(\boldsymbol{w}_R)$. Es ergibt sich folgendes Matrix-Vektor-System:

$$\boldsymbol{C}_R \cdot \boldsymbol{b} = \boldsymbol{c}_R \qquad (2.101)$$

$$\boldsymbol{c}_R = \left[\sum_j v_{Rj} \quad \sum_j w_{1Rj} v_{Rj} \quad \ldots \quad \sum_j w_{mRj} v_{Rj} \right]^T \qquad (2.102)$$

$$\boldsymbol{b} = \begin{bmatrix} b_0 & b_1 & \ldots & b_m \end{bmatrix}^T$$

$$\boldsymbol{C}_R = \begin{bmatrix} o & \sum_j w_{1Rj} & \ldots & \sum_j w_{mRj} \\ \sum_j w_{1Rj} & \sum_j w_{1Rj}^2 & \ldots & \sum_j w_{1Rj} w_{mRj} \\ & & \ldots & \\ \sum_j w_{mRj} & \sum_j w_{1Rj} w_{mRj} & \ldots & \sum_j w_{mRj}^2 \end{bmatrix} \qquad (2.103)$$

Die Auflösung nach den b_i kann wieder entsprechend (2.90) und (2.91) erfolgen. Mit den ursprünglichen Koeffizienten a_i hängen die transformierten Koeffizienten b_i so zusammen:

$$\boxed{\begin{aligned} a_0 &= b_0 - \sum_{i=1}^{m} \frac{\overline{u}_{iR}}{s_{u_{iR}}} b_i \\ a_i &= \frac{b_i}{s_{u_{iR}}} \; ; \; i = 1 \ldots m \end{aligned}} \qquad (2.104)$$

2.5.3.4 Parameterschätzung für dynamische Prozessmodelle

Zeitreihen. Bei dynamischen Prozessmodellen geht das Zeitverhalten der ausgewerteten Prozessgrößen in die Parameterschätzung ein. Hierzu werden Zeitreihen benötigt.

> Eine **Zeitreihe** ist eine zeitlich geordnete Folge (diskrete Repräsentation) von Prozessgrößenwerten einschließlich der zugehörigen Zeitstempel.

Bei der Zeitdarstellung sind die Eindeutigkeit und die Kontinuität zu beachten; Umstellungen zwischen Sommer- und Winterzeit dürfen keine Auswirkungen haben. Geeignet ist die Darstellung als **UTC** (*Universal Time Coordonné* – sic!), welche die aktuelle Zeit auf den nullten Längengrad (Greenwich) bezieht und ohne Sommer- bzw. Winterzeit arbeitet. Bei UNIX- und LINUX-Systemen wird die UTC in Anzahl Sekunden seit dem 01.01.1970 codiert.

ARMAX-Modelle. Unter einem **ARMAX-Modell** versteht man ein Verfahren zur Parameterschätzung, bei welchem auf die zu modellierende Prozessgröße v folgende Einflüsse einzeln oder in Kombination wirken; RINNE [2.33], LEUSCHNER [2.35] und UNBEHAUEN [2.36]:

- Die Vergangenheit der Prozessgröße v selbst (AR-Anteil, AR: *Auto-Regressive*),
- eine stochastische Prozessgröße u_S (MA-Anteil, MA: *Moving Average*),
- eine deterministische Prozessgröße u_D (X-Anteil, X: *exogenuous*),
- messtechnisch nicht erfasste Resteinflüsse e, meist stochastisch als weißes Rauschen.

> Der Begriff **weißes Rauschen** (*White Noise*) bezeichnet eine stochastische Größe mit dem zeitlichen Erwartungswert (≈ Mittelwert) $\mu = 0$ und zeitlich konstanter Varianz σ^2.

2.5 Prozessmodelle

Aus den aufgeführten Anteilen eines ARMAX-Modells ergibt sich folgender Ansatz für die Schätzgröße $\hat{v}$:

$$\begin{aligned} \hat{v}_j &= AR_j(m) + MA_j(n) + X_j(o) \\ v_j &= \hat{v}_j + e_j \end{aligned}$$

(2.105)

$$\begin{aligned} AR_j(m) &= -\sum_{v=1}^{m} a_v v_{j-v} \\ MA_j(n) &= \sum_{v=0}^{n} b_v u_{Sj-v} \\ X_j(o) &= \sum_{v=0}^{o} c_v u_{Dj-d-v} \end{aligned}$$

(2.106)

m, n und o bezeichnen die Ordnungen der jeweiligen Modellanteile. Mit der Abtastperiode T_a gilt wieder $t_j = j \cdot T_a$, $v_j = v(t_j)$ und $d = T_t/T_a$. Dabei ist T_t eine bei u_D eventuell auftretende Totzeit, welche durch die auf T_a normierte Totzeit d repräsentiert wird. Die in (2.106) enthaltenen Prozessgrößen können bei einem Modell für Regelungen etwa Folgendes bedeuten:

v: Rückführgröße r
u_S: Messbare Störgröße z
u_D: Stellgröße y

Durch Weglassen einzelner Einflüsse gelangt man zu Teilmodellen. So approximiert beispielsweise bei einem Regelkreis ein $ARX(m,o)$-Modell eine störungsfreie Strecke m-ter Ordnung, auf welche die Stellgröße und ihre Ableitungen bis zum Grade o einwirken. Gegeben sei z. B. eine Strecke erster Ordnung mit Ausgleich und Totzeit. Nimmt man an, dass die Störgröße $z(t)$ identisch verschwindet, so ist

$$T \cdot \dot{r}(t) + r(t) = K_{PS} y(t - T_t)$$

(2.107)

Hierzu gehört dann ein $ARX(1,0)$-Modell:

$$r_j = -a_1 r_{j-1} + c_0 y_{j-d}$$

(2.108)

Hat man nun die Koeffizienten a_1 und c_0 für (2.108) berechnet, sind oft auch die Koeffizienten T und K_{PS} für (2.107) gesucht. (2.108) lässt sich umformen zu

$$-\frac{T_a a_1}{1 + a_1} \cdot \frac{r_j - r_{j-1}}{T_a} + r_j = \frac{c_0}{1 + a_1} y_{j-d} \qquad (2.109)$$

Mit der Näherung $(r_j - r_{j-1}) / T_a \approx \dot{r}(t_j)$ liefert der Koeffizientenvergleich von (2.109) mit (2.107):

$$\begin{aligned} T &= -\frac{T_a a_1}{1 + a_1} \\ K_{PS} &= \frac{c_0}{1 + a_1} \end{aligned} \qquad (2.110)$$

In Abschnitt 5.1.3 wird die Umrechnung zwischen Differenzen- und Differenzialgleichungen systematisch behandelt.

Randbedingungen zur Parameterbestimmung. Die Totzeit von u_D lässt sich wie in Abschnitt 2.5.3.2 angegeben ermitteln. Die Gleichungen (2.105) und (2.106) stellen ein lineares Gleichungssystem mit $p = m + n + o + 2$ Unbekannten a_ι, b_ν und c_ν dar. Ihre Bestimmung kann wieder über eine Regressionsanalyse durch Minimieren der Varianz bzw. der Quadratsumme von $e_j = v_j - \hat{v}_j$ erfolgen, wobei zwei Randbedingungen zu beachten sind:

- Die Zeitreihe sollte ca. $4p$ Datensätze umfassen,
- die Prozessgrößen u_S und u_D dürfen im Erfassungszeitraum nicht stationär sein, sondern sollten die Werte des interessierenden Arbeitsbereichs überstreichen.

$\hat{v}_j$ beschreibt alle systematischen Anteile von v, wenn e sich als weißes Rauschen darstellen lässt. Dies kann man mit statistischen Testverfahren untersuchen; siehe z. B. RINNE [2.33] und CLAUS, EBNER [2.34]. Weitere Informationen zu Zeitreihen und ARMAX-Modellen auch mit Berücksichtigung integrierend wirkender Übertragungsglieder (so genannte **ARIMAX-Modelle**) bzw. Hinweisen zur Trendeliminierung sind u. a. bei RINNE [2.33], LEUSCHNER [2.35] und UNBEHAUEN [2.36] zu finden.

2.5.4 Zustandsschätzung

2.5.4.1 Grundlagen

Zielsetzung. Die **Zustandsschätzung** hat das Ziel, Werte von nicht oder nur aufwändig messbaren Prozessgrößen und damit Prozesszustände durch ein Modell nachzubilden. Die Struktur und die Parameter dieses Modells werden dabei als gegeben vorausgesetzt; zu bestimmen sind **Zustandsvariable** (→ Abschnitt 1.3.1). Es kann sich hierbei um Aktualdaten oder künftig zu erwartende Werte handeln.

- **Aktualdaten** werden geschätzt, wenn Werte nicht direkt gemessener Zustandsvariablen ermittelt werden sollen. Die Schätzwerte werden für Zustandsregelungen (→ Abschnitt 6.1) oder für Plausibilitätsprüfungen von Messwerten (Gleichlaufüberwachungen) verwendet.
- **Zukünftige Daten** werden zu Überwachungszwecken oder für prädiktive Regelungen (→ Abschnitt 6.2) geschätzt. Das Schätzen künftig zu erwartender Daten nennt man **Prädiktion** (Vorhersage).

Die Resultate eines Modells können mit wenigen an der realen Strecke gemessenen Zustandsgrößen verglichen werden. Abweichungen werden auf das Modell zurückgeführt.

Prozessgrößenrückführung. Bei einer **Prozessgrößenrückführung** werden dem Modell ausgewählte Ausgangsgrößen v_k des Prozesses als Messwerte zugeführt. In DIN 19226-4 [2.37] wird zwischen **Zustands-** und **Ausgangsrückführung** unterschieden.

> Bei einer **Zustandsrückführung** werden *alle* den Prozess bestimmenden Zustandsgrößen gemessen und dem Modell proportional aufgeschaltet. Bei einer **Ausgangsrückführung** (Teilzustandsrückführung) führt man lediglich *einige* der den Prozess beschreibenden Zustandsgrößen auf das Modell zurück.

In der Praxis wird überwiegend die Ausgangsrückführung realisiert, weil das Messen *aller* Zustandsgrößen nur selten möglich bzw. zu aufwändig ist.

Beobachtbarkeit und Steuerbarkeit. Diese Begriffe, welche in DIN 19226-2 [2.1] definiert sind, haben anschaulich folgende Bedeutung:

> Ein Prozess ist **beobachtbar**, wenn bei Kenntnis der Eingangsgrößen u_i und der Ausgangsgrößen v_k in einem beliebigen Zeitpunkt $t = t_0$ die zugehörigen Werte der Zustandsgrößen $x_i(t_0)$ bestimmt werden können. Lässt sich durch Vorgabe geeigneter Eingangswerte u_i erreichen, dass die Zustandsgrößen x_i gewünschte Zielwerte annehmen, ist der Prozess **steuerbar**.

Zustandsschätzungen setzen die Beobachtbarkeit voraus. Beobachtbar ist ein Prozess im einfachsten Fall dann, wenn *alle* Zustandsgrößen gemessen werden und das Verhalten der Messeinrichtungen bekannt und ggf. kompensierbar ist oder wenn sich das Verhalten der nicht gemessenen Zustandsgrößen aus den verfügbaren Messgrößen analytisch eindeutig ermitteln lässt. Betrachtet man hingegen einen Prozess als *black box*, ist er naturgemäß *nicht* beobachtbar, da die Zustandsgrößen als innere Variablen verborgen bleiben. Technische Prozesse können auch lediglich in bestimmten Wertebereichen steuerbar sein; dies ist z. B. bei exothermen Reaktionen der Fall.

2.5.4.2 Zustandsschätzung mit Parallelmodellen

Prozessstruktur. Für die nachstehend vorgestellten Verfahren wird angenommen, dass der betrachtete Prozess als Reihenschaltung von Verzögerungsgliedern erster Ordnung mit bekannten Zeitkonstanten und Verstärkungsfaktoren betrachtet werden kann ($\rightarrow$ Bild 2.44).

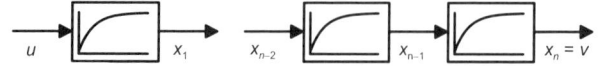

Bild 2.44 Einfacher technischer Prozess

Hierbei bedeutet u eine Stellgröße y oder eine am Eingang einer Regelstrecke angreifende deterministische Störgröße z; v ist ein Messwert bzw. – bei Regelstrecken – der Rückführwert r. Komplexere Strukturen können parallele oder nebenläufige Anordnungen solcher Reihenschaltungen sein; dann sind die folgend vorgestellten Verfahren entsprechend zu modifizieren.

Parallelmodell mit PT_1-Gliedern. Bei einem aus Verzögerungsgliedern erster Ordnung aufgebauten Parallelmodell wird zum Schätzen der Zustandsgrößen x_i die gegebene Eingangsgröße u entsprechend Bild 2.45 in *Vorwärtsrichtung* ausgewertet (**Vorwärtsmodellierung**).

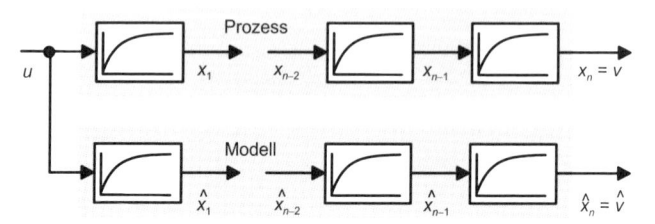

Bild 2.45 Zustandsschätzung mit Vorwärtsmodellierung

2.5 Prozessmodelle

Damit ergeben sich folgende Modellgleichungen:

$$\boxed{\begin{aligned} T_i \dot{\hat{x}}_i(t) + \hat{x}_i(t) &= K_{\text{PS}i} \hat{x}_{i-1}(t) \\ \hat{x}_0(t) &= u(t) \\ \hat{x}_n(t) &= \hat{v}(t) \end{aligned}} \qquad (2.111)$$

mit $i = 1, 2, ..., n$. Störungen, welche hinter der Eingangsgröße u einwirken, werden nicht nachgebildet; ein eventuell vorhandenes Messrauschen in v wirkt sich bei der Schätzung *nicht* aus. Als Reihenschaltung von PT_1-Gliedern ist ein solches Modell immer stabil. Die Parameter des Modells müssen mittels geeigneter physikalischer Betrachtungen gefunden werden. Hierbei werden wegen Ungenauigkeiten und Arbeitspunktabhängigkeiten Fehler entstehen. Es ist zu beachten, dass diese Methode nur für Strecken niedriger Ordnung geeignet ist, weil die Schätzfehler entsprechend den Fehlerfortpflanzungsgesetzen mit steigender Ordnung anwachsen und eine Fehlerkorrektur nicht stattfindet.

Parallelmodell mit PD-Gliedern. Bei einem aus PD-Gliedern aufgebauten Parallelmodell wird zum Schätzen der Zustandsgrößen x_i in *Rückwärtsrichtung* die als Messwert vorliegende Ausgangsgröße v verwendet (**Rückwärtsmodellierung**, → Bild 2.46). Hierbei verwendet man folgende Gleichungen:

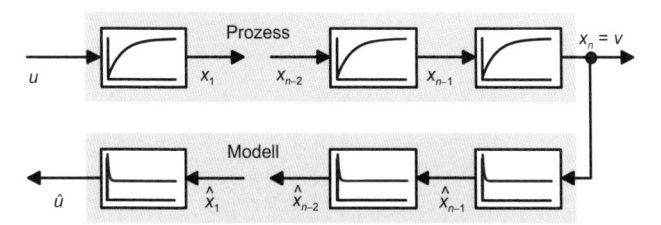

Bild 2.46 Zustandsschätzung mit Rückwärtsmodellierung

$$\boxed{\begin{aligned} T_{fi} \dot{\hat{x}}_i(t) + \hat{x}_i(t) &= K_{\text{PS}i}^{-1}(\hat{x}_{i+1}(t) + T_{i+1} \dot{\hat{x}}_{i+1}(t)) \\ x_0(t) &= \hat{u}(t) \\ \hat{x}_n(t) &= v(t) \end{aligned}} \qquad (2.112)$$

mit $i = n-1, ..., 1, 0$. Die Filterzeitkonstanten T_{fi} sind erforderlich, wenn im Messwert v ein merkliches Messrauschen enthalten ist; dies kann zu aufklingenden Schwingungen, mithin zu Instabilitäten führen, wenn man keine Filterung vornimmt. Störungen vor der Messeinrichtung bleiben unberücksichtigt. Auch dieses Verfahren ist lediglich bei Strecken niedriger Ordnung sinnvoll anwendbar.

Parallelmodell mit PT$_1$- und PD-Gliedern. Zur Erhöhung der Modellgenauigkeit lassen sich die vorstehend beschriebenen Verfahren kombinieren, wenn – wie etwa bei einfachen Regelungen – sowohl die Eingangsgröße u als auch die Ausgangsgröße v des betrachteten Prozesses zur Verfügung stehen. Man erhält dann eine Struktur gemäß Bild 2.47. Aus der Vorwärtsmodellierung mit PT$_1$-Gliedern und der Rückwärtsmodellierung mit PD-Gliedern werden hierbei die Schätzwerte der zu bestimmenden Prozessgrößen über Linearkombinationen (gewichtete Mittelwerte) gebildet. Zur Festlegung der Gewichtsfaktoren kann man folgende plausible Überlegung anstellen:

- Bei der Vorwärtsmodellierung ist der Anfangswert $\hat{x}_0$ exakt, da er gleich dem Eingangswert u ist. Die Genauigkeit der folgenden Schätzwerte nimmt auf Grund der Fehlerfortpflanzung mit wachsendem Index i ab; damit sollte auch das Gewicht α_i der Schätzwerte mit wachsendem i abnehmen.
- Bei der Rückwärtsmodellierung ist der Anfangswert $\hat{x}_n$ exakt, da er gleich dem Ausgangswert v ist. Die Genauigkeit der folgenden Schätzwerte nimmt hier mit fallendem Index i ab; damit sollte auch das Gewicht β_i der Schätzwerte mit fallendem i abnehmen.

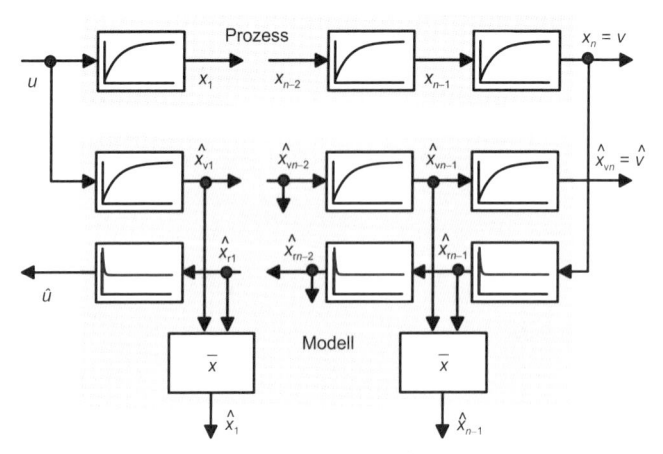

Bild 2.47 Parallelmodell mit PT$_1$- und PD-Gliedern

Somit lässt sich eine heuristisch fundierte Berechnungsvorschrift für die geschätzten Zustandsgrößen angeben:

$$\begin{aligned}
\hat{x}_i(t) &= \alpha_i \hat{x}_{vi}(t) + \beta_i \hat{x}_{ri}(t) \\
\alpha_i &= (n - i) / n \\
\beta_i &= i / n \\
\hat{x}_0(t) &= u(t) \\
\hat{x}_n(t) &= v(t)
\end{aligned} \quad (2.113)$$

mit $i = 1, 2, ..., n - 1$.

2.5.4.3 Zustandsschätzung mit Beobachterverfahren

Allgemeines Konzept. Beobachterverfahren sind u. a. beschrieben bei UNBEHAUEN [2.36], BIRK, in [2.16], LUENBERGER [2.39], PAVLIK [2.40], ACKERMANN [2.42] und SCHLITT [2.43]. Wie bei den in Abschnitt 2.5.4.2 vorgestellten Parallelmodellen eignen sie sich zur Darstellung von Prozessen, welche sich als Reihenschaltung von PT_1-Gliedern auffassen lassen. Diese Reihenschaltung wird mit einer Vorwärtsmodellierung in einem **Beobachter** nachgebildet, welchem die Differenzen Δv_k zwischen den tatsächlichen Messwerten v_k und den geschätzten Messwerten $\hat{v}_k$ zu Korrekturzwecken im Sinne einer **Gegenkopplung** proportional aufgeschaltet werden. Totzeiten innerhalb der Strecke dürfen nicht auftreten. Bild 2.48 zeigt die Wirkungsweise in Anlehnung an DIN 19226-4 [2.37] und SCHLITT [2.43] anhand einer Regelstrecke n-ter Ordnung mit den Eingangsgrößen $y(t)$ (Stellgröße), $z(t)$ (Störgrößen) sowie $n(t)$ (Messrauschen) und der Ausgangsgröße $r(t)$ (Rückführgröße).

Die Strecke wird mit der in Abschnitt 1.3.1 eingeführten **Zustandsraumdarstellung** in Matrix-Vektor-Notation so beschrieben:

$$\begin{aligned}
\dot{x}(t) &= Ax(t) + b_y y(t) + B_z z(t) \\
r(t) &= c^T x(t) + n(t)
\end{aligned} \quad (2.114)$$

Hierbei ist

A: Systemmatrix
b_y: Stellvektor
B_z: Störmatrix
c^T: Messvektor

Die **Systemmatrix** A wurde bereits in Abschnitt 1.3.1 erläutert. Dort wurde auch die **Eingangsmatrix** B eingeführt, welche – mit Ausnahme des Messrauschens – die auf den Prozess wirkenden Eingangsgrößen $u_i(t)$ bewertet. In Bild 2.48 sind diese Prozesseingänge nach Stell- und Störgrößen unterschieden; mit dem **Stellvektor** b_y und der **Störmatrix** B_z ist dann

$$\boxed{Bu(t) = b_y y(t) + B_z z(t)}$$ (2.115)

Der **Messvektor** c legt fest, welche Prozessgrößen dem Modell aufgeschaltet werden; beim oben angegebenen System ist dies lediglich die Rückführgröße $r(t)$.

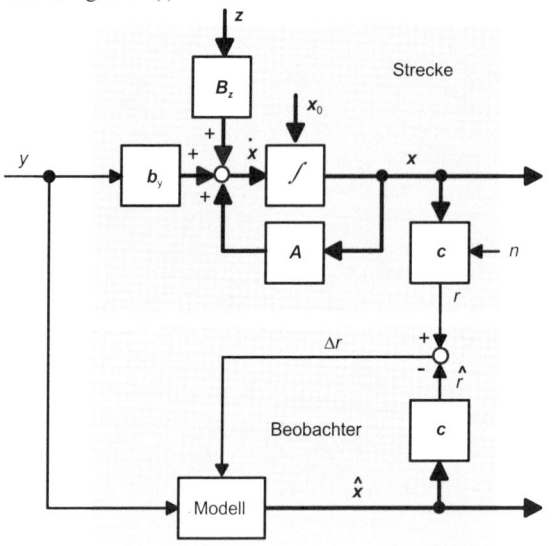

Bild 2.48 Einfacher Beobachter

In einem Beobachter werden *immer* die Systemmatrix, der Stellvektor und der Messvektor implementiert, wobei folgend davon ausgegangen wird, dass diese Nachbildungen exakt sind. Je nach Aufgabenstellung werden auch Störungen oder Messrauschen modelliert; hieraus ergeben sich die weiter unten beschriebenen verschiedenen Beobachterklassen. Grundsätzlich gibt es weiterhin die Möglichkeit, entweder alle oder nur eine Teilmenge der Zustandsgrößen einer Strecke zu schätzen. Dies führt auf die Begriffe des **Einheitsbeobachters** und des **reduzierten Beobachters**.

> Einen Beobachter, welcher Schätzwerte für *alle* Zustandsgrößen liefert, nennt man **Einheitsbeobachter**.

Wenn von den n Zustandsgrößen einer Strecke $q \leq n$ Größen verzögerungsfrei als Messwerte erfasst werden, ist nur die Schätzung der $n - q$ nicht gemessenen Zustandsgrößen notwendig ($\rightarrow$ z. B. ACKERMANN [2.42] und SCHLITT [2.43]).

> Ein Beobachter, welcher $n - q$ ($0 < q \leq n$) von n Zustandsgrößen nachbildet, heißt **reduzierter Beobachter der Ordnung** $n - q$.

LUENBERGER-Beobachter. Ein LUENBERGER-Beobachter ($\rightarrow$ Abschnitt 6.1.3.1) lässt sich durch folgende Gleichungssysteme beschreiben ($\rightarrow$ Bild 2.49):

$$\begin{aligned} \dot{\hat{x}}(t) &= A\hat{x}(t) + b_y y(t) + k\Delta r(t) \\ \hat{r}(t) &= c^T \hat{x}(t) \\ \Delta r(t) &= r(t) - \hat{r}(t) \end{aligned} \quad (2.116)$$

k ist hierbei der **Beobachtungsvektor**, welcher beim LUENBERGER-Beobachter mit konstanten Elementen angesetzt wird. Für den **Beobachtungsfehler** $\Delta x(t) = x(t) - \hat{x}(t)$ erhält man nach elementaren Umformungen aus den Gleichungen (2.114), (2.116) folgendes Differenzialgleichungssystem:

$$\begin{aligned} \Delta \dot{x}(t) &= F\Delta x(t) + B_z z(t) + kn(t) \\ F &= A - k \cdot c^T \end{aligned} \quad (2.117)$$

Wenn die Störungen $z(t)$ sowie $n(t)$ identisch verschwinden, findet man für (2.117) die Lösung

$$\Delta x(t) = e^{Ft} \Delta x(0) \quad (2.118)$$

Ausgehend vom üblicherweise nicht bekannten Anfangszustand $\Delta x(0)$ strebt also $\Delta x(t)$ dann aperiodisch gegen den Nullvektor $\boldsymbol{0}$ für $t \rightarrow \infty$, wenn alle Eigenwerte von F links von der imaginären Achse in der s-Ebene liegen ($\rightarrow$ Abschnitt 1.3.1), und dies bedeutet zusammengefasst:

2 Regelstrecken

> Ein LUENBERGER-**Beobachter** arbeitet bei exakten Modellparametern stationär exakt, wenn $z(t) \equiv \mathbf{0}$ und $n(t) \equiv 0$ gilt und die Eigenwerte der Matrix $\boldsymbol{F} = \boldsymbol{A} - \boldsymbol{k} \cdot \boldsymbol{c}^\mathrm{T}$ ausschließlich negative Realteile aufweisen.

Wenn $\boldsymbol{A}$ durch das Prozessverhalten und $\boldsymbol{c}$ durch die Festlegung der Messstellen bereits vorgegeben sind, kann das Beobachterverhalten also noch über den Beobachtungsvektor $\boldsymbol{k}$ beeinflusst werden. Mit **Polvorgaben** lässt sich festlegen, wie schnell die Schätzwerte gegen die Werte der Zustandsgrößen konvergieren sollen.

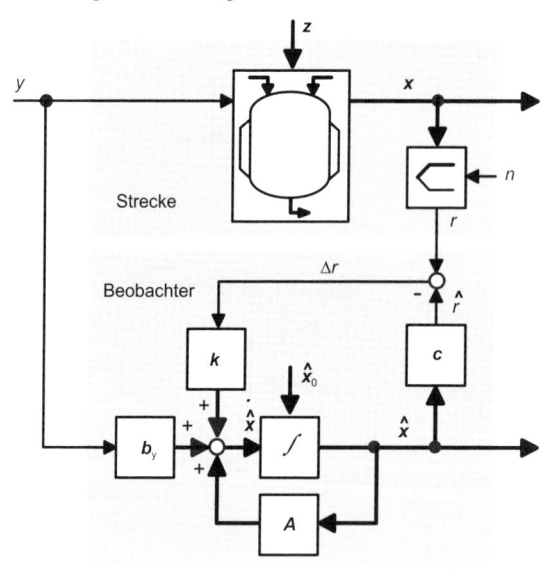

Bild 2.49 LUENBERGER-Beobachter

Exemplarisch ist in den Bildern 2.50 und 2.51 in zwei Varianten ein Beobachter für eine ungestörte Strecke zweiter Ordnung dargestellt; die Streckenverstärkungen seien vereinfachend zu $K_{\mathrm{PS}} = 1$ angenommen, und es gelte $z(t) \equiv \mathbf{0}$ und $n(t) \equiv 0$. Hierzu gehören folgende Gleichungssysteme:

- Variante 1:

2.5 Prozessmodelle

$$\begin{aligned} \hat{x}_1(t) &= \int \left(a_{11}\hat{x}_1(t) + b_1 y(t) + k_1 \Delta r(t) \right) dt \\ \hat{x}_2(t) &= \int \left(a_{22}\hat{x}_2(t) + a_{21}\hat{x}_1(t) + k_2 \Delta r(t) \right) dt \end{aligned} \tag{2.119}$$

- Variante 2:

$$\begin{aligned} T_1\dot{\hat{x}}_1(t) + \hat{x}_1(t) &= y(t) + T_1 k_1 \Delta r(t) \\ T_2\dot{\hat{x}}_2(t) + \hat{x}_2(t) &= \hat{x}_1(t) + T_2 k_2 \Delta r(t) \end{aligned} \tag{2.120}$$

Die Gleichungen (2.121) und (2.122) hängen so zusammen:

$$\begin{aligned} a_{11} &= -1/T_1 \\ b_1 &= 1/T_1 \\ a_{21} &= 1/T_2 \\ a_{22} &= -1/T_2 \end{aligned} \tag{2.121}$$

Auf solche Weise lassen sich beispielsweise die Mantel- und die Innentemperatur großer Rührwerksbehälter (*Autoklaven*) modellieren, falls das dynamische Verhalten der Stellgeräte und Messeinrichtungen gegenüber den Zeitkonstanten des Prozesses vernachlässigbar ist. Hierbei ist dann die Innentemperatur $r(t) = x_2(t)$; die Manteltemperatur $x_1(t)$ wird geschätzt. Anschaulich zeigt (2.120), dass Stabilitätsprobleme nicht auftreten können, da die korrigierenden Rückkopplungen mit den Verstärkungsfaktoren $T_1 k_1$ und $T_2 k_2$ lediglich auf Übertragungsglieder erster Ordnung wirken.

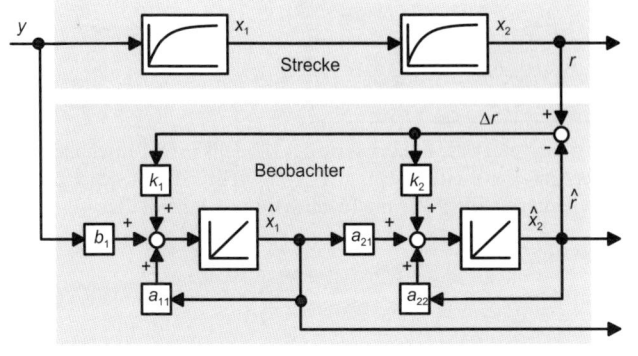

Bild 2.50 LUENBERGER-Beobachter für eine Strecke zweiter Ordnung (Variante 1)

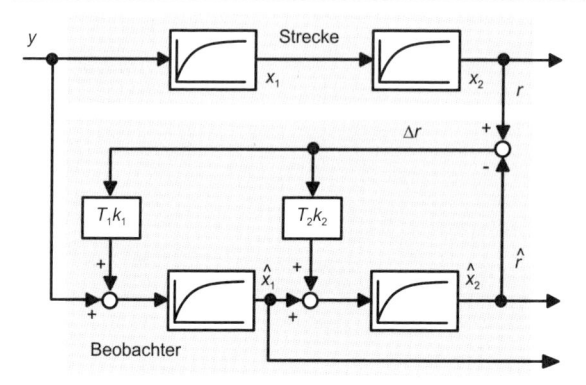

Bild 2.51 LUENBERGER-*Beobachter für eine Strecke zweiter Ordnung (Variante 2)*

Die Elemente von k legt man nach folgenden Überlegungen fest: Für die Matrix F erhält man mit

$$k^T = \begin{bmatrix} k_1 & k_2 \end{bmatrix} \; ; \; c^T = \begin{bmatrix} 0 & 1 \end{bmatrix} \; ; \; A = \begin{bmatrix} a_{11} & 0 \\ a_{21} & a_{22} \end{bmatrix}$$

$$F = \begin{bmatrix} a_{11} & -k_1 \\ a_{21} & a_{22} - k_2 \end{bmatrix} \tag{2.122}$$

Die Eigenwerte s_1 und s_2 von F ergeben sich wegen

$$|sI - F| = 0$$

aus der charakteristischen Gleichung

$$s^2 - (a_{11} + a_{22} - k_2)s + \\ + a_{21}k_1 - a_{11}k_2 + a_{11}a_{22} = 0 \tag{2.123}$$

Nun fordert man, dass die Schätzwerte des Modells nach Einschalten des Beobachters mit den Zeitkonstanten T_{B1}, T_{B2} gegen die Zustandsgrößen x_1, x_2 konvergieren sollen. Für die Eigenwerte von F heißt dies

$$s_1 = -1/T_{B1}, \; s_2 = -1/T_{B2},$$

und mit

$$p(s) = (s - s_1)(s - s_2) = 0$$

resultiert

2.5 Prozessmodelle

$$s^2 - (s_1 + s_2)s + s_1 s_2 = 0 \quad (2.124)$$

Der Koeffizientenvergleich von (2.123) und (2.124) liefert die Elemente von $\boldsymbol{k}$:

$$\begin{aligned} k_2 &= a_{11} + a_{22} - s_1 - s_2 \\ k_1 &= (s_1 s_2 - a_{11} a_{22} + a_{21} k_2) / a_{21} \end{aligned} \quad (2.125)$$

Es werde beispielsweise von folgenden Gegebenheiten ausgegangen:

$T_1 = 2{,}5$ s: Zeitkonstante Manteltemperatur
$T_2 = 15$ s: Zeitkonstante Innentemperatur
$x_1(0) = x_2(0) = 0$: Anfangswerte

Dies ergibt mit (2.121) folgende Systemmatrix:

$$A = \begin{bmatrix} -0{,}4 & 0 \\ 0{,}067 & -0{,}067 \end{bmatrix}$$

Zur Festlegung der Konvergenzgeschwindigkeit des Beobachters seien dessen Pole so festgelegt:

$$T_{B1} = T_{B2} = 2 \text{ s} \implies s_1 = s_2 = -0{,}5 \text{ s}^{-1}$$

Aus (2.125) folgt für den Beobachtungsvektor:

$$\boldsymbol{k}^T = [\,3{,}883 \quad 0{,}533\,]$$

Bild 2.52 zeigt typische Sprungantworten von $x_1(t)$ und $\hat{x}_1(t)$ mit den Anfangswerten $x_1(0) = 0$, $\hat{x}_1(0) = 0{,}1$. Die Differenz zwischen $x_1(t)$ und $\hat{x}_1(t)$ nach dem zweiten y-Sprung resultiert aus der Tatsache, dass das Zeitverhalten des Stellglieds nicht nachgebildet wurde.

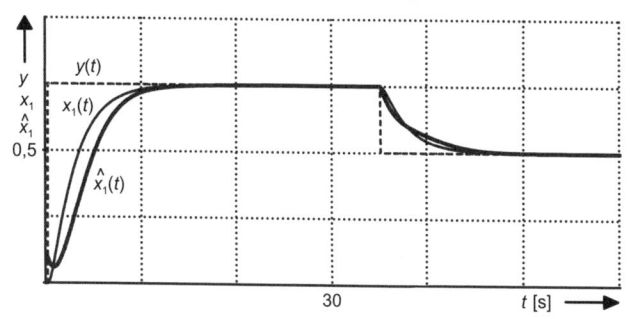

Bild 2.52 Typisches Einschwingverhalten eines LUENBERGER-Beobachters

Störbeobachter. Zur Modellierung nicht messbarer, deterministischer Störgrößen verwendet man so genannte **Störbeobachter**, welche besonders erfolgreich bei konstanten und bei schwingungsförmigen Störungen eingesetzt werden (→ SCHLITT [2.43], SCHULZ [2.44] et al.). Hierbei wird von der Überlegung ausgegangen, dass ein bei konstanter Stellgröße $y(t)$ und nach Einschwingen des Beobachters noch vorliegender Beobachtungsfehler $\Delta x(t) \neq 0$ auf die Einwirkung von Störgrößen $z_k(t)$ zurückzuführen sein muss. Für diesen Fall wird der Zusammenhang zwischen dem Störgrößenvektor $z(t)$ und $\Delta x(t)$ theoretisch oder experimentell ermittelt und mit einem Modell analytisch formuliert.

Wie bei der Modellierung der ungestörten Strecke geht man von einem **Störprozess** mit Zustandsgrößen $x_{zi}(t)$ aus, dessen Modell durch den Beobachtungsfehler $\Delta x(t)$ angeregt wird. Ausgänge dieses Störprozesses sind die auf die Strecke einwirkenden Störgrößen $z_k(t)$, welche dem Streckenbeobachter ergänzend aufgeschaltet werden (→ Bild 2.53). Dies führt zu folgenden Modellen:

- Störmodell:

$$\begin{aligned} \dot{\hat{x}}_z(t) &= A_z \hat{x}_z(t) + k_z \Delta r(t) \\ \hat{z}(t) &= c_z^T \hat{x}_z(t) \end{aligned} \quad (2.126)$$

mit der Systemmatrix A_z, dem Beobachtungsvektor k_z und dem Messvektor c_z. Der Anfangszustand $\hat{x}_z(0)$ ist i. d. R. nicht bekannt.

- Streckenmodell:

$$\begin{aligned} \dot{\hat{x}}(t) &= A\hat{x}(t) + b_y y(t) + b_z \hat{z}(t) + k\Delta r(t) \\ \hat{r}(t) &= c^T \hat{x}(t) \end{aligned} \quad (2.127)$$

Hierbei wird von dem besonders häufig vorliegenden Fall ausgegangen, dass *eine* Hauptstörgröße $z(t)$ nachzubilden ist und dass *eine* Stellgröße $y(t)$ sowie *eine* Rückführgröße $r(t)$ gegeben sind. Die Gleichungen (2.126) und (2.127) lassen sich über Blockmatrizen (→ Abschnitt 1.3.1) wie folgt zusammenfassen:

$$\begin{bmatrix} \dot{\hat{x}}(t) \\ \dot{\hat{x}}_z(t) \end{bmatrix} = \begin{bmatrix} A & b_z c^T \\ 0 & A_z \end{bmatrix} \begin{bmatrix} \hat{x}(t) \\ \hat{x}_z(t) \end{bmatrix} + \begin{bmatrix} b_y \\ 0 \end{bmatrix} y(t) + \begin{bmatrix} k \\ k_z \end{bmatrix} \Delta r(t) \quad (2.128)$$

Die Elemente von $\boldsymbol{k}$ und $\boldsymbol{k}_z$ ermittelt man wie bereits beim LUENBERGER-Beobachter beschrieben.

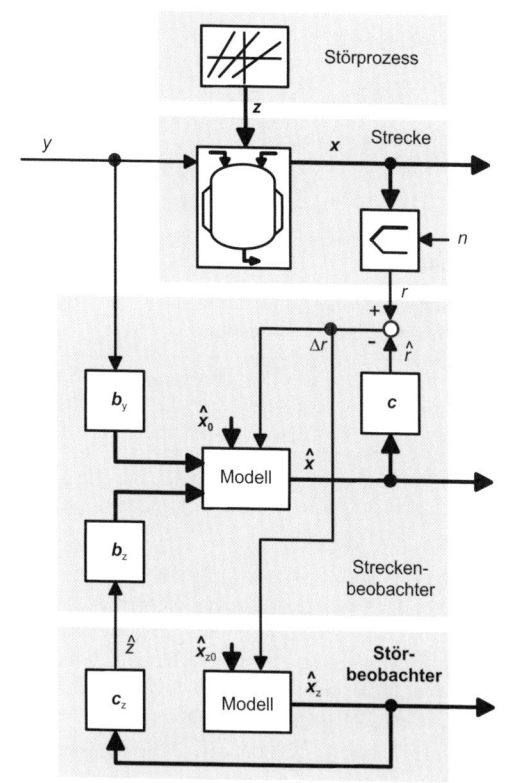

Bild 2.53 Typische Wirkungsweise eines Störbeobachters

KALMAN-Beobachter. Bei einem **KALMAN-Beobachter** (oft auch als **KALMAN-Filter** bezeichnet) werden die Störungen $z_k(t)$ des Prozesses und $n(t)$ des Messvorgangs als stochastische Signale aufgefasst ($\rightarrow$ Abschnitte 1.2.1 und 6.1.3.2). KALMAN-Beobachter haben grundsätzlich den gleichen Aufbau wie LUENBERGER-Beobachter; jedoch wird der Beobachtungsvektor $\boldsymbol{k}$ nicht durch Polvorgaben, sondern über die statistischen Eigenschaften der Störsignale festgelegt. An die Stelle des zeitinvarianten Vektors **k** tritt der zeitvariante Vektor **k**(t), dessen Komponenten durch Minimieren des quadratischen Gütefunktionals

$$J(\Delta x) = \Delta x^T(t) \cdot \Delta x(t) \qquad (2.129)$$

ermittelt werden. Da stochastische Prozessstörungen in der regelungstechnischen Produktionstechnik nicht die große Bedeutung der deterministischen Störungen haben und das weiße Rauschen der Messsignale Gegenstand der Messtechnik ist, sei hier auf die weiterführende Literatur wie BIRK, in [2.16] und SCHLITT [2.43] verwiesen.

2.5.4.4 Zustandsprognosen

Begriffe. Zustandsprognosen werden in Simulatoren sowie für Überwachungszwecke und prädiktive Regelungen verwendet.

Eine **Zustandsprognose (Prädiktion)** ist die Vorhersage von Prozessverläufen. Der **Prädiktionshorizont** ist der Zeitraum T_P, über welchen sich diese Vorhersage ab dem aktuellen Zeitpunkt erstreckt.

Zustandsprognosen werden mit Prozessmodellen erstellt. Für die Regelungstechnik hat hier der SMITH-Prädiktor besondere Bedeutung erlangt ($\rightarrow$ BUCKLEY [2.45], KUHN, in [2.16] et al.).

SMITH-Prädiktor. Ein SMITH-Prädiktor ($\rightarrow$ Abschnitt 6.2.2) dient zum Eliminieren von Totzeiten T_t; der Prädiktionshorizont ist hierbei $T_P = T_t$. Die Funktionsweise gibt Bild 2.54 wieder. Teilbild a) zeigt die Zusammenhänge mit Zeitgliedern. Der Prädiktor bildet zunächst die zu modellierende Rückführgröße $r(t)$ unter Berücksichtigung der Totzeit T_t möglichst exakt nach; dies ergibt die Schätzgröße $\hat{r}(t)$. Hieraus wird durch eine Zeitverschiebung um die Totzeit T_t die Größe $\hat{r}_O(t)$ gebildet, welche T_t *nicht* enthält; mithin ist

$$\hat{r}_O(t) = \hat{r}(t + T_t) \qquad . \qquad (2.130)$$

Zur Korrektur wird nun die Differenz zwischen der gemessenen Prozessgröße $r(t)$ und deren Schätzwert $\hat{r}(t)$ berechnet und zu $\hat{r}_O(t)$ addiert; dies liefert den Vorhersagewert $r_P(t)$. Teilbild b) in Bild 2.54 stellt dies mit Übertragungsfunktionen dar. Insgesamt erhält man

$$\begin{aligned} r_P(t) &= \hat{r}_O(t) + \left[r(t) - \hat{r}(t)\right] \\ G(s) &= G_O(s) + \left[G_S(s) - e^{-T_t s} G_O(s)\right] = R_P(s)/Y(s) \end{aligned} \qquad (2.131)$$

Stationär erhält man

$$\hat{r}_O(t \to \infty) = \hat{r}(t \to \infty)$$

und daher

$$r_P(t \to \infty) = r(t \to \infty),$$

d. h. SMITH-Prädiktoren arbeiten *stationär* genau.

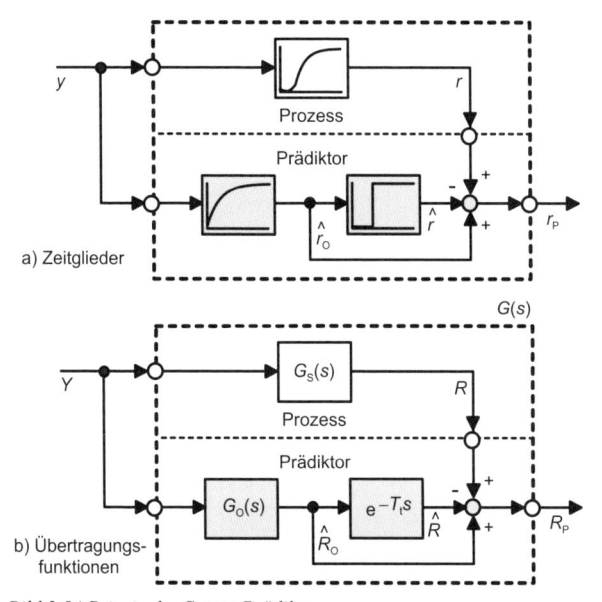

Bild 2.54 Prinzip des SMITH-Prädiktors

SMITH-Prädiktoren sind z. B. bei folgenden Anwendungsfällen nützlich:

- Zur Früherkennung kritischer Prozesszustände lässt sich an Stelle der gemessenen Prozessgröße $r(t)$ der vorhergesagte Wert $r_P(t)$ zur Überwachung auswerten; damit können Warnmeldungen um die Totzeit T_t früher erfolgen als beim Verarbeiten des eigentlichen Messwerts.
- Zur Regelung von Strecken mit ausgeprägter Totzeit ist die Verwendung der modellierten und um die Totzeit T_t bereinigten Rückführgröße $r_P(t)$ ebenfalls günstig, da der Regler sich so einstellen lässt, als sei T_t nicht vorhanden; er kann somit Regeldifferenzen wesent-

lich schneller beseitigen. Voraussetzung für eine stabile Regelung ist allerdings, dass die Totzeit möglichst präzise nachgebildet wird; siehe z. B. bei KUHN, in [2.16].

Es liegt in der Natur des Prädiktors, dass nach dem Einschalten erst die Totzeit T_t verstreichen muss, ehe die Prädiktion wirksam wird. Bei Verwendung für Regelungsvorgänge ist das etwa so zu berücksichtigen, dass der Regler nach Start des Prädiktors zunächst mit dem Rückführwert $r(t)$ versorgt wird und erst nach Ablauf der Totzeit auf den Wert $r_P(t)$ umschaltet. Dies bedingt auch den Wechsel von Reglerparametern (gesteuerte Adaption).

3 Konventionelle Regeleinrichtungen

3.1 Allgemeine Merkmale

Wolfgang Schorn, Norbert Große

3.1.1 Komponenten von Regeleinrichtungen

Eine **Regeleinrichtung** besteht aus drei Komponenten (→ Bild 3.1):

- **Vergleichsglied**: Das Vergleichsglied bildet die Regeldifferenz e aus dem Sollwert w, dem Rückführwert r und ggf. zusätzlichen Größen α_i; $e = f(w, r, \alpha_1, ..., \alpha_m)$. Solche zusätzlichen Größen entstehen z. B. bei Störsignalaufschaltungen (→ Abschnitt 4.2).
- **Regelglied**: Das Regelglied bestimmt gemäß dem ihm eigenen Regelalgorithmus g die Reglerausgangsgröße m aus der Regeldifferenz e und ggf. weiteren Größen β_j; $m = g(e, \beta_1, ..., \beta_n)$. (In DIN 19226-4 [3.1] wird die Reglerausgangsgröße mit y_R bezeichnet. Da dieses Formelzeichen jedoch in neueren Regelwerken für den Beharrungszustand von y steht, wurde hier der Buchstabe m entsprechend DIN E 1304-10 [3.2] gewählt.)
- **Ausgabeglied**: Das Ausgabeglied bildet die Stellgröße y aus der Reglerausgangsgröße m und ggf. zusätzlichen Größen γ_k; $y = h(m, \gamma_1, ..., \gamma_o)$. Solche zusätzlichen Größen entstehen z. B. bei Störsignalaufschaltungen (→ Abschnitt 4.2).

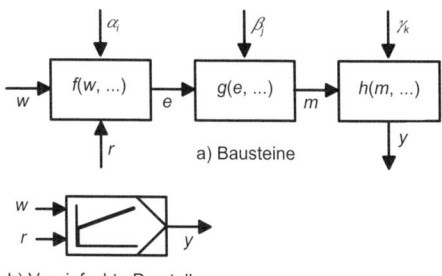

Bild 3.1 Aufbau von Regeleinrichtungen

3 Konventionelle Regeleinrichtungen

Die Zusammenfassung von Vergleichsglied und Regelglied heißt nach DIN 19226-4 [3.1] **Regler**. In der Praxis werden die Begriffe Regler und Regeleinrichtung meist synonym verwendet.

3.1.2 Klassifizierung von Reglern

3.1.2.1 Merkmalsklassen

Für das Klassifizieren von Regeleinrichtungen hat man unterschiedliche Möglichkeiten, welche in DIN 19225 [3.3] zusammengefasst sind. Die folgende Darstellung der wichtigsten Merkmalsklassen lehnt sich unter Berücksichtigung neuer Begriffe an dieses aus dem Jahr 1981 stammende Regelwerk an. Tabelle 3.1 stellt diese Klassen zusammen.

Tabelle 3.1 Reglerklassen

Merkmal	Reglerklasse	
Regelalgorithmus	PID-Regler	Mehrpunktregler
Prozessgröße	Anwendungsspezifischer Regler	Universalregler
Hilfsenergie	Regler ohne Hilfsenergie (RoH)	Regler mit Hilfsenergie
Konstruktiver Aufbau	Bausteinregler	Kompaktregler
Aufstellungsort	Feldregler	Wartenregler
Stellgröße	Stetiger Regler	Schaltender Regler
Signalverarbeitung	Digitalregler	Analogregler
Prozessnähe	SPC-Regler	DDC-Regler
Sollwertverlauf	Festwertregler	Folgeregler

Statt von *Regeleinrichtungen* wird nachstehend wie allgemein üblich kurz von *Reglern* gesprochen.

3.1.2.2 PID- und Mehrpunktregler

Hierbei wird nach Art des Regelalgorithmus unterschieden, welcher festlegt, auf welche Weise die Reglerausgangsgröße m aus der Regeldifferenz e zu bilden ist. Bei konventionellen Reglern findet man PID- und Mehrpunktalgorithmen.

> Bei **PID-Reglern** kann die Reglerausgangsgröße m in Abhängigkeit von Momentanwert, Historie und Gradient der Regeldifferenz e alle Werte des Stellbereichs annehmen. Bei **Mehrpunktreglern** nimmt m nur endlich viele Werte des Stellbereichs an.

Die wichtigsten Mehrpunktregler sind Zwei- und Dreipunktregler:

- Bei einem **Zweipunktregler** kann das Ausgangssignal m zwei diskrete Werte annehmen (z. B. bei einem Schalter: *Ein* = 0, *Aus* = 1).
- Bei einem **Dreipunktregler** kann das Ausgangssignal m drei diskrete Werte annehmen (z. B. bei einem Motor: *Linkslauf* = –1, *Halt* = 0, *Rechtslauf* = 1).

3.1.2.3 Anwendungsspezifische Regler und Universalregler

Dieses Unterscheidungsmerkmal bezieht sich auf die Natur der Prozessgröße, welche der Regler verarbeiten kann.

> **Anwendungsspezifische Regler** (dedizierte Regler) sind ausschließlich für bestimmte, besonders häufig auftretende Prozessgrößen geeignet; man spricht z. B. von Temperaturreglern, Druckreglern, Stellungsreglern etc. **Universalregler** können beliebige Prozessgrößen verarbeiten.

Dedizierten Reglern wird die Regelgröße x i. Allg. unmittelbar, also ohne separate Messeinrichtung und Signalumformung zur Bildung der Rückführgröße r zugeführt, Universalregler arbeiten mit Einheitssignalen, meist mit Strom I (typisch 4 bis 20 mA) oder Spannung U (typisch 0 bis 5 V oder 0 bis 10 V). Oft nennt man sie daher auch **Einheitsregler**. Abschnitt 8.2 geht näher auf solche Reglerklassen ein.

3.1.2.4 Regler ohne und mit Hilfsenergie

Insbesondere bei dedizierten Reglern ist eine Zufuhr von Hilfsenergie üblicherweise nicht erforderlich, da sie diese meist unmittelbar aus dem zu regelnden Prozess beziehen. Beispiele hierfür sind Zweipunktregler für Temperaturen mittels Bimetallstreifen oder Heizkörperthermostaten. Solche Regler heißen **Regler ohne Hilfsenergie**, kurz **RoH**. Universalregler hingegen sind überwiegend mit elektrischer Energie zu versorgen (elektronische Regler bzw. Regler auf Rechnerbasis); weiterhin gibt es pneumatisch und hydraulisch arbeitende Geräte. Dies sind dann **Regler mit Hilfsenergie**.

3.1.2.5 Baustein- und Kompaktregler

Dieses Merkmal spielt heute lediglich eine untergeordnete Rolle. Früher wurde zwischen aus diskreten Elementen aufgebauten **Bausteinreglern** einerseits und **Kompaktreglern** andererseits unterschieden, wobei letzterer Begriff (möglicherweise unter nostalgischen Aspekten) immer noch Verwendung findet und ausdrücken soll, dass alle Funktionseinheiten (Vergleichsglied zur Bildung der Regeldifferenz e, Regelglied zur Bildung der Ausgangsgröße m, Steller zur Bildung und Ausgabe des Stellsignals y) in einem Gehäuse untergebracht sind. Bild 3.2 zeigt typische Wirkungspläne.

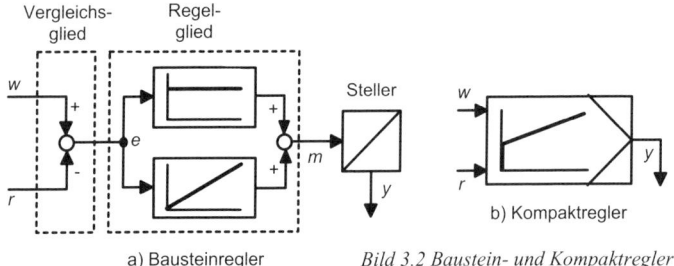

Bild 3.2 Baustein- und Kompaktregler

Bei Regelungen mit Prozessleitsystemen können komplexe Aufgaben durch Verschalten von Softwarebausteinen gelöst werden, wobei man aber meist nicht mehr von Bausteinreglern spricht ($\rightarrow$ Abschnitt 8.2).

3.1.2.6 Feldregler und Wartenregler

Hier wird nach dem Aufstellungsort der Geräte unterschieden.

> **Feldregler** werden unmittelbar an den Anlageteilen angebracht, an welchen die Verarbeitung der Prozessgröße vonstatten geht. Dabei handelt es sich häufig um dedizierte Regler. **Wartenregler** sind in einer Leitwarte installiert und überwiegend Universalregler.

In einem R&I-Fließbild erkennt man nach DIN 19227-1 [3.4] Wartenregler an einer durchgezogenen Linie im PLT-Stellen-Langrund, welche beim Feldregler nicht vorhanden ist ($\rightarrow$ Bild 3.3). In diesem Zusammenhang sind zwei weitere, ergänzende Termini gebräuchlich ($\rightarrow$ Abschnitt 8.2):

a) Feldregler   b) Wartenregler

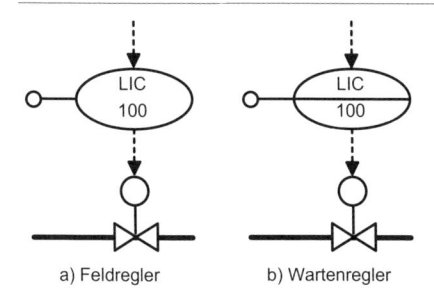

Bild 3.3 Feld- und Wartenregler im Fließbild

- Ein Universalregler, welcher für den Einsatz in rauer Umgebung geeignet, also z. B. staub- und spritzwassergeschützt ist, wird als **Industrieregler** bezeichnet. Industrieregler gehören zu den Feldreglern.
- Ein Universalregler, welcher für den Einsatz in Prozessleitwarten konzipiert ist, heißt **Prozessregler**. Prozessregler haben meist größere Einbaumaße und Anzeigevorrichtungen als Industrieregler, bieten einen größeren Funktionsumfang und stellen höhere Anforderungen an die Umgebung.

3.1.2.7 Stetige und unstetige Regler

Diese Klassifizierung unterscheidet nach Art der Stellgröße y. Bild 3.4 zeigt gerätetechnische Darstellungen.

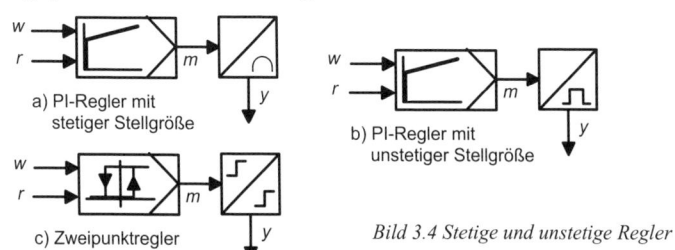

a) PI-Regler mit stetiger Stellgröße

b) PI-Regler mit unstetiger Stellgröße

c) Zweipunktregler

Bild 3.4 Stetige und unstetige Regler

Bei **stetigen Reglern** ist y *stetig*, in Zahlendarstellung z. B. $y \in [0, 1[$ bzw. $y = 0 \ldots 100$ %, als Strom typisch $y = 0$ (4) $\ldots 20$ mA. **Unstetige Regler**, welche auch als **schaltende Regler** bezeichnet werden, liefern einen *unstetigen* (meist binärwertigen) Stellgrößenverlauf, z. B. $y \in \{0, 1\}$ bzw. $y = 0$ V oder 24 V.

Bei Zweipunktreglern hat man sowohl eine binärwertige Ausgangsgröße m als auch eine binärwertige Stellgröße y; PID-Regler erzeugen eine stetige bzw. stetigähnliche Ausgangsgröße m und eine stetige oder binärwertige (z. B. durch Puls-Weiten-Modulation PWM erzeugte) Stellgröße y ($\rightarrow$ Abschnitt 5.2).

3.1.2.8 Digital- und Analogregler

Hierbei geht es um die Art der Repräsentation, Erfassung und Verarbeitung der Regeldifferenz e.

> **Digitalregler** verarbeiten Regeldifferenzen in Form von Digitalwerten (Zahlen), welche in einem üblicherweise konstanten Zeitraster T_a, also zeitdiskret, aus Analogwerten erzeugt werden ($\rightarrow$ Abschnitt 5.1). Man spricht hierbei auch von **Abtastregelung**. Bei **Analogreglern** ist die Regeldifferenz ein physikalisches Signal, meist eine elektrische Spannung; die Verarbeitung von e geht wert- und zeitkontinuierlich (analog) vonstatten.

Universalregler arbeiten nahezu ausschließlich digital; hier werden dann Rechner (dedizierte Mikroprozessoren oder universell einsetzbare Prozessleitsysteme) verwendet, welche absolute Stellwerte oder Stellwertinkremente ausgeben. Ältere Universalregler waren überwiegend aus elektronischen Bauelementen (z. B. Operationsverstärkern) aufgebaut, seltener aus pneumatischen Elementen. Heutzutage sind fast ausschließlich dedizierte Regler in Analogtechnik realisiert.

3.1.2.9 DDC und SPC

Die Begriffe machen eine Aussage darüber, wie prozessnah eine Regelfunktion ausgeführt wird.

> **DDC** steht für *Direct Digital Control*. Dies besagt, dass ein Stellgerät unmittelbar mit dem Stellsignal eines digitalen Reglers beaufschlagt wird. **SPC** bedeutet in einem regelungstechnischen Kontext *Setpoint Control* und heißt so viel wie Sollwertvorgabe von einem anderen technischen System ($\rightarrow$ Abschnitt 4.2).

Beide Begriffe waren vor allem in Zusammenhang mit Prozessrechnern weit verbreitet; verwendet werden sie aber auch heute noch. Bild 3.5 enthält als Beispiel eine SPC-Funktion, welche ein zeitliches Sollwertprofil mit dem Endsollwert w_E vorgibt, und eine hiermit beaufschlagte

DDC-Funktion (Digitalregler), welche ein Stellglied ansteuert. Beide Funktionen sind softwaretechnisch in einer prozessnahen Komponente (PNK) eines Prozessleitsystems (PLS) realisiert. Digitale Stellungsregler arbeiten stets im DDC-Betrieb.

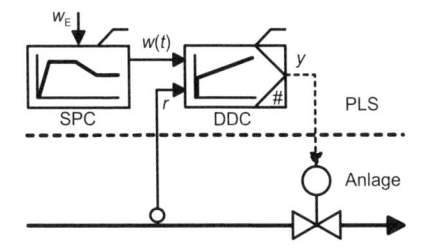

Bild 3.5 SPC- und DDC-Funktionen

Setpoint Control ist nicht zu verwechseln mit **Statistical Process Control**, einem in der Qualitätskontrolle von statistisch unabhängigen Werkstücken verwendeten Verfahren zur Produktionsüberwachung. Die Methode wird überwiegend in Fertigungsprozessen verwendet.

3.1.2.10 Festwert- und Folgeregler

Diese Termini betreffen den Zeitverlauf von Sollwerten.

> Ein **Festwertregler** arbeitet mit einem über längere Zeiträume konstanten Sollwert $w = w_{const}$. Bei einem **Folgeregler** (SPC) kann der Sollwert $w = f(t, ...)$ variabel sein.

Festwertregler liegen bei invariantem Arbeitspunkt vor. Dies ist der Fall bei kontinuierlichen Produktionsprozessen mit weitgehend gleich bleibender Last. Folgeregler sind z. B. bei Kaskadenstrukturen und diskontinuierlichen Vorgängen (Batch-Prozesse, An- und Abfahren von Anlagen) gegeben. Der Sollwert wird hierbei z. B. von einem übergeordneten Regler oder einer Zeitplansteuerung erzeugt.

3.2 Regler

Wolfgang Schorn, Norbert Große

3.2.1 Vergleichsglied

Vergleichsglieder bilden die Regeldifferenz e aus dem Sollwert w und dem Rückführwert r der Regelgröße. Weiterhin kann eine Messwertvorverarbeitung erfolgen ($\rightarrow$ Bild 3.6).

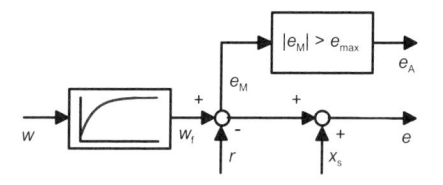

Bild 3.6 Vergleichsglied

Regeldifferenzmeldung. Das Binärsignal e_A gibt an, ob die Differenz e_M zwischen w_r und r einen Maximalwert e_{Max} überschreitet oder nicht.

Sollwertvorfilter. Wenn ein Regler auf optimales Störverhalten eingestellt ist ($\rightarrow$ Abschnitt 4.3), reagiert er auf Sollwertsprünge meist mit starkem Überschwingen. Das lässt sich durch ein Vorfilter weitgehend vermeiden. Hierzu eignet sich z. B. ein Anstiegsbegrenzer (lineare Rampe, $\rightarrow$ Abschnitt 4.2). Üblicherweise wird ein Verzögerungsglied erster Ordnung implementiert:

$$T_f \dot{w}_f(t) + w_f(t) = w(t) \tag{3.1}$$

Störgrößenaufschaltung. Zur Verbesserung des Reglerverhaltens können Störgrößen x_s sowohl am Reglerausgang als auch am Reglereingang aufgeschaltet werden ($\rightarrow$ Abschnitt 4.3). Bei schaltenden Reglern ist nur eine Aufschaltung am Reglereingang sinnvoll.

Nach Bild 3.6 gilt für die Regeldifferenz:

$$T_f \dot{e}(t) + e(t) = w(t) - \left(T_f \dot{r}(t) + r(t)\right) + \left(T_f \dot{x}_s(t) + x_s(t)\right) \tag{3.2}$$

Setzt man $T_f = 0$ und verzichtet man auf die Aufschaltung von x_s, folgt $e(t) = w(t) - r(t)$; dies ist die meist vorliegende Form der Regeldifferenz.

3.2.2 Elementare PID-Regler

3.2.2.1 Bausteine elementarer Regler

Elementare PID-Regler ermitteln den Wert der Ausgangsgröße m aus der Regeldifferenz $e = w - r$ auf drei verschiedene Arten, woraus sich drei miteinander kombinierbare Bausteine ergeben. Die unvermeidbar auftretenden Verzögerungen werden folgend als vernachlässigbar klein betrachtet.

- Der **Proportionalbaustein** m_P (**P-Baustein**) liefert den Momentanwert der Regeldifferenz:

$$\boxed{\begin{aligned} m_\mathrm{P}(t) &= e(t) \\ G_\mathrm{P}(s) &= 1 \end{aligned}} \tag{3.3}$$

- Der **Integralbaustein** m_I (**I-Baustein**) bildet das Integral der Regeldifferenz über die Zeit:

$$\boxed{\begin{aligned} m_\mathrm{I}(t) &= \int e(t)\mathrm{d}t \\ G_\mathrm{I}(s) &= \frac{1}{s} \end{aligned}} \tag{3.4}$$

Hier geht die Vergangenheit von e ein. I-Glieder werden verwendet, damit bei konstanter Führungsgröße stationäre Genauigkeit herrscht, d. h. $e(t) \to 0$ für $t \to \infty$. Als Startwert $m_\mathrm{I}(0)$ des Integrators wird üblicherweise $m_\mathrm{I0} = 0$ gesetzt.

- Der **Differenzialbaustein** m_D (**D-Baustein**) ergibt im einfachsten Fall die zeitliche Ableitung (Steigung) der Regeldifferenz (ideales D-Glied). Üblicherweise wird ein Filter erster Ordnung mit der Filterzeit T_f zur Störunterdrückung verwendet, so dass real ein DT_1-Glied resultiert:

$$\boxed{\begin{aligned} T_\mathrm{f}\dot{m}_\mathrm{D}(t) + m_\mathrm{D}(t) &= \dot{e}(t) \\ G_\mathrm{D}(s) &= \frac{s}{1 + T_\mathrm{f}s} \end{aligned}} \tag{3.5}$$

Der D-Anteil enthält eine Vorhersage des künftigen Verlaufs von e. Er trägt zur Erhöhung der Stellgeschwindigkeit bei.

> Bei einem elementaren **PID-Regler** wird die Reglerausgangsgröße m als Linearkombination von P-, I- und D-Baustein gebildet.

3.2.2.2 Grundformen des PID-Reglers

Gebräuchliche Reglerstrukturen. Aus den vorstehend aufgeführten Übertragungsgliedern lassen sich durch Linearkombinationen sieben verschiedene Strukturen konstruieren, von welchen in der Praxis die folgenden verwendet werden:

- Proportional-Regler (P-Regler),
- Integral-Regler (I-Regler),
- Proportional-Integral-Regler (PI-Regler),
- Proportional-Differenzial-Regler (PD-Regler) und
- Proportional-Integral-Differenzial-Regler (PID-Regler).

Diese Reglertypen sind für unterschiedliche Streckenarten verschieden gut geeignet ($\rightarrow$ Abschnitt 4.1). Das dynamische Reglerverhalten lässt sich über einstellbare Parameter beeinflussen.

Proportionalregler (P-Regler). Bei einem P-Regler wird die Ausgangsgröße m lediglich aus dem Proportionalbaustein gebildet, dessen Resultat hierzu mit dem dimensionslosen Proportionalbeiwert K_P multipliziert wird:

$$m(t) = K_P m_P(t)$$

$$\boxed{\begin{aligned} m(t) &= K_P e(t) \\ G(s) &= K_P \end{aligned}} \tag{3.6}$$

Bei manchen – insbesondere bei älteren – Reglerimplementierungen wird an Stelle des Proportionalbeiwerts der **Proportionalbereich (P-Bereich)** X_P verwendet, welcher mit K_P in folgendem Zusammenhang steht:

$$\boxed{X_P = \frac{100}{K_P} \,\%} \tag{3.7}$$

Reine P-Regler setzt man oft für Strecken ohne Ausgleich und ohne nennenswerte Verzögerungen sowie als Folgeregler bei Kaskadenschaltungen ein ($\rightarrow$ Abschnitt 4.1 und 4.2).

Integralregler (I-Regler). Hier entsteht m aus dem Integralbaustein wie folgt:

$$m(t) = K_I m_I(t)$$

3.2 Regler

$$m(t) = K_I \int e(t) dt$$
$$G(s) = \frac{K_I}{s}$$
(3.8)

Dabei ist K_I der **Integrierbeiwert**. Er hat die Dimension 1 pro Zeit und wird in $[\text{s}^{-1}]$ oder $[\text{min}^{-1}]$ angegeben. Dieser Parameter legt die Steigung der Reglerausgangsgröße bei konstanter Regeldifferenz fest. Reine I-Regler werden gelegentlich für verzögerungsarme Strecken mit Ausgleich verwendet ($\rightarrow$ Abschnitt 4.1); für Strecken ohne Ausgleich sind sie grundsätzlich ungeeignet. Folgeregler arbeiten aus Stabilitätsgründen meist ohne I-Anteil.

Proportional-Integral-Regler (PI-Regler). Bei dieser Struktur werden Momentanwert und Historie der Regeldifferenz ausgewertet. Bild 3.7 zeigt die Wirkungspläne des PI-Reglers und die Sprungantwort von $m(t)$ für $e(t) = E_0 \cdot \sigma(t)$.

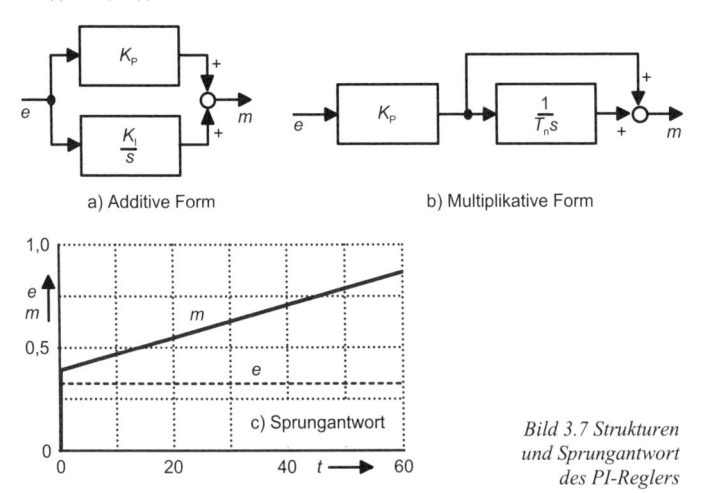

Bild 3.7 Strukturen und Sprungantwort des PI-Reglers

Es gibt zwei Varianten:

- Additive Form:
$$m(t) = K_P m_P(t) + K_I m_I(t)$$

$$\boxed{\begin{aligned} m(t) &= K_\text{P} e(t) + K_\text{I} \int e(t) \mathrm{d}t \\ G(s) &= K_\text{P} + \frac{K_\text{I}}{s} \end{aligned}} \tag{3.9}$$

- Multiplikative Form:

$$m(t) = K_\text{P}\left(m_\text{P}(t) + \frac{1}{T_\text{n}} m_\text{I}(t)\right)$$

$$\boxed{\begin{aligned} m(t) &= K_\text{P}\left(e(t) + \frac{1}{T_\text{n}} \int e(t)\mathrm{d}t\right) \\ G(s) &= K_\text{P}\left(1 + \frac{1}{T_\text{n} s}\right) \end{aligned}} \tag{3.10}$$

Dabei ist $T_\text{n} = K_\text{P}/K_\text{I}$ die **Nachstellzeit** in [s] oder [min]. Sie gibt an, wie lange ein reiner I-Regler brauchen würde, um bei konstanter Regeldifferenz e den gleichen Ausgangswert m wie ein reiner P-Regler zu erzeugen.

Als Frequenzgang $G(\mathrm{j}\omega)$, dargestellt als BODE-Diagramm (Amplitudengang $A(\omega) = |G(\mathrm{j}\omega)|$, Phasengang $\varphi = \arg G(\mathrm{j}\omega)$), erhält man

$$\boxed{G(\mathrm{j}\omega) = K_\text{P}\left(1 - \mathrm{j} \frac{1}{T_\text{n}\omega}\right)} \tag{3.11}$$

$$\boxed{\begin{aligned} A(\omega) &= \frac{K_\text{P}}{T_\text{n}\omega} \sqrt{1 + T_\text{n}^2 \omega^2} \\ \varphi &= -\arctan\frac{1}{T_\text{n}\omega} \end{aligned}} \tag{3.12}$$

Ortskurve und BODE-Diagramm sind in Bild 3.8 dargestellt. PI-Regler stellen den am weitesten verbreiteten Typ dar. Sie reagieren auf eine Regeldifferenz $e \neq 0$ sofort (P-Anteil) und beseitigen eine Regeldifferenz stationär vollständig (I-Anteil).

Proportional-Differenzial-Regler (**PD-Regler**). Auch PD-Regler werden in additiver und multiplikativer Form implementiert:

- Additive Form:
  $m(t) = K_P m_P(t) + K_D m_D(t)$

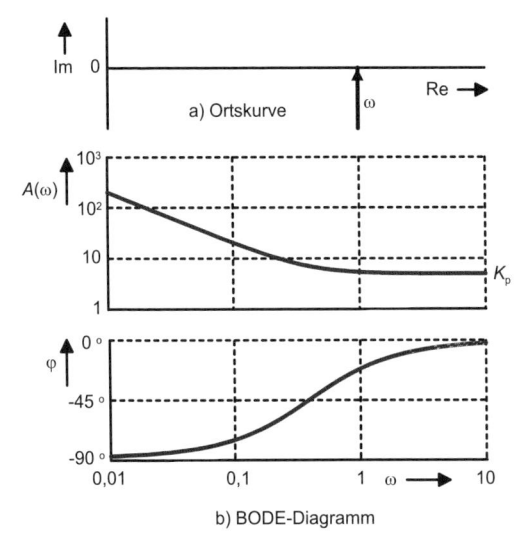

a) Ortskurve

b) BODE-Diagramm

Bild 3.8 PI-Regler – Ortskurve und BODE-Diagramm

$$T_f \dot{m}(t) + m(t) = K_P e(t) + (K_P T_f + K_D) \cdot \dot{e}(t)$$
$$G(s) = K_P + \frac{K_D s}{1 + T_f s} \tag{3.13}$$

Bei $T_f = 0$ ist

$$m(t) = K_P e(t) + K_D \dot{e}(t)$$
$$G(s) = K_P + K_D s \tag{3.14}$$

- Multiplikative Form:
  $m(t) = K_P \big(m_P(t) + T_d m_D(t) \big)$

$$T_f \dot{m}(t) + m(t) = K_P \big(e(t) + (T_f + T_v) \cdot \dot{e}(t) \big)$$
$$G(s) = K_P \left(1 + \frac{T_v s}{1 + T_f s} \right) \tag{3.15}$$

Bei $T_f = 0$ ist

$$\boxed{\begin{aligned} m(t) &= K_P\bigl(e(t) + T_V \dot{e}(t)\bigr) \\ G(s) &= K_P(1 + T_V s) \end{aligned}} \tag{3.16}$$

Bild 3.9 enthält die Wirkungspläne des PD-Reglers sowie die Sprungantwort von $m(t)$ für $e(t) = E_0 \cdot \sigma(t)$; $T_f \neq 0$.

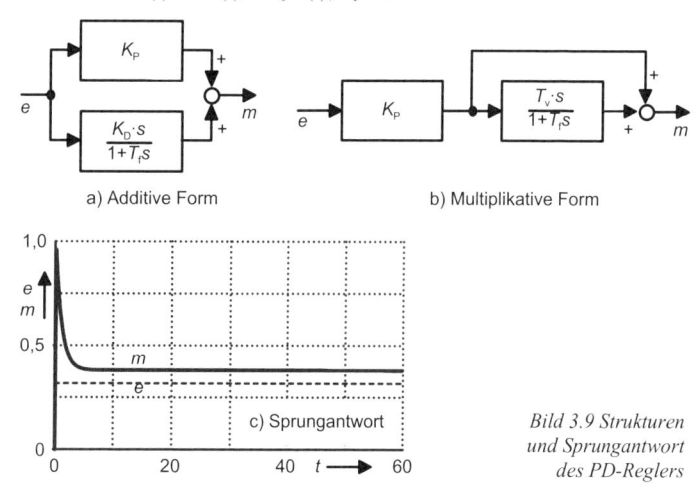

a) Additive Form   b) Multiplikative Form

c) Sprungantwort

Bild 3.9 Strukturen und Sprungantwort des PD-Reglers

Für die Ortskurve und das BODE-Diagramm (→ Bild 3.10) ergibt sich mit $T_f = 0$:

$$\boxed{G(j\omega) = K_P(1 + jT_V \omega)} \tag{3.17}$$

$$\boxed{\begin{aligned} A(\omega) &= K_P\sqrt{1 + T_V^2 \omega^2} \\ \varphi &= \arctan T_V \omega \end{aligned}} \tag{3.18}$$

$T_V = K_D/K_P$ ist die **Vorhaltzeit** in [s] oder [min]. Sie gibt an, um wie viel eher ein reiner D-Regler mit der Rampenfunktion $e(t) = E_0 \cdot t \cdot \sigma(t)$ als Eingangssignal den gleichen Ausgangswert m wie ein P-Regler erzeugen würde. Reine D-Glieder setzt man allerdings für Regelungszwecke nicht ein, → Abschnitt 4.1. Der dimensionslose Quotient $V_D = T_V/T_f$ heißt **Differenzierverstärkung** oder **Vorhaltverstärkung**. Oft ist dieser Wert nicht einstellbar, sondern fest vorgegeben; typisch ist $V_D = 10$. PD-Regler werden wie P-Regler meist bei Füllstandsregelungen und als Folgeregler eingesetzt.

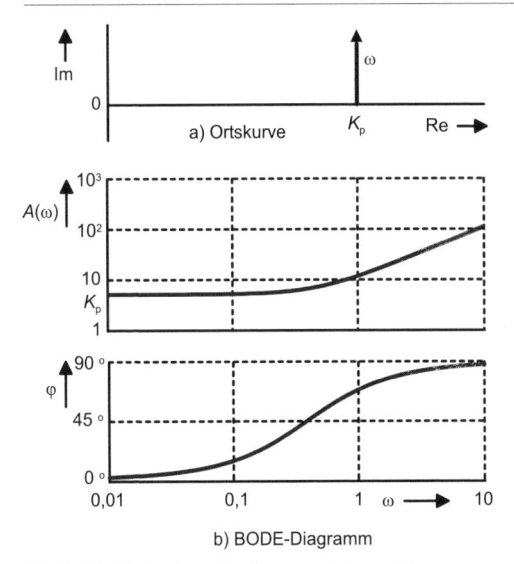

Bild 3.10 PD-Regler – Ortskurve und BODE-Diagramm

Proportional-Integral-Differenzial-Regler (**PID-Regler**). Bei einem PID-Regler werden P-, I- und D-Anteil in additiver und multiplikativer Struktur kombiniert.

- Additive Form:

$$m(t) = K_P m_P(t) + K_I m_I(t) + K_D m_D(t)$$

$$\boxed{\begin{aligned} T_f \dot{m}(t) + m(t) &= (K_P + K_I T_f) \cdot e(t) + \\ &+ K_I \int e(t) \mathrm{d}t + (K_P T_f + K_D) \cdot \dot{e}(t) \\ G(s) &= K_P + \frac{K_I}{s} + \frac{K_D s}{1 + T_f s} \end{aligned}} \qquad (3.19)$$

Bei $T_f = 0$ ist

$$\boxed{\begin{aligned} m(t) &= K_P e(t) + K_I \int e(t) \mathrm{d}t + K_D \dot{e}(t) \\ G(s) &= K_P + \frac{K_I}{s} + K_D s \end{aligned}} \qquad (3.20)$$

- Multiplikative Form:

$$m(t) = K_P \left(m_P(t) + \frac{1}{T_n} m_I(t) + T_v m_I(t) \right)$$

$$\boxed{\begin{aligned}
T_f \dot{m}(t) + m(t) &= K_P \left(\left(1 + \frac{T_f}{T_n}\right) e(t) + \right. \\
&\quad \left. + \frac{1}{T_n} \int e(t) \mathrm{d}t + (T_f + T_v) \cdot \dot{e}(t) \right) \\
G(s) &= K_P \left(1 + \frac{1}{T_n s} + \frac{T_v s}{1 + T_f s} \right)
\end{aligned}}$$
(3.21)

Bei $T_f = 0$ ist

$$\boxed{\begin{aligned}
m(t) &= K_P \left(e(t) + \frac{1}{T_n} \int e(t) \mathrm{d}t + T_v \dot{e}(t) \right) \\
G(s) &= K_P \left(1 + \frac{1}{T_n s} + T_v s \right)
\end{aligned}}$$
(3.22)

In Bild 3.11 sind die Wirkungspläne und die Sprungantwort des PID-Algorithmus für $T_f \neq 0$ wiedergegeben.

Bei sprungförmiger Änderung $e(t) = E_0 \cdot \sigma(t)$ der Regeldifferenz zeigt $m(t)$ folgendes Verhalten:

- Aus dem D-Anteil resultiert ein mit der Filterzeit T_f abklingender Impuls der Höhe

$$\boxed{\begin{aligned}
m_{DA}(0) &= \frac{K_D}{T_f} E_0 \\
&= K_P V_D \cdot E_0
\end{aligned}}$$
(3.23)

- Der P-Anteil bewirkt eine Sprungfunktion:

$$\boxed{m_{PA}(t) = K_P E_0 \sigma(t)}$$
(3.24)

- Über den I-Anteil wird eine Rampenfunktion erzeugt:

$$\boxed{m_{IA}(t) = K_I E_0 \cdot t \cdot \sigma(t)}$$
(3.25)

a) Additive Form

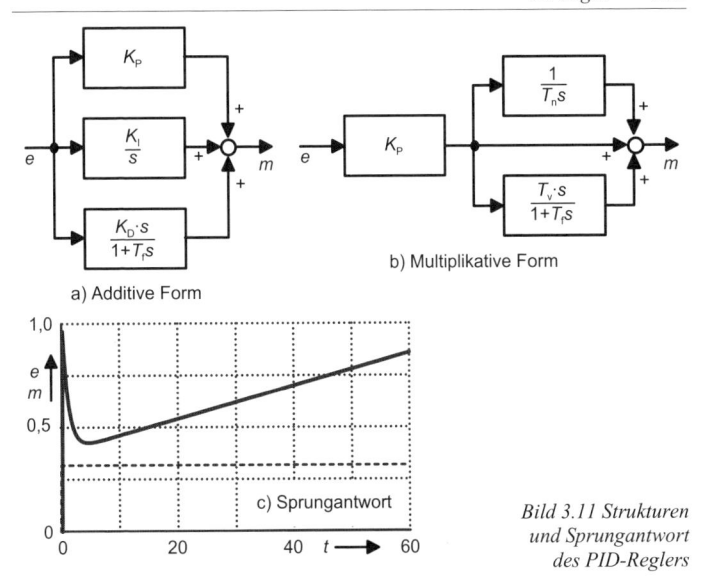

b) Multiplikative Form

c) Sprungantwort

Bild 3.11 Strukturen und Sprungantwort des PID-Reglers

Diese zeitlichen Signale überlagern einander additiv. In Bild 3.12 sind Ortskurve und BODE-Diagramm für $T_f = 0$ dargestellt. Dabei ist

$$G(j\omega) = K_P \left(1 + j \frac{T_v T_n \omega^2 - 1}{T_n \omega}\right) \tag{3.26}$$

$$A(\omega) = \frac{K_P}{T_n \omega} \sqrt{T_n^2 \omega^2 + (T_v T_n \omega^2 - 1)^2}$$

$$\phi = \arctan \frac{T_v T_n \omega^2 - 1}{T_n \omega} \tag{3.27}$$

PID-Regler eignen sich für Strecken höherer Ordnung mit und ohne Ausgleich. VDI/VDE 3696-2 [3.3] enthält einen Vorschlag für einen universellen PID-Baustein ($\rightarrow$ Kap. 8).

Einfluss der Parameter auf die Reglerstruktur. Bei Universalreglern wird prinzipiell der PID-Algorithmus implementiert. Welche der drei Regleranteile (P, I und D) wirksam werden, kann auf zwei Arten festgelegt werden:

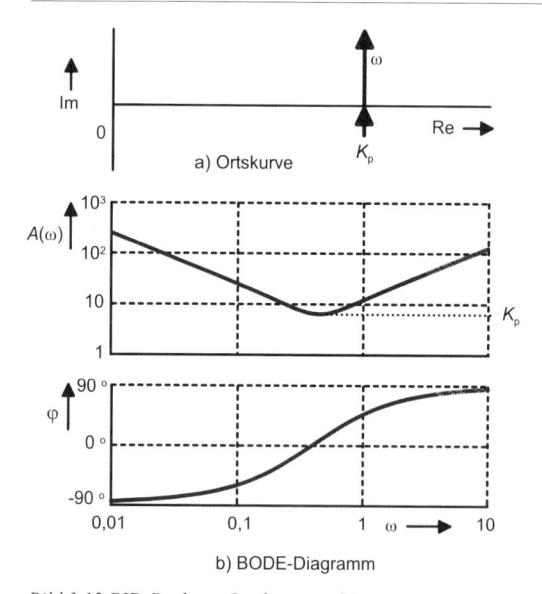

Bild 3.12 PID-Regler – Ortskurve und BODE-Diagramm

- Bei der additiven Form kann man den Parameter desjenigen Anteils, welcher nicht wirksam werden soll, auf 0 setzen. Zum Beispiel definiert $K_P \neq 0$, $K_I = 0$ und $K_D \neq 0$ einen PD-Regler.
- Bei der multiplikativen Form benötigt man Schalter S_P, S_I und S_D, welche man auf die Werte 0 (Anteil *Aus*) oder 1 (Anteil *Ein*) stellen kann und welche den P-, I- und D-Anteil deaktivieren oder aktivieren. Zum Beispiel bewirkt $S_I = 0$, dass der Wert des Integrals $m_I(t)$ nicht wirksam wird.

Zusammenstellung der Reglerparameter. Tabelle 3.2 enthält diejenigen Parameter nach DIN E 1304-10 [3.4], DIN EN 60546-1 [3.5] und DIN 19226-2 [3.6], welche man bei PID-Reglern üblicherweise vorfindet. Bei Universalreglern sind die Werte durch den Anwender einstellbar, bei anwendungsspezifischen (dedizierten) Reglern oft konstruktionsbedingt.

Wirkungsrichtung. Die **Wirkungsrichtung** (der **Regelsinn**) gibt an, in welche Richtung die Reglerausgangsgröße m in Abhängigkeit vom Vorzeichen der Regeldifferenz e wirkt.

Tabelle 3.2 Parameter von PID-Reglern

Formel-zeichen	Bezeichnung	Regelwerk
K_P	Proportionalbeiwert	DIN 19226-2
X_P	Proportionalbereich	DIN EN 60546-1
K_I	Integrierbeiwert	DIN 19226-2
K_D	Differenzierbeiwert	DIN 19226-2
T_n	Nachstellzeit; nach DIN E 1304-10: T_i	DIN 19226-2
T_v	Vorhaltzeit; nach DIN E 1304-10: T_d	DIN 19226-2
T_f	Filterzeit für D-Anteil	-
V_D	Differenzierverstärkung (Vorhaltverstärkung)	DIN EN 60546-1

> Bei **direkter Wirkungsrichtung** steigt m mit absinkender Regeldifferenz, bei **reversierender Wirkungsrichtung** fällt m mit absinkender Regeldifferenz, siehe VDI/VDE 2190-1 [3.7].

Dies kann je nach Aufgabenstellung unterschiedlich erforderlich sein. Wird z. B. ein Füllstand über den Zufluss geregelt, muss das Stellsignal bzw. das Reglerausgangssignal mit fallender Regeldifferenz ansteigen; regelt man über den Ablauf, so muss y bzw. m mit fallendem e ebenfalls absinken. Diese Wirkung kann man im Prinzip über das Vorzeichen der Reglerparameter (in der multiplikativen Form über das Vorzeichen von K_P) erzielen; aus historischen Gründen lassen aber viele Hersteller lediglich positive Werte zu. In diesem Fall wird dann eine Schaltvariable RS implementiert, mit deren Hilfe man erforderlichenfalls eine Vorzeichenumkehr von $m(t)$ erreicht.

3.2.3 Varianten des PID-Reglers

3.2.3.1 Quadratische P-Regelung

Soll ein P-Regler bei kleiner Regeldifferenz überproportional sanft, bei großer Regeldifferenz überproportional stark eingreifen, lässt sich dies über einen variablen, von e abhängigen Proportionalbeiwert $K_P(e)$ erreichen. Üblicherweise legt man $K_P(e)$ proportional zu $|e(t)|$ fest:

$$K_P(e) = K_{P0} \cdot |e(t)| \qquad (3.28)$$

K_{P0} ist dabei derjenige Wert von $K_P(e)$, welcher bei einem festgelegten Bezugswert $|e_0|$ von e wirksam werden soll. Aus (3.28) erhält man

$$\begin{aligned} m_Q(t) &= K_P(e) \cdot e(t) \\ &= K_{P0} \cdot |e(t)| \cdot e(t) \end{aligned} \tag{3.29}$$

Bei einem **quadratischen P-Regler** (**P²-Regler**) geht die Regeldifferenz e vorzeichenbehaftet quadratisch in die Reglerausgangsgröße m ein.

P²-Regler werden gelegentlich für Standregelungen in Behältern mit Pufferfunktion verwendet. In Bild 3.13 ist der Verlauf des quadratischen Signals m_Q sowie des linearen Signals m_L mit gleichem Proportionalbeiwert dargestellt.

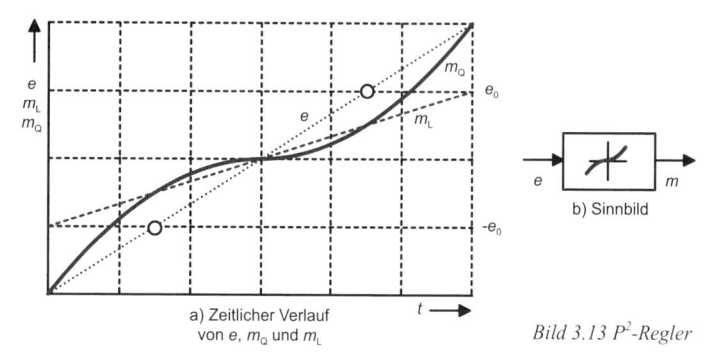

Bild 3.13 P²-Regler

3.2.3.2 Begrenzen des I-Anteils

Wenn die Regeldifferenz von null verschieden ist und ein gleich bleibendes Vorzeichen hat, wächst ihr Integral beliebig an (*Integral Windup*). Nach einem Vorzeichenwechsel von $e(t)$ kann dann ein großer Zeitraum verstreichen, bis $m_I(t)$ und damit $m(t)$ wieder sinnvolle Werte erreicht haben. Das hat zur Folge, dass das Stellsignal $y(t)$ ebenfalls über längere Zeit einen Extremwert (0 bzw. 100 %) beibehält und das Stellglied in der zugehörigen Extremlage verharrt. Dies führt dann i. Allg. zu einem kräftigen Überschwingen der Regelgröße. Um solche Effekte zu vermeiden, ist der I-Anteil sinnvoll zu begrenzen. Es gibt hierzu verschiedene Verfahren, siehe z. B. NOISSER [3.8] und [3.9]; man nennt sie *Anti-Reset-Windup-***Maßnahmen** (**ARW**). Eine häufig verwendete und

3.2 Regler

sehr wirkungsvolle Methode ist die, den Integrator anzuhalten, sobald die Reglerausgangsgröße die Extremwerte 0 bzw. 100 % erreicht.

Bild 3.14 zeigt qualitativ den Verlauf des begrenzten Integrals $m_{IM}(t)$ und des unbegrenzten Integrals $m_{IO}(t)$. Damit kann, wie das Bild deutlich macht, das unbegrenzte Signal $m_O(t)$ betragsmäßig beliebig anwachsen, das begrenzte Signal $m_M(t)$ bleibt im Intervall [−1, 1] und ändert sich bei einem Vorzeichenwechsel von $e(t)$ deutlich schneller als $m_O(t)$. In Bild 3.15 ist der Wirkungsplan eines PI-Reglers mit begrenztem I-Anteil wiedergegeben.

Eine etwas aufwändigere Alternative setzt im Fall des Erreichens der Stellsignalbegrenzung den I-Anteil des Reglers genau so, dass die Summe aus P-, I- und D-Anteil gerade dem maximalen bzw. minimalen Stellsignalwert entspricht. Dies vermeidet jegliches Überschwingen der Regelgröße.

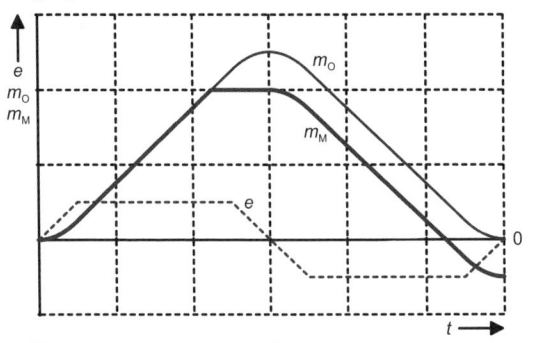

Bild 3.14 Begrenzen des I-Anteils

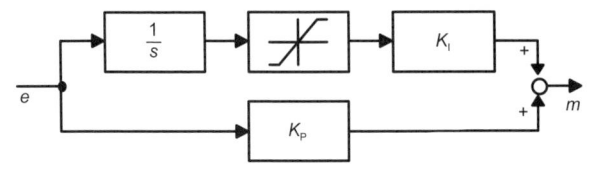

Bild 3.15 PI-Regler mit begrenztem I-Anteil

3.2.3.3 Modifikation des D-Anteils

Bei Folgeregelungen (→ Abschnitt 4.2) ändert sich der Sollwert w eines Reglers oft sehr schnell. Daraus resultiert dann ein unruhiger Verlauf der

3 Konventionelle Regeleinrichtungen

Regeldifferenz e und ein pulsähnliches Signal des D-Anteils m_D, so dass das Stellorgan zwischen den Extremlagen hin- und herpendelt und starker mechanischer Beanspruchung unterliegt. Will man dies vermeiden und zeitliche Änderungen der Rückführgröße r dennoch berücksichtigen, kann man den Sollwert bei der Bildung des D-Anteils als konstant auffassen, d. h. $w(t) = w_{const}$. Ohne Filterzeit T_f ergibt sich $m_D(t)$ zu

$$\begin{aligned} m_D(t) &= \frac{d}{dt}\left(w_{const} - r(t)\right) \\ &= -\dot{r}(t) \end{aligned} \qquad (3.30)$$

Auf diese Weise lassen sich relativ sanfte Übergänge des Stellsignals y auch bei sprungförmiger Änderung des Sollwerts w erreichen. Man kann diese Methode beim Differenzieren anwenden, da D-Glieder stets in Verbindung mit einem P- und/oder I-Anteil eingesetzt werden, welche immer auch auf Sollwertänderungen reagieren. Störungen in der Rückführgröße r können wie beschrieben durch ein zusätzlich nachgeschaltetes PT_1-Glied eliminiert werden. Bild 3.16 zeigt den Wirkungsplan eines PD-Reglers mit modifiziertem D-Anteil.

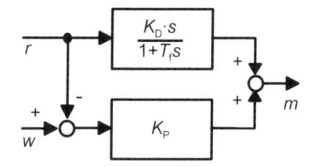

Bild 3.16 PD-Regler mit modifiziertem D-Anteil

3.2.3.4 Lead-Lag-Regler

Ein *Lead-Lag*-**Regler** (**LL-Regler**) ist die Reihenschaltung eines PD-Reglers mit einem Verzögerungsglied erster Ordnung (PDT_1-Regler).

In additiver Form hat man Folgendes:

$$T \cdot \dot{m}(t) + m(t) = K_P m_P(t) + K_D m_D(t)$$

Dies führt auf

$$\begin{aligned} T_f T \cdot \ddot{m}(t) &+ (T_f + T)\dot{m}(t) + m(t) = \\ &= K_P e(t) + (K_P T_f + K_D) \cdot \dot{e}(t) \\ G(s) &= \frac{K_P + (K_P T_f + K_D)s}{1 + (T_f + T)s + T_f T \cdot s^2} \end{aligned} \qquad (3.31)$$

Die Zeitkonstante T bezeichnet man hierbei als **Lag-Time**, die Vorhaltzeit $T_v = K_D/K_P$ als **Lead-Time**. Bei $T_f = 0$ ergibt sich die gleiche Struktur wie bei einem PD-Regler mit Filterzeit. $T < T_v$ liefert eine Sprungantwort mit Überschwingen, $T > T_v$ führt zu Unterschwingen ($\rightarrow$ Bild 3.17, $T < T_v$). LL-Regler lassen sich bei Strecken ohne Ausgleich mit mehreren Verzögerungen vorteilhaft verwenden.

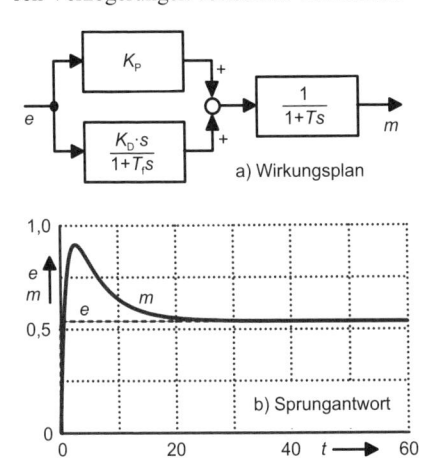

Bild 3.17 Struktur und Sprungantwort eines LL-Reglers

3.2.3.5 Floating-Gap-Regelung

Bei einem *Floating-Gap*-**Regler** wird eine **Totzone** e_t (DIN 19226-2 [3.6]) für die Regeldifferenz realisiert, innerhalb welcher $e(t)$ auf null gesetzt und eine gefilterte Regeldifferenz e_f erzeugt wird. Bei einer Sollwertänderung wird die Totzone entsprechend verschoben.

Bild 3.18 enthält die Kennlinie und das Sinnbild dieses nichtlinearen Übertragungsglieds.

Die Bildung von $e_f(t)$ geschieht folgendermaßen:

$$e_f(t) = \begin{cases} 0 & \text{für } e_{\min} < e(t) < e_{\max} \\ e(t) & \text{sonst} \end{cases} \tag{3.32}$$

Üblicherweise (wenngleich nicht zwingend) sind die Grenzwerte e_{min} und e_{max} symmetrisch zu w festgelegt und ändern sich mit dem Sollwert, d. h.

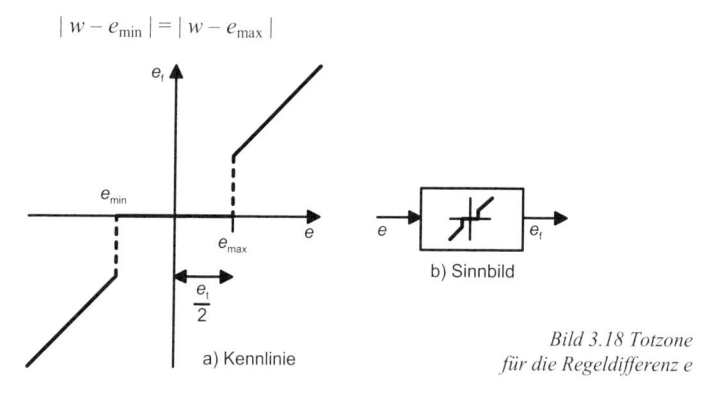

$$|w - e_{min}| = |w - e_{max}|$$

Bild 3.18 Totzone für die Regeldifferenz e

a) Kennlinie b) Sinnbild

Dann kann man statt (3.32) auch schreiben

$$e_f(t) = \begin{cases} 0 & \text{für } |e(t)| < \dfrac{e_t}{2} \\ e(t) & \text{sonst} \end{cases} \tag{3.33}$$

mit

$$e_t = e_{max} - e_{min} \tag{3.34}$$

Um Stellwertsprünge zu vermeiden, schaltet man das Resultat auf ein PT_1-Glied ($\rightarrow$ Bild 3.19).

Floating-Gap-Regler verwendet man bei Regelgrößen, deren Regeldifferenz e innerhalb von Grenzen e_{min} und e_{max} um den Sollwert w schwanken darf, z. B. bei Standregelungen in Rührwerksbehältern oder bei *p*H-Wert-Regelungen. Auf diese Weise lassen sich unnötige Schaltvorgänge des Stellgliedes vermeiden. Insbesondere bei pH-Wert-Regelungen reduziert man den Verbrauch von Säure und Lauge. Man erreicht auch eine Energieeinsparung. Da die mechanische Beanspruchung reduziert wird, erhöht sich weiterhin die Lebensdauer des Stellorgans.

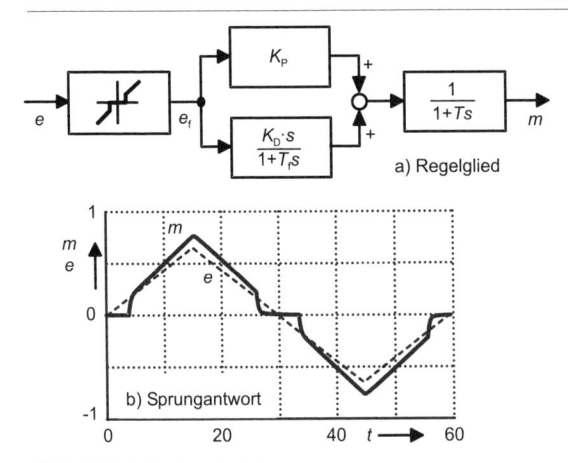

Bild 3.19 LL-Regler mit Totzone

3.2.4 Schaltende Regler

3.2.4.1 Einfache Zweipunktregler

Regelalgorithmus. Zweipunktregler liefern eine binäre Reglerausgangsgröße.

> Bei einem Zweipunktregler nimmt das Ausgangssignal $m(t)$ die Werte m_{ein} oder m_{aus} an. Hierbei ist üblicherweise $m_{ein} = 1$ und $m_{aus} = 0$. Die Regeldifferenz $e(t)$ wird mittels einer **Schaltdifferenz** e_{SD} (**Hysterese**) in ein gefiltertes Signal e_f umgeformt.

Es ist also

$$e_f(t) = \begin{cases} 0 & \text{für } |e(t)| < \dfrac{e_{SD}}{2} \\ e(t) & \text{sonst} \end{cases}$$

$$m(t) = \begin{cases} m_0 & \text{für } t < t_1 \\ 0 & \text{für } e_f(t) < 0 \\ \text{unverändert} & \text{für } e_f(t) = 0 \\ 1 & \text{für } e_f(t) > 0 \end{cases} \tag{3.35}$$

siehe Bild 3.20. Hierbei ist $m_0 = 0$ oder $m_0 = 1$ (Ausgangswert beim Einschalten des Reglers), t_1 ist der Zeitpunkt, zu welchem der Regler erstmalig auf einen Vorzeichenwechsel von e_f reagiert.

Stellgrad und mittlere Reglerausgangsgröße. Den Zeitabstand zwischen zwei gleichsinnigen Schaltvorgängen, z. B. zwischen zwei Signalwechseln von 0 nach 1, bezeichnet man als **Schaltperiode** T.

> Der **Stellgrad** g gibt nach VDI/VDE 2189-2 [3.10] an, in welchem Zeitanteil innerhalb einer Schaltperiode T der Regler das Ausgangssignal $m(t) = m_\text{ein}$ liefert.

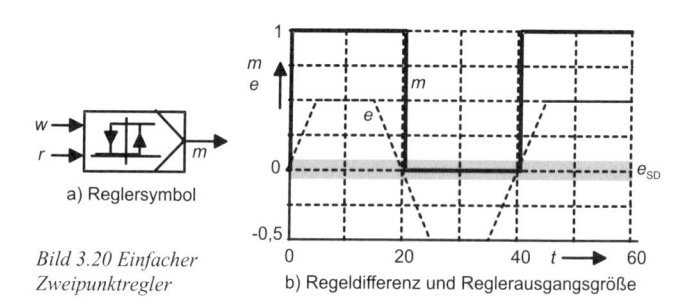

Bild 3.20 Einfacher Zweipunktregler

a) Reglersymbol

b) Regeldifferenz und Reglerausgangsgröße

Damit ist

$$g = \frac{\Delta t_\text{ein}}{T}$$
$$T = \Delta t_\text{ein} + \Delta t_\text{aus}$$
(3.36)

mit Δt_ein: Zeitintervall für $m(t) = m_\text{ein}$,

Δt_aus: Zeitintervall für $m(t) = m_\text{aus}$.

Als mittlere Reglerausgangsgröße $\overline{m}$ ergibt sich

$$\overline{m} = \frac{\Delta t_\text{ein} \cdot m_\text{ein} + \Delta t_\text{aus} \cdot m_\text{aus}}{T}$$
(3.37)

und für $m_\text{ein} = 1$ und $m_\text{aus} = 0$ folgt

$$\overline{m} = g$$
(3.38)

Schaltzeit und Schaltfrequenz. Die **Schaltzeit** T_S (d. h. der Zeitabstand zwischen zwei Schaltvorgängen) und die **Schaltfrequenz** $f_S = 1/T_S$ eines

Zweipunktreglers hängen sowohl vom Zeitverhalten der Regelstrecke als auch von der Schaltdifferenz e_{SD} ab. Es ist

$$\boxed{\begin{aligned} T_S &\geq \frac{\dot{r}_{max}}{e_{SD}} \\ f_S &\leq \frac{e_{SD}}{\dot{r}_{max}} \end{aligned}} \qquad (3.39)$$

mit $\dot{r}_{max}$: maximale Änderungsgeschwindigkeit der Rückführgröße r.

Während $\dot{r}_{max}$ durch die Streckeneigenschaften gegeben ist, kann e_{SD} als Reglerparameter verwendet werden, welcher die Genauigkeit und Dynamik der Regelung beeinflusst (→ Abschnitt 4.3).

Einsatz einfacher Zweipunktregler. Zweipunktregler verwendet man, wenn die Regelgröße mit einer Hysterese um ihren Sollwert schwanken darf, z. B. bei Standregelungen in Pufferbehältern oder bei einfachen Temperaturregelstrecken. Meist liegen hier dedizierte Kompaktregler vor, bei welchen auch der Steller integriert ist. Die Schwankungen der Regelgröße sind dann umso geringer, je langsamer die Regelstrecke ist.

3.2.4.2 Zweipunktregler mit Rückführung

Bei einem **Zweipunktregler mit Rückführung** wird das Reglerausgangssignal $m(t)$ über eine Gegenkopplung mit definiertem Zeitverhalten dem Eingangssignal $e(t)$ des Reglergliedes aufgeschaltet. Auf diese Weise lässt sich ein ähnliches Reglerverhalten erreichen wie bei einem Floating-Gap-Regler mit PD- oder PID-Charakteristik (quasistetige Arbeitsweise).

Zweipunktregler mit PD-ähnlichem Verhalten. Hierbei wird die Reglerausgangsgröße $m(t)$ über ein Verzögerungsglied erster Ordnung der Regeldifferenz $e(t)$ gegengekoppelt (→ Bild 3.21).

Für die Rückführung gilt:

$$\boxed{T_r \dot{m}_r(t) + m_r(t) = K_r m(t)} \qquad (3.40)$$

Als mittlere Reglerausgangsgröße erhält man bei Vernachlässigung der Schaltdifferenz e_{SD}:

226 3 Konventionelle Regeleinrichtungen

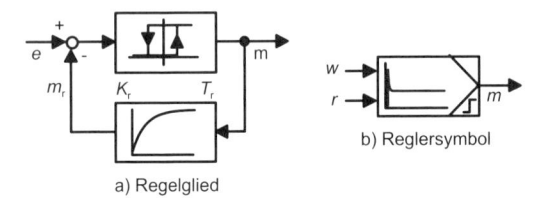

Bild 3.21 Zweipunktregler mit PD-ähnlichem Verhalten

$$\overline{m}(t) = K_P(e(t) + T_v \dot{e}(t)) \tag{3.41}$$

mit

$$\begin{aligned} K_P &= \frac{1}{K_r} \\ T_v &= T_r \end{aligned} \tag{3.42}$$

(siehe z. B. FIEGER [3.11]). Bild 3.22 zeigt typische Signalverläufe eines Zweipunktreglers mit PD-ähnlichem Verhalten.

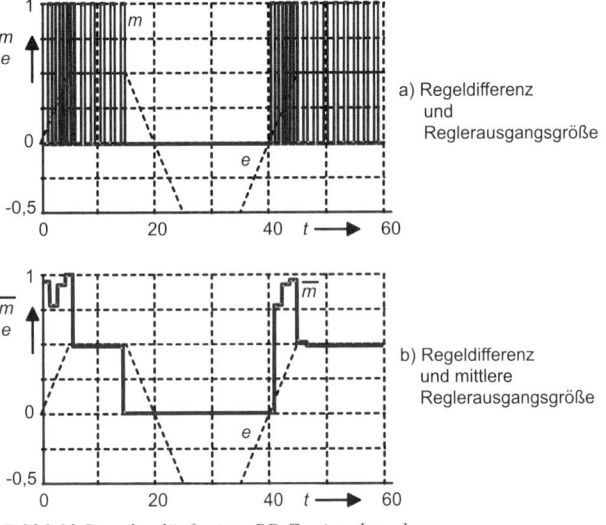

Bild 3.22 Signalverläufe eines PD-Zweipunktreglers

Zweipunktregler mit PID-ähnlichem Verhalten. PID-ähnliches Verhalten ergibt sich, wenn man die Reglerausgangsgröße $m(t)$ über eine Reihenschaltung aus einem DT_1-Glied und einem PT_1-Glied auf die Regeldifferenz $e(t)$ zurückführt (→ Bild 3.23).

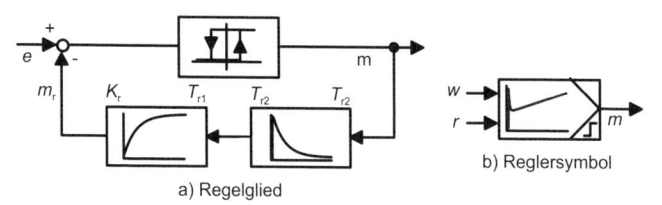

Bild 3.23 Zweipunktregler mit PID-ähnlichem Verhalten

Für die Rückführung gilt

$$T_{r1}T_{r2}\ddot{m}_r(t) + (T_{r1} + T_{r2})\dot{m}_r(t) + m_r(t) = K_r T_{r2}\dot{m}(t) \tag{3.43}$$

Als mittlere Reglerausgangsgröße erhält man bei Vernachlässigung der Schaltdifferenz e_{SD}:

$$\overline{m}(t) = K_P\left(e(t) + \frac{1}{T_n}\int e(t)\mathrm{d}t + T_v\dot{e}(t)\right) \tag{3.44}$$

mit

$$\begin{aligned} K_P &= \frac{T_{r1} + T_{r2}}{T_{r1} \cdot K_r} \\ T_n &= T_{r1} + T_{r2} \\ T_v &= \frac{T_{r1} \cdot T_{r2}}{T_{r1} + T_{r2}} \end{aligned} \tag{3.45}$$

Bild 3.24 zeigt typische Signalverläufe eines Zweipunktreglers mit PID-ähnlichem Verhalten.

3.2.4.3 Dreipunktregler

Dreipunktregler weisen zwei Schaltpunkte – ggf. mit zugeordneten Hysteresen – auf. Hierüber kann man ternärwertige Regelungsfunktionen wie „Heizen", „Weder Heizen noch Kühlen" und „Kühlen" etc. realisieren. Auch Dreipunktreglern lässt sich durch geeignete Rückführungen quasistetiges Verhalten aufprägen. Einzelheiten sind z. B. bei FIEGER [3.11] beschrieben.

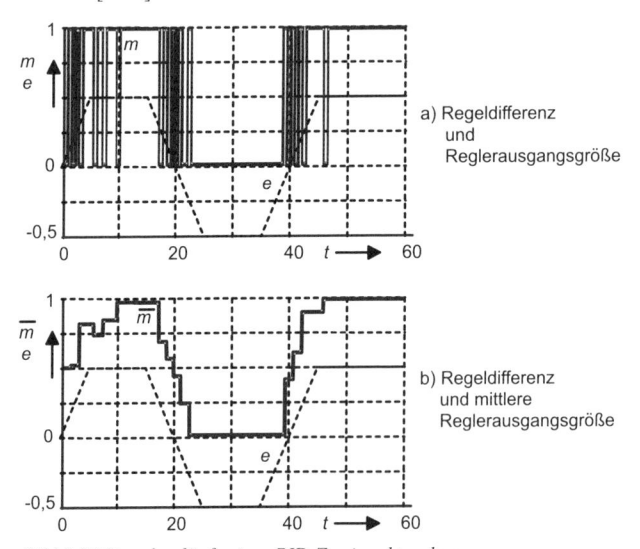

Bild 3.24 Signalverläufe eines PID-Zweipunktreglers

3.3 Ausgabeglied

3.3.1 Funktionsspektrum

> Ein **Ausgabeglied** formt das Reglerausgangssignal m mit Hilfe weiterer Variablen um und gibt die resultierende Stellgröße y über einen **Steller** an eine untergeordnete Instanz (Stellgerät oder Folgeregler) aus.

Zum Bilden der Stellgröße aus dem Reglerausgangssignal sowie zum Ausgeben sind im Wesentlichen folgende grundlegende Funktionen vonnöten:

- Berücksichtigen des Arbeitspunktes, d. h. des Bezugswertes y_R ($\rightarrow$ Abschnitt 4.2); Ergebnis: y_A.
- Berücksichtigen der Betriebsarten *Automatik* und *Hand*, d. h. eventuelles Wählen des Handstellwertes y_h; Ergebnis: y_b.
- Ggf. Begrenzen der Änderungsgeschwindigkeit von y_b; Ergebnis: Zeitfunktion $y_v = f(y_b, t)$.

- Begrenzen von y_v auf den Stellbereich Y_h; Ergebnis: y_a.
- Ausgeben der Stellgröße $y = g(y_a)$.

Weitere Funktionen wie z. B. Störgrößenaufschaltungen sind in den Abschnitten 4.2 und 5.1 beschrieben. Bild 3.25 verdeutlicht die Wirkungsweise des Ausgabeglieds und das Zusammenspiel mit benachbarten Funktionseinheiten.

Anwendungsspezifische Regler verfügen mit Ausnahme von Stellungsreglern meist nicht über einen Steller als eigenständige Funktionseinheit. Nachfolgend wird davon ausgegangen, dass absolute Stellwerte auszugeben sind; in Abschnitt 5.1 werden auch inkrementelle Ausgaben behandelt.

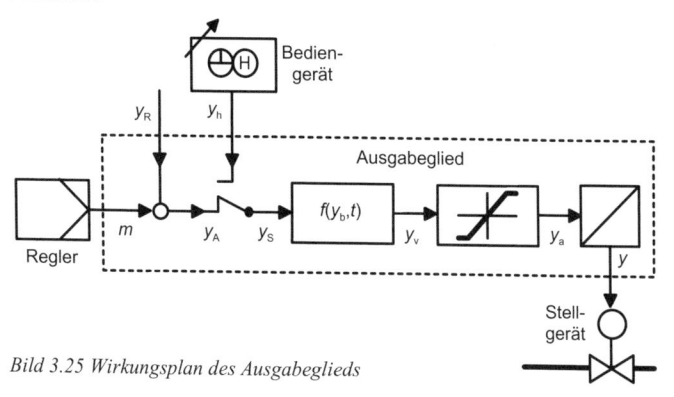

Bild 3.25 Wirkungsplan des Ausgabeglieds

3.3.2 Bilden und Ausgeben der Stellgröße

3.3.2.1 Einstellen des Arbeitspunktes

Zur Reglerausgangsgröße m wird der Stellwert y_R im Arbeitspunkt addiert. Das ergibt eine Zwischengröße y_A:

$$y_A(t) = y_R + m(t) \qquad (3.46)$$

In folgenden Fällen kann diese Korrektur entfallen ($y_R = 0$):

- m wird unter Verwendung eines Integrators gebildet. Hier stellt sich mit $e(t) = \dot{e}(t) \equiv 0$ der I-Anteil automatisch auf den arbeitspunktbezogenen Wert $m_I(t) = y_R/K_I$ ein, und damit ist $m(t) = y_R$. Bei einem *Floating-Gap*-Algorithmus ist y_R erforderlich, da bei $|e(t)| < e_t$ der Integrator auf null zurückgestellt wird.

- Der Reglersollwert w wird von einem übergeordneten Führungsregler vorgegeben. In diesem Fall kommt es auf die Präzision der Regelung nicht an, da der Führungsregler für die Regelungsgenauigkeit der interessierenden Prozessgröße zuständig ist.
- Es liegt ein Zwei- oder Dreipunktregler vor.

Bei invariantem Arbeitspunkt (Festwertregelung) wird y_R einmal eingestellt und bleibt dann unverändert. Bei variantem Arbeitspunkt (Folgeregelung, Störgrößenaufschaltung, Zeitplanregelung usw.) wird y_R von einer übergeordneten Instanz wie etwa einem Führungsregler oder einer Steuerung vorgegeben ($\rightarrow$ Abschnitte 4.2 und 4.5).

3.3.2.2 Auswahl Automatik-/Handstellwert

Hier wird eine Schaltvariable s_{BA} für die Bildung des Zwischensignals y_s ausgewertet (vgl. Bild 3.25):

$$y_s(t) = \begin{cases} y_A(t) & \text{für } s_{BA} = true\,(Automatik) \\ y_h(t) & \text{für } s_{BA} = false\,(Hand) \end{cases} \quad (3.47)$$

In der Betriebsart *Hand* wird der Stellwert durch eine übergeordnete Instanz (meist das Betriebspersonal) vorgegeben; siehe Abschnitt 8.2.

3.3.2.3 Begrenzungen

Um die mechanische Beanspruchung von Stellorganen zu reduzieren, kann die Stellgeschwindigkeit auf einen Wert $v_{y,max}$ begrenzt werden; damit erhält man das Zwischensignal $y_v(t)$. y_v wird anschließend durch Begrenzen auf den Stellbereich Y_h in das auszugebende Signal y_a umgeformt:

$$y_a(t) = \begin{cases} y_{min} & \text{für } y_v(t) < y_{min} \\ y_v(t) & \text{für } y_{min} \leq y_v(t) \leq y_{max} \\ y_{max} & \text{für } y_v(t) > y_{max} \end{cases} \quad (3.48)$$

Bei Einheitsreglern ist $y_{min} = 0$, $y_{max} = 1$.

3.3.2.4 Ausgeben von Stellwerten

Ausgabe von Absolutwerten. Bei der Ausgabe von Absolutwerten wird $y_a(t)$ direkt in ein physikalisches Signal $y(t)$ umgewandelt:

$$\boxed{y(t) = y_a(t)} \tag{3.49}$$

$y(t)$ entspricht dabei meist einem elektrischen Strom $I = 4 \ldots 20$ mA, bei dedizierten Reglern auch einer mechanischen Größe (Druck, Weg etc.).

Ausgabe von Stellwertinkrementen. Bei inkrementell arbeitenden Reglern werden Stellwertänderungen $\Delta y(t)$ z. B. über einen Zähler an den Stellantrieb weitergegeben, welcher diese Änderungen summiert. Hierauf wird in Abschnitt 5.2 genauer eingegangen.

3.4 Ermitteln des Reglerverhaltens
Wolfgang Schorn, Norbert Große

3.4.1 Technische Motivation

Das Ermitteln des Verhaltens von Universalreglern ist für Entwickler und Anwender gleichermaßen wichtig. Der Entwickler kann das Gerät daraufhin testen, ob es sich fehlerfrei und wie beabsichtigt verhält, d. h. die Spezifikation erfüllt. Anwender können Reglereigenschaften ermitteln, welche nicht immer dokumentiert sind, z. B. ob der Algorithmus mit oder ohne Totzone e_t arbeitet und wie groß die Filterzeit T_f des D-Anteils ist. Es lassen sich also Aussagen darüber ableiten, ob sich eine Regeleinrichtung für eine gegebene Aufgabenstellung eignet oder nicht.

3.4.2 Aufnehmen von Antwortfunktionen

Zum Aufnehmen von Antwortfunktionen ist die Regeleinrichtung sowohl eingangs- als auch ausgangsseitig von der Strecke zu trennen. Bei konstantem Sollwert w gibt man den gewünschten Verlauf der Rückführgröße r vor. Das kann je nach den Bedienmöglichkeiten des Reglers über einen Stromgeber an einem Analogeingang oder durch Bilden eines Ersatzwertes r_h (typisch bei Prozessleitsystemen) geschehen. Das Reglerausgangssignal m und die Stellgröße y werden über Oszilloskop, Schreiber oder Messwerthistorie mit Bildschirmdarstellung aufgezeichnet (→ Bild 3.26). Antwortfunktionen nimmt man bei PID-Reglern für den P-, I- und D-Anteil separat auf. Für das P- und I-Verhalten ermittelt man Sprungantworten, für das D-Verhalten die Anstiegsantwort. Auch zum Erkennen von Totzonen und zum Testen von Zwei- und Dreipunktreglern verwendet man für $r_h(t)$ lineare Rampenfunktionen.

232 3 Konventionelle Regeleinrichtungen

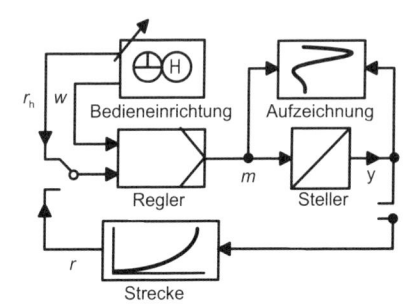

Bild 3.26 Aufnehmen von Regler-Antwortfunktionen

Detaillierte Hinweise zum Ermitteln des Reglerverhaltens enthält DIN EN 60546-2 [3.12].

4 Regelkreise mit konventionellen Reglern

4.1 Einführende Betrachtungen
Wolfgang Schorn, Norbert Große

4.1.1 Beharrungszustände einschleifiger Regelkreise

4.1.1.1 Modellregelkreis

Regelstrecke. Für die den folgenden Betrachtungen zu Grunde liegende Regelstrecke wird Folgendes angenommen:

- Die Rückführgröße r hängt von der Stellgröße y und *einer* Störgröße z ab.
- Bei konstanten Werten y_R, z_R von y und z stellt sich auch für r ein stationärer Wert r_R ein (Strecke mit Ausgleich).
- Die Störgröße z greift am Streckeneingang an.

Für die auf die jeweiligen Messbereiche bezogenen Regelkreisgrößen r_M, y_M und z_M ergibt sich allgemein der stationäre Zusammenhang

$$r_{MR} = f(y_{MR}, z_{MR}) \tag{4.1}$$

Diese Beziehung kann grafisch in einem **Kennlinienfeld** verdeutlicht werden (→ Abschnitt 2.5.2.6). Bei der Linearisierung um einen Arbeitspunkt $A_0 = (r_{M0}, y_{M0}, z_{M0})$ betrachtet man die bezüglichen Abweichungen:

$$\begin{aligned} r &= r_M - r_{M0} \\ y &= y_M - y_{M0} \\ z &= z_M - z_{M0} \end{aligned} \tag{4.2}$$

Auf die Messbereiche bezogene Größen r_M, y_M und z_M nennt man **Großsignale**, auf einen Arbeitspunkt bezogene Abweichungen r, y und z heißen **Kleinsignale**.

234   4 Regelkreise mit konventionellen Reglern

Für Großsignale wählt man in der Literatur oft auch große Formelzeichen, z. B. $R(t)$. Dies soll hier nicht geschehen, weil das zu Verwechslungen mit LAPLACE-Transformierten führen kann.

Regelkreis. Für die Regelkreisuntersuchung im Stationärzustand wird von der Struktur nach Bild 4.1 ausgegangen. Dort sind die LAPLACE-Transformierten der Kleinsignale eingetragen.

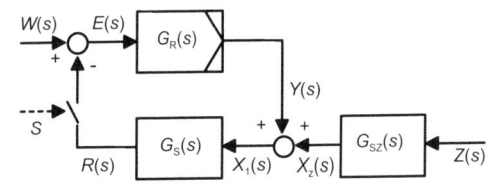

Bild 4.1 Modellregelkreis

S ist eine Schaltvariable mit

$S = 0$: offener Regelkreis, $E(s) = W(s)$
$S = 1$: geschlossener Regelkreis, $E(s) = W(s) - X(s)$

Der Regler wird als stetig mit der Übertragungsfunktion

$$G_R(s) = K_P + \frac{K_I}{s} + K_D s \qquad (4.3)$$

angenommen. Dies ist dann ein PID-Regler. Für die Strecke gelten die Stell- und Störübertragungsfunktionen $G_S(s)$ und $G_{SZ}(s)$ ($\to$ Abschn. 1.3.3.3):

$$G_S(s) = \frac{K_{PS}}{N(s)}, \quad G_{SZ}(s) = \frac{K_{PZ}}{N(s)}$$
$$N(s) = a_n s^n + ... + a_1 s + 1 \qquad (4.4)$$

4.1.1.2 Stationärzustände

Offener Regelkreis. Bei $S = 0$ ist die Regeldifferenz $E(s) = W(s)$, und für die Rückführgröße $R(s)$ erhält man nach Bild 4.1:

$$R(s) = G_S(s)G_R(s) \cdot W(s) + G_S(s)G_{SZ}(s) \cdot Z(s) \qquad (4.5)$$

4.1 Einführende Betrachtungen

Nach Abschn. 1.3.3 ergibt sich der Stationärzustand ($t \to \infty$) aus $s = 0$. Wenn der Regler mit I-Anteil arbeitet ($K_I \neq 0$), strebt also $r(t)$ mit wachsendem t betragsmäßig gegen unendlich. Für $K_I = 0$ hat man

$$\boxed{r_R = K_{PS}K_P \cdot w + K_{PS}K_{PZ} \cdot z_R} \quad (4.6)$$

Sowohl Sollwert- als auch Störgrößenänderungen bewirken eine Arbeitspunktverschiebung mit resultierendem neuen Wert r_R der Rückführgröße r. Den Wert

$$\boxed{V_0 = K_{PS}K_P} \quad (4.7)$$

bezeichnet man als **Kreisverstärkung**.

Geschlossener Regelkreis. Bei geschlossenem Schalter ($S = 1$) wird die Regeldifferenz zu $E(s) = W(s) - R(s)$, und für die Rückführgröße $R(s)$ ergibt sich nach Bild 4.1

$$\boxed{\begin{aligned} R(s) &= G_W(s) \cdot W(s) + G_Z(s) \cdot Z(s) \\ G_W(s) &= \frac{G_S(s)G_R(s)}{1 + G_S(s)G_R(s)} \\ G_Z(s) &= \frac{G_S(s)G_{SZ}(s)}{1 + G_S(s)G_R(s)} \end{aligned}} \quad (4.8)$$

Hier kann man ebenfalls die Fälle $K_I \neq 0$ und $K_I = 0$ unterscheiden. Bei $K_I \neq 0$ (Regler *mit* I-Anteil) gilt:

$$\boxed{\begin{aligned} G_W(0) &= 1 \\ G_Z(0) &= 0 \\ r_R &= w \\ e_R &= 0 \end{aligned}} \quad (4.9)$$

Dies bedeutet:

> Wenn die Regelung stabil verläuft, d. h. wenn sich für den geschlossenen Regelkreis ein Endwert für r ergibt, dann gilt: Bei einer Strecke mit Ausgleich und Verwendung eines Reglers *mit* I-Anteil stellt sich die Regelgröße r stationär *immer* auf den Sollwert w ein, auch wenn sich der Arbeitspunkt ändert. Die **bleibende Regeldifferenz** e_R bzw. die **bleibende Regelabweichung** $x_{wR} = -e_R$ ist null.

$K_I = 0$ (Regler *ohne* I-Anteil) liefert hingegen

$$G_W(0) = \frac{V_0}{1 + V_0}$$

$$G_Z(0) = \frac{K_{PS}K_{PZ}}{1 + V_0}$$

$$r_R = \frac{V_0}{1 + V_0} w + \frac{K_{PS}K_{PZ}}{1 + V_0} z_R \qquad (4.10)$$

$$e_R = \frac{1}{1 + V_0} w + \frac{K_{PS}K_{PZ}}{1 + V_0} z_R$$

Nach DIN 19226-5 [4.37] wird die Regelabweichung in Bezug auf eine Führungsgrößenänderung bewertet und reeller Regelfaktor R_{Fw} genannt. Hierbei wirkt keine Störgröße. Für stationäre Größen ist mit Hilfe des Grenzwertsatzes ($\to$ 1.3.3.1)

$$R_{Fw} = \frac{e(t \to \infty)}{w(t \to \infty)} = \frac{E(s \to 0)}{W(s \to 0)} \qquad (4.11)$$

Wird angenommen, dass keine Störgröße wirkt, gilt

$$R_{Fw} = \frac{W(0) - R(0)}{R(0)} = \frac{1}{1 + G_S(0)G_R(0)} = \frac{1}{1 + V_0} \qquad (4.12)$$

Eine andere Möglichkeit die Wirksamkeit einer Regelung zu charakterisieren betrifft den Einfluss der Störgröße, dabei ist $w = 0$. Man definiert

$$R_{Fz} = \left.\frac{r_{mR}}{r_{oR}}\right|_{t \to \infty} \qquad (4.13)$$

Dabei ist r_{mR} die Regelgröße im geschlossenen Kreis (mit Regler) und r_{oR} die Regelgröße ohne Reglereinsatz. Bei sinnvollen Regelungen ist $R_{Fz} < 1$ und kann auch in Prozent angegeben werden. So bedeutet beispielsweise $R_{Fz} = 10\ \%$, dass die Regelabweichung *mit* Regler nur noch 10 % der Regelabweichung *ohne* Regler beträgt. Für den Modellregelkreis nach Bild 4.1 gilt:

$$R_{Fz} = \frac{G_{SZ}(0) \dfrac{G_S(0)}{1 + G_S(0)G_R(0)}}{G_S(0)G_{SZ}(0)} = \frac{1}{1 + V_0} \qquad (4.14)$$

Je größer der Proportionalwert des Reglers ist, desto kleiner wird der Regelfaktor; bei einem I-Anteil des Reglers verschwindet er.

Der Wert

$$R_F(0) = R_{Fw} = R_{Fz} = \frac{1}{1 + V_0} \qquad (4.15)$$

heißt **reeller Regelfaktor**.

> Bei einer Strecke mit Ausgleich und Verwendung eines Reglers *ohne* I-Anteil stellt sich die Regelgröße r stationär nur dann auf den Sollwert w ein, wenn $w = 0$ *und* $z_R = 0$ gilt. Arbeitspunktänderungen bewirken eine bleibende Regeldifferenz $e_R \neq 0$.

Bild 4.2 zeigt ein Kennlinienfeld, welches folgende Kennlinien enthält:

- Strecke: $r_{MR0} = f(y_{MR}, z_{MR0})$, Sollwert $w_M = w_{M0}$

  $r_{MR1} = f(y_{MR}, z_{MR1})$, Sollwert $w_M = w_{M1}$

- P-Regler: $y_{R0} = K_P(w_0 - r_R)$, Sollwert $w = 0$

  $y_{R1} = K_P(w_1 - r_R)$, Sollwert $w = w_1$

Jeweils ausgehend vom Arbeitspunkt A_0 für r_{MR0} und y_{R0} sieht man hier zweierlei:

- Ändert sich bei $w_M = w_{M0}$ ($w = 0$) die Störgröße von z_{MR0} auf z_{MR1}, schneiden sich die neue Streckenkennlinie für r_{MR1} und die Reglerkennlinie für y_{R0} im neuen Arbeitspunkt A_1.

- Wird bei $z_{MR} = z_{MR0}$ der Sollwert w_M auf w_{M1} (bzw. das zugehörige Kleinsignal w auf w_1) geändert, schneiden sich die neue Reglerkennlinie für y_{R1} und die Streckenkennlinie für r_{MR0} im neuen Arbeitspunkt A_2.

In beiden Fällen entsteht wie oben beschrieben eine bleibende Regeldifferenz. Dies ist typisch für stetige Regler ohne I-Anteil.

Im Bild 4.2 sind auch der Stellbereich Y_h und der Regelbereich X_h dargestellt, also die Wertebereiche, welche die Stellgröße y_M und die Regelgröße x_M überstreichen können. Der nicht eingezeichnete Messbereich R_h für die Rückführgröße r_M muss natürlich den Regelbereich X_h überdecken; in der Praxis wird er meist größer gewählt.

Der Regelfaktor R_{Fz} kann auch aus dem Kennlinienfeld Bild 4.2 nach der Definition 4.13 abgelesen werden.

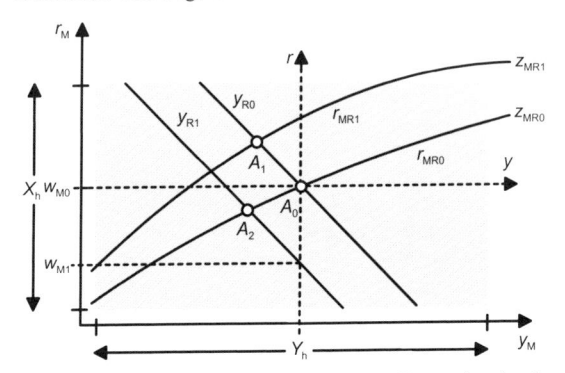

Bild 4.2 Kennlinienfeld eines Regelkreises mit Proportionalregler

4.1.2 Typische Regler-Strecken-Kombinationen

4.1.2.1 Zusammenfassung

Für die verschiedenen Streckenarten sind die einzelnen Reglertypen auf Grund der entstehenden Dynamik des Regelkreises unterschiedlich gut geeignet. SAMAL gibt in [4.1] eine Zusammenstellung für einschleifige Regelkreise, an welcher Tabelle 4.1 ausgerichtet ist. Sie kann als Orientierungshilfe zur Vorauswahl dienen.

Tabelle 4.1 Typische Regler-Strecken-Kombinationen

Regler Strecke	P	I	PI	PID	Zweipunkt (ohne Rückführung)	Beispiele
P	1	2	3	4	0	Volumenstrom
PT_1	1	1	2	4	1	Behälterdruck
PT_2	1	0	2	4	1	• Drehzahl • Lage
PT_n	1	0	2	3	1	Temperatur
T_t	0	2	3	4	0	• Transport Förderband • Stoffzusammensetzung und Temperaturprofil in Strömungsrohr

Regler \ Strecke	P	I	PI	PID	Zweipunkt (ohne Rückführung)	Beispiele
PT_1T_t	1	0	2	3	1	• Analyse • Stoffzusammensetzung in Rührkessel
I	1, 2	0	2	4	1	Niveau
IT_n	1, 2	0	2	3	1	Niveau bei Rührkesselkaskade
progressiv	1	0	2	3	0	Temperatur (exotherm)

Die Ziffern zur Einschätzung der Reglereignung haben hierbei folgende qualitative Bedeutung:

0: Nicht geeignet und/oder strukturinstabil.
1: Bedingt geeignet; bei stetigen Reglern ohne I-Anteil bleibende Regeldifferenz, bei Zweipunktreglern Dauerschwingungen.
2: Gut geeignet; keine bleibende Regeldifferenz.
3: Sehr gut geeignet; stärkere Dämpfung des Regelkreises als bei 2.
4: Regler für Streckenart nicht erforderlich; keine Verbesserung gegenüber 3.

4.1.2.2 Allgemeine Hinweise

Zusammengefasst lassen sich einige allgemein gültige Aussagen machen:

- PI-Regler eignen sich grundsätzlich für *alle* Streckenarten. Sie stellen den meist eingesetzten Reglertyp dar.
- Bei Strecken höherer Ordnung kann das Einschwingverhalten durch Hinzunehmen eines Vorhalts verbessert werden. Dabei ist aber auf ausreichende Filterung des D-Anteils zu achten, um die Wirkung von Störsignalen in der Rückführgröße zu unterdrücken und zu schnelle Stellgrößenänderungen mit resultierend hoher Stellgliedbeanspruchung zu vermeiden.
- Reine Totzeitstrecken können nicht zufrieden stellend mit reinen P-Reglern betrieben werden, da keine stationäre Genauigkeit erreicht wird und der Regelkreis bei höheren Reglerverstärkungsfaktoren zur Instabilität neigt.

- Die Kombination von I-Reglern mit Strecken ohne Ausgleich ist strukturinstabil.
- Setzt man reine P-Regler bei integrierenden Strecken ein, so hängt es vom Angriffsort der Störgröße ab, ob eine bleibende Regeldifferenz entsteht.
- Die Verwendung eines P-Reglers für eine Strecke mit Ausgleich ergibt stets eine bleibende Regeldifferenz.
- Zweipunktregler sind nur dann einsetzbar, wenn die Regelgröße innerhalb eines Toleranzbandes um den Sollwert schwanken darf und der Einsatz eines Universalreglers nicht lohnt, z. B. bei Haushaltsgeräten (Bügeleisen, Backofen etc.). Für proportionale Strecken ohne Verzögerung, reine Totzeitstrecken und Strecken mit progressivem Verhalten sind sie nicht geeignet.

4.2 Zeitverhalten einschleifiger Regelkreise

Norbert Becker, Norbert Große, Martin Kluge, Wolfgang Schorn

4.2.1 Stabilitätsbetrachtungen

4.2.1.1 Begriffsklärungen

Stabilitätsbegriff. Der Begriff der Stabilität ist intuitiv einfach zu erfassen und kann umgangssprachlich wie folgt angegeben werden:

> Ein System ist **stabil**, wenn es auf Dauer in einem Zustand verbleibt.

Das Verhalten eines Systems hängt aber im Allgemeinen nicht nur vom System selber ab, sondern auch von seinem Anfangszustand sowie von den Eingangsgrößen. Eine Formalisierung des Stabilitätsbegriffs muss dies berücksichtigen; so wird z. B. in DIN 19226-2 [4.2] die so genannte LJAPUNOW-Stabilität wie folgt formalisiert:

> **LJAPUNOW-Stabilität**: Eine Ruhelage x_R eines Übertragungsgliedes heißt **LJAPUNOW-stabil**, wenn der Zustand $x(t)$ des Systems für alle $t \geq t_0$ und Steuergrößen $u_i(t) \equiv u_{iR}$, $i = 1 \ldots p$ in einer beliebig engen Umgebung von x_R bleibt, sofern er zum Zeitpunkt $t = t_0$ in einer hinreichend engen Umgebung von x_R war.

Für regelungstechnische Fragestellungen können diese Definitionen besser angepasst werden, und hier hat sich allgemein die Definition der BIBO-Stabilität bewährt; siehe z. B. UNBEHAUEN [4.3]:

> **BIBO-Stabilität**: Ein System ist **BIBO-stabil**, wenn bei begrenzten Eingangsgrößen auch die Ausgangsgrößen begrenzt bleiben. BIBO bedeutet *Bounded Input, Bounded Output*.

Diese Definition, die allgemein, auch für nichtlineare Systeme gilt, hat bei Anwendung auf lineare zeitinvariante Systeme eine einfache mathematische Konsequenz: Die Eigenbewegung muss abklingen, und daher müssen alle Eigenwerte ($\rightarrow$ Abschnitt 1.3.1) der charakteristischen Gleichung einen negativen Realteil haben.

Ein lineares zeitinvariantes System wird durch die folgende Differenzialgleichung beschrieben:

$$a_n \overset{(n)}{v}(t) + a_{n-1} \overset{(n-1)}{v}(t) + \ldots + a_1 \dot{v}(t) + a_0 v(t) = \\ b_0 u(t) + b_1 \dot{u}(t)) + \ldots b_m \overset{(m)}{u}(t) \tag{4.16}$$

Die zugehörige charakteristische Gleichung lautet:

$$a_n s^n + a_{n-1} s^{n-1} + \ldots + a_1 s + a_0 = 0 \tag{4.17}$$

Bei allen realen Systemen sind die Koeffizienten $a_0, a_1 \ldots a_n$ reell, daher sind die Wurzeln reell und komplexe Wurzeln der Gleichung treten nur als konjugiert komplexe Paare auf. Die Lösungen der charakteristischen Gleichung sind für $n > 4$ in aller Regel nur als numerische Näherung mit großem Rechenaufwand – etwa nach dem BAIRSTOW-Verfahren – zu ermitteln; siehe z. B. ZURMÜHL [4.4] und SCHABACK, WERNER [4.5]. Daher hat sich eine Reihe von Methoden etabliert, die auf eine vollständige Lösung verzichten und lediglich bestimmte Fragen bezüglich der Stabilität klären.

Methoden zur Stabilitätsbeurteilung. Zunächst werden zwei Verfahren vorgestellt, welche klären, ob alle Wurzeln einer gegebenen Gleichung einen negativen Realteil haben oder nicht. Da es Wurzeln mit positivem Realteil geben muss, wenn die Koeffizienten a_i nicht alle das gleiche Vorzeichen haben, ist zur Beurteilung der Stabilität nur eine charakteristische Gleichung mit ausschließlich positiven Koeffizienten zu untersuchen. Dies wird bei den beiden folgenden Methoden (ROUTH-Kriterium, HURWITZ-Kriterium) vorausgesetzt. Neben diesen analytisch gegebenen Kriterien werden grafische Verfahren verwendet, welche neben einer reinen Stabilitätsaussage auch Aussagen zur Regelgüte machen können, insbesondere das Wurzelortskurvenverfahren und das NYQUIST-Kriterium.

4.2.1.2 ROUTH- und HURWITZ-Kriterium

ROUTH-Kriterium. Voraussetzung zur Anwendung des ROUTH-Kriteriums ist, dass alle Koeffizienten $a_0 \ldots a_n$ größer als null sind; andernfalls ist das System instabil. Beim ROUTH-Kriterium werden nun in einem ersten Schritt die Koeffizienten der charakteristischen Gleichung in zwei Zeilen angeordnet, und zwar in der obersten Zeile die geraden Koeffizienten a_0, a_2, a_4 usw. und in der darunter folgenden Zeile die ungeraden Koeffizienten a_1, a_3, a_5 usw. Jeder Koeffizient der weiteren Zeilen wird nach folgendem Schema aus den vier jeweils darüber stehenden Werten berechnet, siehe Tabelle 4.2:

$$e = \frac{bc - ad}{c} \tag{4.18}$$

Tabelle 4.2 Schema zum ROUTH-Kriterium

a_0	a_2	a_4	...	...
a_1	a_3	a_5	...	...
...	...	...	...	0
...	...	...	...	...

a	b	0
c	d	0
e	0	
b		

Jede berechnete Zeile hat ein Element weniger als die darüber stehende Zeile; das Verfahren endet, wenn die letzte berechnete Zeile nur noch *ein* Element besitzt. Sind alle Elemente in der ersten Spalte positiv, dann ist das System stabil. Das Verfahren kann beim ersten negativen Element in der ersten Spalte abgebrochen werden, weil dadurch ja schon die Existenz mindestens einer Wurzel mit positivem Realteil angezeigt wird, was Instabilität bedeutet. Eine ausführliche Darstellung des ROUTH-Kriteriums findet man z. B. bei UNBEHAUEN [4.3]. Bei Systemen hoher

Ordnung ist es einfacher anzuwenden als das nachfolgend beschriebene HURWITZ-Kriterium.

HURWITZ-Kriterium. Voraussetzung zur Anwendung des HURWITZ-Kriteriums ist wie beim ROUTH-Kriterium, dass alle Koeffizienten a_0 ... a_n größer als null sind; ansonsten ist das System instabil. Für $n < 3$ ist nichts weiter zu prüfen; für $n \geq 3$ müssen zusätzlich die **HURWITZ-Determinante** H sowie alle Unterdeterminanten U_i (Hauptabschnittsdeterminanten) positiv sein:

$$H = \begin{vmatrix} a_1 & a_3 & a_5 & a_7 & \cdots \\ a_0 & a_2 & a_4 & a_6 & \cdots \\ 0 & a_1 & a_3 & a_5 & \cdots \\ 0 & a_0 & a_2 & a_4 & \cdots \\ 0 & 0 & a_1 & a_3 & \cdots \\ 0 & 0 & a_0 & a_2 & \cdots \\ \vdots & \vdots & \vdots & \vdots & \ddots \end{vmatrix} \tag{4.19}$$

$$\begin{aligned} U_1 &= a_1 \\ U_2 &= \begin{vmatrix} a_1 & a_3 \\ a_0 & a_2 \end{vmatrix} \\ U_3 &= \begin{vmatrix} a_1 & a_3 & a_5 \\ a_0 & a_2 & a_4 \\ 0 & a_1 & a_3 \end{vmatrix} \\ \vdots & \end{aligned} \tag{4.20}$$

Details sind u. a. UNBEHAUEN [4.3] zu entnehmen.

4.2.1.3 Das Wurzelortskurvenverfahren

Eigenschaften des Verfahrens. Das **Wurzelortskurvenverfahren** (**WOK-Verfahren**) ist eine grafische Methode zur Stabilitätsbetrachtung, siehe z. B. GÖLDNER [4.6]. Es ermittelt ausgehend von der Systembeschreibung des offenen Regelkreises die Lage der Pole des geschlossenen Regelkreises. Das WOK-Verfahren ist mit identischen Konstruktionsregeln auch auf zeitdiskrete Systeme, nicht aber auf Systeme mit Totzeit anwendbar. Man geht von der in Bild 4.3 dargestellten Standard-Regelkreisstruktur aus.

Bild 4.3 Regelkreis in WOK-Normalform

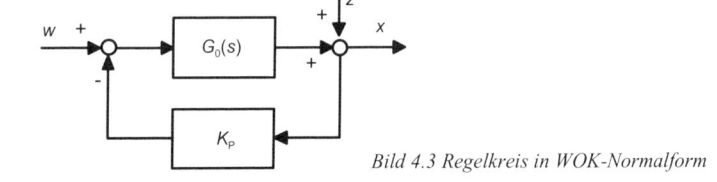

In dieser Darstellung ist der Regler bereits der Strecke zugeschlagen und lediglich die Reglerverstärkung K_P als eigenständiger Parameter aufgeführt. Das *Führungsverhalten* ist gegeben durch

$$G_W(s) = \frac{G_0(s)}{1 + K_P G_0(s)} \tag{4.21}$$

das *Störverhalten* durch

$$G_Z(s) = \frac{1}{1 + K_P G_0(s)} \tag{4.22}$$

Die Übertragungsfunktion kann auf Grund der Voraussetzungen durch einen Quotienten von Polynomen dargestellt werden:

$$G_0(s) = \frac{Z_0(s)}{N_0(s)} \tag{4.23}$$

Mit m als der Anzahl der Nullstellen des offenen Regelkreises – d. h. dem Grad von $Z_0(s)$ – und n als der Anzahl der Pole des offenen Regelkreises – d. h. dem Grad von $N_0(s)$ – werden Zähler- und Nennerpolynom für die nachstehenden Überlegungen in folgender Form dargestellt (**WOK-Normalform**):

$$Z_0(s) = \prod_{i=1}^{m} (s - n_i) \tag{4.24}$$

$$N_0(s) = \prod_{j=1}^{n} (s - p_j) \tag{4.25}$$

Für den geschlossenen Regelkreis ergeben sich damit die Führungs- und die Störübertragungsfunktion wie folgt:

$$G_\mathrm{w}(s) = \frac{Z_0(s)}{N_0(s) + K_\mathrm{P} Z_0(s)} \tag{4.26}$$

$$G_\mathrm{z}(s) = \frac{N_0(s)}{N_0(s) + K_\mathrm{P} Z_0(s)} \tag{4.27}$$

Die Nullstellen dieser Übertragungsfunktionen sind von vornherein bekannt, es sind die Nullstellen des Zählers bzw. des Nenners des offenen Regelkreises. Zur Ermittlung der Pole des geschlossenen Regelkreises (sie sind für beide Funktionen identisch!) muss die Gleichung

$$1 + K_\mathrm{P} G_0(s) = 0 \tag{4.28}$$

bzw.

$$N_0(s) + K_\mathrm{P} Z_0(s) = 0 \tag{4.29}$$

gelöst werden. Die Pollage hängt natürlich von K_P ab, und die grafische Darstellung der Lage der Pole des geschlossenen Regelkreises in der komplexen Ebene in Abhängigkeit von K_P wird **Wurzelortskurve (WOK)** genannt.

Beispiel zur WOK. Eine Strecke habe die Übertragungsfunktion

$$G_0(s) = \frac{1}{s(s + 2)} \tag{4.30}$$

Das charakteristische Polynom des geschlossenen Regelkreises lautet dann:

$$s^2 + 2s + K_\mathrm{P} = 0 \tag{4.31}$$

Die Lösungen dieser Gleichung sind:

$$s_{1,2} = -1 \pm \sqrt{1 - K_\mathrm{P}} \tag{4.32}$$

Für $0 \leq K_\mathrm{P} \leq 1$ sind die Lösungen reell; für $K_\mathrm{P} > 1$ ergeben sich die komplexen Lösungen

$$s_{1,2} = -1 \pm \mathrm{j}\sqrt{K_\mathrm{P} - 1} \tag{4.33}$$

In Bild 4.4 ist für positive K_P die resultierende WOK dargestellt. Bei kleinen Reglerverstärkungen ($0 \leq K_\mathrm{P} \leq 1$) sind die Wurzeln reell. Damit hat die Eigenbewegung die Form abklingender Exponentialfunktionen. Für $K_P > 1$ sind die Eigenbewegungen abklingend, aber periodisch.

Grundregeln zur grafischen Konstruktion der WOK. Leider ist bei Systemen höherer Ordnung i. Allg. keine analytische Berechnung der WOK möglich. Regelungstechnische Programmiersysteme enthalten aber stets auch Programme zur numerischen Wurzelortskurvenberechnung. Auf diese numerischen Verfahren wird hier nicht eingegangen. Die WOK soll stattdessen als Hilfsmittel dargestellt werden, die *ohne größere Rechnung* auf einfache Weise einen raschen Überblick darüber verschaffen kann, welches Systemverhalten bei verschiedenen Reglerstrukturen zu erwarten ist. Darin ist das WOK-Verfahren allen anderen Reglerentwurfsmethoden überlegen. Zu diesem Zweck werden folgend Grundregeln zur grafischen Konstruktion der WOK dargelegt. Sofern in der regelungstechnischen Praxis eine genaue quantitative Betrachtung erforderlich ist, muss diese bei Bedarf anschließend mittels numerischer Verfahren erfolgen.

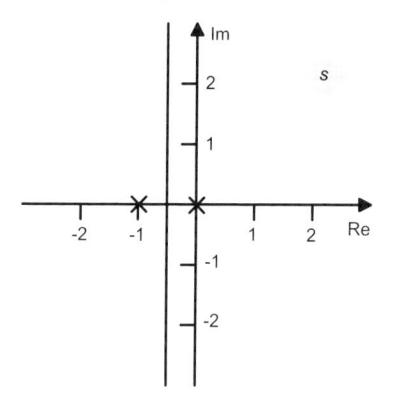

Bild 4.4 WOK des Beispielsystems

Zur Beurteilung, ob resultierende Pollagen akzeptabel sind, reicht in der Regler die Anforderung an alle Pole, dass der Betrag des Imaginärteils nicht größer als der Betrag des Realteils sein darf, da dann die Sprungantworten ohne nennenswertes Überschwingen erfolgen. Für eine mehr qualitative Betrachtung genügen für die grafische Konstruktion der WOK folgende Regeln (FÖLLINGER [4.9]):

1) Die WOK ist symmetrisch zur reellen Achse.

2) Die Äste der WOK entspringen (für $K_P = 0$) den Polen des offenen Kreises.
3) Für $k \to \infty$ enden $j - i$ Äste im Unendlichen (siehe 4.20 und 4.21), die übrigen in den Nullstellen des offenen Regelkreises.
4) Die Asymptoten der ins Unendliche laufenden Wurzeläste entspringen dem Wurzelschwerpunkt w:

$$w = \frac{\sum_j p_j - \sum_i n_i}{i + j} \tag{4.34}$$

5) Die Asymptoten der ins Unendliche laufenden Wurzeläste haben folgenden komplexen Winkel:

$$\begin{aligned} \varphi_n &= \frac{2\pi n}{j - i} \,;\, K_P < 0 \\ \varphi_n &= \frac{(2n + 1)\pi}{j - i} \,;\, K_P > 0 \end{aligned} \tag{4.35}$$

6) Ein Punkt auf der reellen Achse ist für $K_P > 0$ (bzw. für $K_P < 0$) genau dann Wurzelort, wenn die Summe der auf der reellen Achse befindlichen Pole und Nullstellen mit größerem Realteil ungerade (bzw. gerade) ist.

4.2.1.4 Das NYQUIST-Kriterium

Das allgemeine NYQUIST-Kriterium. Ein aus der Funktionentheorie abgeleitetes Verfahren zur Stabilitätsbetrachtung ist das NYQUIST-Kriterium. Es ist u. a. bei UNBEHAUEN [4.3] beschrieben. Es zielt darauf ab, Aussagen zur Stabilität eines geschlossenen Kreises $G(s)$ auf Grund des Frequenzgangs des aufgeschnittenen Kreises zu machen. Weiter können qualitative Aussagen zum Einschwingverhalten getroffen werden.

Eine andere Herleitung betrachtet die konforme Abbildung der (kritischen) rechten s-Halbebene in den Nenner $N(s) = 1 + G_0$ der Übertragungsfunktion des geschlossenen Kreises ($\to$ Bild 4.5). Die Kurve C' umläuft dabei den Nullpunkt der $N(s)$-Ebene genau m-mal im gleichen Umlaufsinne wie die Originalkurve C.

$$m = n - p \tag{4.36}$$

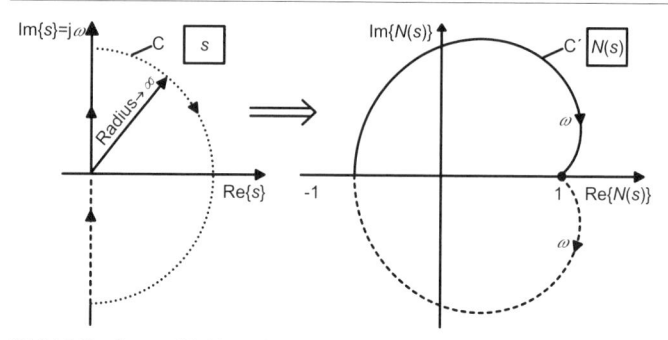

Bild 4.5 Konforme Abbildung der rechten s-Ebene

Dabei ist p die Anzahl der Pole von $N(s)$ im Innern von C und n ist die Anzahl der Nullstellen von $N(s)$ im Innern von C. Letzteres ist auch die Anzahl der Instabilität verursachenden Pole von $G(s)$, der Übertragungsfunktion des geschlossenen Kreises. Die Anzahl p ist aber auch die Anzahl der instabilen Pole des aufgeschnittenen Kreises $G_0(s)$. Für die weiteren Betrachtungen benutzt man die G_0-Ebene, da die Ortskurve des aufgeschnittenen Kreises häufig aus Messungen bekannt ist. Der kritische Punkt, der umlaufen wird, ist wegen $G_0(s) = 1 - N(s)$ der Punkt $(-1, 0·j)$, vgl. Bild 4.6.

Die Teile der Originalkurve C werden damit wie folgt abgebildet: Die positive imaginäre Achse in C wird zu $G_0(j\omega)$ und die negative imaginäre Achse zu $G_0^*(j\omega) = G_0(-j\omega)$, also zur konjugiert Komplexen von $G_0(j\omega)$. Der Radius des Halbkreises von C in Bild 4.5 geht gegen unendlich, womit dieser Kurventeil in den Ursprung abgebildet wird, da bei Übertragungsfunktionen realer Systeme der Zählergrad kleiner als der Nennergrad ist. Das **NYQUIST-Kriterium** lautet nun:

> Wenn G_0 p Pole in der rechten Halbebene aufweist, dann gilt: Umfährt die Ortskurve von $G_0(j\omega)$ für $\omega = -\infty \ldots +\infty$ den Punkt $(-1, 0·j)$ genau p-mal im mathematisch positiven Sinn, dann und nur dann ist der geschlossene Kreis stabil.

Diese Formulierung gilt auch wenn der Kreis ein Totzeitelement enthält. Dieses kann durch eine gebrochen rationale Übertragungsfunktion mit unendlich vielen negativen Polen und Nullstellen angenähert werden.

Hat der aufgeschnittene Kreis Pole auf der imaginären Achse, z. B. durch Integralanteile, so können diese als außerhalb der Kurve C in Bild

4.5 liegend betrachtet werden. Hierzu denkt man sich einen Halbkreis in der rechten s-Ebene um den jeweiligen Pol, dessen Radius gegen null geht.

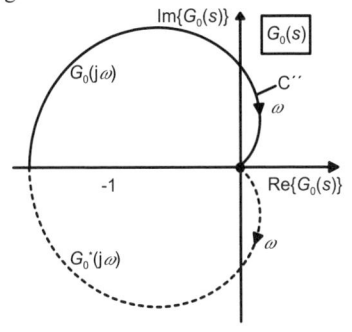

Bild 4.6 Konforme Abbildung in die G_0-Ebene

Vereinfachtes NYQUIST-Kriterium. Das NYQUIST-Kriterium kann für die meisten in der Praxis vorkommenden Systeme vereinfacht werden. Dazu werde zunächst ein simples Gedankenexperiment durchgeführt, siehe Bild 4.7.

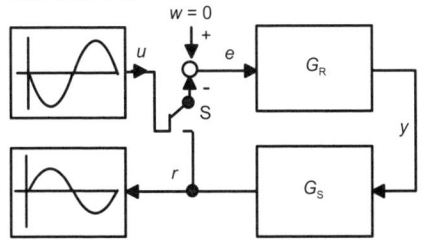

Bild 4.7 Regelkreis für Gedankenexperiment

Ein Regelkreis mit der Streckenübertragungsfunktion G_S und der Reglerübertragungsfunktion G_R sei zunächst durch den Schalter S aufgeschnitten ($S = 0$); der Reglersollwert sei $w = 0$. Das Auftrennen des Regelkreises kann am Reglerausgang oder am Streckenausgang erfolgen; in Bild 4.7 ist dies für den Streckenausgang angenommen. In den geöffneten Regelkreis speist man nun die sinusförmige Eingangsgröße

$$u(t) = u_0 \sin(\omega t) \tag{4.37}$$

ein. Im eingeschwungenen Zustand erhält man als Rückführgröße r wieder eine sinusförmige Ausgangsgröße der Form

$$r(t) = r_0 \cos(\omega t + \varphi)$$, (4.38)

wobei die Phasenverschiebung φ von den Eigenschaften von Strecke und Regler sowie von der Kreisfrequenz ω abhängt. Für eine Stabilitätsaussage ist nun gerade diejenige Kreisfrequenz interessant, bei der nach einem Umlauf r und u identische Phasenlagen haben. Wegen des Minuszeichens ($e = -u$) ist dies der Fall, wenn $G_0 = G_R \cdot G_S$ eine Phasendrehung von $-180°$ entsprechend $-\pi$ oder allgemein $-(2n+1)\cdot\pi$ verursacht, denn dann wird das Minuszeichen bei der Additionsstelle gerade aufgehoben. Dies geschieht bei der **Phasenschnittkreisfrequenz** ω_π; man erhält hier mit dem Amplitudengang $A_0(\omega_\pi) = |G_0(j\omega_\pi)|$:

$$r_0 = A_0(\omega_\pi) \cdot u_0$$ (4.39)

In diesem Fall wird bei geschlossenem Schalter ($S = 1$) ein umlaufendes Signal offenbar abklingen, wenn $r_0 < u_0$ bzw. $A_0(\omega_\pi) < 1$ ist; eine Dauerschwingung ergibt sich für $r_0 = u_0$ und das Signal wird aufklingen, wenn $r_0 > u_0$ bzw. $A_0(\omega_\pi) > 1$ gilt. In den beiden letztgenannten Fällen ist das System instabil. Daraus gewinnt man folgende Stabilitätsaussage:

> Ein geschlossener Regelkreis ist stabil, wenn der Amplitudengang $A_0(\omega)$ des aufgeschnittenen Regelkreises bei der Phasenschnittkreisfrequenz $\omega = \omega_\pi$ kleiner als eins ist.

Das gleiche Resultat ergibt sich, wenn man den Regelkreis am Ausgang der Regeleinrichtung auftrennt und die Strecke mit einer sinusförmigen Eingangsgröße $u(t)$ an Stelle der Stellgröße $y(t)$ anregt. Aus diesen Betrachtungen folgt das vereinfachte NYQUIST-Kriterium:

> Wenn der aufgeschnittene Regelkreis stabil ist oder integrierendes Verhalten hat, dann gilt: Liegt der Punkt $(-1, 0\cdot j)$ links von der mit zunehmendem ω durchlaufenen Ortskurve $G_0(j\omega)$, so ist der geschlossene Kreis stabil.

Bild 4.8 zeigt eine typische Ortskurve. Aus ihr kann man folgende Kenngrößen nach DIN 19226-4 [4.7] ablesen:

- Die Kreisfrequenz, bei welcher die Ortskurve den Einheitskreis schneidet, heißt **Durchtrittskreisfrequenz** ω_D.

4.2 Zeitverhalten einschleifiger Regelkreise

- Die Kreisfrequenz, bei welcher der Phasenwinkel $\varphi = -180°$ ist, heißt **Phasenschnittkreisfrequenz** ω_π.
- Die Differenz zwischen $-180°$ und der Phase bei ω_D wird als **Phasenreserve** φ_m bezeichnet.
- Entsprechend ist bei der kritischen Phase von $-180°$, d. h. bei der Phasenschnittkreisfrequenz ω_π, die zugehörige Amplitude zu betrachten. Der Kehrwert der Amplitude bei ω_π wird als **Amplituden-** oder **Betragsreserve** A_m bezeichnet, d. h.

$$A_m = \frac{1}{A_0(\omega_\pi)} \quad (4.40)$$

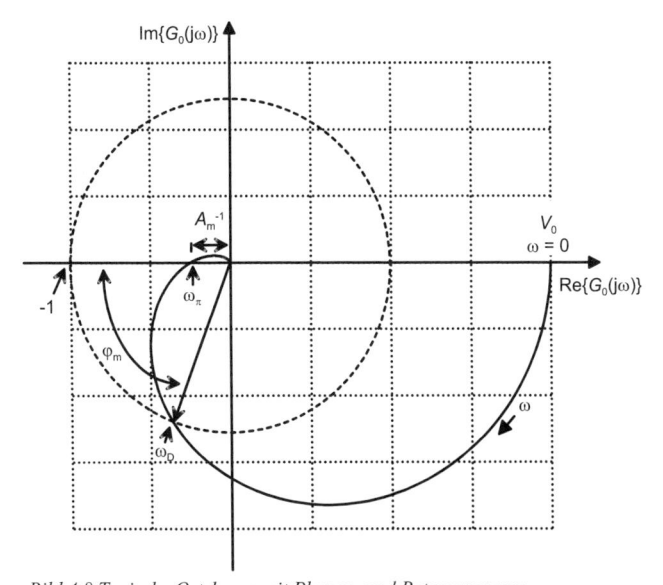

Bild 4.8 Typische Ortskurve mit Phasen- und Betragsreserve

- Eine zu A_m alternativ verwendbare Kenngröße mit gleicher Aussage ist der **Amplitudenrand** A_r, siehe z. B. SCHLITT [4.12]:

$$A_r = 1 - A_0(\omega_\pi) \quad (4.41)$$

Diese Größen geben Auskunft über die Robustheit des geschlossenen Regelkreises und das Abklingen der Eigenbewegungen.

> Die **Phasenreserve** φ_m (*phase margin*) ist der Phasenwinkel, um den das System noch weiter nacheilen kann, ohne dass der geschlossene Regelkreis instabil wird. Die **Amplitudenreserve** A_m (*gain margin*) ist der Faktor, um den die Kreisverstärkung V_0 noch erhöht werden kann, ohne dass der geschlossene Regelkreis instabil wird, DIN E IEC 60050-351 [4.66].

An Stelle der Ortskurve kann auch das BODE-Diagramm einer Regelstrecke unter folgenden, in der Praxis häufig erfüllten Voraussetzungen betrachtet werden ($\rightarrow$ FÖLLINGER [4.9]), siehe Bild 4.9:

- Das System ist stabil oder hat maximal eine einfache oder doppelte Polstelle im Ursprung.
- Der Betrag des Frequenzgangs schneidet nur einmal die 0-dB-Linie bei $\omega = \omega_D$.
- Die Phase liegt erst für sehr große Frequenzen außerhalb des Bereiches $+180°$ bis $-540°$, bei denen der Betrag der Amplitude weit unterhalb von 0 dB liegt.

Unter diesen Voraussetzungen ist der geschlossene Regelkreis genau dann stabil, wenn bei $\omega = \omega_D$ der Phasengang oberhalb von $-180°$ liegt, ansonsten ist der geschlossene Regelkreis instabil. Beim Reglerentwurf ist stets ein Kompromiss zwischen Schnelligkeit und Überschwingfreiheit herzustellen. Aus praktischen Erfahrungen wird für gutes Störverhalten $20° < \varphi_m < 70°$ oder $1{,}5 < A_m < 3$ und für gutes Führungsverhalten $40° < \varphi_m < 60°$ oder $4 < A_m < 10$ empfohlen, siehe z. B. SCHLITT [4.12].

Formulierung des allgemeinen NYQUIST-Kriteriums. Die vollständige Formulierung des NYQUIST-Kriteriums, das in dieser allgemeinen Form auch für instabile Strecken zutrifft, lautet wie nachstehend angegeben. Ein aufgeschnittener Regelkreis sei mit der Kreisverstärkung V_0 so definiert:

$$G_0(s) = \frac{V_0}{s^q} \frac{\prod_j \left(1 + T_{Dj}s\right)}{\prod_i \left(1 + T_{Pi}s\right)} e^{-T_t s} \qquad (4.42)$$

4.2 Zeitverhalten einschleifiger Regelkreise 253

Der aufgeschnittene Regelkreis kann maximal zwei Integratoren enthalten, d. h. $q \in \{0, 1, 2\}$, sowie eine Totzeit. Der Grad des Zählers ist kleiner als der des Nenners. Außer den möglicherweise im Ursprung vorhandenen Polen liegen keine weiteren Pole mit Realteil null vor. Die Anzahl der Pole mit positivem Realteil sei p. Unter diesen Voraussetzungen ist der *geschlossene* Regelkreis stabil, wenn gilt:

1. $G_0(s) \neq -1$ für alle Frequenzen. Im BODE-Diagramm bedeutet dies: Für die Amplitude 0 dB darf die Phase niemals $(2n + 1) \cdot 180°$ sein.
2. Die Differenz aus der Anzahl der positiven und negativen Schnittpunkte ist $p/2$ für $q \leq 1$ und $(p + 1)/2$ für $q = 2$.

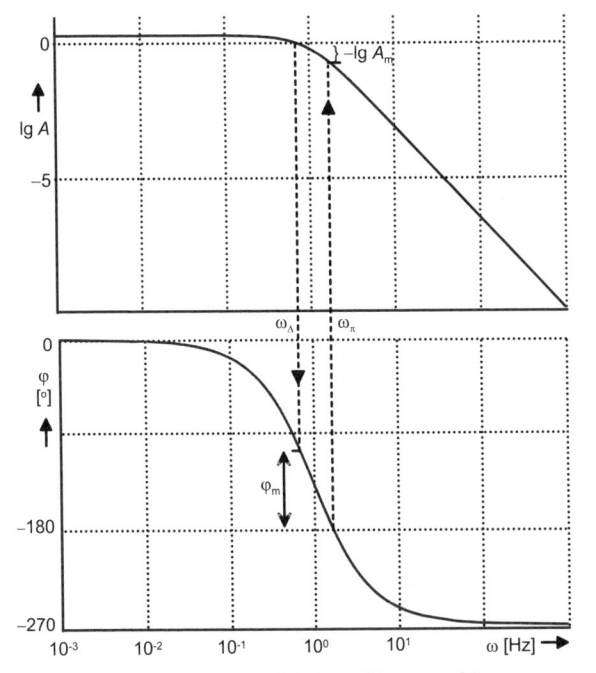

Bild 4.9 BODE-Diagramm von $G_0(j\omega)$ mit Phasen- und Betragsreserve

Ein positiver (bzw. negativer) Schnittpunkt ist eine Stelle, für die $G_0(s)$ negativ reell und betragsmäßig größer als eins ist (bzw. im BODE-Diagramm: $A_0(\omega)|_{dB} > 0$ und $\varphi = (2n - 1) \cdot 180°$) und die Phasenkennlinie steigt (bzw. fällt). Für $q = 2$ ist der Anfangspunkt der Kennlinie als halber Schnittpunkt mitzuzählen.

Beispiel. Das Beispiel in Bild 4.10 verdeutlicht die Anwendung. Dargestellt ist das BODE-Diagramm einer Regelstrecke mit $q = 2$, welche keine Pole mit positivem Realteil besitzt, d. h. bei welcher $p = 0$ gilt. Für die Zählung der Durchtritte sind lediglich die Intervalle mit $A_0(\omega)|_{dB} > 0$ von Belang; diese Bereiche sind schraffiert dargestellt. Neben dem Anfangspunkt gibt es nur bei der Frequenz ω_1 relevante Durchtritte durch die $-180°$-Linie, während der Durchtritt bei ω_2 außerhalb des relevanten Bereiches liegt. Die Differenz der positiven und negativen Durchtritte ist also ½. Weil p null ist, ist die zweite Bedingung erfüllt und der geschlossene Regelkreis daher stabil.

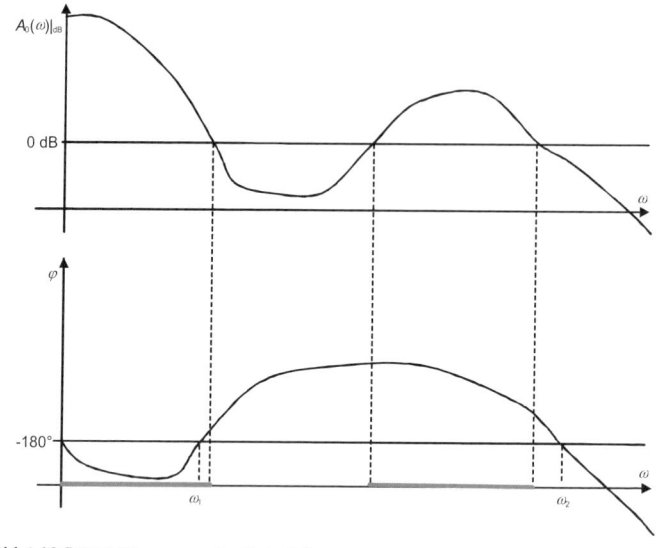

Bild 4.10 BODE-Diagramm des Beispiels

4.2.1.5 Stabilitätskriterien für die Praxis im Vergleich

Die vorstehend beschriebenen Stabilitätskriterien lassen sich zusammenfassend wie folgt charakterisieren:

- ROUTH- und HURWITZ-Kriterium:

- Die Koeffizienten des Nenners der Übertragungsfunktion für den geschlossenen Regelkreis müssen bekannt sein.
- Der Regelkreis darf keine Totzeitelemente enthalten.
- Lediglich das asymptotische Regelkreisverhalten kann beurteilt werden; Aussagen über das dynamische Verhalten sind nicht möglich.

- Wurzelortskurvenkriterium (WOK):
  - Pole und Nullstellen der Übertragungsfunktion für den offenen Regelkreis müssen bekannt sein.
  - Der Regelkreis darf keine Totzeitelemente enthalten.
  - Aussagen über das dynamische Verhalten in Abhängigkeit von nur einem Regelkreisparameter (üblicherweise K_P) sind möglich.

- NYQUIST-Kriterium:
  - Der Frequenzgang des offenen Regelkreises muss formelmäßig geschlossen oder für hinreichend viele Kreisfrequenzwerte punktweise gegeben sein.
  - Der Regelkreis darf Totzeitelemente enthalten.
  - Aussagen über das dynamische Verhalten in Abhängigkeit von den Reglerparametern sind möglich.
  - Qualitative Aussagen mit den Kenngrößen Amplituden- und Phasenreserve erlauben Einstellempfehlungen.

Das ROUTH- und das HURWITZ-Kriterium sind im Wesentlichen historisch und für theoretische Betrachtungen von Interesse. Das NYQUIST-Kriterium weist gegenüber dem WOK den Vorzug auf, dass es auch Totzeitelemente zulässt. Das punktweise Ermitteln von Frequenzgängen ist allerdings nur bei schnellen Strecken mit vertretbarem Zeitaufwand möglich; es ist z. B. nicht sinnvoll bei Temperaturregelstrecken großer Trennkolonnen oder Autoklaven. Als Fazit kann man sagen, dass sich das NYQUIST-Kriterium am ehesten für den Einsatz in der Praxis eignet.

4.2.2 Regelung von Strecken mit Ausgleich

4.2.2.1 Überblick

In diesem Abschnitt werden die folgenden Regler-Strecken-Kombinationen näher betrachtet:

- (P)I-Regler und P-Strecke,
- PI-Regler und PT_1-Strecke,
- PI-Regler und PT_2-Strecke,

- PI(D)-Regler und PT$_n$-Strecke,
- P(I)-Regler und Totzeit-Strecke,
- PI(D)-Regler und PT$_1$T$_t$-Strecke.

Bei den hier betrachteten Regler-Strecken-Kombinationen kommen analytische Detailaspekte zum Tragen, welche in Abschnitt 4.4 (Übersicht über Reglereinstellungen) nicht diskutiert werden.

4.2.2.2 (P)I-Regler und P-Strecke

Der Regler sei durch

$$G_R(s) = K_P + \frac{K_I}{s} = K_P + \frac{K_P}{T_n s}$$
(4.43)

und die Strecke durch

$$G_S(s) = K_{PS}$$
(4.44)

gegeben. Die charakteristische Gleichung des Regelkreises (→ Abschnitt 1.3.1) ergibt sich damit zu

$$(1 + K_P K_{PS})s + K_I K_{PS} = 0$$
(4.45)

Die Nullstelle in (4.45) ist durch geeignete Wahl von K_P und K_I beliebig festlegbar. Damit lässt sich die Dynamik des Regelkreises zumindest theoretisch beliebig schnell gestalten. Diese Eigenschaft besitzt auch ein reiner I-Regler (d. h. $K_P = 0$). Ein PI-Regler liefert aber eine schnellere Reaktion des Regelkreises. Die stationäre Genauigkeit ist durch den I-Anteil des Reglers stets gegeben.

4.2.2.3 PI-Regler und PT$_1$-Strecke

Die Strecke besitzt die Übertragungsfunktion

$$G(s) = \frac{K_{PS}}{1 + Ts}$$
(4.46)

und der Regler ist gemäß (4.43) definiert. Die charakteristische Gleichung des Regelkreises erhält man dann zu

$$s^2 + \frac{1 + K_P K_{PS}}{T} s + \frac{K_I K_{PS}}{T} = 0 \; .$$
(4.47)

Aus (4.47) sieht man unmittelbar, dass die Nullstellen der charakteristischen Gleichung durch geeignete Wahl der Reglerparameter frei einstellbar sind. Die Dynamik des Regelkreises lässt sich auch hier theoretisch beliebig schnell gestalten. Stationäre Genauigkeit ist durch den I-Anteil des Reglers ebenfalls immer gegeben.

4.2.2.4 PI-Regler und PT$_2$-Strecke

Bei dieser Kombination kann man die Dynamik des Regelkreises nicht mehr frei bestimmen. Durch eine ungeschickte Wahl der Reglerparameter kann der Regelkreis auch instabil werden. Die hier vorgestellten Methoden lassen sich sinngemäß auch auf Strecken höherer Ordnung übertragen. Zur Auslegung der Reglerparameter werden nun vier Möglichkeiten diskutiert:

- **Kürzung** der dominanten Streckenzeitkonstanten,
- das **Betragsoptimum**, FÖLLINGER [4.9],
- die Methode der **Betragsanpassung**, LATZEL [4.8],
- die Methode der **gestuften Dämpfung**, SCHAEDEL [4.10], [4.11].

Kürzung oder **Kompensation**. Die Streckenübertragungsfunktion laute:

$$\boxed{G_S(s) = \frac{K_{PS}}{(1 + T_1 s)(1 + T_2 s)}} \qquad (4.48)$$

Ist T_1 die dominante (hier größte) Zeitkonstante, so liegt es nahe, die Nachstellzeit des Reglers mit

$$\boxed{T_n = T_1} \qquad (4.49)$$

zu wählen. Damit wird die Auswirkung der größten Zeitkonstanten im Führungsverhalten kompensiert. Den verbleibenden Proportionalbeiwert K_P des Reglers kann man z. B. so bemessen, dass die Dämpfung ϑ des verbleibenden PT$_2$-Gliedes der Führungsübertragungsfunktion einen vorgeschriebenen Wert (z. B. $\vartheta = 1/\sqrt{2}$) annimmt oder dass eine definierte Phasenreserve gegeben ist ($\rightarrow$ Abschnitt 4.1.2).

Der Nachteil dieser Auslegung besteht darin, dass die gekürzte dominante Streckenzeitkonstante T_1 wieder im Nenner der Störübertragungsfunktion

$$\boxed{G_Z(s) = \frac{G_S(s)}{1 + G_R(s)\,G_S(s)}} \qquad (4.50)$$

erscheint und damit das Störverhalten dominant bestimmt. Die T_1 zugeordnete Eigenbewegung der Strecke ist durch die Kürzung nicht mehr über die Führungsgröße w, wohl aber über die Störgröße z steuerbar! Die anderen oben genannten Entwurfsverfahren vermeiden die Kürzung und führen erfahrungsgemäß sowohl im Führungsverhalten als auch im Störverhalten zu einer brauchbaren Dynamik.

Betragsoptimum. Hier legt man den Regler so aus, dass der Betrag

$$A_W(\omega) = |G_W(j\omega)| = \left| \frac{G_R(j\omega) G_S(j\omega)}{1 + G_R(j\omega) G_S(j\omega)} \right| \tag{4.51}$$

des Frequenzgangs $G_W(j\omega)$ der Führungsübertragungsfunktion $G_W(s)$ für einen möglichst großen Bereich um $\omega = 0$ den Wert 1 annimmt. Nach FÖLLINGER [4.9] erhält man dann für die Reglerparameter

$$\begin{aligned} K_P &= \frac{1}{2\,K_{PS}} \frac{T_1^2 + T_2^2}{T_1 T_2} \\ T_n &= \frac{(T_1 + T_2)(T_1^2 + T_2^2)}{T_1^2 + T_2^2 + T_1 T_2} \end{aligned} \tag{4.52}$$

Damit ist der PI-Regler bestimmt. Die Erfahrung zeigt, dass das Betragsoptimum sowohl im Führungs- als auch im Störverhalten gute Ergebnisse liefert; siehe z. B. BECKER et al. [4.20].

Betragsanpassung. Bei dieser Methode betrachtet man diejenige Kreisfrequenz ω_{03}, bei welcher der Amplitudengang

$$A(\omega_{03}) = \frac{K_{PS}}{\sqrt{1 + (T_1 \omega_{03})^2}\sqrt{1 + (T_2 \omega_{03})^2}} \overset{!}{=} \frac{K_{PS}}{\sqrt{2}} \tag{4.53}$$

der Strecke um den Faktor $1/\sqrt{2}$ entsprechend ca. –3 dB gegenüber dem Wert bei $\omega = 0$ abgesunken ist. Man setzt nun

$$T_n = \frac{1}{\omega_{03}}. \tag{4.54}$$

Damit ist *keine* Kürzung verbunden, da in ω_{03} beide Zeitkonstanten eingehen. Durch diese Wahl von T_n erreicht man, dass der Amplitudengang im BODE-Diagramm über einen möglichst weiten Frequenzbereich nur mit etwa −20 dB pro Dekade abfällt. Deshalb heißt das Verfahren auch **Betragsanpassung**. K_P stellt man z. B. so ein, dass die Führungssprungantwort einen vorgeschriebenen Überschwinger besitzt bzw. eine gewünschte Phasenreserve (→ Abschnitt 4.2.2) erreicht wird.

Die Methode der Betragsanpassung liefert ähnliche Ergebnisse wie das Betragsoptimum (→ Abschnitt 4.2 und unten). Es sei hier noch angemerkt, dass man mit einem PID-Regler die Dynamik des Regelkreises wiederum frei vorgeben kann.

Gestufte Dämpfung. Zunächst wird unabhängig von der Problemstellung die Führungsübertragungsfunktion eines Regelkreises

$$G_W(s) = \frac{1}{1 + a_1 s + a_2 s^2 + a_3 s^3}$$
(4.55)

betrachtet. Es soll zunächst die Frage untersucht werden, bei welchen Werten der Koeffizienten a_1, a_2 und a_3 in (4.55) der Betrag von $G_W(j\omega)$ (also der Amplitudengang) für einen möglichst großen Frequenzbereich um $\omega = 0$ den Wert 1 annimmt. Hier wird also wieder eine ähnliche Problemstellung wie beim Betragsoptimum betrachtet. Elementare Rechnungen ergeben die Bedingungen

$$\begin{aligned} a_1^2 - 2\, a_2 &= 0 \\ a_2^2 - 2\, a_1 a_3 &= 0 \end{aligned}$$
(4.56)

Sind diese Bedingungen erfüllt, so ist das Nennerpolynom in (4.55) ein so genanntes **BUTTERWORTH-Polynom** dritter Ordnung. Die Beziehungen in (4.56) dienen nun als *Entwurfsgleichungen*, indem man formal Dämpfungsfaktoren ϑ_0 und ϑ_1 wie folgt einführt:

$$\begin{aligned} a_1^2 - 4\vartheta_0^2 a_2 &= 0 \\ a_2^2 - 4\vartheta_1^2 a_1 a_3 &= 0 \end{aligned}$$
(4.57)

Sind beide Dämpfungsfaktoren identisch mit $1/\sqrt{2}$, so sind die betragsoptimalen Bedingungen (4.56) erfüllt. Wie kann man nun mit den vorstehenden Betrachtungen einen PI-Regler entwerfen?

Dazu betrachtet man nochmals die PI-Reglerübertragungsfunktion

$$G_R(s) = K_P + \frac{K_P}{T_n s} = \frac{K_R}{s}(1 + T_n s)$$
$$K_R = \frac{K_P}{T_n}$$
(4.58)

Das Zählerpolynom $1 + T_n s$ in (4.58) wird zunächst der Strecke in (4.48) zugeschlagen; dies ergibt die „geformte" Übertragungsfunktion

$$G_F(s) = \frac{K_{PS}(1 + T_n s)}{(1 + T_1 s)(1 + T_2 s)}$$
(4.59)

Nimmt man den Kehrwert der TAYLOR-Näherung

$$\frac{1}{1 + T_n s} = 1 - T_n s + T_n^2 s^2 - T_n^3 s^3 + \ldots$$

bis zum quadratischen Glied $T_n^2 s^2$, setzt dies in (4.59) ein und berücksichtigt im Nenner wiederum nur Terme bis zweiter Ordnung, so ergibt sich für $G_F(s)$

$$G_F(s) = \frac{1}{1 - T_n s + T_n^2 s^2} \frac{K_{PS}}{(1 + T_1 s)(1 + T_2 s)}$$
$$\approx \frac{K_{PS}}{1 + \tilde{a}_1 s + \tilde{a}_2 s^2}$$
(4.60)

wobei

$$\tilde{a}_1 = T_1 + T_2 - T_n$$
$$\tilde{a}_2 = T_1 T_2 + T_n^2 - (T_1 + T_2) T_n$$
(4.61)

gilt. Die Verwendung der vorstehenden TAYLOR-Näherung hat den Sinn, die geformte Streckenübertragungsfunktion $G_F(s)$ in (4.59) in die nullstellenfreie Form in (4.60) zu überführen. Diese ergibt dann zusammen mit dem noch zu berücksichtigenden I-Anteil des Reglers wieder eine Führungsübertragungsfunktion $G_W(s)$ wie in (4.55), die zum Reglerentwurf herangezogen wird. Berücksichtigt man weiterhin den noch fehlenden I-Anteil K_R/s des Reglers und berechnet die Führungsübertragungsfunktion $G_W(s)$ mit der Streckennäherung in (4.60), so erhält man

$$G_W(s) = \cfrac{1}{1 + \cfrac{1}{K_R K_{PS}} s + \cfrac{\tilde{a}_1}{K_R K_{PS}} s^2 + \cfrac{\tilde{a}_2}{K_R K_{PS}} s^3} \quad . \tag{4.62}$$

Ein Vergleich mit (4.44) liefert

$$a_1 = \frac{1}{K_R K_{PS}}, \; a_2 = \frac{\tilde{a}_1}{K_R K_{PS}}, \; a_3 = \frac{\tilde{a}_2}{K_R K_{PS}} \tag{4.63}$$

Die Entwurfsgleichungen (4.57) dienen nun zur Berechnung der noch fehlenden Reglerparameter K_P und T_n, wobei man die Zahlenwerte der Dämpfungsfaktoren ϑ_0 und ϑ_1 dazu benutzt, den Entwurf „normal" oder „scharf" zu gestalten. Deshalb heißt dieses Entwurfsverfahren auch **Methode der gestuften Dämpfung**. Aus (4.57) lässt sich erst T_n, anschließend K_P berechnen. Zusammenfassend kann man feststellen, dass die Methode der gestuften Dämpfung zunächst den gleichen Ansatz wie die des Betragsoptimums benutzt. Aus den daraus resultierenden Bedingungen für eine Führungsübertragungsfunktion dritter Ordnung lassen sich dann unter Einsatz von Näherungen und zusätzlichen Dämpfungsfaktoren gestufte Entwurfsgleichungen für die Reglerparameter formulieren.

4.2.2.5 PI(D)-Regler und PT_n-Strecke

Die Regelstrecke hat die Übertragungsfunktion

$$G_S(s) = \frac{K_{PS}}{(1 + T_1 s)(1 + T_2 s) \ldots (1 + T_n s)} \quad .$$

Oft benutzt man für solche aperiodische Strecken mit Ausgleich die experimentell ermittelte Näherung einer Reihenschaltung von PT_n-Gliedern mit gleichen Zeitkonstanten ($\rightarrow$ Abschnitt 2.5.2) gemäß

$$G_S(s) = \frac{K_{PS}}{(1 + Ts)^n} \quad . \tag{4.64}$$

Hier lässt sich nach den gleichen Methoden wie bei der Kombination PI-Regler und PT_2-Strecke ein Reglerentwurf durchführen:

- **Kürzung** oder **Kompensation**. Der Reglerzähler kürzt eine bzw. zwei dominante Zeitkonstanten der Strecke. Der Proportionalbeiwert K_P wird etwa mittels der Frequenzkennlinie so ausgelegt, dass eine

vorgegebene Phasenreserve (z. B. $\varphi_\mathrm{m} = 60°$) eingehalten wird. Ein Nachteil dieser Methode besteht wiederum darin, dass die Zeitkonstanten wegen der Kürzung im Störverhalten wieder auftreten.
- **Betragsoptimum.** Man wendet das Betragsoptimum an, wobei die Ergebnisse besonders einfach werden, wenn mit der Näherung (4.64) gearbeitet wird (→ Abschnitt 4.4).
- **Betragsanpassung.** Man wendet die Methode der Betragsanpassung an. Diese lässt sich sinngemäß auf PID-Regler erweitern, indem man den Reglerzähler so auslegt, dass dieser Frequenzen ω_{03} und ω_{06} kompensiert, bei welchen der Amplitudengang der Strecke um $1/\sqrt{2}$ (–3 dB) und 0,5 (–6 dB) gegenüber $\omega = 0$ abfällt; LATZEL [4.8]. Die Ergebnisse werden wiederum besonders einfach, wenn man die Näherung (2.55) benutzt (→ Abschnitt 2.5.2.3). In Tabelle 4.6 (→ Abschnitt 4.4.3.2) ist K_P so bemessen, dass sich ein Überschwinger von etwa 10 % im Führungsverhalten ergibt. Weitere mögliche Einstellungen, die ggf. auch die Abtastzeit berücksichtigen, sind LATZEL [4.21] zu entnehmen.
- **Gestufte Dämpfung.** Man wendet die Methode der gestuften Dämpfung an. Die Strecke wird dabei durch ein System zweiter (bei PI-Reglern) bzw. dritter Ordnung (bei PID-Reglern) angenähert, indem man im Nenner nur Potenzen bis zur Ordnung 2 bzw. 3 berücksichtigt. Nach ähnlichen Methoden wie oben lassen sich PI- und PID-Reglerparameter ermitteln.

4.2.2.6 P(I)-Regler und Totzeit-Strecke

Zunächst sei der Regler ein reiner P-Regler und die Strecke durch

$$G_\mathrm{S}(s) = K_\mathrm{PS}\, \mathrm{e}^{-T_\mathrm{t} s} \tag{4.65}$$

gegeben. Bei der Regelung mit einem P-Regler folgt die charakteristische Gleichung zu

$$1 + K_\mathrm{P}\mathrm{e}^{-T_\mathrm{t} s} = 0 \tag{4.66}$$

Zu (4.66) gehören die Lösungen

$$s_k = -\frac{1}{T_\mathrm{t}}\ln\left|\frac{1}{K_\mathrm{P}}\right| + \mathrm{j}\pi \cdot (2k+1) \tag{4.67}$$

$k = \pm 0, 1, 2, \ldots$

Aus (4.67) erkennt man, dass der Regelkreis für $K_P > 1$ instabil wird. Weiterhin besitzt der Regelkreis keine stationäre Genauigkeit. Setzt man nun einen PI-Regler ein und legt diesen nach dem Betragsoptimum aus, so erhält man das Ergebnis einfach mit Tabelle 4.4 in Abschnitt 4.4, wenn man (4.65) durch

$$G_S(s) = K_{PS}\, e^{-T_t s} = \frac{K_{PS}}{(1 + T_t / n)^n}$$

für $n \to \infty$ approximiert und in Tabelle 4.4 $T = T_t/n$ einsetzt:

$$K_P K_{PS} = \frac{1}{4}\frac{n+2}{n-1}\bigg|_{n \to \infty} = 0{,}25\ ,$$

$$T_n = \frac{2+n}{3}\frac{T_t}{n}\bigg|_{n \to \infty} = 0{,}333 T_t\ .$$

Ähnliche Ergebnisse wurden von SCHLIEßMANN [4.27] experimentell bei der *zeitoptimalen* PI-Regelung von Totzeitsystemen erzielt.

Mit der Methode der Betragsanpassung erhält man aus Tabelle 4.6 für $n = 20$ und $T = T_t/20$:

$K_P = 0{,}206 / K_{PS}\ ,$

$T_n = 0{,}266\, T_t\ .$

Beide Verfahren liefern ähnliche Ergebnisse.

Die Methode der gestuften Dämpfung ergibt für den PI-Regler nach SCHAEDEL [4.10]

$K_P = 0{,}375 / K_{PS}\ ,$

$T_n = 0{,}5\, T_t\ .$

4.2.2.7 PI(D)-Regler und $PT_1 T_t$-Strecke

Dieser Streckentyp dient oft ebenfalls als Approximation von aperiodischen Strecken mit Ausgleich (→ Abschnitt 2.5.2). Die Streckenübertragungsfunktion lautet

$$G_S(s) = K_{PS} \frac{e^{-T_t s}}{1 + Ts} \quad . \tag{4.68}$$

Mehrere Einstellregeln zeigen die Tabellen 4.4 und 4.5, wobei für die Verzugszeit $T_u = T_t$ und für die Ausgleichszeit $T_g = T$ zu setzen ist. Einstellregeln nach dem Betragsoptimum, die hier nicht aufgeführt werden, finden sich in SCHWARZE [4.25]. Die Methode der gestuften Dämpfung wird auch hier angewendet, indem man die Strecke durch eine TAYLOR-Entwicklung des Totzeitgliedes wieder durch ein System zweiter Ordnung annähert.

4.2.3 Regelung von Strecken ohne Ausgleich

In diesem Abschnitt werden die folgenden Regler-Strecken-Kombinationen genauer betrachtet:

- P(I)-Regler und I-Strecke,
- PI(D)-Regler und IT_n-Strecke,
- (P)I-Regler und progressive Strecke.

Auch hier kommen Detailaspekte zum Tragen, welche in Abschnitt 4.4 nicht diskutiert werden.

4.2.3.1 P(I)-Regler und I-Strecke

Die Strecke hat die Übertragungsfunktion

$$G_S(s) = \frac{K_{IS}}{s} \quad . \tag{4.69}$$

Setzt man einen reinen P-Regler ein, so erhält man als charakteristische Gleichung des Regelkreises

$$s + K_{IS} K_P = 0 \quad .$$

Die Nullstelle kann durch eine geeignete Wahl von K_P frei vorgeben werden. Die Dynamik des Regelkreises lässt sich also zumindest theoretisch beliebig schnell auslegen. Im Führungsverhalten besitzt dieser Regelkreis stationäre Genauigkeit. Falls eine Störung am Streckeneingang angreift, kommt es allerdings zu einer bleibenden Regelabweichung, da der P-Regler diese bez. des Streckeingangs kompensieren muss, was jedoch nur mit einer von null verschiedenen Regelabweichung möglich ist. Aus diesem Grunde setzt man für integrale Strecken häufig auch Regler mit I-Anteil ein, was allerdings auch zu deutlichen Nachteilen im Einschwingverhalten führen kann (→ Abschnitt 4.4). Ist der Regler ein PI-Regler gemäß (4.43), so ergibt sich als charakteristische Gleichung:

$$s^2 + K_{IS}K_P s + K_{IS}K_I = 0 \quad . \tag{4.70}$$

Löst man (4.70) nach s auf, so erkennt man, dass die beiden Nullstellen dieser charakteristischen Gleichung ebenfalls durch K_P und K_I frei wählbar sind.

4.2.3.2 PI(D)-Regler und IT$_n$-Strecke

Nach einer grundsätzlichen Betrachtung dieses Streckentyps werden hier die folgenden Entwurfsverfahren kurz diskutiert:

- **symmetrisches Optimum**, LUTZ, WENDT [4.17],
- **Methode der gestuften Dämpfung**, SCHAEDEL [4.10].

Grundsätzliche Betrachtung. Die Strecke besitzt die Übertragungsfunktion

$$G_S(s) = \frac{K_{IS}}{s} \frac{1}{(1+Ts)^n} \quad . \tag{4.71}$$

Zunächst wird den Fall $n = 1$ betrachtet. Der Regler sei ein PI-Regler entsprechend (4.42). In diesem Fall lässt sich die Dynamik des Regelkreises nicht mehr frei durch die Reglerparameter festlegen. Wie die folgende Darstellung zeigt, kann eine ungeschickte Auslegung des Reglers zur Instabilität des Regelkreises führen. Betrachtet man den Frequenzgang des aufgeschnittenen Regelkreises

$$G_0(j\omega) = K_P\left(1 + \frac{1}{T_n j\omega}\right)\frac{K_{IS}}{j\omega}\frac{1}{(1+Tj\omega)} \quad , \tag{4.72}$$

so erhält man für die Phase

$$\varphi(\omega) = -\pi + \arctan(\omega T_n) - \arctan(\omega T) \quad . \tag{4.73}$$

Aus (4.73) geht hervor, dass die Phase für $\omega = 0$ bei $-180°$ beginnt. Damit die Phase oberhalb von $-180°$ verlaufen kann und somit über eine geeignete Wahl von K_P der Regelkreis stabilisierbar ist, muss $T_n > T$ gewählt werden.

Symmetrisches Optimum. Bild 4.11 zeigt den prinzipiellen Verlauf des Amplituden- und Phasengangs, wobei

$$T_n = a^2 T \qquad (4.74)$$

mit $a > 1$ ist.

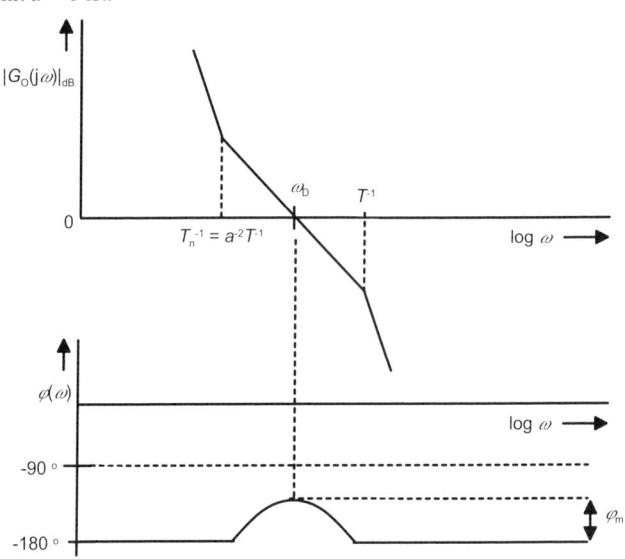

Bild 4.11 Amplituden- und Phasengang beim symmetrischen Optimum

Bild 4.11 gibt außerdem das Prinzip dieses Reglerentwurfs wieder:

- Das Maximum des Phasengangs wird so bemessen, dass sich eine vorgegebene Phasenreserve φ_m ausprägt. Damit liegt T_n fest (s. u.).
- Die Durchtrittsfrequenz ω_D des Amplitudengangs liegt genau im Phasenmaximum, d. h. der Regelkreis besitzt bez. der eingestellten Nachstellzeit T_n die maximal mögliche Phasenreserve. Dadurch ist K_P festgelegt (s. u.).

Die Frequenz ω_D, bei welcher das Phasenmaximum auftritt, errechnet man durch Differenzieren und anschließendes Nullsetzen von (4.73) zu

$$\boxed{\omega_D = \frac{1}{aT}} \quad . \tag{4.75}$$

Einsetzen von (4.75) in (4.73) ergibt für die Phasenreserve

$$\boxed{\varphi_m = \arctan(a) - \arctan\left(\frac{1}{a}\right) = \arctan\left(\frac{1}{2}\left(a - \frac{1}{a}\right)\right)} \quad . \tag{4.76}$$

Die Phasenreserve φ_m hängt also lediglich vom Verhältnis a ab. Gibt man φ_m vor, so ergibt sich nach LUTZ, WENDT [4.17]:

$$\boxed{a = \frac{1 + \sin(\varphi_m)}{\cos(\varphi_m)}} \quad . \tag{4.77}$$

Zum Beispiel erhält man $a = 2 + \sqrt{3}$ für eine Phasenreserve von $\varphi_m = 60°$. Aus a ergibt sich mit (4.61) die Durchtrittskreisfrequenz ω_D. Mit

$$|G_0(j\omega_D)| = A_0(\omega_D) = 1$$

und (4.73) folgt

$$K_P = \frac{1}{aK_{IS}T} \quad .$$

Ist $n > 1$, so kann man in den obigen Formeln an Stelle von T näherungsweise die Summenzeitkonstante $T_\Sigma = nT$ verwenden.

Für das symmetrische Optimum ist charakteristisch, dass sich die Stabilität des Regelkreises sowohl bei einer Vergrößerung als auch bei einer Verkleinerung von K_P verschlechtert, da die Durchtrittsfrequenz im Phasenmaximum liegt. Bedingt durch das Doppel-I-Verhalten des offenen Kreises lassen sich Überschwinger im Führungsverhalten hier ohne zusätzliche Maßnahmen wie z. B. Vorfilter grundsätzlich nicht vermeiden; siehe das Beispiel in Abschnitt 4.4. Eine einfache Abhilfe, die eine signifikante Reduzierung dieses Überschwingens und auch eine Verbesserung des Störverhaltens bewirkt, wird ebenfalls in Abschnitt 4.4 beschrieben. Wird ein PID-Regler eingesetzt, so lässt sich die Dynamik des Regelkreises frei vorgeben.

Gestufte Dämpfung. Die Ergebnisse lauten

$$K_P = \frac{0{,}5}{K_{IS}T} \quad ,$$

$T_n = 4T$.

Dies ist identisch mit dem Ergebnis nach dem symmetrischen Optimum mit $a = 2$.

4.2.3.3 (P)I-Regler und progressive Strecke

Die Strecke besitze die Übertragungsfunktion

$$\boxed{G_S(s) = \frac{K_{PS}}{Ts - 1}} \quad . \tag{4.78}$$

Die Strecke besitzt einen Pol in der rechten s-Halbebene und ist damit instabil. Setzt man einen P-Regler ein, so ergibt sich die charakteristische Gleichung zu

$$Ts + K_P K_{PS} - 1 = 0 \quad .$$

Daraus erkennt man, dass die Dynamik des Regelkreises mit K_P beliebig stabil festzulegen ist. Wird ein PI-Regler verwendet, so folgt für die charakteristische Gleichung des Regelkreises

$$Ts^2 + (K_P K_{PS} - 1)s + K_{PS} K_I = 0 \quad .$$

Die Dynamik des Regelkreises ist hier ebenfalls beliebig stabil festlegbar. Die progressive Regelstrecke lässt sich also problemlos mit einem P- oder mit einem PI-Regler beherrschen. Abschnitt 4.4 gibt für den Fall, dass zu (4.78) noch eine Totzeit hinzutritt, eine Faustformel zur Auslegung eines P-Reglers an.

4.3 Regelungsstrukturen

Wolfgang Schorn, Norbert Große

4.3.1 Folgeregelung

4.3.1.1 Zeitplanregelung

Bei einer **Zeitplanregelung** wird der Sollwert der Regeleinrichtung von einer übergeordneten Instanz (Personal, Steuerung ...) nach einem Zeitplan vorgegeben (*zeitgeführte* Regelung → DIN 19226-5 [4.37].

Eine sehr einfache Zeitplanregelung hat man bei einer linearen Rampe zur Änderung von Sollwerten:

$$w(t) = \begin{cases} w_0 + v_w t & \text{für } w_0 + v_w t < w_E, w_E > w_0 \\ w_0 - v_w t & \text{für } w_0 - v_w t > w_E, w_E < w_0 \\ w_E & \text{sonst} \end{cases} \quad (4.79)$$

$w(t)$: aktueller Sollwert
w_0: Anfangssollwert
w_E: Endsollwert
v_w: Betrag der Änderungsgeschwindigkeit

Gegenüber einem Sollwertsprung erreicht man mit einer Rampe geringeres Überschwingen der Regelgröße (→ Bild 4.12, PT_n-Strecke mit PI-Regler).

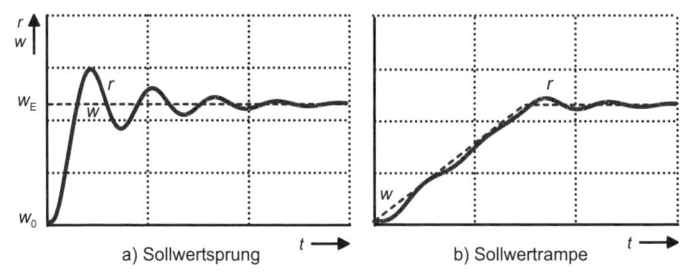

Bild 4.12 Sollwertsprung und -rampe mit Änderung der Regelgröße

Zeitplanregelungen findet man typisch bei Anfahrvorgängen und bei diskontinuierlichen Prozessen der Prozesstechnik; dort werden sie hauptsächlich für Temperaturregelstrecken verwendet. Weiterhin treten sie bei Positioniervorgängen in der Fertigungstechnik auf. Die gewünschten Sollwertverläufe können vom Personal oder mit Funktionsbausteinen, z. B. mit Generatoren für Polygonzüge oder für Spline-Funktionen, erzeugt werden. Häufig setzt man eine Zeitplanregelung ersatzweise dann ein, wenn die aus dem zu führenden Prozess zu gewinnenden Informationen für die Steuerung von Sollwertverläufen nicht ausreichen. Ist etwa bei der Reaktion zweier Komponenten der Umsetzgrad nicht messbar, kann man den Temperatursollwert nach dem Aufheizen so lange konstant halten, bis die Umsetzung entsprechend Laborversuchen oder theoretischen Berechnungen garantiert erfolgt ist, und dann die Reaktionsmasse

z. B. über eine Sollwertrampe abkühlen. Bild 4.13 zeigt in Teilbild a) eine funktionale Darstellung, bei welcher eine Steuerung einen Sollwertverlauf erzeugt.

Bild 4.13 zeigt in Teilbild a) eine funktionale Darstellung, bei welcher eine Steuerung einen Sollwertverlauf erzeugt. In Teilbild b) ist in einem R&I-Fließbild eine Temperaturregelung (T100) wiedergegeben, deren Sollwert von einer Steuerung (K100) geliefert wird.

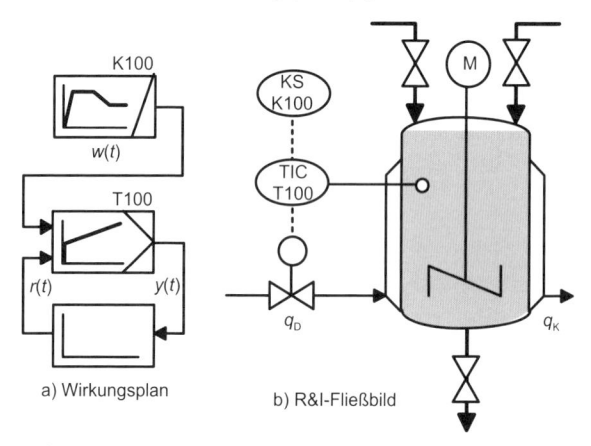

Bild 4.13 Zeitplanregelung

4.3.1.2 Verhältnisregelung

> Bei einer **Verhältnisregelung** werden die Sollwerte w_i von Regelgrößen x_i in vorgegebenen Verhältnissen α_i zu einer mit ihnen korrelierten Größe geführt. Diese Größe kann ein Messwert v, ein Rückführwert r oder ein Sollwert w sein.

Verhältnisregelungen verwendet man hauptsächlich bei Flussregelstrecken (→ STROHRMANN [4.52]). Besonders wichtige Anwendungen sind die **Mehrkomponentenregelung** und die **Regelung von Rücklaufverhältnissen**.

Zweikomponentenregelung. Bild 4.14 zeigt den Wirkungsplan und das R&I-Schema für eine Reaktion zweier Komponenten K und K_1, wobei jeweils Mengenströme zu regeln sind (Zweikomponentenregelung). Der Sollwert w_1 für K_1 wird aus dem Sollwert w für K berechnet über

$$\boxed{w_1 = \alpha_1 w} \qquad (4.80)$$

wobei α_1 das Sollverhältnis der Mengenströme ist: $\alpha_1 = w_1/w$.

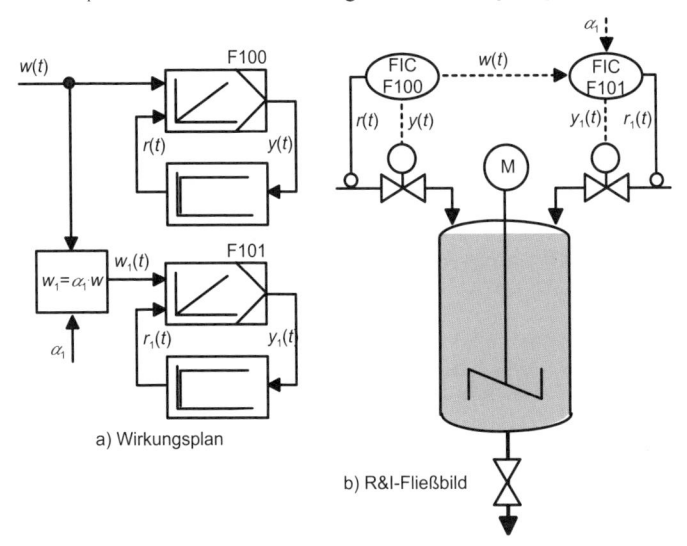

a) Wirkungsplan

b) R&I-Fließbild

Bild 4.14 Zweikomponentenregelung

Wird an Stelle des Mengenstromverhältnisses der Quotient der Gesamtmengen geregelt, spricht man von **In-Line-Blending** ($\to$ Bild 4.15). Dabei ist

$$\boxed{\alpha_{1,\text{Soll}} = \int r_1(t)\mathrm{d}t \,/\, \int r(t)\mathrm{d}t} \;. \qquad (4.81)$$

Gibt man diesen Wert zur Bestimmung des Sollwerts w_1 von K_1 als Verhältnisfaktor α_1 vor, ergibt sich folgende Berechnungsvorschrift:

$$\boxed{w_1(t) = \alpha_1 w(t) + K_{\text{Iw}} \int \big(\alpha_1 w(t) - r_1(t)\big)\mathrm{d}t} \;, \qquad (4.82)$$

wobei K_{Iw} die Geschwindigkeit der Sollwertkorrektur bestimmt. Verlangt man in (4.82) wie in (4.80) $w_1(t) = \alpha_1 w(t)$, so muss der Wert des Integrals in (4.82) zu null werden. Damit resultiert für das Sollverhältnis $\alpha_1 = \int r_1(t)dt / \int w(t)dt$, und für $\int r(t)dt = \int w(t)dt$ hat man in der Tat (4.81) als Sollwert für α_1.

Regelung von Kolonnenrückläufen. Bei Destillationskolonnen werden die über Kopf abgehenden Dämpfe (Brüden) zunächst abgekühlt und somit verflüssigt. Dieses Destillat D besteht bei einem vollständig trennbaren Zweistoffgemisch nahezu ausschließlich aus der leichter siedenden Komponente K_L, enthält aber dennoch einen Restanteil der schwerer siedenden Komponente K_S. Um einen gewünschten Reinheitsgrad, d. h. einen vorgegebenen Maximalanteil von K_S an D zu erreichen, wird lediglich ein Teil des Destillats als *Erzeugnisstrom* q_e entnommen, der Rest wird als *Rücklaufstrom* q_r in die Kolonne zurückgeführt und erneut destilliert (IGNATOWITZ [4.53]). Den Quotienten

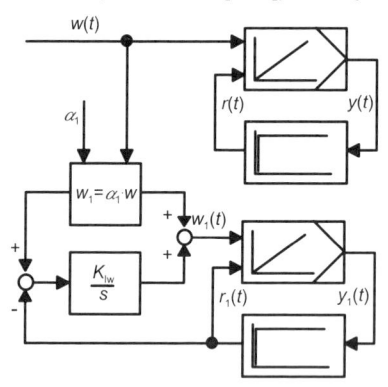

Bild 4.15 In-Line-Blending

$$\alpha = q_r / q_e \qquad (4.83)$$

bezeichnet man als **Rücklaufverhältnis**. Die Werte liegen zwischen 0 (totaler Produktabzug) und ∞ (totaler Rücklauf). Bild 4.16 zeigt den Wirkungsplan und das Fließbild. Hierbei ist v der Messwert des Erzeugnisstroms q_e, r der Rückführwert des Rücklaufstroms q_r. Der Sollwert w des Rücklaufstroms ist $w = \alpha \cdot v$.

a) Wirkungsplan   b) R&I-Fließbild

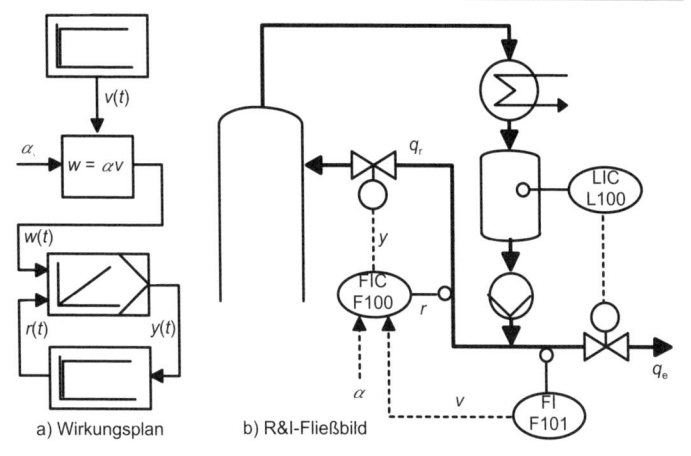

Bild 4.16 Regelung von Rücklaufverhältnissen

4.3.1.3 Kaskadenregelung

> Bei einer **Kaskadenregelung** ist die Stellgröße y_k eines Reglers R_k der Sollwert w_{k+1} eines unterlagerten Reglers R_{k+1} (→ DIN 19226-4 [4.7]). R_k nennt man **Führungsregler**, R_{k+1} **Folgeregler**.

Kaskadenregelungen setzt man häufig ein, wenn der zu regelnde Teilprozess aus einer sequenziellen Folge von Teilregelstrecken besteht, → Bild 4.17. In diesem Bild ist:

G_{Sk}: Übertragungsfunktion der Teilstrecke S_k
G_{Rk}: Übertragungsfunktion des Reglers R_k
G_{Mk}: Übertragungsfunktion der Messeinrichtung M_k

Bei Kaskadenregelkreisen werden im Inneren der Gesamtregelstrecke angreifende Störgrößen von unterlagerten Reglern R_k weitgehend ausgeregelt und wirken sich deutlich schwächer auf den übergeordneten Regler R_{k-1} aus. Weiterhin wird die Dämpfung des Gesamtregelkreises erhöht. Eingesetzt werden fast ausschließlich stetige Regler; schaltende Regler sind zumindest als Führungsregler wenig geeignet. Typische Anwendungen sind in der Verfahrenstechnik Temperatur-Durchfluss- und Stand-Durchfluss-Regelkreise und in der Fertigungstechnik Positionsregelungen von Roboterarmen.

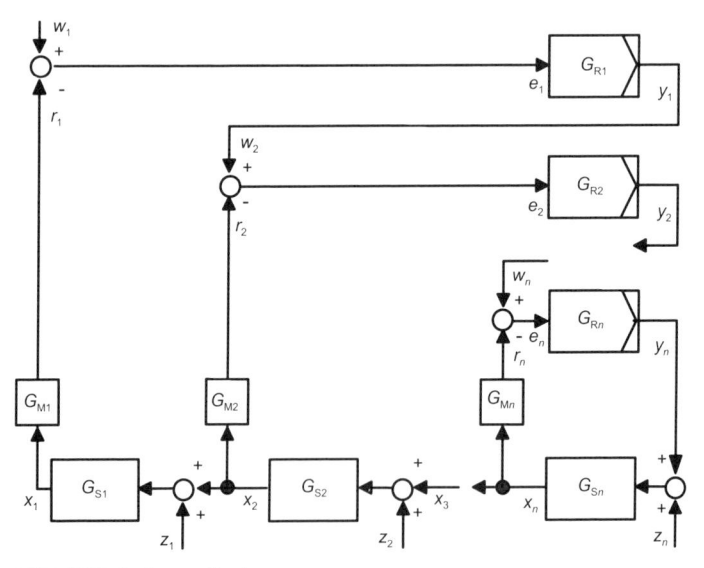

Bild 4.17 Kaskadenregelkreis

Zum Entwurf der einzelnen Regler beginnt man von *innen* nach *außen*. Zuerst wird der innerste Regelkreis ausgelegt, bis er näherungsweise P-Verhalten oder zumindest schnelles PT_1-Verhalten aufweist. Der nächste Regler arbeitet dann wieder mit einer einfachen Teilregelstrecke und ist ebenfalls einfach zu entwerfen. Das Vorgehen wird so lange wiederholt, bis alle Folgeregler und der Führungsregler entworfen sind.

In Bild 4.18 ist eine Temperatur-Durchfluss-Kaskade dargestellt. In diesem Beispiel ist das Produkt im Rührkessel zu erwärmen; hierbei wird angenommen, dass eine Wärmeabfuhr nicht erforderlich ist. Der Folgeregler F100 reagiert auf Schwankungen des Dampfstroms q_D. Für den Führungsregler T100 gilt:

- Führungsübertragungsfunktion:

$$G_W(s) = \frac{r_1(s)}{w_1(s)} = \frac{G_{M1}G_S G_R}{1 + G_{M1}G_S G_R + G_{M2}G_{S2}G_{R2}} \tag{4.84}$$

- Störübertragungsfunktion:

$$G_z(s) = \frac{r_1(s)}{z(s)} = \frac{G_{M1}G_S}{1 + G_{M1}G_SG_R + G_{M2}G_{S2}G_{R2}} \quad (4.85)$$

mit

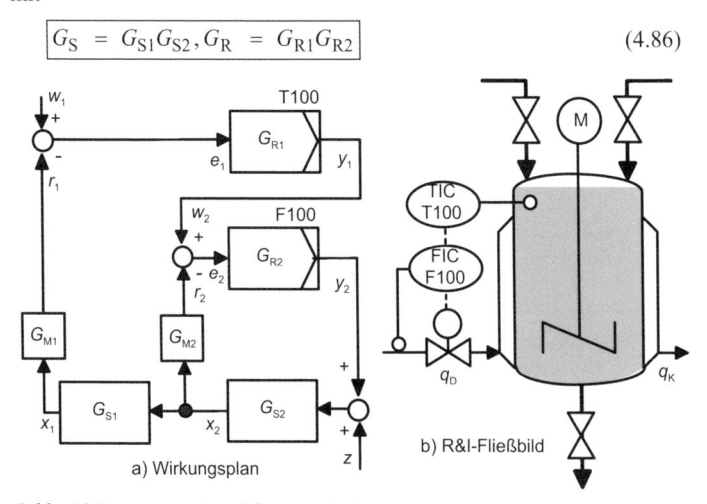

$$G_S = G_{S1}G_{S2}, G_R = G_{R1}G_{R2} \quad (4.86)$$

Bild 4.18 Temperatur-Durchfluss-Kaskade

Im Vergleich zum einschleifigen Regelkreis tritt im Nenner der Frequenzgänge (4.84) und (4.85) der zusätzliche Summand $G_{M2}G_{S2}G_{R2}$ auf, welcher eine erhöhte Dämpfung und – falls kein I-Anteil verwendet wird – eine kleinere bleibende Regeldifferenz bewirkt. Für reine P-Regelung und Strecken mit Ausgleich hat man als reellen statischen Regelfaktor

$$R_F(0) = \frac{1}{1 + K_{PM2}K_{PS}K_{PR} + K_{PM2}K_{PS2}K_{PR2}} \quad (4.87)$$

siehe Abschnitt 4.1. Er ist betragsmäßig kleiner als beim einschleifigen Regelkreis; auch hier erkennt man, dass eine eventuelle bleibende Regeldifferenz kleiner ausfällt.

In Bild 4.19 sind die Antwortfunktionen hinsichtlich Sollwert- und Störgrößensprung für einen einschleifigen Regelkreis (PI-Regelung) und eine Kaskade (PI-P-Regelung) wiedergegeben. Hierbei wurden die Temperaturregler jeweils nach KUHN auf langsames Regelverhalten eingestellt (→ Abschnitt 4.4). Man sieht, dass eine Kaskadenregelung schneller auf Sollwertänderungen reagiert und die Wirkung von Störgrößen mit größerer Dämpfung ausgeregelt wird als beim einschleifigen Regelkreis.

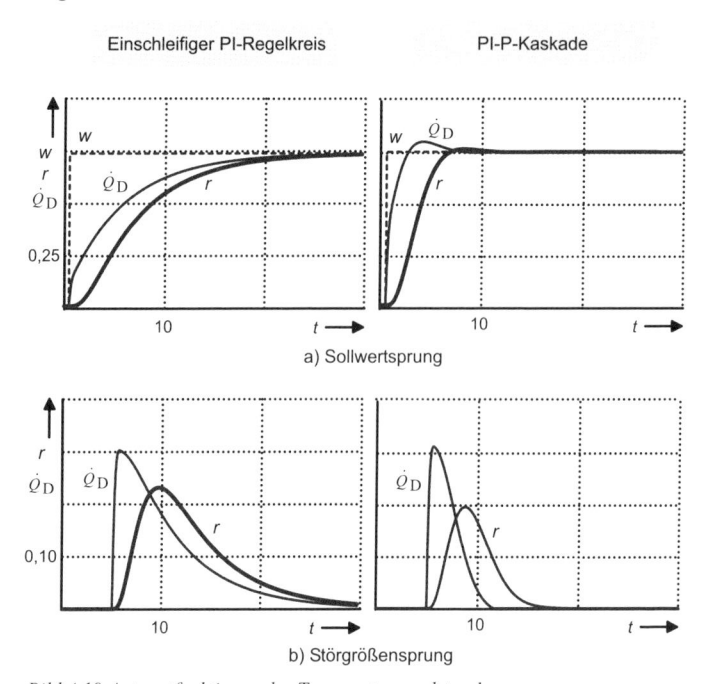

Bild 4.19 Antwortfunktionen der Temperaturregelstrecke

Bild 4.20 zeigt ein Beispiel zur Regelung einer Strecke mit progressivem Verhalten. Nach manuellem Erwärmen des Reaktionsgemischs mit Dampf setzt eine exotherme Reaktion ein, deren Wärme über Kühlwasser abgeleitet wird. Auch hier kann man eine PI(D)-P-Kaskade verwenden; beiden Reglern wird die gleiche Rückführgröße (Temperaturmesswert) zugeführt. Der unterlagerte P-Regler T101 dient zum Stabilisieren der Strecke; er wird so eingestellt, dass ein Sollwertsprung zu einer überschwingfreien Sprungantwort führt (→ Abschnitt 4.3). Für den Führungsregler T100 liegt somit eine Strecke mit Ausgleich vor; auf Grund seines I-Anteils verhindert er das Auftreten einer bleibenden Regeldifferenz. Dem Folgeregler T101 kann man noch einen Flussregler unterordnen, welcher Schwankungen des Kühlwasserstroms q_W kompensiert.

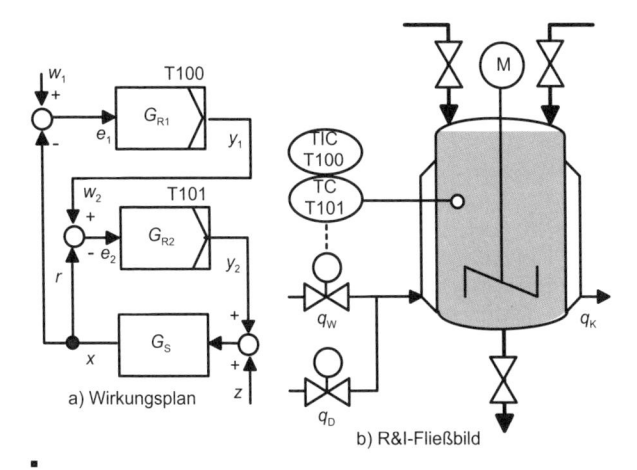

Bild 4.20 Kaskade für eine exotherme Temperaturregelstrecke

In [4.30] gibt PREßLER für eine aus zwei Reglern bestehende Kaskade und Regelstrecken mit Ausgleich Hinweise, welche folgend leicht modifiziert angeführt seien:

- Grundsätzlich eignet sich am besten eine PI(D)-P(D)-Kaskade, falls für den Folgeregelkreis eine bleibende Regeldifferenz toleriert werden kann.
- Die Rückführgröße des Folgereglers sollte so nah wie möglich am Störort abgegriffen werden.
- Bei gleichmäßig über die Gesamtstrecke verteilten Störungen sowie für optimales Führungsverhalten sollte die Ordnung der Strecke für den Folgeregelkreis etwa von der halben Ordnung der Gesamtregelstrecke sein.

4.3.2 Hilfsgrößenaufschaltungen
4.3.2.1 Störgrößenaufschaltung

> Bei einer **Störgrößenaufschaltung** (*feedforward control*) wird die Hauptstörgröße z erfasst und der Regeleinrichtung als zusätzliche Eingangsgröße zugeführt ($\rightarrow$ DIN 19226-4 [4.7]). Ist diese Störgröße ein Maß für den Anlagendurchsatz, spricht man auch von **Lastaufschaltung**.

Die Zuführung kann am Ausgang oder (seltener) am Eingang des Reglers erfolgen. Bei Zweipunktreglern ist nur eine Aufschaltung am Reglereingang möglich. Erfasst wird z als Messwert oder – falls die Störgröße ebenfalls geregelt wird – als Sollwert. Ziel der Aufschaltung ist in jedem Fall eine unmittelbare Reaktion auf eine Störgrößenänderung unter Umgehen der Verzögerungen, welche durch die Streckendynamik bedingt sind. Bild 4.21 zeigt ein Beispiel als Wirkungsplan.

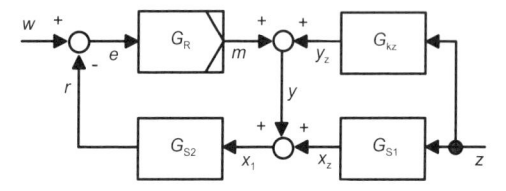

Bild 4.21 Typische Störgrößenaufschaltung

Hierbei greift z vor dem ersten, vom Regler nicht beeinflussten Streckenabschnitt ein; die Wirkung soll durch eine Aufschaltung mit der Übertragungsfunktion G_{kz} auf das Reglerausgangssignal m so weit wie möglich kompensiert werden. Dabei ist

- Rückführgröße:

$$r = \frac{G_{S2} G_R}{1 + G_{S2} G_R} w + \frac{G_{S2}(G_{kz} + G_{S1})}{1 + G_{S2} G_R} z \qquad (4.88)$$

- Störübertragungsfunktion:

$$G_z = \frac{G_{S2}(G_{kz} + G_{S1})}{1 + G_{S2} G_R} \qquad (4.89)$$

- y-Korrektur:

$$y_z = G_{S2}(G_{kz} + G_{S1})z \qquad (4.90)$$

Soll der Einfluss von z auf r vollständig verschwinden, muss

$$G_{kz} = -G_{S1} \qquad (4.91)$$

gewählt werden. In der Praxis wird G_{kz} meist nicht exakt realisiert; oft genügt eine proportionale oder nachgebende Aufschaltung zur näherungsweisen Kompensation im Stationärzustand. Störgrößenaufschaltungen können auch noch nach Auslegung des Reglers vorgenommen werden; sie haben keinen Einfluss auf die Parameter und die Stabilität des Regelkreises. Sie beeinflussen nur den Zähler der Übertragungsfunktion.

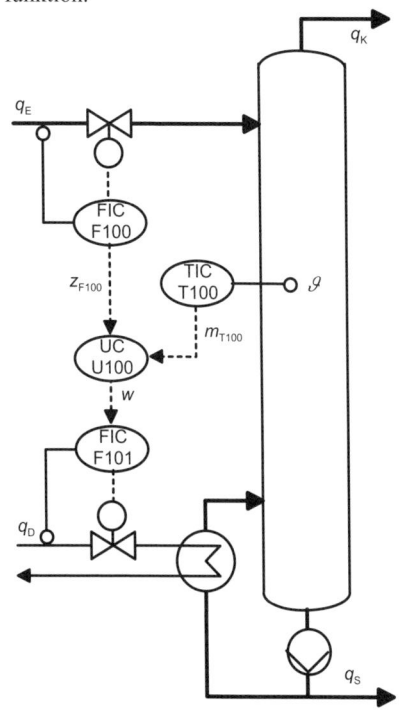

Bild 4.22 Lastaufschaltung bei einer Trennkolonne

Eine typische verfahrenstechnische Anwendung gibt Bild 4.22 wieder. Hierbei wirken sich Änderungen in der Zufuhr q_e des zu trennenden

Einsatzgemischs auf die Temperatur ϑ aus. Der zum Heizen erforderliche Dampfstrom q_D ist stationär proportional zu q_e; die Störgrößenaufschaltung U100 bildet aus dem Rückführwert oder Sollwert der Störgröße $z_{F100} = q_e$ eine additive Stellwertkorrektur y_z für die Ausgangsgröße m_{T100} des Temperaturreglers T100 zu

$$y_z = K_{Pz} z_{F100} \qquad (4.92)$$

mit dem Proportionalitätsfaktor K_{Pz}. Der vom Regler T100 gelieferte Ausgangswert m_{T100} wird somit von der Verknüpfungssteuerung U100 umgeformt und als Stellwert

$$y_{T100} = K_{Pz} z_{F100} + m_{T100} \qquad (4.93)$$

dem Dampfstromregler F101 als Sollwert zugeführt (Kaskade).

Ein weiteres Beispiel ist die Füllstandsregelung in einer Dampftrommel (→ Kap. 2, Bild 2.20). Hierbei wird ungeregelt zugeführtes Wasser-Dampf-Gemisch gesammelt und teilweise wieder als Dampf abgegeben; Füllstandsverluste werden durch Frischwasserzugabe ausgeglichen. Änderungen in der Gemischzufuhr kann man durch Aufschalten des Volumenstroms als Störgröße auf das nachgezogene Frischwasser weitgehend ausgleichen, so dass die Füllstandsregelung lediglich verhalten eingreifen muss.

4.3.2.2 Arbeitspunkteinstellung

Bei Strecken mit Ausgleich kann man die vorstehende Störgrößenaufschaltung dahin gehend erweitern, dass man auch den Reglersollwert direkt zur Stellsignalbildung heranzieht (**Führungsgrößenaufschaltung** nach DIN 19226-4 [4.7]) und somit eine **Arbeitspunkteinstellung** vornimmt, siehe Bild 4.23. Arbeitspunkteinstellungen sind insbesondere für Regler ohne I-Anteil nützlich, da sie ganz wesentlich zur Verringerung der bleibenden Regeldifferenz beitragen. Stationär besteht zwischen r, y und z allgemein der Zusammenhang

$$\begin{aligned} r_R &= f(y_R, z_R) \\ y_R &= g(r_R, z_R) \end{aligned} ; \qquad (4.94)$$

im einfachsten Fall hat man

$$r_R = K_{PS} y_R + K_{Pz} z_R \quad . \qquad (4.95)$$

4.3 Regelungsstrukturen

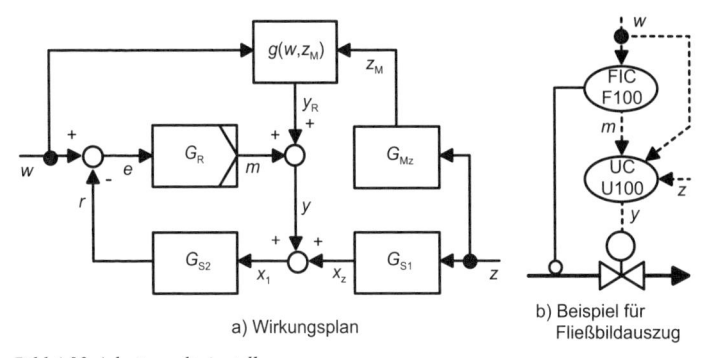

Bild 4.23 Arbeitspunkteinstellung

a) Wirkungsplan
b) Beispiel für Fließbildauszug

Ersetzt man in (4.95) die Beharrungswerte r_R und z_R durch den Sollwert w bzw. den gemessenen Störwert z_M, ergibt sich für den y-Wert im Arbeitspunkt:

$$y_R = \frac{1}{K_{PS}}(w - K_{Pz}z_M) \tag{4.96}$$

Wenn die Regelung in einem Prozessleitsystem realisiert wird, kann man y_R aus einem Kennlinienfeld gewinnen (→ Bild 4.24).

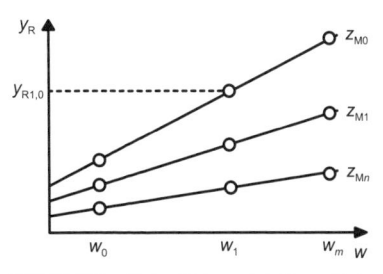

Bild 4.24 Kennlinienfeld zur Arbeitspunkteinstellung

Hierzu fasst man den Stellwert als abhängige Variable auf und erstellt für ausgewählte Arbeitspunkte eine Tabelle. Für $w_j \leq w \leq w_{j+1}$, $z_{Mk} \leq z_M \leq z_{Mk+1}$ erhält man dann y_R z. B. durch lineares Interpolieren:

$$y_R = y_{Rj,k} + \frac{y_{Rj+1,k} - y_{Rj,k}}{w_{j+1} - w_j}(w - w_j)$$
$$+ \frac{y_{Rj,k+1} - y_{Rj,k}}{z_{Mk+1} - z_{Mk}}(z_M - z_{Mk})$$
(4.97)

4.3.3 Regelungen mit mehreren Prozessgrößen

4.3.3.1 Einflussgrößenaufschaltung

Bei einer **Einflussgrößenaufschaltung** wird die Rückführgröße r aus anderen Messgrößen v_i berechnet; BIRK, in [4.54].

Wärmestromregelung. Ein Beispiel für eine solche Aufschaltung ist die Regelung der Innentemperatur eines Behälters über den zugeführten Wärmestrom $\dot{Q}_D$, siehe Bild 4.25. Der Wärmestrom $\dot{Q}_D$ kann nach DOBRINSKI et al. [4.55] aus dem Volumenstrom q_D und der Betriebsmitteltemperatur ϑ bei konstantem Druck p z. B. nach (4.98) bestimmt werden.

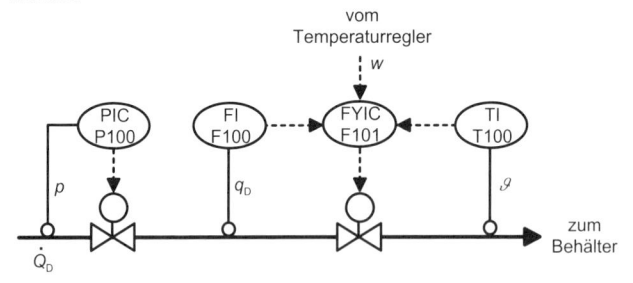

Bild 4.25 Wärmestromregelung mit Vorregelung

$$\begin{aligned} \dot{Q}_D &= c_p \dot{m}_D \vartheta \\ \dot{m}_D &= \rho \cdot q_D \\ \rho &= \rho_0 (1 + \gamma \cdot \Delta\vartheta) \end{aligned}$$
(4.98)

c_p: Spezifische Wärmekapazität [J/kg K]
$\dot{m}_D$: Massenstrom [kg/h]
ρ: Dichte [kg/m^3]

ρ_0: Dichte bei $\vartheta = \vartheta_0$ (Bezugstemperatur)
$\Delta\vartheta$: $\vartheta - \vartheta_0$ [°C]
γ: Volumenausdehnungskoeffizient [°C^{-1}]

Der Druck p lässt sich durch einen eigenen vorgelagerten Regler konstant halten (**Vorregelung**). Während die in Abschnitt 4.2.1.3 beschriebene Temperaturregelung lediglich auf Änderungen im Volumenstrom q_D reagiert, erfasst die Einflussgrößenaufschaltung auch Änderungen der Betriebsmitteltemperatur und -dichte.

Genauigkeitsbetrachtungen. Bei Verwendung zusammengesetzter Rückführgrößen vergrößert sich die Ungenauigkeit gegenüber einfachen Messgrößen. Für den **absoluten Fehler** Δx der Regelgröße x gilt die Abschätzung

$$|\Delta x| \leq \left| \frac{\partial x}{\partial x_1} \Delta x_{1\max} \right| + \ldots + \left| \frac{\partial x}{\partial x_n} \Delta x_{n\max} \right| \tag{4.99}$$

$\Delta x \quad = x - r$
$\Delta x_k \quad = x_k - r$
$x \quad$: Regelgröße
$r \quad$: Rückführgröße zu x
$x_k \quad$: Prozessgröße k
$v_k \quad$: Messgröße zu x_k
$\partial x / \partial x_k \quad$: partielle Ableitung von $x = f(x_1, \ldots, x_n)$ nach x_k
$\Delta x_{k\max} \quad$: maximaler absoluter Messfehler von x_k

Die Fehler der Einzelmessungen summieren sich also mit Gewichtsfaktoren $\partial x / \partial x_k$, LAUGWITZ [4.56]. Der prozentuale Fehler δx von x ist

$$\delta x = 100 \cdot \left| \frac{\Delta x}{x} \right| \% . \tag{4.100}$$

Bei der Berechnung eines Massenstroms $\dot{m}$ aus einem Volumenstrom q mit der Dichte ρ hat man beispielsweise

$$\begin{aligned} \dot{m} &= \rho \cdot q \\ \frac{\partial \dot{m}}{\partial \rho} &= q, \quad \frac{\partial \dot{m}}{\partial q} = \rho \end{aligned} \tag{4.101}$$

also

$$\begin{aligned} |\Delta \dot{m}| &\leq |\dot{Q} \cdot \Delta \rho_{\max}| + |\rho \cdot \Delta \dot{Q}_{\max}| \\ |\delta \dot{m}| &\leq 100 \cdot \frac{|\dot{Q} \cdot \Delta \rho_{\max}| + |\rho \cdot \Delta \dot{Q}_{\max}|}{|\rho \cdot \dot{Q}|} \% \end{aligned} \qquad (4.102)$$

Da die tatsächlichen Werte q und ρ nicht bekannt sind, setzt man an ihrer Stelle die gemessenen Werte q_M bzw. ρ_M als Schätzwerte ein.

Die Fehlerschranken $|\Delta x_{k\max}|$ sind den Herstellerangaben zu den Messeinrichtungen zu entnehmen. Oft hat man prozentuale Angaben $\delta x_{k\max}$:

$$\delta x_{k\max} = 100 \cdot \left|\frac{\Delta x_{k\max}}{x_k}\right| \% \qquad (4.103)$$

aus welchen sich die absoluten Schranken ermitteln lassen:

$$|\Delta x_{k\max}| = \frac{\delta x_{k\max}}{100\,\%} |x_k| \qquad (4.104)$$

4.3.3.2 Ablöseregelung

Bei einer **Ablöseregelung** (*alternative control*, *override control*) wirken mehrere Regler auf *ein* Stellglied. Je nach Aufgabenstellung wird der größte oder der kleinste Stellwert wirksam, DIN 19226-4 [4.7].

Ein Beispiel zeigt Bild 4.26 in Anlehnung an BRECKNER [4.57]. Nach Vorlegen eines Einsatzstoffes E wird dem Behälter über den Flussregler F100 Säure zugeführt, welche mit E exotherm reagiert. Der Temperaturregler T100 bestimmt den Stellwert y_1. Parallel verarbeitet der Regler T101 den Temperaturgradienten $\dot{\vartheta}$ mit dem Sollwert $w = \dot{\vartheta}_{\max}$; er liefert den Stellwert y_2. Die Vergleichsschaltung U100 wählt den kleineren der beiden Stellwerte aus:

$$y = \min(y_1, y_2) \qquad (4.105)$$

Dieser Wert wird dem Flussregler F100 als Sollwert zugeführt. Auf diese Weise kann man einen unerwünschten Temperaturanstieg, welcher das Durchgehen der Reaktion hervorrufen könnte, verhindern. Das weiterhin erforderliche Heiz-/Kühlsystem ist im Bild lediglich angedeutet.

Die gleiche Methode kann dazu beitragen, Schäden an Apparaturen vorzubeugen. So kann man z. B. zusätzlich zur Kesselinnentemperatur ϑ_I die Manteltemperatur ϑ_M erfassen; bei $\vartheta_M > \vartheta_{Mmax}$ schaltet die Regelung von der Innentemperatur auf die Manteltemperatur als Regelgröße um, wobei als Sollwert $w = \vartheta_{Mmax}$ vorgegeben wird.

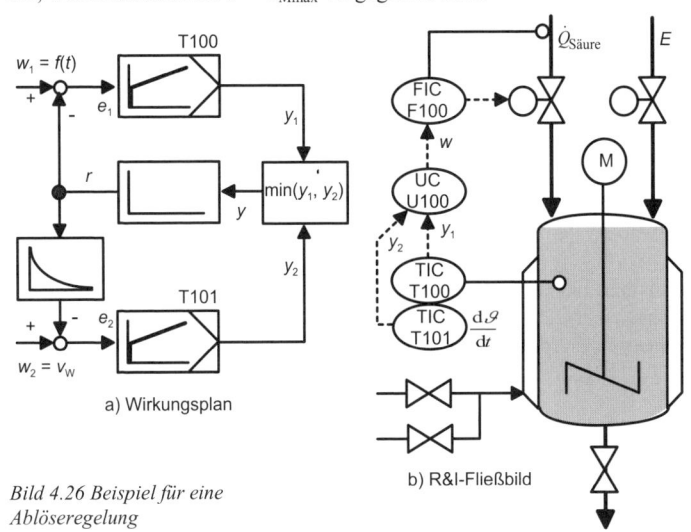

Bild 4.26 Beispiel für eine Ablöseregelung

4.3.3.3 Regelung mit Bereichsaufspaltung

> Bei einer **Regelung mit Bereichsaufspaltung** (*split-range control*) wird der Stellbereich Y_h für das von einem Regler gelieferte Stellsignal y in mehrere Teilbereiche Y_{hk} aufgeteilt, welchen entsprechend viele Stellglieder V_k zugeordnet werden, DIN 19226-4 [4.7].

Diese Teilbereiche können einander überlappen; meist trennt man sie aber durch Sicherheitsbereiche s_{Bj}. In der Praxis werden überwiegend zwei Stellglieder verwendet.

Bild 4.27 zeigt einen typischen Wirkungsplan. Der Regler arbeitet dabei abwechselnd mit verschiedenen Regelstrecken (einer Heiz- und einer Kühlstrecke), worauf bei der Wahl der Reglerparameter zu achten ist; man kann hier etwa eine gesteuerte Adaption anwenden (→ Abschnitt 4.4).

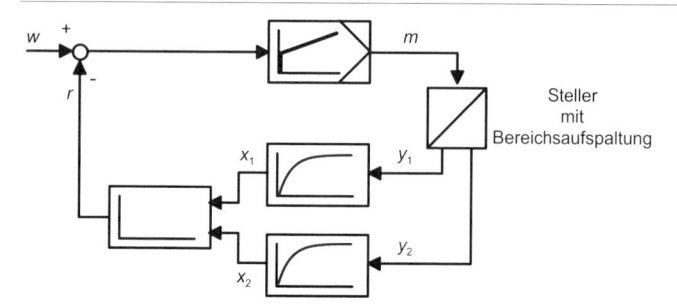

Bild 4.27 Bereichsaufspaltung mit zwei Stellbereichen

Split-Range-Regler findet man beispielsweise bei der Inertisierung von Behältern. Ist der Innendruck zu niedrig, führt man Inertgas (meist Stickstoff N_2) aus dem Gasnetz über ein Stellglied V_1 zu; ist er zu hoch, gibt man über ein anderes Stellglied V_2 einen Teil des überlagernden Gasgemischs ab. Ein Beispiel ist in Bild 4.28 dargestellt. Bei fallender Innentemperatur des Kessels wird zunächst über den Teilstellwert y_W der Kühlwasserstrom q_W reduziert; bleibt die Temperatur zu niedrig, wird über den Teilstellwert y_D der Dampfstrom q_D erhöht. Umgekehrt wird bei zu hoher Innentemperatur verfahren. In Teilbild b) ist ein Sicherheitsbereich s_B eingezeichnet, in welchem beide Stellglieder geschlossen sind. Auf diesen Sicherheitsbereich könnte in diesem Fall auch verzichtet werden, da die Betriebsmittel Dampf und Wasser ohne Risiko mischbar sind.

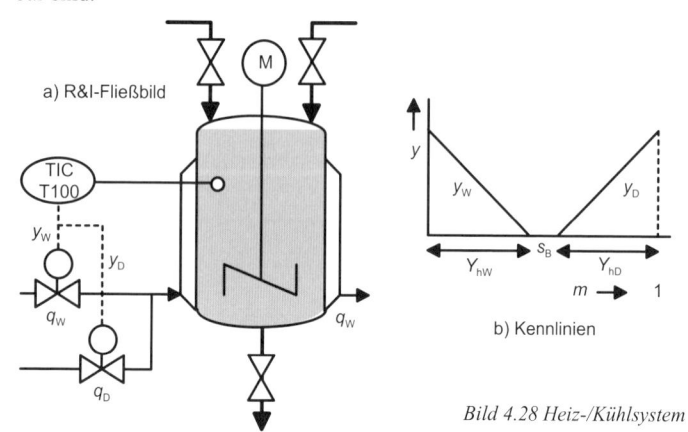

Bild 4.28 Heiz-/Kühlsystem

Als Umschaltpunkt zur Stellgliedansteuerung wählt man in den meisten Fällen $m_0 = 0{,}5$ entsprechend 50 %. Für die Teilstellbereiche gilt dann mit $s_B \geq 0$:

$$\boxed{\begin{aligned} Y_{hW} &= 0\ldots 0{,}5 - \frac{s_B}{2} \\ Y_{hD} &= 0{,}5 + \frac{s_B}{2} \ldots 1 \end{aligned}} \tag{4.106}$$

Für die Teilstellwerte ist dementsprechend

$$\boxed{y_W = \begin{cases} 1 - \dfrac{2m}{1 - s_B} & \text{für } 0 \leq m \leq 0{,}5 - \dfrac{s_B}{2} \\ 0 & \text{sonst} \end{cases}} \tag{4.107}$$

$$\boxed{y_D = \begin{cases} -1 + \dfrac{2(m - s_B)}{1 - s_B} & \text{für } 0 \leq m \leq 0{,}5 - \dfrac{s_B}{2} \\ 0 & \text{sonst} \end{cases}} \tag{4.108}$$

4.4 Reglerparametrierung

Norbert Becker

4.4.1 Einführung

4.4.1.1 Grundsätzliche Vorgehensweise

Dieser Abschnitt beschäftigt sich vorrangig mit der Einstellung der Parameter K_p, T_n (und T_v) eines PI(D)-Reglers für eine gegebene lineare zeitinvariante Strecke so, dass ein gewünschtes Reglerverhalten erreicht wird. Die Beschränkung auf PI(D)-Regler erfolgt bewusst, da diese in der Praxis am häufigsten eingesetzt werden. Davon sind erfahrungsgemäß wiederum die meisten PI-Regler, da der D-Anteil des PID-Reglers oft die Störwelligkeit des Mess-Signals so sehr verstärkt, dass dies zu einer hohen Stellgliedbelastung führt.

Beim Einstellen der Reglerparameter gibt es die folgenden grundsätzlichen Möglichkeiten:

1. Es liegt eine Übertragungsfunktion der Strecke vor. Dann kann man aus der nicht mehr zu überblickenden Zahl mehr oder weniger theoretisch orientierter Reglerentwurfsverfahren einige auswählen und durchführen. Die Erfahrung zeigt jedoch, dass im Industriealltag nur einfache und zielgerichtet durchzuführende Verfahren angewendet werden. Diese werden teilweise in Abschnitt 4.2 und folgend tabellarisch beschrieben.
2. Man stellt Erfahrungswerte für die Reglerparamter ein. Tabelle 4.3 zeigt hierzu typische Einstellbereiche nach SCHLITT [4.12].

Tabelle 4.3 Typische Einstellbereiche für PID-Reglerparameter

Streckentyp	Reglertyp	K_P	T_n	T_v
Temperatur	PID	2 ... 10	1 ... 10 min	0,1 ... 5 min
Druck	PI	3 ... 10	10 ... 10 s	-
Durchfluss	PI	0,5 ... 1	10 ... 30 s	-
Analyse	PID	0,2 ... 0,5	10 ... 20 min	0,1 ... 5 min
Füllstand	P	1	-	-
	PI	2	10 min	-

3. Man ermittelt die Reglerparameter durch mehr oder weniger zielgerichtetes Probieren. Insbesondere bei langsamen Regelstrecken ist diese Vorgehensweise äußerst zeitaufwändig (→ Bild 4.31).
4. Man geht zielgerichtet experimentell vor: Man misst z. B. die Sprungantwort der Strecke von einem Arbeitspunkt aus, wertet diese aus und wendet anschließend eine so genannte Einstellregel für die Reglerparameter an. Wenn die Einstellregel „gut ist", ist damit die Reglereinstellung geglückt.
5. Man wendet einen selbsteinstellenden Regler an (*Self-Tuner*), → Abschnitt 4.5.

In diesem Abschnitt sollen die experimentellen Verfahren von obigem Punkt 4 im Vordergrund stehen. Diese stellen erfahrungsgemäß oft die einzige mögliche Vorgehensweise bei industriellen Anwendungen dar. Weiterhin betrachtet Abschnitt 4.4 vorrangig aperiodische Strecken mit Ausgleich, welche die Hauptanwendungsfälle in der Industrie sind. Für integrale Strecken wird u. a. auf ein Verfahren eingegangen, das diesen Streckentyp wieder auf eine Strecke mit Ausgleich zurückführt. Führungs- und Störgrößen werden näherungsweise als stückweise konstant angesehen.

4.4.1.2 Anforderungen an Regelungen

Anschaulich nachvollziehbare Anforderungen an eine Regelung sind in Bild 4.29 verdeutlicht.

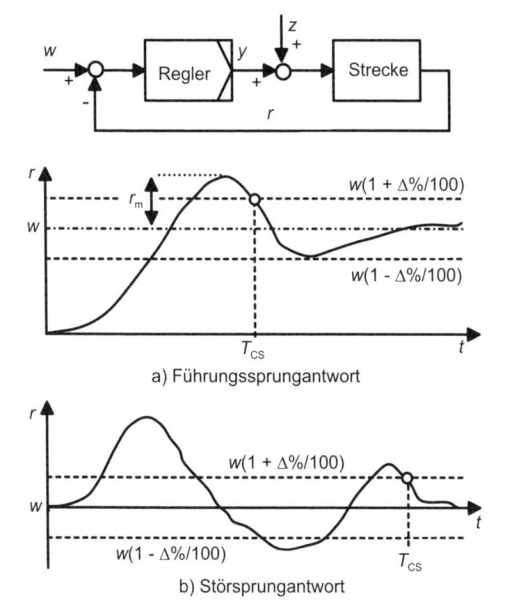

Bild 4.29 Veranschaulichung der Ausregelzeit T_{cs} (w = Führungsgröße, e = Regeldifferenz, z = Störgröße, y = Stellgröße, r = Rückführgröße, $\Delta\%$ = vereinbarter prozentualer Toleranzstreifen (z. B. 2 % oder 5 %), r_m = Überschwingweite)

1. **Stabilität**: Der Einschwingvorgang des Regelkreises muss abklingen.
2. **Stationäre Genauigkeit**: Die Rückführgröße r soll auch unter Einwirkung einer konstanten Störgröße z nach endlicher Zeit praktisch gleich dem konstanten Sollwert w sein. Stationäre Genauigkeit setzt natürlich Stabilität voraus.
3. **Überschwingweite r_m**: Es soll entweder kein Überschwinger der Führungssprungantwort vorhanden sein oder die Überschwingweite darf einen Maximalwert nicht überschreiten.
4. **Ausregelzeit T_{CS}**: Die Ausregelzeit soll möglichst gering sein.

Die Anforderungen 1 und 2 sind qualitativer Natur. Die Anforderung 1 muss bei jeder Reglerparametrierung selbstverständlich erfüllt sein. Die Anforderung 2 ist hier ebenfalls erfüllt, da die hier eingesetzten Reglertypen immer einen I-Anteil besitzen, der die stationäre Genauigkeit erzwingt. Die Anforderungen 3 und 4 sind quantitativer Natur; die unten dargestellte Anwendung experimenteller Reglereinstellverfahren zeigt, inwieweit diese erfüllt werden.

4.4.2 Optimierungskriterien

4.4.2.1 Überblick

Für die Anwendung von Optimierungskriterien wird vorausgesetzt, dass ein mathematisches Modell der Strecke zumindest näherungsweise in Form einer Übertragungsfunktion bekannt ist. Optimierungskriterien ordnen dem Regelkreis eine Maßzahl J zu. Diese Maßzahl hängt wiederum von den Reglerparametern ab. Optimierungskriterien sind „Mittel zum Zweck", d. h. man schaut, ob sich bei der Erfüllung eines Optimierungskriteriums Reglerparameter so ergeben, dass der Einschwingvorgang des Regelkreises brauchbar ist, wobei z. B. die oben genannten Anforderungen 3 und 4 für diese Beurteilung herangezogen werden können.

Die Reglerparameter werden nun so ermittelt, dass diese Maßzahl ein Optimum annimmt, z. B. ein Minimum. Da die Struktur des Reglers als PI(D)-Regler festliegt und somit nur noch die Parameter K_p, T_n, (T_v) im Sinne des Optimierungskriteriums zu optimieren sind, spricht man von **Parameteroptimierung** des Reglers. Bei der allgemeinen **Strukturoptimierung** würde auch die optimale Struktur des Reglers ermittelt, was jedoch wesentlich aufwändiger ist und hier nicht betrachtet wird. Ein Beispiel für ein häufig verwendetes Optimierungskriterium ist

$$\boxed{J(e) = \int_0^\infty e(t)^2 \, dt}, \tag{4.109}$$

das man auch als das **Kriterium der quadratischen Regelfläche** bezeichnet. Geht in $e(t)$ z. B. die Führungssprungantwort (Störsprungantwort) ein, so würde man das *Führungsverhalten* (*Störverhalten*) optimieren. Die aus (4.109) resultierenden Einschwingvorgänge sind oft sehr ungedämpft; FÖLLINGER [4.9]. Deshalb tritt der Integrand des Optimierungskriteriums noch in mehreren abgewandelten Formen auf, z. B.

$t^n \cdot e(t)^2$, $t^n \cdot |e(t)|$. Durch die Hinzunahme einer Zeitgewichtung t^n bzw. der betragslinearen Regeldifferenz $|e(t)|$ lassen sich besser gedämpfte Einschwingvorgänge erreichen. Hat der Integrand die Form $t \cdot |e(t)|$, liegt das **ITAE-Kriterium** vor, wobei ITAE für *Integral of Time Multiplied Absolute Value of Error* steht. Wenn auch Stellwertbegrenzungen zu berücksichtigen sind, verwendet man den Integranden $e^2(t) + \alpha \cdot y^2(t)$ mit der Gewichtung α.

Parameteroptimierungen führen i. Allg. zu größeren numerischen Rechnungen, was oft unerwünscht ist. Weiterführende Betrachtungen und auch Näherungslösungen findet man in FÖLLINGER [4.9], DRENIK [4.14] und ZIPSE [4.15].

Das so genannte **Betragsoptimum** und das **symmetrische Optimum** sind zwar keine Optimierungen im Sinne der Minimierung einer Maßzahl J, sollen hier aber trotzdem aufgeführt werden, zumal sie in der Praxis zu sehr brauchbaren Ergebnissen führen.

4.4.2.2 Betragsoptimum und symmetrisches Optimum

Betragsoptimum. Der Ansatz des Betragsoptimums nach KESSLER [4.16] (siehe auch Abschnitt 4.2) besteht darin, den Betrag $|G_W(j\omega)|$, also den Amplitudengang $A_W(\omega)$ der Führungsübertragungsfunktion $G_W(s)$ des Regelkreises, in einem möglichst großen Bereich von ω gleich eins werden zu lassen. Wäre diese Forderung exakt zu erfüllen, so würde der Regelkreis ideales Führungsverhalten zeigen. Da dies natürlich nicht exakt zu erreichen ist, versucht man obige Forderung zumindest in einem möglichst weiten Bereich um $\omega = 0$ zu erfüllen:

$$\boxed{|G_W(j\omega)| \approx 1 \text{ für kleine } \omega} \quad . \tag{4.110}$$

Mit dieser Einstellvorschrift erhält man für viele praxisrelevante Fälle sehr einfache Beziehungen für die Reglerparameter, → Abschnitt 4.4.3.

Symmetrisches Optimum (siehe auch Abschnitt 4.2). Für Strecken ohne Ausgleich führt die Anwendung des Betragsoptimums zu Instabilitäten. Als Modifikation kann man hier das symmetrische Optimum verwenden, siehe z. B. LUTZ, WENDT [4.17].

4.4.3 Einstellverfahren

4.4.3.1 Grundsätzliche Vorgehensweise

Wie oben schon erwähnt, liegt der Schwerpunkt dieses Abschnitts 4.4 auf der experimentellen Ermittlung der Reglerparameter. Die grundsätzliche Vorgehensweise (auch bei adaptiven Regelungen, → Abschnitt 4.5) besteht aus den folgenden Schritten:

1. Messung am offenen oder geschlossenen Regelkreis (z. B. Messung der Sprungantwort).
2. Ermittlung von Kennwerten (z. B. Verzugszeit T_u, Ausgleichszeit T_g, Zeitprozentkennwerte, Verstärkungsfaktor K_{PS}) aus 1.
3. Ermittlung eines mathematischen Modells der Strecke aus 2. Dies ist optional und hängt vom Verfahren ab.
4. Berechnung der Reglerparameter aus 2 (Weg 1) oder aus 3 (Weg 2) nach einfachen bekannten Einstellverfahren.

Heutzutage sind praktisch alle Universalregler digital realisiert, d. h. sie sind entweder ein Softwarebaustein auf einem Automatisierungsrechner oder ein digitaler Kompaktregler; OCHS, KUHN [4.18]. Die Signalverarbeitung erfolgt damit nicht mehr kontinuierlich, sondern nur noch zu den äquidistanten Abtastzeitpunkten $k \cdot T_a$ ($k = 0,1,2, ...$). Die nachfolgend benannten Einstellverfahren wurden jedoch für kontinuierliche Regelungen entwickelt. Der Einfluss der Abtastzeit T_a ist aber vernachlässigbar, wenn die Faustregel

$$\boxed{T_a \leq 0{,}1\, T_\Sigma} \qquad (4.111)$$

eingehalten wird, UNBEHAUEN [4.19], was z. B. für die Strecken der Verfahrenstechnik problemlos zu erfüllen ist. Dabei ist T_Σ die Summenzeitkonstante der Strecke (→ Abschnitt 2.5.2.4). Der Einfluss der Abtastung wird also im Folgenden vernachlässigt.

4.4.3.2 Parameterwahl für Strecken mit Ausgleich

Zunächst werden **aperiodische Strecken mit Ausgleich** betrachtet. Die hier genannten Einstellregeln werden deswegen berücksichtigt, weil sie entweder in der Fachliteratur seit langer Zeit sehr bekannt sind und/oder weil sie i. a. gute Einschwingvorgänge des Regelkreises liefern. Die Tabellen 4.4, 4.5 und 4.6 geben zusammenfassend die Berechnungsvorschriften für PI- und PID-Reglerparameter der einzelnen Verfahren wieder. In BECKER et al. [4.20] werden diese und weitere Verfahren bez.

der Ausregelzeiten im Führungs- und Störverhalten miteinander verglichen. Es zeigt sich, dass das Betragsoptimum und die Einstellregel von LATZEL [4.21] sowohl im Führungsverhalten als auch im Störverhalten gute und vergleichbare Ergebnisse liefern. Das Betragsoptimum wird auch in selbsteinstellenden Reglern (→ Abschnitt 4.5) verwendet; PREUß [4.26].

Tabelle 4.4 Einstellregeln für PI-Regler. K_{PS} Streckenverstärkungsfaktor, T_u Verzugszeit, T_g Ausgleichszeit, T_Σ Summenzeitkonstante, n (T) Ordnung (Zeitkonstante) einer approximierenden PT_n-Strecke, K_p Proportionalbeiwert Regler, T_n Nachstellzeit Regler

Verfahren	K_P	T_n
ZIEGLER, NICHOLS [4.23]	$\dfrac{0{,}9}{K_{PS}} \dfrac{T_g}{T_u}$	$3{,}3\,T_u$
CHIEN, HRONES, RESWICK [4.24] aperiodisches Führungsverhalten	$\dfrac{0{,}35}{K_{PS}} \dfrac{T_g}{T_u}$	$1{,}2\,T_g$
CHIEN, HRONES, RESWICK [4.24] 20 % Überschwingen, Führungsverhalten	$\dfrac{0{,}6}{K_{PS}} \dfrac{T_g}{T_u}$	T_g
CHIEN, HRONES, RESWICK [4.24] aperiodisches Störverhalten	$\dfrac{0{,}6}{K_{PS}} \dfrac{T_g}{T_u}$	$4\,T_u$
CHIEN, HRONES, RESWICK [4.24] 20 % Überschwingen, Störverhalten	$\dfrac{0{,}7}{K_{PS}} \dfrac{T_g}{T_u}$	$2{,}3\,T_u$
KUHN [4.22] normale Geschwindigkeit	$\dfrac{0{,}5}{K_{PS}}$	$0{,}5\,T_\Sigma$
KUHN [4.22] hohe Geschwindigkeit	$\dfrac{1}{K_{PS}}$	$0{,}7\,T_\Sigma$
Betragsoptimum, KESSLER [4.16]	$\dfrac{1}{4K_{PS}} \dfrac{n+2}{n-1}$	$\dfrac{T}{3}(n+3)$

Die Einstellregel von Kuhn [4.22] liefert ebenfalls brauchbare Ergebnisse. Die Einstellvorschriften von Ziegler, Nichols [4.23] und Chien,

Hrones, Reswick [4.24] liefern i. a. schlechtere Einschwingvorgänge, besitzen aber einen hohen Bekanntheitsgrad. Chien, Hrones, Reswick sind für Tg/Tu > 3 anwendbar (Lutz, Wendt [4.17]).

Tabelle 4.5 Einstellregeln für PID-Regler. K_{PS} Streckenverstärkungsfaktor, T_u Verzugszeit, T_g Ausgleichszeit, T_Σ Summenzeitkonstante, n (T) Ordnung (Zeitkonstante) einer approximierenden PT_n-Strecke, K_p Proportionalbeiwert Regler, T_n Nachstellzeit Regler, T_v Vorhaltzeit Regler

Verfahren	K_P	T_n	T_v
ZIEGLER, NICHOLS, [4.23]	$\dfrac{1{,}2}{K_{PS}} \dfrac{T_g}{T_u}$	$2\,T_u$	$0{,}5\,T_u$
CHIEN, HRONES, RESWICK [4.24] aperiodisches Führungsverhalten	$\dfrac{0{,}6}{K_{PS}} \dfrac{T_g}{T_u}$	T_g	$0{,}5\,T_u$
CHIEN, HRONES, RESWICK [4.24] 20 % Überschwingen, Führungsverhalten	$\dfrac{0{,}95}{K_{PS}} \dfrac{T_g}{T_u}$	$1{,}35\,T_g$	$0{,}47\,T_u$
CHIEN, HRONES, RESWICK [4.24] aperiodisches Störverhalten	$\dfrac{0{,}95}{K_{PS}} \dfrac{T_g}{T_u}$	$2{,}4\,T_u$	$0{,}42\,T_u$
CHIEN, HRONES, RESWICK [4.24] 20 % Überschwingen, Störverhalten	$\dfrac{1{,}2}{K_{PS}} \dfrac{T_g}{T_u}$	$2\,T_u$	$0{,}42\,T_u$
KUHN [4.22] normale Geschwindigkeit	$\dfrac{1}{K_{PS}}$	$0{,}66\,T_\Sigma$	$0{,}167\,T_\Sigma$
KUHN [4.22] hohe Geschwindigkeit	$\dfrac{2}{K_{PS}}$	$0{,}8\,T_\Sigma$	$0{,}194\,T_\Sigma$
Betragsoptimum, KESSLER [4.16]	$\dfrac{7n+16}{16\,K_{PS}(n-2)}$	$\dfrac{T}{15}(7n+16)$	$T\dfrac{n^2+4n+3}{7n+16}$

Tabelle 4.6 Einstellregel nach LATZEL *[4.21], 10 % Überschwingen. n (T) Ordnung (Zeitkonstante) einer approximierenden PT_n-Strecke*

n	PI $K_{PS} K_P$	PI T_n	PID $K_{PS} K_P$	PID T_n	PID T_v
2	1,65	1,55 T	-	-	-
3	0,884	1,96 T	2,543	2,47 T	0,66 T
4	0,656	2,3 T	1,491	2,92 T	0,84 T
5	0,540	2,59 T	1,109	3,31 T	0,99 T
6	0,468	2,86 T	0,914	3,66 T	1,13 T
7	0,417	3,1 T	0,782	3,97 T	1,25 T
8	0,379	3,32 T	0,689	4,27 T	1,36 T
9	0,349	3,53 T	0,617	4,54 T	1,47 T
10	0,325	3,73 T	0,559	4,80 T	1,57 T
11	0,305	3,92 T	0,513	5,04 T	1,66 T
12	0,287	4,10 T	0,474	5,28 T	1,74 T
13	0,272	4,27 T	0,441	5,50 T	1,83 T
14	0,260	4,44 T	0,413	5,72 T	1,91 T
15	0,248	4,6 T	0,389	5,92 T	1,98 T
16	0,238	4,75 T	0,368	6,12 T	2,06 T
17	0,229	4,90 T	0,350	6,32 T	2,13 T
18	0,220	5,05 T	0,334	6,51 T	2,20 T
19	0,213	5,19 T	0,320	6,69 T	2,26 T
20	0,206	5,33 T	0,307	6,87 T	2,33 T

Beim Betragsoptimum und bei der Einstellregel nach LATZEL [4.21] geht man davon aus, dass die Strecke durch eine Übertragungsfunktion mit n gleichen Zeitkonstanten T approximiert wurde (Weg 2), dabei kann man das sehr praktikable Verfahren der Zeitprozentkennwerte nach SCHWARZE [4.25] verwenden (→ Abschnitt 2.5.2). PREUß [4.26] gibt beim Betragsoptimum im Fall $n = 1$ beim PI-Regler und $n = 2$ beim PID-Regler einfache Ersatzlösungen für die unendlichen Lösungen in den obigen Tabellen an. Die restlichen Einstellverfahren benötigen Kenndaten, die aus der gemessenen Streckensprungantwort direkt ablesbar sind (Weg 1, → Abschnitt 2.5.2). Der interessierte Leser, der obige Einstellverfahren ohne großen Aufwand anwenden möchte, kann ein EXCEL-Formular aus dem Download-Bereich zu diesem Buch (→ Vorwort) laden und dieses unmittelbar zur Reglerparameterermittlung einsetzen (→ Beispiel 4.3.1). Beim Einsatz dieses EXCEL-Formulars muss der Anwender *immer*

1. die Streckensprungantwort $r(t)$ messen,
2. nach dem Verfahren von SCHWARZE [4.25] (→ Abschnitt 2.5.2) die Zeitprozentkennwerte der Sprungantwort und deren stationäre Werte (Stellgrößenänderung Δy und stationäre Änderung Δr_∞ der Rückführgröße) ermitteln und
3. diese Kennwerte in den Eingabebereich des EXCEL-Formulars (gegebenenfalls prozentual umgerechnet) eintragen.

Die im EXCEL-Formular hinterlegten Methoden approximieren die Strecke stets nach dem Verfahren von SCHWARZE durch ein PT_n-Glied mit gleichen Zeitkonstanten. Dies geschieht bis zu einer Ordnung von $n = 20$, so dass auch Strecken mit dominanter Totzeit gut angenähert werden können. Im Ausgabebereich des EXCEL-Formulars erscheinen dann unmittelbar die Reglerparameter der obigen Einstellverfahren, die sich aus der PT_n-Näherung der Streckenübertragungsfunktion ergeben. Sämtliche mathematischen Zusammenhänge sind im Formular als Formeln bzw. Datenbankabfragen hinterlegt, bleiben dem Anwender aber verborgen.

Anwendung bei der **Temperaturregelung eines Trommeltrockners**. Die Bilder 4.30 und 4.31 zeigen Folgendes:

- Das stark vereinfachte Technologieschema des Trockners in Anlehnung an BECKER et al. [4.20]. Die Regelgröße ist die Produkttemperatur des getrockneten Einsatzproduktes. Der Temperatursensor besitzt einen Messbereich von 0 °C ... 400 °C.
- Die gemessene Sprungantwort der Regelstrecke (Schritt 1). Deren Auswertung (Schritt 2) ergibt $t_{10} = 0{,}46$ h, $t_{50} = 0{,}89$ h, $t_{90} = 1{,}53$ h, $\Delta r_\infty = -55$ °C. Neben der gemessenen Sprungantwort ist noch die simulierte Sprungantwort dargestellt, die sich aus der in Schritt 3 ermittelten PT_n-Approximation der Strecke mittels des EXCEL-Formulars ergibt. Die PT_n-Approximation liefert hier fünf identische PT_1-Glieder mit der Zeitkonstanten $T = 11{,}45$ min und der Verstärkung $K_{PS} = 4{,}17$.

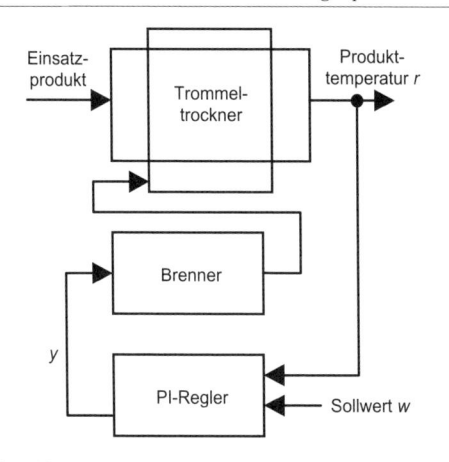

Schritt 1: Messung der Sprungantwort der Strecke für $\Delta y = -3{,}33\ \%$
(dünne Linie: simulierte Streckensprungantwort)

$\Delta r_\infty = -55\ °C$

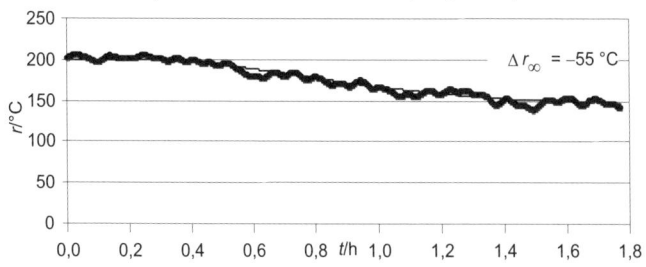

Bild 4.30 Technologieschema des Trommeltrockners sowie gemessene (dick) und simulierte (dünn) Sprungantwort nach BECKER et al. [4.20]

- Die Benutzung des EXCEL-Formulars (Schritt 3), wobei hier nur der Ausgabeteil der PI-Reglerparameter dargestellt ist. Der Ausgabeteil für die PID-Reglerparameter ist ähnlich aufgebaut.
- Die gemessene Führungssprungantwort des Regelkreises mit PI-Reglerparametern nach dem Betragsoptimum und die simulierten Führungssprungantworten mit PI-Reglerparametern nach
    - Betragsoptimum ($K_P = 0{,}11$, $T_n = 0{,}44$ h),
    - CHIEN, HRONES, RESWICK, Führung aperiodisch ($K_P = 0{,}21$, $T_n = 1{,}17$ h),
    - KUHN schnell ($K_P = 0{,}24$, $T_n = 0{,}67$ h).

298 4 Regelkreise mit konventionellen Reglern

Schritt 3: Eingabe der Kennwerte in das EXCEL-Formular

Eingabe					
t10:	0,46	t50:	0,89	t90:	1,53
$\Delta y\%$: -3,33		$\Delta r\infty \%$: -13,75			

Ausgabe der Reglerparameter	
Ziegler Nichols Kp: 0,53 Tn: 1,33	**Latzel 10%** Kp: 0,13 Tn: 0,49
Chien Führ. ap. Kp: 0,21 Tn: 1,17	**Kuhn langsam** Kp: 0,12 Tn: 0,48
Chien Stör. ap. Kp: 0,35 Tn: 1,6	**Kuhn schnell** Kp: 0,24 Tn: 0,67
Betragsoptimum Kp: 0,11 Tn: 0,44	

Gemessene Führungssprungantwort (*w*: 180 °C $\Rightarrow$ 200 °C) mit Einstellung nach Betragsoptimum und simulierte Führungssprungantworten

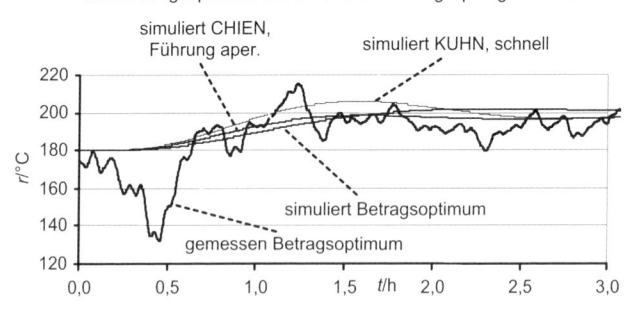

Bild 4.31 Eingabe der Kennwerte der Sprungantwort des Trommeltrockners in das EXCEL-Formular und gemessene und simulierte Führungssprungantworten mit PI-Regler entsprechend verschiedener Einstellregeln nach BECKER *et al.* [4.20]

Man erkennt in Bild 4.31, dass die Regelgröße starken Störungen unterworfen ist. Diese werden durch den inneren Aufbau des Trockners verursacht. Die Ermittlung der Kennwerte der Sprungantwort wird dadurch jedoch nicht wesentlich beeinträchtigt.

Bevor die stationäre Änderung $\Delta r_\infty = -55$ °C in das Formular eingetragen wird, muss diese noch bezogen auf den Messbereich von 0 ... 400 °C in $\Delta r_\infty\% = -13{,}75$ % umgerechnet werden. Der Grund ist darin zu sehen, dass der Software-Regler im Automatisierungsrechner mit auf den Messbereich normierten prozentualen Größen arbeitet! Deshalb sind nur diese regelungstechnisch relevant. Auf diesen Sachverhalt muss man bei *sämtlichen* praktischen Anwendungen obiger Einstellregeln achten, da die meisten Reglerbausteine mit normierten prozentualen Werten arbeiten. Rechnet man mit Δr_∞ in physikalischen Einheiten, so schlägt sich dies in einem falschen K_P-Wert des Reglers nieder! Nach BECKER et al. [4.20] bewirken die hier ermittelten PI-Reglerparameter nach dem Betragsoptimum eine deutliche Verbesserung im Führungs- und Störverhalten gegenüber dem heuristisch eingestellten PI-Regler. Die simulierten Einschwingvorgänge für die restlichen dargestellten Reglereinstellungen unterscheiden sich hier allerdings nicht gravierend von der simulierten Einstellung nach dem Betragsoptimum.

Regelung einer Strecke mit dominanter Totzeit. Dieses Anwendungsbeispiel betrachtet eine Konzentrationsstrecke, bei welcher der Stellort und der Messort aus konstruktiven Gründen weit auseinander liegen. Deswegen bildet sich eine dominante Totzeit aus. Das Technologieschema wird aus Platzgründen weggelassen. Bild 4.32 zeigt die gemessene Sprungantwort der Strecke, die ermittelten Kennwerte und die simulierte Führungs- und Störsprungantwort des geschlossenen Regelkreises. Die simulierten Einschwingvorgänge für die restlichen dargestellten Reglereinstellungen unterscheiden sich hier allerdings nicht gravierend von der simulierten Einstellung nach dem Betragsoptimum. Hierbei wurde jeweils ein PI-Regler mit der Einstellung

- nach dem Betragsoptimum ($K_P = -0{,}35$, $T_n = 7{,}17$ s),
- nach ZIEGLER und NICHOLS ($K_P = -0{,}85$, $T_n = 46{,}18$ s),
- nach KUHN langsam ($K_P = -0{,}61$, $T_n = 9{,}78$ s)

eingesetzt. Die Sprungantwort der Strecke ist in den normierten prozentualen Werten dargestellt, die der Regelalgorithmus verarbeitet. Die PT_n-Approximation der Strecke ergibt $n = 20$, $T = 0{,}98$ s und $K_{PS} = -0{,}82$. Das Betragsoptimum liefert die besten Ergebnisse. Dies gilt auch im Vergleich zu den in Bild 4.32 nicht dargestellten Reglereinstellungen. Mit einer Reglereinstellung nach dem Betragsoptimum lassen sich offensichtlich auch Strecken mit dominanter Totzeit zufrieden stellend regeln. Schon von SCHLIESSMANN [4.27] wurde die Anwendung von PI-Reglern zur Regelung von reinen Totzeit-Strecken untersucht. Das Ziel bestand darin, die Regeldifferenz e möglichst schnell zu verringern. Die nach SCHLIESSMANN experimentell erhaltenen Reglerparameter stimmen sehr gut mit denen des Betragsoptimums für reine Totzeit-Strecken überein.

Zeitprozentkennwerte: $t_{10} = 14{,}6$ s, $t_{50} = 19{,}2$ s, $t_{90} = 24{,}3$ s

a) Sprungantwort

b) Führungs - und Störsprungantwort

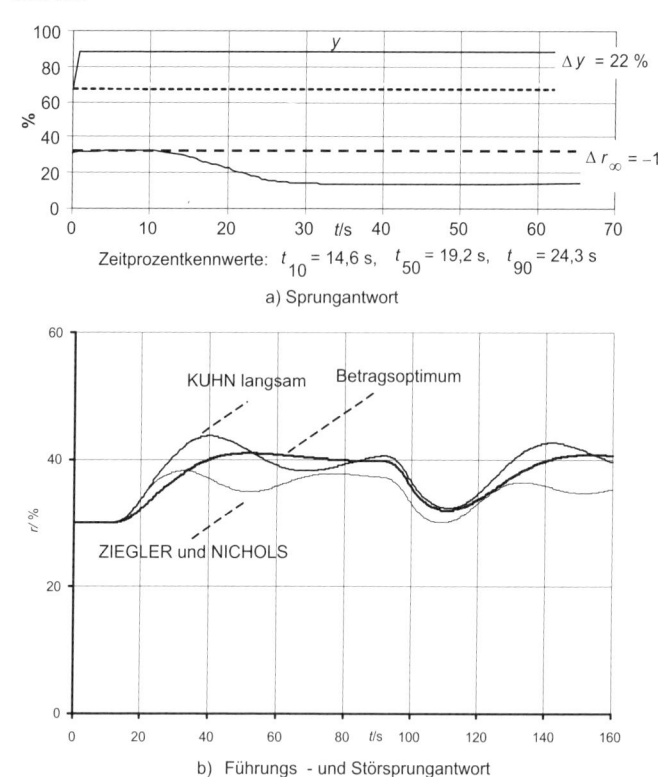

Bild 4.32 Gemessene Sprungantwort einer totzeitbehafteten Konzentrationsstrecke und simulierte Führungs- und Störsprungantworten mit PI-Regler nach mehreren Einstellregeln. Führungssprung $w = 30\ \% \to 40\ \%$ bei $t = 0$, Störsprung von $z = 10\ \%$ am Streckeneingang bei $t = 80$ s

4.4.3.3 Parameterwahl für Strecken ohne Ausgleich

Einstellregeln für integrierende Strecken. Tabelle 4.7 gibt die Wahl der PID-Parameter wieder, FIEGER [4.13]. Es ergeben sich Regelvorgänge mit einem Dämpfungsgrad von $\vartheta = 1 / \sqrt{2}$. Die PI-Reglerparameter entsprechen denen des symmetrischen Optimums ($\rightarrow$ Abschnitt 4.2.3.2) für eine Phasenreserve $\varphi_m = 45°$. Die Streckenübertragungsfunktion ist

$$G(s) = \frac{K_{IS}}{s} \frac{1}{(1+Ts)} \quad . \tag{4.112}$$

Tabelle 4.7 Reglerparameter nach dem symmetrischen Optimum

Regler	K_P	T_n	T_v
P	$\dfrac{0{,}5}{K_{IS}T}$	-	-
PD	$\dfrac{0{,}5}{K_{IS}T}$	-	$0{,}5 \cdot T$
PI	$\dfrac{0{,}42}{K_{IS}T}$	$5{,}8 \cdot T$	-
PID	$\dfrac{0{,}4}{K_{IS}T}$	$3{,}2 \cdot T$	$0{,}8 \cdot T$

Verwendung von SPI-Reglern für integrierende Strecken. Auch für Strecken mit integralem Verhalten ist es oft wegen der am Streckeneingang angreifenden Störung notwendig, im Regler einen Integralanteil zu berücksichtigen. Das daraus resultierende Doppel-I-Verhalten des offenen Kreises wirkt sich äußerst nachteilig auf die Stabilität und die dynamischen Eigenschaften des Regelkreises aus. Hier soll ein Verfahren nach BUNZEMEIER [4.28] betrachtet werden, das diese nachteiligen Eigenschaften durch eine einfache und in der Praxis immer mögliche Maßnahme vermeidet und damit zu sehr brauchbaren Einschwingvorgängen des Regelkreises führt.

Bild 4.33 zeigt die Struktur des hier verwendeten so genannten strukturerweiterten **PI**-Reglers, der kurz als **SPI-Regler** bezeichnet wird.

4 Regelkreise mit konventionellen Reglern

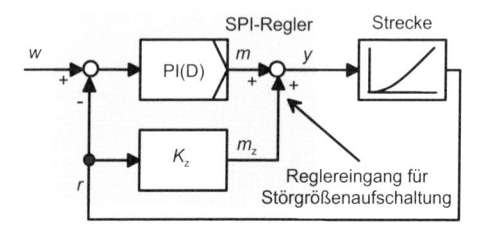

Bild 4.33 Strukurerweiterter PI-Regler (SPI-Regler) nach BUNZEMEIER [4.28]

Der in der Praxis immer vorhandene Reglereingang zur Störgrößenaufschaltung (→ Abschnitt 3.3) wird hierbei für eine zusätzliche über K_Z gewichtete Rückführung m_Z von r genutzt. Dadurch wird die Strecke, die der PI-Regler „sieht", zu einer Strecke mit Ausgleich, für die K_P und T_n zu dimensionieren sind. Damit muss der PI-Regler nicht mehr für ein Doppel-I-Verhalten des offenen Kreises ausgelegt werden, was deutliche Vorteile bringt! Es sei hier darauf hingewiesen, dass die *Hand-/Automatik*-Umschaltung des Reglers (in Bild 4.33 nicht dargestellt) durch diese Maßnahme nicht beeinträchtigt wird. Wie sind nun K_Z, K_P und T_n zu wählen?

Es wird davon ausgegangen, dass die Strecke näherungsweise durch die Übertragungsfunktion

$$G(s) = \frac{1}{s T_I (1+s T_M)^n} \tag{4.113}$$

beschrieben wird. Eine solche Übertragungsfunktion kann z. B. experimentell durch Messung der Sprungantwort gewonnen werden; siehe Abschnitt 2.5.2. Mit der Abkürzung

$$T_u = n T_M \tag{4.114}$$

ergeben sich die in Tabelle 4.8 aufgeführten Parameter. Im Sonderfall $n = 0$ kann man

$$K_P = -K_Z \tag{4.115}$$

$$T_n = \frac{T_I}{-K_Z} \tag{4.116}$$

wählen, wobei K_Z ausschließlich durch den resultierenden Stellaufwand begrenzt ist und daher experimentell festgelegt werden sollte.

Tabelle 4.8 Einstellregel für einen SPI-Regler für eine integrale Strecke nach BUNZEMEIER *[4.28]*

n	$-K_Z \dfrac{T_u}{T_I}$	$\dfrac{T_n}{T_u}$	$\dfrac{K_P}{-K_Z}$ $r_m = 0\%$	$\dfrac{K_P}{-K_Z}$ $r_m = 10\%$
1	0,25	3,05	0,95	1,58
2	0,35	1,91	0,64	0,86
3	0,37	1,69	0,57	0,75
4	0,38	1,584	0,53	0,69
5	0,38	1,557	0,52	0,67
6	0,39	1,477	0,5	0,64
7	0,39	1,463	0,49	0,62
8	0,39	1,453	0,48	0,61
9	0,40	1,385	0,46	0,6
10	0,40	1,378	0,45	0,59
T_u = reine Totzeit	0,40	1,35	0,44	0,58

Bild 4.34 zeigt die Ergebnisse für die Dampfdruckregelung eines BENSON-Kessels; BUNZEMEIER [4.28]. Zum Vergleich sind die Ergebnisse des bekannten symmetrischen Optimums nach LUTZ, WENDT [4.17] dargestellt. Die Strecken- und Reglerparameter sind:

- Strecke: $T_I = 1{,}5$ min, $T_M = 0{,}5$ min, $n = 5$
- SPI-Regler: $r_m = 0\ \%$: $K_Z = -0{,}228$, $K_P = 0{,}119$, $T_n = 3{,}88$ min
- symmetrisches Optimum: $K_P = 0{,}279$, $T_n = 11{,}5$ min

Man erkennt aus Bild 4.34, dass der SPI-Regler ein praktisch überschwingfreies Führungsverhalten aufweist. Das Führungsverhalten des Regelkreises nach dem symmetrischen Optimum zeigt jedoch einen deutlichen Überschwinger. Bei Doppel-I-Verhalten des offenen Kreises lässt sich dies im Führungsverhalten ohne weitere Maßnahmen grundsätzlich nicht vermeiden. Die einfache Zusatzmaßnahme beim SPI-Regler unterdrückt das Überschwingen. Auch im Störverhalten zeigt sich der SPI-Regler überlegen.

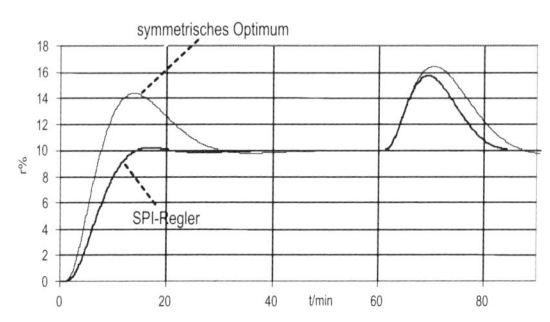

Bild 4.34 Führungs- und Störsprungantwort des Regelkreises mit IT_5-Strecke (BENSON-Kessel) und SPI-Regler mit $r_m = 0\,\%$ und PI-Regler nach dem symmetrischen Optimum nach BUNZEMEIER [4.28]

Regelung von Strecken mit progressivem Verhalten. Strecken mit progressivem Verhalten und Verzugszeit T_u sind regelungstechnisch meist nur schwer beherrschbar. JACOB, CHIDAMBARAM [4.29] geben folgende Faustformel für einen P-Regler an:

$$K_P = \frac{1}{K_{PS}} \sqrt{T_g / T_u} \qquad (4.117)$$

wobei die Strecke durch

$$T_g \dot{r}(t) - r(t) = K_{PS} y(t - T_u) \qquad (4.118)$$

$$G(s) = \frac{K_{PS}}{T_g s - 1} e^{-T_u s} \qquad (4.119)$$

näherungsweise beschrieben wird ($\rightarrow$ Abschnitt 2.3). Für die stationäre Genauigkeit kann dem P-Regler ein Führungsregler mit I-Anteil und gleicher Rückführgröße überlagert werden ($\rightarrow$ Abschnitt 4.2). Alternativ schlagen JACOB, CHIDAMBARAM [4.29] vor, wie beim vorstehend beschriebenen SPI-Regler die Rückführgröße zusätzlich am Ausgang eines PID-Reglers aufzuschalten. Diese Aufschaltung erfolgt über ein PD-Glied:

$$m_Z(t) = K_Z(r(t) + T_v \dot{r}(t)) \qquad (4.120)$$

$$G_Z(s) = K_Z(1 + T_v s) \qquad (4.121)$$

mit

$$\begin{aligned} K_\mathrm{z} &= -\frac{1}{K_\mathrm{PS}} \\ T_\mathrm{v} &= T_\mathrm{u} \end{aligned}$$

(4.122)

4.4.3.4 Parametrierung von Reglerkaskaden

Ist eine **Kaskadenregelung** ($\rightarrow$ Abschnitt 4.2.1) gegeben, so kann man die oben skizzierte Vorgehensweise schrittweise anwenden:

- Man nimmt den unterlagerten Regelkreis in die Betriebsart *Hand* und misst die Sprungantwort der unterlagerten Regelstrecke. Daraus ermittelt man die Reglerparameter für den unterlagerten Regler. Hier wird davon ausgegangen, dass der unterlagerte Regler gleichfalls ein PI(D)-Regler ist, damit im Handbetrieb des überlagerten Reglers ebenfalls stationäre Genauigkeit herrscht, was in der Praxis beim Fahren einer Anlage sehr wichtig sein kann.
- Anschließend nimmt man den unterlagerten Regelkreis in die Betriebsart *Automatik* und den überlagerten Regelkreis in die Betriebsart *Hand*.
- Dann erfasst man die Sprungantwort der überlagerten Regelstrecke und ermittelt daraus die Reglerparameter für den überlagerten Regler.

4.4.4 Parametrierung von Zweipunktreglern

Liegt ein **Zweipunktregler ohne Rückführung** mit Hysterese der Breite e_SD vor ($\rightarrow$ Abschnitt 3.2.3), so kann man e_SD so groß dimensionieren, dass auf der einen Seite die Schalthäufigkeit nicht zu hoch wird und auf der anderen Seite die Schwankungsbreite von $r(t)$ um den Sollwert w, die im Wesentlichen durch e_SD gegeben ist, den gewünschten Genauigkeitsanforderungen entspricht. Näheres ist z. B. bei PREßLER [4.30] und LUTZ, WENDT [4.17] ausgeführt.

4.5 Adaptive Regelung

Norbert Becker

4.5.1 Einführung

Universalregler werden vom Hersteller mit Standardwerten der Parameter ausgeliefert. Zur Verbesserung des Regelverhaltens müssen sie u. a. bei der Erstinbetriebnahme eines Regelkreises meist an das noch unbekannte dynamische Verhalten der Strecke angepasst werden. Manuelle Möglichkeiten dazu beschreibt Abschnitt 4.4. Das dynamische Verhalten der Strecke kann sich auch während des Betriebs bedingt durch Nichtlinearitäten oder durch äußere Einflüsse (z. B. wechselnde Lasten bei einem Roboter) ändern. Ist diese Änderung signifikant, so müssen die Reglerparameter ebenfalls der Änderung der Strecke angepasst werden, da sich ansonsten die dynamischen Eigenschaften des Regelkreises verschlechtern würden. Dieser Abschnitt befasst sich mit so genannten **selbsteinstellenden Reglern (Self-Tuner)**, die es gestatten, bei Bedarf die Reglerparameter automatisiert einzustellen. Die Eigenschaft der Selbsteinstellung findet man heute bei vielen Kompaktreglern und auch teilweise integriert (oder angepasst) in die Reglersoftwarebausteine von Prozessautomatisierungssystemen; OCHS, KUHN [4.18]; HÜCKER, RAKE [4.31]; GOREZ [4.32]; ASTRÖM, HÄGGLUND [4.34]; ASTRÖM et al. [4.35]; BLEVINS et al. [4.36]; PFEIFFER [4.37]. Die Selbsteinstellung kann vom Anwender komfortabel per Tastendruck bei Kompaktreglern oder per Mausklick in den Kreisbildern (*Faceplates*) der Reglerbausteine aktiviert werden. Grundsätzlich arbeitet die Selbsteinstellung ähnlich wie in Abschnitt 4.4 für die manuelle Vorgehensweise beschrieben.

4.5.2 Grundlagen

4.5.2.1 Begriffe nach Regelwerken

DIN 19226-4 [4.7] definiert eine adaptive Regelung wie folgt:

> Bei einer **adaptiven Regelung** passt sich die Regeleinrichtung veränderlichen Betriebsbedingungen und -zuständen selbsttätig an. Diese können durch *Struktur-* oder auch *Parameteränderungen* in der Regelstrecke oder durch signifikante *Änderungen von Störgrößen* entstehen. Die Anpassung kann dementsprechend durch Änderung der Struktur oder auch der Parameter der Regeleinrichtung erfolgen.

Nach VDI/VDE 3685-1 [4.38] ist ein adaptives Regelsystem wie folgt definiert:

> Ein **adaptives Regelsystem** ist ein Regelsystem, bei welchem sich beeinflussbare Eigenschaften automatisch im Sinne eines Gütemaßes auf veränderliche oder unbekannte Prozesseigenschaften einstellen. **Selbsteinstellend, selbstanpassend, selbstoptimierend** sind im Sinne dieser Definition Synonyma für den Begriff *adaptiv*.

Die gleiche Richtlinie unterscheidet noch zwischen den folgenden Adaptionstypen:

> In einem adaptiven Regelsystem mit **geregelter Adaption** wird durch ein ständiges Überprüfen eines vorgegebenen Gütemaßes die Auswirkung des Adaptionsvorgangs in einem geschlossenen Wirkungskreis zurückgemeldet. Erfolgt keine Überprüfung des vorgegebenen Gütemaßes, wird also die Auswirkung der Adaption nicht mehr auf den Entscheidungsprozess zurückgeführt, sondern stattdessen die Modifikation des adaptiven Regelsystems über eine zuvor festgelegte Zuordnung vorgenommen, dann handelt es sich um ein adaptives Regelsystem mit **gesteuerter Adaption**.

Adaptive Regelsysteme mit geregelter Adaption, bei welchen also z. B. online laufend die sich ändernden Streckenparameter identifiziert und zur Reglermodifikation benutzt werden, sind i. Allg. kompliziert zu handhaben und beinhalten durch die laufende Rückkopplung der identifizierten Streckenparameter zusätzliche Stabilitätsprobleme.

4.5.2.2 Adaptionsprinzipien

Die folgenden Abschnitte befassen sich ausschließlich mit *gesteuerter* Adaption und insbesondere mit *selbsteinstellenden* Reglern, deren Prinzip im Bild 4.35 dargestellt ist. Wichtig ist, dass der schattiert markierte Teil vom Anwender (Inbetriebsetzer) nur sporadisch bei Bedarf (z. B. bei der ersten Inbetriebsetzung) angestoßen wird und nicht laufend als Rückkopplung wirkt. Wird die Selbsteinstellung aktiviert, so befindet sich der eigentliche Grundregelkreis in vielen Fällen entweder in der Betriebsart *Hand* oder in einer gesonderten Betriebsart (s. u.). Die in Abschnitt 4.3 dargestellte manuelle Einstellung von Reglerparametern funktioniert ähnlich wie die Selbsteinstellung.

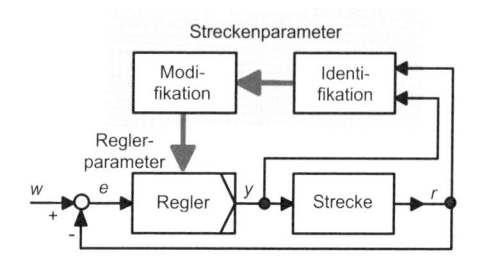

Bild 4.35 Prinzip der Selbsteinstellung

- Zunächst ermittelt der Block *Identifikation* Kenngrößen der Strecke oder ein mathematisches Modell der Strecke. Dies kann z. B. in der Betriebsart *Hand* des Reglers durch Messung und Auswertung der Sprungantwort von einem Arbeitspunkt aus geschehen.
- Anschließend berechnet der Block *Modifikation* nach einer bestimmten (ggf. auswählbaren) Einstellregel die Reglerparameter und stellt diese (nach Quittierung durch den Anwender) in den Regler ein.
- Danach schaltet der Anwender den Regler wieder in die Betriebsart *Automatik*.

In der Praxis wird häufig das so genannte ***Parameter Scheduling*** angewendet. Hier sind für bestimmte Arbeitspunkte der Strecke Reglerparameter ermittelt worden, die in einer Tabelle oder über ein Polynom definiert sind. Bei tabellarischer Festlegung wird der Aussteuerungsbereich der Regelgröße r (der **Regelbereich** X_h) in Teilbereiche unterteilt. Befindet sich die Regelgröße in einem bestimmten Teilbereich, so erhält der Regler die hierfür in der Tabelle hinterlegten Parameter. Auch bei Regelung mit Bereichsaufspaltung (→ Abschnitt 4.2) kann diese Methode angewendet werden; hier arbeitet der Regler mit verschiedenen Regelstrecken. Dieses Verfahren zählt nach VDI/VDE 3685-1 [4.38] ebenfalls zur gesteuerten Adaption.

4.5.3 Parameteradaption

4.5.3.1 Identifikationsverfahren

Der Block Identifikation in Bild 4.35 ist das zentrale Element der Parameteradaption des Reglers. Sind ein mathematisches Modell oder Kennwerte der Strecke bekannt, so lassen sich daraus relativ leicht geeignete Reglerparameter durch Einstellregeln ermitteln. Es sei eine aperiodische Strecke mit Ausgleich vorausgesetzt. Hierfür sollen drei

Verfahren zur Identifikation näher betrachtet werden, die in selbsteinstellenden Reglern Anwendung finden:

- Sprungantwortmethode,
- Impulsantwortmethode,
- *Relay-Feedback*-Methode.

4.5.3.2 Sprungantwortmethode

Die **Sprungantwortmethode** (ASTRÖM et al. [4.34], PREUß [4.26]) setzt voraus, dass sich die Strecke zu Beginn in einem stationären Zustand, d. h. in einem Ruhezustand, befindet. Danach werden die folgenden Schritte ausgeführt:

- Der Anwender nimmt den Regler in die Betriebsart *Hand* bzw. der Regler befindet sich bereits in dieser Betriebsart.
- Die Sprungantwort $\Delta r(t)$ der Strecke wird vom Arbeitspunkt aus gemessen, wobei die Sprunghöhe Δy vom Anwender vorgebbar ist und die Messzeit t_{Mess}, abhängig vom Streckentyp, beliebig lang sein kann.
- Aus der Sprungantwort $\Delta r(t)$ wird möglichst störungsunempfindlich ein approximierendes mathematisches Modell für die Strecke ermittelt.

Aus der Sprungantwort können mehrere mathematische Modelltypen ermittelt werden, z. B. ein PT_1-Totzeitmodell, ASTRÖM et al. [4.34] ($\rightarrow$ Bild 4.36), wobei sich K_{PS} aus (4.123), die Verzugszeit T_u und die Zeitkonstante T gemäß

$$T_u + T = T_\Sigma$$

$$T = e^1 \frac{\displaystyle\int_0^{T_\Sigma} \Delta r(t)\, dt}{\Delta r_\infty}$$

ergeben. Dabei ist T_Σ die **Summenzeitkonstante** ($\rightarrow$ Abschnitt 2.5.2), die sich mit (4.126) über eine Fläche messtechnisch bestimmen lässt. Hier soll der Schwerpunkt auf eine PT_n-Näherung mit gleichen Zeitkonstanten gelegt werden. Diese besitzt trotz ihrer einfachen Natur erfahrungsgemäß sehr gute Approximationseigenschaften. Die Beschreibung konzentriert sich auf die gemessene Sprungantwort der Strecke, da dies der häufigste Anwendungsfall ist. Es gibt Erweiterungen auf die gemessene Führungssprungantwort des geschlossenen Regelkreises, PREUß [4.46] [4.47].

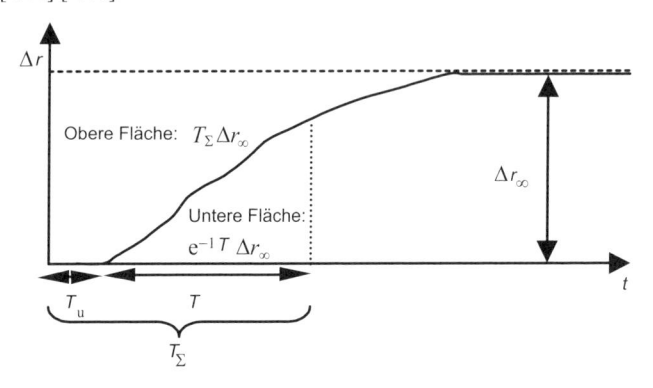

Bild 4.36 Ermittlung der Summenzeitkonstanten T_Σ und der Zeitkonstanten T

Da die Sprungantwort der Strecke gemessen wird, ergibt sich der Streckenverstärkungsfaktor unmittelbar zu

$$K_{PS} = \frac{\Delta r_\infty}{\Delta y} \quad (4.123)$$

wobei eine zusätzliche Mittelwertbildung zur störungsunempfindlichen Bestimmung von Δr_∞ durchgeführt werden kann. Damit verbleiben noch die Ordnung n und die Zeitkonstante T der PT_n-Approximation als zu bestimmende Größen. Dazu wird gefordert, dass die lineare Fehlerfläche J zwischen der gemessenen Sprungantwort

$$\Delta r(t) = r(t) - r(0)$$

und der Sprungantwort $\Delta r_M(n, t)$ des PT_n-Modells innerhalb der Messzeit t_{Mess} verschwindet

$$J = \int_0^{t_{Mess}} \bigl(\Delta r(t) - \Delta r_M(n, t)\bigr)\mathrm{d}t \stackrel{!}{=} 0 \quad (4.124)$$

Die Messzeit t_{Mess} bestimmt z. B. der Anwender per „Mausklick", wenn der Einschwingvorgang der Sprungantwort abgeklungen ist. Anschaulich bedeutet (4.124), dass sich $\Delta r_M(n,t)$ um die gemessene Sprungantwort

$\Delta r(t)$ „schlängelt". Aus (4.124) lässt sich unmittelbar zeigen, dass dann die Summenzeitkonstante nT des PT_n-Modells und die Summenzeitkonstante T_Σ der realen Strecke gleich sein müssen:

$$\boxed{n\,T = T_\Sigma} \tag{4.125}$$

T_Σ in (4.125) kann man nun folgendermaßen messtechnisch bestimmen (→ Abschnitt 2.5.2 und Bild 4.36):

$$T_\Sigma = \frac{1}{\Delta r_\infty} \int_0^{t_{\text{Mess}}} \left(\Delta r_\infty - \Delta r(t)\right) \mathrm{d}t \quad,$$

woraus sich

$$\boxed{T_\Sigma = t_{\text{Mess}} - \frac{1}{\Delta r_\infty} \int_0^{t_{\text{Mess}}} \Delta r(t)\,\mathrm{d}t} \tag{4.126}$$

ergibt. Das Integral in (4.126) lässt sich einfach *online* rekursiv aus den Abtastwerten von $\Delta r(t)$ ermitteln. Die numerische Berechnung von T_Σ gestaltet sich durch die Integration störungsunempfindlich, da mittelwertfreie Störungen herausgerechnet werden. T_Σ ist damit bekannt, infolgedessen besteht nun zwischen den noch Unbekannten n und T die einfache Beziehung (4.125). Wie soll man nun n und T wählen?

Man kann mit Hilfe der Methode der mehrfachen Integration, ISERMANN [4.48], STREJC [4.49], messtechnisch eine zweite Beziehung für n und T ermitteln, so dass dann eine analytische Lösung für die beiden Unbekannten möglich ist. Hier soll jedoch ein direkter Vergleich der simulierten Modellsprungantwort $\Delta r_M(n,t)$ mit der gemessenen Sprungantwort $\Delta r(t)$ zur Lösung führen, der auch keine weiteren numerischen Unwägbarkeiten enthält.

Dazu berechnet der Selbsteinstellungsalgorithmus für $n = 1, 2, ..., n_{\max}$ (z. B. $n_{\max} = 10$) und $T = T_\Sigma/n$ jeweils rekursiv numerisch die betragslineare Fehlerfläche

$$\boxed{J_n = \int_0^{t_{\text{Mess}}} \left|\Delta r(t) - \Delta r_M(n,t)\right|\,\mathrm{d}t} \tag{4.127}$$

wobei sich $\Delta r_M(n,t)$ aus (→ Abschnitt 2.5.2)

$$\Delta r_{\mathrm{M}}(n,\ t) = K_{\mathrm{PS}}\ \Delta v \left(1 - e^{-\frac{t}{T}} \sum_{i=0}^{n-1} \frac{1}{i!} \left(\frac{t}{T}\right)^i \right) \tag{4.128}$$

zu den diskreten abgespeicherten Messzeitpunkten ergibt. Der Self-Tuner nimmt dann dasjenige n, für das die betragslineare Fehlerfläche J_n minimal ist. Damit steht die optimale PT_n-Approximation der Strecke fest. Auf Grund der Integraloperationen in (4.126) und (4.127) ist diese Approximation störungsunempfindlich.

Da die Messzeit t_{Mess} je nach Streckendynamik sehr stark variieren kann, darf die Anzahl der gespeicherten Abtastwerte von $\Delta r(t)$ eine Maximalzahl k_{max} (z. B. $k_{\mathrm{max}} = 21$) nicht überschreiten. Ist der Speicher mit k_{max} Abtastwerten von $\Delta r(t)$ gefüllt, so kann durch eine Komprimierung der Abtastwerte und durch eine Verdopplung der realen Abtastzeit Platz für neue Abtastwerte geschaffen werden. Bild 4.37 zeigt das Funktionsprinzip am Beispiel der abgetasteten Zeitfunktion $x(t) = t/T_{\mathrm{a}}$. Ist der Speicher voll, so erfolgt eine Verdopplung der „realen" Abtastzeit und es wird von links beginnend durch eine Mittelwertbildung Platz für den nun mit doppelter Abtastzeit einzulesenden neuen Messwert gewonnen. Hier findet eine nicht kausale Mittelwertbildung statt, SOWA [4.41]. *Nicht kausal* bedeutet, dass für die Mittelwertbildung nicht nur vergangene Messwerte, sondern auch zukünftige Messwerte herangezogen werden. Dies ist kein Widerspruch zum Kausalitätsprinzip, da die Komprimierung sich auf einen zurückliegenden Messwert im Speicher bezieht. Für diesen Abtastwert gibt es natürlich auch zukünftige, d. h. nachfolgende Werte im Speicher. Wie man in diesem Beispiel sieht, verhindert man dadurch ein Verschleifen der Messkurve, was sehr wichtig ist. Weiterhin wird der zur Verfügung stehende Speicherplatz immer voll ausgenutzt. Eine erneute Verdopplung der Abtastzeit findet erst dann wieder statt, wenn die komprimierten Speicherwerte alle wieder den gleichen zeitlichen Abstand besitzen.

Anwendung der Sprungantwortmethode auf eine stark gestörte Strecke. Das oben beschriebene Identifikationsverfahren ist zusammen mit der Einstellregel nach dem Betragsoptimum ($\rightarrow$ Abschnitt 4.4) als Self-Tuner in den Regler-Baustein eines Toolkits [4.40] und in dessen Bedienoberfläche (Kreisbild, *Faceplate*) integriert worden, ESSER [4.39]. Von dort aus kann der Anwender den Self-Tuner während der Reglerinbetriebnahme per Mausklick aktivieren.

```
┌─┬─┬─┬─┬─┬─┬─┬─┬─┬─┬─┬─┐
│0│1│2│3│4│ │ │ │ │ │ │ │   t = 4T_a
└─┴─┴─┴─┴─┴─┴─┴─┴─┴─┴─┴─┘
```

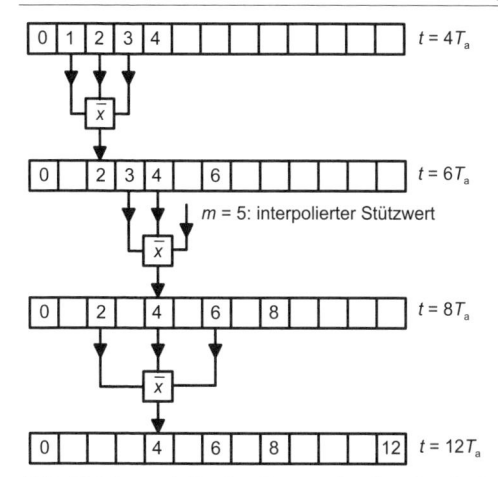

```
┌─┬─┬─┬─┬─┬─┬─┬─┬─┬─┬─┬─┐
│0│ │2│3│4│ │6│ │ │ │ │ │   t = 6T_a
└─┴─┴─┴─┴─┴─┴─┴─┴─┴─┴─┴─┘
```

$m = 5$: interpolierter Stützwert

```
┌─┬─┬─┬─┬─┬─┬─┬─┬─┬─┬─┬─┐
│0│ │2│ │4│ │6│ │8│ │ │ │   t = 8T_a
└─┴─┴─┴─┴─┴─┴─┴─┴─┴─┴─┴─┘
```

```
┌─┬─┬─┬─┬─┬─┬─┬─┬─┬─┬─┬─┐
│0│ │ │ │4│ │6│ │8│ │ │12│  t = 12T_a
└─┴─┴─┴─┴─┴─┴─┴─┴─┴─┴─┴─┘
```

Bild 4.37 Beispiel für das Prinzip der Speicherplatzkomprimierung bei einer maximalen Zahl von $k_{max} = 5$ Speicherplätzen und der Zeitfunktion $x(t) = t/T_a$.

Bild 4.38 zeigt Bildschirmkopien der Bedienmaske des Self-Tuners und der Messung der Sprungantwort einer stark gestörten Strecke. Der Anwender kann hier den Stellgrößensprung (y_{start} und y_{ende}) eingeben ($\Delta y = y_{ende} - y_{start}$) und die Messung starten. Das Identifikationsergebnis ($K_{PS} = 0{,}98$, $T_\Sigma = 256{,}92$ s, $n = 8$) weicht von den tatsächlichen Streckenparametern ($K_{PS} = 0{,}98$, $T_\Sigma = 268{,}42$ s, $n = 8$) nur wenig ab und damit auch die ermittelten PI(D)-Reglerparameter von den Reglerparametern im ungestörten Fall. Die Führungssprungantwort für den ermittelten PI-Regler mit $K_P = 0{,}36$ und $T_n = 107{,}05$ s zeigt der untere Teil von Bild 4.38. Durch dieses Werkzeug vergrößert sich der Speicherbedarf eines realen Projekts innerhalb des Automatisierungsrechners um ca. 2 % gegenüber dem Fall ohne Self-Tuner. Die zusätzliche Belastung der Zykluszeit während der Selbsteinstellung kann durch geschicktes Verteilen der Operationen auf mehrere Zyklen auf wenige Millisekunden begrenzt werden.

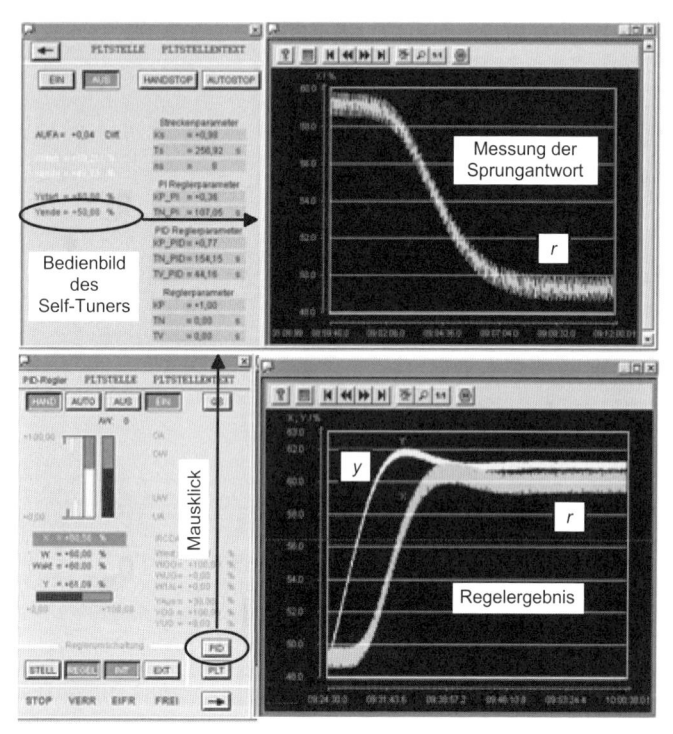

314   4 Regelkreise mit konventionellen Reglern

Bild 4.38 Bedienbild eines in ein Prozessautomatisierungssystem integrierten Self-Tuners nach der Sprungantwortmethode und gemessene gestörte Sprungantwort mit Regelergebnis

4.5.3.3 Impulsantwortmethode

Ein Nachteil der oben skizzierten Sprungantwortmethode besteht darin, dass immer die gesamte Sprungantwort der Strecke gemessen werden muss, was insbesondere bei thermischen Strecken der Verfahrenstechnik sehr zeitaufwändig sein kann. Deshalb gibt es Bemühungen, eine kürzere Messzeit t_{Mess} zu erzielen. Bei der **Impulsantwortmethode** ermittelt man ein Totzeit-PT_1-Modell der Strecke näherungsweise aus der gemessenen *Blockimpulsantwort* der Strecke ($\rightarrow$ Bild 4.39). Da ein DIRAC-Stoß praktisch nicht realisierbar ist, wird ein Rechteckimpuls mit der

4.5 Adaptive Regelung

Fläche eins verwendet, ein so genannter **Blockimpuls**. Die folgenden Ausführungen über die Impulsantwortmethode beziehen sich auf HÜCKER [4.42]. Die Grundgedanken des Verfahrens sind folgende, siehe Bild 4.39:

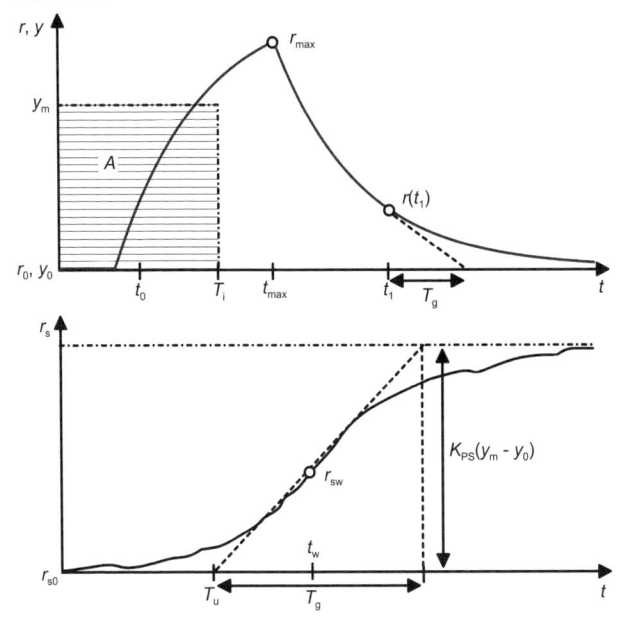

Bild 4.39 Oben: Blockimpulsantwort einer Totzeit-PT_1-Strecke. Unten: Sprungantwort $r_s(t)$ einer realen Strecke. $r_{sw} = r_s(t_w)$, t_w = Zeitpunkt des Wendepunkts von $r_s(t)$

- Bestimmung der Verzugszeit T_u aus dem Maximum der Blockimpulsantwort. Dabei geht man näherungsweise davon aus, dass die Blockimpulsantwort proportional der Gewichtsfunktion ist. Der Zeitpunkt des Maximums der Gewichtsfunktion ist identisch mit dem Wendezeitpunkt t_w der Sprungantwort.
- Aus dem bekannten Zusammenhang zwischen den Wendepunktdaten der Sprungantwort und T_u wird T_u ermittelt.
- Die noch fehlenden Parameter Ausgleichszeit T_g und Verstärkungsfaktor K_{PS} ergeben sich dann problemlos.

Der Zeitpunkt, zu welchem der Blockimpuls aufgebracht wird, sei $t = 0$. Die Totzeit des angenommenen Streckenmodells ist die Verzugszeit T_u, die Ausgleichszeit T_g ist die Zeitkonstante des PT_1-Gliedes. Für T_u ergibt sich dann unmittelbar aus Bild 4.39

$$T_u = t_{max} - T_i \qquad (4.129)$$

wobei t_{max} der Zeitpunkt des Maximums der Streckenantwort ist. Die Verwendung von (4.129) zur Berechnung von T_u führt in der Praxis zu teilweise signifikanten Fehlern. Experimentell wurde nachgewiesen, dass es günstiger ist, gemäß dem unteren Teil von Bild 4.39 die Wendepunktkonstruktion nach

$$T_u = t_w - \frac{r_s(t_w) - r_{s0}}{\dot{r}_s(t_w)} \qquad (4.130)$$

zunächst zu verwenden; HÜCKER [4.42]. Um störanfällige Wendepunktermittlungen zu vermeiden, wird in (4.130) näherungsweise

$$t_w = t_{max} \qquad (4.131)$$

gesetzt. Beim idealen DIRAC-Impuls als Eingangsgröße wäre (4.131) exakt. Geht man nun davon aus, dass die real gemessene Blockimpulsantwort $r(t) - r_0$ die Antwort auf einen idealen DIRAC-Stoß mit dem Impulsgewicht (Impulsfläche)

$$A = (y_m - y_0) T_i \qquad (4.132)$$

ist, so lässt sich die Gewichtsfunktion $g(t)$ der Strecke mit (4.132) durch

$$g(t) = \frac{r(t) - r_0}{(y_m - y_0) T_i} \qquad (4.133)$$

approximieren. Mit (4.133) und

$$t_{max} = k_{max} T_a$$

lässt sich dann die Sprungantwort $r_s(t)$ im Maximum mit

$$r_s(t_{max}) = T_a (y_m - y_0) \sum_{i=0}^{k_{max}} g(i T_a) \qquad (4.134)$$

(ggf. online rekursiv) näherungsweise aus dem Faltungsintegral ($\rightarrow$ Abschnitt 1.3.1) ermitteln. Die Steigung der Sprungantwort $r_s(t)$ im Wendepunkt (hier bei t_{max}) ergibt sich dann ebenfalls mit (4.133) aus

$$\boxed{\dot{r}_s(t_{max}) = g(t_{max})\,(y_m - y_0) = \frac{r(t_{max}) - r_0}{T_i}} \qquad (4.135)$$

Mit (4.130), (4.133), (4.134) und (4.135) erhält man für die gesuchte Verzugszeit T_u

$$\boxed{T_u = k_{max} T_a - T_a \frac{\sum_{i=0}^{k_{max}} \left(r(i\,T_a) - r_0\right)}{r(k_{max}\,T_a) - r_0}} \qquad (4.136)$$

Der Fehler bei der Bestimmung von T_u lässt sich noch weiter reduzieren, wenn man (4.136) zu

$$\boxed{T_u = k_{max} T_a - t_0 - T_a \frac{\sum_{i=0}^{k_{max}} \left(r(i\,T_a) - r_0\right)}{r(k_{max}\,T_a) - r_0}} \qquad (4.137)$$

modifiziert, wobei gemäß Bild 4.39

$$\boxed{t_0 = T_i / 2} \qquad (4.138)$$

ist. Eine plausible Begründung für diese Modifikation ist darin zu sehen, dass ein gleichwertiger idealer DIRAC-Stoß in der Mitte des Zeitintervalls T_i, also bei t_0, starten würde.

Gemäß dem oberen Teil von Bild 4.39 lässt sich nun T_g im abfallenden Teil der Blockimpulsantwort durch

$$\boxed{T_g = \frac{r(t_1) - r_0}{-\dot{r}(t_1)} \approx \frac{\Delta k\,T_a\,\left(r(k_1\,T_a) - r_0\right)}{r(k_1\,T_a) - r(\,(k_1 + \Delta k)\,T_a)}} \qquad (4.139)$$

ermitteln. Ein günstiger Zeitpunkt t_1 zur Auswertung von (4.139) liegt bei

$$\boxed{t_1 = k_1\,T_a = t_{max} + 2\,T_u} \;, \qquad (4.140)$$

also bei der doppelten Verzugszeit nach t_{max}. Zur Unterdrückung von Störungen kann Δk in (4.139) durchaus größer gewählt werden, ohne das Ergebnis entscheidend zu beeinflussen.

Der noch fehlende Streckenverstärkungsfaktor K_{PS} ergibt sich mit dem unteren Teil von Bild 4.39, (4.132) und (4.135) zu

$$K_{PS} = T_g \frac{\dot{r}_s(t_{max})}{y_m - y_0} = T_g \frac{r(t_{max}) - r_0}{A} \qquad (4.141)$$

Die gesamte Messzeit t_{Mess} erstreckt sich also bis $t_{Mess} = t_1$, was deutlich unter der für eine vollständige Sprungantwort erforderlichen Messzeit liegen kann. Es macht Sinn, die Aufschaltdauer T_i des Blockimpulses vom Erreichen eines vorgebbaren Grenzwertes r_{limit} abhängig zu machen:

$$r(T_i) \geq r_{limit}$$

Aus den identifizierten Streckenparametern können nun nach verschiedenen Einstellregeln Reglerparameter ermittelt werden.

4.5.3.4 Relay-Feedback-Methode

Die **Relay-Feedback-Methode** geht auf ASTRÖM, HÄGGLUND [4.43] zurück. Diese Methode findet man heutzutage in vielen industriellen Self-Tunern, HÜCKER, RAKE [4.31]; ASTRÖM et. al. [4.33], [4.34]; BLEVINS et. al. [4.35]; HANG et al. [4.44]; YU [4.50]. Die ursprüngliche Motivation zur Entwicklung dieser Methode bestand darin, die Einstellregeln von ZIEGLER und NICHOLS [4.23] (siehe unten, Tabelle 4.9), die auf die Stabilitätsgrenze abzielen, anzuwenden. Die Stabilitätsgrenze ermittelt man nach ZIEGLER und NICHOLS experimentell durch Erhöhen des Verstärkungsfaktors K_p eines P-Reglers. In industriellen Regelkreisen ist dies jedoch kaum durchführbar; deswegen fehlt diese Einstellregel in Abschnitt 4.4. Mit der Relay-Feedback-Methode kann man diese Stabilitätsgrenze jedoch für jeden industriellen Regelkreis mit vertretbaren Störungen bestimmen. Bild 4.40 zeigt das Prinzip dieses Verfahrens. Der Selbsteinstellungsvorgang durchläuft die folgenden Schritte, welche weiter unten noch detaillierter erläutert werden:

- Zunächst betreibt man den Regler in der Betriebsart *Hand* oder *Automatik*.
- Bei der Initialisierung der Selbsteinstellung schaltet der in Bild 4.40 dargestellte Schalter auf das Relais mit der Hysterese $e_{SD}/2$. Die Hysterese wird verwendet, um die Auswirkung von Messrauschen auf den Schaltvorgang zu unterdrücken. Die Amplitude m_{20} des Relais ist normalerweise vom Anwender wählbar, ähnlich wie bei der wählbaren Sprunghöhe Δy bei der Sprungantwortmethode. Zum Ausgang des Relais wird nach dem Umschalten automatisch die letzte Stellgröße y_0 des Reglers addiert, damit sich eine Schwingung um

den Sollwert w ausprägen kann. Es gibt auch Erweiterungen dieser Methode auf den geschlossenen Regelkreis, MAJHI [4.51], wobei dem nicht getunten PI(D)-Regler ein Relais parallel geschaltet wird.

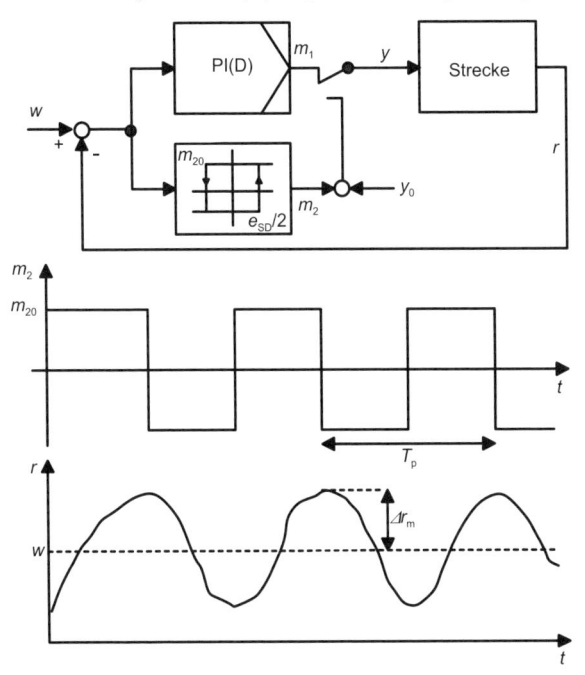

Bild 4.40 Oben: Prinzip der Relay-Feedback-Methode. Unten: Zeitverläufe von $r(t)$ und $m_2(t)$, wenn das Relais aktiviert ist; y_0 letzter Wert von y vor dem Umschalten auf das Relais

- Die erste Schwingungsperiode dient dazu, den eingeschwungenen Zustand abzuwarten, der dann in Bild 4.40 näherungsweise in der zweiten Schwingungsperiode erreicht ist. In Letzterer ermittelt man die Amplitude Δr_m und die Periodendauer T_p der Schwingung. Weitere Schwingungsperioden können zwecks Mittelwertbildung noch hinzutreten. Ggf. wird in der ersten Schwingungsperiode zusätzlich die Verzugszeit (Totzeit) T_u experimentell bestimmt, BLEVINS et al. [4.35]. Δr_m, T_p und ggf. T_u sind die Kenndaten der Strecke.
- Aus diesen Kenndaten werden Reglerparameter berechnet.

4 Regelkreise mit konventionellen Reglern

Der über das Relais geschlossene Regelkreis führt eine nichtlineare Schwingung aus, die man mit den bekannten Methoden der harmonischen Balance (→ Abschnitt 1.4) analysieren kann. Bild 4.41 zeigt die Ortskurven des Streckenfrequenzgangs $G(j\omega)$ und der negativ Inversen der Beschreibungsfunktion

$$B(A) = \frac{4\,m_{20}}{\pi\,A}\left(\sqrt{1-\left(\frac{e_{SD}}{2A}\right)^2} - j\,\frac{e_{SD}}{2A}\right) \tag{4.142}$$

$$-\frac{1}{B(A)} = -\frac{\pi\,A}{4\,m_{20}}\sqrt{1-\left(\frac{e_{SD}}{2A}\right)^2} - j\,\frac{\pi\,e_{SD}}{8\,m_{20}}\ . \tag{4.143}$$

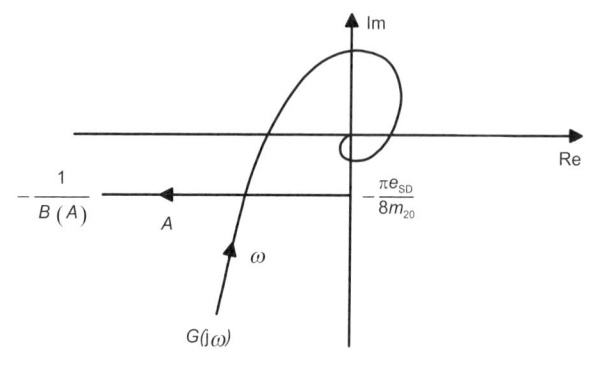

Bild 4.41 Die negative inverse Beschreibungsfunktion $-1/B(A)$ eines Relais mit Hysterese und die Ortskurve $G(j\omega)$ der Streckenübertragungsfunktion

Dabei ergeben sich m_{20} und $e_{SD}/2$ aus den bekannten Relaisdaten. A ist die Amplitude des Relaiseingangs. Im Schnittpunkt der beiden Ortskurven gilt:

$$A = A_p = \Delta r_m \tag{4.144}$$

$$\omega = \omega_p = \frac{2\pi}{T_p} \tag{4.145}$$

$$G(j\omega_p) = -\frac{1}{B(A_p)} \tag{4.146}$$

Würde die Hysterese wegfallen, d. h. $e_{SD}/2 = 0$, so läge der Schnittpunkt der beiden Ortskurven auf der negativ reellen Achse. Für den Verstärkungsfaktor $K_{p,krit}$ eines P-Reglers, der den Regelkreis auf der Stabilitätsgrenze betreibt, ergibt sich dann

$$K_{p,krit} = -\frac{1}{G(j\omega_p)} \qquad (4.147)$$

wobei der Nenner mit (4.146) für $e_{SD}/2 = 0$ gegeben ist. Damit könnte man die oben erwähnten Einstellregeln von ZIEGLER und NICHOLS in Tabelle 4.9 anwenden.

Tabelle 4.9 Einstellregeln von ZIEGLER und NICHOLS

Reglertyp	K_P	T_n	T_v
PI	$0,4\ K_{p,krit}$	$0,8\ T_p$	
PID	$0,6\ K_{p,krit}$	$0,5\ T_p$	$0,1\ T_p$

Die folgende Beziehung für einen PID-Regler von ASTRÖM, HÄGGLUND [4.33] ist jedoch flexibler und ergibt bessere Einschwingvorgänge; BLEVINS et al. [4.35]:

$$T_n = \frac{T_p}{4\pi A_p} \left(\tan(\varphi_m)\sqrt{4\alpha + \tan^2(\varphi_m)} \right) \qquad (4.148)$$

$$T_v = \alpha\ T_n \qquad (4.149)$$

$$K_p = |B(A_p)|\cos(\varphi_m) \qquad (4.150)$$

Dabei ist φ_m die gewünschte Phasenreserve und α ein vorgegebenes Verhältnis von T_v und T_n, z. B. $\alpha = 0,25$. Die obige Reglereinstellung verschiebt den Schnittpunkt $G(j\omega_p)$ der beiden Ortskurven in Bild 4.36 auf den Einheitskreis mit der Phasenreserve φ_m.

BLEVINS et al. [4.35] und HANG et al. [4.44] geben Beziehungen an, wie man aus dem Schwingungsversuch die Parameter eines Totzeit-PT_1-Modells der Strecke berechnen kann. Mit diesem Modell lassen sich dann Reglerparameter nach vielen Einstellregeln ermitteln. Das folgende industrielle Beispiel eines komfortabel integrierten Self-Tuners nach der

Relay-Feedback-Methode vermittelt u. a. eine Vorstellung von der benötigten Messzeit.

Anwendung der Relay-Feedback-Methode in einem Prozessautomatisierungssystem. Im Prozessleitsystem DELTAV von *Emerson Process Management* ist der Self-Tuner komplett in die Bedienoberfläche (*Faceplate*) und in den Softwarebaustein des Reglers integriert; BECKER [4.55]. Um die Selbsteinstellung zu demonstrieren wurde eine Strecke mit $K_{ps} = 1$ und drei gleichen Zeitkonstanten $T = 10$ s simuliert.

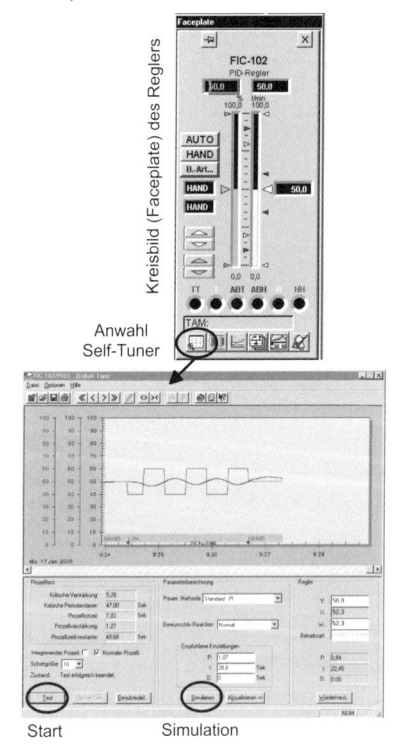

Bild 4.42 Bedienung des Self-Tuners im Prozessleitsystem DELTAV von Emerson Process Management

Den Selbsteinstellungsvorgang zeigt Bild 4.42. Der Self-Tuner lässt sich per Mausklick im Kreisbild (*Faceplate*) des Regler-Bausteins anwählen.

Die Selbsteinstellung startet der Anwender wie dargestellt, wobei er die Relaisamplitude in % des Stellbereichs selbst bestimmen kann (hier 10 %). Bei der vorliegend gewählten Standardeinstellung des Self-Tuners werden insgesamt 3 Schwingungsperioden aufgenommen, wobei in den beiden letzten die Mittelwerte T_p und A_p bestimmt werden. Innerhalb der ersten Halbperiode wird eine Näherung für die Totzeit ermittelt; BLEVINS [4.35]. Auf Wunsch kann der Anwender für die empfohlene PI(D)-Reglereinstellung und auch für weitere, aus einem Stabilitätsbereich auswählbare Reglereinstellungen die Führungs- und Störsprungantworten simulieren. Der gesamte Einstellvorgang dauert ca. 3 min, da zunächst einmal der eingeschwungene Zustand abgewartet wird und anschließend über zwei Perioden T_p und A_p bestimmt werden. Würde man die Sprungantwort wie bei der Sprungantwortmethode messen, so müsste man ca. 1,83 min bis zum Erreichen des 99-%-Wertes messen. Wählt man beim Self-Tuner die Option von insgesamt 2 Schwingungsperioden aus, so würde sich die Messzeit in der Größenordnung der Messzeit der Sprungantwortmethode bewegen.

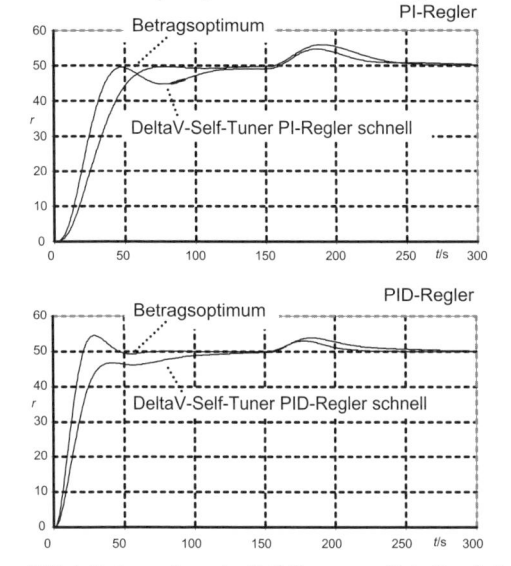

Bild 4.43 Anwendung des Self-Tuners von DeltaV auf eine PT_n-Strecke mit drei gleichen Zeitkonstanten $T = 10$ s und $K_{PS} = 1$ und Vergleich mit Betragsoptimum. Führungsgrößensprung von $0 \rightarrow 50$ bei $t = 0$ und Störgrößensprung von $0 \rightarrow 10$ bei $t = 150$ s am Streckeneingang. Oben: PI-Regler. Unten: PID-Regler

Beispielhaft schlägt der Self-Tuner die folgenden Reglerparameter vor:

- Schneller PI-Regler: $K_p = 1{,}16$; $T_n = 33{,}68$ s
- Schneller PID-Regler: $K_p = 1{,}55$; $T_n = 33{,}68$ s; $T_v = 5{,}39$ s

Bild 4.43 zeigt die Führungs- und Störsprungantworten für diese Einstellungen und zum Vergleich für die Einstellungen nach dem Betragsoptimum:

- PI-Regler: $K_p = 0{,}625$; $T_n = 20$ s
- PID-Regler: $K_p = 2{,}310$; $T_n = 24{,}66$ s; $T_v = 6{,}49$ s

Beide Einstellungen sind vergleichbar.

4.6 Anfahren von Regelkreisen

Wolfgang Schorn, Norbert Große

4.6.1 Technischer Hintergrund

4.6.1.1 Ablauf von Anfahrvorgängen

Das Anfahren eines Regelkreises ist erforderlich, wenn die betreffende Regeleinrichtung oder die Regelstrecke vom Stillstand in den normalen Betriebszustand überführt werden soll oder wenn eine Regeleinrichtung neu implementiert wird. Dies geschieht in zwei Schritten:

- War die Regeleinrichtung ausgeschaltet, ist sie zunächst einzuschalten. Sie darf dann *nicht* sofort auf den Prozess einwirken.
- Nach dem Einschalten wird der gewünschte Arbeitspunkt angefahren.

Bei Reglerkaskaden sind diese Schritte beginnend mit dem innersten Regelkreis von innen nach außen durchzuführen.

Anfahrvorgänge bringen oft erhebliche Schwierigkeiten mit sich, weil die Größen des Regelkreises Wertebereiche durchlaufen, für welche die Regelparameter üblicherweise nicht ausgelegt sind und in welchen ausgeprägte Nichtlinearitäten auftreten können. Bei Einsatz eines Prozessleitsystems ist es lohnenswert, die während der Inbetriebnahme der Anlage gewonnenen Erfahrungen zum Entwickeln von Steuerungssoftware für das Anfahren kritischer Regelkreise zu nutzen, wobei auch Prozessmodelle gute Dienste leisten können. Nützliche Ausführungen zum Anfahren findet man u. a. bei BRECKNER [4.57] und [4,58], THEILMANN [4.59], THEILMANN, LINZENKIRCHNER [4.60], BAUERSACHS [4.61], PIWINGER [4.62], KOLLMANN [4.63] und FIEBERG [4.64]. Die nachfolgenden Betrachtungen orientieren sich an einer Regelstrecke höherer Ordnung mit Ausgleich, gelten aber gleichermaßen für alle anderen Streckentypen. Weiterhin wird davon ausgegangen, dass die Rückführgröße von $r = 0$ auf den Sollwert $r = w$ einzustellen ist.

4.6.1.2 Ausführungszustände und Betriebsarten

Beim Anfahren von Regelkreisen wird die Regeleinrichtung zwischen verschiedenen **Ausführungszuständen** und **Betriebsarten** umgeschaltet.

> Der Begriff des **Ausführungszustandes** wird verwendet, um anzugeben, ob eine Regeleinrichtung Stellwerte ausgibt oder nicht; SCHORN, GROßE in [4.65].

Üblicherweise kommt man mit zwei Zuständen aus:

- *Aus*: Hier werden keine Stellwerte ausgegeben. Dies ist z. B. der Fall, wenn der Regler energielos ist (Ausnahme: Regler ohne Hilfsenergie).
- *Ein*: Im Ausführungszustand *Ein* gibt die Regeleinrichtung Stellsignale aus. Das Umschalten in diesen Zustand ist natürlich nur sinnvoll, wenn die Rückführgröße innerhalb des der Regeleinrichtung zugänglichen Messbereichs liegt.

> Durch die **Betriebsart** werden die Art und der Umfang der Eingriffe durch den Menschen oder eine andere übergeordnete Instanz in eine Regeleinrichtung bestimmt, wenn diese sich im Ausführungszustand *Ein* befindet (→ DIN 19226-5 [4.37]).

Wichtig sind folgende Betriebsarten:

- *Hand*: Hierbei wird der Stellwert nicht durch den Regelalgorithmus bestimmt, sondern von einer anderen Instanz (meist durch das Bedienpersonal) vorgegeben.
- *Automatik*: In dieser Betriebsart ermittelt die Regeleinrichtung den Stellwert gemäß ihrem Regelalgorithmus.

Herstellerspezifisch können weitere Betriebsarten hinzukommen. Bild 4.44 zeigt das Zustandsdiagramm für Ausführungszustände und Betriebsarten. An den Querbalken der gerichteten Linien sind Ereignisse (in der Regel Befehle) notiert, welche die Übergänge (Transitionen) auslösen.

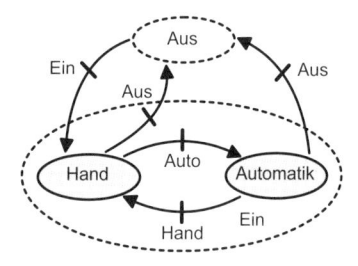

Bild 4.44 Ausführungszustände und Betriebsarten

Das Einstellen der Betriebsart *Automatik* sollte natürlich stoßfrei vor sich gehen, z. B. so:

- Um eine unmittelbar auftretende Regeldifferenz zu vermeiden, wird $w = r$ gesetzt (**Sollwertnachführung** oder *x-tracking*).
- Als Stellwert y wird der vorgegebene Handstellwert y_H übernommen. Wird die Stellgliedstellung l gemessen, kann alternativ $y = l$ gesetzt werden.
- Bei Reglern mit I- bzw. D-Glied werden Integrator bzw. Differenzierer so initialisiert: $m_I(0) = y/K_I$, $m_D(0) = 0$.

4.6.2 Arbeitspunkteinstellung

4.6.2.1 Einstellung im Handbetrieb

Beim Anfahren im Handbetrieb wird zunächst der Stellwert nach einer Zeitfunktion auf den Wert y_R im Arbeitspunkt gefahren. Hat die Rückführgröße den Stationärwert r_R bis auf ein Toleranzband ε erreicht, schaltet man den Regler auf *Automatik* und gibt den Sollwert w vor.

Direkte Stellwertvorgabe. Die meisten Regelstrecken mit Ausgleich weisen aperiodisches Verhalten auf. Dann kann man y_R direkt in *einem* Sprung vorgeben, siehe Bild 4.45. Bei Zweipunktreglern ist dies die einzige Möglichkeit der Stellwertvorgabe.

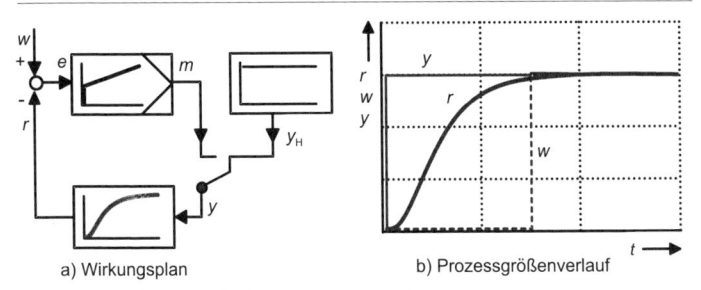

Bild 4.45 Anfahren mit direkter Stellwertvorgabe

Zeitoptimales Anfahren. Die vorstehend angegebene Methode lässt sich hinsichtlich des Zeitverhaltens noch verbessern (→ Bild 4.46). Nach einem der in Abschnitt 2.5 beschriebenen Verfahren – etwa nach STREJC [4.67] – erstellt man zunächst ein einfaches Streckenmodell mit der Übertragungsfunktion

$$G_S(s) = \frac{K_{PS} e^{-T_t s}}{1 + Ts} \qquad (4.151)$$

Die zugehörige Sprungantwort ist

$$r(t) = K_{PS}\left(1 - e^{-\frac{t-T_t}{T}}\right) \qquad (4.152)$$

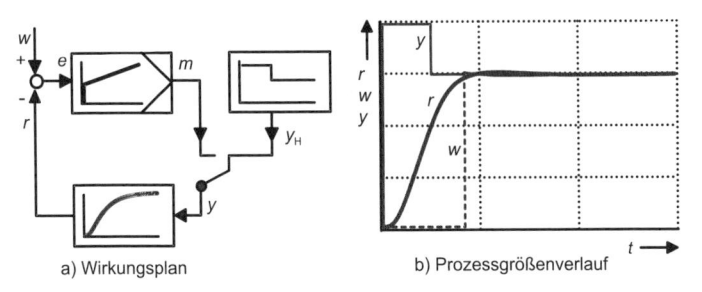

Bild 4.46 Zeitoptimales Anfahren im Handbetrieb

Aus der Forderung $r(t) = w$ erhält man den Zeitpunkt t_w, zu welchem die Rückführgröße den Sollwert erreichen wird:

$$t_w = T_t - T \ln \frac{K_{PS} - w}{K_{PS}} \qquad (4.153)$$

Nun geht man so vor:

- Für $0 \le t \le t_w - T_t$ wird der Extremwert $y = 1$ vorgegeben. Die Rückführgröße r steigt dann mit der maximal möglichen Änderungsgeschwindigkeit an.
- Für $t_w - T_t \le t \le t_w$ stellt man $y = y_R$ ein, wobei y_R der entsprechend der Betriebskennlinie zu w gehörende Stellwert ist. Die Rückführgröße r läuft weiter in den Stationärwert $r_R = w$ ein.
- Ist $t > t_w$ *oder* hat r sich bis auf einen Toleranzwert ε dem Sollwert w angenähert, schaltet man auf die Betriebsart *Automatik* um.

4.6.2.2 Einstellung im Automatikbetrieb

Wenn die Regelstrecke aperiodisches Verhalten aufweist und der Regler keinen I-Anteil hat, kann der gewünschte Sollwert problemlos in einem Sprung vorgegeben werden. Behutsamer muss man vorgehen, wenn ein I-Anteil vorhanden ist, und dies wird folgend angenommen.

Direkte Sollwertvorgabe. Im einfachsten Fall stellt man die Regeleinrichtung nach dem Einschalten mit dem gewünschten Sollwert direkt auf *Automatik*. Dies ist möglich, wenn der Prozess sich bereits im gewünschten Bereich befindet oder wenn große Sollwertsprünge mit starkem Überschwingen zulässig sind und weder dem Produkt noch der Anlage oder gar dem Personal bzw. der Umwelt Schaden zufügen können.

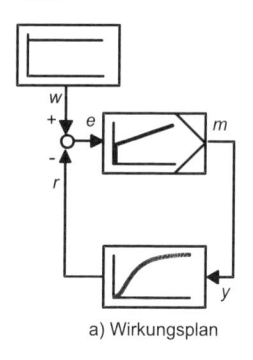

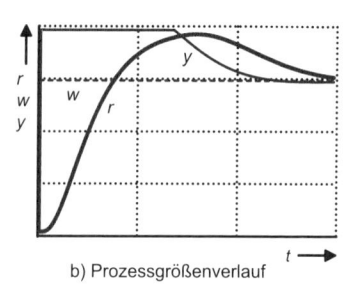

Bild 4.47 Anfahren mit direktem Sollwertsprung

Auch bei verzögerungsarmen Regelstrecken (z. B. bei Durchflüssen) kann man oft so vorgehen. Bild 4.47 zeigt den typischen Einschaltvorgang bei einer Strecke höherer Ordnung.

Rampenfunktionen. Ein sanftes Anfahren des Regelkreises ist durch Sollwertrampen zu erreichen. In Abschnitt 4.2 ist die zeitgeführte Rampe erwähnt; alternativ lässt sich auch eine prozessgrößengeführte Rampe verwenden. Dazu stellt man den Sollwert zunächst auf den kleinstmöglichen Wert w_0 ein, mit welchem der Regler noch arbeiten kann. Hat die Rückführgröße den Wert $w_0 - \Delta w$ erreicht, wird der Sollwert auf $r + \Delta w$ mit $\Delta w > 0$ gesetzt. Damit wird w hochgezogen, bis der Endsollwert w_E erreicht ist; siehe dazu Bild 4.48. Die Vorschrift ist also

$$w_f(t) = \begin{cases} w_0 & \text{für } r(t) < w_0 - \Delta w \\ r(t) + \Delta w & \text{für } w_0 - \Delta w \leq r(t) \leq w_E - \Delta w \\ w_E & \text{sonst} \end{cases} \quad (4.154)$$

Zusätzlich kann man eine Zeitüberwachung implementieren, welche sicherstellt, dass nach Verstreichen einer Maximalzeit t_{max} auf *jeden* Fall $w_f(t) = w_E$ gesetzt wird.

Anfahren mit Vorhalt. In Abschnitt 4.2 wurde darauf hingewiesen, dass sich durch ein Vorfilter sanfte Sollwertübergänge erreichen lassen. Alternativ kann der Rückführgröße beim Anfahren ein Vorhalt überlagert werden:

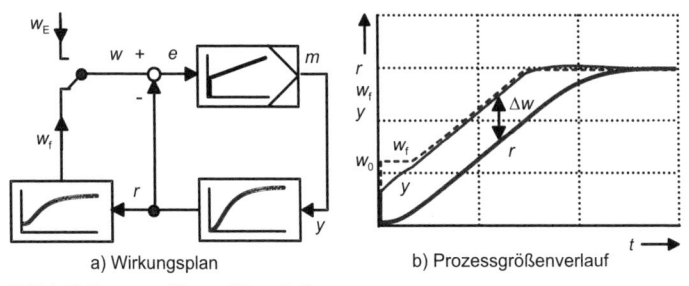

$$\boxed{r_f(t) = r(t) + T_v \dot{r}(t)} \quad (4.155)$$

Bild 4.48 Prozessgrößengeführte Sollwertrampe

Diese Strukturumschaltung ist so lange wirksam, bis $r(t)$ den Sollwert w erreicht hat, siehe Bild 4.49. Das zum Reduzieren des I-Anteils erforderliche Überschwingen gilt lediglich für die Größe r_f. Die Rückführgröße r läuft bei passender Wahl von T_v aperiodisch in den Sollwert ein.

a) Wirkungsplan   b) Prozessgrößenverlauf

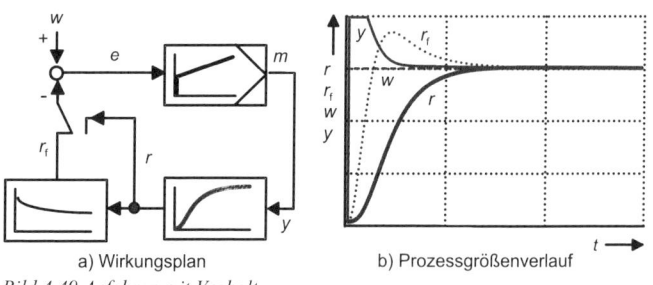

Bild 4.49 Anfahren mit Vorhalt

5 Abtastregelung

5.1 Mathematische Grundlagen diskreter Systeme
Wolfgang Schorn, Norbert Große

5.1.1 Abtastvorgang

5.1.1.1 Technische Motivation

In den bisherigen Kapiteln wurde die Zeit als kontinuierliche Größe t aufgefasst. In vielen Fällen ist es angebracht, stattdessen diskrete Zeitpunkte t_k zu betrachten:

- Die Objekte, über welche Informationen zu erfassen sind, entstehen diskontinuierlich. Dies ist typisch für die Fertigungstechnik.
- Das Messverfahren liefert Informationen nicht stetig, sondern diskret. Bei der Herstellung von Fotopapier etwa lässt sich die Drehgeschwindigkeit der Transportwalzen durch Zählen der Umdrehungen pro Zeiteinheit ermitteln; einzelne Walzenumdrehungen werden durch Impulse angezeigt.
- Die Messwertverarbeitung geschieht diskontinuierlich, z. B. beim Einsatz von Digitalrechnern.
- Bei Verwendung von Wechselspannung werden Stellsignale mittels elektronischer Schalter (z. B. Thyristoren) erzeugt. Stellsignaländerungen sind nur im Takt der Wechselspannung möglich.
- Als Einrichtungen für Regelungen werden Rechner eingesetzt, weil hierfür viele Vorteile sprechen. Das Regelgesetz kann flexibel programmiert werden mit voneinander unabhängiger Eingabe der Reglerparameter, die Verknüpfung mehrerer Regelungen ist einfach und die Eingabe der Parameter sowie die Beobachtung der Rückführ- und Stellgrößen ist komfortabel. Nachteil ist, dass Rechner nicht beliebig schnell arbeiten können.

Nachfolgend wird davon ausgegangen, dass $u(t)$ eine zeit- und wertkontinuierliche Messgröße ist und dass die Erfassung und Verarbeitung zeit- und wertdiskret vor sich geht.

332   5 Abtastregelung

5.1.1.2 Abtasthalteglied

Die Zeit- und Wertdiskretisierung kontinuierlicher Messgrößen erfolgt durch ein **Abtasthalteglied** (DIN 19226-2 [5.1], → Bild 5.1). Die Funktionsweise ist wie folgt:

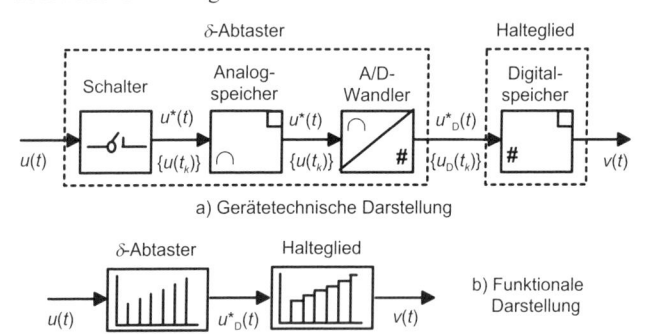

Bild 5.1 Abtasthalteglied

- **δ-Abtaster**: Zu einzelnen Zeitpunkten t_k wird der Schalter kurzzeitig geschlossen; hierdurch entstehen nach meist vernachlässigbar kleinen Einschwingzeiten $T_{Ek} \approx 0$ mit den Momentanwerten $u(t_k+T_{Ek}) \approx u(t_k)$ der Messgröße $u(t)$ gewichtete Impulse. Die Gewichte $u(t_k)$ werden in einem Analogspeicher über einen als vernachlässigbar klein betrachteten Zeitraum Δt festgehalten und von einem **Analog-Digital-Umsetzer** (ADU) in Zahlen (Digitalwerte) $u_D(t_k)$ umgesetzt, wozu jeweils die Wandlungsdauer T_{Wk} benötigt wird, s. Bild 5.2. Idealisiert ist damit das Signal $u^*_D(t)$ eine gewichtete Folge von DIRAC-Stößen. Hierbei findet eine Quantisierung, d. h. eine Wertdiskretisierung statt. Bei einer Auflösung des ADU von z. B. 12 Bits wird das Analogsignal in 4096 Stufen aufgeteilt; der mittlere Fehler ist dabei eine halbe Stufenhöhe, das so genannte **Quantisierungsrauschen**.
- **Halteglied**: Bis zur nächsten Abtastung werden die Zahlen $u_D(t_k)$ für zugehörige Zeiträume T_{Hk} in einem Digitalspeicher abgelegt. Aus der Zahlenfolge $\{u_D(t_k)\}$ entsteht eine Treppenfunktion $v(t)$, deren Werte zu den Zeitpunkten t_k bis auf die Quantisierungsfehler den Werten der Messgröße $u(t)$ entsprechen.

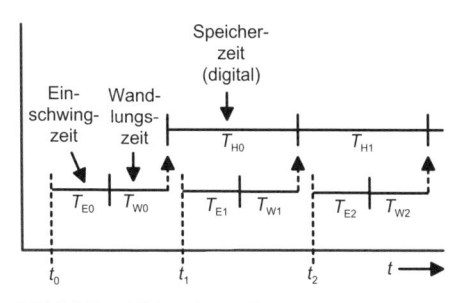

Bild 5.2 Zeitabfolgen beim Abtastvorgang

Wie ersichtlich enthält der δ-Abtaster seinerseits ebenfalls ein Halteglied, nämlich den Analogspeicher. Bild 5.2 zeigt die Zeitabfolgen T_{Ek}, T_{Wk} und T_{Hk}. Man erkennt, dass die Zeitsummen $T_{Ek} + T_{Wk}$ und die Haltezeiten T_{Hk-1} einander überschneiden.

Die einzelnen Signalverläufe und Zahlenwertfolgen zeigt Bild 5.3. Die Gewichte der Impulsfunktionen sind dabei wie allgemein üblich durch Pfeile dargestellt.

Geht man davon aus, dass die Abtastzeitpunkte äquidistant sind, d. h. dass mit der **Abtastperiode** T_a gilt

$$\begin{array}{l} T_a = t_k - t_{k-1} \quad \text{(const.)} \\ t_k = k \cdot T_a \end{array} \tag{5.1}$$

so lässt sich diese Funktionalität wie folgt beschreiben:

- $v(t)$ setzt sich aus einer gewichteten Folge zeitverschobener Einheitssprünge zusammen:

$$v(t) = \sum_{k=0}^{\infty} u_D(t_k)\bigl(\varepsilon(t - t_k) - \varepsilon(t - t_{k+1})\bigr) \tag{5.2}$$

- Die LAPLACE-Transformation liefert hieraus

$$V(s) = \frac{1 - e^{-T_a s}}{s} \sum_{k=0}^{\infty} u_D(t_k) e^{-kT_a s} \; . \tag{5.3}$$

5 Abtastregelung

Der Ausdruck $H(s) = \dfrac{1 - e^{-T_a s}}{s}$ ist hierbei die Übertragungsfunktion des Haltegliedes.

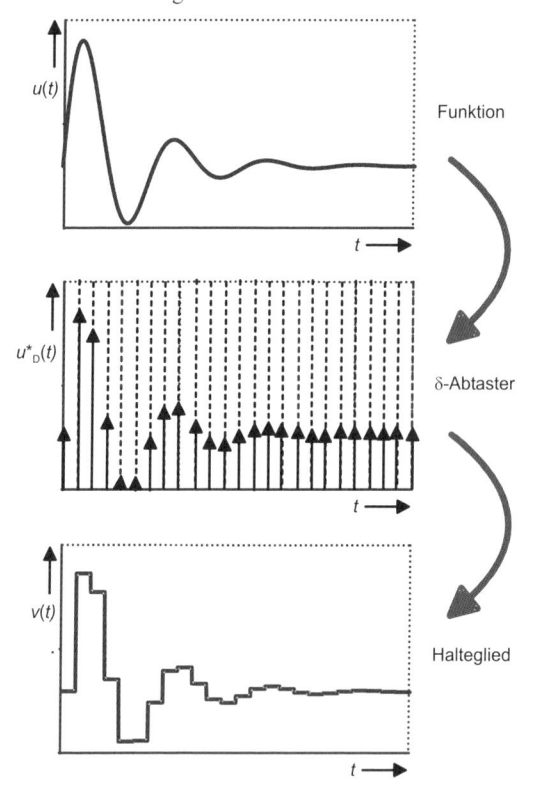

Bild 5.3 Signalverläufe beim Abtastvorgang

- Transformiert man den Summenausdruck in (5.3) in den Zeitbereich zurück, ergibt sich die **Impulsfolgefunktion** $u^*_D(t)$:

$$\begin{aligned} u_\text{D}^*(t) &= \sum_{k=0}^{\infty} u_\text{D}(t_k)\delta(t - t_k) \\ &= u_\text{D}(t)\sum_{k=0}^{\infty} \delta(t - t_k) \end{aligned} \qquad (5.4)$$

Sie entsteht durch Amplitudenmodulation einer Folge zeitverschobener Deltafunktionen mit der quantisierten Messgröße $u_\text{D}(t)$.

Die Äquidistanz der Zeitpunkte $t_k = k \cdot T_\text{a}$ ist zur Rekonstruktion der Messgröße $u(t)$ aus der Treppenfunktion $v(t)$ nicht notwendig, sofern man die Folge der Abtastzeitpunkte $\{t_k\}$ ebenfalls speichert. In der Regel verzichtet man aber darauf und erzeugt stattdessen über einen Zeitgeber die konstante Abtastperiode T_a. Gibt man das Ausgangssignal des Abtasthaltegliedes auf eine Regelstrecke mit üblicherweise verzögerndem Verhalten aus, so wird die Treppenfunktion gemittelt und zum abgetasteten Eingangssignal $u(t)$ um eine Totzeit verschoben. Die Totzeit kann mit $T_\text{t} = T_\text{a}/2$ angenähert werden.

5.1.1.3 Wahl der Abtastperiode

Begriffe. In den bisherigen Ausführungen bezeichnet t allgemein die kontinuierliche Variable *Zeit*. Die Folge $\{t_k\}$ definiert nun keine neue Variable, sondern kennzeichnet lediglich eine Teilmenge der Werte, welche t annehmen kann, so genannte diskrete Zeitpunkte. Die Äquidistanz der Zeitpunkte t_k ist zur Rekonstruktion der Messgröße $u(t)$ aus der Treppenfunktion $v(t)$ nicht notwendig, sofern man die Wertefolge $\{t_k\}$ ebenfalls speichert. In der Regel verzichtet man aber darauf und erzeugt stattdessen über einen Zeitgeber die konstante Abtastperiode T_a. Nach DIN 19226-4 [5.17] sind folgende Begriffe gebräuchlich:

> Die Größe $T_{\text{a}k} = t_k - t_{k-1}$ bezeichnet man als **Abtastzeit**. Ist $T_{\text{a}k} = T_\text{a}$ konstant, d. h. sind *äquidistante* Abtastzeitpunkte gegeben, so nennt man die Größe T_a **Abtastperiode**. Dann ist $t_k = k \cdot T_\text{a}$.

Die Verwendung einer *konstanten* Abtastzeit bietet zwei Vorteile:

- Bei der softwaretechnischen Realisierung der zeitlichen Integration bzw. Differenziation ist das Erfassen und Speichern von Zeitstempeln nicht notwendig. Man erreicht somit eine Durchsatzerhöhung und Speicherplatzersparnis.

- Bei konstantem T_a können Abtastvorgänge mit einem einfachen mathematischen Formalismus, der z-**Transformation**, beschrieben und untersucht werden.

Alias-Frequenz. Um den Verlauf der Messgröße $v(t)$ zwischen den Abtastzeitpunkten t_k verlässlich rekonstruieren zu können, muss man an die Abtastperiode T_a bestimmte Forderungen stellen. Dazu sei die Sinusfunktion mit der Periode T bzw. der Frequenz f betrachtet ($\rightarrow$ Bild 5.4). In diesem Beispiel wurde $T_a > T/2$ gewählt. Die aus $v(t)$ ermittelte Funktion $u_R(t)$, welche eigentlich mit $u(t)$ übereinstimmen sollte, weist jedoch eine wesentlich größere Periode T_R bzw. eine wesentlich kleinere Frequenz f_R als $u(t)$ auf. Dies ist die **Alias-Frequenz**; sie ergibt sich nach OLSSON, PIANI [5.2] mit der Abtastfrequenz f_a zu

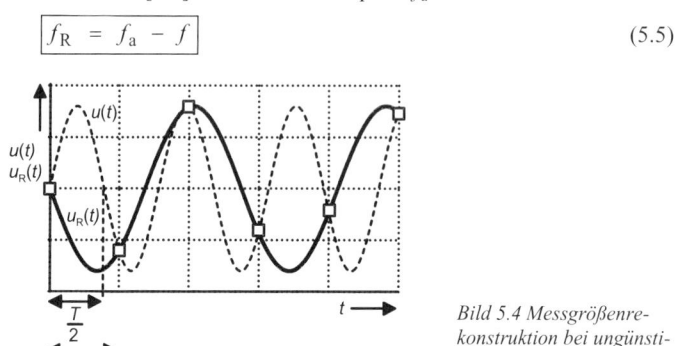

$$\boxed{f_R = f_a - f} \tag{5.5}$$

Bild 5.4 Messgrößenrekonstruktion bei ungünstiger Abtastperiode T_a

Im Beispiel ist

Signalperiode: $T = 2\pi$ s $\Rightarrow$ Signalfrequenz: $f = 1/2\pi$ Hz,

Abtastperiode: $T_a = 4$ s $\Rightarrow$ Abtastfrequenz: $f_a = 0{,}25$ Hz,

also $f_R = \dfrac{\pi - 2}{4\pi}$ Hz. Die Periode T_R des rekonstruierten Signals $u_R(t)$ ist damit $T_R = \dfrac{4\pi}{\pi - 2}$ s ≈ 11 s.

Abtasttheorem. Man kann zunächst davon ausgehen, dass die Messgröße $v(t)$ sich als Summe von Schwingungen unterschiedlicher Kreisfrequenzen darstellen lässt. Die Teilschwingung $v_G(t)$ mit der höchsten Kreisfrequenz (Grenzkreisfrequenz) ω_G ist dann

$$\boxed{v_G(t) = A_G \sin(\omega_G t + \varphi_G)} \tag{5.6}$$

Um die drei Parameter A_G, ω_G und φ_G bestimmen zu können, hat man diese Funktion innerhalb der Periode $T_G = 2\pi/\omega_G$ dreimal – mithin *öfter* als zweimal und nicht, wie in vielen Literaturstellen fälschlich angegeben, *mindestens* zweimal – abzutasten. Daraus resultiert für die Abtastperiode T_a bzw. für die Abtastfrequenz f_a:

$$\boxed{\begin{array}{l} T_a < \dfrac{T_G}{2} \\[2mm] f_a > f_N = \dfrac{\omega_G}{\pi} = 2f_G \end{array}} \tag{5.7}$$

siehe z. B. SCHÖNE [5.3], SCHRÜFER [5.4] u. A. Die Größe f_N heißt **NYQUIST-Frequenz**. Bei $f_a > f_N$ liegt **Überabtastung** vor, bei $f_a \leq f_N$ **Unterabtastung**. Die Aussage des SHANNONschen **Abtasttheorems** lautet nun so:

> Ist T_G die kleinste in einem Signal $v(t)$ enthaltene Periode, so muss $v(t)$ mit einer Abtastperiode $T_a < T_G/2$ erfasst werden, um das Signal korrekt rekonstruieren zu können.

Amplitudenspektren. In Abschnitt 1.3 wurde die Spektralfunktion $u(j\omega)$ als FOURIER-Integral eingeführt:

$$\boxed{u(j\omega) = \int_{-\infty}^{\infty} u(t)e^{-j\omega t} dt} \tag{5.8}$$

Das zugehörige Amplitudenspektrum ergab sich hieraus zu

$$\boxed{A(\omega) = |u(j\omega)|} \tag{5.9}$$

Für eine in diskreten Zeitpunkten t_k definierte Funktion ist das Integral in (5.8) durch eine Summe zu ersetzen, aus der kontinuierlichen Zeit t werden Zeitpunkte $t_k = v \cdot T_a$, und die kontinuierliche Funktion $u(t)$ wird zu der quantisierten Funktion $u_D(t)$:

$$\boxed{u_D(j\omega) = \sum_{v=-\infty}^{\infty} u_D(vT_a)e^{-j\omega v T_a} T_a} \tag{5.10}$$

Den Ausdruck $u_{\text{DFT}}(j\omega) = u_D(j\omega)/T_a$ nennt man **diskrete FOURIER-Transformierte** (DFT) von $u_D(t)$; SCHRÜFER [5.4]. Wie die EULERsche Relation $e^{j\varphi} = \cos\varphi + j\cdot\sin\varphi$ zeigt, hat die komplexwertige Funktion innerhalb des Summenterms von (5.10) die Periode $2\pi\cdot T_a$, und dies gilt dann auch für $u_D(j\omega)$:

> Eine Funktion, welche zu diskreten Zeitpunkten t_k abgetastet wird, weist eine periodische Spektralfunktion bzw. ein periodisches Amplitudenspektrum auf. Die Periode ist gleich der Abtastperiode T_a.

Man sieht dies auch anhand der LAPLACE-Transformation. Die Impulssumme in (5.4) lässt sich mit der Abtastkreisfrequenz $\omega_a = 2\pi/T_a$ zunächst als FOURIER-Reihe schreiben ($\rightarrow$ Abschnitt 1.3):

$$\sum_{k=0}^{\infty} \delta(t - kT_a) = \sum_{\nu=-\infty}^{\infty} c_\nu e^{j\omega_a \nu t} \qquad (5.11)$$

Hierin sind c_ν die FOURIER-Koeffizienten

$$c_\nu = \frac{1}{T_a} \int_{-T_a/2}^{T_a/2} \left(\sum_{k=0}^{\infty} \delta(t - kT_a)\, e^{-j\omega_a \nu t} \right) dt \;. \qquad (5.12)$$

Mit der *Ausblendeigenschaft* der Deltafunktion

$$\int_{-\infty}^{\infty} \delta(t - kT_a) v(t)\, dt = v(kT_a) \qquad (5.13)$$

ergibt dies $c_\nu = 1/T_a$, und aus (5.4) wird

$$\begin{aligned} u_D^*(t) &= \frac{1}{T_a} \sum_{\nu=-\infty}^{\infty} u_D(kT_a) e^{j\omega_a \nu t} \\ &= u_D(t) \sum_{k=0}^{\infty} \delta(t - kT_a) \end{aligned} \qquad (5.14)$$

Anhand von (5.14) wird ersichtlich, dass das abgetastete Signal $u_D^*(t)$, wie in Abschnitt 5.1.1.2 angegeben, eine Folge von DIRAC-Stößen mit dem jeweiligen Gewicht $u_D(kT_a)$ ist.

Die LAPLACE-Transformation ($\rightarrow$ Abschnitt 1.3) liefert schließlich wegen $U_D^*(s) = L\{u_D^*(t)\} = \int\limits_0^\infty e^{-st} u_D^*(t) dt$:

$$U_D^*(s) = \frac{1}{T_a} \int\limits_0^\infty \sum_{\nu=-\infty}^\infty u_D(t) e^{-(s-j\omega_a \nu)t} dt \qquad (5.15)$$

und dies ist eine mit $T_a = 2\pi/\omega_a$ periodische Funktion.

In Bild 5.5 sind typische Amplitudenspektren dargestellt. Teilbild a) zeigt das Spektrum des kontinuierlichen Signals $u(t)$, bei welchem Störanteile mit der Kreisfrequenz $\omega > \omega_G$ durch ein Analogfilter (Tiefpass, Bandpass) unterdrückt werden. Teilbild b) gibt das Spektrum des aus den Abtastwerten $u_D(t_k)$ rekonstruierten Signals $u_{R1}(t)$ wieder, wobei $\omega_{a1}/2 > \omega_G$ angenommen ist (Überabtastung). Bei der in Teilbild c) abgebildeten Unterabtastung ($\omega_{a2}/2 < \omega_G$) sind die Amplitudenwerte im Bereich $[-\omega_G, +\omega_G]$ von Amplitudenwerten der benachbarten Seitenbandspektren teilweise überlagert, und damit wird das rekonstruierte Signal $u_{R2}(t)$ durch Alias-Frequenzen und hieraus resultierende Nichtlinearitäten verfälscht. Das lässt sich durch Beachten des Abtasttheorems wie in Teilbild b) erkennbar vermeiden.

WELFONDER weist in [5.5] darauf hin, dass sich Alias-Frequenzen durch digitale Filter nicht beseitigen lassen; stattdessen sind *vor* der Abtastung analoge Filter zu verwenden.

Heuristische Werte für T_a. Ergänzend zum theoretisch begründeten Abtasttheorem gibt es verschiedene Faustformeln zur Wahl von T_a, welche auf den Zeitkenngrößen von Strecken mit Ausgleich basieren und in Anlehnung an SCHÖNE [5.3] und LUTZ, WENDT [5.6] in Tabelle 5.1 zusammengestellt sind. Dabei werden die Verzugszeit T_u bzw. die Totzeit T_t, die Ausgleichszeit T_g bzw. die Zeitkonstante T, die 95-%-Zeit T_{95} und die Summenzeitkonstante T_Σ ($\rightarrow$ Abschnitt 2.5.2.4) ausgewertet. Zunächst bestimmt man nach dieser Tabelle die Werte T_{a1} bis T_{a4} und wählt dann deren Minimum:

$$\boxed{T_a = \min(T_{a1}, T_{a2}, T_{a3}, T_{a4})} \qquad (5.16)$$

340   5 Abtastregelung

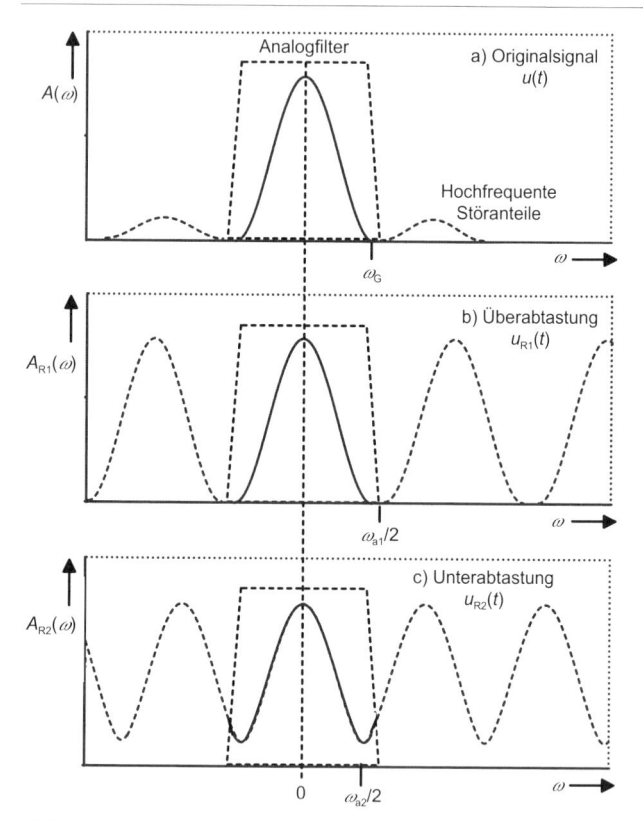

Bild 5.5 Amplitudenspektren

Tabelle 5.1 Bestimmung von T_a nach Streckenparametern

Kenngröße	Abtastperiode
T_u (T_t)	$T_{a1} \leq 0{,}25 \cdot T_u$
T_g (T)	$T_{a2} \leq 0{,}1 \cdot T_g$
T_{95}	$T_{a3} \leq 0{,}05 \cdot T_{95}$
T_Σ	$T_{a4} \leq 0{,}1 \cdot T_\Sigma$

Ein solcher diskreter PID-Regler (→ Abschnitt 5.2) arbeitet quasikontinuierlich. Tabelle 5.2 gibt die Größenordnungen von Abtastperioden für ausgewählte Prozessgrößen an; SCHORN [5.7].

Tabelle 5.2 Richtwerte für Abtastperioden

Prozessgröße	Abtastperiode
Durchfluss	1 ... 2 s
Druck, Drehzahl	1 ... 5 s
Temperatur, Feuchte, Füllstand	10 ... 60 s
Analysenwert	Minuten

Bei Universalreglern wird die Abtastperiode vom Hersteller oft fest eingestellt. Verwendet man als prozessnahe Komponente einen Prozessrechner oder eine Steuerungseinrichtung (z. B. eine SPS), welche neben möglicherweise umfangreichen Regelungen auch andere Automatisierungsaufgaben wie Überwachungen oder Steuerungsabläufe zu bearbeiten hat, ist die sorgfältige Festlegung der Abtastperioden wichtig, um eine zeitliche Überlastung der Komponente zu vermeiden.

5.1.2 Numerische Behandlung diskreter Werte

5.1.2.1 Differenzengleichungen

Allgemeine Darstellung. Bei kontinuierlicher Darstellung wird der Zusammenhang zwischen Ein- und Ausgangsgrößen eines Übertragungsgliedes näherungsweise durch eine lineare Differenzialgleichung oder eine Zeitverschiebung beschrieben. Bei abgetasteten Größen tritt an diese Stelle eine **Differenzengleichung**:

$$\begin{aligned} a_n v\big((k-n)T_a\big) + \ldots + a_1 v\big((k-1)T_a\big) + a_0 v(kT_a) = \\ = b_m u\big((k-m)T_a\big) + \ldots + b_1 u\big((k-1)T_a\big) + b_0 u(kT_a) \end{aligned} \quad (5.17)$$

Zum Verkürzen der Schreibweise lässt man die Variable kT_a weg und kennzeichnet die Werte in den Abtastzeitpunkten durch Indizes:

$$\begin{aligned} a_n v_{k-n} + \ldots + a_1 v_{k-1} + a_0 v_k = \\ = b_m u_{k-m} + \ldots + b_1 u_{k-1} + b_0 u_k \end{aligned} \quad (5.18)$$

Hierbei wurde auch der Index D zum Kennzeichnen diskreter Werte weggelassen. Da sich mit solchen Differenzengleichungen eine Filterwirkung erreichen lässt, spricht man bei (5.17) allgemein von einem

digitalen Filter. Die **Ordnung** dieses Filters ist die größere der Zahlen n und m. Ist auf der linken Seite von (5.17) lediglich ein Koeffizient a_j von null verschieden, ist das Filter nicht rekursiv und damit immer stabil. Sind mehrere Koeffizienten a_j von null verschieden, hat man ein rekursives Filter, bei welchem die Momentanwerte von v auch von der Historie abhängen. Wegen dieser Rückkopplung kann das Filter instabil sein ($\rightarrow$ Abschnitt 5.1.3.6).

Die wichtigsten Übertragungsglieder sollen folgend exemplarisch betrachtet werden. Für alternative Realisierungen der angegebenen Algorithmen sei z. B. auf SCHABACK, WERNER [5.8] und ZURMÜHL [5.9] verwiesen.

Integrierer. Für einen Integrator hat man im kontinuierlichen Fall

$$v(t) = \int_0^t u(\tau) \mathrm{d}\tau \tag{5.19}$$

Daraus wird rekursiv

$$\begin{aligned} v(t) &= \int_0^{t_{k-1}} u(\tau) d\tau + \int_{t_{k-1}}^t u(\tau)\mathrm{d}\tau \\ &= v(t_{k-1}) + \int_{t_{k-1}}^t u(\tau)\mathrm{d}\tau \end{aligned} \tag{5.20}$$

Numerisch kann man das Integral auf verschiedene Weise approximieren. Am wichtigsten sind die **Obersumme**, die **Untersumme** und die **Trapezregel**:

- Obersumme:

    $k = 0$: $v_0 = u_0 \cdot T_\mathrm{a}$

    $k \geq 1$: $\boxed{v_k = v_{k-1} + b_0 u_k}$ (5.21)

    $b_0 = T_\mathrm{a}$

- Untersumme:

    $k = 0$: $v_0 = 0$

    $k \geq 1$: $\boxed{v_k = v_{k-1} + b_1 u_{k-1}}$ (5.22)

5.1 Mathematische Grundlagen diskreter Systeme

$b_1 = T_a$

- Trapezregel:

$k = 0$: $v_0 = u_0 \cdot T_a$

$k \geq 1$: $\boxed{v_k = v_{k-1} + b_0 u_k + b_1 u_{k-1}}$ (5.23)

$b_0 = b_1 = T_a/2$

Von den aufgeführten Formeln liefert die Trapezregel die genauesten Resultate.

Differenzierer. Einen Differenzierer approximiert man im einfachsten Fall durch eine **Zweipunktdifferenz**, also wird die erste Ableitung durch ein Steigungssdreieck zwischen benachbarten Abtastpunkten bestimmt. Eine Vorwärtsdifferenz ist physikalisch nicht möglich, man führt daher eine **Rückwärtsdifferenz** aus:

$k = 0$: $v_0 = 0$

$k \geq 1$: $\boxed{v_k = \dfrac{u_k - u_{k-1}}{T_a}}$ (5.24)

oder

$\boxed{v_k = b_0 u_k + b_1 u_{k-1}}$ (5.25)

$b_0 = 1/T_a$
$b_1 = -1/T_a$

Zur Glättung von v kann man eine Regressionsgerade durch mehrere Stützstellen oder ein DT_1-Glied verwenden.

- Glättung mit Regressionsgerade durch vier Stützstellen (**gleitender Mittelwert**):

$k = 0$: $v_0 = 0$

$k = 1$: $v_1 = (u_1 - u_0)/T_a$

$k = 2$: $v_2 = (u_2 - u_0)/(2T_a)$

$k \geq 3$: $\boxed{v_k = b_0 u_k + b_1 u_{k-1} + b_2 u_{k-2} + b_3 u_{k-3}}$ (5.26)

$b_0 = (3/10)\ T_a$
$b_1 = (1/10)\ T_a$

$b_2 = (-1/10)\, T_a$
$b_3 = (-3/10)\, T_a$

Hierbei handelt es sich um ein nicht rekursives Filter.

- Glättung mit DT_1-Glied:

$k = 0$: $v_0 = 0$

$k \geq 1$:
$$\boxed{v_k = a_1 v_{k-1} + b_0 u_k + b_1 u_{k-1}} \qquad (5.27)$$

$a_1 = T_f / (T_f + T_a)$
$b_0 = 1 / (T_f + T_a)$
$b_1 = -1 / (T_f + T_a)$

Dies ist ein rekursives Filter mit der Filterzeitkonstanten T_f.

Totzeitglied. Eine Zeitverschiebung wird durch ein Totzeitglied nachgebildet, siehe Bild 5.6. Hierbei nähert man die Totzeit T_t zunächst durch Vielfache der Abtastperiode T_a an:

$$\boxed{\begin{aligned} T_t &= d \cdot T_a \\ d &= \left[\frac{T_t}{T_a}\right] \end{aligned}} \qquad (5.28)$$

mit d als der größten ganzen Zahl kleiner als oder gleich T_t / T_a. Damit ist $T_t \geq d \cdot T_a$. Für $\Delta t_{k-d} = T_t - d \cdot T_a \neq 0$ (d. h. falls T_t kein ganzes Vielfaches von T_a ist) kann man z. B. durch lineare Interpolation einen Korrekturterm Δu_{k-d} berechnen, so dass sich ergibt:

$$\boxed{\begin{aligned} v_k &= u_{k-d} + \Delta u_{k-d} \\ \Delta u_{k-d} &= \frac{u_{k-d+1} - u_{k-d}}{T_a} \Delta t_{k-d} \end{aligned}} \qquad (5.29)$$

$$\boxed{v_k = b_d u_{k-d} + b_{d-1} u_{k-d+1}} \qquad (5.30)$$

$v_0 \ldots v_{d-1}$: undefiniert
$b_d = (T_a - \Delta t_{k-d})/T_a$
$b_{d-1} = \Delta t_{k-d}/T_a$

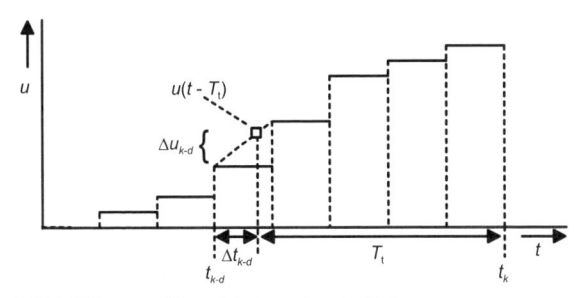

Bild 5.6 Messwertfolgen bei einem Totzeitglied

PT$_1$-Glied. Im kontinuierlichen Fall gilt für ein PT$_1$-Glied:

$$v(t) = -T\dot{v}(t) + u(t) \tag{5.31}$$

Hier ersetzt man nun den Gradienten durch eine Rückwärtsdifferenz und erhält

$k = 0$: $v_0 = 0$

$k \geq 1$: $\boxed{v_k = a_1 v_{k-1} + b_0 u_k}$ (5.32)

$\quad a_1 = T/(T + T_a)$
$\quad b_0 = T_a/(T + T_a)$

Lineare Rampe. Bei einer linearen Rampe wird $v(t)$ über einen Zeitraum $0 \leq t \leq t_E$ vom Anfangswert v_0 auf den Endwert v_E hochgefahren, siehe Bild 5.7:

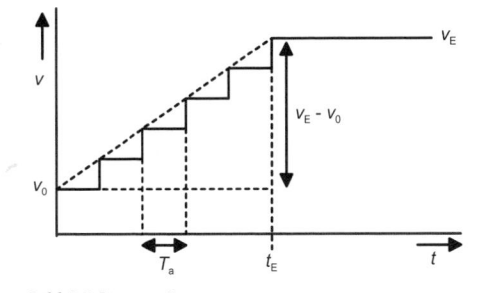

Bild 5.7 Lineare Rampe

$$v(t) = \begin{cases} v_0 + \alpha \cdot t & 0 \leq t < t_E \\ v_E & t \geq t_E \end{cases} \quad (5.33)$$

Durch Diskretisieren ergibt sich

$k = 0$: $v_k = v_0$ (Anfangswert)

$k \geq 1$: $\boxed{v_k = v_{k-1} + \alpha \cdot T_a}$ (5.34)

$k > n$: $v_k = v_E$

$n = [\, t_E/T_a \,]$

$\alpha = (v_E - v_0)/t_E$

z-Transformation. In den vorstehenden Beispielen wurde der aktuelle Wert von v aus Werten von u und rekursiv aus historischen Werten von v ermittelt. Wie bei linearen Differenzialgleichungen ist auch die Bestimmung über die charakteristische Gleichung und einen Partikularansatz möglich; hierauf wird in Abschnitt 5.1.3 (z-Transformation) eingegangen.

5.1.2.2 Abtastverzögerungen

Abtastvorgänge werden in der Regel durch Zeitgeber (Timer) gesteuert, so dass von einer konstanten Periode T_a ausgegangen werden kann. Diese Annahme ist unter der Voraussetzung gültig, dass die Regeleinrichtung hart realzeitfähig ist; bei weicher Realzeitfähigkeit ist die Konstanz von T_a nicht garantiert.

> Bei **harter Realzeitfähigkeit** einer Regeleinrichtung lässt sich eine Zeitschranke Δt_{max} angeben, innerhalb derer die Regeleinrichtung mit Sicherheit, d. h. mit der Wahrscheinlichkeit $P(E, \Delta t_{max}) = 1$ auf das Eintreten eines Ereignisses E – z. B. eines Timer-Interrupts – reagiert (deterministisches Zeitverhalten). Bei **weicher Realzeitfähigkeit** kann man Δt_{max} nur so festlegen, dass die Einrichtung mit einer zugehörigen Wahrscheinlichkeit $P(E, \Delta t_{max}) < 1$ innerhalb der Zeitschranke Δt_{max} auf das Ereignis E reagiert.

Der Begriff der Realzeitfähigkeit ist in DIN 44300-1 [5.10] festgelegt. Spezial- und Universalregler sind meist hart realzeitfähig, während man bei Steuerungen zunehmend Betriebssysteme wie Windows oder Linux einsetzt (Soft-SPS); diese Betriebssysteme sind ohne spezielle Erweiterungen lediglich weich realzeitfähig. Hier kann dann die Annahme einer konstanten Abtastperiode zu gravierenden Fehlern führen, wie folgende Betrachtung zeigt. Aus der Größe u soll über eine Rückwärtsdifferenz näherungsweise der Gradient v berechnet werden. Der Momentanwert von u wird nun nicht zum Zeitpunkt t_k als u_k erfasst, sondern zum Zeitpunkt $t_k + \Delta T_a$ als $u_k + \Delta u_k$. Der korrekte Wert der Rückwärtsdifferenz ist nun

$$v_k = \frac{u_k + \Delta u_k - u_{k-1}}{T_a + \Delta T_a} \quad . \tag{5.35}$$

Berechnet wird jedoch

$$\hat{v}_k = \frac{u_k + \Delta u_k - u_{k-1}}{T_a} \quad . \tag{5.36}$$

Dies ergibt den absoluten Fehler $\Delta v_k = |v_k - \hat{v}_k|$

$$\Delta v_k = \frac{\Delta T_a}{T_a (T_a + \Delta T)} (u_k + \Delta u_k - u_{k-1}) \tag{5.37}$$

und den prozentualen Fehler $\delta v_{k\%} = 100 \cdot \Delta v_k / |v_k|$ [%]:

$$\delta v_{k\%} = 100 \cdot \frac{\Delta T_a}{T_a} \; [\%] \tag{5.38}$$

SCHWAGER gibt in [5.11] an, dass mit WINDOWS NT auf einem Pentium 100 mittlere Reaktionszeiten von 35 µs gemessen wurden, aber auch Zeiten bis 670 µs; dies sind Schwankungen von nahezu 2000 %! Inzwischen (A. D. 2006) sind Prozessoren zwar wesentlich schneller geworden, das prinzipielle Problem des Betriebsystems jedoch ist geblieben. Abhilfe lässt sich auf zweierlei Art schaffen:

- Als Anwender kann man T_a so groß festlegen, dass Schwankungen in den Abtastzeitpunkten mit Sicherheit nicht merklich ins Gewicht fallen. Dies muss die Dynamik der Regelstrecke natürlich zulassen.
- Als Entwickler sollte man für besonders zeitkritische Anwendungen zusammen mit den Messwerten die zugehörigen Zeitstempel erfassen und speichern.

5.1.2.3 Programmieren von Differenzengleichungen

Gleitpunktzahlen. Gleitpunktzahlen sind näherungsweise Repräsentationen reeller Zahlen in einer Form, welche ein Digitalrechner verarbeiten kann. Als Anwender wird man für regelungstechnische Alltagsprobleme überwiegend visuelle Werkzeuge verwenden, bei welchen numerische Details verborgen bleiben. Entwickler von Programmbausteinen jedoch müssen sich auch mit numerischen Datentypen befassen.

Eine Gleitpunktzahl v_G, welche einer reellen Zahl v am nächsten liegt, wird so dargestellt:

$$\boxed{v_G = (-1)^s v_M 2^E} \tag{5.39}$$

mit

- s: Vorzeichenkennung; 0: v_G positiv, 1: v_G negativ
- v_M: Mantisse (Signifikand) mit p Bits; $0 \leq v_M < v_{Mmax}$
- E: Exponent (Charakteristik); $E_{min} \leq E \leq E_{max}$

Diese drei Parameter werden rechnerintern in Feldern begrenzter Länge abgelegt. Aus den Begrenzungen folgt, dass sowohl die durch v_M festgelegte Genauigkeit (Anzahl Dezimalstellen) als auch der durch E definierte Wertebereich von Gleitpunktzahlen begrenzt ist. Im Gegensatz zu reellen Zahlen ist die Menge der darstellbaren Gleitpunktzahlen mithin endlich. Auch die bekannten Rechengesetze lassen sich nicht uneingeschränkt übertragen; z. B. kann es bei drei Gleitpunktzahlen v_{G1}, v_{G2} und v_{G3} durchaus geschehen, dass $v_{G1} \cdot (v_{G2} + v_{G3}) \neq v_{G1} \cdot v_{G2} + v_{G1} \cdot v_{G3}$ ist; das Distributivgesetz gilt nicht unbedingt. Bei einer Multiplikation weist das Ergebnis stets eine Mantisse mit $2 \cdot p$ Bits auf, von denen die Hälfte abgeschnitten oder aufgerundet wird (engl. *truncation error* bzw. *rounding error*). Durch Skalierung muss man daher für gleiche Größenordnungen der zu verrechnenden Zahlen sorgen. Gleitpunktformate legt DIN IEC 559 [5.12] fest; hierbei sind auch Codierungen für $\pm \infty$ definiert. Nach dieser Norm nennt man eine Gleitpunktzahl **normalisiert**, falls $E_{min} < E \leq E_{max}$ und $v_{Mmax} - 1 \leq v_M < v_{Mmax}$ mit $v_{Mmax} = 2$ ist. Diese Skalierung auf den Bereich [1, 2[garantiert die höchstmögliche Auflösung. Bei $E = E_{min}$ und $v_M < v_{Mmax} - 1$ liegt eine **nicht normalisierte** Zahl vor, die Werte $E < E_{min}$ und $E > E_{max}$ sind für Sonderfälle reserviert. Ist z. B. $E_{min} = -3$, so ist die Zahl $v_G = 1/4$ darstellbar als $v_G = 1 \cdot 2^{-2}$, d. h. $v_M = 1$, $E = -2 > E_{min}$. Die Zahlen $v_{G1} = 1/8$ oder $v_{G2} = 1/16$ hingegen lassen sich mit der Forderung $v_M < 2$ nicht normalisiert repräsentieren: $v_{G1} = 1 \cdot 2^{-3}$, $v_{G2} = 0{,}5 \cdot 2^{-3}$. Prozessoren, welche die o. a. Norm erfüllen (so etwa diejenigen der SPARC- und INTEL-Familien), lassen auch die Speicherung solcher Werte zu, während bei manchen anderen Rechnern z. B. der PDP-11- und VAX-Reihen nicht normalisierbare Zahlen durch den Wert 0 ersetzt werden. Dies nennt man *flush-to-zero*.

Tabelle 5.3 gibt Kenngrößenbereiche nach DIN IEC 559 [5.12] und der SPARC-Spezifikation (WEAVER, GERMOND [5.13]) wieder.

Tabelle 5.3 Parameter von Gleitpunktzahlen

Kenngröße	v_{GE} (DIN IEC 559)	v_{GD} (DIN IEC 559)	v_{GV} (SPARC)
Bytes/Zahl	4	8	16
Bits p/Mantisse	24	53	112
Genauigkeit (Dezimalen)	≈ 7	≈ 16	≈ 33
E_{min}	-126	-1022	-16382
E_{max}	$+127$	$+1023$	$+16383$
Maximalwert Bereich ca.	$1{,}701 \cdot 10^{38}$	$8{,}988 \cdot 10^{307}$	$5{,}949 \cdot 10^{4931}$

Hierbei bedeuten v_{GE}, v_{GD} und v_{GV} einfache, doppelte und vierfache Genauigkeit (*single*, *double* und *quad precision*). Diese Genauigkeit folgt aus der Bitanzahl p, welche zur Speicherung der Mantisse zur Verfügung steht; es ergeben sich dann 2^p mögliche Dualzahlen. Setzt man $10^n = 2^p$, so ergeben sich $n = p \cdot \lg 2 \approx 0{,}30103 \cdot p$ mögliche Dezimalziffern. Für die meisten regelungstechnischen Anwendungen reicht einfache Genauigkeit aus; bei rekursiv arbeitenden Algorithmen wie der Integration empfiehlt sich die doppelte Genauigkeit, um das Anwachsen von Rundungsfehlern möglichst zu begrenzen. C-Compiler kennen die Datentypen *float* (einfache Genauigkeit) und *double* (doppelte Genauigkeit); DIN EN 61131-3 [5.14] fordert für speicherprogrammierbare Steuerungen ebenfalls einfache Genauigkeit (Datentyp *real*) und doppelte Genauigkeit (Datentyp *lreal*). Vierfache Genauigkeit kann beim rekursiven oder iterativen Durchrechnen von Prozessmodellen mit umfangreichen Matrizenoperationen notwendig sein; bei solchen Spezialapplikationen wird gelegentlich noch die Sprache FORTRAN (aktuelle Version: FORTRAN 95) auf einem Leitrechner (z. B. einer Hochleistungs-Workstation) eingesetzt.

C-Programm für Übertragungsglieder. Zum Verdeutlichen der algorithmischen Behandlung wird folgend ein Programm für den GNU-C-

Compiler angegeben; auf Programmiertricks, für welche diese Sprache reichliche Möglichkeiten bietet, wurde aus Gründen der Anschaulichkeit möglichst verzichtet. Die Anweisungen der Algorithmen sind schattiert unterlegt. Gleitpunktoperationen werden jeweils mit doppelter Genauigkeit (*double*) ausgeführt.

Die Werte der Eingangsgröße u werden in einem Ringspeicher $u[0]$ bis $u[N-1]$ mit $N = 50$ abgelegt. Die Funktionen `dq()`, `integ()` und `totzeit()` bilden einige der oben diskutierten Übertragungsglieder ab, wobei der Differenzialquotient durch eine Rückwärtsdifferenz, das Integral mittels Trapezregel bestimmt wird. Die Funktion `new_mv()` trägt für u eine Folge natürlicher Zahlen in den Ringspeicher ein; die Anweisung `k = ++k%N` ist dabei so zu verstehen:

- Der Index k wird um 1 erhöht (`++k`); dann wird der neue Indexwert durch N dividiert (`%N`). `++k%N` liefert den ganzzahligen Rest dieser Division, welcher wieder in k gespeichert wird.
- Ergibt sich hierbei der Rest null, wird k auf 0 zurückgesetzt. Mit der nächsten Anweisung wird $i +1$ als Wert von $u[k]$ abgelegt.

Dies ist also eine Modulo-Rechnung mit Modul N; k nimmt die Werte von 0 bis $N-1$ mit der Periodenlänge N an.

```
/* TB PRT Demo Differenzengleichungen, W. Schorn, 02.02.2005
   gcc -o d_gl.exe d_gl.c */

/* ----- Prae-Prozessor-Definitionen ----- */
#include <stdio.h>
void new_mv(int,double *,int);
double dq(int,double *,int);
double integ(int,double *,double,int);
double totzeit(int,double *,double,int);

#define TT_MAX 100             /* Tt max. 100 s */
#define TA 2                   /* Abtastperiode 2 s */
#define I0 0.0                 /* Startwert Integral */
#define N (int)(TT_MAX/TA + 0.5)  /* Anz. Elemente */
#define U0 0.0                 /* 1. Messwert */

/* ----- Rahmenprogramm ----- */
int main()
{
/* Initialisieren */
  double u[N];                 /* Ringspeicher */
  double uI = I0;              /* Startwert Integral */
  int k = 0;                   /* lfd. Zeiger */
  int Ta = TA;                 /* Abtastperiode */
  u[0] = U0;                   /* 1. Messwert */
  double v;                    /* Ausgangsgroesse */
```

5.1 Mathematische Grundlagen diskreter Systeme

```c
/* Beispiele fuer Funktionsaufrufe */
  new_mv(10,u,k);                    /* 10 neue Werte */
  v = dq(5,u,Ta));                   /* Diff.-Quotient */
  v = integ(0,u,uI,Ta));             /* Integral */
  v = totzeit(5,u,2.3,Ta));          /* Totzeitglied */
  exit(0);
}
/* ----- Uebertragungsglieder ----- */
double dq(int k,double u[],int Ta)
{
/* Naeherung Differentialquotient
   Eingang: k : Index Momentanwert
            u : Ringspeicher
            Ta: Abtastperiode
   Ausgang: return Rueckwaertsdifferenz
*/
  int k_alt = k-1;                   /* Zeiger auf u[tk -1] */
  if (k_alt < 0)
    k_alt = N-1;                     /* Reset Zeiger alt */

  if (u[k_alt])                      /* u[tk -1] definiert? */
    return (u[k]-u[k_alt])/Ta;       /* ja */
  else
    return 0.0;                      /* Initialwert */

}
double integ(int k,double u[],double uI,int Ta)
{
/* Trapezintegrator
   Eingang: k : Index Momentanwert
            u : Ringspeicher
            uI: altes Integral
            Ta: Abtastperiode
   Ausgang: return uI neu
*/
  int k_alt = k-1;                   /* Zeiger auf u[tk -1] */
  if (k_alt < 0)
    k_alt = N-1;                     /* Reset Zeiger alt */

  if (u[k_alt])
    uI += (u[k] + u[k_alt])/(2*Ta);  /* Trapezregel */
  else
  if (u[k])
    uI += u[k]*Ta;                   /* Start -> Obersumme */

  return uI;
}
double totzeit(int k,double u[],double Tt,int Ta)
{
/* Totzeitglied
   Eingang: k : Index Momentanwert
            u : Ringspeicher
            Tt: Totzeit
            Ta: Abtastperiode
```

```
   Ausgang: return u(t - Totzeit)
*/
   int k_N = (int)(k - Tt/Ta);      /* Zeiger u[tk - Tt] */
   double du = 0.0;                  /* Korrekturterm */
   double dt = Tt - k_N;
   if (k_N < 0)
     k_N = N-1;                      /* Reset Totzeitindex */
   if (u[k_N])                       /* Messwert definiert? */
   {                                 /* ja */
     if (k_N == N-1)
       du = ((u[0] - u[k_N])/Ta)*dt;
     else
       du = ((u[k_N + 1] - u[k_N])/Ta)*dt;
   }
   return u[k_N] + du;

}
void new_mv(int n,double u[],int k)
{
/* Eintrag Werte in Ringspeicher
   Eingang: n : Anzahl Werte
            u : Ringspeicher
            k : Index Momentanwert
   Ausgang: void
*/
int i;                               /* Laufindex */
for (i=0; i<n; i++)
   {
     k = ++k%N                       /* k mod N */
     u[k] = i + 1;                   /* Init.-Wert */

   }
return;
}
```

Ausgezeichnete Einführungen in die C-Programmierung geben die Erfinder dieser Sprache, KERNIGHAN und RITCHIE, in [5.15] sowie DANKERT [5.16]. Als Anwender wird man textuelle Sprachen wie C oder den für speicherprogrammierbare Steuerungen definierten **strukturierten Text ST** bzw. die **Anweisungsliste AWL** (DIN EN 61131-3 [5.14]) relativ selten für regelungstechnische Applikationen benötigen; üblicherweise reichen die in Kapitel 8 beschriebenen visuellen Werkzeuge aus. Die Programmiersprachen sind aber erforderlich für die Entwicklung von Programmbausteinen durch die Hersteller von Regel- und Steuereinrichtungen.

5.1.3 z-Transformation

Norbert Große, Wolfgang Schorn

5.1.3.1 Transformation in den Bildbereich

Zeitliche Signalverläufe können in Rechnern nur als Wertfolgen, die für die Dauer einer Abtastzeit konstant bleiben, dargestellt werden (→ Abschnitt 5.1.1). Das Verhalten eines dynamischen Systems, welches abgetastet wird, und damit auch eines Rechenprogramms wird mit Differenzengleichungen beschrieben. Auch hier interessiert man sich nur für die Abhängigkeiten zwischen Eingangsfolge, dynamischem Übertragungsverhalten des Übertragungssystems und Ausgangsfolge. Im Zeitkontinuierlichen errechnet man diesen Zusammenhang am einfachsten mittels der LAPLACE-Transformation und im Sonderfall harmonischer Eingangssignale mittels der FOURIER-Transformation. Die Probleme vereinfachen sich damit zu algebraischen Gleichungen. Um im Zeitdiskreten ähnliche Werkzeuge zu erhalten wird die z-Transformation eingeführt, die den Zusammenhang zwischen den Transformierten von Eingangs- und Ausgangsfolgen bei zeitdiskreten Übertragungssystemen beschreibt. Voraussetzung ist eine konstante Abtastperiode T_a.

Die **z-Transformierte** einer Folge f_k ist definiert zu

$$F(z) = Z\{f_k\} = \sum_{k=0}^{\infty} f_k z^{-1} \tag{5.40}$$

Dabei ist z eine komplexe Variable, deren Betrag größer sein muss als der so genannte *Konvergenzradius* der Folge, so dass die Summe in (5.40) endlich wird. $F(z)$ konvergiert für beschränktes f_k und für $|z| > 1$ erfüllt.

(5.40) beschreibt die Bildfunktion einer Folge von Abtastwerten. Zwischen den Abtastzeitpunkten gelten die Werte der Folge als konstant, die z-Transformierte besitzt hierüber auch keinerlei Information. Weiter ist der Term z^{-k} als Verschiebeoperator aufzufassen. z^{-1} bedeutet, dass ein Folgenwert um einen Abtastzeitpunkt („nach rechts") verschoben wird wie bei einem Totzeitelement mit der Totzeit gleich der Abtastzeit.

$$z^{-1} = e^{-sT_a} \tag{5.41}$$

Als Beispiel wird die z-Transformierte der Wertfolge eines Sprungs angegeben:

$$f_k = \varepsilon(kT_a) = \varepsilon_k = 1 \; ; \quad (k \geq 0) \tag{5.42}$$

$$F(z) = \sum_{k=0}^{\infty} f_k z^{-k} = 1 + z^{-1} + z^{-2} + z^{-3} + \ldots \tag{5.43}$$

(5.43) beschreibt eine unendliche geometrische Reihe, die für $|z| > 1$ als gebrochen rationale Funktion in z ausgedrückt werden kann:

$$F(z) = \frac{1}{1 - z^{-1}} = \frac{z}{z - 1} \tag{5.44}$$

Weitere Beispiele sind in der Tabelle 5.4 zusammengestellt. Bei der praktischen Anwendung der z-Transformation kann ähnlich wie bei der LAPLACE-Transformation auf diese Korrespondenzen zurückgegriffen werden; die für die Praxis wichtigsten sind hier zusammengestellt.

Tabelle 5.4 Korrespondenztabelle der z-Transformation

f_k für $k \geq 0$; $f_k = 0$ für $k < 0$	$F(z)$
δ_k	1
ε_k	$\dfrac{z}{z-1}$
k	$\dfrac{z}{(z-1)^2}$
k^2	$z\dfrac{z+1}{(z-1)^3}$
a^k	$\dfrac{z}{z-a}$
$k\,a^k$	$z\dfrac{a}{(z-a)^2}$
$k^2 a^k$	$z\dfrac{a(z+a)}{(z-a)^3}$

5.1 Mathematische Grundlagen diskreter Systeme

f_k für $k \geq 0$; $f_k = 0$ für $k < 0$	$F(z)$
$\sin(bk)$	$z \dfrac{\sin(b)}{z^2 - 2z \cdot \cos(b) + 1}$
$\cos(bk)$	$z \dfrac{z - \cos(b)}{z^2 - 2z \cdot \cos(b) + 1}$
$a^k \sin(bk)$	$z \dfrac{a \cdot \sin(b)}{z^2 - 2az \cdot \cos(b) + a^2}$
$a^k \cos(bk)$	$z \dfrac{z - a \cdot \cos(b)}{z^2 - 2az \cdot \cos(b) + a^2}$

5.1.3.2 Operationen der z-Transformation

Ebenso wie bei der LAPLACE-Transformation gewinnt man die Möglichkeit, im Bildbereich einfache algebraische Gleichungen zu erhalten, die den Zusammenhang zwischen Eingangs- und Ausgangsgrößen eines Systems beschreiben. Anhand der z-Transformation (5.40) lässt sich ablesen, dass im z-Bildbereich die in Tabelle 5.5 aufgeführten Operationen gelten. Man beachte die vergleichbaren Operationen der LAPLACE-Transformation in Abschnitt 1.3.3.1.

Tabelle 5.5 Operationentabelle der z-Transformation

Zeitbereich	Bildbereich
$f_k = c \cdot f_{1_k}$	$F(z) = c \cdot F_1(z)$
$f_k = f_{1_k} + f_{2_k} + \ldots$	$F(z) = F_1(z) + F_2(z) + \ldots$
$f_k = f_{1_{k-1}}$	$F(z) = z^{-1} F_1(z) + f_{1_{-1}}$
$f_k = f_{1_{k-2}}$	$F(z) = z^{-2} F_1(z) + z^{-1} f_{1_{-1}} + f_{1_{-2}}$
$f_k = f_{1_{k-m}}$	$F(z) = z^{-m} F_1(z) + \sum_{i=1}^{m} z^{-i} f_{1_{-i}}$

Zeitbereich	Bildbereich
$f_k = \sum_{m=0}^{k} f_{1_m}$	$F(z) = \dfrac{z}{z-1} F_1(z)$

5.1.3.3 Rücktransformation

Zu jeder z-Transformierten gibt es im Zeitbereich eine ihr eindeutig zugeordnete z-**Rücktransformierte**

$$f_k = \frac{1}{2\pi j} \oint F(z) \cdot z^{k-1} dz = Z^{-1}\{F(z)\} \quad . \tag{5.45}$$

Die Integration ist hierbei auf einem Kreis auszuführen. Für gebrochen rationales $F(z)$ kann das Integral durch Anwenden des Residuensatzes von CAUCHY berechnet werden, ISERMANN [5.32]. Viel einfacher ist es wie bei der LAPLACE-Transformation die Bildfunktion in einfache Terme zu zerlegen und dann mit Hilfe der Korrespondenztabelle 5.104 die rücktransformierte Zeitfunktion zu finden. Ein gebrochen rationaler Ausdruck $F(z)$ wird hierzu mit der Partialbruchzerlegung ($\to$ Abschnitt 1.3.2) z. B. in folgende Form gebracht, MANN et al. [5.34]:

$$F(z) = \frac{Az}{z-1} + \frac{Bz}{(z-1)^2} + \\ + \frac{Cz}{z-z_1} + \frac{D_1 z^2 + D_2 z}{(z-z_2)(z-z_3)} + \ldots \tag{5.46}$$

mit konjugiert komplexen Polen des Nenners: $z_2 = z_3^*$. Zur Vereinfachung der Partialbruchzerlegung wird anstatt (5.46) oft der Ausdruck $F(z)/z$ verwendet. Man erhält dann mit Hilfe der Korrespondenztabelle 5.4 die zeitdiskrete Funktion ($f_k = 0$ für $k < 0$)

$$f_k = A + Bk + C z_1^{\,k} + \\ + |z_2|^k \left(D_1 \cos(\varphi_1) + \frac{D_2 + D_1 \operatorname{Re}\{z_2\}}{\operatorname{Im}\{z_2\}} \sin(\varphi_1 k) \right) + \ldots \tag{5.47}$$

$$\varphi_1 = \arctan \frac{\operatorname{Im}\{z_2\}}{\operatorname{Re}\{z_2\}} \tag{5.48}$$

Besonders einfach wird die Rücktransformation, wenn man die z-Transformierte in die Form einer Potenzreihe nach (5.40) bringt.

$$\boxed{F(z) = f_0 + f_1 z^{-1} + f_2 z^{-2} + \ldots} \qquad (5.49)$$

Dieser ist unmittelbar die Folge

$$\boxed{\{f_k\} = \{f_0, f_1, f_2, \ldots\}} \qquad (5.50)$$

zugeordnet. Man erhält die Werte der Folge f_k durch Division des Zählerpolynoms von $F(z)$ durch das Nennerpolynom von $F(z)$. $F(z)$ ist i. Allg. eine gebrochen rationale Funktion.

$$\boxed{\begin{aligned} &\left(b_0 z^n + b_1 z^{n-1} + \ldots + b_n\right) : \\ &\left(a_0 z^n + a_1 z^{n-1} + \ldots + a_n\right) \\ &\stackrel{!}{=} c_0 + c_1 z^{-1} + c_2 z^{-2} + \ldots \end{aligned}} \qquad (5.51)$$

Aus dem Koeffizientenvergleich mit der Transformationsvorschrift (5.40)

$$\boxed{\begin{aligned} F(z) &= f_0 + f_1 z^{-1} + f_2 z^{-2} + \ldots \\ &\stackrel{!}{=} c_0 + c_1 z^{-1} + c_2 z^{-2} + \ldots \end{aligned}} \qquad (5.52)$$

ergibt sich für die Werte der Folge im Zeitbereich

$$\boxed{f_0 = c_0;\ f_1 = c_1;\ f_2 = c_2;\ \ldots}\ . \qquad (5.53)$$

Um die Polynomdivision in (5.51) zu vermeiden, kann dort auch mit dem Nenner von $F(z)$ ausmultipliziert werden, wie folgendes Beispiel verdeutlichen soll:

$$\frac{b_1 z}{a_2 z^2 + a_1 z + a_0} \stackrel{!}{=} c_0 + c_1 z^{-1} + c_2 z^{-2} + \ldots$$

$$\begin{aligned} b_1 z^1 \stackrel{!}{=}\ & c_0 a_2 z^2 + c_1 a_2 z^1 + c_2 a_2 z^0 + \\ & + c_0 a_1 z^1 + c_1 a_1 z^0 + c_2 a_1 z^{-1} + \\ & + c_0 a_0 z^0 + c_1 a_0 z^{-1} + c_2 a_0 z^{-2} + \ldots \end{aligned}$$

Der Koeffizientenvergleich der Potenzen von z liefert:

z^2: $\quad 0 \stackrel{!}{=} c_0$ $\qquad\qquad\qquad\rightarrow\; c_0 \;=\; 0$

z^1: $\quad b_1 \stackrel{!}{=} c_1 a_2 + c_0 a_1$ $\qquad\rightarrow\; c_1 \;=\; \dfrac{b_1}{a_2}$

z^0: $\quad 0 \stackrel{!}{=} c_2 a_2 + c_1 a_1 + c_0 a_0 \;\rightarrow\; c_2 \;=\; -\dfrac{b_1 a_1}{a_2^2}$

z^{-1}: $\quad 0 \stackrel{!}{=} \ldots$ \hfill usw.

5.1.3.4 z-Übertragungsfunktion

Zeitdiskrete Übertragungssysteme werden im Zeitbereich durch Differenzengleichungen beschrieben (→ Abschnitt 5.1.2). In Analogie zur LAPLACE-Transformation kann man mit Hilfe der z-Transformation diese Differenzengleichung im Bildbereich in eine algebraische Gleichung überführen, welche sich dann leicht lösen lässt. Dazu wendet man auf beide Seiten der allgemeinen Differenzengleichung eines Übertragungssystems

$$\begin{aligned} a_0 v_k + a_1 v_{k-1} + \ldots + a_n v_{k-n} &= \\ = b_0 u_k + b_1 u_{k-1} + \ldots + b_m u_{k-m} & \end{aligned} \tag{5.54}$$

den Verschiebeoperator z^{-1} (vgl. Tabelle 5.105) an, wobei die Anfangswerte zu 0 angenommen werden, wenn das Übertragungssystem auf Grund von Eingangssignalen u_k gesucht ist. Man erhält im Bildbereich:

$$\begin{aligned} a_0 V_z(z) + a_1 V_z(z) z^{-1} + \ldots + a_n V_z(z) z^{-n} &= \\ = b_0 U_z(z) + b_1 U_z(z) z^{-1} + \ldots + b_m U_z(z) z^{-m} & \end{aligned} \tag{5.55}$$

Der Quotient aus Ausgangssignal $U_z(z)$ und Eingangssignal $V_z(z)$ im Bildbereich der z-Transformation

$$G_z(z) \;=\; \frac{V_z(z)}{U_z(z)} \tag{5.56}$$

wird **z-Übertragungsfunktion** genannt.

$$G_z(z) \;=\; \frac{b_0 z^m + b_1 z^{m-1} + \ldots + b_m}{a_0 z^n + a_1 z^{n-1} + \ldots + a_n} \tag{5.57}$$

Damit lässt sich die Antwort eines dynamischen zeitdiskreten Systems auf ein Eingangssignal berechnen.

$$\boxed{V_z(z) = G_z(z) \cdot U_z(z)} \qquad (5.58)$$

Für die z-Übertragungsfunktionen der Elemente eines Wirkungsplanes gelten die gleichen Rechenregeln wie für die Übertragungsfunktionen zeitkontinuierlicher Systeme (→ Abschnitt 1.3.3.6).

5.1.3.5 Grenzwertsätze

Bei der Betrachtung der Reaktion eines zeitdiskreten Systems auf eine Eingangsfolge interessiert häufig nur der Anfangswert und deren Endwert. Hierzu braucht nicht die z-Transformierte der Ausgangsfolge rücktransformiert zu werden, sondern man kann die Grenzwertsätze anwenden.

Für den Anfangswert einer zeitdiskreten Folge gilt

$$f_0 = \lim_{z \to \infty} F(z) \qquad (5.59)$$

und für den Endwert der Folge gilt

$$\lim_{k \to \infty} f_k = f_\infty = \lim_{z \to 1}\left[(z-1)F(z)\right] \qquad (5.60)$$

wobei der Endwert f_∞ existieren muss.

Für die Existenz des Endwertes muss das System hinsichtlich der Stabilität geprüft werden (→ Abschnitt 5.1.3.6). Als Beispiel wird die Antwort eines Systems auf einen Sprung, die **Übergangsfunktion**, betrachtet.

$$\boxed{\{\varepsilon_k\} = \{1, 1, 1, \ldots\}} \qquad (5.61)$$

Im Bildbereich wird die z-Transformierte von ε_k aus Tab. 5.4 mit der z-Übertragungsfunktion multipliziert, um die Bildfunktion der Ausgangsfolge der Sprungantwort zu erhalten.

$$\boxed{H(z) = \frac{z}{z-1} \cdot G_z(z)} \qquad (5.62)$$

Der Anfangswert ist mit (5.59)

$$h_0 = \lim_{z \to \infty} G_z(z) \quad . \tag{5.63}$$

Der Endwert ergibt sich aus (5.60), sofern er existiert, also ein stabiles System vorliegt, zu

$$h_\infty = G_z(z = 1) \quad . \tag{5.64}$$

5.1.3.6 Stabilität zeitdiskreter Systeme

Bei Übertragungssystemen fordert man, dass sie reproduzierbar auf Eingangssignale antworten, sie sind somit **übertragungsstabil**.

Ein System ist stabil, wenn es auf Grund einer beschränkten Eingangsfolge mit einer beschränkten Ausgangsfolge antwortet, **BIBO** (*Bounded Input Bounded Output*).

Analog zur Gewichtsfunktion $g(t)$ zeitkontinuierlicher Systeme ($\to$ Abschnitt 1.3.2.1) wird eine Gewichtsfolge zeitdiskreter Systeme definiert.

$$\{g_k\} = Z^{-1}\{G_z(z)\} \tag{5.65}$$

Damit das System stabil ist, muss die Gewichtsfolge $\{g_k\}$ für große Zeiten verschwinden, oder anders ausgedrückt:

$$\sum_{k=0}^{\infty} |g_k| < \infty \tag{5.66}$$

Nur dann ist die Ausgangsfolge des Übertragungssystems für jede beschränkte Eingangsfolge beschränkt. Wegen

$$\left| \sum_{k=0}^{\infty} g_k z^{-k} \right| \le \sum_{k=0}^{\infty} |g_k| \quad \text{für } |z| \ge 1 \tag{5.67}$$

und der Forderung, dass

$$|G_z(z)| = \left| \sum_{k=0}^{\infty} g_k z^{-k} \right| < \infty \quad \text{für } |z| \ge 1 \tag{5.68}$$

5.1 Mathematische Grundlagen diskreter Systeme

sein muss, kann man als notwendiges und hinreichendes Kriterium für die Stabilität eines Systems beschrieben durch $G_z(z)$ ableiten:

> Ein zeitdiskretes Übertragungssystem ist *genau dann* **stabil**, wenn die Pole von $G_z(z)$ sämtlich innerhalb des Einheitskreises der z-Ebene liegen: $|z_i| < 1$ für $i = 1, 2, \ldots n$.

Ebenso ist dies plausibel, wenn man die Korrespondenztabelle 5.104 betrachtet. Alle Wertefolgen g_k, welche für $k \to \infty$ verschwinden können, müssen den Term a^k enthalten. Nur dann kann ein stabiles System vorliegen. Also müssen die Pole $z_i = a$, $i = 1 \ldots n$ innerhalb des Einheitskreises liegen.

Bei Systemen höherer Ordnung ist die Berechnung der Pole nur mit numerischen Methoden möglich. Für die Stabilitätsprüfung kann die Berechnung jedoch umgangen werden. Mit Hilfe der bilinearen Transformation

$$\boxed{z = \frac{1 + w}{1 - w}} \tag{5.69}$$

erhält man ein neues Nennerpolynom der Übertragungsfunktion als Funktion der neuen Variablen w, deren Pole im Falle der Stabilität stets in der linken w-Ebene liegen, ACKERMANN [5.33]. Nun kann das HURWITZ- oder ROUTH-Kriterium ($\to$ Abschnitt 4.1.2) angewendet werden.

Eine andere, direkte Möglichkeit der Stabilitätsprüfung befasst sich mit den Bedingungen, unter denen die Nullstellen des Nennerpolynoms $N(z)$ der Übertragungsfunktion im Einheitskreis liegen.

$$\boxed{N(z) = a_n + a_{n-1}z + \ldots + a_1 z^{n-1} + a_0 z^n \stackrel{!}{=} 0} \tag{5.70}$$

> Ein zeitdiskretes Übertragungssystem ist *genau dann* **stabil**, wenn $|a_n| < a_0$ ist und das reduzierte Polynom $(n-1)$-ten Grades
> $N_1(z) = \frac{1}{z}\left[a_0 N(z) - a_n N(z^{-1}) z^n\right]$ ebenfalls nur Wurzeln im Einheitskreis hat, ACKERMANN [5.33]. Das Polynom $N_1(z)$ wird entsprechend auf ein Polynom $(n-2)$-ten Grades reduziert usw.

Dieses Schema ist für die Programmierung geeignet, sofern Zahlenwerte für die Polynomkoeffizienten bekannt sind.

Für den Reglerentwurf hängen die Koeffizienten von zu wählenden Parametern ab. Für ein stabiles System wird von ACKERMANN [5.33] eine Determinanten-Formulierung angegeben, das **SCHUR-COHN-JURY-Kriterium**. Man bildet dazu die $(n-1) \times (n-1)$-Matrizen

$$Q = \begin{bmatrix} a_0 & a_1 & \cdot\cdot & \cdot\cdot & a_{n-2} \\ 0 & a_0 & \cdot\cdot & \cdot\cdot & \cdot\cdot \\ \cdot\cdot & \cdot\cdot & \cdot\cdot & \cdot\cdot & \cdot\cdot \\ \cdot\cdot & \cdot\cdot & \cdot\cdot & a_0 & a_1 \\ 0 & \cdot\cdot & \cdot\cdot & 0 & a_0 \end{bmatrix}$$

$$R = \begin{bmatrix} 0 & \cdot\cdot & \cdot\cdot & 0 & a_n \\ \cdot\cdot & \cdot\cdot & \cdot\cdot & a_n & a_{n-1} \\ \cdot\cdot & \cdot\cdot & \cdot\cdot & \cdot\cdot & \cdot\cdot \\ 0 & a_n & \cdot\cdot & \cdot\cdot & \cdot\cdot \\ a_n & a_{n-1} & \cdot\cdot & \cdot\cdot & a_2 \end{bmatrix}$$

(5.71)

mit den Koeffizienten des Nennerpolynoms $N(z)$ nach (5.70).

Ein zeitdiskretes Übertragungssystem ist *dann und nur dann* **stabil**, wenn $N(1) > 0$; $(-1)^n N(-1) > 0$ gilt und die Determinante sowie die inneren Unterdeterminanten der Matrizen $Q + R$ und $Q - R$ sämtlich positiv sind.

Die inneren Unterdeterminanten einer quadratischen Matrix entstehen, wenn man die erste und die letzte Zeile sowie die erste und die letzte Spalte weglässt und die Determinantenbildung mit der so entstehenden kleineren Matrix wiederholt usw. Als kleinste innere Untermatrix entsteht entweder eine 2×2-Matrix oder ein einzelnes Element.

Beispiel. Das System mit dem Nennerpolynom

$$N(z) = a_4 + a_3 z + a_2 z^2 + a_1 z^3 + a_0 z^4$$ (5.72)

soll auf Stabilität geprüft werden. Folgende Bedingungen ergeben sich:

1. $N(1) = a_4 + a_3 + a_2 + a_1 + a_0 > 0$

2. $(-1)^3 N(-1) = -a_4 + a_3 - a_2 + a_1 - a_0 > 0$

3. $\det(Q + R) > 0$

4. $\det(\boldsymbol{Q} - \boldsymbol{R}) > 0$, also

$$\begin{vmatrix} a_0 & a_1 & a_2 \pm a_4 \\ 0 & a_0 \pm a_4 & a_1 \pm a_3 \\ \pm a_4 & \pm a_3 & a_0 \pm a_2 \end{vmatrix} > 0$$

5. $a_0 \pm a_4 > 0$

5.1.4 Korrespondenz von LAPLACE- und z-Transformation

Für die Korrespondenz zwischen den Bildbereichen von zeitkontinuierlichen und zeitdiskreten Systemen kann von folgender Vorgehensweise ausgegangen werden. Die Übertragungsfunktion in der s-Ebene wird im Zeitbereich als Gewichtsfunktion geschrieben, welche abgetastet und als Wertefolge in die Übertragungsfunktion in der z-Ebene transformiert wird.

$$\boxed{G(s) \;\rightarrow\; g(t) \;\rightarrow\; g(kT_\mathrm{a}) \;\rightarrow\; G_\mathrm{z}(z)} \tag{5.73}$$

$$\boxed{G_\mathrm{z}(z) \;=\; Z\left\{L^{-1}\{G(s)\}\Big|_{t=kT_\mathrm{a}}\right\}} \tag{5.74}$$

Diese Korrespondenz ist für einfache Übertragungsfunktionen in Tabelle 5.6 zusammengestellt, ISERMANN [5.32]. Wird neben dem Abtaster noch ein Halteglied nullter Ordnung eingesetzt, so gilt

$$\boxed{g_\mathrm{H}(kT_\mathrm{a}) \;=\; \int_{kT_\mathrm{a}}^{(k+1)T_\mathrm{a}} g(t)\,\mathrm{d}t} \tag{5.75}$$

Dies wird durch die Übertragungsfunktion des Haltegliedes $H(s)$ nach (5.3) berücksichtigt. Tabelle 5.6 zeigt in der Praxis häufig vorkommende Korrespondenzen.

$$\boxed{G_\mathrm{zH}(z) \;=\; Z\{H(s)G(s)\}} \tag{5.76}$$

$$\boxed{G_\mathrm{zH}(z) \;=\; Z\!\left\{\frac{1 - \mathrm{e}^{-sT_\mathrm{a}}}{s}\,G(s)\right\} \;=\; \frac{z-1}{z}\,Z\!\left\{\frac{G(s)}{s}\right\}} \tag{5.77}$$

Tabelle 5.6 Korrespondenztabelle der Übertragungsfunktionen in s- und z-Ebene mit und ohne Halteglied

$G(s)$	$G_z(z)$	$G_{zH}(z)$
$\dfrac{1}{s}$	$\dfrac{z}{z-1}$	$\dfrac{T_a}{z-1}$
$\dfrac{1}{s^2}$	$\dfrac{T_a z}{(z-1)^2}$	$\dfrac{T_a^2(z+1)}{2(z-1)^2}$
$\dfrac{1}{s^3}$	$\dfrac{T_a^2 z(z+1)}{(z-1)^3}$	$\dfrac{T_a^3(z^2+4z+1)}{6(z-1)^3}$
$\dfrac{1}{s+a}$	$\dfrac{z}{z-\mathrm{e}^{-aT_a}}$	$\dfrac{1-\mathrm{e}^{-aT_a}}{a\left(z-\mathrm{e}^{-aT_a}\right)}$
$\dfrac{1}{(s+a)^2}$	$\dfrac{T_a z \mathrm{e}^{-aT_a}}{\left(z-\mathrm{e}^{-aT_a}\right)^2}$	$\dfrac{1-2\mathrm{e}^{-aT_a}+\mathrm{e}^{-2aT_a}}{a^2\left(z-\mathrm{e}^{-aT_a}\right)^2}$
$\dfrac{1}{(s+a)(s+b)}$	$\dfrac{1}{(b-a)} \cdot \dfrac{z\left(\mathrm{e}^{-aT_a}-\mathrm{e}^{-bT_a}\right)}{\left(z-\mathrm{e}^{-aT_a}\right)\left(z-\mathrm{e}^{-bT_a}\right)}$	$\dfrac{1}{ab(a-b)} \cdot \dfrac{Az+B}{\left(z-\mathrm{e}^{-aT_a}\right)\left(z-\mathrm{e}^{-bT_a}\right)}$ $A = a - b - a\mathrm{e}^{-bT_a} + b\mathrm{e}^{-aT_a}$ $B = (a-b)\mathrm{e}^{-(a+b)T_a} - a\mathrm{e}^{-aT_a} + b\mathrm{e}^{-bT_a}$

5.1.5 Einfluss der Lage der Pole in der z-Ebene

Die Antwort auf eine sprungförmige Folge ε_k hängt von den Polen der Übertragungsfunktion $G_z(z)$ ab. Auch die Nullstellen beeinflussen diese, aber aus ihrer Lage kann keine Aussage über die Form der Sprungantwort abgeleitet werden. Es gibt zwischen den Nullstellen von $G_z(z)$ und $G(s)$ keinen einfachen Zusammenhang, ACKERMANN [5.13]. Man kann aber ein zu den Abtastzeitpunkten äquivalentes System $G(s)$ im Zeitkontinuierlichen betrachten und hierin den Nullstellen differenzierendes Verhalten zuordnen.

Im Folgenden werden die Eigenbewegungen eines homogenen Systems bei reellen Polen oder konjugiert komplexen Polen dargestellt. Die Eigenbewegungen werden in (5.46) einzeln im Bildbereich unterschieden. Ein reeller Pol $z = z_1$ in der Übertragungsfunktion

$$G_z(z) = \frac{Cz}{z - z_1} \quad (5.78)$$

kann, wie Bild 5.8 zeigt, verschiedene Lagen annehmen.
Bild 5.9 zeigt die jeweils hierzu gehörenden Eigenbewegungen, wenn also ein gespeicherter Wert abklingt, gespeichert bleibt oder aufschwingt. Das System strebt nur dann einer Ruhelage zu (Stabilität, → Abschnitt 5.1.3.6), wenn $z_1 < 1$ gilt.

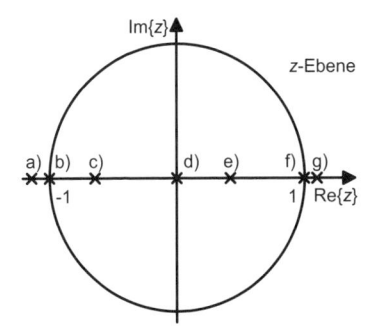

Bild 5.8 Mögliche Lagen reeller Pole in der z-Ebene

Im Falle eines konjugiert komplexen Polpaares wird zusätzlich eine sinusförmige Schwingung überlagert, wie aus (5.47) ersichtlich. Mögliche Pollagen der Übertragungsfunktion nach (5.46)

$$G_z(z) = \frac{D_1 z^2 + D_2 z}{(z - z_2)(z - z_3)} = \frac{V_z(z)}{U_z(z)} \quad (5.79)$$

zeigt Bild 5.10. Die homogene Differenzengleichung findet man mit Betrachtung des Nenners mit $z_2 = z_3^*$:

$$v_k - (z_2 + z_3)v_{k-1} + z_2 z_3 v_{k-2} = 0 \quad (5.80)$$

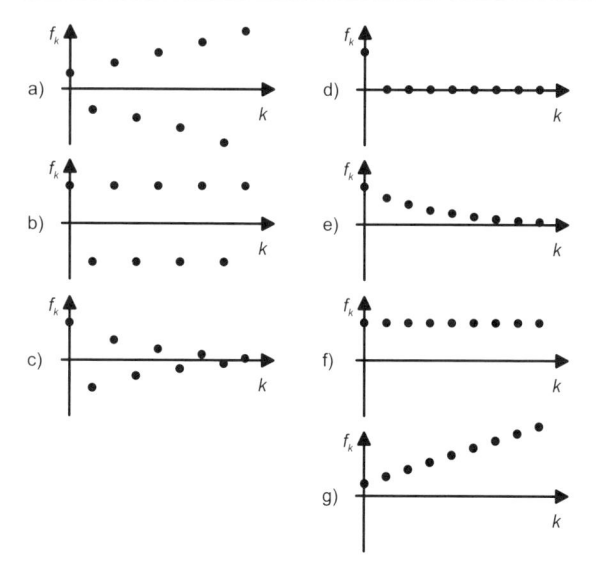

Bild 5.9 Eigenbewegungen bei reellen Polen in der z-Ebene

Das Ausgangssignal, also die Eigenbewegung, kann mittels

$$v_k = 2\,\text{Re}\{z_2\}v_{k-1} - \left(\text{Re}\{z_2\}^2 + \text{Im}\{z_2\}^2\right)v_{k-2} \tag{5.81}$$

berechnet werden. Bild 5.11 gibt die Wertfolgen für verschiedene Pollagen in Bild 5.10 wieder.

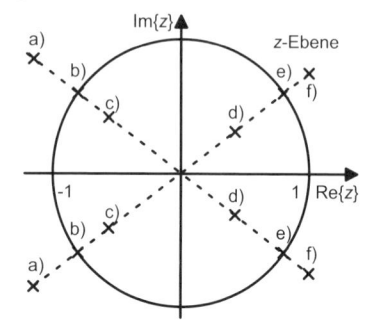

Bild 5.10 Mögliche Lagen konjugiert komplexer Pole in der z-Ebene

5.1 Mathematische Grundlagen diskreter Systeme

Interessant ist der Zusammenhang zwischen den Polen einer Übertragungsfunktion in der s-Ebene der LAPLACE-Transformation und den Polen in der z-Ebene des abgetasteten Systems (5.41):

$$z_i = e^{s_i T_a} \quad (5.82)$$

Aus (5.82) erkennt man, dass alle reellen Pole der s-Ebene in die rechte Halbebene (ohne imaginäre Achse) der z-Ebene abgebildet werden. Die Pollagen a), b), c) und d) in Bild 5.9 entsprechen also keinem zeitkontinuierlichen System.

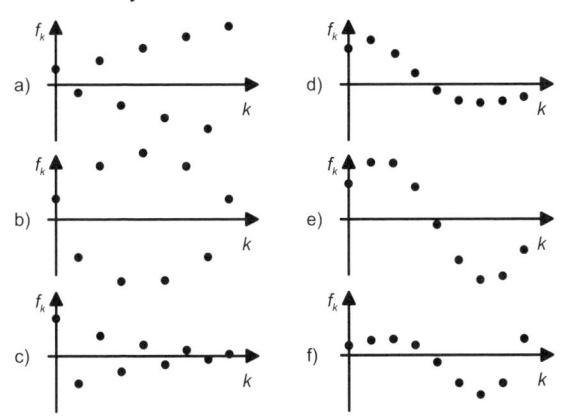

Bild 5.11 Eigenbewegungen bei konjugiert komplexen Polen in der z-Ebene

Die Pole in der s-Ebene eines zeitkontinuierlichen Systems können anhand ihrer Lage meistens gut hinsichtlich des Übertragungsverhaltens eines Systems interpretiert werden. Insbesondere die Lage der Nullstellen der Übertragungsfunktion ist hier sehr aussagekräftig. So können Pole gegen Nullstellen kompensiert werden, Nullstellen sorgen sonst für ein Überschwingen der Sprungantwort. Die Aussagen gelten in der z-Ebene nicht, so dass die Abbildung der Pole (5.82) bzw.

$$s_i = \frac{1}{T_a} \ln z_i \quad (5.83)$$

zwischen beiden Bildbereichen nützlich ist. Bild 5.12 (GROßE [5.35]) zeigt in der s-Ebene Gebiete, in denen die Pole eines geregelten Systems üblicherweise liegen sollten, insbesondere das **schöne Stabilitätsgebiet** nach ACKERMANN [5.13] (→ Abschnitt 6.1). Bild 5.13 stellt die korrespondierenden Bereiche in der z-Ebene dar.

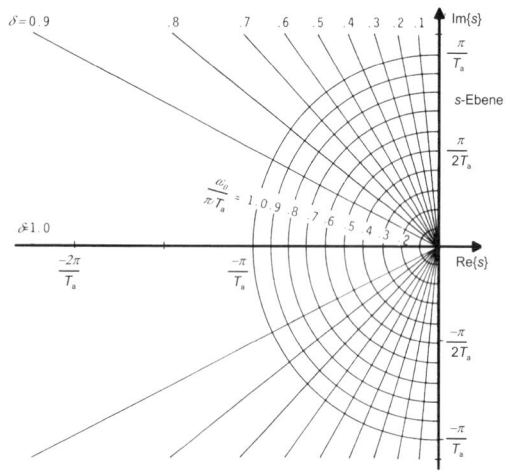

Bild 5.12 Lage der Pole in der s-Ebene mit Dämpfung und Kennkreisfrequenz

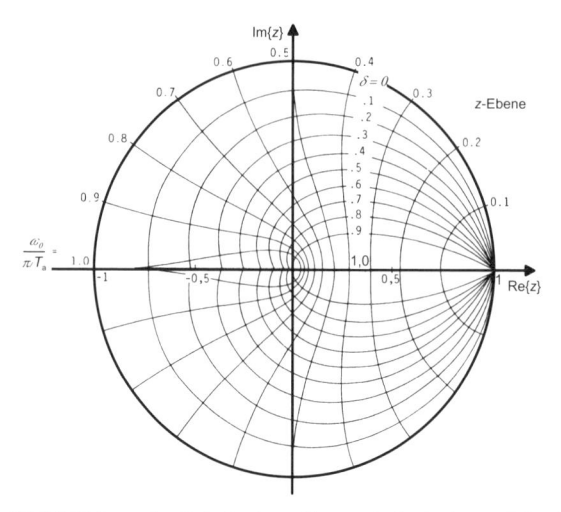

Bild 5.13 Lage der Pole in der z-Ebene mit äquivalenter Dämpfung und Kennkreisfrequenz

5.2 Digitale Regelalgorithmen

Norbert Becker, Norbert Große, Wolfgang Schorn

5.2.1 Zeitdiskrete PID-Regelung

5.2.1.1 Einführung

Zeitdiskrete PID-Algorithmen lassen sich am einfachsten empirisch aus der zeitkontinuierlichen Regelung ableiten, indem man die Zeit t als diskrete Größe mit fortlaufenden Werten t_k auffasst. Die Operationen *Integration* und *Differenziation* werden dabei durch die in Abschnitt 5.1.2.1 angegebenen numerischen Näherungen ersetzt. Die Abtastperiode T_a zur Erfassung der Regeldifferenz kann von der Ausgabeperiode T_A zur Stellwertausgabe abweichen. Schaltende Regler, d. h. Zweipunktregler mit und ohne Rückführung, werden mit zeitdiskreten Algorithmen selten realisiert; sie sollen daher folgend nicht betrachtet werden.

Wenn die Abtastperiode T_a bzw. die Ausgabeperiode T_A gegenüber den Zeitkenngrößen der Regelstrecke nicht zu vernachlässigen, aber konstant sind, müssen sie bei der Wahl der Reglerparameter ähnlich berücksichtigt werden wie eine zusätzliche Totzeit. Charakteristisch für digitale Regler sind weiterhin verschiedene Ausgabealgorithmen, welche diskrete Ausgabezeitpunkte für das Stellsignal erfordern (z. B. pulsweitenmodulierte Stellsignale).

5.2.1.2 Vergleichsglied und Regelglied

Vergleichsglied. Das Vergleichsglied bildet die diskrete Regeldifferenz aus Führungs- und Rückführgröße im einfachsten Fall nach folgender Vorschrift:

$$\boxed{e_k = w_k - r_k} \tag{5.84}$$

Das Resultat ist der Momentanwert der Regeldifferenz als Gleitpunktzahl. Bei Störgrößenaufschaltung auf den Reglereingang oder bei Verwendung eines Vorfilters für den Sollwert kommen weitere Umrechnungen hinzu ($\rightarrow$ Abschnitt 3.2.1).

Zeitdiskreter PID-Algorithmus. In zeitdiskreter, additiver Form hat der elementare PID-Algorithmus mit der Regeldifferenz e_k als Eingangsfolge folgende Form:

$$\boxed{m_k = K_\mathrm{P} m_{\mathrm{P}k} + K_\mathrm{I} m_{\mathrm{I}k} + K_\mathrm{D} m_{\mathrm{D}k}} \qquad (5.85)$$

$K_\mathrm{P} m_{\mathrm{P}k}$ ist der Proportionalanteil mit der Regeldifferenz $m_{\mathrm{P}k} = e_k$ zum Zeitpunkt $t = t_k$. Der Integralanteil $K_\mathrm{I} m_{\mathrm{I}k}$ wird meist rekursiv nach der Trapezregel entsprechend Gleichung (5.23) gebildet, und den Gradientenanteil $K_\mathrm{D} m_{\mathrm{D}k}$ berechnet man üblicherweise aus dem DT_1-Glied nach Gleichung (5.26). Wenn beim D-Anteil lediglich der Istwert der Rückführgröße verwendet wird, kann auf die digitale Glättung oft verzichtet werden, da auf den Signaleingang ohnehin ein analoges Filter anzuwenden ist ($\rightarrow$ Abschnitt 5.1.2.1) und das Quantisierungsrauschen der heutigen Analog-Digital-Umsetzer auf Grund ihrer hohen Auflösung meist vernachlässigt werden kann. Wichtig ist der Initialwert m_0, welcher beim stoßfreien Umschalten von der Betriebsart *Hand* in die Betriebsart *Automatik* zu bestimmen ist. m_0 hängt vom aktuellen Stellwert y ab, welcher durch Rückführung ermittelt werden kann, meist aber als Handstellwert y_h vorliegt, sowie davon, ob die Stellgröße mit oder ohne Störgrößen- bzw. Sollwertaufschaltung gebildet wird. Auf diese Problematik wird in Abschnitt 8.2 eingegangen.

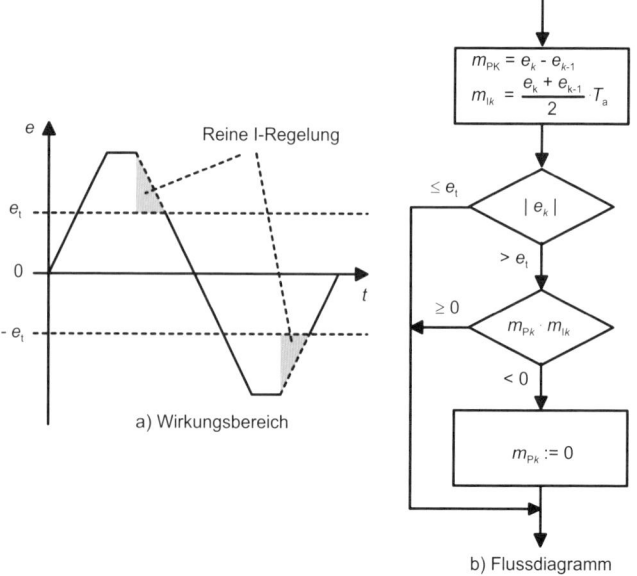

Bild 5.14 Unterdrücken des P-Anteils

Totzone für P-Anteil. In Abschnitt 3.2 wurden modifizierte PID-Algorithmen bereits vorgestellt. Eine weitere Verbesserung ergibt sich bei inkrementeller PID-Regelung durch Anwenden einer Totzone e_t auf den P-Anteil eines Reglers mit I-Anteil; SCHÖNE [5.201]. Wenn sich die Rückführgröße r vom Sollwert w entfernt bzw. wenn die Regeldifferenz e vom Wert null wegläuft, haben m_{Pk} und m_{Ik} das gleiche Vorzeichen. Nähert r sich w bzw. strebt e auf null zu, sind die Vorzeichen von m_{Pk} und m_{Ik} verschieden, wobei der P-Anteil abbremsend wirkt. Mit dieser Erkenntnis lassen sich die Regelvorgänge beschleunigen, indem man außerhalb der Totzone e_t $m_{Pk}:= 0$ setzt, falls P- und I-Anteil unterschiedliche Vorzeichen aufweisen, siehe Bild 5.14. Hier liegt mithin eine ereignisgesteuerte Strukturumschaltung vor. Innerhalb der Totzone muss der P-Anteil aus Stabilitätsgründen auf jeden Fall berücksichtigt werden. Für e_t empfiehlt FERRANTI in [5.18] bei Strecken mit Ausgleich erster und zweiter Ordnung typisch 7 % des Messbereichs, also $e_t \approx 0{,}07$.

5.2.1.3 Ausgabeglied

Bilden und Ausgeben des Stellwerts. Die Reglerausgangsgröße m_k wird durch Berücksichtigen des Arbeitspunktes, der Betriebsart und von Begrenzungen zum Stellwert y_{ak} umgeformt ($\rightarrow$ Abschnitt 3.3.2). Dieser Wert kann über einen Stellungs- oder einen Geschwindigkeitsalgorithmus ausgegeben werden.

> Bei **Stellungsalgorithmen** wird die Stellwertfolge $\{y_{ak}\}$ in ein physikalisches Signal $y(t)$ umgewandelt und an eine unterlagerte Einrichtung (z. B. einen Stellungsregler) ausgegeben. Bei **Geschwindigkeitsalgorithmen** werden Differenzen aufeinander folgender Stellwerte y_{ak-1}, y_{ak} als Inkremente Δy_k ausgegeben; solche Methoden kommen bei summierend wirkenden Antrieben wie etwa Schrittmotoren zum Einsatz.

Absolute Stellwertausgabe. Im einfachsten Fall wird die Zahlenfolge $\{y_{ak}\}$ *direkt* auf ein zeitkontinuierliches physikalisches Signal $y(t)$ abgebildet:

$$y(t) = \sum_k y_{ak}\bigl(\varepsilon(t - t_k) - \varepsilon(t - t_{k+1})\bigr) \tag{5.86}$$

In dieser Zuordnung sind lediglich verschiedene Einheitsbereiche gegeben. Üblicherweise ist $\{y_{ak}\}$ eine Folge von Gleitpunktzahlen im Bereich

0 bis 1 und $y(t)$ ist meist ein Stromsignal im Bereich zwischen 0 oder 4 und 20 mA. Dann muss in (5.86) noch eine lineare Umrechnung vorgenommen werden.

Ist der Regeleinrichtung ein Stellgerät mit binärem Schaltverhalten unterlagert, wendet man meist die **Pulsweitenmodulation PWM** (auch als **Pulsdauermodulation PDM** bezeichnet) an, siehe z. B. FREYER [5.19]. Hierbei wird die Zahlenfolge $\{y_{ak}\}$ in einen Puls $y(t)$ umgesetzt, siehe Bild 5.15. Dies geschieht mit einer festen Frequenz f_A bzw. mit einer festen Ausgabeperiode T_A, welche bei Digitalreglern ein ganzes Vielfaches der Abtastperiode T_a ist: $T_A = n \cdot T_a$, $n \geq 1$. Für das partielle Signal $y_k(t)$ zwischen zwei Ausgabezeitpunkten $t_{A(k-1)}$ und t_{Ak} hat man mit $\Delta T_{Ak} = T_A \cdot y_{ak}$:

$$\begin{aligned} y_k(t) &= \begin{cases} 1 & \text{für } t_{Ak} \leq t \leq t_{Ak} + \Delta T_{Ak} \\ 0 & \text{sonst} \end{cases} \\ &= \varepsilon(t - t_{Ak}) - \varepsilon(t - (t_{Ak} + \Delta T_{Ak})) \end{aligned} \tag{5.87}$$

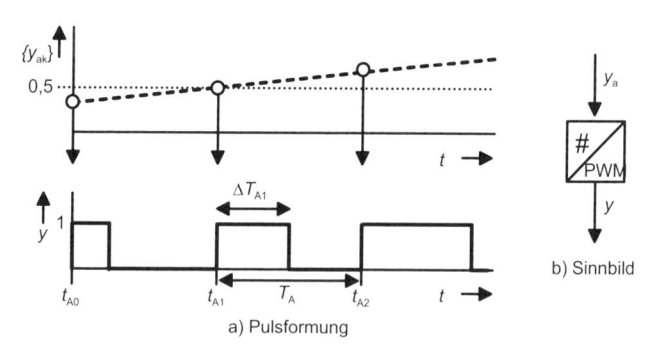

Bild 5.15 Prinzip der Pulsweitenmodulation

Insgesamt folgt für das binärwertige Ausgabesignal $y(t)$:

$$y(t) = \sum_k y_k(t) \tag{5.88}$$

also

$$y(t) = \sum_{k} \left[\varepsilon(t - t_{Ak}) - \varepsilon\left(t - (t_{Ak} + \Delta T_{Ak})\right)\right] \quad (5.89)$$

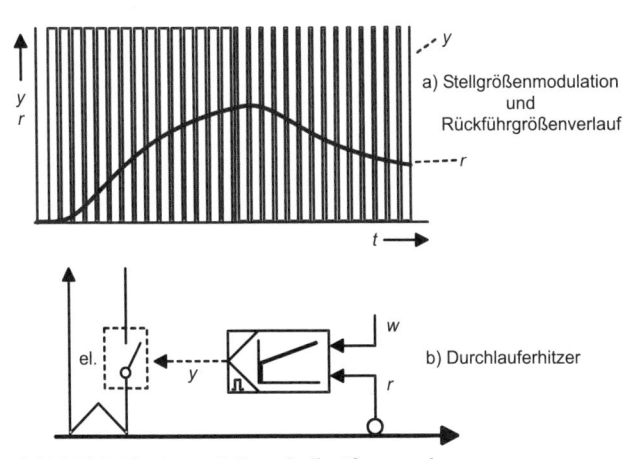

Bild 5.16 Pulsbreitenmodulierte Stellgrößenausgabe

Bild 5.16 enthält ein Beispiel für einen Puls $y(t)$ und den Verlauf der Rückführgröße $r(t)$ bei einer Strecke höherer Ordnung (Durchlauferhitzer). Pulsweitenmodulierte Stellsignale kann man nur bei ausreichend trägen Regelstrecken sinnvoll einsetzen.

Inkrementelle Stellwertausgabe. Bei inkrementeller Stellwertausgabe werden Differenzen Δy_{ak} zweier aufeinander folgender Stellwerte gebildet:

$$\Delta y_{ak} = y_{ak} - y_{a(k-1)} \quad (5.90)$$

Dabei lässt $y_{a(k-1)}$ sich entweder durch Speichern des vorletzten berechneten Stellwertes oder durch Messen (Rückführen) der tatsächlichen Stellgliedstellung festlegen (→ Bild 5.17). Die letztere Möglichkeit ergibt naturgemäß ein wesentlich besseres Initialisierungsverhalten. Die als **Inkremente** bezeichneten Differenzen werden in ternäre Signale (Linkslauf; aus; Rechtslauf) umgesetzt und zum Ansteuern summierender Antriebe, vorzugsweise von **Schrittmotoren**, verwendet, siehe z. B. SCHÖNE [5.3]. Hierbei bestimmt das Vorzeichen von Δy_{ak} den Rechts- (R) bzw. Linkslauf (L) des Motors, während der Betrag des Inkrements die Breite eines Impulses mittels Pulsweitenmodulation wie in (5.87) angegeben festlegt.

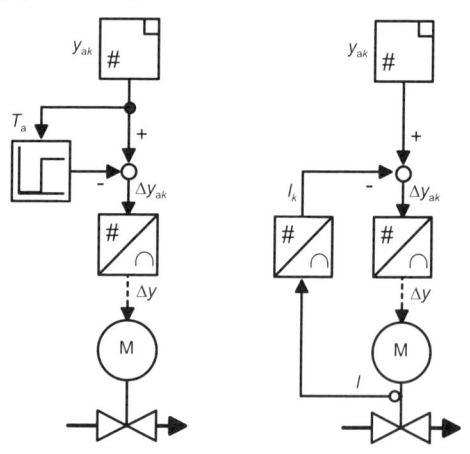

a) Ohne Stellungsrückführung   b) Mit Stellungsrückführung

Bild 5.17 Bilden von Stellwertinkrementen

Über diese Impulsbreite wird der Schrittmotor mit einem Signal konstanter Frequenz angesteuert. Hieraus resultiert eine zugehörige Anzahl von Schritten, in welchen die Motorstellung geändert wird. Bei üblichen Stellern (Motorsteuerkarten) liegen die Frequenzen bei 50 bis 100 kHz, die Auflösung reicht von typisch 24 bis ca. 10^4 Schritten pro Umdrehung, siehe z. B. JANOCHA et al. [5.20] und Fa. STÖGRA [5.21]. Bild 5.18 zeigt den Wirkungsplan bei Verwendung eines Schrittmotors. Aus (5.90) sieht man auch wegen $\Delta y_{ak} \approx \dot{y}_{ak} \cdot T_a$, dass die Stellwertinkremente proportional der Änderungsgeschwindigkeit von y_a sind, womit die Bezeichnung *Geschwindigkeitsalgorithmus* ihre Erklärung findet.

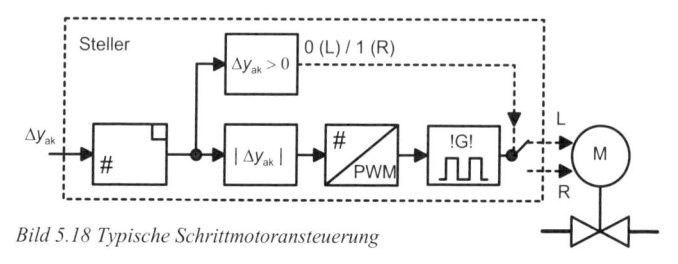

Bild 5.18 Typische Schrittmotoransteuerung

TAKAHASHI et al. empfehlen in [5.22] folgenden Regelalgorithmus für sanftes Einschwingen bei Sollwertsprüngen:

$$\Delta y_{ak} = K_P \Delta r_k + K_I e_k T_a + K_D \frac{\Delta r_k - \Delta r_{k-1}}{T_a} \qquad (5.91)$$

Diese Formel ist für Festwertregelung (w const.) gedacht und nur unter der Voraussetzung $K_I \neq 0$ anwendbar. Ohne I-Anteil findet keine Arbeitspunkteinstellung statt, da der Sollwert dann im Algorithmus gar nicht mehr auftritt.

5.2.1.4 Parameterwahl für digitale PID-Regler

Überblick. Wählt man die Abtastperiode T_a unter den in Abschnitt 5.1.1.3 aufgeführten Gesichtspunkten, braucht man sie bei der Reglereinstellung nicht sonderlich zu berücksichtigen. Seit Beginn der computergestützten Prozessautomatisierung ab etwa 1960 wurde zusätzlich eine ganze Reihe von Einstellvorschriften entwickelt, welche speziell auf zeitdiskrete PID-Algorithmen zugeschnitten waren. Hierzu sei auf folgende Quellen verwiesen: TAKAHASHI et al. [5.22]; UNBEHAUEN, BÖTTIGER [5.23]; KLEIN et al. [5.24] und LATZEL [5.25]. Exemplarisch wird in den folgenden Ausführungen auf die Arbeiten [5.22] und [5.25] eingegangen, welche sich beide mit der Regelung von Strecken mit Ausgleich befassen. Dabei ist die Abtastperiode T_a als nicht vernachlässigbar gegenüber den Zeitkenngrößen der Regelstrecke angenommen. Ergänzend werden empirisch begründete Formeln zur Reglerparametrierung bei Strecken ohne Ausgleich angegeben. Ist die Ausgabeperiode T_A für Stellwerte größer als T_a, hat man in den aufgeführten Formeln T_a durch T_A zu ersetzen.

Regeln von TAKAHASHI et al. Für den Geschwindigkeitsalgorithmus (5.91) schlagen TAKAHASHI et al. in [5.22] die in Tabelle 5.7 aufgeführten Einstellregeln vor. Sie sind abgeleitet aus den bekannten ZIEGLER-NICHOLS-Vorschriften [5.26] und gelten somit für die Streckenmodellierung als PT_1T_t-Glied:

$$G_S(s) \approx \frac{K_{PS}}{1 + Ts} e^{-T_t s} \qquad (5.92)$$

Siehe hierzu Abschnitt 2.5.2. Für die Abtastperiode T_a wird die Obergrenze

$$\boxed{T_a \leq 2 \cdot T_t} \qquad (5.93)$$

empfohlen; FERRANTI [5.22]. Nach SCHÖNE [5.3] sind für

$$\boxed{T_a \approx 1{,}4 \cdot T_t} \qquad (5.94)$$

gute Regelergebnisse zu erwarten.

Tabelle 5.7 Reglerparametrierung nach TAKAHASHI et al.

Regler	K_P	K_I	K_D
P	$\dfrac{T}{K_{PS}(T_t + T_a)}$	–	–
PI	$\dfrac{0{,}9T}{K_{PS}\left(T_t + \dfrac{T_a}{2}\right)} - \dfrac{K_I}{2}T_a$	$\dfrac{0{,}27T}{K_{PS}\left(T_t + \dfrac{T_a}{2}\right)^2}$	–
PID	$\dfrac{1{,}2T}{K_{PS}(T_t + T_a)} - \dfrac{K_I}{2}T_a$	$\dfrac{0{,}6T}{K_{PS}\left(T_t + \dfrac{T_a}{2}\right)^2}$	$\dfrac{0{,}5T}{K_{PS}}$ für $T_t \approx nT_a$ $\dfrac{0{,}6T}{K_{PS}}$ sonst

Regeln von LATZEL. In [5.25] verwendet LATZEL die von SCHWARZE [5.27] empfohlene Methode der **Zeitprozentkennwerte**. Eine Strecke höherer, in der Regel unbekannter Ordnung mit Ausgleich wird durch eine Reihenschaltung von n PT$_1$-Gliedern mit gleicher Zeitkonstante T modelliert:

$$\boxed{G_S(s) \approx \frac{K_{PS}}{(1 + Ts)^n}} \qquad (5.95)$$

Die Bestimmung der Modellparameter n, K_{PS} und T wurde bereits in Abschnitt 2.5.2 dargelegt. Die Tabellen 5.8 und 5.9 enthalten Einstellempfehlungen für PI- und PID-Stellungsalgorithmen, wobei der I-Anteil nach der Trapezregel (5.23), der D-Anteil über ein DT$_1$-Glied (5.26) mit der Vorhaltverstärkung $V_D = 5$ (→ Abschnitt 3.2.2.2) realisiert ist. Als Tabellenparameter hat man:

- Modellordnung: $n = 2\,(3) \dots 10$
- Überschwingweite: $x_m = 0{,}1$; $x_m = 0{,}2$
- Abtastperiode: $T_a = 0{,}1 T_\Sigma$; $T_a = 0{,}2 T_\Sigma$

Dabei ist $T_\Sigma = n \cdot T_a$.

Tabelle 5.8 Parametrierung von PI-Abtastreglern nach LATZEL

n	K_P/K_{PS}				T_n/T
	$T_a = 0{,}1 T_\Sigma$ x_m		$T_a = 0{,}2 T_\Sigma$ x_m		
	0,1	0,2	0,1	0,2	
2	1,352	1,963	1,160	1,616	1,55
2,5	1,024	1,387	0,896	1,193	1,77
3	0,794	1,024	0,720	0,925	1,96
4	0,598	0,741	0,550	0,681	2,30
5	0,496	0,602	0,459	0,557	2,59
6	0,432	0,518	0,401	0,482	2,86
7	0,386	0,460	0,359	0,429	3,10
8	0,351	0,418	0,327	0,390	3,32
9	0,324	0,385	0,303	0,359	3,53
10	0,303	0,358	0,283	0,335	3,73

Tabelle 5.9 Parametrierung von PID-Abtastreglern nach LATZEL

n	K_P/K_{PS}				T_n/T	T_v/T
	$T_a = 0{,}1 T_\Sigma$ x_m		$T_a = 0{,}2 T_\Sigma$ x_m			
	0,1	0,2	0,1	0,2		
3	2,013	2,662	1,674	2,185	2,47	0,66
3,5	1,503	1,944	1,269	1,647	2,71	0,76
4	1,246	1,573	1,082	1,375	2,92	0,84
5	0,967	1,174	0,854	1,042	3,31	0,99

n	K_P/K_{PS}				T_n/T	T_v/T
	$T_a = 0{,}1T_\Sigma$ x_m		$T_a = 0{,}2T_\Sigma$ x_m			
	0,1	0,2	0,1	0,2		
6	0,808	0,960	0,723	0,861	3,66	1,13
7	0,698	0,824	0,630	0,745	3,97	1,25
8	0,620	0,731	0,563	0,664	4,27	1,36
9	0,559	0,658	0,510	0,601	4,54	1,47
10	0,509	0,601	0,467	0,551	4,80	1,57

Regelung von integrierenden Strecken. Einstellempfehlungen zur Regelung integrierender Strecken mit PID-Abtastreglern sind in der Literatur nicht zu finden. Tabelle 5.10 enthält die empirische Übertragung der von FIEGER [5.28] für den kontinuierlichen Fall angegebenen Reglerparameter (→ Abschnitt 4.3) auf den zeitdiskreten Fall. Hierbei wird die halbe Abtastperiode $T_a/2$ wie eine zusätzliche Totzeit berücksichtigt; die Strecke selbst wird durch ein I-Glied mit Verzugszeit T_u angenähert:

$$G_S(s) \approx \frac{K_{IS}}{s} e^{-T_u s} \qquad (5.96)$$

Tabelle 5.10 Reglerparameter für integrierende Strecken nach FIEGER

Typ	K_P	T_n	T_v
P	$\dfrac{0{,}5}{K_{IS}(T_u + 0{,}5T_a)}$	–	–
PD	$\dfrac{0{,}5}{K_{IS}(T_u + 0{,}5T_a)}$	–	$0{,}5(T_u + 0{,}5T_a)$
PI	$\dfrac{0{,}42}{K_{IS}(T_u + 0{,}5T_a)}$	$5{,}8(T_u + 0{,}5T_a)$	–
PID	$\dfrac{0{,}4}{K_{IS}(T_u + 0{,}5T_a)}$	$3{,}2(T_u + 0{,}5T_a)$	$0{,}8(T_u + 0{,}5T_a)$

5.2.2 Deadbeat-Regelung

5.2.2.1 Einführung

Deadbeat-Regelung bedeutet den Entwurf von Regelalgorithmen im Hinblick auf eine **endliche Einstellzeit**, d. h. der Regler und ein ggf. zu berücksichtigendes Vorfilter werden so ausgelegt, dass die Rückführgröße r nach einer endlichen Zahl n von Abtastschritten die über den Zeitraum $\Delta t = n \cdot T_a$ konstante Führungsgröße w erreicht. Dies ist eine Besonderheit der digitalen Regelung. Bei einer kontinuierlichen Regelung würde die Rückführgröße den Sollwert theoretisch für $t \to \infty$, also nach „unendlich langer" Zeit erreichen, praktisch nach Ablauf der Ausregelzeit. Deadbeat-Regelungen sind nur mit Abtastsystemen realisierbar; sie zeichnen sich allgemein durch folgende Merkmale aus:

- Der Deadbeat-Regler ist ein linearer zeitinvarianter Regler, der ohne Berücksichtigung von Stellgrößenbegrenzungen nach einem **Kompensationsverfahren** entworfen wird. Die Abtastzeit T_a muss deshalb so gewählt werden, dass die Stellgröße y nicht an die Aussteuergrenzen gerät. Die Abtastzeit liegt somit in einer Größenordnung, in welcher der Abtasteffekt nicht vernachlässigbar ist, im Gegensatz zu vielen in der Praxis arbeitenden digitalen, quasikontinuierlichen Regelungen. T_a wird typisch nach (5.93) oder (5.94) festgelegt.
- Deadbeat-Regelungen sind sowohl für stabile als auch für instabile Regelstrecken möglich, siehe z. B. RÖCK, in [5.29]. Instabile Strecken können z. B. durch prozessinterne Mitkopplungen entstehen ($\to$ Abschnitt 2.4.2).
- Der Deadbeat-Regler beinhaltet in seiner Übertragungsfunktion das mathematische Modell der Strecke und unterscheidet sich daher deutlich von den üblichen in der Praxis eingesetzten Kompaktreglern oder Standard-Regler-Softwarebausteinen. Daher kann der Entwurf, die Realisierung und die Pflege eines Deadbeat-Reglers nur von Spezialisten vorgenommen werden. Die praktische Bedeutung des Deadbeat-Reglers ist somit recht begrenzt.

Eine Herleitung des Deadbeat-Reglers im Zeitbereich findet sich in FÖLLINGER [5.30], worin auch auf Schwachstellen und Alternativen zum Deadbeat-Regler eingegangen wird. Eine umfassende Betrachtung im Frequenzbereich bietet UNBEHAUEN [5.31]. LUTZ, WENDT [5.6] zeigen viele Detailerörterungen. Die folgende Darstellung lehnt sich an UNBEHAUEN [5.31] an.

5.2.2.2 Deadbeat-Regler ohne Betrachtung von Störungen

Reglerentwurf. Zunächst sei der Abtastregelkreis in Bild 5.19 betrachtet, bei welchem am Streckeneingang keine Störgröße z angreifen soll.

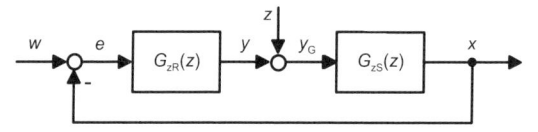

Bild 5.19 Einfacher Abtastregelkreis

Die Strecke sei durch die Übertragungsfunktion

$$G_{zS}(z) = \frac{B(z)}{A(z)} z^{-d} \qquad (5.97)$$

gegeben. Dabei repräsentiert d eine eventuell vorhandene Totzeit T_t durch $T_t = d \cdot T_a$; $B(z)$ und $A(z)$ sind gegebene Polynome in z^{-1}:

$$B(z) = b_0 + b_1 z^{-1} + \ldots + b_n z^{-n}$$
$$A(z) = 1 + a_1 z^{-1} + \ldots + a_n z^{-n} \qquad (5.98)$$

Zunächst wird vorausgesetzt, dass die Nullstellen von $A(z)$ innerhalb des Einheitskreises $|z| < 1$ liegen, d. h. dass die Strecke stabil ist. Es wird nun gefordert, dass bei einem Sollwertsprung die Rückführgröße r in endlicher Zeit nach $n + d$ Abtastschritten die Führungsgröße w erreicht. Der Regler soll linear und zeitinvariant sein. Dann ist die gewünschte Führungsübertragungsfunktion also von der Form

$$G_{zW}(z) = P_W(z) z^{-d} \qquad (5.99)$$

wobei

$$P_W(z) = p_0 + p_1 z^{-1} + \ldots + p_n z^{-n} \qquad (5.100)$$

Aus Gründen der stationären Genauigkeit sind die Koeffizienten so zu bemessen, dass

$$P_W(1) = p_0 + p_1 + \ldots + p_n = 1 \qquad (5.101)$$

gilt. Die Führungsübertragungsfunktion errechnet sich zu

$$G_{zW}(z) = \frac{G_{zR}(z)G_{zS}(z)}{1 + G_{zR}(z)G_{zS}(z)} \tag{5.102}$$

Setzt man (5.102) und (5.99) gleich und löst die Beziehungen nach der Reglerübertragungsfunktion auf, so erhält man

$$\begin{aligned} G_{zR}(z) &= \frac{G_{zW}(z)}{G_{zS}(z)\bigl(1 - G_{zW}(z)\bigr)} \\ &= \frac{A(z)P_W(z)}{B(z)\bigl(1 - P_W(z)z^{-d}\bigr)} \end{aligned} \tag{5.103}$$

Die Reglerübertragungsfunktion enthält also die reziproke Streckenübertragungsfunktion. Deshalb heißt ein solcher Regler auch **Kompensationsregler**. Für die Stellgröße ergibt sich mit den Gleichungen (5.102) und (5.103):

$$\begin{aligned} Y(z) &= \frac{G_{zR}(z)}{1 + G_{zR}(z)G_z(z)}\, W(z) \\ &= \frac{A(z)P_W(z)}{B(z)}\, W(z) \end{aligned} \tag{5.104}$$

Es wird für die Stellgröße nun ebenfalls gefordert, dass sie nach $n + d$ Abtastschritten den stationären Endwert erreicht, d. h. die Übertragungsfunktion der Stellgröße muss gleichfalls ein Polynom in z^{-1} sein. Mit Gleichung (5.104) ist dies nur möglich, wenn

$$P_W(z) = \frac{B(z)}{B(1)} \tag{5.105}$$

gilt. Mit den Gleichungen (5.101), (5.103) und (5.105) ergibt sich damit die Übertragungsfunktion des Deadbeat-Reglers zu

$$G_{zR}(z) = \frac{A(z)}{B(1) - B(z)z^{-d}} \tag{5.106}$$

Der Regler in (5.106) besitzt i. Allg. die Ordnung $n + d$. Der Aufwand liegt damit deutlich über dem Aufwand bei üblichen PI(D)-Standardreglern. Der Nenner des Reglers verschwindet für $z = 1$, d. h. der Regler besitzt einen I-Anteil, und dies ist wegen der gewünschten stationären Genauigkeit plausibel. Weiterhin kürzt der Deadbeat-Regler den gesamten Nenner der Streckübertragungsfunktion, was wegen der vorausgesetzten Stabilität der Strecke erlaubt ist. Auf Grund dieser Kompensation ist die Eigenschaft der endlichen Einstellzeit lediglich im *Führungsverhalten* gegeben, denn in der *Störübertragungsfunktion* $G_Z(z)$ tritt das gekürzte Nennerpolynom der Strecke im Nenner wieder auf:

$$G_{zZ}(z) = \frac{G_{zS}(z)}{1 + G_{zR}(z)G_{zS}(z)}$$
$$= \frac{B(z)z^{-d}\bigl(B(1) - B(z)z^{-d}\bigr)}{A(z)B(1)} \tag{5.107}$$

Auf Grund der Kürzung sind die Eigenbewegungen der Strecke zwar nicht durch w steuerbar, wohl aber durch eine Störgröße z am Streckeneingang. Ist es häufig der Fall, dass am Streckeneingang eine Störgröße z auftritt, dann liegt keine endliche Einstellzeit mehr vor!

Aus den Gleichungen (5.104) und (5.105) erkennt man die folgende bemerkenswerte Tatsache:

> Bei der **Deadbeat-Regelung** ist der Verlauf der Stellgröße bis auf einen Faktor ausschließlich durch die Pole der Streckenübertragungsfunktion festgelegt.

Beispiel. Die kontinuierliche Streckenübertragungsfunktion sei gegeben durch

$$G_{ZS}(s) = \frac{1}{1 + Ts}\,e^{-2T_a s} \tag{5.108}$$

Die Totzeit T_t beträgt hier die doppelte Abtastzeit: $T_t = 2 \cdot T_a$. Die z-Übertragungsfunktion der Strecke lautet unter Berücksichtigung des Haltegliedes

$$G_{ZS}(z) = \frac{1-c}{z-c}\,z^{-2}$$
$$c = e^{-\frac{T_a}{T}} \tag{5.109}$$

Bringt man $G_S(z)$ in die Form der Gleichungen (5.91), so erhält man

$$G_{ZS}(z) = \frac{(1-c)z^{-1}}{1-cz^{-1}}\,z^{-2} \tag{5.110}$$

Die Reglerübertragungsfunktion errechnet sich dann mit (5.106) zu

$$G_{zR}(z) = \frac{A(z)}{B(1) - B(z)z^{-d}}$$
$$= \frac{1 - cz^{-1}}{1 - c - (1 - c)z^{-1}z^{-2}}$$
(5.111)

Bei einem Führungssprung von $w = 1$ erzeugt der Regler die folgende Stellwertfolge:

$$y_0 = \frac{1}{1-c}$$
$$y_k = 1, \quad k = 1, 2, \ldots$$
(5.112)

Nach dem dritten Abtastschritt ist die Rückführgröße identisch mit dem Sollwert. Man erkennt hier deutlich, dass y_0 mit kleiner werdender Abtastzeit sehr große Werte annimmt, was auch plausibel ist, da der Sollwert in kürzerer absoluter Zeit als bei einer größeren Abtastzeit erreicht werden soll.

Nach FÖLLINGER [5.30] reagiert der Deadbeat-Regler empfindlich gegenüber Parameterschwankungen der Strecke. In UNBEHAUEN [5.31] werden Erweiterungen dieses Entwurfs auf Strecken mit instabilem Nennerpolynom diskutiert. Weiterhin wird der Fall von mehr als $n + d$ Abtastschritten, wodurch sich z. B. die Höhe der Stellgröße beeinflussen lässt, behandelt.

5.2.2.3 Deadbeat-Regler mit Betrachtung von Störungen

Reglerentwurf. Der Einfachheit halber wird vorausgesetzt, dass die Totzeit der Strecke verschwindet, dass also in (5.97) $d = 0$ ist. Tritt eine als konstant angenommene Störung z am Streckeneingang auf, soll nun gefordert werden, dass die Rückführgröße nach einer endlichen Zahl von Abtastschritten verschwindet:

$$G_{zZ}(z) = \frac{G_{zS}(z)}{1 + G_{zR}(z)G_{zS}(z)} = P_Z(z)$$
(5.113)

$P_Z(z)$ ist wiederum ein Polynom in z^{-1}

$$P_Z(z) = p_0 + p_1 z^{-1} + \ldots + p_{n_z} z^{-n_z}$$
(5.114)

wobei aus Gründen der stationären Genauigkeit

$$P_Z(1) = p_0 + p_1 + \ldots + p_{n_z} = 0 \qquad (5.115)$$

gefordert werden muss. Die Reglerübertragungsfunktion ergibt sich dann aus (5.113) zu

$$G_{zR}(z) = \frac{G_{zS}(z) - P_Z(z)}{G_{zS}(z) P_Z(z)} \ . \qquad (5.116)$$

Für die resultierende Eingangsgröße y_G der Strecke (vgl. Bild 5.19) auf Grund der Störgröße z erhält man die Übertragungsfunktion

$$G_{zY_G}(z) = \frac{Y_G(z)}{Z(z)} = \frac{1}{1 + G_{zR}(z) G_{zS}(z)} \qquad (5.117)$$

Aus den Gleichungen (5.116) und (5.117) erhält man

$$G_{zY_G}(z) = \frac{A(z) P_Z(z)}{B(z)} \qquad (5.118)$$

Damit auch die Eingangsgröße der Strecke nach endlicher Zeit konstant ist, muss $P_Z(z)$ das Zählerpolynom $B(z)$ enthalten. Weiterhin gilt die Forderung (5.115). Der Ansatz

$$P_Z(z) = B_K(z)(1 - z^{-1}) B(z) \qquad (5.119)$$

erfüllt diese beiden Forderungen, wobei $B_K(z)$ ein frei wählbares Polynom ist. Für den Regler in (5.116) erhält man damit

$$\begin{aligned} G_{zR}(z) &= \frac{G_{zS}(z) - P_Z(z)}{G_{zS}(z) P_Z(z)} \\ &= \frac{1 - A(z) B_K(z)\,(1 - z^{-1})}{B_K(z)\,(1 - z^{-1}) B(z)} \end{aligned} \qquad (5.120)$$

Für die Realisierbarkeit muss der Absolutkoeffizient des Nenners ungleich null sein. Dies kann man durch eine geeignete Wahl von $B_K(z)$ stets erreichen, so dass sich dann Potenzen von z^{-1} im Zähler und Nenner kürzen lassen. Ist beispielsweise $b_0 = 0$ und $b_1 \neq 0$, so hat man $B_K(z) = 1$ zu wählen, so dass im Zähler und Nenner z^{-1} gekürzt werden kann. Die endliche Einstellzeit beträgt dann $n + 1$ Abtastschritte.

(5.120) zeigt, dass der Regler den Streckenzähler $B(z)$ kompensiert, was nur für ein stabiles Polynom $B(z)$ erlaubt ist. Dies sei hier vorausgesetzt. Bei UNBEHAUEN [5.31] und RÖCK, in [5.29] findet sich eine Betrachtung von instabilen Nullstellen von $B(z)$. Wegen der geforderten stationären Genauigkeit besitzt der Regler einen I-Anteil.

Für die Führungsübertragungsfunktion erhält man mit Gleichung (5.120)

$$\boxed{G_{zW}(z) = 1 - A(z)B_K(z)\,(1 - z^{-1})} \tag{5.121}$$

Auch für das Führungsverhalten liegt hier eine endliche Einstellzeit vor.

Beispiel. Die kontinuierliche Übertragungsfunktion der Strecke sei

$$\boxed{\begin{aligned} G_{zS}(s) &= \frac{1}{1 + Ts} \\ c &= e^{-\frac{T_a}{T}} \end{aligned}} \tag{5.122}$$

Für die z-Übertragungsfunktion ergibt sich unter Berücksichtigung des Haltegliedes

$$\boxed{G_{zS}(z) = \frac{(1 - c)z^{-1}}{1 - cz^{-1}}} \tag{5.123}$$

Für den Regler erhält man hier mit Gleichung (5.120), mit $B_K(z) = 1$ und nach Kürzung von z^{-1}:

$$\boxed{\begin{aligned} G_{zR}(z) &= \frac{1 - A(z)B_K(z)\,(1 - z^{-1})}{B_K(z)\,(1 - z^{-1})B(z)} \\ &= \frac{1 + c - cz^{-1}}{(1 - z^{-1})\,(1 - c)} \end{aligned}} \tag{5.124}$$

Der Regler generiert bei einer Störgröße von $z = 1$ und bei verschwindender Führungsgröße die Stellwertfolge in (5.125), worauf die Rückführgröße mit den Werten in (5.126) antwortet.

$$\boxed{\begin{aligned} y_0 &= 0 \\ y_1 &= -c \\ y_k &= -1\,,\ k = 2, 3, \ldots \end{aligned}} \tag{5.125}$$

$$\begin{aligned} r_0 &= 0 \\ r_1 &= 1 - c \\ r_k &= 0 \ , \ k = 2, 3, \ldots \end{aligned} \tag{5.126}$$

Die Führungsübertragungsfunktion lautet

$$\begin{aligned} G_{zW}(z) &= 1 - A(z)B_K(z)\left(1 - z^{-1}\right) \\ &= 1 - \left(1 - cz^{-1}\right)\left(1 - z^{-1}\right) \end{aligned} \tag{5.127}$$

Ist die Störgröße $z = 0$ und die Führungsgröße $w = 1$, so generiert der Regler die Stellwertfolge in (5.128), worauf die Strecke mit den Rückführgrößenfolge in (5.129) reagiert. Man erkennt jeweils das deutliche Anwachsen der Stellamplituden bei kleiner werdender Abtastzeit.

$$\begin{aligned} y_0 &= \frac{1 + c}{1 - c} \\ y_1 &= \frac{1 - c^2 - c}{1 - c} \\ y_k &= 1 \ , \ k = 2, 3, \ldots \end{aligned} \tag{5.128}$$

$$\begin{aligned} r_0 &= 0 \\ r_1 &= 1 + c \\ r_k &= 1 \ , \ k = 2, 3, \ldots \end{aligned} \tag{5.129}$$

6 Modellgestützte gehobene Regelung

6.1 Zustandsregelung

Norbert Große, Wolfgang Schorn

6.1.1 Allgemeine Eigenschaften

6.1.1.1 Zustandsraum

Technische Motivation. Modelle von realen Systemen haben eine hohe Ordnung, wenn sie die Realität möglichst genau darstellen sollen. Weiter haben die realen Größen darin meist komplizierte Wechselwirkungen untereinander. Beschreibt man ein solches Modell durch eine Differenzialgleichung oder eine Übertragungsfunktion, so werden diese Zusammenhänge nicht deutlich. Wesentlich mehr Übersicht erhält man mit einem Differenzialgleichungssystem erster Ordnung, einem Vektor-Differenzialgleichungssystem. Hierzu wählt man geeignete Zwischengrößen (sog. *Zustandsgrößen*), welche untereinander nur durch Differenzialgleichungen erster Ordnung verknüpft sind, und erhält eine Zustandsraumdarstellung des dynamischen Systems ($\rightarrow$ Abschnitt 1.3.2.4), welche von KALMAN [6.31], eingeführt wurde.

Für die Simulation des Systems auf Rechnern kann die Vektordifferenzialgleichung, die auch nichtlinear sein darf, schrittweise durch numerische Integration gelöst werden ($\rightarrow$ Abschnitt 8.3.1.2). Die meisten praktischen Probleme lassen sich aber mit linearen, zeitinvarianten Zustandsgleichungen beschreiben, die man ggf. aus den nichtlinearen Gleichungen durch Linearisierung an einem Arbeitspunkt gewinnt ($\rightarrow$ Abschnitt 1.4.3.1).

Aus den Systemmatrizen erhält man leicht Aussagen über das dynamische Verhalten, die Stabilität und die Steuer- und Beobachtbarkeit eines Systems. Ist ein System steuerbar, so kann man mittels einer **Zustandsvektorrückführung** (Zustandsregelung) die Dynamik beliebig beeinflussen. Einschränkungen ergeben sich nur durch beschränkte Stellsignale. Ist ein System beobachtbar, kann man aus dem Verlauf des Ausgangssignals alle vielleicht nicht messbaren Zustandsgrößen rekonstruieren.

6 Modellgestützte gehobene Regelung

Zustandsraumbeschreibung. Wie in Abschnitt 1.3.2.4 gezeigt, werden die Zustandsgrößen so gewählt, dass sich Differenzialgleichungen erster Ordnung ergeben, deren rechte Seiten keine Ableitungen enthalten. Meist haben diese Zustandsgrößen eine physikalische Relevanz, sie sind oder wären z. B. messbar. Es sind so viele Zustandsgrößen notwendig, wie die Ordnung des Systems ist. Fasst man diese Differenzialgleichungen in Vektorschreibweise zusammen, so ergibt sich die Zustandsraumbeschreibung

$$\dot{x}(t) = Ax(t) + bu(t)$$ (6.1)

mit der Ausgangsgleichung

$$v(t) = c^T x(t) + du(t)$$ (6.2)

Betrachtet werden hier nur Eingrößensysteme (SISO-Systeme, siehe Abschnitt 1.3.2). Darin sind

- x : Zustandsvektor $[n\,;1]$
- A : Systemmatrix $[n\,;n]$
- b : Eingangsvektor $[n\,;1]$
- c^T : Ausgangsvektor $[1\,;n]$
- d : Durchgangsfaktor

Für die Eingangs- und Ausgangsgrößen hat man folgende Entsprechungen:

$u(t) = y(t)$: Stellgröße
$v(t) = r(t)$: Rückführgröße, Regelgröße

Erforderlichenfalls können noch Störgrößen $z(t)$ entsprechend Abschnitt 2.5.4 berücksichtigt werden.

Bild 6.1 zeigt das Blockschaltbild der Zusammenhänge (6.1) und (6.2).

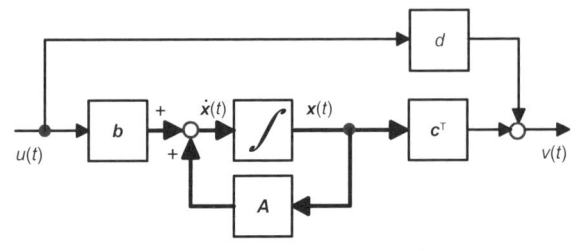

Bild 6.1 Blockschaltbild der Zustandsraumdarstellung

Die Lösung des Zustandsdifferenzialgleichungssystems ist mit Hilfe der Transitionsmatrix $\Phi(t)$ aus Abschnitt 1.3.2.4 möglich.

6.1.1.2 Transformation auf Normalformen

Die Wahl der Zustandsgrößen basiert normalerweise auf physikalischen Gesetzen. Um besonders übersichtliche Systemmatrizen A, b, c^T zu erhalten, an denen wichtige Eigenschaften ablesbar sind, ist eine Transformation des Zustandsvektors x in einen anderen Zustandsraum x_{NF} (Normalform) möglich.

$$\boxed{x_{NF}(t) = S \cdot x(t)} \tag{6.3}$$

Dabei ist S eine konstante reguläre Matrix $S^{-1} = T$, mit welcher die Rücktransformation

$$\boxed{x(t) = S^{-1} \cdot x_{NF}(t) = T \cdot x_{NF}(t)} \tag{6.4}$$

möglich ist. Das transformierte System lautet mit (6.3)

$$\boxed{\dot{x}_{NF}(t) = SAS^{-1} \cdot x_{NF}(t) + Sb \cdot u(t)} \tag{6.5}$$

$$\boxed{v(t) = c^T S^{-1} \cdot x_{NF}(t) + d \cdot u(t)} \tag{6.6}$$

Die neuen Systemmatrizen sind damit

$$\boxed{A_{NF} = SAS^{-1} \; ; \; b_{NF} = Sb \; ; \; c_{NF}^T = c^T S^{-1}} \tag{6.7}$$

Die Transformation kann auch dazu dienen, die Elemente der Systemmatrix A in gleiche Größenordnungen zu bringen (Äquilibrierung und Skalierung, GROßE [6.1]), hiermit erreicht man deutliche Verbesserungen für alle weiteren numerischen Berechnungen.

Die Transformation kann sehr leicht mit Rechenprogrammen ablaufen, so dass im Folgenden das Aufstellen der Transformationsmatrizen S bzw. T in (6.4) vorgestellt wird. Alternativ können die gleichen Ergebnisse durch geeignete Wahl der Zustandsgrößen in einem Wirkungsplan oder in Differenzialgleichungen erreicht werden.

Entsprechend den unterschiedlichen Problemstellungen haben sich drei **Normalformen** (kanonische Formen) als zweckmäßig erwiesen (FÖLLINGER [1.27], SCHLITT [1.32], GÖLDNER [1.33] u. a.):

- **JORDANsche Normalform:** Auf Grund ihrer einfachen Struktur erlaubt sie theoretische Untersuchungen des Systems. Im günstigsten Fall ist die Systemmatrix A eine Diagonalmatrix.
- **Regelungsnormalform**: Man verwendet sie vorzugsweise für den Entwurf von Zustandsregelungen ($\to$ Abschnitt 6.1.2.2). Gelegentlich wird sie auch als **Steuerungsnormalform** bezeichnet.
- **Beobachtungsnormalform**: Sie ist besonders gut dazu geeignet, aus der Eingangsgröße $u(t)$ und der Ausgangsgröße $v(t)$ eines Systems dessen innere Größen $x(t)$ zu ermitteln.

JORDANsche Normalform (JNF). In Abschnitt 1.3.1.5 wurde gezeigt, dass man mit Hilfe der Eigenvektoren spaltenweise die so genannte Modalmatrix T zusammensetzen kann, mit der die Systemmatrix A auf Diagonalform transformierbar ist, vgl. (6.3). Die Elemente der Hauptdiagonalen sind dann die Eigenwerte von A, was den Polen der Übertragungsfunktion des Systems (vgl. Abschnitt 6.1.3) entspricht.

$$A_{\text{JNF}} = T^{-1}AT = \Lambda = \begin{bmatrix} s_1 & 0 & \ldots & 0 \\ 0 & s_2 & \ldots & 0 \\ & & \ldots & \\ 0 & 0 & \ldots & s_n \end{bmatrix}, \quad b_{\text{JNF}} = \begin{bmatrix} 1 \\ 1 \\ \ldots \\ 1 \end{bmatrix} \quad (6.8)$$
$$c_{\text{JNF}}^{\text{T}} = \begin{bmatrix} A_1 & A_2 & \ldots & A_n \end{bmatrix}, \quad d = b_n$$

Auf solche Normalformen wird tiefer eingegangen bei FÖLLINGER [6.2], SCHLITT [6.3], GÖLDNER [6.4], UNBEHAUEN [6.5] u. a. Dort findet man auch Hinweise zum Vorgehen bei mehrfachen Polen von $G(s)$.

Alternativ kann von der Übertragungsfunktion des Systems ausgegangen werden. Vorausgesetzt wird, dass die Übertragungsfunktion in Partialbruchzerlegung vorliegt, d. h. dass mit paarweise verschiedenen Polstellen gilt:

$$G(s) = b_n + \frac{A_1}{s - s_1} + \ldots + \frac{A_n}{s - s_n} \quad (6.9)$$

Dann werden die Zustandsgrößen im Bildbereich der LAPLACE-Transformation entsprechend (6.10)

$$X_1(s) = \frac{1}{s - s_1} U(s)$$

$$\ldots$$

$$X_n(s) = \frac{1}{s - s_n} U(s)$$

$$V(s) = A_1 X_1(s) + \ldots + A_n X_n(s) + b_n U(s) \tag{6.10}$$

bzw. im Zeitbereich gemäß (6.11)

$$\dot{x}_1(t) = s_1 x_1(t) + u(t)$$

$$\ldots$$

$$\dot{x}_n(t) = s_n x_n(t) + u(t)$$

$$v(t) = A_1 x_1(t) + \ldots + A_n x_n(t) + b_n u(t) \tag{6.11}$$

definiert. Das Zusammenfassen zu Systemmatrizen führt wieder auf die charakteristische Form nach (6.8).

Transformation auf Regelungsnormalform (RNF). Typisch bei der RNF ist, dass man in der Systemmatrix die Koeffizienten der homogenen Differenzialgleichung erkennen kann und dass das Ausgangssignal eine Linearkombination aller Zustandsgrößen ist. Für $a_n = 1$ (die Differenzialgleichung kann immer so normiert werden) und $b_n = 0$, also für nicht sprungfähige Systeme, ist die RNF in (6.12) dargestellt. Für $b_n \neq 0$ gibt es eine einfache Erweiterung; hier sei auf HIPPE, WURMTHALER [6.6] verwiesen.

$$A_{\text{RNF}} = \begin{bmatrix} 0 & 1 & \ldots & 0 \\ 0 & 0 & \ldots & 0 \\ & & \ldots & \\ 0 & 0 & \ldots & 1 \\ -a_0 & -a_1 & \ldots & -a_{n-1} \end{bmatrix}, \quad b_{\text{RNF}} = \begin{bmatrix} 0 \\ 0 \\ \ldots \\ 0 \\ 1 \end{bmatrix}$$

$$c_{\text{RNF}}^T = \begin{bmatrix} b_0 & b_1 & \ldots & b_{n-1} \end{bmatrix}, \quad d = 0 \tag{6.12}$$

Die Transformation in die Regelungsnormalform erfolgt nach (6.3) mittels

$$T_{\text{RNF}} = \begin{bmatrix} q_S^T \\ q_S^T A \\ q_S^T A^2 \\ \dots \\ q_S^T A^{n-1} \end{bmatrix} \quad (6.13)$$

wobei der unbekannte Zeilenvektor q_S^T in (6.13) durch Lösen des Gleichungssystems (6.14) gefunden wird.

$$\begin{aligned} q_S^T b &= 0 \\ q_S^T A b &= 0 \\ q_S^T A^2 b &= 0 \\ &\dots \\ q_S^T A^{n-1} b &= 1 \end{aligned} \quad (6.14)$$

Voraussetzung für die Lösbarkeit dieser n Gleichungen ist, dass die Determinante (der Steuerbarkeitsmatrix, siehe (6.24))

$$\left| b \quad Ab \quad A^2 b \quad \dots \quad A^{n-1} b \right| \neq 0 \quad (6.15)$$

bzw. der Rang dieser Matrix gleich n ist.

Die RNF erhält man auch, wenn man im Wirkungsplan (in erster Näherung) alle Ausgänge von Elementen erster Ordnung (I, PT_1, ...) als Zustandsgrößen wählt. Man erhält im Frequenzbereich

$$\begin{aligned} sX_1(s) &= X_2(s) \\ sX_2(s) &= X_3(s) \\ &\dots \\ sX_n(s) &= -a_0 X_1(s) - a_1 X_2(s) - \dots - a_{n-1} X_n(s) + U(s) \\ V(s) &= b_0 X_1(s) + b_1 X_2(s) + \dots + b_{n-1} X_n(s) \end{aligned} \quad (6.16)$$

und im Zeitbereich

$$\begin{aligned}
\dot{x}_1(t) &= x_2(t) \\
\dot{x}_2(t) &= x_3(t) \\
&\cdots \\
\dot{x}_n(t) &= -a_0 x_1(t) - a_1 x_2(t) - \ldots - a_{n-1} x_n(t) + u(t) \\
v(t) &= b_0 x_1(t) + b_1 x_2(t) + \ldots + b_{n-1} x_n(t)
\end{aligned} \qquad (6.17)$$

Transformation auf Beobachtungsnormalform (BNF). Aus der BNF erhält man Hinweise, ob sich die Zustandsgrößen aus dem Ausgangssignal rekonstruieren lassen (→ Abschnitt 6.1.3). Für $a_n = 1$ und $b_n = 0$ gilt:

$$A_{\mathrm{BNF}} = \begin{bmatrix} 0 & 0 & \ldots & 0 & -a_0 \\ 1 & 0 & \ldots & 0 & -a_1 \\ & & \cdots & & \\ 0 & 0 & \ldots & 1 & -a_{n-1} \end{bmatrix}, \; b_{\mathrm{BNF}} = \begin{bmatrix} b_0 \\ b_1 \\ \cdots \\ b_{n-1} \end{bmatrix} \qquad (6.18)$$

$$c_{\mathrm{BNF}}^{\mathrm{T}} = \begin{bmatrix} 0 & 0 & \ldots & 0 & 1 \end{bmatrix}, \; d = 0$$

Für $b_n \neq 0$ sei auf HIPPE, WURMTHALER [6.6] verwiesen. Die Transformationsmatrix nach (6.3) wird bestimmt aus

$$S_{\mathrm{BNF}} = \begin{bmatrix} q_{\mathrm{B}} & A q_{\mathrm{B}} & A^2 q_{\mathrm{B}} & \ldots & A^{n-1} q_{\mathrm{B}} \end{bmatrix} \qquad (6.19)$$

der Spaltenvektor q_{B} hierin kann durch Lösen des Gleichungssystems

$$\begin{aligned}
c^{\mathrm{T}} q_{\mathrm{B}} &= 0 \\
c^{\mathrm{T}} A q_{\mathrm{B}} &= 0 \\
c^{\mathrm{T}} A^2 q_{\mathrm{B}} &= 0 \\
&\cdots \\
c^{\mathrm{T}} A^{n-1} q_{\mathrm{B}} &= 1
\end{aligned} \qquad (6.20)$$

gefunden werden. Voraussetzung ist, dass die Determinante der Matrix

$$\begin{vmatrix} c^{\mathrm{T}} \\ c^{\mathrm{T}} A \\ c^{\mathrm{T}} A^2 \\ \cdots \\ c^{\mathrm{T}} A^{n-1} \end{vmatrix} \neq 0 \qquad (6.21)$$

bzw. ihr Rang gleich n ist. Dies ist auch die Beobachtbarkeitsmatrix, vgl. (6.25). Die BNF erhält man auch durch geeignete Wahl der Zustandsgrößen im Frequenzbereich zu

$$\begin{aligned} sX_1(s) &= -a_0 X_n(s) + b_0 U(s) \\ sX_2(s) &= X_1(s) - a_1 X_n(s) + b_1 U(s) \\ &\ldots \\ sX_n(s) &= X_{n-1}(s) - a_{n-1} X_n(s) + b_{n-1} U(s) \\ V(s) &= X_n(s) \end{aligned} \tag{6.22}$$

und im Zeitbereich zu

$$\begin{aligned} \dot{x}_1(t) &= -a_0 x_n(t) + b_0 u(t) \\ \dot{x}_2(t) &= x_1(t) - a_1 x_n(t) + b_1 u(t) \\ &\ldots \\ \dot{x}_n(t) &= x_{n-1}(t) - a_{n-1} x_n(t) + b_{n-1} u(t) \\ v(t) &= x_n(t) \end{aligned} \tag{6.23}$$

Hieraus resultieren die Systemmatrizen der BNF nach (6.18).

6.1.1.3 Steuerbarkeit und Beobachtbarkeit

Steuerbarkeit. Dieser Begriff lässt sich folgendermaßen formulieren:

> Ein System heißt **steuerbar**, wenn der Zustandsvektor x durch geeignete Wahl von u in endlicher Zeit aus dem beliebigen Anfangszustand x_0 in den Endzustand o bewegt werden kann.

Wenn ein System steuerbar ist, lässt es sich von einem Zustandsregler (→ Abschnitt 6.1.2) beliebig beeinflussen. Die Steuerbarkeit ist gegeben, wenn die Steuerbarkeitsmatrix

$$Q_S = \begin{bmatrix} b & Ab & A^2 b & \ldots & A^{n-1} b \end{bmatrix} \tag{6.24}$$

regulär ist. Damit ist eine Transformation auf Regelungsnormalform, vgl. (6.15), möglich.

> Ein System ist steuerbar, wenn $\det(Q_S) \neq 0$ oder – gleichbedeutend – $\text{rang}(Q_S) = n$ gilt. Der **Rang** $\text{rang}(Q_S)$ der Matrix Q_S ist die Anzahl der linear unabhängigen Zeilenvektoren von Q_S.

Beobachtbarkeit. Um ein System gezielt steuern zu können, muss der Anfangszustand x_0 bekannt sein. Wenn nicht alle Zustandsgrößen messbar sind, ist es wichtig, diese aus der gemessenen Ausgangsgröße $v(t)$ ermitteln zu können. Man nennt dies **beobachten**.

> Ein System heißt **beobachtbar**, wenn man in endlicher Zeit aus der Ausgangsgröße $v(t)$ den Anfangszustand x_0 ermitteln kann.

Wenn ein System beobachtbar ist, lässt es sich mittels eines Zustandsbeobachters (→ Abschnitt 6.1.3) beobachten. Die Beobachtbarkeit ist gegeben, wenn die Beobachtbarkeitsmatrix

$$Q_B = \begin{bmatrix} c^T \\ c^T A \\ c^T A^2 \\ \ldots \\ c^T A^{n-1} \end{bmatrix} \quad (6.25)$$

regulär ist. Damit ist eine Transformation auf Beobachtungsnormalform, vgl. (6.21), möglich.

> Ein System ist beobachtbar, wenn $\det(Q_B) \neq 0$ oder $\operatorname{rang}(Q_B) = n$ ist.

6.1.1.4 Übertragungsfunktion

Wird das Eingangs- bzw. Ausgangsverhalten durch die Zustandsgleichung (6.1) und die Ausgangsgleichung (6.2) beschrieben, kann auch eine zugehörige **Übertragungsfunktion** angegeben werden.

$$\boxed{G(s) = c^T(sI - A)^{-1}b + d} \quad (6.26)$$

Hierin können die Pole der Übertragungsfunktion am Polynom des Nenners von

$$\boxed{G(s) = c^T \frac{\operatorname{adj}(sI - A)}{\det(sI - A)} b + d} \quad (6.27)$$

abgelesen werden:

$$\boxed{\det(sI - A) = 0} \quad (6.28)$$

In (6.27) ist adj($sI - A$) die aus den Adjunkten von $sI - A$ gebildete Matrix (→ Abschnitt 1.3.1.4).

6.1.1.5 Stabilität

Ein System, formuliert in Zustandsraumdarstellung, ist dann asymptotisch stabil, wenn die Lösung der homogenen Vektordifferenzialgleichung

$$\boxed{\dot{x} - Ax = 0} \tag{6.29}$$

für einen beliebigen Anfangsvektor x_0 für $t \to \infty$ verschwindet. Die Lösung errechnet sich leicht im Bildbereich der LAPLACE-Transformation

$$\boxed{X(s) = (sI - A)^{-1} x_0 = \frac{\text{adj}(sI - A)}{\det(sI - A)} x_0} \tag{6.30}$$

Ein System ist genau dann **stabil**, wenn alle Wurzeln λ_i der charakteristischen Gleichung $\det(sI - A)$ einen negativen Realteil haben.

$$\boxed{\begin{aligned} \det(sI - A) &= s^n + a_{n-1} s^{n-1} + \ldots + a_1 s + a_0 \\ &= (s - \lambda_1)(s - \lambda_2) \ldots (s - \lambda_n) \end{aligned}} \tag{6.31}$$

6.1.2 Zustandsregelung

6.1.2.1 Regelungsstruktur

Grundsätzlicher Aufbau. Bild 6.2 zeigt die Basisstruktur einer Zustandsregelung. Zustandsregler führen i. Allg. alle Zustandsgrößen *proportional* auf den Stelleingang der Strecke zurück. Dazu müssen ggf. nicht messbare Zustandsgrößen mittels Beobachter geschätzt werden (→ Abschnitt 6.1.3) oder der Zustandsregler ist reduziert als **Ausgangsgrößenrückführung** (→ Abschnitt 6.1.4). Betrachtet man die Zustandsraumbeschreibung des geschlossenen Kreises, so wird klar, dass durch den Zustandsregler die Systemmatrix beeinflusst wird und insbesondere die Eigenwerte verschoben werden:

$$\boxed{\dot{x} = (A - br^T)x + bw} \tag{6.32}$$

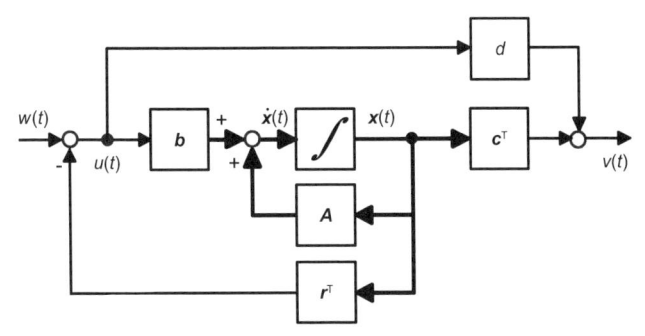

Bild 6.2 Blockschaltbild einer Zustandsregelung

6.1.2.2 Reglerentwurf nach Polvorgabe

Der Zustandsregler soll so gewählt werden, dass der geschlossene Regelkreis $A - br^T$ vorgegebene Eigenwerte annimmt, d. h. die Pole der Übertragungsfunktion werden geeignet vorgegeben. Das charakteristische Polynom des geschlossenen Kreises lautet

$$\det(sI - (A - br^T)) = 0 \qquad (6.33)$$

Darin hängen die Polynomkoeffizienten $p_0 \ldots p_{n-1}$ vom gesuchten Rückführvektor r^T ab:

$$s^n + p_{n-1}s^{n-1} + \ldots + p_1 s + p_0 = 0 \qquad (6.34)$$

Die vorgegebenen Pole

$$(s - s_1)(s - s_2) \ldots (s - s_n) = 0 \qquad (6.35)$$

liefern diese Polynomkoeffizienten in (6.34). Nimmt man zunächst an, dass die Strecke in Regelungsnormalform (RNF) wie in (6.12) vorliegt, so ist die Systemmatrix des geschlossenen Kreises wieder eine RNF.

$$A_{\text{RNF}} - b_{\text{RNF}} \cdot r_{\text{RNF}}^{\text{T}} =$$
$$= \begin{bmatrix} 0 & 1 & \ldots & 0 \\ 0 & 0 & \ldots & 0 \\ & & \ldots & \\ 0 & 0 & \ldots & 1 \\ -a_0 - r_1 & -a_1 - r_2 & \ldots & -a_{n-1} - r_n \end{bmatrix} \quad (6.36)$$

Hierin sind die Koeffizienten des charakteristischen Polynoms ablesbar, welche denen des vorgegebenen Polynoms (6.34) entsprechen sollen. Der Koeffizientenvergleich liefert

$$\begin{aligned} a_{n-1} + r_n &= p_{n-1} \\ &\ldots \\ a_1 + r_2 &= p_1 \\ a_0 + r_1 &= p_0 \end{aligned} \quad (6.37)$$

und damit den Regelvektor

$$r_{\text{RNF}}^{\text{T}} = \begin{bmatrix} p_0 - a_0 & p_1 - a_1 & \ldots & p_{n-1} - a_{n-1} \end{bmatrix} \quad (6.38)$$

Liegt die Strecke nicht in RNF vor, so kann nach (6.3) transformiert werden mit der Transformationsmatrix S aus

$$u = -r_{\text{RNF}}^{\text{T}} x_{\text{RNF}} + w = -r_{\text{RNF}}^{\text{T}} S x + w \quad (6.39)$$

$$r^{\text{T}} = r_{\text{RNF}}^{\text{T}} S \quad . \quad (6.40)$$

Ist eine Strecke steuerbar, so kann man nach Vorgabe von n Polen einen Zustandsregler errechnen.

Weiter gilt, dass ein Zustandsregler die Nullstellen der Strecke eines Eingrößensystems (SISO) nicht verschiebt; siehe FÖLLINGER [6.2].

Kriterien für die gewünschte Lage der Pole. Zustandsregelung ist das einzige Regler-Entwurfsverfahren, mit dem man in der Lage ist, alle Pole des geschlossenen Kreises vorzugeben. Die Pole sollten

- in der linken s-Ebene (Stabilität) mit einem Mindestabstand zur imaginären Achse entsprechend der Mindestschnelligkeit der Eigenbewegungen liegen,

- als konjugiert komplexes Polpaar mit einer Mindestdämpfung δ behaftet sein,
- zur Kompensation auf dem Platz von Nullstellen der Übertragungsfunktion (6.26) liegen und sie sollten
- so wenig wie möglich vom ursprünglichen (ungeregelten) Platz verschoben werden, um das Stellsignal $u(t)$ nicht zu groß werden zu lassen, damit keine Stellsignalbegrenzungen wirksam werden.

Für die gewünschten Pollagen wird von ACKERMANN [6.7] ein sog. **schönes Stabilitätsgebiet** vorgeschlagen, vgl. Abschnitt 5.1.5. Praktische Hinweise bei der Anwendung der o. g. Kriterien werden in GROßE [6.1] gegeben.

6.1.2.3 Optimale Zustandsregelung

Optimal bedeutet in der angewandten Mathematik die Minimierung oder Maximierung eines Gütefunktionals; siehe DIN 19236 [6.32].

Für optimale Zustandsregelungen definiert man das allgemeine Gütefunktional

$$J = \int_0^\infty f(x,u,t)\mathrm{d}t + g(x(\infty)) \overset{!}{=} \min \qquad (6.41)$$

Es wird also ein Stellsignal $u(t) = u^*(t)$ derart gesucht, dass das Funktional minimiert wird. $u^*(t)$ soll durch einen Zustandsregler erzeugt werden. $f(x,u,t)$ muss geeignet gewählt werden, um bestimmte Anforderungen zu bewerten. Möglichkeiten hierfür finden sich z. B. bei HIPPE, WURMTHALER [6.6]:

- $f(x,u,t) = r\,|u|$ verbrauchsoptimal
- $f(x,u,t) = r\,u^2$ quadratisch stellenergieoptimal
- $f(x,u,t) = x^\mathrm{T} Q x$ quadratisch optimal

$g(x(\infty))$ in (6.41) ermöglicht die Bewertung von Abweichungen vom Nullzustand für große Zeiten. Bei stabilen Systemen ist der Endwert $x(t \to \infty) = \mathbf{0}$, so dass dieser Term entfallen kann.

Nur bei den quadratischen Kriterien kann die Zuordnung x auf u in Form des Zustandsreglers berechnet werden:

$$u = -r^\mathrm{T} x \qquad (6.42)$$

Das Funktional (6.41) wird deshalb quadratisch angesetzt und für $t \to \infty$ integriert, was zu einem konstanten, zeitinvarianten Rückführvektor in (6.42) führt, HIPPE, WURMTHALER [6.6].

$$J = \int_0^\infty \left(x^T Q x + r u^2\right) dt \overset{!}{=} \min \tag{6.43}$$

Die Bewertungsmatrix Q ist konstant, reell und symmetrisch, sowie positiv semidefinit (alle Eigenwerte sind größer oder gleich null); der Faktor r ist positiv. Die optimale Steuerung $u^*(t)$, die das Funktional (6.43) minimiert, ist

$$u^* = -r^T \cdot x = -\frac{1}{r} b^T P \cdot x \tag{6.44}$$

Die Matrix P ist dabei die stationäre, konstante Lösung der RICCATI-Differenzialgleichung

$$PA + A^T P - Pb \frac{1}{r} b^T P + Q = 0 \tag{6.45}$$

Die Lösung ist nur numerisch möglich, es existieren ausgereifte Rechenprogramme ($\to$ Abschnitt 8.3.3.3).

Wahl der Gewichtungsmatrix. Das gewünschte Verhalten des Regelkreises wird durch eine geeignete Belegung der Gewichtungsmatrix Q und des Faktors r eingebracht. Prinzipiell sind nicht die absoluten Werte der Elemente von Q, sondern ihre relative Größe zueinander von Bedeutung. Im Funktional (6.43) sieht man, dass der Wert des energieoptimalen Anteils bei konstantem Q mit r steigt, während der Wert des verbrauchsoptimalen Anteils mit steigendem r kleiner wird. Es verringert sich dann also die Stellamplitude, was zu einem langsameren System führt. Grundsätzliche Vorgehensweisen zur Belegung von Q sind folgende:

- Empirisch, es werden nur die Diagonalelemente belegt. Hiermit bewertet man die Regelflächen der einzelnen Zustandsgrößen. Sinnvoll ist es, ein skaliertes System zu Grunde zu legen ($\to$ Abschnitt 6.1.1.2).
- Vorgabe eines Modells niedriger Ordnung. Die Pole des Regelkreises werden in die Nähe (je nach Stellenergie) der wenigen vorgegebenen Pole geschoben.

- Polgebietsvorgabe. Hiermit wird Q so gewählt, dass im Funktional die Pole, die in einem gewünschten Gebiet liegen, bevorzugt und die anderen durch hohe Bewertungsfaktoren bestraft werden.

Die Verfahren zur geeigneten Wahl von Q werden in GROßE [6.1] ausführlich zusammengestellt.

6.1.2.4 Vorfilter

Bei den Verfahren des Zustandsreglerentwurfs wurde das homogene Verhalten des Regelkreises betrachtet. Diskutiert man das Führungsverhalten in Bild 6.2, so fällt auf, dass es keine stationäre Genauigkeit geben wird. Die Führungsübertragungsfunktion des geschlossenen Regelkreises mit einem Zustandsregler lautet analog zu (6.26):

$$\boxed{\begin{aligned} V(s) &= \boldsymbol{c}^{\mathrm{T}}\left(s\boldsymbol{I} - \boldsymbol{A} + \boldsymbol{b}\boldsymbol{r}^{\mathrm{T}}\right)^{-1}\boldsymbol{b}W(s) + \\ &\quad + dW(s) - d\boldsymbol{r}^{\mathrm{T}}\left(s\boldsymbol{I} - \boldsymbol{A} + \boldsymbol{b}\boldsymbol{r}^{\mathrm{T}}\right)^{-1}\boldsymbol{b}W(s) \end{aligned}} \quad (6.46)$$

Damit die Ausgangsgröße $v(t)$ der Führungsgröße $w(t)$ verzögerungsfrei folgt, kann ein **Vorfilter** als inverse Übertragungsfunktion verwendet werden. Für die meist vorkommenden nicht sprungfähigen Systeme lautet die Übertragungsfunktion des Vorfilters (vgl. Bild 6.3):

$$\boxed{G_{\mathrm{F}}(s) = \left[\boldsymbol{c}^{\mathrm{T}}\left(s\boldsymbol{I} - \boldsymbol{A} + \boldsymbol{b}\boldsymbol{r}^{\mathrm{T}}\right)^{-1}\boldsymbol{b}\right]^{-1}} \quad (6.47)$$

Da technische Prozesse aber stets verzögerndes Verhalten aufweisen, müsste dieses Vorfilter differenzierendes bzw. gar vielfach differenzierendes Verhalten haben, was wegen der Verstärkung von Störungen unerwünscht ist. Wenn die Übertragungsfunktion durch ein dominantes Polpaar oder einen dominanten reellen Pol angenähert werden kann, ist das Vorfilter ein Polynom zweiten oder ersten Grades, das man unter Hinzufügen von zwei oder einer Nennerzeitkonstante annähern kann. Ist $w(t)$ weitgehend konstant, so genügt es mit dem Vorfilter für stationäre Genauigkeit zu sorgen. Weiter kann man in der Praxis meistens von nicht sprungfähigen Systemen ausgehen: $d = 0$. Der Endwert $v(t \to \infty)$ lässt sich bei einem stabilen System und sprungförmigem $w(t)$ mit dem Grenzwertsatz angeben.

$$\boxed{v(t \to \infty) = \lim_{s \to 0} s\boldsymbol{c}^{\mathrm{T}}\left(s\boldsymbol{I} - \boldsymbol{A} + \boldsymbol{b}\boldsymbol{r}^{\mathrm{T}}\right)^{-1}\boldsymbol{b}\frac{1}{s}G_{\mathrm{F}}(s) \stackrel{!}{=} 1} \quad (6.48)$$

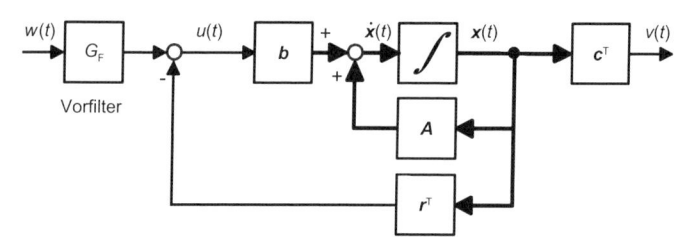

Bild 6.3 Zustandsregler mit Vorfilter für die Führungsgröße

Man erhält das konstante (proportionale) Vorfilter

$$\boxed{G_F(0) = \left[\boldsymbol{c}^T \left(-\boldsymbol{A} + \boldsymbol{b}\boldsymbol{r}^T \right)^{-1} \boldsymbol{b} \right]^{-1} = K_F} \qquad (6.49)$$

6.1.2.5 Störgrößenkompensation

Auf jedes reale System wirken Störgrößen, welche, wie in Bild 6.4 gezeigt, in der Zustandsraumdarstellung berücksichtigt werden können. Ein Zustandsregler ist ein (mehrfacher) P-Regler, er ist nur in der Lage impulsartige Störungen, vergleichbar mit dem Einfluss von Anfangswerten x_0, auszuregeln. Ansonsten entstehen bleibende Regelabweichungen.

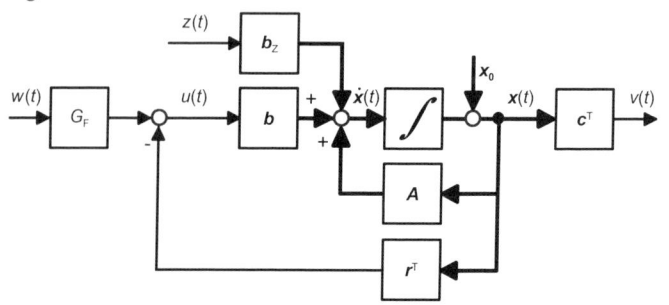

Bild 6.4 Zustandsregelkreis mit Störgröße

Für stationäre Genauigkeit muss über den Fehler zwischen Führungs- und Ausgangsgröße $e(t) = w(t) - v(t)$ integriert werden. Für Störungen der Form

- $\varepsilon(t)$ ist ein Integrator,
- der Form t sind zwei Integratoren,
- der Form t^2 sind drei Integratoren, usw.

notwendig. Diese Reihenschaltung von n_I Integratoren wird allgemein **Störkompensation** genannt, was auf DAVISON [6.8] zurückgeht. Der Ausgang jedes Integrators wird wieder als Zustandsgröße gewählt. In Bild 6.5 ist die Zustandsraumdarstellung mit einem Störkompensator ergänzt. Das dynamische Modell

$$\dot{x}_I = A_I x_I + b_I e \tag{6.50}$$

des Kompensators gehört nun mit zum Regelgesetz, dadurch erhöht sich zwar der Rechenaufwand, aber selbst bei Parameterschwankungen der Strecke oder Störgrößen, deren Eingriffsorte nicht bekannt sein müssen, wird stationäre Genauigkeit erreicht. Die Systemmatrizen des Störkompensators lauten:

$$A_I = \begin{bmatrix} 0 & 1 & \dots & 0 \\ 0 & 0 & \dots & 0 \\ & & \dots & \\ 0 & 0 & \dots & 1 \\ 0 & 0 & \dots & 0 \end{bmatrix}, \quad b_I = \begin{bmatrix} 0 \\ 0 \\ \dots \\ 0 \\ 1 \end{bmatrix} \tag{6.51}$$

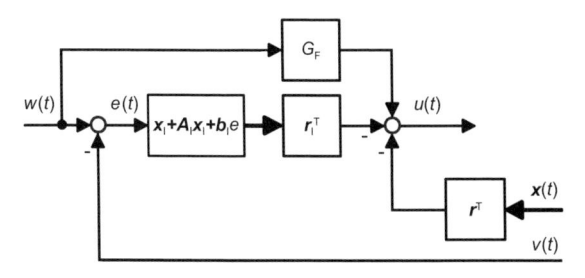

Bild 6.5 Zustandsregler mit Störkompensation

Die Zusammenfassung aller Zustandsgrößen von Strecke x (Bild 6.4) und Kompensator x_I (Bild 6.5) liefert:

$$\begin{bmatrix} \dot{x} \\ \dot{x}_I \end{bmatrix} = \begin{bmatrix} A & 0 \\ -b_I c^T & A_I \end{bmatrix} \begin{bmatrix} x \\ x_I \end{bmatrix} + \begin{bmatrix} b \\ 0 \end{bmatrix} u + \begin{bmatrix} b_Z \\ 0 \end{bmatrix} z + \begin{bmatrix} 0 \\ b_I \end{bmatrix} w \quad (6.52)$$

$$v = \begin{bmatrix} c^T & 0^T \end{bmatrix} \begin{bmatrix} x \\ x_I \end{bmatrix} \quad (6.53)$$

Der Zustandsregler wird um die Zustandsgrößen des Kompensators erweitert, das Vorfilter wird nach (6.49) als proportional angenommen.

$$u = K_F w - \begin{bmatrix} r^T & r_I^T \end{bmatrix} \begin{bmatrix} x \\ x_I \end{bmatrix} = K_F w - r^T x - r_I^T x_I \quad (6.54)$$

Der erweiterte Zustandsregler kann durch Polvorgabe (→ Abschnitt 6.1.2.2) oder als optimaler Regler (→ Abschnitt 6.1.2.2) entworfen werden. Am häufigsten kommen konstante Störgrößen oder ungenau bekannte Streckenparameter vor. Für stationäre Genauigkeit genügt dann ein einfacher Integrator. Zu beachten ist, dass der Faktor K_F die Wirkung der Führungsgröße $w(t)$ am Integrator vorbei schneller wirken lässt, was man auch **Führungsgrößenaufschaltung** nennt. Sei die Übertragungsfunktion der geregelten Strecke ohne Kompensator

$$G(s) = \frac{Z(s)}{N(s)} \quad (6.55)$$

dann ergibt sich die Führungsübertragungsfunktion bei Betrachtung der Bilder 6.4 und 6.5, GROßE [6.1] zu

$$G(s) = \frac{Z(s)(K_F s - r_I)}{N(s)s - Z(s)r_I} \quad (6.56)$$

dabei ist r_I der Rückführfaktor für den Integrator. Durch die Führungsaufschaltung wird eine reelle Nullstelle

$$s_N = \frac{r_I}{K_F} \quad (6.57)$$

erzeugt. Diese Nullstelle muss bei der Polvorgabe durch Vorgabe eines kompensierenden Pols berücksichtigt werden, sonst wird der Regelkreis überschwingen. Beim optimalen Entwurf entsteht diese Kompensation implizit, sonst würde das Gütefunktional nicht minimiert.

6.1.3 Beobachtung von Zustandsgrößen

6.1.3.1 Überblick

Für eine Zustandsregelung ist die vollständige Kenntnis des Zustandsvektors x erforderlich, der aber i. Allg. nicht unmittelbar gemessen werden kann. Zur Verfügung stehen jedoch die Ausgangsgröße v und das Stellsignal u. Aus diesen beiden versucht man nun eine Näherung des Zustandsvektors $\hat{x}$ zu errechnen.

> **Schätzen** oder **beobachten** bedeutet, dass man aus dem Stellsignal und der Ausgangsgröße eines Systems den Zustandsvektor näherungsweise berechnet. Hierzu verwendet man einen sog. **Beobachter**.

Es ist auch möglich, nur Teile des Zustandsvektors zu schätzen. Der Beobachter wird parallel zur Regelstrecke mit dem gleichen Stellsignal betrieben, siehe Bild 6.6.

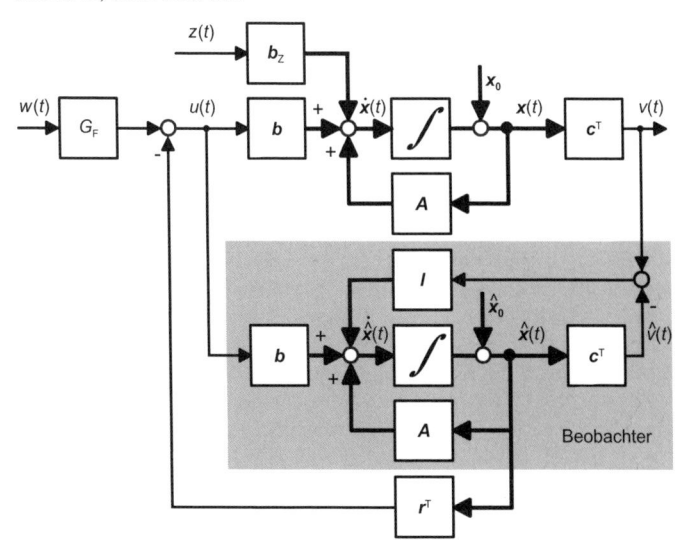

Bild 6.6 Blockschaltbild Zustandsregler mit Beobachter

Kennt man das Modell der Strecke exakt, würde das Modell des Beobachters den richtigen Zustandsvektor liefern. Da die Parameter in den Systemmatrizen der Strecke nie ganz genau bekannt sein werden und zusätzlich weitere Störsignale in der Realität wirken, werden das gemessene und das geschätzte Ausgangssignal miteinander verglichen und auf den Beobachter zurückgeführt. Hierfür verwendet man den zu entwerfenden **Beobachtungsvektor *l*.**

Es wird gefordert, dass für wachsende Zeit t der geschätzte Zustandsvektor $\hat{x}(t)$ gegen $x(t)$ strebt, der Schätzfehler $\tilde{x}(t) = \hat{x}(t) - x(t)$ also verschwindet. Betrachtet man den Schätzfehler $\tilde{x}(t)$, so ist die zugehörige Vektordifferenzialgleichung (6.58)

$$\dot{\tilde{x}} = \dot{x} - \dot{\hat{x}} = Ax + bu - A\hat{x} - bu - l(c^T x - c^T \hat{x}) \quad (6.58)$$

die sich aus Bild 6.6 ablesen lässt, homogen und lautet

$$\dot{\tilde{x}} = (A - lc^T)\tilde{x} \quad (6.59)$$

Damit der Schätzfehler verschwindet, müssen die Eigenwerte in (6.59) negative Realteile aufweisen. Es ist also ein Beobachterentwurf notwendig, in dem man den Beobachtungsvektor *l* geeignet berechnet. Hierfür gibt es zwei Möglichkeiten, die Polvorgabe und die Optimierung eines quadratischen Gütefunktionals.

6.1.3.2 LUENBERGER-Beobachter

Dieser Entwurf (→ Abschnitt 2.5.4.3) legt die Pole des Beobachters fest, welche unabhängig vom übrigen Regelkreis frei gewählt werden können (**Separationstheorem**, FÖLLINGER [6.2]). Geht man zunächst vereinfachend davon aus, dass das System in Beobachternormalform (BNF) nach (6.18) vorliegt, dann setzt man den Beobachter ebenfalls in BNF an. Damit entsteht – analog der Polvorgabe für Zustandsregler (→ Abschnitt 6.1.2.2) – für die Systemmatrix des mit *l* rückgeführten Beobachters (6.59) wieder eine BNF.

$$A_{\text{BNF}} - l_{\text{BNF}} \cdot c_{\text{BNF}}^T = \begin{bmatrix} 0 & 0 & \ldots & 0 & -p_0 \\ 1 & 0 & \ldots & 0 & -p_1 \\ & & \ldots & & \\ 0 & 0 & \ldots & 1 & -p_{n-1} \end{bmatrix} \quad (6.60)$$

Die hierin enthaltenen Koeffizienten $p_0 \ldots p_{n-1}$ des charakteristischen Polynoms sind bekannt, wenn man die Eigenwerte vorgibt. Der Vergleich beider Seiten in (6.60) ergibt

$$\begin{aligned} a_{n-1} + l_n &= p_{n-1} \\ \cdots \\ a_1 + l_2 &= p_1 \\ a_0 + l_1 &= p_0 \end{aligned} \qquad (6.61)$$

und damit den Beobachtungsvektor

$$l_{\text{BNF}} = [p_0 - a_0 \quad p_1 - a_1 \quad \cdots \quad p_{n-1} - a_{n-1}] \qquad (6.62)$$

Liegt die Strecke nicht in BNF vor, so kann nach (6.3) transformiert werden mit der Transformationsmatrix S

$$l = S^{-1} l_{\text{BNF}} \qquad (6.63)$$

Voraussetzung für diese Transformation ist, dass das System beobachtbar ist ($\rightarrow$ Abschnitt 6.1.1.3).

> Ist eine Strecke **beobachtbar**, so kann man nach Vorgabe von n Polen einen **Beobachtungsvektor** errechnen.

Die Pole des Beobachters wird man so wählen, dass sie schneller sind als die Pole des Regelkreises, also weiter links in der s-Ebene liegen. Befinden sie sich allerdings zu weit links, wird der Beobachter sich weitgehend differenzierend verhalten, was unerwünscht ist, da Störungen und Messrauschen sehr verstärkt werden.

6.1.3.3 KALMAN-Filter

Mit einem KALMAN-Filter ($\rightarrow$ Abschnitt 2.5.4.3) löst man die Aufgabe, aus verrauschten Messsignalen einer durch Rauschen angeregten Regelstrecke einen Schätzwert $\hat{x}(t)$ für den Streckenzustand $x(t)$ so zu berechnen, dass der Schätzfehler $\tilde{x}(t) = \hat{x}(t) - x(t)$ minimale Varianz aufweist. Die Zustandsgleichungen werden um die Rauschsignale erweitert zu:

$$\dot{x}(t) = Ax(t) + bu(t) + \overline{x}_R(t) \qquad (6.64)$$

$$v(t) = c^T x(t) + \overline{m}_R(t) \qquad (6.65)$$

Der n-dimensionale Eingangsrauschvektor $\bar{x}_R(t)$ und das Messrauschen $\bar{m}_R(t)$ bestehen aus mittelwertfreien stationären („weißen") Zufallsprozessen mit den Kovarianzmatrizen

$$\boxed{E\{\bar{x}_R(t)\bar{x}_R^T(\tau)\} = Q\delta(t-\tau)} \tag{6.66}$$

$$\boxed{E\{\bar{m}_R(t)\bar{m}_R(\tau)\} = r\delta(t-\tau)} \tag{6.67}$$

Q ist eine positiv semidefinite Matrix und r ein positiver Faktor. Der Anfangszustand $x(0)$ und die Eingangs- und Ausgangsrauschprozesse seien als unkorreliert vorausgesetzt. Soll der Schätzwert minimale Varianz aufweisen, muss die Spur der Kovarianzmatrix

$$\boxed{P(t) = E\{\tilde{x}(t)\tilde{x}^T(t)\}} \tag{6.68}$$

minimal werden, HIPPE, WURMTHALER [6.6]. Die Lösung dieses Problems führt auf das sog. **KALMAN-Filter**, BRAMMER, SIFFLING [6.15]. Um eine konstante Rückführung des Beobachters l zu erhalten, muss für die Kovarianzmatrix P (6.68) die stationäre RICCATI-Differenzialgleichung

$$\boxed{AP + PA^T - Pc^T\frac{1}{r}cP + Q = 0} \tag{6.69}$$

gelöst werden. Damit ergibt sich der Beobachtungsvektor l zu

$$\boxed{l = Pc^T\frac{1}{r}} \tag{6.70}$$

Zur numerischen Berechnung der Lösung von (6.69) sind die gleichen Programme anwendbar, wie für die Lösung der algebraischen RICCATI-Gleichung (6.45) für optimale Zustandsregler. Man muss bei der Dateneingabe nur A durch A^T und b durch c^T ersetzen.

6.1.4 Ausgangsrückführung

Technische Motivation. Für eine Zustandsregelung ist die Voraussetzung, dass der vollständige Zustandsvektor x durch Messung oder durch Schätzung mittels eines Beobachters ($\to$ Abschnitt 6.1.3) zur Verfügung steht. Die Schätzung mit einem Beobachter erzeugt einen hohen Rechenaufwand und die Schätzergebnisse sind bei ungenau bekannten Parametern der Regelstrecke oder bei einwirkenden Störungen unsicher. In der Praxis zeigt sich, dass einige Zustandsgrößen gar nicht so wichtig sind, um für eine Zustandsregelung erfasst zu werden. Daher wird auf diese im Regelgesetz verzichtet und mit den restlichen, den sog. **wesentlichen Zustandsgrößen**, das Bestmögliche zu erreichen versucht. Dieses Konzept wird **Ausgangsrückführung** (ARF) genannt, FÖLLINGER [6.9]. Diesen sehr einfachen Regler erkauft man sich in der Praxis aber durch einen aufwändigeren Entwurf.

Poldominanz. Die Eigenbewegungen eines Systems überlagern sich zum Ausgangssignal.

> Bestimmte Eigenbewegungen haben größeren Einfluss auf das Ausgangssignal als andere. Diese heißen **dominant** mit den zugehörigen **dominanten Polen**.

Andere Eigenbewegungen haben einen so unbedeutenden Einfluss, dass sie nicht berücksichtigt werden müssen. Betrachtet man die Übertragungsfunktion des Systems in JORDANscher Normalform (JNF) (6.9), dann berechnet sich das Ausgangssignal $v(t)$ bei sprungförmigem Eingangssignal $u(t) = \varepsilon(t)$ aus der Bildfunktion

$$V(s) = b_n \frac{1}{s} + \sum_{i=1}^{n-1} \frac{c_{\text{JNF}_i} b_{\text{JNF}_i}}{s - s_i} \frac{1}{s} \tag{6.71}$$

zu

$$v(t) = b_n \varepsilon(t) + \sum_{i=1}^{n-1} \left[\frac{c_{\text{JNF}_i} b_{\text{JNF}_i}}{s_i} \left(e^{s_i t} - 1 \right) \right] \tag{6.72}$$

Dabei sind c_{JNF_i} und b_{JNF_i} die i-ten Elemente der Vektoren c_{JNF}^T und b_{JNF}. Nach (6.8) ist

$$\boxed{c_{\text{JNF}_i} b_{\text{JNF}_i} = A_i} \tag{6.73}$$

> Ist ein System in JORDANscher Normalform gegeben, so bestimmen die Maße $\left| \dfrac{c_{\text{JNF}_i} b_{\text{JNF}_i}}{s_i} \right| = \left| \dfrac{A_i}{s_i} \right|$ untereinander die **Dominanz der Pole** s_i auf das Ausgangssignal $v(t)$.

Pole, die in der rechten s-Ebene liegen (instabil), sind in jedem Fall dominant. Es ist sinnvoll, die Dominanzanalyse auf ein geregeltes und damit stabiles System anzuwenden. Der stabilisierende Startregelvektor sei $r_{\text{JNF}_0}^{\text{T}}$. Mit seinen Komponenten r_{JNF_j} ($j = 1 \dots n$) führt er den in JNF gegebenen Zustandsvektor zurück.

$$r_{\text{JNF}}^{\text{T}} = r^{\text{T}} T \tag{6.74}$$

T ist die Modalmatrix aus (6.8). Weiter sind in JNF die Komponenten $b_{\text{JNF}_i} = 1$. Die Dominanzmaße

$$d_{ij} = \left| \frac{r_{\text{JNF}_j}}{s_i} \right| \tag{6.75}$$

sind so für alle Signalpfade dimensionsgleich und können besser miteinander verglichen werden. d_{ij} stellt den für diese Regelung benötigten Stellsignalanteil der i-ten Eigenbewegung innerhalb des j-ten Signalpfades dar, so dass dieses Maß nicht nur die Dominanz des Pols s_i, sondern auch die Bedeutung der Rückführung dieser Eigenbewegung und damit der zugehörigen Zustandsgröße innerhalb des Gesamtsystems charakterisiert.

Wesentliche Zustandsgrößen. Es geht um die Frage, mit welchen Komponenten des Zustandsreglers möglichst viel erreicht werden kann. Vernünftig ist, dass die Regelgröße sowie sehr leicht zugängliche Zustandsgrößen, wie die des Störkompensators (→ Abschnitt 6.1.2.5), zu den wesentlichen gezählt werden. Für weitere Zustandsgrößen können Wesentlichkeitsmaße z. B. nach LITZ [6.10] berechnet werden. So kann etwa (6.75) als Wesentlichkeitsmaß herangezogen werden. Mit diesem wird das Maß der Auswirkung der dominanten Pole auf die Zustandsgrößen angegeben. Bei Rückführung dieser wesentlichen Zustandsgrößen werden auch besonders die dominanten Pole verschoben. Der Ausdruck $c_{\text{JNF}_i} b_{\text{JNF}_i}$ in (6.72) zeigt auch, inwieweit die i-te Eigenbewegung steuerbar (Wert von b_{JNF_i}) und beobachtbar (Wert von c_{JNF_i}) ist.

Entwurfsverfahren für ARF. In der Literatur lassen sich im Wesentlichen drei verschiedene Verfahren zum Entwurf von ARF erkennen, FÖLLINGER [6.9].

- **ARF durch Ordnungsreduktion.** Die Zustandsraumbeschreibung wird in ihrer Ordnung reduziert auf die wesentlichen Zustandsgrößen, FÖLLINGER [6.11], und anschließend wird hierzu ein vollständiger Zustandsregler entworfen. Dieser Zustandsregler ist angewendet auf das Originalsystem eine ARF.
- **Sukzessive Polverschiebung.** Es wird nur eine Teilmenge der Pole des Systems zu vorgeschriebenen Stellen oder Gebieten – in Analogie zum Polvorgabeverfahren (→ Abschnitt 6.1.2.2) bei vollständigen Zustandsreglern – verschoben. Die Einschränkungen in den Freiheitsgraden sind gekoppelt an die Anzahl der gemessenen Zustandsgrößen im Vergleich zur Systemordnung. Eine wichtige Methode stellt die sukzessive Polverschiebung mittels Polempfindlichkeiten dar, LITZ [6.12].
- **Optimale ARF.** Eine ARF kann durch Minimierung eines quadratischen Gütekriteriums wie in (6.43) gefunden werden. Wie KOSUT [6.13] und LEVIN, ATHANS [6.14] gezeigt haben, muss dabei der Rückführvektor r^T drei nichtlinearen Matrizengleichungen genügen, deren numerische Lösung aufwändig, aber möglich ist.

6.1.5 Zeitdiskreter Zustandsregelkreis

6.1.5.1 Diskretisierung der Zustandsraumdarstellung

Wird für eine Zustandsregelung, ggf. mit Beobachter oder eine Ausgangsrückführung ein Rechner eingesetzt, dessen Abtastzeit gegenüber den Eigenbewegungen der Strecke nicht zu vernachlässigen ist, so ist die Abtastzeit T_a zu berücksichtigen. In diesem Falle ist die Beschreibung des Systems auch im Zustandsraum zeitdiskret vorzunehmen. Die Lösung der Zustandsgleichungen nach Abschnitt 1.3.2.4 für einen Abtastschritt T_a lautet:

$$\boxed{x\big((k+1)T_a\big) = e^{At} x(kT_a) + \int_{T_a}^{(k+1)T_a} e^{A\big((k+1)T_a - \tau\big)} b u(kT_a) d\tau} \quad (6.76)$$

Dabei ist $u(t)$ innerhalb des Abtastschritts konstant. (6.76) ist die zeitdiskrete Zustandsraumbeschreibung, die kürzer geschrieben als Vektor-Differenzengleichung lautet:

$$\boxed{x_{k+1} = A_D x_k + b_D u_k} \quad (6.77)$$

Hierin ist

$$A_D = e^{AT_a} \tag{6.78}$$

die Transitionsmatrix und mit der Substitution $v = (k+1)T_a - \tau$ in (6.76) der Eingangsvektor

$$b_D = \int_0^{T_a} e^{Av} dv \cdot b \tag{6.79}$$

Die Berechnung der zeitdiskreten Systemmatrizen erfolgt in der Praxis durch die Potenzreihen

$$A_D = \sum_{i=0}^{\infty} \frac{(AT_a)^i}{i!} \tag{6.80}$$

$$b_D = \sum_{i=0}^{\infty} \frac{(AT_a)^i}{(i+1)!} b \tag{6.81}$$

Die Ausgangsgleichung bleibt unverändert mit $c_D^T = c^T$.

$$v_k = c_D^T x_k \tag{6.82}$$

Bild 6.7 zeigt das Blockschaltbild der zeitdiskreten Zustandsraumbeschreibung mit Zustandsregelung.

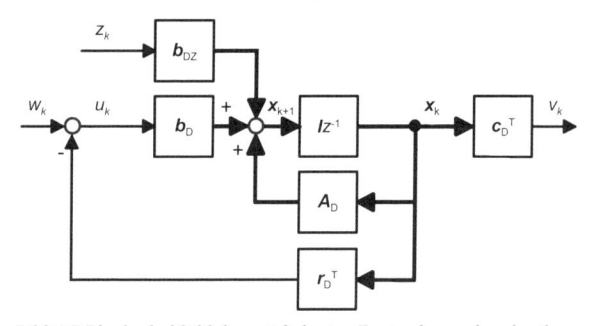

Bild 6.7 Blockschaltbild der zeitdiskreten Zustandsraumbeschreibung

Darin ist z^{-1} der zeitdiskrete Verschiebeoperator der z-Transformation ($\rightarrow$ Abschnitt 5.1.3).

Wird ein Zustandsregler r_D^T eingesetzt, kann mit ihm genauso wie im Zeitkontinuierlichen die Systemdynamik beliebig – im Rahmen der Stellsignalgrenzen – beeinflusst werden. Der geschlossene Regelkreis hat die Differenzengleichung

$$x_{k+1} = \left(A_D - b_D r_D^T\right)x_k + b_D w_k \qquad (6.83)$$

Zusammen mit der Ausgangsgleichung (6.82) erhält man die zeitdiskrete Übertragungsfunktion

$$G_Z(z) = c_D^T\left(zI - A_D + b_D r_D^T\right)^{-1} b_D \qquad (6.84)$$

Genauso wie im Zeitkontinuierlichen ist der Entwurf eines Vorfilters (→ Abschnitt 6.1.2.4) und einer Störgrößenkompensation (→ Abschnitt 6.1.2.5) möglich.

6.1.5.2 Zustandsreglerentwurf nach Polvorgabe

Zum Entwurf des Zustandsreglers kann das Verfahren der Polvorgabe analog zu Abschnitt 6.1.2.2 verwendet werden. Die dort gegebenen Hinweise zur Wahl der Pole können genauso zu Grunde gelegt werden, wenn man den Zusammenhang der Pole bei zeitkontinuierlichen und zeitdiskreten Systemen

$$z = e^{sT_a} \qquad (6.85)$$

beachtet, vgl. auch Abschnitt 5.1.5.

6.1.5.3 Optimaler Zustandsreglerentwurf

Die Vorgehensweise ist ähnlich zum optimalen Entwurf bei zeitkontinuierlichen Systemen (→ Abschnitt 6.1.2.3). Man wählt das quadratische Gütefunktional analog zu (6.43)

$$J = \sum_{k=0}^{\infty}\left(x_k^T Q x_k + r u_k^2\right) \stackrel{!}{=} \min \qquad (6.86)$$

Auch hier läuft die Summe bis ∞, damit sich ein zeitinvarianter Regler als Lösung der stationären Matrix-RICCATI-Gleichung

$$P = A_D^T P A_D - A_D^T P b_D \left(b_D^T P b_D + r\right)^{-1} b_D^T P A_D + Q \qquad (6.87)$$

ergibt zu:

$$r^\mathrm{T} = \left(b_\mathrm{D}^\mathrm{T} P b_\mathrm{D} + r\right)^{-1} b_\mathrm{D}^\mathrm{T} P A_\mathrm{D}$$ (6.88)

Die symmetrische, positiv semidefinite Bewertungsmatrix Q in (6.86) wird nach den Hinweisen in Abschnitt 6.1.2.3 gewählt. Es gibt verschiede Verfahren zur numerischen Lösung der RICCATI-Gleichung (6.87), insbesondere das von PAPPAS et al. [6.16], angegebene hat sich bewährt.

6.1.5.4 Zeitdiskrete Zustandsbeobachter

Wie im zeitkontinuierlichen Fall kann ein Beobachter schwer messbare Zustandsgrößen schätzen (vgl. 6.1.3). Damit der Schätzfehler beim Auftreten von Störungen schnell verschwindet, ist der Beobachtungsvektor l_D zu entwerfen.

Entwurf nach Polvorgabe. Der Beobachterentwurf kann analog zu Abschnitt 6.1.3.1 durch Polvorgabe geschehen. Dabei werden die Systemmatrizen des Beobachters in die Beobachternormalform transformiert und es gelten dieselben Entwurfsgleichungen wie im Zeitkontinuierlichen.

Optimaler Entwurf. Alternativ kann entsprechend Abschnitt 6.1.3.2 ein optimaler Beobachterentwurf durchgeführt werden. Zu Grunde gelegt wird wie beim optimalen Zustandsreglerentwurf ($\rightarrow$ Abschnitt 6.1.5.3) ein quadratisches Gütefunktional, welches minimiert werden soll. Die symmetrische, positiv semidefinite Bewertungsmatrix Q_B und der positive Bewertungsfaktor r_B werden entsprechend den Hinweisen in Abschnitt 6.1.2.3 gewählt. Der gesuchte Beobachtungsvektor l_D ergibt sich als Lösung der stationären Matrix-RICCATI-Gleichung

$$P = A_\mathrm{D} P A_\mathrm{D}^\mathrm{T} - A_\mathrm{D} P c_\mathrm{D} \left(c_\mathrm{D}^\mathrm{T} P c_\mathrm{D} + r_\mathrm{B}\right)^{-1} c_\mathrm{D}^\mathrm{T} P A_\mathrm{D}^\mathrm{T} + Q_\mathrm{B}$$ (6.89)

zu:

$$l_\mathrm{D} = \left(c_\mathrm{D}^\mathrm{T} P c_\mathrm{D} + r_\mathrm{B}\right)^{-1} c_\mathrm{D}^\mathrm{T} P A_\mathrm{D}^\mathrm{T}$$ (6.90)

6.1.5.5 Zeitdiskrete Ausgangsrückführungen

Vollständige Zustandsregler können wegen der großen Zahl an notwendigen Messungen selten realisiert werden. Beobachter erfordern zur Laufzeit des Reglers relativ viel Rechenleistung, so dass sich bei zeitkritischen Anwendungen ihr Einsatz verbietet. Von praktischem Nutzen ist daher das einfache Regelgesetz einer Ausgangsrückführung (ARF). Dieser Vorteil wird erkauft durch einen aufwändigeren Entwurf des Regelvektors. In der Literatur lassen sich im Wesentlichen drei verschiedene Verfahren zum Entwurf von zeitdiskreten ARF nennen:

- **ARF durch Ordnungsreduktion.** Die von FÖLLINGER [6.11] beschriebenen Verfahren zur modalen Ordnungsreduktion zeitkontinuierlicher Systeme wurden von GROßE [6.1] für zeitdiskrete Systeme weiterentwickelt. Für das in seiner Ordnung reduzierte Modell wird mittels Polvorgabe oder mit einem optimale Entwurf ein Zustandsregler berechnet. Dieser Zustandsregler ist angewendet auf das zeitdiskrete Originalsystem eine ARF.
- **Sukzessive Polverschiebung.** Es kann nur eine Teilmenge der Pole des Systems zu vorgeschriebenen Stellen oder Gebieten verschoben werden, wss in einem iterativen Verfahren geschieht. Eine wichtige Methode stellt die von LITZ [6.12] für zeitkontinuierliche Systeme beschriebene sukzessive Polverschiebung mittels Polempfindlichkeiten dar. Dieses Verfahren wurde von GROßE [6.1] modifiziert und für zeitdiskrete Systeme vorgestellt. Es ermöglicht guten Einblick in die inneren Zusammenhänge des Systems und eignet sich insbesondere, um einen vorausgegangenen ARF-Entwurf mit einem anderen Verfahren durch Verschieben der Pole weiter zu verbessern
- **Optimale ARF.** Hier liegt die Minimierung eines quadratischen Gütekriteriums nach Gleichung (6.86) zu Grunde. Der Rückführvektor muss dazu drei nichtlinearen Matrizengleichungen, die von O′REILLY [6.17] hergeleitet wurden, genügen. Die numerische Lösung von KUHN [6.18] ist aufwändig, aber möglich.

6.2 Prädiktive Regler

Norbert Becker

6.2.1 Modellbasierte prädiktive Regelung

Überblick. Der Begriff **modellbasierte prädiktive Regelung** wird im Folgenden durch MPC (*Model Predictive Control*) abgekürzt. Die weiteren Ausführungen lehnen sich im Wesentlichen an DITTMAR, PFEIFFER [6.19], OGUNNAIKE, RAY [6.20] und DITTMAR, REINIG [6.21] an. Trotz der Fortschritte der modernen Regelungstheorie sowie der zunehmenden Ausrüstung der Anlagen durch moderne Automatisierungssysteme erfolgt die Anwendung gehobener Regelungsstrategien (*advanced control*) in der verfahrenstechnischen Industrie nach wie vor zögerlich. Eine Ausnahmestellung bildet die Anwendung von MPC, weswegen hier darauf ausführlicher eingegangen wird.

> Bei **MPC-Regelungen** wird das dynamische Streckenverhalten sowohl in der Entwurfs- als auch in der Betriebsphase modelliert. Ziel ist die Vorhersage von Regelgrößen und die Berechnung optimaler Stellgrößenwerte.

MPC wurde in der Industrie zunächst auf heuristischer Basis entwickelt, CUTTLER, RAMAKER [6.25], RICHALET [6.26] et al., QUIN, BADGWELL [6.27], jedoch bald von der Regelungstheorie aufgegriffen. Die Zahl der weltweiten Anwendungen wird heute (2006) auf ca. 6000 geschätzt. Beispiele für industrielle Anwendungen findet man in der oben angegebenen Literatur und z. B. in BLEVINS [6.21] et al. und DITTMAR, HOMMERSON [6.23]. Hinweise auf einfache Methoden zur Vorabschätzung des Nutzens von MPC sind in MARTIN, DITTMAR [6.24] enthalten.

Eine detaillierte Diskussion der Zusammenhänge von MPC mit weiteren bekannten Strukturen der Regelungstechnik wie IMC (*Internal Model Control*), SMITH-Prädiktor (→ Abschnitt 6.2.2) und Zustandsregelungen mit Beobachter (→ Abschnitt 6.1.3) kann der Leser DITTMAR, PFEIFFER [6.29] entnehmen.

Merkmale von MPC-Methoden. Für den industriellen Erfolg von MPC lassen sich die folgenden Ursachen nennen:

- Verfahrenstechnische Anlagen besitzen oft einen ausgeprägten Mehrgrößencharakter. Diesem trägt MPC durch seine einfache Erweiterbarkeit vom Eingrößen- auf den Mehrgrößenfall Rechnung.

6.2 Prädiktive Regler

- In verfahrenstechnischen Anlagen treten Beschränkungen sowohl der Stell- als auch der Regelgrößen auf. In MPC können diese Beschränkungen in einfacher Weise mit einbezogen werden.
- MPC benötigt sowohl im Eingrößen- als auch im Mehrgrößenfall in seiner einfachsten Form nur experimentell gewonnene Messdaten der Anlage.
- Einfache Störgrößenaufschaltungen sind möglich.
- Es gibt komfortable, teilweise in Automatisierungssysteme integrierte MPC-Programmsysteme.
- MPC-Programmsysteme können bei Bedarf eine lokale Arbeitspunktoptimierung des Prozesses durchführen und die Anlage auch in diese Richtung führen.
- Bei Störungen oder bei bewusstem Handbetrieb stehen im Mehrgrößenfall nicht immer alle anfänglich konzipierten Stell- und Regelgrößen zur Verfügung, d. h. die Struktur der Mehrgrößenregelung ändert sich. MPC verfügt über die erforderliche Strukturflexibilität. Der Mehrgrößenregler muss dann also nicht außer Betrieb genommen bzw. neu konfiguriert werden.
- Analysenmesseinrichtungen (z. B. ein Gaschromatograph) erfassen die Messwerte in teilweise sehr großen Zeitabständen. Mit MPC kann man in wesentlich kürzeren Zeitabständen arbeiten und zwischen den Messzeiten Vorhersagewerte verwenden.
- MPC verdrängt *nicht* die in den Anlagen bisher praktisch ausnahmslos eingesetzten PI(D)-Regler sondern verändert im Automatikbetrieb nur deren Sollwerte! Das heißt, die Sollwerte der klassischen PI(D)-Regler sind die Stellgrößen von MPC. Damit können beide Konzepte koexistieren, was deutlich die Akzeptanz erhöht. Der Handbetrieb des MPC-Reglers entspricht also dem „normalen" Automatikbetrieb der unterlagerten PI(D)-Regler.

Bild 6.8 veranschaulicht den Einsatz eines MPC-Reglers.

Wirkungsweise. Um die grundsätzliche Funktionsweise von MPC zu erläutern, wird vereinfachend ein stabiles, lineares, zeitinvariantes Eingrößensystem betrachtet. Die einfache Verallgemeinerung auf den Mehrgrößenfall kann der Leser z. B. der oben angegebenen Literatur entnehmen.

Als experimentell aufgenommenes (nicht parametrisches) mathematisches Modell der Strecke sei die Einheitssprungantwort $h(t)$ an einer endlichen Anzahl von Abtastzeitpunkten $0, T_a, ..., n_M \cdot T_a$ bekannt:

$$h_0 = h(0); \quad h_1 = h(T_a); \quad ...; h_{n_M} = h(n_M \cdot T_a) \tag{6.91}$$

6 Modellgestützte gehobene Regelung

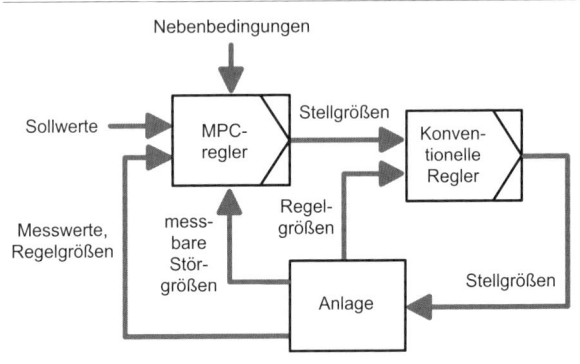

[Diagramm: Einsatz eines MPC-Reglers mit Blöcken "MPC-regler", "Konventionelle Regler", "Anlage". Eingänge: Sollwerte, Messwerte/Regelgrößen, Nebenbedingungen. Signale: Stellgrößen, Regelgrößen, messbare Störgrößen.]

Bild 6.8 Einsatz eines MPC-Reglers

Die Sprungantwort wird hier als *Änderung* von einem Arbeitspunkt aus verstanden, ohne dass dies durch ein Δ-Zeichen angedeutet wird. Die Einheitssprungantwort $h(t)$ lässt sich einfach aus der normalen Sprungantwort ermitteln, indem man diese durch die Sprunghöhe der Stellgröße dividiert. Die Größe n_M führt auf den Begriff des *Modellhorizonts*:

> Der **Modellhorizont** T_M ist der an das Einschwingverhalten des Regelkreises angepasste Vorhersagezeitraum des MPC-Reglers. Es ist $T_M = n_M \cdot T_a$.

n_M kann man als den auf die Abtastzeit T_a normierten Modellhorizont auffassen. Für die Wahl von T_a gilt als Faustregel

$$\boxed{\frac{t_{95}}{15} \leq T_a \leq \frac{t_{95}}{6}} \tag{6.92}$$

wobei t_{95} diejenige Zeit ist, zu der die Sprungantwort der Strecke 95 % des Endwertes erreicht hat. Für den Modellhorizont gilt als Faustregel

$$\boxed{n_M \cdot T_a \geq t_{99}} \tag{6.93}$$

Typische Werte von T_a liegen im Bereich von 20 s bis 5 min; unterlagerte PI(D)-Regelkreise besitzen allerdings eine wesentlich geringere Abtastzeit. Typische Werte von n_M liegen im Bereich von 30 bis 180.

Aus der gemessenen Einheitssprungantwort h_k ($k = 0, 1, \ldots, n_M$) soll die Ausgangsgröße r_k der Strecke bei einer beliebigen Folge der Stellgröße y_k berechnet werden. Aus der Faltungssumme

$$r_k = \sum_{i=1}^{k} g_i y_{k-i} \qquad (6.94)$$

wobei g_i die diskrete Gewichtsfolge ist, lässt sich durch Einführung von

$$\Delta y_k = y_k - y_{k-1} \qquad (6.95)$$

und

$$y_k = \sum_{i=0}^{k} \Delta y_i \qquad (6.96)$$

in (6.94) für die Ausgangsgröße r_k der Strecke

$$r_k = \sum_{i=1}^{n_M - 1} h_i \Delta y_{k-i} + h_{n_M} y_{k-n_M} , \qquad (6.97)$$

ermitteln. Dabei ist

$$h_i = \sum_{j=1}^{i} g_j \qquad (6.98)$$

In (6.97) wird vorausgesetzt, dass die Strecke nicht sprungfähig ist, was aber praktisch keine Einschränkung bedeutet. Weiterhin ist angenommen worden, dass wegen des endlichen Modellhorizonts n_M $h_j = h_{n_M}$, $j > n_M$ und $y_j = 0$, $j < 0$ ist. Mit (6.97) lässt sich nun für jede Stellfolge die Streckenausgangsgröße r näherungsweise ermitteln.

k sei der aktuelle Abtastzeitpunkt. Die letzte Stellgrößenänderung ist dann Δy_{k-1}. Der nächste mögliche Abtastzeitpunkt ist $k+1$. Mit der Kenntnis von (6.97) lässt sich dann die Ausgangsgröße r_{k+1} bei Wirkung einer potentiellen Stellgrößenänderung Δy_k gemäß

$$\hat{r}_{k+1|k} = \sum_{i=1}^{n_M - 1} h_i \Delta y_{k-i+1} + h_{n_M} y_{k-n_M+1} \qquad (6.99)$$

vorhersagen. Der Vorhersagewert wird mit dem Symbol ^ gekennzeichnet und der Vorhersagezeitraum im allgemeinen Fall mit $k+j|k$, wobei k den aktuellen Zeitpunkt und j den interessierenden zukünftigen Zeitpunkt darstellt. Im obigen Fall ist $j = 1$.

Im allgemeinen Fall lautet (6.99)

$$\hat{r}_{k+j|k} = \sum_{i=1}^{n_M-1} h_i \Delta y_{k-i+j} + h_{n_M} y_{k-n_M+j}.$$ (6.100)

(6.100) lässt sich noch folgendermaßen in die Wirkungen von vergangenen Stellgrößenänderungen und von zukünftigen Stellgrößenänderungen aufspalten:

$$\hat{r}_{k+j|k} = \sum_{i=1}^{j} h_i \Delta y_{k-i+j} +$$
$$+ \sum_{i=j+1}^{n_M-1} h_i \Delta y_{k-i+j} + h_{n_M} y_{k-n_M+j}$$ (6.101)

Der erste Term repräsentiert die Wirkung von *zukünftigen Stellgrößenänderungen* (ab dem Zeitpunkt k) und die beiden letzten Terme verdeutlichen die Wirkung der *vergangenen Stellgrößenänderungen* (bis zum Zeitpunkt $k-1$). Diese Aufspaltung ist sinnvoll, wenn man die zukünftige Stellgröße z. B. durch eine Optimierung gewinnen möchte. Kürzt man die beiden letzten Terme in (6.101) mit

$$f_{k+j|k} = \sum_{i=j+1}^{n_M-1} h_i \Delta y_{k-i+j} + h_{n_M} y_{k-n_M+j}$$ (6.102)

ab, so ergibt sich

$$\hat{r}_{k+j|k} = \sum_{i=1}^{j} h_i \Delta y_{k-i+j} + f_{k+j|k}$$ (6.103)

Der Term $f_{k+j|k}$ repräsentiert die Antwort der Strecke, wenn ab dem Zeitpunkt k nur konstant die Stellgröße y_{k-1} aufgeschaltet wird, also keine weitere Regelung mehr stattfindet. Das ist die so genannte *freie Bewegung*; im Englischen spricht man auch von *future without control*. Das zukünftige Verhalten der Strecke lässt sich also nur über den ersten Term in (6.103) gezielt beeinflussen. Bild 6.9 veranschaulicht dies.

Auf der rechten Seite von (6.103) kann man auch eine messbare Störung z gemäß (6.102) durch den Term

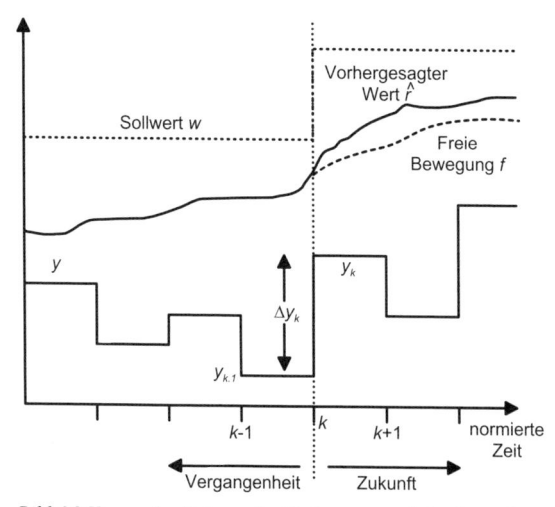

Bild 6.9 Veranschaulichung der Vorhersage und der freien Bewegung

$$f^z_{k+j|k} = \sum_{i=j+1}^{n_{M,z}-1} h^z_i \Delta z_{k-i+j} + h^z_{n_M} z_{k-n_{M,z}+j} \quad (6.104)$$

berücksichtigen, wobei hier – da der zukünftige Verlauf von z nicht bekannt ist – angenommen wird, dass ab dem aktuellen Zeitpunkt keine Änderung der gemessenen Störgröße z mehr auftritt. Aus Platzgründen soll der obige Term $f^z_{k+j|k}$ auf der rechten Seite von (6.103) nicht berücksichtigt werden.

Modellungenauigkeiten und weitere in der Strecke angreifende, nicht messbare Störungen sind in der Vorhersage in (6.103) ebenfalls bisher nicht berücksichtig worden. Eine genauere Vorhersage lässt sich durch

$$\begin{aligned}\hat{r}^G_{k+j|k} &= \sum_{i=1}^{j} h_i \Delta y_{k-i+j} + f_{k+j|k} + z_{k+j} \\ &= \hat{r}_{k+j|k} + z_{k+j}\end{aligned} \quad (6.105)$$

formulieren, wobei z_{k+j} in (6.105) die Wirkung der oben erwähnten Unwägbarkeiten pauschal berücksichtigen soll. Die Größe $\hat{r}^G_{k+j|k}$ soll den genaueren Vorhersagewert für r repräsentieren, was durch den oberen Index G ausgedrückt werden soll. z_{k+j} ist i. Allg. nicht bekannt.

Um einen plausiblen und realisierbaren Ansatz für z_{k+j} zu finden, wird j zunächst zu $j = 0$ angenommen, d. h. es wird nur der aktuelle Zeitpunkt k betrachtet. Damit liegen sämtliche Daten messtechnisch vor. Es wird nun gefordert, dass im aktuellen Zeitpunkt k gilt

$$\hat{r}^G_{k|k} = \hat{r}_{k|k} + z_k = \hat{r}_{k|k-1} + z_k \overset{!}{=} r_k, \qquad (6.106)$$

d. h. der Vorhersagewert $\hat{r}^G_{k|k}$ soll mit dem tatsächlich gemessenen Wert r_k übereinstimmen, was sicherlich eine sinnvolle Forderung ist. Für z_k ergibt sich aus diesem Ansatz

$$z_k = r_k - \hat{r}_{k|k-1} \qquad (6.107)$$

d. h. z_k ist die Differenz aus dem gemessenen Wert r_k und dem zum Zeitpunkt $k - 1$ vorhergesagten Wert $\hat{r}_{k|k-1}$. Da die weiteren Werte von z_{k+j} für $j > 0$ nicht bekannt sind, bietet sich als pragmatischer Ansatz

$$z_{k+j} = r_k - \hat{r}_{k|k-1}, \quad j > 0 \qquad (6.108)$$

an, d. h. die zukünftigen Werte der Störgröße z werden mit dem zum Zeitpunkt k mit (6.107) bekannten Wert fortgeschrieben.

Betrachtet man Vorhersagen im Bereich $j = 1, 2, \ldots, n_P$, wobei man die Größe $T_P = n_P \cdot T_a$ als **Prädiktionshorizont** bezeichnet, so lässt sich (6.105) vektoriell formulieren

$$\hat{\boldsymbol{r}}^G_k = \boldsymbol{H}\Delta\boldsymbol{y}_k + \boldsymbol{f}_k + (r_k - \hat{r}_{k|k-1})\mathbf{1} \qquad (6.109)$$

wobei gilt:

$$\hat{\boldsymbol{r}}^G_k = [r^G_{k+1|k}, r^G_{k+2|k}, \ldots, r^G_{k+n_P|k}]^T \qquad (6.110)$$

$$\boldsymbol{H} = \begin{bmatrix} h_1 & 0 & & 0 \\ h_2 & h_1 & \cdots & 0 \\ \vdots & & & \\ h_{n_P} & h_{n_P-1} & \cdots & h_{n_P-n_C+1} \end{bmatrix}, \qquad (6.111)$$

$$\Delta y_k = \begin{bmatrix} \Delta y_k & \Delta y_{k+2} & \cdots & \Delta y_{k+n_C-1} \end{bmatrix}^T \qquad (6.112)$$

$$f_k = \begin{bmatrix} f_{k+1|k} & f_{k+2|k} & \cdots & f_{k+n_P|k} \end{bmatrix}^T \qquad (6.113)$$

$$\mathbf{1} = \begin{bmatrix} 1 & 1 & \cdots & 1 \end{bmatrix}^T \qquad (6.114)$$

n_C in (6.112) ist die Anzahl der geplanten zukünftigen Stellgrößenänderungen.

Den Zeitraum T_C, über welchen Stellgrößenänderungen vorhergesagt werden, nennt man **Stellhorizont**; es ist $T_C = n_C \cdot T_a$.

Dabei gilt immer $n_C \leq n_P$. Die Matrix $\boldsymbol{H}$ in (6.111) wird auch als **Dynamik-Matrix** bezeichnet. Deshalb hieß MPC in den Anfängen auch *Dynamic Matrix Control*.

Um den gesuchten zukünftigen Stellgrößenvektor Δy_k in (6.112) zu berechnen, wird zunächst der einfachste Fall betrachtet, dass keine Beschränkungen der Systemgrößen vorliegen. Innerhalb des Prädiktionshorizonts T_P sei

$$w_k = \begin{bmatrix} w_{k+1} & w_{k+2} & \cdots & w_{k+n_P} \end{bmatrix}^T \qquad (6.115)$$

der Vektor der vorgegebenen (nicht notwendigerweise konstanten) Sollwerte. Der Vektor e_k der zugehörigen Regeldifferenzen ergibt sich dann zu:

$$e_k = \begin{bmatrix} w_{k+1} - r^G_{k+1|k} & \cdots & w_{k+n_P} - r^G_{k+n_P|k} \end{bmatrix}^T \qquad (6.116)$$

Den gesuchten Vektor Δy_k erhält man aus der Minimierung des Gütefunktionals

$$J = e_k^T \boldsymbol{Q} e_k + \Delta y_k^T \boldsymbol{R} \Delta y_k \qquad (6.117)$$

wobei $\boldsymbol{Q}$ und $\boldsymbol{R}$ positiv definite Gewichtungsmatrizen sind, die der Anwender noch festzulegen hat. Als Lösung dieses Optimierungsproblems erhält man durch einfache Gradientenbildung bzgl. Δy_k

$$\Delta y_k = \boldsymbol{K} e_k^f \qquad (6.118)$$

wobei

$$\boxed{e_k^f = w_k - \left(f_k + (r_k - \hat{r}_{k|k-1})\mathbf{1}\right)} \tag{6.119}$$

$$\boxed{K = [H^T Q H + R]^{-1} H^T Q} \tag{6.120}$$

e_k^f in (6.119) lässt sich anschaulich als *Regeldifferenzvektor des freien Systems*, wenn also keine zukünftigen Stellgrößenänderungen auftreten, deuten. K ist eine konstante (n_C, n_P)-Matrix, die offline berechnet werden kann. Solange $e_k^f \ne 0$ ist, werden Stellgrößenänderungen generiert, d. h. der MPC-Regler besitzt einen „I-Anteil".

In der Praxis ist es üblich, *nicht* die gesamten n_C mit (6.119) ermittelten Stellgrößenänderungen nach dem aktuellen Zeitpunkt k auszugeben, sondern nur Δy_k. Im nächsten Zeitintervall werden dann neue Datensätze aus dem Automatisierungssystem ausgelesen und die oben dargestellte Vorgehensweise für den dann aktuellen Zeitpunkt $k + 1$ wiederholt (es wird wiederum nur Δy_{k+1} ausgegeben) usw. Man spricht hier auch vom **Prinzip des gleitenden Horizonts**.

Faustregeln für die Einstellung von n_C und n_P sind

$$\boxed{\frac{n_M}{3} \le n_C \le \frac{n_M}{2}} \tag{6.121}$$

$$\boxed{5 \le n_C \le 20} \tag{6.122}$$

$$\boxed{n_P \ge n_M + n_C} \tag{6.123}$$

Mehrgrößenregelung. Der Mehrgrößenfall lässt sich mit ähnlichen Beziehungen wie (6.109) und (6.117) bis (6.120) darstellen.

Treten Beschränkungen der Stellgrößen z. B. in der Form

$$y_{i,\min} \le y_i \le y_{i,\max}, \qquad i = 1, 2, \ldots n_Y,$$

(n_Y ist im Mehrgrößenfall die Anzahl der Stellgrößen) oder Beschränkungen der Ausgangsgrößen z. B. in der Form

$$r_{i,\min} \le r_i \le r_{i,\max}, \qquad i = 1, 2, \ldots n_R$$

auf (n_R ist im Mehrgrößenfall die Anzahl der Ausgangsgrößen), so ist eine Lösung des obigen Optimierungsproblems nicht mehr analytisch möglich. Die Lösung erfolgt numerisch mit so genannten **QP-Verfahren** (*Quadratic Programming*). Die Ermittlung von *optimalen statio-*

nären Werten für die Stell- und Regelgrößen, im Sinne eines weiteren hier nicht dargestellten Gütefunktionals, ist mit MPC-Programmsystemen ebenfalls möglich. Der MPC-Regler versucht dann diese Werte stationär einzustellen.

In der Praxis kann es im Mehrgrößenfall dazu kommen, dass die nominale Struktur (d. h. die Anzahl der Stell- und Messgrößen) des Mehrgrößensystems sich während des Betriebs ändert. Die kann z. B. bedingt sein durch:

- Umschaltung eines unterlagerten PI(D)-Regelkreises auf interne Sollwertvorgabe
- Handbetrieb eines unterlagerten PI(D)-Regelkreises
- Unterlagerter Regelkreis befindet sich im Wind-Up-Zustand
- Ausfall einer Messung

Innerhalb eines Automatisierungssystems können die oben erwähnten Ereignisse über Zustandssignale erfasst werden. In diesen Fällen ist es wünschenswert, wenn der MPC-Regler sich der „neuen" Struktur automatisch anpasst. Die über Zustandssignale ermittelte aktuelle Struktur des Mehrgrößensystems bildet für MPC-Programmsysteme nun die Grundlage für das Durchlaufen der oben dargestellten entsprechend modifizierten Gleichungen. Dabei werden Stellgrößen, die zur Manipulation nicht mehr zur Verfügung stehen, deren Signale aber noch korrekt sind (z. B. ein intern vorgegebener Sollwert eines PI(D)-Regelkreises), als messbare Störungen gemäß (6.104) aufgefasst. Regelgrößen, deren Messungen nicht mehr zur Verfügung stehen, scheiden aus der Optimierung aus. Auf diese Art und Weise kann sich der MPC-Regler der aktuellen Struktur anpassen.

6.2.2 Regelung mit SMITH-Prädiktor

Wirkungsweise. Für die Regelung von Strecken mit dominanter Totzeit wird seit vielen Jahren in der Literatur der so genannte **SMITH-Prädiktor** erwähnt, z. B. SMITH [6.29], SCHULER [6.28] und FÖLLINGER [6.2] (→ Abschnitt 2.5.4.4). Die Motivation zur Herleitung des ursprünglichen Ansatzes für den SMITH-Prädiktor ist sehr einfach und kann Bild 6.10 entnommen werden. Die Streckenübertragungsfunktion besteht aus einem rationalen Anteil $G_r(s)$ und einem in Reihe geschalteten Totzeitglied mit Totzeit T_t (Bild 6.10 oberer Teil). Der gesuchte SMITH-Prädiktor mit der Übertragungsfunktion $G_P(s)$ soll so bemessen werden, dass sich im Führungsverhalten der Regelgröße r die Totzeit nur als reine Verschiebung T_t bemerkbar macht (Bild 6.10 unterer Teil).

426 6 Modellgestützte gehobene Regelung

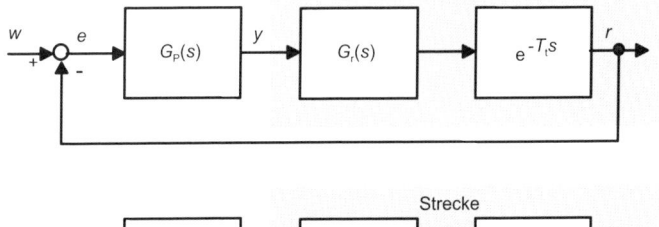

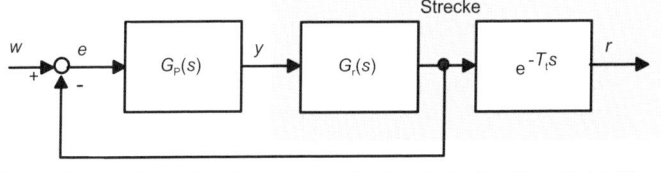

Bild 6.10 Zur Motivation des Ansatzes für den SMITH*-Prädiktor* $G_P(s)$.*Oben: Regelkreis mit* SMITH*-Prädiktor, unten: Angestrebte Regelkreisstruktur*

Da eine Totzeit grundsätzlich nicht kompensierbar ist, ist dieses das beste zu erwartende Ergebnis. $R(s)$ ist dabei eine noch *frei wählbare* rationale Übertragungsfunktion. Eine elementare Rechnung ergibt für $G_P(s)$

$$G_P(s) = \frac{R(s)}{1 + R(s)G_r(s)\left(1 - e^{-T_t s}\right)} \qquad (6.124)$$

Die noch freie Kompensatorübertragungsfunktion $R(s)$ kann gemäß Bild 6.9 ausschließlich für den rationalen Anteil $G_r(s)$ der Strecke ausgelegt werden, z. B. als PI(D)-Regler. Bild 6.11 veranschaulicht (6.124) als Wirkungsplan (→ Abschnitt 2.5.4.4).

Die einfache Idee und der erfahrungsgemäß schnellere Einschwingvorgang mit dem SMITH-Prädiktor gegenüber klassischen Reglern kann jedoch in der Praxis gravierende Schwächen zeigen. Der Regelkreis kann sehr empfindlich reagieren, wenn die Totzeit der Strecke vom nominalen Wert abweicht!

Beispiel: Vergleich eines PI-Reglers mit einem SMITH-Prädiktor bei dominanter Totzeit. Betrachtet wird eine Strecke mit rationalem Anteil

$$G_r(s) = \frac{1}{(1+s)^2}$$

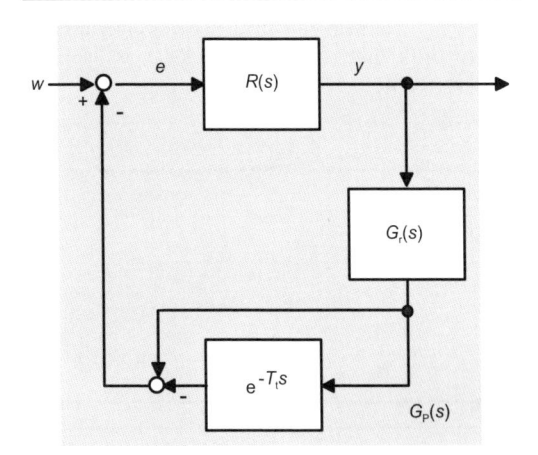

Bild 6.11 Wirkungsplan des Reglers $G_P(s)$ mit SMITH-Prädiktor

und $T_t = 7$. Die Zeitkonstanten seien auf 1 s normiert. Gegenüber der Zeitkonstantensumme von $T_\Sigma = 2$ des rationalen Teils $G_r(s)$ ist die Totzeit von $T_t = 7$ dominant. Der noch freie Teil $R(s)$ des SMITH-Prädiktors wird für $G_r(s)$ als PI-Regler nach dem Betragsoptimum ausgelegt (→ Abschnitt 4.4). Die Reglerparameter von $R(s)$ ergeben sich dann zu

$$K_{P,r} = 1, \qquad T_{N,r} = 1{,}66$$

Als klassischer Regler für obige Strecke wird ebenfalls ein PI-Regler nach dem Betragsoptimum eingesetzt. Dessen Reglerparameter erhält man mittels des EXCEL-Formulars in Abschnitt 4.4 zu

$$K_P = 0{,}29, \qquad T_N = 3{,}39$$

Bild 6.12 zeigt die Simulationsergebnisse. Wie erwartet reagiert der Regelkreis mit SMITH-Prädiktor im nominalen Fall schneller als mit dem reinen PI-Regler. Bei einer geringen Parameterabweichung der Streckentotzeit von 7 s auf 6 s zeigt der Regelkreis mit SMITH-Prädiktor eine sehr hohe Empfindlichkeit, während der Regelkreis mit PI-Regler unempfindlich reagiert.

Beim Eingriff einer Störgröße innerhalb der Strecke macht sich, im Gegensatz zum Führungsverhalten, die Totzeit nicht nur als Verschiebung im Einschwingvorgang des Regelkreises bemerkbar. Wie man

428 6 Modellgestützte gehobene Regelung

eine Störgrößenaufschaltung in diesem Fall unter Berücksichtigung des Grundgedankens des SMITH-Prädiktors durchführen kann, ist in GRÄSER [6.30] detailliert beschrieben.

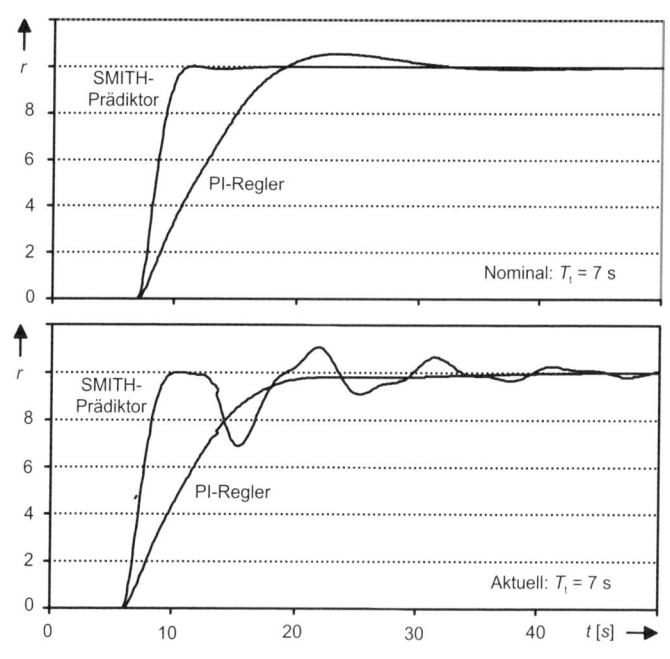

Bild 6.12 Vergleich eines Regelkreises mit SMITH-Prädiktor und PI-Regler bei dominanter Streckentotzeit im nominalen und im aktuellen Fall

7 Fuzzy-Technik und neuronale Netze

7.1 Fuzzy-Technik in der Regelungstechnik
Rainer Bartz

7.1.1 Einführende Betrachtungen

7.1.1.1 Fuzzy-Set-Theorie

Die unter dem Namen **Fuzzy-Set-Theorie** bekannt gewordene Theorie unscharfer Mengen wurde maßgeblich durch ZADEH [7.10], in den frühen 60er-Jahren des letzten Jahrhunderts erarbeitet. Sie verallgemeinert die Theorie von Mengen und ihren Verknüpfungen und beruht im Wesentlichen auf der Beobachtung, dass die Charakterisierung von Objekten des täglichen Lebens nur selten in mathematisch exakter Weise erfolgt und dennoch in der Regel von allen beteiligten Personen verstanden und im aktuellen Kontext auch gleichermaßen interpretiert wird. So wird ein „flach abfallender Sandstrand" ohne exakte Winkelangabe korrekt als das verstanden, was gemeint ist, nämlich als ein für kleine Kinder geeigneter Badestrand.

In den folgenden Jahren zog die Fuzzy-Set-Theorie in viele Anwendungsgebiete ein. Nach z. T. euphorischer Anwendung dieser neuen Ansätze zeigte sich hin und wieder auch Ernüchterung im Hinblick auf den besonderen Nutzen dieser Theorie, und inzwischen kann man feststellen, dass es Gebiete gibt, in denen sie Einzug gehalten hat, dass es aber auch Aufgabenstellungen gibt, bei denen die Anwendung der Fuzzy-Set-Theorie keinerlei Vorteile bringt.

Dieser Abschnitt soll einen Eindruck darüber vermitteln, was die Fuzzy-Set-Theorie ist und wie sie in der Regelungstechnik eingesetzt werden kann.

7.1.1.2 Technische Motivation

Das typische Beispiel, an dem die Besonderheiten der Fuzzy-Set-Theorie immer wieder dargestellt werden (und das sich dafür auch gut eignet), ist die Temperatur in einer Wohnung und die ggf. notwendige Klimaanlage.

Menschen neigen dazu, die Temperatur in ihrer Wohnung mit Begriffen wie „angenehm", „kalt", „warm" usw. zu charakterisieren. Ingenieure tendieren dazu, die Temperatur zu messen und dann mit Aussagen wie „ϑ = 19,5 °C" zu beschreiben. Wie diese beiden Aussagen zueinander in Beziehung stehen, ist a priori nicht definiert. Man würde eine Temperatur von 19,5 °C außer an heißen Sommertagen in der Regel dem Begriff *kalt* zuordnen. Mit Sicherheit würde man aber die Grenze zwischen *angenehm* und *kalt* nicht an einer absoluten Temperaturschwelle von z. B. 20 °C festmachen; es ist nur schwer nachvollziehbar, warum eine Temperatur von 20,0°C „kalt" sein soll, wenn eine Temperatur von 20,1 °C als „angenehm" eingestuft wird. Ein fließender Übergang zwischen diesen beiden Attributen ist wesentlich adäquater. Genau das ist der erste wesentliche Aspekt einer an Menschen angepassten Beschreibung, der von der Fuzzy-Set-Theorie geleistet wird.

Eine Klimaanlage, die nun entweder heizen oder kühlen kann oder ausgeschaltet ist, muss üblicherweise aus dem Messwert für die aktuelle Temperatur ϑ ihre nächste Aktion ableiten. Ein einfacher Dreipunktregler wird dafür harte Grenzen ansetzen (u. U. mit einer Hysterese um die Grenzpunkte, die aber hier vernachlässigt werden soll) und dabei vielleicht implizit die folgenden Regeln beachten:

if ϑ < 20 °C *then* Heizung = eingeschaltet
if ϑ > 24 °C *then* Kühlung = eingeschaltet

Der menschlichen Kommunikation angemessener wären allerdings die folgenden Regeln:

if ϑ = kalt *then* Heizung = eingeschaltet
if ϑ = warm *then* Kühlung = eingeschaltet

Eine solche verbale Beschreibung des (gewünschten) Verhaltens eines Systems ist der zweite wesentliche Aspekt einer an Menschen angepassten Beschreibung, den die Fuzzy-Logic leistet. Diese verbal beschriebenen Regeln heißen daher auch **linguistische Regeln** oder **Fuzzy-Regeln**.

7.1.1.3 Grundlagen und Begriffe

Fuzzy-Sets und Zugehörigkeitsfunktion. Fuzzy-Sets lassen sich folgendermaßen definieren:

7.1 Fuzzy-Technik in der Regelungstechnik

> Ein **Fuzzy-Set** ist eine unscharfe Menge F. Es kann betrachtet werden als eine Menge von Wertepaaren (x, μ_F), in denen einem Element x einer Grundmenge X jeweils eine Zugehörigkeitskennziffer μ_F zugeordnet ist.

Dies bedeutet formal:

$$F = \{(x; \mu_F(x)) \mid x \in X, \mu_F(x) \in R\} \tag{7.1}$$

Da $\mu_F(x)$ in der Regel eine Funktion der Elemente x ist, nennt man $\mu_F(x)$ auch **Zugehörigkeitsfunktion** (*membership function*) der Grundmenge X zum Fuzzy-Set F. Gelegentlich wird in der Literatur ein Fuzzy-Set mit dieser Zugehörigkeitsfunktion gleichgesetzt.

Während bei klassischen Mengen die Zugehörigkeit eines Elementes zu einer Menge immer nur zwei Alternativen zulässt (zugehörig: ja oder nein), erlaubt die Fuzzy-Set-Theorie eine völlig variable Zugehörigkeit. Der Grad der Zugehörigkeit wird durch eine reelle Zahl μ_F definiert, die i. Allg. beliebige Werte annehmen kann. Im praktischen Einsatz in der Regelungstechnik wird sie jedoch meist auf den Bereich [0, 1] beschränkt, und der Wert $\mu_F = 1$ wird als *vollständige Zugehörigkeit*, der Wert $\mu_F = 0$ als *keine Zugehörigkeit* interpretiert.

Klassische Mengen können als Spezialfall eines Fuzzy-Sets betrachtet werden; sie entstehen, wenn die Zugehörigkeitsfunktion keine anderen Werte außer 0 und 1 aufweist und an bestimmten Stellen sprungförmig zwischen diesen beiden Werten wechselt. Klassische Mengen werden im Kontext von Fuzzy-Sets auch als **scharfe Mengen** bezeichnet. Ein Beispiel für ein Fuzzy-Set ist in Bild 7.1 dargestellt; es beschreibt die unscharfe mathematische Aussage „$x \gg 1$".

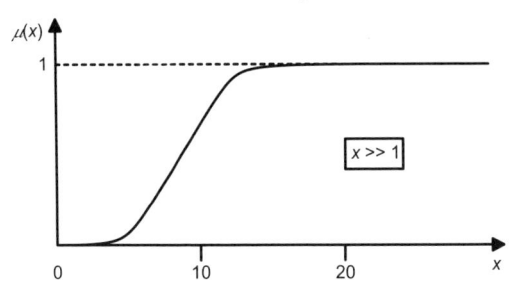

Bild 7.1 Zugehörigkeitsfunktion eines Fuzzy-Sets „$x \gg 1$" (Beispiel)

Während klassische Mengen einer Zahl x nur entweder die Eigenschaft „x ist sehr viel größer als 1" oder „x ist nicht sehr viel größer als 1" zuordnen können, wird über das dargestellte Fuzzy-Set

- allen Zahlen größer als 14 die volle Zugehörigkeit,
- allen Zahlen kleiner als 2 keine Zugehörigkeit und
- Zahlen zwischen 2 und 14 eine teilweise Zugehörigkeit

zum Fuzzy-Set zugeordnet.

Linguistische Variablen und linguistische Terme. Das einleitende Beispiel der Wohnungstemperatur macht bereits deutlich, dass es zu unterscheiden gilt zwischen dem, was man beschreibt (die Wohnungstemperatur) und den dabei möglichen Beschreibungsattributen (*kalt*, *angenehm*, *warm*).

> Das, was beschrieben wird, nennt man **linguistische Variable** LV. Die möglichen, meist umgangssprachlich definierten Attribute, durch die sie charakterisiert werden kann, heißen **linguistische Terme** LT.

Eine linguistische Variable LV wird über einer Grundmenge X definiert; ihr Name ist zugleich eine verbale Charakterisierung der Grundmenge. Jede LV besitzt mehrere linguistische Terme LT_n, $n = 1, ..., N$, die in der Regel durch umgangssprachliche Begriffe bezeichnet werden. Jeder linguistische Term LT_n wird durch ein Fuzzy-Set F_n beschrieben und erlaubt damit auch eine nur teilweise Erfüllung. Die Zugehörigkeit eines Wertes x aus der Grundmenge X zu einem linguistischen Term LT_n wird durch die entsprechende Zugehörigkeitsfunktion $\mu_n(x)$ bestimmt. Ein Wert x darf zu mehreren linguistischen Termen gehören; die Summe $\sum_{n=1}^{N} \mu_n(x)$ seiner Zugehörigkeiten zu den LT_n muss nicht gleich 1 sein.

7.1.2 Fuzzy-Logic-Systeme

7.1.2.1 Strukturen

Ein typisches System, das mit Hilfe von Fuzzy-Logic Schlussfolgerungen ziehen kann und in der Regelungstechnik einsetzbar ist, besteht wie in Bild 7.2 dargestellt aus drei hintereinander geschalteten Stufen, die in jedem Regelschritt sequenziell durchlaufen werden. Die Eingangsgröße x des Fuzzy-Systems wird als linguistische Variable LV betrachtet, welche eine Menge möglicher linguistischer Terme LT_n besitzt.

7.1 Fuzzy-Technik in der Regelungstechnik

```
x → [ Fuzzifizierung ] → [ Inferenz ] → [ Defuzzifizierung ] → y
```

Bild 7.2 Struktur eines Fuzzy-Logic-Systems

> **Fuzzifizierung** ist der Teilprozess, der aus dem scharfen Wert x der Eingangsgröße die aktuelle Zugehörigkeit zu den Fuzzy-Sets aller linguistischen Terme ermittelt.

Das Ergebnis ist eine Menge von Zugehörigkeitsgraden, die sich als Vektor $s(x)$ zusammenfassen lassen. Dieser Vektor wird gelegentlich auch **Sympathievektor** genannt.

> **Inferenz** ist der Teilprozess, der unter Verwendung der Fuzzy-Regeln aus dem Zugehörigkeitsvektor $s(x)$ Schlussfolgerungen zieht und eine unscharfe Information über den Wert der Stellgröße y liefert.

Die Einrichtung, die diesen Teilprozess bearbeitet, wird **Inferenzmaschine** genannt.

> **Defuzzifizierung** ist schließlich der Teilprozess, der aus den Schlussfolgerungen der Inferenz wieder eine scharfe Aussage über den einzustellenden Wert der Ausgangsgröße y bestimmt.

Eine Erweiterung auf mehrere Eingangsgrößen (linguistische Variablen) ist leicht möglich. Die Fuzzifizierung erfolgt dann für jede Eingangsgröße separat. Die Inferenz kann Schlussfolgerungen ziehen, die sowohl aus einzelnen Zugehörigkeiten zu linguistischen Termen als auch aus Kombinationen von Zugehörigkeiten mehrerer Eingangsgrößen gewonnen werden. Ebenso ist eine Erweiterung auf mehrere Ausgangsgrößen leicht möglich. Jede Regel in der Inferenzmaschine führt zwar zu Schlussfolgerungen für nur eine der Ausgangsgrößen, insgesamt werden aber durch eine genügend große Anzahl geeigneter Regeln schließlich alle Ausgangsgrößen berücksichtigt. Im Folgenden werden diese Teilprozesse näher betrachtet und die dabei üblichen Methoden erläutert.

7.1.2.2 Fuzzifizierung

Wahl der Eingangsgrößen. Der erste Schritt zu einer geeigneten Fuzzifizierungsstufe ist stets die Auswahl der Eingangsgrößen (linguistische Variable), die Zuordnung von möglichen Eigenschaften und ihre

434　7 Fuzzy-Technik und neuronale Netze

Beschreibung mit umgangssprachlichen Begriffen (linguistische Terme). Dies ist in der Regel ein leichter Schritt, da selbst in einem technischen Umfeld dafür bereits sprachliche Begriffe existieren. Häufig findet man einen generalisierten Satz linguistischer Terme wie z. B. *sehr klein – klein – normal – groß – sehr groß*.

Definition der Zugehörigkeitsfunktionen. Sind die linguistischen Variablen bestimmt und die zugehörigen linguistischen Terme benannt, muss in einem zweiten Schritt für jeden linguistischen Term ein Fuzzy-Set, d. h. eine Zugehörigkeitsfunktion definiert werden. An dieser Stelle wird vorhandenes Wissen in das Fuzzy-System eingebracht, z. B.: Wann ist der *Reifendruck* (*LV*) *sehr klein* (*LT*)? Hierzu gehört die Festlegung von Art und Lage der Zugehörigkeitsfunktion $\mu(x)$. Die gebräuchlichsten Zugehörigkeitsfunktionen im Bereich der Regelungstechnik gibt Bild 7.3 wieder.

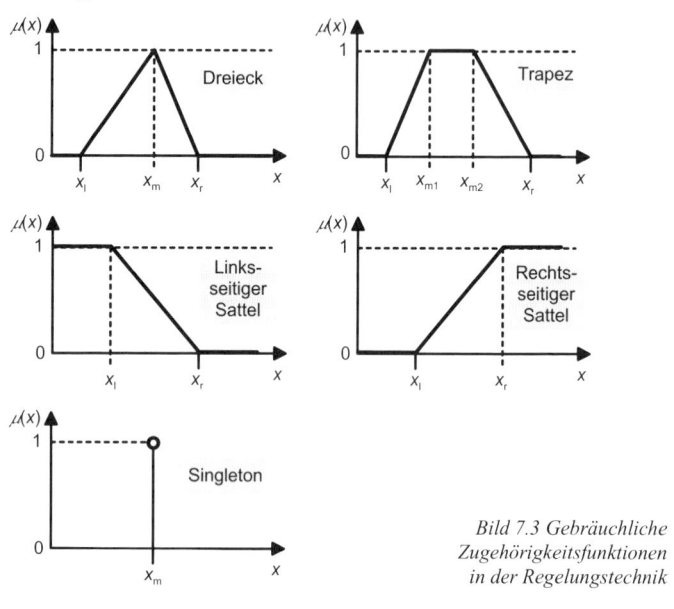

Bild 7.3 Gebräuchliche Zugehörigkeitsfunktionen in der Regelungstechnik

Links- und rechtsseitige **Sattelfunktionen** lassen sich gut einsetzen für die äußeren linguistischen Terme, d. h. für die Eigenschaften, die im Wertebereich der Grundmenge ganz links oder ganz rechts zugeordnet sind. **Dreieck-** und **Trapezfunktionen** sind dagegen gut zur Definition innerer linguistischer Terme geeignet. **Singletons** sind häufig im Einsatz, falls die Grundmenge X diskret ist.

Natürlich können für spezielle Zwecke beliebige davon abweichende Zugehörigkeitsfunktionen definiert werden. Bild 7.4 zeigt einige weitere gebräuchliche Funktionen, welche sanftere Übergänge zeigen, deren Implementierungsaufwand aber deutlich über dem der Zugehörigkeitsfunktionen von Bild 7.3 liegt.

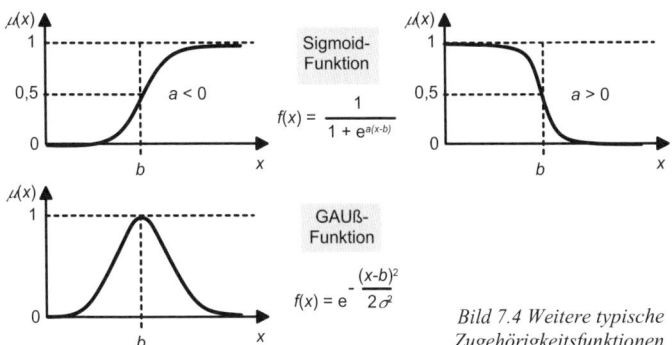

Sigmoid-Funktion
$$f(x) = \frac{1}{1 + e^{a(x-b)}}$$

GAUß-Funktion
$$f(x) = e^{-\frac{(x-b)^2}{2\sigma^2}}$$

Bild 7.4 Weitere typische Zugehörigkeitsfunktionen

Die **Sigmoid-Funktion** erreicht die Werte 0 und 1 nicht für endliche Abszissenwerte von x. Dasselbe gilt für den Wert 0 der **GAUß-Funktion**. Ist dieses Verhalten unerwünscht, sollen aber trotzdem stetig differenzierbare Funktionen zum Einsatz kommen, werden Zugehörigkeitsfunktionen gelegentlich über **Spline-Interpolationen**, also intervallweise definierte Polynomkombinationen generiert, die in bestimmten Wertebereichen von x die festen Werte 0 bzw. 1 garantieren und dazwischen sanfte Übergänge produzieren.

Um eine Interpretation im Sinne einer Zugehörigkeit zu einem linguistischen Term zu erlauben, sollten Zugehörigkeitsfunktionen für kein Element der Grundmenge X negativ werden. Zudem sollte der Wert von $\mu(x)$ umso größer sein, je mehr ein Experte dem Wert x der Eingangsgröße den jeweiligen linguistischen Term zuordnen würde.

Fuzzy-Sets heißen **normal**, wenn für ihre Zugehörigkeitsfunktion gilt: $\max\{\mu(x)\} = 1$.

Falls es kein explizites Maximum gibt, ist die Funktion max über eine Grenzwertbildung als kleinste obere Schranke zu bestimmen. Alle in den Bildern 7.3 und 7.4 dargestellten Funktionen definieren normale Fuzzy-Sets, und es gibt wenig Gründe, davon abzuweichen.

> Fuzzy-Sets heißen **konvex**, wenn ihre Zugehörigkeitsfunktion für zunehmende Werte der Grundmenge monoton bis zu ihrem Maximum steigt und danach monoton fällt.

Auch dies ist für die in Bild 7.3 und Bild 7.4 dargestellten Funktionen gegeben.

> Fuzzy-Sets heißen **leer**, wenn für alle Elemente x der Grundmenge X gilt: $\mu(x) = 0$. Fuzzy-Sets heißen **universell**, wenn für alle Elemente x der Grundmenge X gilt: $\mu(x) = 1$.

Diese beiden Spezialfälle haben allerdings wenig praktische Bedeutung.

> Unter **Support** (auch **Einflussbreite** oder **Träger** genannt) eines konvexen Fuzzy-Sets versteht man das Intervall $[x_1, x_2]$ der Grundmenge, in welchem die Zugehörigkeitsfunktion größer als null ist.

Der Support der Dreieckfunktion und der Trapezfunktion ist $[x_l, x_r]$, links- und rechtsseitige Sattelfunktionen haben einen unendlich großen Support von $(-\infty, x_r)$ bzw. $[x_l, \infty)$, und beim *Singleton* besteht der Support nur aus dem singulären Wert x_m. Gelegentlich wird der Support als Menge definiert.

> Mit **Toleranz** (auch **Kern** genannt) eines konvexen und normalen Fuzzy-Sets bezeichnet man das Intervall $[x_1, x_2]$ der Grundmenge, für das die Zugehörigkeitsfunktion gleich 1 ist.

Die Toleranz von Dreieckfunktion und *Singleton* besteht nur aus einem singulären Wert x_m, die Toleranz der Trapezfunktion ist $[x_{m1}, x_{m2}]$, und links- und rechtsseitige Sattelfunktionen haben eine unendlich große Toleranz von $(-\infty, x_l)$ bzw. $[x_r, \infty)$. Gelegentlich wird auch die Toleranz als Menge definiert.

Bei der Definition der Fuzzy-Sets für die einzelnen linguistischen Terme einer *LV* sollte beachtet werden, dass jedes Element x der Grundmenge X für mindestens einen linguistischen Term LT_n einen Wert $\mu_n(x)$ ungleich null hat. In Bild 7.5 ist eine typische Definition von fünf linguistischen Termen für eine *LV* „Autogröße" dargestellt; die Zugehörigkeitsfunktionen der einzelnen *LT* definieren sich über die Länge L des Autos. In der Praxis zeigt sich, dass die Übergangsbereiche von $\mu(x)$ in ihrem Einfluss untergeordnet sind; wesentlichere Auswirkungen auf das Verhalten eines Fuzzy-Systems haben Support und Toleranz. Aus diesem Grund beschränkt man sich in regelungstechnischen Anwendungen auf die rechentechnisch anspruchsloseren linearen Übergänge und die in Bild 7.3 dargestellten Grundtypen für $\mu(x)$.

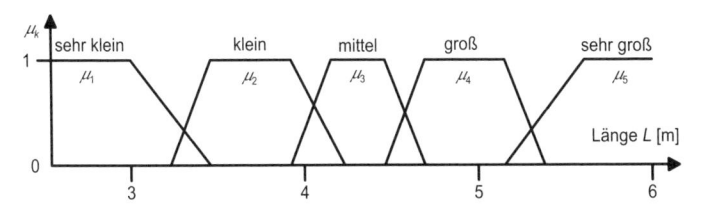

Bild 7.5 Zugehörigkeitsfunktionen $\mu_n(L)$ für Terme einer LV (Beispiel)

Bei der Festlegung der linguistischen Terme und ihrer Zugehörigkeitsfunktionen hat es sich als zweckmäßig herausgestellt, den Support für die linguistischen Terme umso kleiner zu wählen, je näher sie am später gewünschten Arbeitspunkt liegen. Dies erlaubt eine präzisere Einstellung um den Arbeitspunkt herum; befindet sich das System dagegen weit außerhalb des Arbeitspunkts, genügt eine grobe Vorgabe für die Ausgangsgröße, die den Betrieb möglichst rasch in Richtung des Arbeitspunkts verschiebt. Vielfach wird empfohlen die Zugehörigkeitsfunktionen von benachbarten *LT* so zu gestalten, dass ihre Schnittpunkte jeweils bei einem Wert von 0,5 liegen. Dies ist jedoch nicht zwingend notwendig und bringt in der Regel auch keine besonderen Vorteile.

7.1.2.3 Inferenz

Inferenzmaschine. Der Teilprozess der Inferenz ist das Kernstück eines Fuzzy-Logic-Systems. Mit der **Inferenzmaschine** werden vordefinierte Regeln ausgewertet und auf Grund der Eingangswerte (Zugehörigkeitsvektor) logische Schlussfolgerungen gezogen. Während die klassische binäre Logik aber nur zu den Ergebnissen „ja oder nein" – bzw. „wahr oder falsch" – kommen kann, erlaubt die Fuzzy-Logic sehr viel feiner abgestufte Ergebnisse. Die Verwendung umgangssprachlicher Ausdrucksformen zur Beschreibung der Regeln macht es darüber hinaus auch Ungeübten leicht, das Regelwerk zu verstehen und zu modifizieren.

Eine Fuzzy-Regel ist wie folgt aufgebaut:

if <Prämisse> *then* <Konklusion>

Darin steht <Prämisse> für eine Aussage, deren Wahrheitsgehalt offenbar zu prüfen ist, und <Konklusion> für die aus dieser Regel abgeleitete Schlussfolgerung. Beispiele für Fuzzy-Regeln sind:

if Temperatur = hoch *then* Heizung = niedrig
if Schulden = sehr hoch *then* Sparen = sehr wichtig

Die Auswertung jeder einzelnen Regel erfolgt in mehreren Schritten (gelegentlich wird in der Literatur nicht auf diese strikte Dreiteilung geachtet; auch die Begriffe werden nicht immer sorgfältig unterschieden und sogar z. T. verwechselt):

- Zunächst ist der Wahrheitsgehalt der Prämisse zu prüfen. Die Prämisse ist eine meist umgangssprachlich beschriebene Aussage, ihr Wahrheitsgehalt wird aus der Zugehörigkeitsfunktion der verwendeten linguistischen Terme abgeleitet. Dieser Vorgang wird **Aggregation** genannt.

- Danach wird dieser Wahrheitsgehalt für jede Regel auf die Konklusion übertragen (**Aktivierung**); der darin beschriebene linguistische Term wird aktiviert.

- Schließlich müssen die Einzelergebnisse aller Regeln noch in geeigneter Weise zusammengeführt werden. Man spricht hierbei von **Akkumulation**.

Diese drei Schritte werden im Folgenden dargestellt.

Aggregation. Die Inferenzmaschine untersucht in ihrem ersten Schritt den Wahrheitsgehalt w von **Aussagen**. Aussagen können elementar auftreten oder zusammengesetzt sein.

Eine **elementare Aussage** A hat stets die Form $LV = LT_n$. Beispiele dafür sind „Wohnungstemperatur = kalt" oder „Autogröße = groß". Der aktuelle Wert x der LV wird dabei mit dem linguistischen Term LT_n verglichen.

Eine Aussage ist nach der klassischen Aussagenlogik entweder wahr oder falsch. Bei Fuzzy-Logic ist der Wahrheitsgehalt der elementaren Aussage gleich dem Wert der Zugehörigkeitsfunktion des Fuzzy-Sets, welches den linguistischen Term beschreibt, ermittelt für das Element x aus der Grundmenge. Der Wahrheitsgehalt einer Aussage kann für normale Fuzzy-Sets also stufenlos zwischen 0 % entsprechend 0 (völlig falsch) und 100 % entsprechend 1 (völlig richtig) variieren. Nach Bild

7.5 wäre für ein Auto der Länge L = 4,6 m die Aussage „Autogröße = groß" zu 40 % wahr ($w = \mu_4(L) = 0{,}4$), die Aussage „Autogröße = mittel" zu 60 % wahr ($w = \mu_3(L) = 0{,}6$) und alle anderen Aussagen zu 0 % wahr.

Bei **zusammengesetzten Aussagen** werden eine oder mehrere elementare Aussagen mit Operatoren verknüpft. Als Operatoren gelten hier die bereits aus der klassischen Aussagenlogik bekannten *und*-, *oder*- sowie *nicht*-Operatoren. Die entsprechenden englischen Begriffe haben sich weitgehend durchgesetzt und lauten *and*, *or*, *not*. Da bei der Verwendung die Priorisierung dieser Operatoren nicht einheitlich festgelegt ist, empfiehlt sich bei mehr als einem Operator unbedingt eine Klammersetzung.

Die an einer zusammengesetzten Aussage beteiligten elementaren Aussagen dürfen verschiedene linguistische Variablen betrachten; dies ist immer dann der Fall, wenn ein Fuzzy-System mit mehreren Eingängen vorliegt und eine Regel mehrere Eingänge miteinander verknüpft. Der Wahrheitsgehalt w einer zusammengesetzten Aussage hängt offensichtlich vom Wahrheitsgehalt der Einzelaussagen sowie von den jeweils vorliegenden Operatoren ab.

Für den *not*-Operator liegt das Ergebnis auf der Hand. Wenn $A_2 = not(A_1)$ gilt und A_1 den Wahrheitsgehalt $w_1 \in [0, 1]$ hat, dann hat A_2 den Wahrheitsgehalt $w_2 = 1 - w_1$. Dies macht natürlich nur Sinn, falls die beteiligten linguistischen Terme durch normale Fuzzy-Sets beschrieben sind, und unterstreicht die Zweckmäßigkeit einer Beschränkung auf normale Fuzzy-Sets. Anzumerken ist hier weiterhin, dass der *not*-Operator nicht der intuitiven Interpretation eines *ausschließenden nicht* entspricht; sowohl die Aussage A als auch $not(A)$ können für dasselbe Element x der Grundmenge teilweise wahr sein.

Ein erster Ansatz zur Definition des Wahrheitsgehaltes von mit *and* oder *or* verknüpften Aussagen sind die Maximum-/Minimum-Funktionen. Sie zeigen jedoch gewisse Nachteile, die durch verschiedene alternative Ansätze vermieden werden. Im Folgenden werden die wichtigsten Definitionen für *and*- und *or*-Verknüpfungen dargestellt (entsprechend ihrer Bedeutung sortiert). Dabei seien die w_i jeweils die den Aussagen A_i entsprechenden Wahrheitsgehalte (die im Falle elementarer Aussagen den jeweiligen Werten der Zugehörigkeitsfunktionen entsprechen).

- **Maximum/Minimum**. Ein *and*-Operator bewirkt, dass der sich ergebende Wahrheitsgehalt der zusammengesetzten Aussage dem Minimum der Wahrheitsgehalte der einzelnen Aussagen entspricht:

$$A_3 = A_1 \text{ and } A_2 \Rightarrow w_3 = \min\{w_1, w_2\} \tag{7.2}$$

Ein *or*-Operator bewirkt, dass der sich ergebende Wahrheitsgehalt der zusammengesetzten Aussage dem Maximum der Wahrheitsgehalte der einzelnen Aussagen entspricht:

$$A_3 = A_1 \text{ or } A_2 \Rightarrow w_3 = \max\{w_1, w_2\} \tag{7.3}$$

Der Nachteil der Maximum-/Minimum-Methode liegt im Wesentlichen darin, dass immer nur einer der beiden Wahrheitsgehalte das Ergebnis bestimmt. Der andere hat keinen Einfluss auf das Ergebnis, solange er noch größer bzw. kleiner als der dominante ist, selbst wenn er sich im Verlauf der Zeit ändert. Das macht ein System letztlich unsensibel gegenüber Änderungen nicht dominanter Eigenschaften, was jedoch in vielen Fällen nicht gewünscht ist.

- **Algebraisches Produkt, algebraische Summe**. Für einen *and*-Operator ergibt sich als Wahrheitsgehalt der zusammengesetzten Aussage das Produkt der Wahrheitsgehalte der einzelnen Aussagen (algebraisches Produkt):

$$A_3 = A_1 \text{ and } A_2 \Rightarrow w_3 = w_1 \cdot w_2 \tag{7.4}$$

Für einen *or*-Operator erhält man den Wahrheitsgehalt der zusammengesetzten Aussage aus folgender Gleichung (algebraische Summe):

$$A_3 = A_1 \text{ or } A_2 \Rightarrow w_3 = w_1 + w_2 - w_1 w_2 \tag{7.5}$$

- **Begrenzte Differenz/Summe**. Für einen *and*-Operator ergibt sich der Wahrheitsgehalt der zusammengesetzten Aussage nach folgender Gleichung (begrenzte Differenz):

$$A_3 = A_1 \text{ and } A_2 \Rightarrow w_3 = \max\{0, w_1 + w_2 - 1\} \tag{7.6}$$

Für einen *or*-Operator resultiert der Wahrheitsgehalt der zusammengesetzten Aussage aus folgender Gleichung (begrenzte Summe):

$$A_3 = A_1 \text{ or } A_2 \Rightarrow w_3 = \min\{1, w_1 + w_2\} \tag{7.7}$$

Diese Definitionen heißen auch LUKASIEWICZ-t-Norm bzw. -Conorm.

- **HAMACHER-Produkt/-Summe**. Für einen *and*-Operator erhält man den Wahrheitsgehalt der zusammengesetzten Aussage aus folgender Gleichung (HAMACHER-Produkt):

$$A_3 = A_1 \text{ and } A_2 \Rightarrow w_3 = \frac{w_1 \cdot w_2}{w_1 + w_2 - w_1 \cdot w_2} \quad (7.8)$$

Für einen *or*-Operator ergibt sich der Wahrheitsgehalt der zusammengesetzten Aussage nach folgender Gleichung (HAMACHER-Summe):

$$A_3 = A_1 \text{ or } A_2 \Rightarrow w_3 = \frac{w_1 + w_2 - 2 \cdot w_1 \cdot w_2}{1 - w_1 \cdot w_2} \quad (7.9)$$

- **EINSTEIN-Produkt/-Summe**. Für einen *and*-Operator ergibt sich der Wahrheitsgehalt der zusammengesetzten Aussage nach folgender Gleichung (EINSTEIN-Produkt):

$$A_3 = A_1 \text{ and } A_2 \Rightarrow w_3 = \frac{w_1 \cdot w_2}{2 - (w_1 + w_2 - w_1 \cdot w_2)} \quad (7.10)$$

Für einen *or*-Operator resultiert der Wahrheitsgehalt der zusammengesetzten Aussage aus folgender Gleichung (EINSTEIN-Summe):

$$A_3 = A_1 \text{ or } A_2 \Rightarrow w_3 = \frac{w_1 + w_2}{1 + w_1 \cdot w_2} \quad (7.11)$$

Weitere spezifische Definitionen für die Verknüpfungen *and* und *or* finden sich in der Literatur, z. B. bei BOTHE [7.2] und KAHLERT, FRANK [7.3]. Operatoren für die *and*-Verknüpfung werden als **t-Norm** bezeichnet, Operatoren für *or*-Verknüpfungen als **t-Conorm** oder **s-Norm**. Die gängigen Verknüpfungsdefinitionen haben bestimmte elementare Eigenschaften, die für ihre Anwendung von Bedeutung sind. Dazu gehören die Kommutativität und die Assoziativität, so dass hier die Reihenfolge mehrerer *and*- oder *or*-Operationen untereinander jeweils beliebig gewählt werden kann.

Aktivierung. In ihrem zweiten Schritt überträgt die Inferenzmaschine für jede Regel den Wahrheitsgehalt der Prämisse auf die zugehörige Konklusion. Die Konklusion sieht ebenfalls wieder aus wie eine elementare Aussage $LV = LT_n$. Allerdings bezieht sich die darin verwendete linguistische Variable LV nicht auf eine Eingangs-, sondern auf eine Ausgangsgröße des Systems, und LT_n ist ein linguistischer Term dieser Ausgangsgröße. Man kann die Konklusion daher besser als *Handlungsvorschlag* verstehen, und die Intensität dieser Handlung ergibt sich auf Grund des Wahrheitsgehaltes der zugehörigen Prämisse.

Wie schon aus der Formulierung der Regeln hervorgeht, wird also in einem Fuzzy-Logic-System nicht nur jede Eingangs-, sondern auch jede Ausgangsgröße als linguistische Variable mit geeigneten linguistischen Termen modelliert. Jeder linguistische Term stellt auch für eine Ausgangsgröße über ein Fuzzy-Set und seine Zugehörigkeitsfunktion einen Zusammenhang her zwischen dem Wert y der Ausgangsgröße selber und ihrer aktuellen Zugehörigkeit $\mu(y)$ zu diesem linguistischen Term.

In Bild 7.6 wird ein Beispiel für eine linguistische Variable „Ventilstellung" dargestellt, die drei linguistische Terme „zu", „normal auf" und „weit auf" besitzt. Interpretiert werden diese Fuzzy-Sets wie gewohnt: z. B. bedeutet ein Ventilhub von 5mm, dass das Ventil zu 25% „zu" und zu 50% „normal auf" ist.

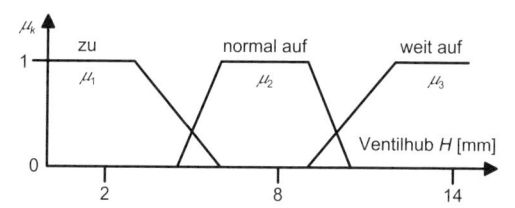

Bild 7.6 Linguistische Variable einer Ausgangsgröße (Beispiel)

Die Konklusion einer Regel verweist üblicherweise auf genau einen linguistischen Term. Die Zugehörigkeitsfunktion wird jedoch nur dann genau so in der Konklusion übernommen, wie sie für den LT der linguistischen Variablen definiert war, wenn der Wahrheitsgehalt der Prämisse gerade gleich 1 war (vollständig aktiviert). Dies ist normalerweise nicht der Fall, er wird vielmehr für normale Fuzzy-Sets im Bereich zwischen 0 und 1 liegen. In dem Fall wird der in der Regel referenzierte linguistische Term der Ausgangsgröße nur zu einem Teil aktiviert.

Für diese teilweise Aktivierung gibt es zwei wesentliche alternative Schemata, die häufig unter den Namen **MIN-Aktivierung** bzw. **PROD-Aktivierung** geführt werden.

- Bei der **MIN-Aktivierung** wird das Fuzzy-Set des linguistischen Terms der Konklusion auf den Wahrheitsgehalt der Prämisse begrenzt; die Zugehörigkeitsfunktion wird praktisch nach *oben* hin abgeschnitten.

- Bei der **PROD-Aktivierung** wird das Fuzzy-Set des linguistischen Terms der Konklusion mit dem Wahrheitsgehalt der Prämisse multipliziert; die Zugehörigkeitsfunktion wird praktisch nach *unten* gestaucht.

In Bild 7.7 wird beispielhaft die Aktivierung für die Regel

if <Prämisse> *then* Ventilstellung = „normal auf"

für beide Schemata dargestellt, wenn der Wahrheitsgehalt der zugehörigen Prämisse 75 % beträgt.

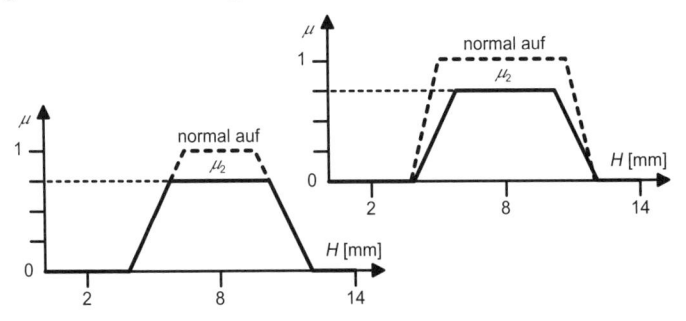

Bild 7.7 MIN-Aktivierung (links) und PROD-Aktivierung (rechts)

Die beiden Methoden unterscheiden sich nicht innerhalb der Toleranz des Fuzzy-Sets und dort, wo das Fuzzy-Set einen Zugehörigkeitsgrad von 0 hat. Lediglich im Übergangsbereich führt die PROD-Aktivierung zu kleineren Zugehörigkeitsgraden.

Akkumulation. In ihrem dritten und letzten Schritt wird die Inferenzmaschine das Ergebnis aller Regeln in geeigneter Weise zusammenführen. Hat das Fuzzy-Logic-System nur *einen* Ausgang, dann stellen die Konklusionen aller Regeln immer linguistische Terme derselben linguistischen Variablen dar; das Ergebnis jeder Regel ist die Aktivierung ihres jeweiligen linguistischen Terms, und zwar in dem Maße, wie die zugehörige Prämisse *wahr* ist. Die aktivierten linguistischen Terme werden dabei überlagert und definieren ein einziges gesamtes Fuzzy-Set für die Ausgangsgröße. Als Überlagerungsoperation kommt hier vorwiegend die *oder*-Verknüpfung der Fuzzy-Sets zum Einsatz. Dabei ergibt sich für den Wert der Zugehörigkeitsfunktion an einer Stelle y des Ausgangssignals stets das Maximum der Zugehörigkeitsfunktionen aller aktivierten linguistischen Terme an dieser Stelle. In selteneren Fällen, meist gekoppelt mit der PROD-Aktivierung, wird als Überlagerungsoperation die algebraische Summe aller einzelnen Fuzzy-Sets gebildet.

Man spricht bei den am weitesten verbreiteten Kombinationen aus Aktivierung und Akkumulation von

- **MAX-MIN-Inferenz**, wenn für die Aktivierung die *und*-Verknüpfung von Prämisse und Fuzzy-Set der Konklusion (Minimum-Funktion) und für die Akkumulation die *oder*-Verknüpfung (Maximum-Funktion) aller Regelergebnisse vorgenommen wird,

- **MAX-PROD-Inferenz**, wenn für die Aktivierung die algebraische Multiplikation aus Wahrheitsgehalt der Prämisse und Fuzzy-Set der Konklusion und für die Akkumulation die *oder*-Verknüpfung (Maximum-Funktion) aller Regelergebnisse vorgenommen wird, und

- **SUM-PROD-Inferenz**, wenn für die Aktivierung die algebraische Multiplikation aus Wahrheitsgehalt der Prämisse und Fuzzy-Set der Konklusion und für die Akkumulation die algebraische Summe aller Regelergebnisse vorgenommen wird.

Die Art der Aggregation bleibt in dieser Benennung unberücksichtigt. Auch an dieser Stelle soll ein Beispiel die Vorgehensweise verdeutlichen. Es seien zwei Regeln gegeben:

if <Prämisse1> *then* Ventilstellung = „normal auf"
if <prämisse2> *then* Ventilstellung = „weit auf"

und ferner sei der Wahrheitsgehalt von <Prämisse1> 75 % und der Wahrheitsgehalt von <Prämisse2> 25 %. Dann ergibt sich für das Fuzzy-Set der Ausgangsgröße bei MAX-PROD-Inferenz die in Bild 7.8 schattiert dargestellte Zugehörigkeitsfunktion.

Hat das Fuzzy-Logic-System mehrere Ausgänge, wird jeder Ausgang unabhängig von den anderen Ausgängen betrachtet. Für jede Ausgangsgröße wird dabei ein resultierendes Fuzzy-Set ermittelt.

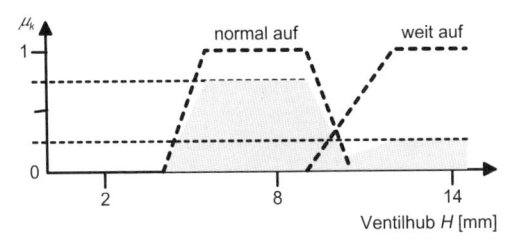

Bild 7.8 Beispiel für eine Akkumulation zweier Konklusionen (MAX-PROD-Inferenz)

7.1.2.4 Defuzzifizierung

Erzeugen scharfer Werte. Dieser dritte Teilprozess innerhalb eines Fuzzy-Logic-Systems hat die Aufgabe, aus dem Fuzzy-Set $\mu(y)$, das einer Ausgangsgröße y zugeordnet ist, wieder einen scharfen Wert y_0 zu erzeugen. Nur scharfe Werte können physikalisch eindeutig interpretiert werden und eignen sich zur Ansteuerung von Motoren, Ventilen, Endstufen usw. Zur **Defuzzifizierung**, d. h. zur Bestimmung eines festen Wertes y_0 bei gegebenem Fuzzy-Set $\mu(y)$, hat sich eine Reihe verschiedenartiger Methoden etabliert, die jeweils ihre eigenen Vor- und Nachteile aufweisen und im Folgenden erläutert werden. Auch hier muss man feststellen, dass die Literatur unter denselben Bezeichnungen gelegentlich unterschiedliche Methoden definiert.

MAX-Methode. Als fester Wert der Ausgangsgröße wird derjenige Wert y_0 gewählt, für den $\mu(y)$ maximal wird, für den also gilt:

$$\mu(y_0) \geq \mu(y) \text{ für alle } y \in Y \qquad (7.12)$$

Hierbei kann es passieren, dass es mehrere lokale Maxima mit gleichem Wert gibt oder dass sogar ein ganzes Intervall denselben Maximalwert aufweist (**Plateau**, z. B. bei trapezförmigen Fuzzy-Sets). In diesem Fall wird je nach Anwendungsgebiet der kleinste oder der größte Wert von y gewählt, bei welchem ein solches Maximum auftritt. Alternativ dazu kann auch der arithmetische Mittelwert aller vorhandenen Maximumstellen gewählt werden.

Wenn den linguistischen Termen der Ausgangsgröße normale Fuzzy-Sets zugeordnet sind, wirken bei der MAX-Methode effektiv nur die Regeln, für die die Prämisse maximal ist; alle anderen Regeln werden unterdrückt. Eine schleichende Änderung der Eingangsgrößen und damit ggf. der Prämissen bleibt lange unerkannt, wirkt aber dann möglicherweise plötzlich und überraschend, indem sich ein vom vorherigen deutlich abweichender scharfer Ausgangswert einstellen kann. Dies ist für eine kontinuierliche Arbeitsweise eines Systems nicht immer vorteilhaft. Die MAX-Methode findet in der Mustererkennung weiten Einsatz, da sie von allen linguistischen Termen der Ausgangsgröße in etwa denjenigen heraussucht, der die „typischste" Charakterisierung liefert.

Median-Methode. Bei dieser häufig auch als **Center-of-Area-** oder **CoA-Verfahren** bezeichneten Methode bestimmt der Flächenmedian der zur Ausgangsgröße gehörenden Zugehörigkeitsfunktion die Wahl des scharfen Ausgangswertes y_0. Der Flächenmedian ist der Abszissenwert y_0, der die Fläche unter der Zugehörigkeitsfunktion halbiert, bei dem also der links von ihm liegende Flächenanteil der Zugehörigkeitsfunktion genauso groß ist wie der rechts von ihm liegende Flächenanteil. Für ihn gilt die Gleichung:

$$\int_{-\infty}^{y_0} \mu(y)\mathrm{d}y = \int_{y_0}^{\infty} \mu(y)\mathrm{d}y \qquad (7.13)$$

Gibt es mehrere mögliche Werte für y_0, wird üblicherweise der Mittelwert daraus gewählt.

Centroiden-Methode (häufig auch **Center-of-Gravity-(CoG-)Methode** genannt). Hierbei bestimmt der Flächenschwerpunkt der zur Ausgangsgröße gehörenden Zugehörigkeitsfunktion die Wahl des scharfen Ausgangswertes y_0. Der Flächenschwerpunkt ist ein Punkt (y_0, μ_0), dessen Abszisse durch folgende Berechnungsvorschrift bestimmt werden kann:

$$y_0 = \frac{\int_{-\infty}^{\infty} y \cdot \mu(y)\mathrm{d}y}{\int_{-\infty}^{\infty} \mu(y)\mathrm{d}y} \qquad (7.14)$$

Er muss sich nicht zwangsläufig innerhalb der Fläche der Zugehörigkeitsfunktion befinden.

Der Flächenschwerpunkt kann nicht auf einer rechten oder linken vertikalen Begrenzungslinie der Zugehörigkeitsfunktion liegen, so dass bei der Centroiden-Methode die Fuzzy-Sets der Ausgangsgröße rechts und links über den möglichen Einstellbereich hinausgehen müssen, wenn der gesamte mögliche Einstellbereich der Ausgangsgröße ausgenutzt werden soll. Entsprechendes gilt für die Median-Methode. Ist die Fläche der Zugehörigkeitsfunktion nach rechts und/oder links unendlich ausgedehnt, wird der Flächenschwerpunkt gegen unendlich tendieren. Daher dürfen die Zugehörigkeitsfunktionen der linguistischen Terme der Ausgangsgröße bei der Centroiden-Methode keine Sattelform besitzen; sie müssen eine beschränkte Ausdehnung aufweisen. Zu diesem Zweck werden Fuzzy-Sets in Ausgangsgrößen häufig mit modifizierten Sattelfunktionen ausgestattet, deren Ausdehnung endlich ist und die lediglich in geringem Maß (typisch 10 %) über den Einstellbereich hinausragen. Solche Zugehörigkeitsfunktionen können auch als entartete Trapezfunktionen betrachtet werden. Entsprechendes gilt für die Median-Methode.

Ein Sonderfall liegt vor, wenn die Ausgangsgröße durch Fuzzy-Sets in Form von *Singletons* dargestellt ist. In diesem Fall wird die normalerweise rechenzeitintensive Bestimmung des Flächenschwerpunktes auf eine Summe diskreter Punkte zurückgeführt. Sind y_i die Stellen der I Singletons und w_i die zugehörigen Aktivierungen, dann ergibt sich die gesuchte scharfe Ausgangsgröße y_0 zu

$$y_0 = \frac{\sum_{i=1}^{I} w_i y_i}{\sum_{i=1}^{I} w_i} \qquad (7.15)$$

Diese Defuzzifizierungs-Methode wird **CoS-(Center of Singletons-) Verfahren** genannt. Eine entsprechend vereinfachte Rechenvorschrift lässt sich auch für die Median-Methode angeben; sie reduziert die Berechnung auf eine gewichtete Abzählung der aktivierten *Singletons*.

Mustererkennungsmethode (gelegentlich auch als **lineare Defuzzifizierung** bezeichnet; BOTHE [7.2]). Bei dieser Methode, die im Ergebnis im Falle normaler Ausgangs-Fuzzy-Sets der MAX-Methode nahe kommt, wird nur diejenige Regel berücksichtigt, bei der der Wahrheitsgehalt der Prämisse am größten ist. Als Ausgangsgröße y_0 ergibt sich dann die Stelle des Maximums derjenigen Zugehörigkeitsfunktion, die zu dieser Regel gehört (ggf. wieder erweitert auf die Auswahl des kleinsten, des größten oder des mittleren Abszissenwertes im Falle mehrerer gleicher Maxima). Streng genommen ist dies keine Defuzzifizierungs-Methode, sondern eine Methode zur Akkumulation der verschiedenen Konklusionen bei mehr als einer Regel. Sie wird trotzdem häufig im Zusammenhang mit der Defuzzifizierung aufgeführt und findet ihren Einsatz vorwiegend in der Mustererkennung, also dort, wo ein eindeutiges Objekt aus einer Liste möglicher Objekte erkannt werden soll.

7.1.3 Anmerkungen zu Fuzzy-Systemen

7.1.3.1 Allgemeines

Fuzzy-Logic-Systeme sind von ihrer Struktur her sehr gut dazu geeignet, eine größere Zahl von Eingangsgrößen zu verarbeiten und über Regeln miteinander zu verknüpfen. Dies gilt nicht nur für mehrere durch Signalvorverarbeitung gewonnene Informationen über die dynamischen Eigenschaften einer einzigen Rückführgröße, sondern ganz besonders auch für die Nutzung vieler der Messung zugänglicher Größen innerhalb der Regelstrecke. Hier gilt als Anhaltspunkt, dass es günstiger ist, eine größere Zahl von Messgrößen mit geringerer Messgenauigkeit als eine kleinere Zahl von Messgrößen mit hoher Genauigkeit zu verarbeiten. Dies entspricht der Arbeitsweise eines menschlichen Bedieners, der auch vorzugsweise aus einer Vielzahl an Informationen, von denen jede für sich nicht sehr akkurat sein muss, eine recht gute Anlagenregelung erzielt. Hieraus ergibt sich auch eines der Hauptargumente für den Einsatz von Fuzzy-Logic in Consumer-Artikeln. Dort, wo bisher schon Prozessoren für die Steuerung eingesetzt wurden, kann bei Verwendung von Fuzzy-Logic einfachere Sensorik zum Einsatz kommen; dies macht letztlich das Produkt preiswerter ohne die Qualität nennenswert zu beeinflussen.

Die Aufstellung des Regelwerkes ist der für die Intelligenz des Fuzzy-Logic-Systems wichtigste Schritt. Betrachtet man ein System mit m Eingangsgrößen und jeweils n linguistischen Termen, so zeigt sich, dass die Anzahl möglicher Regeln alleine aus *and*-Verknüpfungen der linguistischen Terme verschiedener Eingangsgrößen bei n^m liegt. Eine vollständige Regelbasis wird daher i. Allg. nicht mit vertretbarem Aufwand erstellt werden können, sie ist aber meist auch nicht erforderlich. In der Praxis hat sich hier ein iteratives Vorgehen bewährt, bei dem zunächst die offensichtlichen Regeln formuliert und dann im Zuge der Erfahrung (z. B. mit einer Simulation oder im überwachten Anlagenbetrieb) weitere Regeln ergänzt werden. Für die nicht durch Regeln erfassten Situationen muss man durch zusätzliche Maßnahmen sichere Anlagenzustände garantieren; z. B. kann in solchen Fällen ein vorgegebener konstanter Ausgangswert eingestellt oder der zuletzt eingestellte Wert kann beibehalten werden (was dann aber zu einer dynamischen Komponente im Systemverhalten führt).

7.1.3.2 Benennung der linguistischen Terme

Die umgangssprachlichen Bezeichnungen für die einzelnen **linguistischen Terme** LT einer linguistischen Variable LV können generell völlig frei gewählt werden. Gelegentlich findet man jedoch in der Literatur eine zweistufige Qualifizierung dieser Bezeichner entsprechend Bild 7.9.

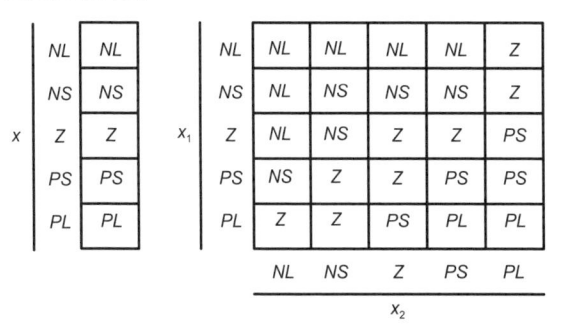

x

NL
NS
Z
PS
PL

NL
NS
Z
PS
PL

x_1

NL	NL	NL	NL	NL	Z
NS	NL	NS	NS	NS	Z
Z	NL	NS	Z	Z	PS
PS	NS	Z	Z	PS	PS
PL	Z	Z	PS	PL	PL
	NL	NS	Z	PS	PL

x_2

Bild 7.9 Beispiel für eine kompakte Regeldarstellung bei einer bzw. zwei Eingangsgrößen (links bzw. rechts)

In der *ersten* Stufe wird unterschieden zwischen z. B. *Negative* (N), *Zero* (Z) und *Positive* (P). In der *zweiter* Stufe werden dort, wo es sinnvoll ist, die Modifizierer *Large* (L), *Medium* (M) und *Small* (S) angehängt. Insgesamt ergeben sich dabei dann sieben linguistische Terme mit den Kurzbezeichnungen *NL, NM, NS, Z, PS, PM, PL*. Diese Strukturierung ist z. B. typisch, wenn die Regelabweichung e eines klassischen Reglers fuzzifiziert werden soll.

Werden alle linguistischen Terme der beteiligten linguistischen Variablen in dieser Weise bezeichnet, dann lässt sich in vielen Fällen die Regelbasis bei nur einer Eingangsgröße als Tabelle und bei zwei Eingangsgrößen als Matrix darstellen, womit sich eine kompakte und sehr übersichtliche Darstellungsart ergibt.

7.1.3.3 Unterschiedlich vertrauenswürdige Regeln

Bei komplexeren Fuzzy-Systemen werden Regeln durch unterschiedliche Experten formuliert und im Lauf der Zeit angepasst. Bei Systemen mit einer großen Regelbasis kann leicht der Überblick über die Interaktion zwischen Regeln verloren gehen. Die bisher beschriebenen Inferenzverfahren behandeln alle Regeln gleich, unabhängig von ihrer Herkunft. Sind im Laufe der Zeit mehrere ähnlich lautende Regeln entstanden, wird das wenig Konsequenzen für das Systemverhalten aufweisen; dies erhöht lediglich die Redundanz im System und implizit den Aufwand bei der Auswertung der Regeln. Finden sich dagegen widersprüchliche Regeln in der Regelbasis, kann dies zu einer deutlichen Abweichung von einem vernünftigen Systemverhalten führen. In dem Falle wäre es hilfreich, innerhalb des Systems Informationen über die Vertrauenswürdigkeit einer Regel zu verwalten.

Kann davon ausgegangen werden, dass ein gewisses A-priori-Wissen darüber vorliegt, welche Regeln mit Sicherheit gelten und welche Regeln in ihren Konsequenzen nicht unbedingt vertrauenswürdig sind, wird verschiedentlich vorgeschlagen, die Glaubwürdigkeit einer Regel durch einen weiteren **Wichtungsfaktor** $g_i \in [0, 1]$ zu bewerten, der auch als **Glaubensgrad** oder **Konfidenz der Regel** bezeichnet wird. Dieser wird im Anschluss an die Auswertung der Prämisse mit dem Wahrheitsgehalt der Prämisse multipliziert und führt effektiv zu einer Herabsetzung des Wahrheitsgehaltes bei nicht so vertrauenswürdigen Regeln.

7.1.3.4 Scharfe Konklusionen

Manche Fuzzy-Logic-Systeme definieren die Konklusionen als scharfe Aussagen bzw. Handlungsanweisungen. In diesem Fall spielt der Wahrheitsgehalt der Prämissen nur eine mittelbare Rolle; aus der Menge aller Regeln, deren Konklusionen auf dieselbe Ausgangsgröße wirken, wird nur diejenige Regel wirksam, deren Prämisse den höchsten Wahrheitsgehalt besitzt. Die Konklusion dieser wirksamen Regel gelangt zur Ausführung.

Ein Beispiel für eine solche Regel ist:

if acceleration = largeNeg *or* acceleration = largePos *then* fire airbag

und es ist ersichtlich, dass ein Fuzzy-Set für diese Ausgangsgröße keinen Vorteil bringen würde.

Eine verallgemeinerte Variante stellt der **Fuzzy-Controller** nach SUGENO und TAKAGI dar; SUGENO [7.9]. Auch hier haben die Regeln jeweils scharfe Konklusionen. Jedoch werden alle aktiven Regeln berücksichtigt und der sich ergebende Wert der Ausgangsgröße wird als gewichteter Mittelwert über die Ergebnisse der Konklusionen bestimmt.

7.1.4 Regelungstechnische Anwendungen

7.1.4.1 Ersetzen von Regelalgorithmen

Fuzzy-Logic-Systeme können auf sehr unterschiedliche Weise in der Regelungstechnik zum Einsatz kommen. Zunächst kann ein solches System dazu verwendet werden, den Regler zu ersetzen. Dies ist in Bild 7.10 dargestellt.

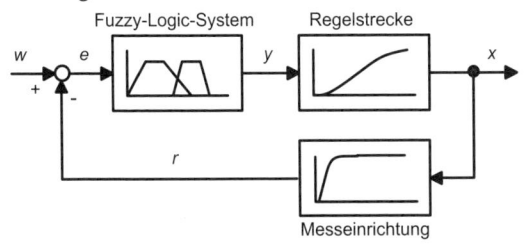

Bild 7.10 Einsatz als Fuzzy-Regler mit externer Führungsgröße

Hier wird als Eingangsgröße die Regelabweichung gewählt, Ausgangsgröße ist die Stellgröße der Regelstrecke. Ein solches Fuzzy-System kann allgemein gültige Regeln beinhalten, die es ihm erlauben, die Regelabweichung nahe null zu halten. Damit ist es dann als universeller Regler für eine breite Zahl von Anwendungsfällen einsetzbar.

Eine wesentliche Eigenschaft des beschriebenen Fuzzy-Logic-Systems ist, dass es rein statisches Verhalten zeigt. Für jeden Verarbeitungsschritt werden nur die aktuellen Werte der Eingangsgrößen berücksichtigt, ihr Verlauf in der Vergangenheit spielt keine Rolle. Diese Eigenschaft ist in vielen Fällen unbefriedigend. Daher wird einem Fuzzy-Logic-System häufig eine Signalvorverarbeitung vorgeschaltet, die aus der Eingangsgröße durch Differenziation, Integration und weitere Operationen wesentliche dynamische Kennwerte ermittelt und dem Fuzzy-System zur Verfügung stellt. Formal erscheint dies wie ein Fuzzy-System mit mehreren Eingangsgrößen. Im Regelwerk der Inferenzmaschine spiegelt sich jedoch wieder, dass es sich bei den Eingangsgrößen effektiv um dynamische Informationen ein und derselben physikalischen Größe handelt. Von KAHLERT, FRANK [7.3] wird dargelegt, wie ein Fuzzy-Regler so konfiguriert werden kann, dass sein Verhalten dem eines Kennlinienreglers (Zweipunkt- oder Dreipunktregler) oder auch eines klassischen P-, PI-, PD- oder PID-Reglers entspricht.

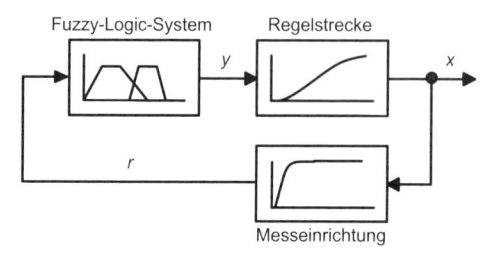

Bild 7.11 Einsatz als Fuzzy-Regler ohne externe Führungsgröße

Eine interessante Alternative stellt die Anordnung nach Bild 7.11 dar. Auffällig ist, dass hier nicht die Regelabweichung *e*, sondern mit der Rückführgröße *r* der Ausgang der Regelstrecke *direkt* auf den Reglereingang gelegt wird. Die Führungsgröße wird in dieser Anordnung nicht explizit an den Regler herangeführt, sondern vielmehr in das Regelwerk der Inferenzmaschine eingebettet. Dies kann für konstante Führungsgrößen oder für von der Regelgröße abhängige Führungsgrößen von Vorteil sein, bieten doch die Regelwerke in der Inferenzmaschine die Möglichkeit, eine Vielfalt von Abhängigkeiten zu berücksichtigen. Auch hier können natürlich aus der Rückführgröße weitere dynamische Informationen gewonnen und in das Fuzzy-System eingespeist werden.

7.1.4.2 Parameteradaption

Ein anderer Ansatz für den Einsatz von Fuzzy-Systemen wird von SCHAEDEL et al. [7.7] beschrieben. Dort wird der Regelkreis über einen klassischen PI-Regler geschlossen. Das Fuzzy-System dient nicht zur Regelung des Prozesses, sondern zur Adaption der PI-Parameter. Bild

7.12 zeigt die zu Grunde liegende Anordnung. Für die Adaption der Parameter des PI-Reglers muss der Regelkreis nicht mehr aufgetrennt werden. Das Fuzzy-System beobachtet lediglich Signale an verschiedenen Stellen des Regelkreises, analysiert ihre Eigenschaften und kann durch geeignet definierte Regeln feststellen, inwieweit eine Veränderung der Reglerparameter zu einem günstigeren Gesamtverhalten des Regelkreises führen wird.

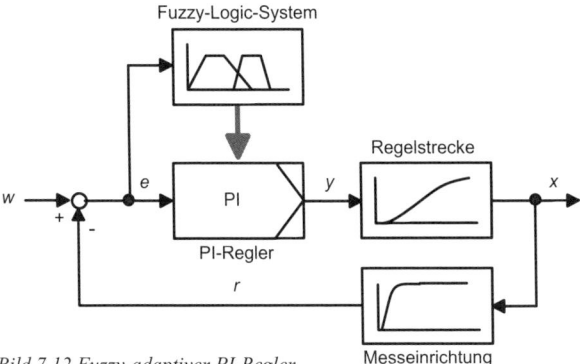

Bild 7.12 Fuzzy-adaptiver PI-Regler

7.1.4.3 Strukturumschaltungen

Ein weiteres interessantes Konzept stellt die parallele Implementierung eines klassischen PID-Reglers und eines Fuzzy-Controllers dar. Zu jedem Zeitpunkt ist jeweils nur einer der Regler aktiv; die Umschaltung erfolgt aufgrund bestimmter Kriterien, wie z. B. dem Abstand vom gewünschten Arbeitspunkt; bei großem Abstand arbeitet der Fuzzy-Controller, in der Nähe des Arbeitspunktes ist der PID-Regler aktiv.

7.1.4.4 Stabilität eines Regelkreises mit Fuzzy-Regler

Fuzzy-Controller sind im Allgemeinen statische nichtlineare Systeme; durch Signalvorverarbeitung und Erweiterung auf mehrere Eingangsgrößen können sie zu dynamischen nichtlinearen Systemen werden. Für diese Klasse von Systemen existieren *keine* einfach anwendbaren, allgemein gültigen Stabilitätskriterien.

Die vermutlich umfassendsten Ansätze findet man in der Stabilitätstheorie von LJAPUNOW. Ist der Regelkreis im Wesentlichen linear bis auf ein nichtlineares Kennliniedglied, lässt sich mit der Methode nach

POPOW die Stabilität in einem bestimmten Kennlinienbereich untersuchen. Weitere Ansätze, die in der Regel auf spezielle Anordnungen, Fuzzy-Sets, Regelwerke usw. beschränkt sind, finden sich u. a. bei KAHLERT, FRANK [7.3] und KIENDL [7.4]. In den weitaus meisten Fällen wird sich die Stabilitätsuntersuchung bei Fuzzy-Reglern auf eine heuristische Untersuchung der Regeln beschränken. Vorzugsweise in einer Simulationsumgebung werden möglichst viele der zu erwartenden Situationen nachgestellt und die Reaktion des Regelkreises analysiert.

7.1.4.5 Produktbeispiele und Einsatzgebiete

Die vorstehend aufgeführten Beispiele zeigen, wie vielseitig Fuzzy-Systeme eingesetzt werden können, um klassische Systemkonfigurationen zu ersetzen oder zu unterstützen. Abschließend sollen an dieser Stelle Produktbeispiele und Einsatzgebiete aufgeführt werden, in denen Fuzzy-Logic zum Einsatz kommt. Auf Spezifika wird dabei verzichtet; Details zu den hier dargestellten Produkte finden sich z. B. im Internet.

- Camcorder mit Vermeidung von Verwacklungen
- Kamera mit Autofocus oder Zoom-Nachführung
- Staubsauger mit Berücksichtigung von Staubmenge und Bodenbeschaffenheit
- Waschmaschine, die den Verschmutzungsgrad und die Wäschemenge berücksichtigt
- Reiskocher, Mikrowelle
- U-Bahn Steuerung von SENDAI (Japan)
- ABS, Tempomat, dynamische Stoßdämpfer
- Objektklassifizierung in der Robotertechnik
- Temperaturregelung von Glasschmelzen
- Abwasserreinigung
- Mustererkennung

7.2 Neuronale Netze in der Regelungstechnik

Rainer Bartz

7.2.1 Einführung in neuronale Netze

7.2.1.1 Technische Motivation

Die Rechentechnik hat zweifellos in den letzten fünfzig Jahren enorme Fortschritte gemacht. Die Fähigkeiten moderner preiswerter Computer überschreiten heute bei weitem die Fähigkeiten der vor zwei Jahrzehnten aktuellen Höchstleistungsrechner und ein Ende der Entwicklung ist noch nicht abzusehen.

Seit den Anfängen der Rechentechnik werden regelmäßig Vergleiche mit den Fähigkeiten des menschlichen Gehirns angestellt. Und ebenso regelmäßig lässt sich feststellen, dass technische Lösungen zwar in gewissen Bereichen – beispielsweise bei der schnellen Durchführung numerischer Operationen – dem menschlichen Gehirn überlegen sind, dass dies aber nicht allgemein gilt und dass die generelle Überlegenheit der Technik bei weitem noch nicht in Sicht ist. In Bereichen wie

- dem Speichern und assoziativen Abrufen von Informationen,
- dem Verknüpfen vielfältiger Informationen zu mehr oder weniger vernünftigen Schlussfolgerungen,
- dem Lernen aus Erfahrungen

und vielen anderen mehr ist das menschliche Gehirn um Größenordnungen leistungsfähiger als heutige Computer.

Diese Beobachtungen haben Forscher in der Vergangenheit immer wieder fasziniert und die Frage aufgeworfen, ob es nicht möglich ist, technische Systeme zu entwickeln, die möglichst ähnlich arbeiten wie das menschliche Gehirn und insbesondere *lernfähig* sind. Wissenschaftliche Arbeiten auf diesem Gebiet lassen sich zurückverfolgen bis in die Mitte der Fünfzigerjahre des letzten Jahrhunderts. Aber erst die modernen Technologien erlauben es, Systeme aufzubauen, die eine genügend große Komplexität bieten, so dass Lösungen für einfache Fragestellungen implementiert und untersucht werden können. Solche technischen Ansätze werden als **künstliches neuronales Netz** (KNN) bezeichnet und damit gegenüber dem **natürlichen neuronalen Netz** (NNN) abgegrenzt. In den meisten Fällen findet man für derartige Systeme allerdings lediglich die abkürzende Bezeichnung **neuronales Netz** (NN), mit der dann ein KNN gemeint ist. Der vorliegende Abschnitt soll dem Leser einen Einstieg bieten in das überaus interessante Gebiet der neuronalen Netze, welches man nach VDI/VDE 3550-1 [7.29] auch als **Neuroinformatik** bezeichnet.

7.2.1.2 Grundlagen und Begriffe

Lernfähige Systeme. Neuronale Netze gehören zu den lernfähigen Systemen. Solche Systeme können z. B. elektronische Schaltungen oder spezielle Programme sein. In VDI/VDE 3550-1 [7.29], wird der Begriff *Lernen* beschrieben als eine Systemveränderung, welche es ermöglicht, eine mehrfach gestellte Aufgabe von Mal zu Mal besser zu bewältigen. Geht man davon aus, dass ein lernfähiges System eine Modellvorstellung von der ein Problem vorlegenden Außenwelt hat, bietet sich eine Definition nach STEINBUCH [7.30] an:

> Das **Lernen** eines Systems bedeutet, dass dieses System auf Grund von Erfolgen bzw. Misserfolgen beim wiederholten Lösen einer Aufgabe das interne Modell der diese Aufgabe stellenden Außenwelt fortlaufend verbessert und sein Verhalten entsprechend anpasst.

Der Modellbegriff wurde bereits in Abschnitt 2.5 erläutert. Der Lebenszyklus eines lernfähigen Systems lässt sich in Anlehnung an VDI/VDE 3550-1 [7.29] und STEINBUCH [7.30] in drei Phasen gliedern, welche ggf. wiederholt durchlaufen werden:

- **Lernphase**: In dieser auch als **Training** bezeichneten Phase findet der eigentliche Lernvorgang statt. Das System wird über Eingangssignale definierten **Reizen** ausgesetzt und erzeugt durch Ausgangssignale repräsentierte **Reaktionen**, welche in einem gewünschten Sollbereich liegen müssen. In dieser Phase werden Systemparameter und ggf. auch die Systemstruktur ermittelt. Hierzu gibt es unterschiedliche Strategien (→ Abschnitt 7.2.3).
- **Testphase**: Hier wird das System mit neuen Reizen angeregt, für die der gewünschte Sollbereich ebenfalls noch bekannt ist, um zu prüfen, wie gut es von bereits erlernten Reizen auf unbekannte abstrahieren kann. Ein Lernprozess findet hierbei nicht mehr statt, d. h. Systemparameter und -struktur bleiben unverändert.
- **Kannphase**: Dies ist der bestimmungsgemäße Betrieb, in welchem das System Ausgangssignale zu beliebigen Eingangssignalen erzeugt. Auch in dieser Phase wird nicht mehr gelernt, sondern das erworbene Wissen angewendet.

7.2 Neuronale Netze in der Regelungstechnik 457

In Abschnitt 7.2.3.1 wird der Begriff des Lernens in seiner Definition noch etwas erweitert.

Neuronen. Das menschliche Gehirn und das Zentralnervensystem bestehen aus mehreren Milliarden Nervenzellen, den **Neuronen** oder **Neurocyten**. Der Aufbau eines solchen Neurons ist in Anlehnung an MEVES, in [7.31] schematisch in Bild 7.13 dargestellt. Eine Nervenzelle besteht aus dem **Zellkörper** mit dem **Zellkern** (**Nukleus**) sowie aus faserartigen Fortsätzen, den **Neuriten**. Einer dieser Fortsätze ist das **Axon**, eine Nervenfaser mit einer Länge von bis zu 1 m; die übrigen sind die **Dendriten**.

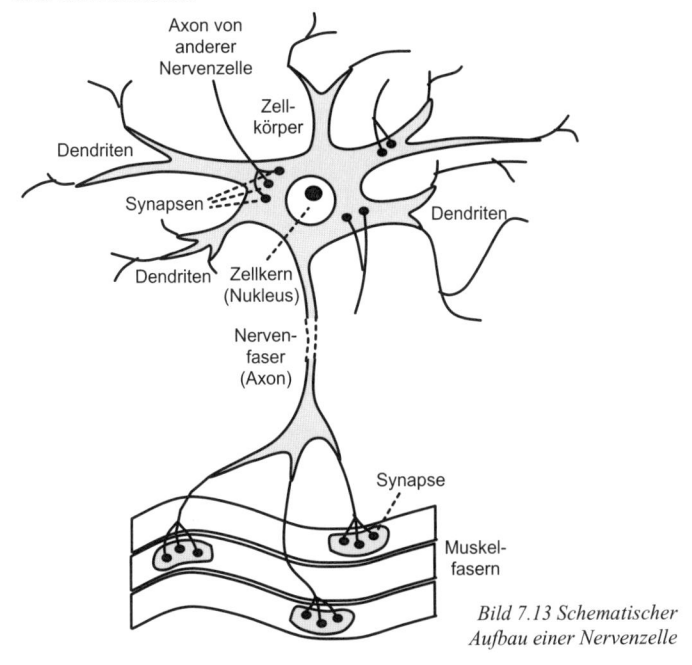

Bild 7.13 Schematischer Aufbau einer Nervenzelle

Nervenzellen dienen zur **Aufnahme**, **Verarbeitung** und **Weiterleitung** von Reizen. Diese drei Arbeitsschritte können räumlich deutlich unterschieden werden.

Für die Aufnahme von Reizen dienen die Dendriten sowie die Oberfläche (**Membran**) des Zellkörpers. Diese Gebiete der Zelle bilden mit den Endknoten des Axons anderer Nervenzellen so genannte **Synapsen** und sind mit ihrer Hilfe in der Lage, eine Vielzahl an Reizen (Informationen) aufzunehmen. Nach aktuellem Kenntnisstand können Nervenzellen gleichzeitig mehrere tausend Informationen aus ihrer Umgebung registrieren.

Die Aufgabe des Zellkörpers mit dem Zellkern besteht darin, diese große Menge an Informationen zu verarbeiten. Das Ergebnis der Verarbeitung wird in Form von elektrischen Potenzialen an das Axon übergeben. Bei einem nicht gereizten Neuron besteht zwischen dem Zellinneren und der außen befindlichen Gewebeflüssigkeit eine Potenzialdifferenz von -60 bis -80 mV (**Ruhepotenzial**). Bei kurz aufeinander folgenden Erregungen steigt diese Potenzialdifferenz impulsartig auf etwa $+20$ mV (**Aktionspotenzial**); man spricht dann vom **Feuern** (oder auch **Aktivieren**) des Neurons.

Die Weiterleitung der verarbeiteten Information erfolgt zunächst über das Axon, das an seinem Ende exakt dasselbe elektrische Potenzial aufweist wie am Anfang. Dieses Potenzial pflanzt sich im Axon mit einer typischen Geschwindigkeit von $1 \ldots 10^2$ m/s (DUDEL, in [7.32]) fort. Das Ende des Axons kann sich wieder vielfach verästeln und weist Endknoten auf, die jeweils über die Synapsen mit Dendriten oder dem Zellkörper anderer Nervenzellen (oder auch Muskel- und Drüsenzellen) in Wechselwirkung stehen. Diese Wechselwirkung in den Synapsen erfolgt chemisch mit Hilfe von Botenstoffen (**Neurotransmitter**, z. B. *Adrenalin*).

Nach dem Feuern eines Neurons tritt eine Refraktionsphase mit einer Dauer von etwa 2 ms ein, während der die chemischen Prozesse wieder in ihren Gleichgewichtszustand übergehen. In dieser Phase ist das Neuron nicht erregbar. Die Reizintensität wird durch die Reaktionsfrequenz bestimmt, welche Werte bis zu 500 Hz annehmen kann.

Zellen, die physikalische Reize (Licht, Druck etc.) *unmittelbar* aufnehmen, nennt man auch **Rezeptoren**; sie entsprechen den *Sensoren* in der Messtechnik. Nervenzellen, die ihre Informationen an Muskel- oder Drüsenzellen weiterleiten, heißen **efferente Neuronen** oder **Motoneuronen**, welche somit die Rolle von *Aktoren* spielen. Mit ihrer Hilfe wird die Verbindung des menschlichen Gehirns mit der Umwelt hergestellt. Muskelzellen bilden in Analogie zur Stelltechnik die *Stellglieder*.

Abschließend sei angemerkt, dass man zwischen **erregenden (exzitatorischen)** und **hemmenden (inhibitorischen)** Synapsen unterscheidet. Inhibitorische Synapsen setzen die Reizschwelle eines Neurons herab. Eine Vielzahl weiterer Effekte trägt zur Funktionsweise des menschlichen Gehirns bei. Detaillierte Darstellungen des Aufbaus und der Wirkungsweise von Nervenzellen sind u. a. MEVES, in [7.31], DUBEL, in [7.32] und VOGEL, ANGERMANN [7.33] zu entnehmen.

Eigenschaften der neuronalen Strukturen. Wesentliche Eigenschaften dieser komplexen Strukturen sind:

- **Lernfähigkeit.** Beim Lernen werden die initial vorgegebenen Netzeigenschaften beeinflusst. Die Verbindungen zwischen Endknoten und Dendriten bzw. Zellkörpern können sich reorganisieren und die Durchlässigkeit für Reize kann variiert werden. Diese Funktionen legen nach heutigem Kenntnisstand die Speicherfähigkeit und damit das Gedächtnis fest. Die derzeit unterschiedenen Gedächtnistypen beschreibt etwa SCHMIDT, in [7.32].
- **Fehlertoleranz.** Informationen werden nicht nur singulär übertragen, so dass fehlerhafte Verarbeitungsergebnisse keine gravierenden Folgen haben.
- **Reparierbarkeit.** Die Funktionen zerstörter Bereiche können von anderen Bereichen nach und nach übernommen werden.

7.2.2 Aufbau eines neuronalen Netzes

7.2.2.1 Vernetzung von Neuronen

Ein neuronales Netz bildet ansatzweise die Struktur der Nervenzellen im menschlichen Gehirn nach. Dazu werden zunächst Neuronen definiert und diese dann in (relativ) großer Zahl miteinander in Wechselwirkung gebracht.

7.2.2.2 Neuronen

Neuronenstruktur. Das künstliche Neuron ist eine stark vereinfachte Nachbildung einer Nervenzelle. Entsprechend besteht es aus den Dendriten mit den zuführenden Synapsen, dem Zellkörper und dem Axon mit den abgehenden Synapsen. Bild 7.14 zeigt die Struktur eines Neurons, wobei in Teilbild b) das für künstliche Neuronen nicht benötigte Axon weggelassen ist. An den zugeführten Synapsen werden die Eingangsinformationen übergeben. Die Zelle kombiniert und verarbeitet diese Informationen, und das Ergebnis wird über Axon und Synapsen an andere Neuronen weitergeleitet.

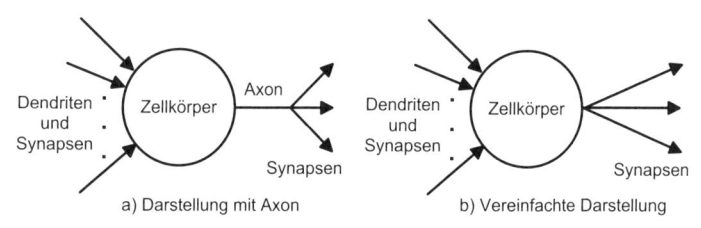

Bild 7.14 Struktur eines Neurons

Informationsverarbeitung. Die Art der Verarbeitung lehnt sich an die bisherigen Erkenntnisse der Verarbeitung in Nervenzellen an:

- Die unterschiedliche Durchlässigkeit der Reize an den zugeführten Synapsen wird durch einen **Gewichtungsfaktor** w für die Eingangsinformationen modelliert.
- Die gewichteten Eingangsinformationen werden summiert.
- Das an Axon und abgehenden Synapsen bereitgestellte Ergebnis wird über spezifische **Schwellwertfunktionen** (Aktivierungsfunktionen) aus der gewichteten Summe bestimmt.

Wenn man das m-te Neuron betrachtet, lässt sich unter der Annahme, dass N Eingangsinformationen x_n ($n = 1 \dots N$) verarbeitet werden, ein mathematisches Modell für den Ausgangswert y_m wie folgt formulieren:

$$y_m = f\left(\sum_{n=1}^{N} w_{mn} \cdot x_n\right) \tag{7.16}$$

Die Summe wird häufig mit net_m oder s_m bezeichnet, so dass die Verarbeitung als zweistufiger Prozess betrachtet werden kann:

$$\begin{aligned} net_m &= \sum_{n=1}^{N} w_{mn} \cdot x_n \\ y_m &= f(net_m) \end{aligned} \tag{7.17}$$

Bild 7.15 zeigt diese Verarbeitungsmethodik. Dieser Ansatz geht zurück auf MCCULLOCH und PITTS (die sich jedoch mit der Signum-Funktion auf eine singuläre Schwelle beschränkten) und wird daher häufig **MCP-Neuron** genannt. Obwohl es in der Vergangenheit immer wieder auch andere Ansätze zur Modellierung einer Nervenzelle gab, bleibt das MCP-Neuron das wichtigste Modell für technische Implementierungen. (7.18) ist eine vielfach verwendete Variante dieses Neurons.

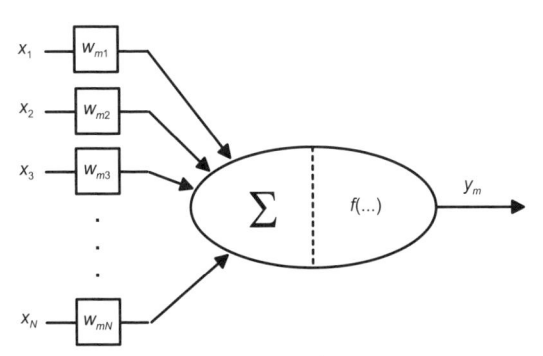

Bild 7.15 Interner Aufbau eines künstlichen Neurons

$$
\begin{aligned}
net_m &= \left(\sum_{n=1}^{N} w_{mn} \cdot x_n\right) - \Theta_m \\
y_m &= f(net_m)
\end{aligned}
\tag{7.18}
$$

Θ_m ist darin eine für das Neuron fest eingestellte Schwelle (*bias*), die es erlaubt, für $f(...)$ standardisierte Funktionen zu wählen, die punktsymmetrisch zu einem Punkt auf der Ordinate sind. Diese Schwelle Θ_m lässt sich darstellen als

$$-\Theta_m = w_{m0} \cdot x_0 \qquad \text{mit} \qquad x_0 = -1$$

so dass sich dann die kompakte Schreibweise

$$
\begin{aligned}
net_m &= \sum_{n=0}^{N} w_{mn} \cdot x_n \\
y_m &= f(net_m)
\end{aligned}
\tag{7.19}
$$

ergibt.

Aktivierungsfunktionen. In der Praxis werden vorwiegend die folgenden Aktivierungsfunktionen eingesetzt:

- **Signum-Funktion**,
- **Lineare Funktion**,
- **Rampenfunktion** und
- **Sigmoid-Funktion**.

Sie sind in Bild 7.16 dargestellt.

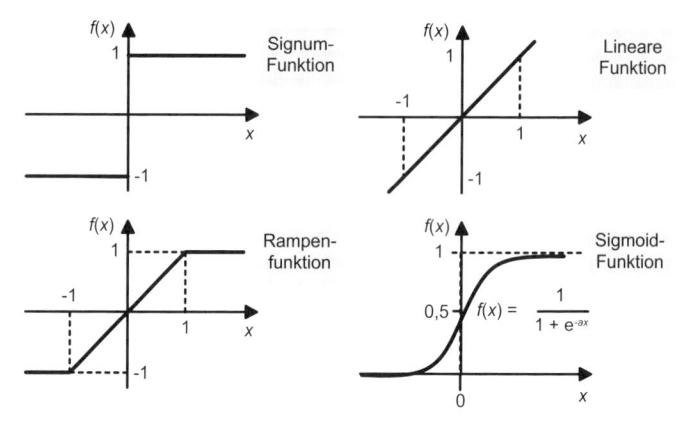

Bild 7.16 Gebräuchliche Aktivierungsfunktionen

Varianten dieser Aktivierungsfunktionen sind

- die **Sprungfunktion** $\varepsilon(t)$, die für negative x null wird, und die speziell in digitalen Systemen die Signum-Funktion ersetzt,
- eine modifizierte **Rampenfunktion**, die als unteren Knickpunkt den Punkt $(-1, 0)$ aufweist, und
- die **tanh-Funktion**, die die Sigmoid-Funktion für bipolare Ausgänge ersetzt. Sie ist definiert als

$$f(x) = \tanh(x) = \frac{e^x - e^{-x}}{e^x + e^{-x}} \qquad (7.20)$$

und lässt sich durch Skalierung und Verschiebung aus der Sigmoid-Funktion gewinnen.

Die lineare Funktion, die Sigmoid-Funktion und die tanh-Funktion sind über dem gesamten Definitionsbereich differenzierbar; dies ist in manchen Fällen von Vorteil oder sogar notwendig. Alle vorgestellten Aktivierungsfunktionen besitzen einen Symmetriepunkt bei $x = 0$. Die weiter oben eingeführte Schwelle Θ_m kann entfallen, wenn man die Aktivierungsfunktionen um den Wert von Θ_m in Richtung auf positive x verschiebt. Gelegentlich wird zwischen dem Ausgangswert eines Neurons und seiner Aktivierung noch unterschieden. Die sich aus der Aktivierungsfunktion $f(x)$ ergebende Aktivität $a_m = f(net_m)$ des Neurons wird nicht direkt seinem Ausgangswert zugewiesen, sondern über eine Ausgabefunktion o geleitet, so dass folgt: $y_m = o(a_m)$.

7.2.2.3 Die Struktur eines neuronalen Netzes

Netztopologien. Entsprechend dem menschlichen Gehirn wird die Information von einem Neuron an andere weitergeleitet, indem das Axon über die Synapse mit den Dendriten nachfolgender Neuronen in Verbindung steht. Allerdings stellt sich die Frage, wie die Vielzahl an Neuronen miteinander verbunden werden. Im menschlichen Gehirn hat man eine systematische Strukturierung bisher nicht feststellen können. Technische Systeme müssen jedoch einer Systematik unterliegen, da sie ansonsten schon bei geringer Komplexität nicht mehr handhabbar wären.

Im Folgenden werden die wichtigsten universellen technischen Strukturen beschrieben; man spricht in diesem Zusammenhang häufig auch von **Netztopologien.** Daneben gibt es eine Vielzahl weiterer Netzstrukturen, die z. T. für bestimmte Anwendungszwecke optimiert sind und dort hervorragende Ergebnisse hervorbringen können.

Perceptron. Eine einfache Anordnung von Neuronen wurde von ROSENBLATT, in [7.25] als Perceptron vorgestellt. Sie verbindet die Eingänge x_n mit einer Anzahl I von Neuronen; ihre Ausgänge y_m werden jedoch nicht weiter mit Eingängen anderer Neuronen verbunden, sondern stellen jeweils eine bestimmte Information zur Verfügung. Diese Anordnung kann bereits für einfache Mustererkennungs- oder Klassifizierungsaufgaben eingesetzt werden, stößt allerdings relativ schnell an ihre Grenzen. Zum Beispiel kann eine (aus digitaler Sicht einfache) *xor*-Verknüpfung mit einer solchen Anordnung nicht implementiert werden; der Ausgang eines MCP-Neurons vermag die durch eine Ebene repräsentierten möglichen Kombinationen zweier Eingangsgrößen nur mittels einer Geraden in zwei Bereiche zu trennen.

Multilayer-Perceptron (MLP). Eine leistungsfähige und häufig verwendete mehrschichtige Variante des Perceptrons ist das Multilayer-

Perceptron (MLP). Ein MLP besitzt einen *Input-Layer* (Eingabeschicht), einen oder mehrere *Hidden Layer* (verborgene Schichten) und einen *Output-Layer* (Ausgabeschicht). Es ist in Bild 7.17 beispielhaft dargestellt.

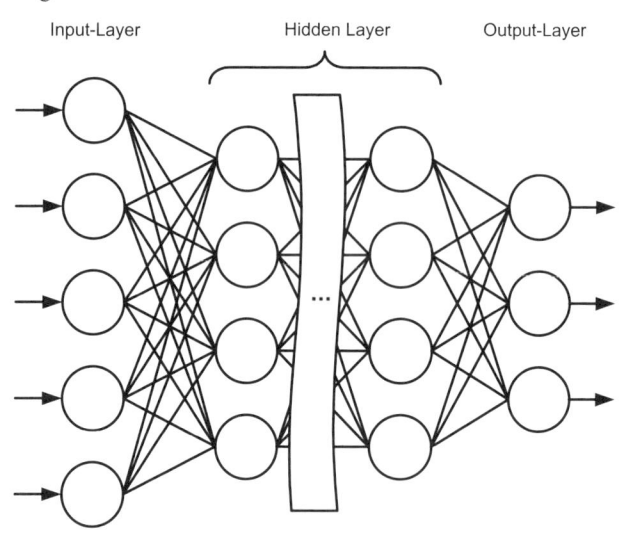

Bild 7.17 Beispiel für ein Multilayer-Perceptron

In einem MLP sind jeweils alle Ausgänge von Neuronen eines *Layers* an jeweils einen Eingang jedes Neurons des nächsten Layers angeschlossen. Man sagt, das neuronale Netz ist **vollverknüpft**. Verbindungen gibt es nur zwischen Neuronen benachbarter *Layer*. Aus Gründen der Übersichtlichkeit werden die Neuronen in Bild 7.17 lediglich mit Linien ohne Pfeile dargestellt. Alle Signale sind von links nach rechts gerichtet. Da die Informationsflüsse stets in dieselbe Richtung zeigen, gibt es keine Rückkopplung von Neuronen eines *Layers* zu Neuronen desselben *Layers* oder vorhergehender *Layer*. Neuronale Netze mit dieser Eigenschaft heißen **Feed-Forward-Netze**. Die Berechnung der Ausgänge erfolgt von links nach rechts. Innerhalb jedes Layers werden die Ausgänge synchron berechnet. Das MLP ist für den universellen Einsatz eines der am besten geeigneten Netze und findet sich in vielen Applikationen.

RBF (Radial-Basis-Funktionen)-Netz. Das RBF-Netz weist wie das MLP einen *Input-Layer* und einen *Output-Layer* auf, besitzt allerdings nur einen *Hidden Layer*. Es ist ebenfalls ein *Feed-Forward*-Netz. Im Vergleich zum MLP werden die Neuronen in ihrer Funktionalität jedoch etwas anders definiert.

Für alle Neuronen des *Input-Layers* wird der Gewichtungsfaktor $w = 1$, die Schwelle $\Theta_m = 0$ und als Aktivierungsfunktion die lineare Funktion eingestellt. Damit leiten sie die Eingänge lediglich an alle Neuronen des *Hidden Layers* weiter. Die Neuronen des *Hidden Layers* sind keine MCP-Neuronen. Alle Eingänge x_n eines Neurons werden als Vektor x zusammengefasst und an Stelle der Summation wird eine Abstandsbestimmung vorgenommen. Mit dem für jedes Neuron individuell eingestellten Zentrum c wird die Norm $\|c - x\|$ ermittelt. Die Aktivierungsfunktion ist meist eine GAUß-Funktion, so dass sich für den Ausgang y eines Neurons im *Hidden Layer* ergibt:

$$\boxed{y \;=\; e^{-\|c-x\|^2 / 2 \cdot \sigma^2}} \qquad (7.21)$$

Der Wert von σ bestimmt die Breite der GAUß-Funktion. Das Zentrum c wird im Verlauf eines Lernprozesses adaptiert. Für die Neuronen des *Output-Layer* wird die Schwelle $\Theta_m = 0$ und als Aktivierungsfunktion die lineare Funktion eingestellt. Damit bilden sie die gewichtete Summe über alle Eingänge.

Ein RBF-Netz zeigt im Lernvorgang im Vergleich zu einem MLP deutlich höhere Konvergenzraten, die Berechnungen in der operativen Phase sind jedoch zeitaufwändiger. Es ist besonders für die Approximation allgemeiner Funktionen geeignet, die man sich als Überlagerung aus einer Menge GAUß-Funktionen mit unterschiedlichen Zentren vorstellen kann.

HOPFIELD-Netz. Das HOPFIELD-Netz ist beschränkt auf Anwendungen, deren Ausgänge nur zwei Zustände unterscheiden müssen. Es ist ein Netz mit nur einem *Layer*, sieht aber im Unterschied zum MLP und zum RBF-Netz eine Rückkopplung zu Neuronen desselben *Layers* vor. Damit gehört es zur Klasse der **Feedback-Netze** (auch **rekurrente Netze** genannt). Die Rückkopplung eines Neurons auf sich selber ist ausgeschlossen; die Rückkopplung zu den übrigen Neuronen ist vollständig.

Bild 7.18 zeigt beispielhaft ein HOPFIELD-Netz mit 4 Neuronen. Die Neuronen eines HOPFIELD-Netzes sind MCP-Neuronen. Die Gewichtungsfaktoren der Eingänge sind jeweils 1, die Gewichtungsfaktoren der Rückkopplungen sind symmetrisch einzustellen: $w_{nm} = w_{mn}$. Es ergibt sich damit als Summenfunktion:

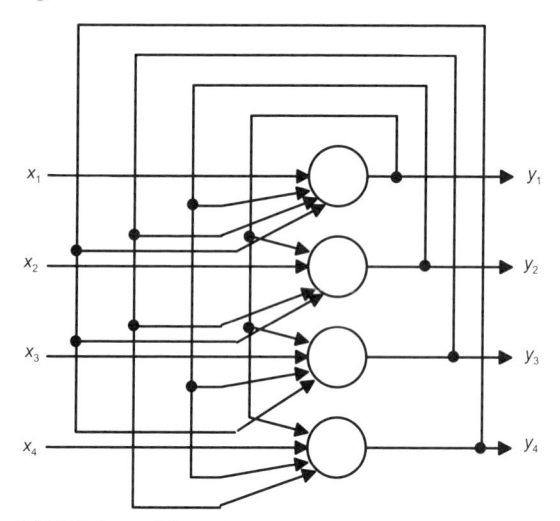

Bild 7.18 Beispiel für ein HOPFIELD-Netz

$$net_m = x_m + \sum_{\substack{n=1 \\ n \neq m}}^{N} w_{mn} \cdot y_n \qquad (7.22)$$

Die Aktivierungsfunktion entspricht im Wesentlichen der Signum-Funktion, allerdings mit der Festlegung, dass für $net_m = 0$ keine Änderung am Ausgang erfolgt; y_m bleibt auf dem bisherigen Wert. Da sich hier eine rückgekoppelte Struktur zeigt, wird der endgültige Ausgangswert nicht unmittelbar in einem Schritt erreicht. HOPFIELD-Netze zeigen selbst bei statischem Eingang einen dynamischen Ausgang. Eine Konsequenz daraus ist, dass ein HOPFIELD-Netz auch bei statischen Eingängen in mehreren Iterationsschritten bearbeitet werden muss. Über Abbruchkriterien wird definiert, wann der Ausgang genügend eingeschwungen ist.

Zu bedenken ist, dass ein *Feedback*-Netz nicht zwangsläufig ein stabiles System darstellen muss. Es kann für HOPFIELD-Netze jedoch gezeigt werden, dass die Einschränkung auf symmetrische Gewichtungsfaktoren und der Verzicht der Rückkopplung eines Neurons auf sich selber hinreichend für die Stabilität des Systems ist. HOPFIELD-Netze werden häufig bei Optimierungsproblemen eingesetzt. Ein Beispiel ist das so genannte TSP (*Travelling Salesman Problem*), bei welchem ein Handlungsreisender mehrere Städte auf der kürzestmöglichen Route besuchen muss.

7.2.3 Lernmethoden für neuronale Netze

7.2.3.1 Klassifizierung

Neuronale Netze speichern ihr Wissen in den Gewichtungsfaktoren w. Sind diese Faktoren fest eingestellt, dann ist das neuronale Netz nicht lernfähig; es besitzt ein festes Wissen.

Natürlich ist Lernen eine ganz wesentliche Eigenschaft des menschlichen Gehirns. Insofern sind Methoden zur Adaption des Wissens (d. h. der Faktoren w) in neuronalen Netzen unbedingt erforderlich.

> Man unterscheidet beim Lernen zwischen
> - **überwachtem Lernen** (*supervised learning*),
> - **bestärkendem Lernen** (*reinforcement learning*) und
> - **unüberwachtem Lernen** (*unsupervised learning*).

Im Fall des **unüberwachten Lernens** muss sich das neuronale Netz auf Grund interner Gesetzmäßigkeiten selber organisieren und seine Parameter adaptieren. Dieses Feld ist Fokus aktueller Forschungsarbeiten; es hat für die Regelungstechnik derzeit noch keine wesentliche Bedeutung. Der bekannteste Vertreter dieser Klasse ist das KOHONEN-Modell.

Bestärkendes Lernen bedeutet, dass lediglich eine Information darüber gewonnen werden kann, ob die vorgenommene Änderung der Gewichtungsfaktoren erfolgreich oder nicht erfolgreich war. Erfolg oder Misserfolg werden nicht weiter oder nur global quantifiziert. Auch diese Lernmethoden spielen in der Praxis derzeit noch keine bedeutende Rolle.

Die gängigen Lernverfahren bei neuronalen Netzen gehören zur Klasse des **überwachten Lernens**. Das bedeutet, dass ein neuronales Netz in der Lernphase (Trainingsphase, Adaptionsphase) an seinen Eingängen mit Informationen versorgt wird, für welche die korrekten Ausgaben bereits bekannt sind. In diesem Fall kann ein Fehler bestimmt werden, der die Größe der Abweichung zwischen dem bekannten korrekten Ausgang und dem aktuell vom neuronalen Netz erzeugten Ausgang quantifiziert.

Bereits für das Perceptron wurde ein Algorithmus veröffentlicht, der die Gewichtungsfaktoren so lange adaptiert, bis der Fehler minimal ist. Das bei weitem wichtigste Verfahren zur Adaption der Gewichtungsfaktoren ist jedoch der *Backpropagation*-**Algorithmus**, der Mitte der 80er-Jahre des letzten Jahrhunderts quasi parallel von verschiedenen Wissenschaftlern für das Lernen eines MLP erarbeitet wurde. Er kann auch für andere *Multilayer-Feed-Forward*-Netze eingesetzt werden und soll im Folgenden in seinen Grundzügen dargestellt werden.

7.2.3.2 Backpropagation-Algorithmus

Netzstruktur. Da in den Algorithmen Neuronen verschiedener *Layer* auftreten, soll dazu zunächst eine eindeutige Bezeichnung aller *Layer*, Neuronen und Eingänge eingeführt werden.

- Der Index k bezeichnet den betrachteten *Layer*. Die Anzahl der *Layer* sei K, so dass gilt: $1 \leq k \leq K$.
- Der Index m bezeichnet das betrachtete Neuron. Die Anzahl der Neuronen im k-ten *Layer* sei M_k, so dass gilt: $1 \leq m \leq M_k$.
- Der Index n bezeichnet einen Eingang eines Neurons. Die Anzahl der Eingänge sei für alle Neuronen des k-ten *Layers* gleich (vollverknüpftes Netz) und habe den Wert N_k. Der Index $n = 0$ repräsentiert die Schwelle. Es gilt also: $0 \leq n \leq N_k$.

Bild 7.19 zeigt ein einzelnes Neuron in *Layer* k, Bild 7.20 zeigt die allgemeine Struktur des Netzes. Die Indizes sind hierbei aus Gründen der Übersichtlichkeit nur dann mit Kommata getrennt, wenn die Schreibweise sonst nicht eindeutig wäre. Da das Netz vollverknüpft ist, kann man feststellen, dass für alle *Layer* k mit $k > 1$ die Zahl der Eingänge eines Neurons in *Layer* k gleich der Zahl der Neuronen in *Layer* $k - 1$ ist: $N_k = M_{k-1}$; für *Layer* 1 gilt $N_1 = 1$. Entsprechend lässt sich feststellen, dass für alle *Layer* k mit $k > 1$ die Eingänge der Neuronen in *Layer* k den Ausgängen der Neuronen des *Layers* $k - 1$ entsprechen: $x_{kmn} = y_{k-1,m}$; an *Layer* 1 liegen direkt die Eingänge x_{1m1} des Systems. Das neuronale Netz muss man vor Beginn der Lernphase initialisieren; dazu müssen die Gewichtungsfaktoren w_{kmn} mit gültigen Werten vorbelegt werden. Dies geschieht entweder (sofern vorhanden) mit einem bekannten Satz an Parametern oder meist durch Vorgabe von Zufallswerten im Bereich]–1, 1[.

Bild 7.19 Ein allgemeines Neuron im MLP

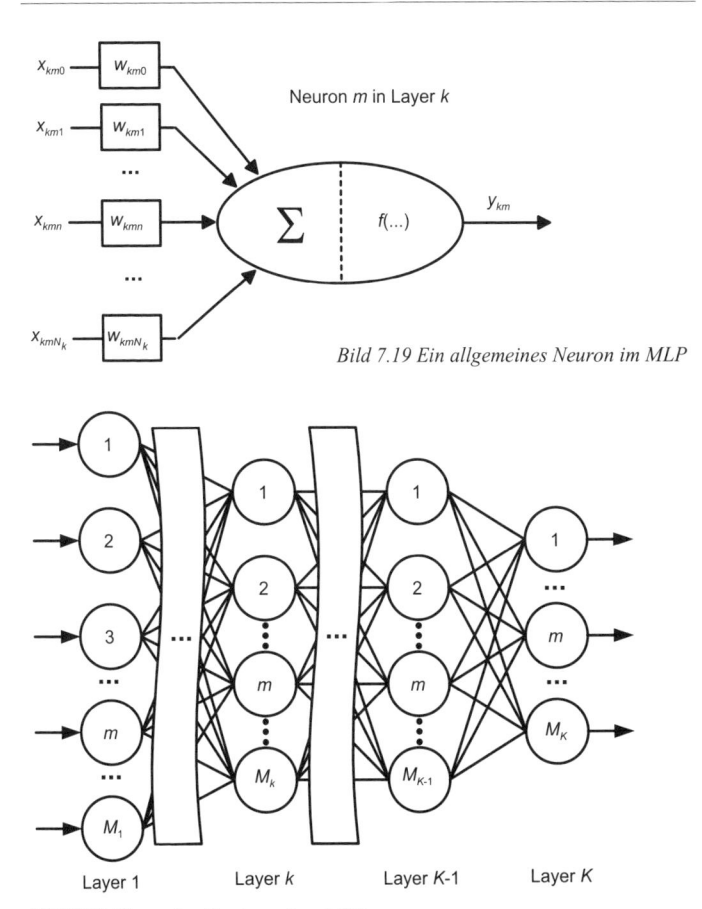

Bild 7.20 Allgemeine Struktur eines MLP

Netztraining. Das Lernen selbst ist ein mehrfach iterativer Prozess. Er wird mit einer größeren Zahl von Trainingspaaren, bestehend aus jeweils einem Satz von Eingangswerten x_{1m1} ($m = 1 \ldots M_1$) und dem zugehörigen Satz korrekter Ausgangswerte Y_{Km} ($m = 1 \ldots M_K$), durchgeführt. Für jedes Trainingspaar sind zwei Schritte nötig:

- *Forward*-**Phase**: Zunächst werden die Eingangswerte des Trainingspaars an das neuronale Netz angelegt und der aktuelle Ausgang des Netzes wird ermittelt.
- *Backward*-**Phase**: Anschließend wird der aktuelle Ausgang y_{Km} des Netzes mit den korrekten Ausgangswerten Y_{Km} des Trainingspaars verglichen. Aus den Abweichungen wird nach einem speziellen Algorithmus eine Adaption der Gewichtungsfaktoren (und implizit damit auch der Schwellen) vorgenommen; diese neuen Werte werden in der Regel sofort für alle weiteren Trainingspaare verwendet.

> Die Durchführung dieser zwei Schritte für alle Trainingspaare nennt man eine **Epoche**.

Die Parameter des Netzes sind dann aber noch nicht notwendigerweise optimal eingestellt. Daher wird das Training mit demselben Trainingspaar-Satz vielfach wiederholt. In jeder Epoche adaptieren sich Gewichtungsfaktoren und Schwellen erneut und das Netz konvergiert gegen eine Konfiguration, die einen minimalen Fehler aufweist. Das Training endet typischerweise, wenn der Fehler unter eine vorgegebene Schwelle sinkt oder wenn eine Maximalzahl Epochen durchlaufen wurde.

Die *Forward*-**Phase** verläuft im Training genauso wie im späteren operativen Betrieb. Für jedes Neuron ($k = 1 \ldots K$; für jedes k: $m = 1 \ldots M_k$) wird sukzessiv der Ausgabewert berechnet:

$$\boxed{\begin{aligned} net_{km} &= \sum_{n=0}^{N_k} w_{kmn} \cdot x_{kmn} \\ y_{km} &= f(net_{km}) \end{aligned}} \tag{7.23}$$

Backward-**Phase**. Die *Backward*-**Phase** wird nur im Training durchlaufen. Für ihre Darstellung wird hier vereinfachend angenommen, dass als Aktivierungsfunktion die Sigmoid-Funktion mit $a = 1$ eingesetzt wird (was häufig in der Praxis auch der Fall ist).

$$\boxed{f(x) = \frac{1}{1 + e^{-x}}} \tag{7.24}$$

Um festzustellen, ob die aktuelle Konfiguration überhaupt verändert werden muss, ist die Definition eines Fehlermaßes erforderlich. Dazu wird in den meisten Fällen die Summe der Fehlerquadrate aller Ausgangswerte herangezogen. Der gesamte Fehler E_K (der gelegentlich

7.2 Neuronale Netze in der Regelungstechnik

auch als zu minimierende **Energie** betrachtet wird) bezüglich eines Trainingspaares am Ausgang des Netzes lässt sich dann darstellen als:

$$E_K = \frac{1}{2} \cdot \sum_{m=1}^{M_K} (Y_{Km} - y_{Km})^2 \tag{7.25}$$

Der Fehler E_K wird für das gegebene Trainingspaar andere Werte annehmen, wenn die Gewichtungsfaktoren w_{kmn} des Netzes verändert werden. E_K kann also bei festem Trainingspaar als eine Funktion aller Gewichtungsfaktoren w_{kmn} im neuronalen Netz betrachtet werden und die Aufgabenstellung „reduziert" sich darauf, das Minimum der Funktion $E_K(w_{kmn})$ zu finden. Dies ist jedoch nicht trivial, da die Zahl D der Gewichtungsfaktoren sehr schnell große Werte annehmen kann.

$$D = M_1 + \sum_{k=2}^{K} M_k (M_{k-1} + 1) \tag{7.26}$$

E_K ist somit eine Funktion von D Veränderlichen; es liegt ein D-dimensionales Optimierungsproblem vor und man kann sich die Fehlerfunktion $E_K(w_{kmn})$ im Prinzip als „Gebirge" im $(D + 1)$-dimensionalen Raum vorstellen, dessen tiefste Stelle es zu finden gilt.

Da eine systematische Untersuchung aller möglichen Kombinationen der w_{kmn} ausscheidet, müssen andere Verfahren zur Optimierung herangezogen werden. Üblicherweise wird die Suche nach einem Minimum mit Hilfe von Gradientenverfahren vorgenommen. Dazu werden die w_{kmn} in kleinen Schritten so verändert, dass man sich quasi auf dem Funktionsgraphen von E_K in Richtung des steilsten Abstiegs bewegt; man spricht auch von *method of steepest descent*. Dies setzt voraus, dass sich der Gradient von E_K bestimmen lässt, was dann der Fall ist, wenn die Funktion $E_K(w_{kmn})$ mindestens einmal nach den Gewichtungsfaktoren differenzierbar ist. Durch obige Wahl der Aktivierungsfunktion $f(x)$ als differenzierbare Funktion ist dies gegeben. Um den *Backpropagation*-Algorithmus übersichtlicher zu gestalten, wird eine Entkopplung der *Layer* vorgenommen:

- Zunächst wird der Fehler E_K ausschließlich auf die Gewichtungsfaktoren des *Layers K* zurückgeführt, und in einer ersten Stufe wird nur eine Veränderung der Gewichtungsfaktoren w_{Kmn} in *Layer K* vorgenommen. Dies reduziert die Dimension des Optimierungsproblems auf $D_K = M_K(M_{K-1} + 1)$.

- In einer zweiten Stufe wird abgeschätzt, wie groß der Fehler E_{K-1} in *Layer K* – 1 ist. Dieser dient dazu, eine geeignete Veränderung der zu *Layer K* – 1 gehörenden Gewichtungsfaktoren $w_{K-1,m,n}$ vorzunehmen, so dass der Funktionsgraph in Richtung des steilsten Abstiegs (*steepest descent*) beschritten wird.
- In weiteren Schritten wird dies für die *Layer K* – 2, *K* – 3, ... 1 durchgeführt und so das Netz rückwärts durchlaufen (entsprechend dem Namen *Backpropagation*), bis für alle Layer ein neuer Satz an Gewichtungsfaktoren berechnet wurde. Dann ist die *Backward*-Phase für das Trainingspaar abgeschlossen und das nächste Trainingspaar kann an die Eingänge angelegt werden.

Entsprechend dieser Vorgehensbeschreibung soll nun erläutert werden,

- wie die Bestimmung *besserer* Gewichtungsfaktoren für den letzten *Layer K* erfolgt,
- wie in einem weiteren Schritt der Fehler sich im Netzwerk rückwirkend auswirkt und
- wie sich die Fehlerrückpflanzung von einem beliebigen *Layer k* zu seinem Vorgänger *k* – 1 rekursiv darstellen lässt.

Modifikation der Gewichtungsfaktoren in *Layer K*. Ziel ist es, die Gewichtungsfaktoren in *Layer K* so zu verändern, dass sich ein kleinerer Wert für E_K ergibt. Anschaulich bedeutet dies, dem Graphen von E_K in eine absteigende Richtung zu folgen, am besten natürlich in die Richtung des steilsten Abstiegs.

Der in der Mathematik definierte Gradient *g* einer D_k-dimensionalen Funktion ist ein Vektor im D_K-dimensionalen Raum, der in Richtung des steilsten Anstiegs der Funktion zeigt. Mit Blick auf E_K lässt sich die Richtung des steilsten Anstiegs also darstellen als:

$$g = \begin{pmatrix} \dfrac{\partial E_K}{\partial w_{K11}} & \dfrac{\partial E_K}{\partial w_{K12}} & \cdots & \dfrac{\partial E_K}{\partial w_{K1N_K}} & \dfrac{\partial E_K}{\partial w_{K21}} \\ \cdots & \dfrac{\partial E_K}{\partial w_{K2N_K}} & \cdots & \dfrac{\partial E_K}{\partial w_{KM_K1}} & \cdots & \dfrac{\partial E_K}{\partial w_{KM_KN_K}} \end{pmatrix}^T \quad (7.27)$$

Der steilste Abstieg erfolgt in Richtung von –*g*. Eine Veränderung der Gewichtungsfaktoren in diese Richtung liefert somit einen niedrigeren Wert von E_K und stellt eine Verbesserung dar. Für eine geschlossene Darstellung der modifizierten Gewichtungsfaktoren wird häufig die vektorielle Schreibweise verwendet. Sei w_K der Vektor der aktuellen

Gewichtungsfaktoren in *Layer K* und w_K^{neu} der Vektor der neuen, im nächsten Schritt zu verwendenden Gewichtungsfaktoren:

$$w_K = \begin{pmatrix} w_{K11} & w_{K12} & \cdots & w_{K1N_K} & w_{K21} & \cdots \\ w_{K2N_K} & \cdots & w_{KM_K 1} & \cdots & w_{KM_K N_K} \end{pmatrix}^T$$

$$w_K^{neu} = \begin{pmatrix} w_{K11}^{neu} & w_{K12}^{neu} & \cdots & w_{K1N_K}^{neu} & w_{K21}^{neu} & \cdots \\ w_{K2N_K}^{neu} & \cdots & w_{KM_K 1}^{neu} & \cdots & w_{KM_K N_K}^{neu} \end{pmatrix}^T$$

(7.28)

dann gilt für diese Gewichtsvektoren in kompakter Schreibweise:

$$w_K^{neu} = w_K - \eta \cdot g \qquad (7.29)$$

Letztlich ist dies nichts anderes als ein Satz von $M_K \cdot N_K$ unabhängigen skalaren Gleichungen, je eine für jede Komponente:

$$w_{Kmn}^{neu} = w_{Kmn} + \eta \cdot \left(-\frac{\partial E_K}{\partial w_{Kmn}} \right) \qquad (7.30)$$

Der **Lernfaktor** η gibt die Schrittweite vor. Er bestimmt, wie weit sich die neuen Gewichtungsfaktoren von den alten entfernen, und beeinflusst sowohl die Genauigkeit als auch die Geschwindigkeit des Verfahrens.

Jede Komponente des Vektors $-g$ erfordert die Bildung der partiellen Ableitung nach einem der Gewichtungsfaktoren, die sich unter Verwendung der Kettenregel und mit Kenntnis von

$$net_{Km} = \sum_{n=0}^{N_K} w_{Kmn} \cdot x_{Kmn} \qquad (7.31)$$

auch darstellen lässt als:

$$-\frac{\partial E_K}{\partial w_{Kmn}} = -\frac{\partial E_K}{\partial net_{Km}} \cdot \frac{\partial net_{Km}}{\partial w_{Kmn}}$$

$$= -\frac{\partial E_K}{\partial net_{Km}} \cdot x_{Kmn}$$

(7.32)

Für die verbliebene partielle Ableitung wird als abkürzende Schreibweise eingeführt:

$$\delta_{Km} = -\frac{\partial E_K}{\partial net_{Km}} \qquad (7.33)$$

Das dadurch definierte δ_{Km} wird als **Fehlersignal** (*error signal*) bezeichnet. Es ergibt sich damit:

$$-\frac{\partial E_K}{\partial w_{Kmn}} = \delta_{Km} \cdot x_{Kmn} \qquad (7.34)$$

Da x_{Kmn} aus der *Forward*-Phase bereits bekannt ist, bleibt noch die nähere Bestimmung des Fehlersignals. Die Summe der Fehler aller Ausgänge (1 ... m ... M_K) des *Layers K* ist:

$$E_K = \frac{1}{2} \cdot \sum_{m'=1}^{M_K} (Y_{Km'} - y_{Km'})^2 \qquad (7.35)$$

mit m' als Summationsindex. Der korrekte Ausgangswert $Y_{Km'}$ ist im aktuellen Trainingssatz für alle Neuronen m' des *K*-ten *Layers* eine Konstante (seine partielle Ableitung ist also null). Der Ausgang y_{Km} des *m*-ten Neurons hängt nur von seinem eigenen Wert net_{Km} ab (die partiellen Ableitungen der meisten Summanden sind damit ebenfalls null). Also gilt unter erneuter Verwendung der Kettenregel:

$$\begin{aligned}\delta_{Km} &= -\frac{\partial E_K}{\partial net_{Km}} \\ &= -\frac{\partial E_K}{\partial y_{Km}} \cdot \frac{\partial y_{Km}}{\partial net_{Km}} \\ &= (Y_{Km} - y_{Km}) \cdot \frac{\partial y_{Km}}{\partial net_{Km}}\end{aligned} \qquad (7.36)$$

Berücksichtigt man, dass für die oben gewählte Sigmoid-Funktion gilt

$$\frac{\partial f(x)}{\partial x} = \frac{e^{-x}}{(1+e^{-x})^2} = f(x) \cdot (1 - f(x)) \qquad (7.37)$$

folgt mit $y_{Km} = f(net_{Km})$ sofort:

$$\frac{\partial y_{Km}}{\partial net_{Km}} = y_{Km} \cdot (1 - y_{Km}) \tag{7.38}$$

Somit ergibt sich für das oben definierte Fehlersignal:

$$\delta_{Km} = (Y_{Km} - y_{Km}) \cdot y_{Km} \cdot (1 - y_{Km}) \tag{7.39}$$

und die zusammenfassende Berechnungsvorschrift für die neuen Gewichtungsfaktoren in *Layer K* lässt sich darstellen als:

$$\begin{aligned} w_{Kmn}^{\text{neu}} &= w_{Kmn} + \\ &+ \eta \cdot x_{Kmn} \cdot (Y_{Km} - y_{Km}) \cdot y_{Km} \cdot (1 - y_{Km}) \end{aligned} \tag{7.40}$$

für $m = 1 \ldots M_K$ und $n = 0 \ldots N_K$. Wären für die übrigen *Layer k* die korrekten Ausgangswerte Y_{km} der Neuronen bekannt, ließe sich mit derselben Argumentation für jeden *Layer k* herleiten:

$$\begin{aligned} w_{kmn}^{\text{neu}} &= w_{kmn} + \\ &+ \eta \cdot x_{kmn} \cdot (Y_{km} - y_{km}) \cdot y_{km} \cdot (1 - y_{km}) \end{aligned} \tag{7.41}$$

für $m = 1 \ldots M_k$ und $n = 0 \ldots N_k$).

Modifikation der Gewichtungsfaktoren in *Layer K*–1. Die korrekten Werte der Ausgänge können in der obigen Berechnungsvorschrift dazu verwendet werden, um alle Gewichtungsfaktoren w_{Kmn} des *Layer K* zu adaptieren. Für die übrigen Layer fehlt jedoch die Information über den jeweils korrekten Ausgangswert Y_{km} der Neuronen. Daher muss hier erneut auf die bekannten korrekten Ausgangswerte Y_{Km} in *Layer K* zurückgegriffen werden. Die Frage ist jedoch, welchen Wert die partiellen Ableitungen $-\dfrac{\partial E_K}{\partial w_{K-1,m,n}}$ besitzen. Bild 7.21 zeigt die Zusammenhänge; sowohl *Layer K*–1 als auch *Layer K* sind an der Adaption beteiligt. Im Unterschied zu *Layer K* nehmen die Gewichtungsfaktoren $w_{K-1,m,n}$ des *Layers K*–1 Einfluss auf alle Neuronen des *Layers K* und somit auf alle Ausgänge. Bei der partiellen Ableitung der für E_K gegebenen Summenformel fallen in diesem Fall keine Summanden weg, und es bleibt:

476   7 Fuzzy-Technik und neuronale Netze

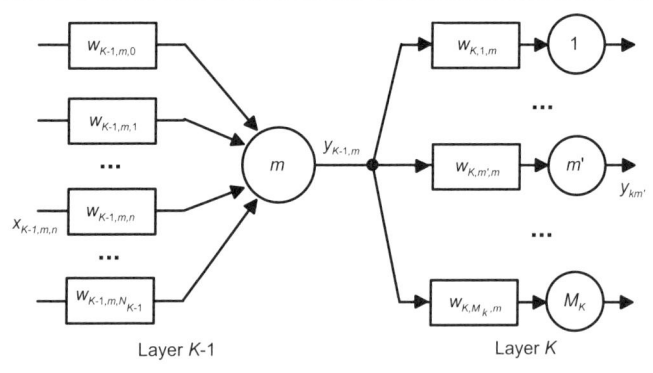

Bild 7.21 Backpropagation der Fehlersignale

$$-\frac{\partial E_K}{\partial w_{K-1,m,n}} = \sum_{m'=1}^{M_K} (Y_{Km'} - y_{Km'}) \cdot \frac{\partial y_{Km'}}{\partial w_{K-1,m,n}} \qquad (7.42)$$

Die verbliebene partielle Ableitung lässt sich aufteilen, so dass nach kurzen Umrechnungen schließlich folgt:

$$-\frac{\partial E_K}{\partial w_{K-1,m,n}} = \sum_{m'=1}^{M_K} \delta_{Km'} \cdot \frac{\partial net_{Km'}}{\partial w_{K-1,m,n}} \qquad (7.43)$$

Der Ausdruck $net_{Km'}$ berechnet sich als Summe über alle Eingänge des Neurons m' in *Layer K* (mit m'' als Summationsindex):

$$\begin{aligned}net_{Km'} &= \sum_{m''=0}^{N_K} w_{Km'm''} \cdot x_{Km'm''} \\ &= w_{Km'0} \cdot x_{Km'0} + \sum_{m''=1}^{M_{K-1}} w_{Km'm''} \cdot y_{K-1,m''}\end{aligned} \qquad (7.44)$$

Summiert wird dabei schließlich über die Ausgänge aller Neuronen m'' des *Layers K*–1. Dies ist nach $w_{K-1,m,n}$ abzuleiten. Nun hat der Gewichtungsfaktor $w_{K-1,m,n}$ nur auf den Ausgang $y_{K-1,m}$ des Neurons $m'' = m$ Einfluss, sonst auf keinen Ausgang anderer Neuronen von *Layer K*–1. Die Ableitung von $net_{Km'}$ nach $w_{K-1,m,n}$ wird somit zu:

7.2 Neuronale Netze in der Regelungstechnik

$$\begin{aligned}\frac{\partial net_{Km'}}{\partial w_{K\text{-}1,m,n}} &= w_{Km'm} \cdot \frac{\partial y_{K\text{-}1,m}}{\partial w_{K\text{-}1,m,n}} \\ &= w_{Km'm} \cdot \frac{\partial y_{K\text{-}1,m}}{\partial net_{K\text{-}1,m}} \cdot \frac{\partial net_{K\text{-}1,m}}{\partial w_{K\text{-}1,m,n}}\end{aligned} \qquad (7.45)$$

Berücksichtigt man

$$\frac{\partial net_{K\text{-}1,m}}{\partial w_{K\text{-}1,m,n}} = x_{K-1,m,n}$$

und $\dfrac{\partial y_{K\text{-}1,m}}{\partial net_{K\text{-}1,m}} = y_{K\text{-}1,m} \cdot (1 - y_{K\text{-}1,m})$

ergibt sich zunächst:

$$-\frac{\partial E_K}{\partial w_{K\text{-}1,m,n}} = \sum_{m'=1}^{M_K} \delta_{Km'} \cdot w_{Km'm} \cdot y_{K\text{-}1,m} \cdot (1 - y_{K\text{-}1,m}) \cdot x_{K-1,m,n}$$

Mit der Definition des Fehlersignals erhält man schließlich für *Layer* K–1:

$$-\frac{\partial E_K}{\partial w_{K\text{-}1,m,n}} = \delta_{K\text{-}1,m} \cdot x_{K-1,m,n} \qquad (7.46)$$

und das Fehlersignal eines Neurons in *Layer* K–1 kann somit berechnet werden alleine aus den Fehlersignalen der Neuronen von *Layer* K, den Gewichtungsfaktoren in *Layer* K und den Ausgängen des *Layer* K–1:

$$\delta_{K\text{-}1,m} = y_{K\text{-}1,m} \cdot (1 - y_{K\text{-}1,m}) \cdot \sum_{m'=1}^{M_K} w_{Km'm} \cdot \delta_{Km'} \qquad (7.47)$$

Die neuen einzustellenden Werte der Gewichtungsfaktoren können jeweils direkt aus dem Fehlersignal bestimmt werden:

$$w_{K\text{-}1,m,n}^{\text{neu}} = w_{K\text{-}1,m,n} + \eta \cdot x_{K\text{-}1,m,n} \cdot \delta_{K\text{-}1,m} \qquad (7.48)$$

für $m = 1 \ldots M_{K-1}$ und $n = 0 \ldots N_{K-1}$. Die Fehlersignale in *Layer K*–1 kann man zudem (wie in *Layer K*) darstellen:

$$\delta_{K-1,m} = (Y_{K-1,m} - y_{K-1,m}) \cdot y_{K-1,m} \cdot (1 - y_{K-1,m}) \quad (7.49)$$

Man erhält damit eine Schätzung der korrekten Ausgangswerte $Y_{K-1,m}$ der Neuronen in *Layer K*–1. In der Regel wird diese Information jedoch nicht ausgewertet.

Vorgehen für einen beliebigen *Layer k* (Zusammenfassung). Das bisher skizzierte Verfahren lässt sich rekursiv auf alle vorhergehenden Layer übertragen. Es ergibt sich somit als Vorgehensweise für den Backpropagation-Algorithmus:

- Bestimme für alle Neuronen $m = 1 \ldots M_K$ in *Layer K* das Fehlersignal δ_{Km} nach der Gleichung

$$\delta_{Km} = (Y_{Km} - y_{Km}) \cdot y_{Km} \cdot (1 - y_{Km}) \quad (7.50)$$

- Bestimme für alle Eingänge $n = 0 \ldots N_K$ aller Neuronen $m = 1 \ldots M_K$ in *Layer K* die neuen Gewichtungsfaktoren nach der Gleichung

$$w_{Kmn}^{neu} = w_{Kmn} + \eta \cdot x_{Kmn} \cdot \delta_{Km} \quad (7.51)$$

- Bestimme für jeden vorhergehenden *Layer k*–1, beginnend mit K–1 und endend mit 1, nacheinander jeweils

  a) für alle Neuronen $m = 1 \ldots M_{k-1}$ in *Layer k*–1 das Fehlersignal nach der Gleichung

$$\delta_{k-1,m} = y_{k-1,m} \cdot (1 - y_{k-1,m}) \cdot \sum_{m'=1}^{M_k} w_{km'm} \cdot \delta_{km'}, \quad (7.52)$$

wobei nicht die im vorigen Schritt für *Layer k* neu berechneten, sondern die alten Faktoren $w_{km'm}$ eingesetzt werden,

  b) für alle Eingänge $n = 0 \ldots N_{k-1}$ aller Neuronen $m = 1 \ldots M_{k-1}$ in *Layer k*–1 die neuen Gewichtungsfaktoren nach der Gleichung

$$w_{k-1,m,n}^{neu} = w_{k-1,m,n} + \eta \cdot x_{k-1,m,n} \cdot \delta_{k-1,m} \quad (7.53)$$

Zum Verständnis dieses Verfahrens kann Bild 7.21 beitragen; zur Betrachtung von *Hidden Layern* kann darin K durch k ersetzt werden.

7.2.4 Anmerkungen zu neuronalen Netzen

7.2.4.1 Allgemeines

Sofern nicht eine Startkonfiguration vorgegeben wird, müssen die Gewichtungsfaktoren zu Beginn der Lernphase auf zufällige Werte gesetzt werden, so dass möglichst keine Symmetrie vorliegt. Eine vorab geschaffene Symmetrie wird durch den *Backpropagation*-Algorithmus nicht mehr beseitigt, was Einschränkungen im Hinblick auf ein erreichbares Optimum mit sich bringt.

In vielen Fällen wird bei MLP-Netzen der letzte *Layer* (K) nur zur Addition der Eingänge verwendet; die Aktivierungsfunktion $f(x)$ bleibt dann die Identität $f(x) = x$. Damit ist $f'(x) = 1$ und für das Fehlersignal sowie die neuen Gewichtungsfaktoren in *Layer* K ergibt sich:

$$\boxed{\delta_{Km} = (Y_{Km} - y_{Km})} \tag{7.54}$$

$$\boxed{w_{Kmn}^{neu} = w_{Kmn} + \eta \cdot x_{Kmn} \cdot (Y_{Km} - y_{Km})} \tag{7.55}$$

In vielen Fällen wird bei MLP-Netzen der erste *Layer* (1) nur zur Weiterleitung und Verteilung der Eingänge verwendet. Man findet dann für das Gewicht $w_{1m1} = 1$ und als Aktivierungsfunktion die Identität $f(x) = x$. Der *Backpropagation*-Algorithmus endet in den Fällen bei *Layer* 2.

Der *Backpropagation*-Algorithmus verändert die Parameter des Netzes so, dass die Fehlerfunktion in Richtung des stärksten Abstiegs verfolgt wird, mit dem Ziel, schließlich im absoluten Minimum zu landen. Die Fehlerfunktion muss allerdings nicht nur *ein* Minimum besitzen; in der Regel ist sie sogar stark zerklüftet, so dass das Verfahren im Prinzip auch in einem lokalen Minimum stehen bleiben kann. Dies ist umso wahrscheinlicher, je größer die Zahl der Verbindungen und damit der einzustellenden Parameter ist. Dieser Tendenz kann durch mehrfaches Lernen bei jeweils veränderter Lernrate η entgegengewirkt werden. Die Literatur stellt viele Varianten des *Backpropagation*-Algorithmus dar, die jeweils spezifische Probleme adressieren. In der Praxis wird man für konkrete Anwendungen mit diversen Alternativen experimentieren müssen, wenn ein Optimum an Leistung erzielt werden soll.

In den obigen Ausführungen wurde implizit angenommen, dass der Ausgang eines Neurons umso größer ist, je größer sich seine Anregung am Eingang darstellt. Im menschlichen Gehirn findet man jedoch auch den umgekehrten Fall: je größer die Anregung am Eingang des Neurons, desto geringer die Aktivierung. Man spricht in dem Fall von **Inhibitoren**. Manche Netzstrukturen erlauben den Einsatz solcher Inhibitoren in Kombination mit den oben beschriebenen Neuronen.

In der Regel empfiehlt es sich, den vorliegenden Datensatz mit Eingangs- und zugehörigen korrekten Ausgangsdaten in einen Trainings- und einen Testdatensatz zu teilen. Nachdem die Gewichtungsfaktoren mit dem Trainingsdatensatz eingestellt wurden, kann in einer folgenden Testphase die Güte des trainierten Netzes mit Hilfe des Testdatensatzes bewertet werden.

7.2.4.2 Berücksichtigung der Signaldynamik

Neuronale Netze mit *Feed-Forward*-Struktur sind statische Systeme; der Ausgang zu einem Zeitpunkt hängt nur vom Eingang zu genau diesem Zeitpunkt ab. Das neuronale Netz arbeitet dabei mit einem Schritttakt T_a. Ist das Eingangssignal nicht statisch, muss zunächst sichergestellt werden, dass T_a das SHANNONsche Abtasttheorem erfüllt, da ansonsten wichtige Informationen im Eingangssignal übersehen werden können. Soll die Dynamik des Eingangssignals darüber hinaus auch für die Schlussfolgerung des neuronalen Netzes berücksichtigt werden, bieten sich zwei Methoden an, die auch kombiniert eingesetzt werden können:

- Statt für das Signal nur einen Eingang vorzusehen, an dem der gerade auftretende Signalwert $x[iT_a]$ angelegt wird, können $I + 1$ Eingänge spendiert werden, an denen mit $x[iT_a]$, $x[(i-1)T_a]$, ..., $x[(i-I)\,T_a]$ der aktuelle und die vergangenen I Werte bereitgestellt werden.
- Das Eingangssignal kann durch mehrere parallel vorgeschaltete Aufbereitungseinheiten differenziert und/oder integriert werden (auch mehrfach). Die Ausgänge der Aufbereitungseinheiten werden dann an jeweils einen Eingang des neuronalen Netzes angelegt. Ein Beispiel zeigt Bild 7.22.

7.2.4.3 *Online-* und *Offline*-Verfahren

In der Beschreibung der *Backward*-Phase wurde festgelegt, dass die Veränderungen aus jedem Trainingspaar sofort für die folgenden Trainingspaare wirksam werden. Dieser Ansatz wird gelegentlich als *Online*-**Verfahren** oder **datenpunktbasiert** bezeichnet. Davon zu unterscheiden ist das *Offline*-**Verfahren** (**datensatzbasiert**), bei dem erst am Ende einer Epoche der gesamte bis dahin aufsummierte Fehler zur Adaption der Parameter verwendet wird.

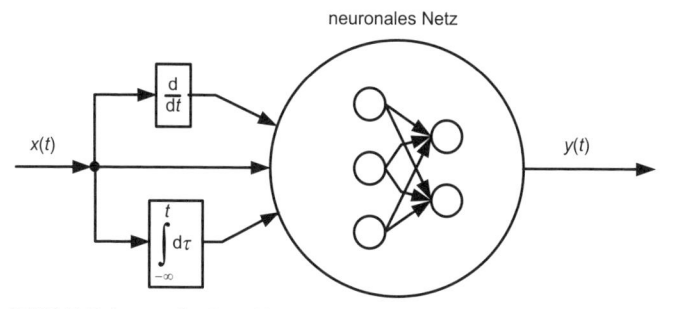

Bild 7.22 Erfassung der Signaldynamik durch externe Aufbereitung

7.2.4.4 Lernmatrizen

Grundgedanken. Ein Vorläufer des künstlichen Neurons und ein klassisches Beispiel für ein lernfähiges System ist die 1961 von STEINBUCH [7.30] vorgestellte **Lernmatrix**, deren Lernmechanismus auf dem bekannten bedingten Reflex nach PAWLOW basiert und zunächst in ihrer einfachsten Form zur Verarbeitung von Binärsignalen vorgestellt werden soll (→ Bild 7.23).

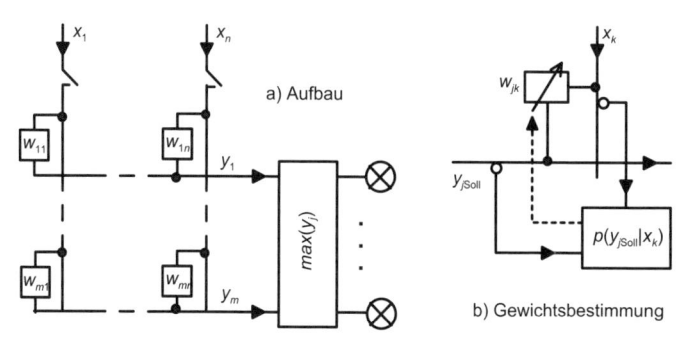

Bild 7.23 Elementare Form der Lernmatrix

Beim Training wird die Matrix mit binären Eingangssignalen x_k und binären Sollwerten $y_{j\text{Soll}}$ für zu erzeugende Ausgangssignale y_j versorgt. Der Lernvorgang besteht nun darin, dass ermittelt wird, mit welchen Wahrscheinlichkeiten beim Anliegen von Eingangssignalwerten $x_k = 1$

auch die Ausgangssignale jeweils die Sollwerte $y_{j\text{Soll}} = 1$ annehmen. Hierbei handelt es sich um das in Abschnitt 7.2.3 erläuterte *überwachte* Lernen. Man erhält hieraus als **bedingte Wahrscheinlichkeiten** Gewichte w_{jk} mit

$$\begin{aligned} w_{jk} &= p(y_{j\text{Soll}} \mid x_k) \\ &= \frac{p(x_k \wedge y_{j\text{Soll}})}{p(x_k)} \end{aligned} \tag{7.56}$$

und $0 \leq w_{jk} \leq 1$. Bei der praktischen Berechnung werden die w_{jk} näherungsweise durch

$$w_{jk} \approx \frac{h(x_k \wedge y_{j\text{Soll}})}{h(x_k)} \tag{7.57}$$

bestimmt. $h(x_k)$ ist dabei die Häufigkeit, mit welcher x_k den Wert 1 annimmt, $h(x_k \wedge y_{j\text{Soll}})$ diejenige, mit welcher $x_k = 1$ *und* $y_{j\text{Soll}} = 1$ gilt. In der Kannphase erzeugt die Lernmatrix dann die Ausgangssignale als Linearkombination:

$$y_j = w_{j1} x_1 + \ldots + w_{jn} x_n \tag{7.58}$$

$k = 1, \ldots, m$

In Matrix-Vektor-Notation hat man

$$\begin{aligned} \boldsymbol{y} &= \boldsymbol{W} \cdot \boldsymbol{x} \\ \boldsymbol{x} &= [x_1, \ldots, x_n]^{\text{T}} \\ \boldsymbol{y} &= [y_1, \ldots, y_m]^{\text{T}} \\ \boldsymbol{W} &= \begin{bmatrix} w_{11} & \ldots & w_{1n} \\ & \ldots & \\ w_{m1} & \ldots & w_{mn} \end{bmatrix} \end{aligned} \tag{7.59}$$

Die y_j nehmen somit Werte zwischen null und n an. Den Gewichten w_{jk}, welche man z. B. mit Widerständen R_{jk} bilden kann, lassen sich bei Bedarf nichtlineare Kennlinien aufprägen. In einer Maximalwertschaltung kann ggf. noch ermittelt werden, welches der Ausgangssignale den größten Wert hat; außerdem kann eine Normierung auf den Bereich 0 bis 1 erfolgen. Solche Matrizen lassen sich zu beliebig komplexen Strukturen verschalten. Gedacht war diese Technik u. a. zu Zwecken der Mustererkennung (typisch Schrift und Sprache). Heute (A. D.

2006) werden aber an ihrer Stelle trotz der hohen Leistungsfähigkeit überwiegend die vorstehend beschriebenen künstlichen Neuronen und die aus diesen aufgebauten neuronalen Netze eingesetzt.

Modifikationen. Beim Vergleich zwischen einer einfachen Lernmatrix und einem künstlichen Neuron stellt man Folgendes fest:

- Ein Neuron hat *einen* Ausgang, eine Lernmatrix hat *mehrere* Ausgänge.
- Ein Neuron kann sowohl *exzitatorisch* als auch *inhibitorisch* wirkende Eingänge haben, eine Lernmatrix in der beschriebenen Form hat lediglich *exzitatorische* Eingänge.
- Die bislang beschriebene Lernmatrix hat ausschließlich *binäre* Eingangsgrößen.

In [7.30] beschreibt STEINBUCH diverse Modifikationen und Schaltungsbeispiele für Lernmatrizen, welche die Unterschiede zu neuronalen Netzen weitgehend aufheben:

- Bei Eingangssignalen kann man eine Invertierung vornehmen, so dass sich eine inhibitorische Wirkung erzielen lässt.
- Die Beschränkung auf binäre Signale kann man fallen lassen; eine Lernmatrix funktioniert auch mit analogen Signalen.
- Mehrere Lernmatrizen können miteinander verschaltet werden, womit man ein Netz ähnlich einem KNN erhält ($\rightarrow$ Bild 7.24).

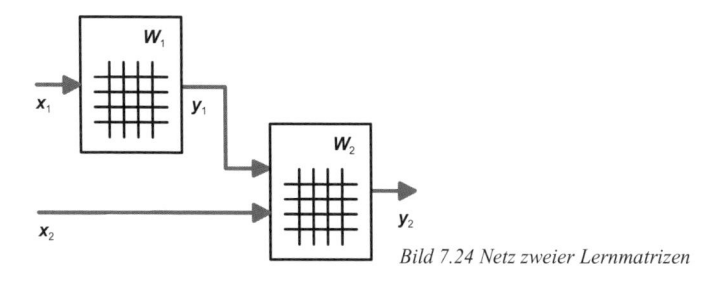

Bild 7.24 Netz zweier Lernmatrizen

7.2.5 Einsatzgebiete in der Regelungstechnik

7.2.5.1 Einsatz neuronaler Netze

Die Stellung neuronaler Netze in der Regelungstechnik ist bei weitem noch nicht so eindeutig, wie sie es für klassische Regler oder auch teilweise für Fuzzy-Systeme ist. Neuronale Netze können bei vielen Gesichtspunkten einer regelungstechnischen Aufgabe nützlich sein, und in der Literatur der vergangenen Jahre findet man eine Vielzahl von Varianten, mit denen experimentiert wurde, und die sich mehr oder weniger gut bewährt haben. Neben ihrem Einsatz an Stelle eines klassischen Reglers gibt es die unterschiedlichsten Ansätze um ihre Fähigkeiten zu nutzen. Einige solcher Ansätze werden hier beispielhaft dargestellt und sollen ein Gespür für die Möglichkeiten neuronaler Netze vermitteln.

Ein typischer Anwendungsfall für ein neuronales Netz ist die Beobachtung der Regelstrecke. Die Eingangssignale werden dem neuronalen Netz entweder statisch oder auch in ihren dynamischen Eigenschaften zugeführt. Das Netz kann daraus eine Schätzung der Streckenausgänge vornehmen, die dann einer Regeleinrichtung wichtige Informationen bereitstellt. Von besonderer Bedeutung ist dies, wenn die Strecke selber im Vergleich zur Berechnung des neuronalen Netzes sehr langsam ist. Dann kann das neuronale Netz bereits frühzeitig Daten über das voraussichtliche Streckenverhalten erzeugen, die einer Messung erst sehr viel später zugänglich sind.

In der Lernphase werden die Streckenausgänge als korrekte Ausgänge Y_{Km} des neuronalen Netzes betrachtet; ihre zeitliche Verschiebung muss mit berücksichtigt werden. In dieser Anordnung kann auch während des operativen Betriebes ständig weiter gelernt werden; unter Berücksichtigung der dominanten Zeitkonstanten der Strecke können die Gewichtungsfaktoren angepasst und so in begrenztem Rahmen auch zeitvariante Regelstrecken nachgebildet werden. In diese Rubrik fallen zudem viele Anwendungsgebiete, in denen Prognosen erforderlich sind (Wirtschaft, Umwelt, ...), die aber primär mit der klassischen Regelungstechnik wenig Berührung haben. Für sie findet man gelegentlich den Begriff der **Zeitreihenvorhersage**.

Ein weiterer häufig auftretender Fall für den Einsatz eines neuronalen Netzes ist die automatische Adaption von Reglerparametern, z. B. eines klassischen PID-Reglers. Dies entspricht der Anordnung in Bild 7.12 mit dem Unterschied, dass jetzt statt des Fuzzy-Systems ein neuronales Netz zum Einsatz kommt. Auch hier kann das neuronale Netz entweder vorher trainiert werden (und dann mit festen Gewichtungsfaktoren arbeiten) oder während des operativen Betriebes kontinuierlich lernen. Während das Fuzzy-System mit festen vorher ermittelten Regeln arbeitet und nur die Reglerparameter modifiziert, wird die Anordnung mit neuronalem Netz im letzteren Fall sowohl ihr eigenes Verhalten als auch das Verhalten des Reglers adaptieren. Zur Gewährleistung eines sicheren Betriebes werden übergeordnete Überwachungs- und Begrenzungseinrichtungen eingesetzt.

Über den regelungstechnischen Bereich deutlich hinausgehende typische Einsatzgebiete neuronaler Netze sind Mustererkennungs- und Klassifikationsaufgaben. Die Anzahl der Ausgänge des neuronalen Netzes entspricht in dem Fall der Zahl der Klassen bzw. der zu unterscheidenden Muster. Lernphase und operative Phase sind hierbei strikt getrennt, und für die Lernphase muss eine große und repräsentative Stichprobe zur Verfügung stehen, die am besten noch zusätzlich geteilt wird in eine Stichprobe für den Lernprozess und eine Stichprobe für einen sich anschließenden Verifikationsprozess. In der Literatur und insbesondere im Internet ist eine Vielzahl weiterer praktischer Anwendungsbeispiele verfügbar.

7.2.5.2 Fuzzy-Logic und neuronale Netze

In den vergangenen Jahren gab es vielfältige Bemühungen, die Stärken der Fuzzy-Logic mit den Stärken neuronaler Netze zu verknüpfen.

Der Vorteil neuronaler Netze liegt in ihrer Lernfähigkeit; in der Regel lässt sich Vorwissen allerdings nicht einbringen und die Bedeutung der im Lernprozess adaptierten Gewichtungsfaktoren lässt sich nicht mit Blick auf den realen Prozess interpretieren. Fuzzy-Logic auf der anderen Seite bietet die Möglichkeit, Vorwissen in Form von Regeln und Fuzzy-Sets einzubringen; seine Parameter sind leicht interpretierbar, für deren Adaption stehen jedoch keine Lernalgorithmen zur Verfügung. Eine Kombination beider Technologien sollte die jeweiligen Vorteile weitgehend erhalten und ihre Nachteile mildern. Dabei unterscheidet man zwischen **kooperativen** und **hybriden** Ansätzen. Während in kooperativen Ansätzen beide Technologien in eigenen Subsystemen implementiert sind, werden sie bei hybriden Ansätzen miteinander in einem System verschmolzen. Beispiele für eine vorteilhafte Kombination beider Technologien sind:

- Fuzzy-unterstütztes Lernen eines neuronalen Netzes in der Anfangsphase für den Fall einer kleinen Lernstichprobe (kooperativ): Das Fuzzy-System wirkt dabei als Lehrer; es bewertet die im Laufe der Zeit auftretenden Situationen selber anhand seiner Regeln und stellt seine Schlussfolgerungen dem neuronalen Netz zusätzlich zur Verfügung. Dies erhöht die Konvergenzgeschwindigkeit des Lernens. Nach einer Zeit des Lehrens kann das Fuzzy-System wegfallen; die noch erforderlichen kleineren Korrekturen erfolgen durch das Selbstlernen des neuronalen Netzes.

- Bidirektionale Überführung von Fuzzy-Systemen in neuronale Netze, SCHAEDEL [7.26] (hybrid): Es erfolgt eine eindeutige und feste Zuordnung zwischen Neuronen auf der einen Seite und Eingangs-Fuzzy-Sets, Fuzzy-Regeln und Ausgangs-Fuzzy-Sets andererseits. Dadurch kann das System mit Blick auf die Lernvorgänge als neuronales Netz interpretiert werden. Sobald ein Lernvorgang abgeschlossen ist, können die Gewichtungsfaktoren als Parameter der beteiligten Fuzzy-Sets bzw. Fuzzy-Regeln interpretiert werden. Diese Kombination ist somit sowohl ein lernfähiges Fuzzy-System als auch ein interpretierbares neuronales Netz. Ein weiterer Vorteil besteht in diesem Fall darin, dass bereits vorhandenes Vorwissen (bekannte Fuzzy-Regeln) direkt in das neuronale Netz eingebracht werden kann und nicht erst über eine große Trainingsstichprobe erlernt werden muss. Ein derartiges System wird als **Neuro-Fuzzy-System** bezeichnet.

Daneben findet sich eine Vielzahl verschiedener Ansätze, die die beiden Technologien unterschiedlich eng miteinander koppeln. Hierzu gehören die folgenden Vorstellungen zur Optimierung eines Fuzzy-Reglers durch Kombination mit einem neuronalen Netz, NAUCK et al. [7.23]:

- Das neuronale Netz beobachtet das Systemverhalten und verändert die Parameter der Fuzzy-Sets des Reglers.
- Das neuronale Netz beobachtet das Systemverhalten und verändert das Regelwerk des Fuzzy-Reglers.
- Das neuronale Netz wird zur Vor- oder Nachverarbeitung der am realen System verfügbaren Signale eingesetzt.

8 Technische Realisierungen

8.1 Regelungstechnische Projekte
Wolfgang Schorn, Norbert Große

8.1.1 Projektieren

8.1.1.1 Begriffe

Zur Realisierung regelungstechnischer Projekte sind diverse Tätigkeiten erforderlich. Die wichtigsten Begriffe sollen in Anlehnung an WEBER [8.1] und DIN 19226-5 [8.2] mit speziellem Bezug zur Regelungstechnik kurz erläutert werden.

> Unter einem **Projekt** versteht man ein einmaliges und zeitlich begrenztes Vorhaben, DIN 69901 [8.89]. **Projektieren** bedeutet das Ausführen sämtlicher Tätigkeiten zum Umsetzen einer regelungstechnischen Aufgabe von der Planung bis zum Betriebsbeginn.

Ein Projekt durchläuft einen Lebenszyklus, dessen einzelne Phasen in NAMUR NA 35 [8.3] angegeben sind (→ Abschnitt 8.1.1.2). Hierbei treten in der Regel auch Iterationen auf.

> **Planen** bedeutet das Erstellen technologischer und organisatorischer Unterlagen zum Realisieren und Betreiben regelungstechnischer Einrichtungen.

Hierbei geht es also um das Erstellen von Lasten- und Pflichtenheften (→ Abschnitt 8.1.1.3).

> **Programmieren** bedeutet das Erzeugen (Entwerfen, Codieren und Testen) eines Programms. Dies ist eine syntaktische Einheit aus Anweisungen und Deklarationen zum Lösen eines Problems mit Hilfe einer Programmiersprache.

Im allgemeinen Sprachgebrauch versteht man unter einem Programm die Formulierung einer Aufgabe in *textueller* Sprache (C, FORTRAN, strukturierter Text etc.). Bei Verwendung grafischer Sprachen verwendet man meist den Begriff *Konfigurieren*.

> **Konfigurieren** ist das Erstellen von regelungstechnischen Systemen durch Verknüpfung und Parametrierung von bereits vorliegenden Funktions- oder Baueinheiten.

Hierzu gehört also sowohl das Erzeugen softwaretechnischer Strukturen mit Funktionsbausteinen (gleichbedeutend mit *Programmieren*) als auch der Aufbau gerätetechnischer Subsysteme z. B. mit Industriereglern.

> **Parametrieren** bedeutet das Festlegen von Werten für **Parameter**, d. h. für Platzhalter von Werten, die nicht vom Prozess verändert werden, um ein gewünschtes Verhalten eines Regelungssystems zu bewirken.

Dies betrifft etwa die PID-Parameter K_p, T_n und T_v. Soll- oder Stellwerte zählt man nicht zu den Parametern.

> **Bedienen** und **Beobachten** unterstützen als Ingenieurtätigkeit das Einschätzen der Regelstrecke und das Überprüfen einer Reglereinstellung. Im Allgemeinen sind es aber die Tätigkeiten des Anlagenpersonals beim Betrieb einer Regeleinrichtung in der Produktion.

Hierzu gehören dann auch Sollwertänderungen. Planen, Programmieren, Konfigurieren und Parametrieren sind Ingenieurtätigkeiten, welche das Projektieren wesentlich ausmachen.

8.1.1.2 Ablauf von PLT-Projekten

Um die Durchführung von prozessleittechnischen Projekten (PLT-Projekten) zu erleichtern, hat die NAMUR das Arbeitsblatt NA 35 [8.3] herausgegeben. Hiernach lassen sich bei der Errichtung einer zu automatisierenden Anlage sieben Phasen unterscheiden:

- Phase 1: **Grundlagenermittlung**. In dieser Phase werden die Anforderungen und die Aufgaben, sozusagen die Last des Projekts, festgelegt. Die schriftlich formulierte Aufgabenstellung wird daher **Lastenheft** (VDI/VDE 3694 [8.4]) genannt. Weiterhin wird eine grobe Kostenschätzung vorgenommen.

- Phase 2: **Vorplanung**. Hier werden verschiedene Lösungsvarianten für die im Lastenheft angegebenen Aufgaben erarbeitet und bewertet. Aus dem Vergleich von Wirtschaftlichkeit, Sicherheit, Betreubarkeit etc. der einzelnen Varianten resultiert das **Systemkonzept**. Die vorliegende Kostenschätzung wird präzisiert.

- Phase 3: **Basisplanung**. Bei der Basisplanung wird das Systemkonzept genauer ausgearbeitet. Es entsteht die für alle Projektmitglieder verbindliche Struktur für die technische und organisatorische Realisierung, welche im **Pflichtenheft**, VDI/VDE 3694 [8.4] festgehalten wird. Bei späteren Konzeptänderungen muss das Lastenheft bzw. das Pflichtenheft entsprechend aktualisiert werden. Die entstandenen Dokumente werden erforderlichenfalls bei den zuständigen Behörden zur Genehmigung vorgelegt. Nach erneuter Kostenplanverfeinerung werden die alternativen Lösungsvorschläge bewertet; anschließend wird ein Kreditantrag bei der Unternehmensleitung gestellt. Nach der Investitionsfreigabe beginnen die Phasen der Projektausführung.

- Phase 4: **Ausführungsplanung**. In der Ausführungsplanung werden die für die Beschaffung, Montage und Programmierung notwendigen Unterlagen erstellt. Diese Phase bringt den höchsten Aufwand mit sich. Bei größeren Projekten mit Einsatz von Prozessleitsystemen wird zwischen **Hardwareplanung** und **Softwareplanung** unterschieden. Dabei umfasst die Hardware alle Sensoren und Aktoren, Verkabelung, PLS-Komponenten, Ausstattung der Schalträume usw.; die Planung der Software betrifft sämtliche Unterlagen zur Softwareerstellung für das Prozessleitsystem. Zunächst wird das R&I-Fließbild festgelegt (→ Abschnitt 8.1.2.3). Die Federführung hierbei liegt bei den Mitarbeitern der Anlagenplanung; die Mitarbeiter der Prozessleittechnik sind ebenfalls beteiligt, da für das R&I-Fließbild das Mengengerüst und Teile der Funktionalität der PLT-Stellen (→ Abschnitt 8.1.2.3) erarbeitet werden. Die Attribute (Messbereiche etc.) von PLT-Stellen werden in **Stellenblättern** festgehalten, Informationen für Strukturen (z. B. die Verschaltung) werden in **Stellenplänen** dokumentiert. Für die Montage sind darüber hinaus Verschaltungslisten erforderlich. Hiermit werden die einzelnen Signale den Adern der Kabel und den Klemmblöcken im VKE (Verteilerkasten elektrisch) zugeordnet und im Gestell festgelegt (Rangierung). Bei konventioneller Technik ist die Planung bezüglich der PLT-Stellen hiermit abgeschlossen. Werden die Verarbeitungsfunktionen mit Prozessleitsystemen realisiert, sind zusätzliche Planungsarbeiten für die Hardwarestruktur des Prozessleitsystems und für die zu erstellende Software notwendig. Zur Spezifikation der Hardwarestruktur des Prozessleitsystems müssen dessen Komponenten mit ihren Baugruppen festgelegt werden. Schränke und Gestelle werden in einem Schaltraum untergebracht. Bei mittels 4 bis

20 mA oder 24 V angeschlossenen Aktoren und Sensoren werden die Verbindungen zum Feld mit Stammkabeln realisiert. In moderneren Anlagen sind Feld und Schaltraum über Feldbusse oder Industrial Ethernet verbunden. Hier müssen die Feldbus-Topologie mit den Kopplern, die Segmente und die Verteilung der Geräte auf die Segmente mit ihren Adressen festgelegt werden.

- Phase 5: **Errichtung**. In dieser Phase werden die bei der Ausführungsplanung spezifizierten Systeme beschafft, montiert, programmiert und geprüft. Die wesentlichen Aufgaben sind folgende:
  - **Beschaffung** aller Geräte und Dienstleistungen: Hierbei ist ein Bestell- und Lieferbuch zu führen, um das Einhalten der Liefertermine und den Abfluss der Finanzmittel nachhalten zu können.
  - **Montage** der gelieferten Geräte und Systeme: Dazu gehört als Aufgabe des Auftraggebers das Vorbereiten und Überwachen. Die Lieferanten montieren die Geräte nach den beim Auftraggeber üblichen Standards unter Einhaltung der relevanten VDE-Bestimmungen. Dann erfolgt der Verbindungstest und die Teilfunktionsprüfung unter Einbeziehung des Leitsystems.
  - **Software-Erstellung**: Sie geschieht nach den in der vorausgegangenen Phase spezifizierten Regeln mit anschließender Funktionsprüfung. Hierbei werden u. a. die erforderlichen Regelungsstrukturen konfiguriert.

- Phase 6: **Inbetriebsetzung**. Die Inbetriebsetzung stellt das erstmalige Betreiben des PLT-Systems als integrale Komponente der Gesamtanlage unter Prozessbedingungen dar. Die Koordinierung liegt dabei weitgehend beim Anlagenbetreiber. Die Aufgaben der Inbetriebsetzung sind:

  - Herstellen der Funktionstüchtigkeit (Wasserfahrt),
  - Nachweis der Betriebssicherheit,
  - Nachweis der vertraglich vereinbarten Funktionalität,
  - Beseitigung von Fehlern der Vorphasen,
  - Ausbildung und Einweisung des Betriebspersonals,
  - Überführen der Anlage in den vorgesehenen Dauerbetrieb.

  Bei der Wasserfahrt werden Kennlinienfelder und vorläufige Reglerparameter ermittelt, welche zu Beginn des Produktionsbetriebs ggf. nochmals anzupassen sind.

- Phase 7: **Projektabschluss**. Der Projektleiter des Gewerks Prozessleittechnik beschreibt die Projektbesonderheiten und stellt alle Leistungsmehrungen und -minderungen zusammen. Die von der Spezifikation im Lasten- und Pflichtenheft entstandenen Abweichungen werden in einem Abschlussbericht dokumentiert. Die Projektkosten sind nun vollständig bekannt und werden abgerechnet. Die abschließend aktualisierte Dokumentation wird dem Auftraggeber übergeben.

Je nach Projektumfang können einzelne der aufgeführten Phasen entfallen bzw. nicht alle beschriebenen Tätigkeiten umfassen. Ist z. B. für eine laufende Anlage die modellgestützte Regelung einer Kolonne neu zu implementieren, wird nur eine geeignete Verknüpfung von Softwarebausteinen vorgenommen. Dazu sind weder behördliche Genehmigungsverfahren zu durchlaufen noch Montagearbeiten durchzuführen.

8.1.1.3 Lastenheft und Pflichtenheft

Der allgemeine Aufbau von Lasten- und Pflichtenheften mit Bezug zur Prozessleittechnik ist in VDI/VDE 3694 [8.4] dargelegt.

> Ein **Lastenheft** ist die Beschreibung einer Aufgabenstellung („was und wofür"), ein **Pflichtenheft** ist die Beschreibung der systemtechnischen Lösung („wie und womit").

Wichtige Dokumenttypen innerhalb eines *Lastenhefts* sind folgende:

- Verbale Aufgabenbeschreibung,
- ER-Diagramme zum Darstellen von Beziehungen zwischen Objekten,
- Grundfließbilder und Phasenmodelle zur Prozessdarstellung,
- Verfahrens- und R&I-Fließbilder zur Anlagenbeschreibung,
- PLT-Stellenlisten,
- ggf. weitere Darstellungen zum Verdeutlichen der Aufgabenstellung, z. B. Zustandsdiagramme, Entscheidungstabellen, Kurven für Sollverläufe etc.

Ein *Pflichtenheft* umfasst im Wesentlichen folgende Unterlagen:

- Lastenheft,
- verbale Lösungsbeschreibung,
- ER-Diagramme und Phasenmodelle,
- PLT-Stellenblätter zum Beschreiben der Attribute (z. B. Messbereiche und Reglerparameter) von PLT-Stellen,

- PLT-Stellenpläne, d. h. technische Darstellungen von PLT-Stellen etwa durch Verknüpfungen von Funktionsbausteinen oder mit Hilfe von Stromlaufplänen,
- Programmlisten und Ablaufpläne,
- Test- und Abnahmedokumente,
- Bedienhandbücher,
- ggf. weitere projektspezifische Unterlagen zum Verdeutlichen der systemtechnischen Lösung.

Für das Erstellen solcher Dokumente gibt es diverse Richtlinien, z. B. Normen und NAMUR-Empfehlungen, auf welche in den folgenden Abschnitten eingegangen wird. Im Pflichtenheft werden teilweise die gleichen Dokumenttypen wie im Lastenheft verwendet. So kann z. B. ein Pflichtenheft ein ER-Diagramm enthalten, welches die Konkretisierung eines aus dem Lastenheft stammenden ER-Diagramms ist.

8.1.2 Beschreibungsmittel

8.1.2.1 ER-Diagramme

Allgemeine Darstellung. ER-Diagramme wurden ursprünglich für das Design relationaler Datenbanken entwickelt. Inzwischen setzt man sie allgemein zur Dokumentation von Datenbeständen ein.

> Ein **ER-Diagramm** (*Entity Relationship Diagram*) beschreibt grafisch die Eigenschaften von und die Beziehungen zwischen Objekten.

Es gibt hierzu eine ganze Reihe von Veröffentlichungen. Hier sei exemplarisch auf HERING et al. [8.5] und auf NAMUR NA 30 [8.6] verwiesen, an welchem sich die folgenden Erläuterungen orientieren.

In einem ER-Diagramm werden folgende Symbole verwendet, siehe Bild 8.1:

- Ein **Objekt** – z. B. eine PLT-Stelle – wird als Ellipse dargestellt, welche die Bezeichnung des Objekttyps enthält.
- **Attribute** (Objektmerkmale) wie z. B. Namen oder Messbereiche notiert man an einer vom Objekt ausgehenden und in einem gefüllten Quadrat endenden Linie. **Schlüsselattribute** zur eindeutigen Objektidentifikation werden unterstrichen.
- **Beziehungen** zwischen Objekten stellt man durch Linien dar, an welchen man die Art der Beziehung (z. B. *hat*, *besteht aus*, *ist* etc.) - anschreibt. Sind einem Objekt A die Schlüsselattribute eines ange-

schlossenen anderen Objekts B bekannt, wird dies durch einen Querbalken an der zu Objekt B führenden Linie gekennzeichnet. Man spricht hier von **Vererbung** eines Attributs.

Beziehungen klassifiziert man auf dreierlei Arten:

- **Beziehungstyp**: Eine **Muss-Beziehung** (durchgezogene Linie) liegt vor, wenn ein Objekttyp A stets mit einem anderen Objekttyp B in Beziehung stehen muss. Eine **Kann-Beziehung** (gestrichelte Linie) zwischen zwei Objekten ist optional. Eine Regeleinrichtung *muss* stets ein Vergleichsglied haben, einen Steller hingegen *kann* sie haben.
- **Beziehungsgrad**: Er gibt an, wie viele verschiedene Objekte eines Typs A mit einem Objekt des Typs B in Beziehung stehen können. Dabei unterscheidet man 1:1-, 1:n-, m:1- und m:n-Beziehungen. Bei einer Regelung mit Bereichsaufspaltung steuert eine Regeleinrichtung *mehrere* – meist zwei – Stellglieder an (1:n-Beziehung); bei einer Ablöseregelung wirken mehrere – üblicherweise zwei – Regeleinrichtungen auf *ein* Stellglied (m:1-Beziehung). Mehrfachbeziehungen werden mit aufgefächerten Linienenden kenntlich gemacht.
- **Exklusivität**: Wenn ein Objekt A jeweils nur zu einem von mehreren Objekten B, C, D ... in Beziehung stehen kann, liegt eine **exklusive *oder*-Beziehung** vor, welche man mit einem durchgezogenen Halbkreis in den Beziehungslinien darstellt. So kann etwa ein Regler *entweder* ein Zweipunktregler *oder* ein stetiger Regler sein. Eine **inklusive *oder*-Beziehung** (gestrichelter Halbkreis) ist gegeben, wenn ein Objekt A mit einem oder mehreren Objekten B, C, D ... in Beziehung stehen kann. Sind die Beziehungen zwischen einem Objekt A und anderen Objekten B, C, D ... fest gegeben, hat man eine ***und*-Beziehung**, welche nicht gesondert verdeutlicht wird.

Zwei Beziehungstypen kommt eine besondere Bedeutung zu. Der Typ *besteht aus* definiert eine **Aggregation**, der Typ *ist ein* bezeichnet eine **Taxonomie**. Aus Aggregationen leitet man Relationen zwischen Tabellen in Datenbanken ab; hierfür sind Schlüsselattribute erforderlich.

ER-Diagramme für PLT-Stellen. Der Begriff der PLT-Stelle wurde bereits in Kapitel 1 vorgestellt.

8 Technische Realisierungen

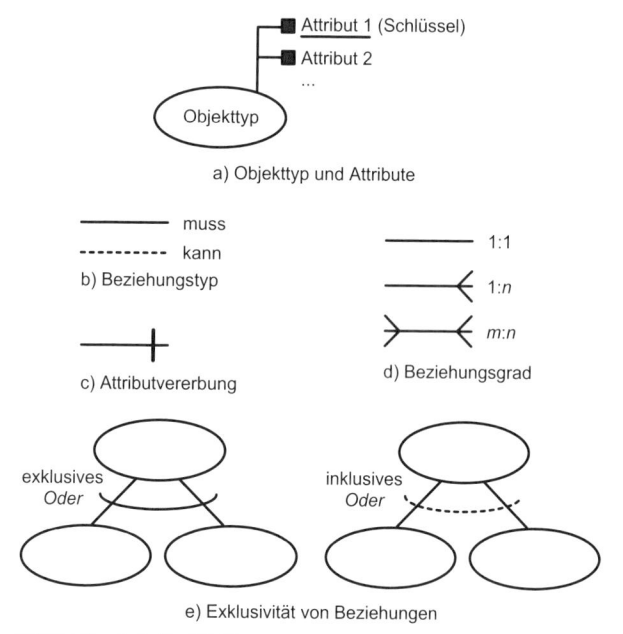

Bild 8.1 Symbole für ER-Diagramme

a) Objekttyp und Attribute — Attribut 1 (Schlüssel), Attribut 2, ...
b) Beziehungstyp — muss, kann
c) Attributvererbung
d) Beziehungsgrad — 1:1, 1:n, m:n
e) Exklusivität von Beziehungen — exklusives Oder, inklusives Oder

> Eine **PLT-Stelle** (**EMSR-Stelle**) ist eine funktionale Einheit zum Erfassen, Verarbeiten und ggf. auch zum Beeinflussen einer Prozessgröße, DIN 19227-1 [8.10].

EMSR steht für *Elektro-*, *Mess-*, *Steuerungs-* und *Regelungstechnik*. Die Bestandteile einer PLT-Stelle nennt man **PLT-Stellenelemente**, die man grob so klassifizieren kann:

- **Eingabeelemente**: Sie dienen zum Erfassen von Prozessinformationen. Überwiegend handelt es sich um Sensoren; bei Prozessleitsystemen können aber auch softwaretechnisch berechnete Größen vorliegen. Eine PLT-Stelle kann ggf. mehrere Eingabeelemente aufweisen, z. B. bei der Ermittlung eines Massenstroms aus einem Volumenstrom und der Stoffdichte.

- **Verarbeitungselemente**: Sie leiten aus den Messwerten weitere Informationen ab. Bei einer PLT-Stelle zur Regelung ist die Regeleinrichtung das eigentliche Verarbeitungselement.
- **Ausgabeelemente**: Sie leiten die Resultate von Verarbeitungselementen an den produktionstechnischen Prozess weiter. Bei einer Regelung handelt es sich um Stellgeräte (z. B. Motoren oder elektropneumatische Wandler) oder Transporteinrichtungen (beispielsweise Förderschnecken). Falls eine PLT-Stelle nicht unmittelbar auf den Prozess einwirkt, sondern lediglich der Messung dient, ist kein Ausgabeelement vorhanden; dies ist z. B. bei Führungsreglern in Kaskadenstrukturen der Fall. Bei manchen Anwendungen – etwa bei Regelungen mit Bereichsaufspaltung – sind mehrere Ausgabeelemente vorhanden.

Bild 8.2 gibt ein mögliches ER-Diagramm für PLT-Stellen wieder. Hierin ist die Beziehung zwischen PLT-Stelle und Stellenelement als Aggregation dargestellt; eine PLT-Stelle besteht aus mindestens einem Stellenelement. Die Stellenelemente erben das Schlüsselattribut *Name*, womit die Relation zwischen Stellenelement und PLT-Stelle eindeutig festgelegt ist. Die Beziehung zwischen Stellenelement und Eingabe-, Verarbeitungs- und Ausgabeelement ist eine Taxonomie, bei welcher ein Stellenelement genau einer dieser drei Klassen angehört (exklusives *oder*).

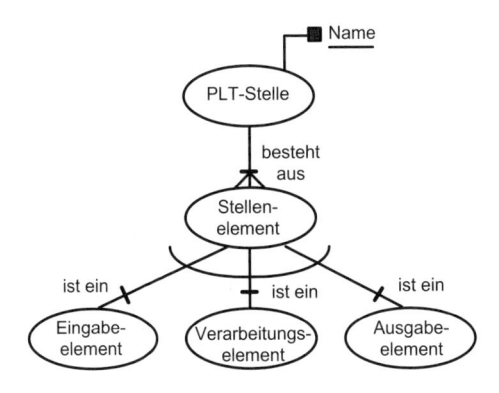

Bild 8.2 ER-Diagramm für PLT-Stellen

8.1.2.2 Phasendiagramme

Phasendiagramme wurden zunächst in der Produktionstechnik verwendet, um das Wechselspiel zwischen Vorgängen (Prozesselementen) in einem Produktionsprozess und den eingesetzten bzw. erzeugten Stoffen wiederzugeben. Spätere Erweiterungen berücksichtigen entsprechend den drei möglichen Existenzformen *Materie*, *Energie* und *Information* zusätzlich die Darstellung von Energien und Informationen als eigenständige Objekte, siehe POLKE et al [8.7], VDI/VDE E 3682 [8.8] und SCHORN, GROßE [8.9].

> Ein **Phasendiagramm** beschreibt die Struktur eines Prozesses als Zusammenspiel zwischen *Vorgängen* (Prozesselementen) einerseits und *Stoffen*, *Energien* und *Informationen* andererseits.

Zur Darstellung werden die in Bild 8.3 zusammengestellten Objekttypen verwendet:

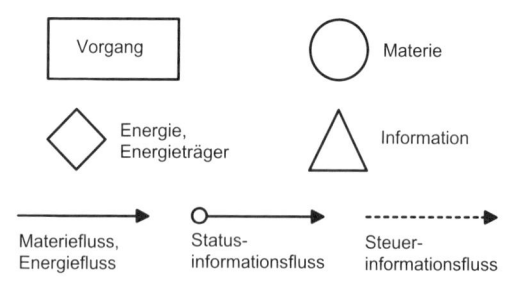

Bild 8.3 Objekttypen in Phasendiagrammen

- **Materie**: Stoffe oder Substanzen in unterschiedlichen Aggregatzuständen werden mit Kreisen symbolisiert.
- **Energie**: Die zu- oder abgeführte Energie gibt man mit einer Raute wieder. Energie kann durch elektrischen Strom oder Verbrennungen eingebracht werden, im Prozess entstehende Energie ist z. B. Wärme. Ebenso werden Energieträger wie Dampf oder Druckluft – also eigentlich Substanzen – versinnbildlicht.
- **Information**: Informationen, d. h. das Wissen um Sachverhalte, werden mit Dreiecken dargestellt.
- **Vorgang**: In Vorgängen (z. B. Prozessen oder Funktionen) werden Substanzen, Energien oder Informationen verarbeitet, d. h. erfasst,

ggf. umgeformt und ausgegeben oder gespeichert. Als Symbol wird ein Rechteck verwendet.
- **Materie- und Energietransport**: Hierfür wird ein durchgezogener Pfeil gewählt.
- **Wirkung**: Die Wirkung von Informationen auf Vorgänge (**Steuerinformationen**) wird mit gestrichelten Pfeilen dargestellt, das Gewinnen von Informationen aus Vorgängen (**Zustandsinformationen**) gibt man mit durchgezogenen Pfeilen wieder, deren Anfang ein kleiner Kreis ist.

Bild 8.4 zeigt als Beispiel eine einfache Durchflussregelstrecke. Aus diesem Modell kann ein Programmierer die für den Regelkreisentwurf erforderlichen Daten z. B. als C-Struktur oder Datenbanktabelle ableiten.

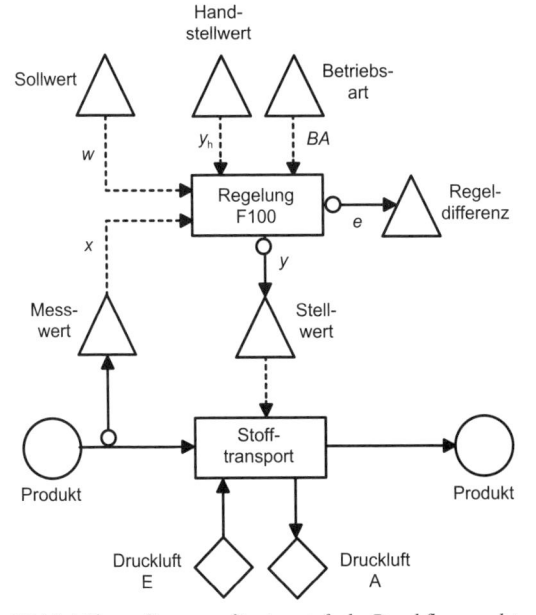

Bild 8.4 Phasendiagramm für eine einfache Durchflussregelstrecke

Phasendiagramme ermöglichen die *statische* Modellierung des Ressourcenhaushalts eines Prozesses oder eines Prozess-Systems; sie werden auf einem hohen Abstraktionsniveau eingesetzt. Die Vorgänge selbst – anschaulich ausgedrückt: den Inhalt der Rechtecke – beschreibt man mit anderen Hilfsmitteln, z. B. mit Gleichungen, Wirkungsplänen, Ablaufplänen, Zustandsdiagrammen etc., so dass auch die *Dynamik* erkenntlich wird.

8.1.2.3 Anlagenbeschreibung

Fließbilder. Fließbilder sind unverzichtbare Dokumente sowohl in der Planungsphase als auch im laufenden Betrieb einer Anlage einschließlich der Wartung.

> In einem **Fließbild** (→ DIN 19227-1 [8.10]; DIN EN ISO 10628 [8.11]) werden die Funktionalität und die organisatorische Einordnung von prozessleittechnischen und anlagentechnischen Einrichtungen grafisch wiedergegeben.

Man unterscheidet drei Typen:

- **Grundfließbild**: Es stellt einen Prozess oder eine Anlage auf hohem Abstraktionsniveau dar. Die wiederzugebenden Objekte (z. B. Verfahrensabschnitte oder Teilanlagen) repräsentiert man mit Rechtecken, Stoff- oder Energietransporte mit Linien. Hinsichtlich der Symbolik entspricht das Grundfließbild einem Wirkungsplan (→ Kapitel 1).
- **Verfahrensfließbild**: Es enthält weiter gehende Informationen als das Grundfließbild. Mit festgelegten Symbolen wird die apparatetechnische Ausrüstung einer Anlage dargestellt, so dass man präziser von einem Anlagenfließbild sprechen müsste.
- **R&I-Fließbild** (Rohrleitungs- und Instrumenten-Fließbild): Hierin werden die Informationen des Verfahrensfließbildes um PLT-Stellenbezeichnungen, Stoffdaten etc. ergänzt. Es enthält den höchsten Detaillierungsgrad; folgend werden R&I-Fließbilder u. a. zur Darstellung von Regelungen zu Grunde gelegt.

Darstellung von PLT-Stellen. Für PLT-Stellen verwendet man die folgende Symbolik:

- Ein kleiner Kreis kennzeichnet den **Messwertaufnehmer**. Hierbei handelt es sich meist um einen Sensor.
- Ein großer Kreis oder Langrund (**PLT-Stellenkreis**, s. Bild 8.5) gibt zunächst den Ort der Messwertverarbeitung an. Enthält der Stellenkreis keinen Querstrich, findet die Verarbeitung einschließlich Anzeige und Bedienung konventionell direkt am Anlageteil – z. B. einem Rührkessel – statt. Ein einzelner Querstrich bedeutet die An-

8.1 Regelungstechnische Projekte

zeige und Bedienung in einer zentralen Leitwarte, bei zwei Querstrichen in einem örtlichen Leitstand im Feld. Art und Verarbeitung der Prozessgröße werden durch Kennbuchstaben, Sonderzeichen und Kommentare im bzw. am Stellenkreis dokumentiert; hinzu kommt eine Stellenbezeichnung, z. B. in Form einer Nummer. Erfolgt die Verarbeitung mit einem Prozessleitsystem bzw. Prozessrechner, wird um den Stellenkreis herum ein Rechteck bzw. ein Sechseck gezeichnet; von dieser Möglichkeit wird in der Praxis nur selten Gebrauch gemacht, wenn alle Stellen mit einem Prozessleitsystem automatisiert sind.

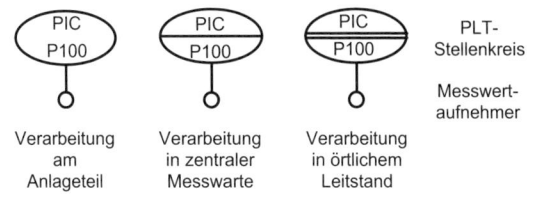

Bild 8.5 PLT-Stellenkreise

- Der **Stellantrieb** (Bild 8.6) wird durch einen Kreis oder Halbrund dargestellt, wobei die Sicherheitsstellung (geöffnet, geschlossen, unverändert) bei Ausfall der Hilfsenergie durch Pfeile und Doppelstriche gekennzeichnet ist (→ DIN 19227-1 [8.10]).

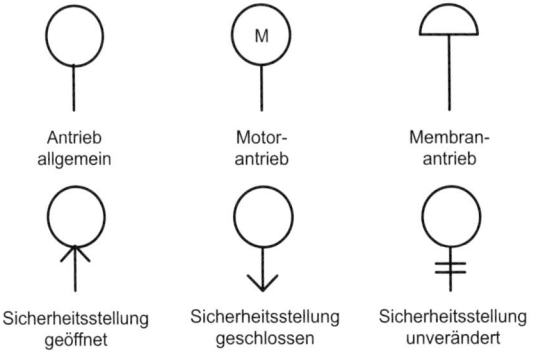

Bild 8.6 Antriebe

500 8 Technische Realisierungen

Die Symbole für Absperrorgane und Fördereinrichtungen wie Ventile, Klappen, Pumpen etc. sind in DIN EN ISO 10628 [8.11] und DIN 19227-2 [8.12] zu finden. Auszüge hieraus zeigt Bild 8.7.

Allgemein Ventil Hahn

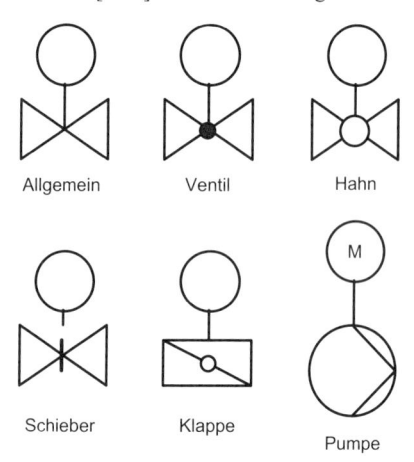

Schieber Klappe Pumpe

Bild 8.7 Stellgeräte und Fördereinrichtungen

Der Messort wird über eine durchgezogene **Bezugslinie** mit dem PLT-Stellenkreis verbunden. Eine **Wirkungslinie** kennzeichnet die Verbindung zwischen Stellenkreis und Stellglied und wird gestrichelt dargestellt. Für die im Stellenkreis einzutragenden Angaben zu Typ und Verarbeitung der Prozessgröße werden die in Tabelle 8.1 angegebenen Buchstaben und Sonderzeichen verwendet, DIN 19227-1 [8.10].

Bild 8.8 gibt als Beispiel eine einfache PLT-Stelle namens P100 wieder. Hierbei handelt es sich um die Verarbeitung eines Druckes (Erstbuchstabe P), welcher angezeigt und geregelt wird (Folgebuchstaben I und C). Die Bedienung geschieht in einer zentralen Messwarte (einzelne Linie im Stellenkreis).

(1) Messwertaufnehmer
(2) Bezugslinie
(3) PLT-Stellenkreis
(4) Wirkungslinie
(5) Stellantrieb und Absperrorgan

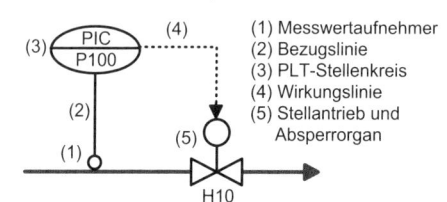

Bild 8.8 Einfache PLT-Stelle

Tabelle 8.1 Kennzeichnung zur Prozessdatenverarbeitung

Kenn-zei-chen	Eingangsgröße		Verarbeitung
	Erstzeichen	Ergänzungszeichen	
A			Störungsmeldung
C			Selbsttätige Regelung
D	Dichte	Differenz	
E	Elektrische Größe		Aufnehmerfunktion
F	Durchfluss, Durchsatz	Verhältnis	
G	Abstand, Länge, Stellung, Dehnung, Amplitude		
H	Handeingabe, Handeingriff		Oberer Grenzwert
I			Anzeige
J		Mess-Stellenabfrage	
K	Zeit		Frei verfügbar
L	Stand		Unterer Grenzwert
M	Feuchte		Frei verfügbar
N	Frei verfügbar		
O	Frei verfügbar		Sichtzeichen, Ja/Nein-Anzeige (außer Störmeldung)
P	Druck		
Q	Stoffeigenschaft, Qualitätsgröße, Analyse allgemein	Integral, Summe	
R	Strahlungsgröße		Registrierung
S	Geschwindigkeit, Drehzahl, Frequenz		Schaltung, Ablaufsteuerung, Verknüpfungssteuerung
T	Temperatur		Messumformerfunktion
U	Zusammengesetzte Größe		Zusammengefasste Antriebsfunktion

Kenn-zei-chen	Eingangsgröße		Verarbeitung
	Erstzeichen	Ergänzungszeichen	
V	Viskosität		Stellgerätefunktion
W	Gewichtskraft, Masse		
X	Sonstige Größe		
Y	Frei verfügbar		Rechenfunktion
Z			Noteingriff, Schutz durch Auslösung, Schutzeinrichtung, sicherheitsrelevante Meldung
+			Oberer Grenzwert
/			Zwischenwert
−			Unterer Grenzwert

Anlagenstrukturen und Kennzeichnungen. In der verfahrenstechnischen Produktion findet man folgende Hierarchie organisatorischer Einheiten:

- Ebene 1: **Betrieb**. Ein Betrieb enthält miteinander verbundene Anlagen. Ein synonymer, wenngleich selten verwendeter Begriff ist *Anlagenkomplex*.
- Ebene 2: **Anlage**. Sie besteht aus denjenigen Einrichtungen und Bauten, welche man zum Durchführen von Verfahren benötigt.
- Ebene 3: **Teilanlage**. Dies ist ein Teil einer Anlage, welcher zumindest temporär *autark* betrieben werden kann.
- Ebene 4: **Technische Einrichtung**. Hierunter versteht man ein Ausrüstungsteil einer Teilanlage zum Durchführen technologischer Aufgaben wie etwa Temperieren, Inertisieren usw. Eine technische Einrichtung umfasst **Anlageteile** (z. B. Wärmetauscher oder Pumpen) und **PLT-Stellen**.

In der Fertigungs- und Energietechnik werden teilweise andere Begriffe verwendet, siehe Tabelle 8.2 nach DIN EN ISO 10628 [8.11], O'GRADY [8.13] und KNIES, SCHIERACK [8.14]. DIN EN ISO 10628 [8.11] legt für Anlageteile die in den Tabellen 8.3 bis 8.5 aufgeführten Kennbuchstaben fest. Dieser Standard enthält außerdem Symbole zur grafischen Darstellung.

Tabelle 8.2 Strukturierungsbegriffe

Ebene	Verfahrenstechnik	Fertigungstechnik	Energietechnik
1	Betrieb	Betrieb	Betrieb
2	Anlage	Werkstatt	Block
3	Teilanlage	Zelle, Fertigungseinheit	Teilanlage, Funktionsgruppe
4	Technische Einrichtung (z. B. Temperiereinrichtung)	Gerät (z. B. Roboter, Fräsmaschine)	Technische Einrichtung (z. B. Temperiereinrichtung)

Tabelle 8.3 Kennbuchstaben für Apparate und Maschinen

Kennbuchstabe	Bedeutung	Kennbuchstabe	Bedeutung
A	Anlageteil, Maschine allgemein	B	Behälter, Tank, Bunker, Silo
C	Chemischer Reaktor	D	Dampferzeuger, Gasgenerator, Ofen
F	Filter, Siebmaschine, Abscheider	G	Getriebe
H	Hebe-, Förder-, Transporteinrichtung	K	Kolonne
M	Elektromotor	P	Pumpe
R	Rührwerk, Rührbehälter, Mischer, Kneter	S	Schleudermaschine
T	Trockner	V	Verdichter, Ventilator Vakuumpumpe,
W	Wärmetauscher	X	Zuteil-, Zerteileinrichtung, sonstige Geräte
Y	Antriebsmaschine außer Elektromotor	Z	Zerkleinerungsmaschine

Tabelle 8.4 Kennbuchstaben für Armaturen

Kennbuchstabe	Bedeutung	Kennbuchstabe	Bedeutung
B	Absperrventil	F	Filter, Sieb, Schmutzfänger
G	Sichtscheibe	H	Regelventil
K	Kondenstopf	R	Rückschlagventil
S	Armatur mit Sicherheitsfunktion (z. B. Berstscheibe)	V	Ventil allgemein
X	Sonstige Armaturen	Y	Sonstige Armaturen mit Sicherheitsfunktion
Z	Blende, Blindscheibe		

Aus der in Tabelle 8.2 wiedergegebenen Strukturhierarchie lässt sich mit den Kennbuchstaben nach den Tabellen 8.3 bis 8.5 ein Schema für die Einordnung organisatorischer Einheiten und damit auch von PLT-Stellen ableiten. Man spricht hierbei z. B. von **Anlagen- und Apparatekennzeichen (AKZ)** in der chemischen Industrie, vom **Anlagenkennzeichnungssystem (AKS)** in der Wasserwirtschaft oder vom **Kraftwerkskennzeichnungssystem (KKS)** bei Energieanlagen.

Tabelle 8.5 Kennbuchstaben für Leitungen

Kennbuchstabe	Bedeutung	Kennbuchstabe	Bedeutung
P, Q	Rohr, Leitungskanal	R	Rohrleitungsteil
S	Schlauch	T	Rinne, Graben
U	Kanal (unterirdisch)		

Für solche Kennzeichnungsschemata gibt es in den Firmen der Produktionstechnik eigene Werksnormen; allgemein ist der Aufbau des Kennzeichens für eine PLT-Stelle folgendermaßen:

<Betrieb> <Anlage> <Teilanlage> <Anlageteil> <PLT-Stelle>

Je nach Detaillierungsgrad können führende Teile dieses Namensschemas weggelassen werden. Bei einer Destillationsteilanlage mit der Bezeichnung KA1 kann eine Druckregelung (PLT-Stelle) an der Destillatvorlage (Anlageteil) namens B01 etwa die Bezeichnung KA1B01P100 tragen. Ein derartiges Bezeichnungsschema eignet sich nicht nur zur Darstellung in einem Fließbild, sondern auch zur Ablage in einer Datenbank. Hierbei werden dann die Bezeichnungen KA1, B01 etc. der Einheiten auf den einzelnen Hierarchieebenen als Schlüssel verwendet. Ein AKZ trägt erheblich zur Erleichterung des Anlagenbetriebs, insbesondere der Wartung bei. Hinderlich ist allerdings, dass die oben aufgeführten Kennbuchstaben für Anlageteile nicht eindeutig sind; so kann z. B. der Buchstabe S sowohl eine Zentrifuge als auch eine Berstscheibe als auch einen Schlauch kennzeichnen. Abhilfe ist hier über ergänzende Werksnormen zu schaffen.

8.1.2.4 PLT-Stellenblätter und PLT-Stellenpläne

PLT-Stellenblatt. Die Attribute einer PLT-Stelle werden in einem PLT-Stellenblatt gemäß NAMUR NA 55 [8.15] tabellarisch beschrieben. Diese Vorlage ist so konzipiert, dass sie in einer Datenbank etwa eines **CAE-Systems** abgelegt werden kann. Der Begriff CAE bedeutet *Computer Aided Engineering*; dies ist ein rechnergestütztes Werkzeug zum Erzeugen und Verwalten von Datenstrukturen für – in diesem Fall – leittechnische Anwendungen. Ein solches Stellenblatt hat vier logische Bestandteile:

- Abschnitt 1: **Kopfdaten.** Sie enthalten Identifikations- und Referenzangaben. Dies sind im Wesentlichen:
    - Name und Verarbeitungsfunktion der PLT-Stelle entsprechend dem R&I-Fließbild bzw. AKZ,
    - Angabe von Standort, Betrieb, Anlage und Teilanlage,
    - Bearbeitungsdaten wie Sachbearbeiter, Revisionsnummer etc.

- Abschnitt 2: **Stoffdaten.** Sie beschreiben die Attribute der Stoffe oder Energien bzw. Energieträger, mit welchen Messfühler und Stellglied der PLT-Stelle in Berührung kommen, z. B.
    - Bezeichnungen (H_2SO_4, Dampf 6 bar u. dgl.),
    - Aggregatzustände,
    - Dichten,
    - Leitfähigkeiten,
    - Grenzwerte,
    - Einheiten (z. B. % H_2SO_4, kg/h ...).

- Abschnitt 3: **Gerätedaten.** Dies sind Angaben zur eingesetzten Gerätetechnik wie
  - Einbauort,
  - Hilfsenergie (Strom, Steuerluft ...),
  - Leitungsdurchmesser und zulässiger Leitungsdruck,
  - Leitungswerkstoff,
  - Schutzklassen,
  - Umgebungsdaten (z. B. Maximaltemperatur und -feuchte),
  - Messprinzip (z. B. Wirkdruck),
  - Messbereich und -genauigkeit,
  - Art der Ventilkennlinie (z. B. gleichprozentig),
  - Sicherheitsstellung des Stellgliedes,
  - PID-Parameter.
- Abschnitt 4: **Einsatzliste** (optional). Hier kann angegeben werden, bei welchen PLT-Stellen das in Abschnitt 3 spezifizierte Gerät eingesetzt wird.

PLT-Stellenplan. Der Stellenplan nach DIN 19227-2 [8.12] zeigt das Zusammenwirken der Komponenten einer PLT-Stelle, d. h. er zeigt ihren Schaltplan oder ihre Konfiguration mit grafischen Symbolen. Für BOOLEsche Operationen kommen Symbole nach DIN 40700-14 [8.16] hinzu. Grundelement ist das Quadrat oder Rechteck, in welchem die Funktionalität eingetragen wird. Softwaretechnisch realisierte Funktionen können durch ein Fahnensymbol kenntlich gemacht werden, siehe Bild 8.9. Einzelne Elemente werden mit Linien verbunden, welche Leitungen oder Wirkungswege darstellen.

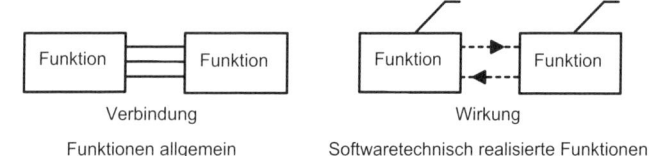

Funktion — Funktion	Funktion ---- Funktion
Verbindung	Wirkung
Funktionen allgemein	Softwaretechnisch realisierte Funktionen

Bild 8.9 Allgemeine Elemente des PLT-Stellenplans

Die zitierte Norm legt verschiedene Typen von Elementen fest:

- Typ 1: **Messwertaufnehmer.** Hier wird die Messwertart mit Kennbuchstaben entsprechend Tabelle 8.1 eingetragen. Hinzu kommen Angaben zu Grenzwerten (optional) und zur Verarbeitung.

- Typ 2: **Anpasser**. Hierzu zählen Messumformer (MU) einschließlich der Messumformerspeisegeräte (MUS), Rechengeräte, Multiplexer, Wandler, Verstärker usw. Mit angegeben wird ggf. die Kennzeichnung der Signalarten, siehe Tabelle 8.6.

Tabelle 8.6 Kennzeichnung der Signalarten

Zeichen	Bedeutung
E	Elektrisches Einheitssignal
A	Pneumatisches Einheitssignal
∩	Analogsignal
#	Digitalsignal
⌐	Binärsignal
⊓	Impuls

- Typ 3: **Ausgeber**. Dies sind Elemente zur Informationsanzeige wie Bildschirm, Schreiber, Drucker, Digitalanzeige (z. B. LEDs).
- Typ 4: **Regel- und Steuergeräte**. Dies sind die unterschiedlichen Elemente für Regelungs- und Steuerungsaufgaben.
- Typ 5: **Stellgeräte und Zubehör**. Diese Symbole wurden bereits in den Bildern 8.2 und 8.3 vorgestellt.
- Typ 6: **Bediengeräte**. Hierzu zählen Bildschirmbedienstationen, Schaltgeräte, Wahlschalter und dgl.
- Typ 7: **Leitungen und Anschlüsse**. Leitungen werden mit durchgezogenen Linien dargestellt, Wirkungswege mit gestrichelten Linien.

Die Bilder 8.10 und 8.11 zeigen eine Auswahl wichtiger Symbole. In Bild 8.12 ist ein einfacher PLT-Stellenplan wiedergegeben. Hier wird der Durchfluss RA1P100 mittels Messblende erfasst. Der Wirkdruck wird in ein pneumatisches Einheitssignal umgeformt, radiziert und als Flussmesswert aufgezeichnet.

8.1.2.5 Programmiersprachen

Sprachen für speicherprogrammierbare Steuerungen (SPS). Im Standard DIN EN 61131-3 [8.17] sind Sprachen für leittechnische Anwendungen festgelegt. Textuelle Sprachen sind folgende:

508   8 Technische Realisierungen

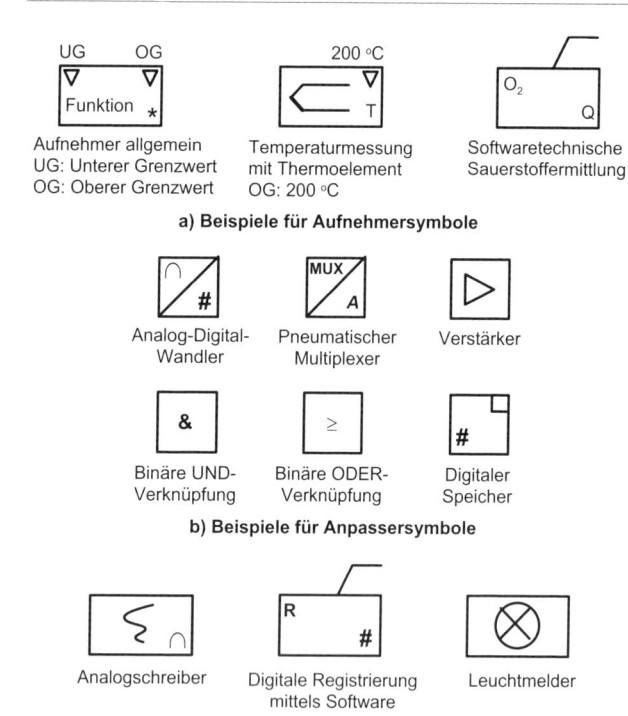

a) Beispiele für Aufnehmersymbole

- Aufnehmer allgemein
  UG: Unterer Grenzwert
  OG: Oberer Grenzwert
- Temperaturmessung mit Thermoelement
  OG: 200 °C
- Softwaretechnische Sauerstoffermittlung

b) Beispiele für Anpassersymbole

- Analog-Digital-Wandler
- Pneumatischer Multiplexer
- Verstärker
- Binäre UND-Verknüpfung
- Binäre ODER-Verknüpfung
- Digitaler Speicher

c) Beispiele für Ausgebersymbole

- Analogschreiber
- Digitale Registrierung mittels Software
- Leuchtmelder

Bild 8.10 Symbole für PLT-Stellenpläne

- **Strukturierter Text (ST**, engl. *Structured Text* ST): Hierbei handelt es sich um eine problemorientierte Programmiersprache. Syntaktisch ist sie an PASCAL angelehnt und um Funktionen zur Programmsynchronisation, Realzeitverarbeitung, Prozess-Signalein-/-ausgabe sowie Verarbeitung von Zeitinformationen erweitert. Sie kann zur freien Programmierung komplexer Regelungsstrukturen (z. B. projektspezifischer Modelle) verwendet werden.
- **Anweisungsliste (AWL**, engl. *Instruction List* IL): Dies ist eine Sprache auf Assemblerniveau. Einzelheiten sind bereits in der Norm DIN 19239 [8.18] enthalten. In der Regelungstechnik wird AWL kaum eingesetzt.

a) Beispiele für Regelungs- und Steuerungssymbole

- Regler allgemein
- Steuerung allgemein
- Softwaretechnischer PD-Regler
- Zweipunktregler
- Digitaler PI-Regler
- PID-Regler mit Aufzeichnung

b) Beispiele für Bediengerätesymbole

- Bildschirm
- Wahlschalter für 12 Mess-Stellen
- Hand-Automatik-Schalter

c) Beispiele für Leitungssymbole

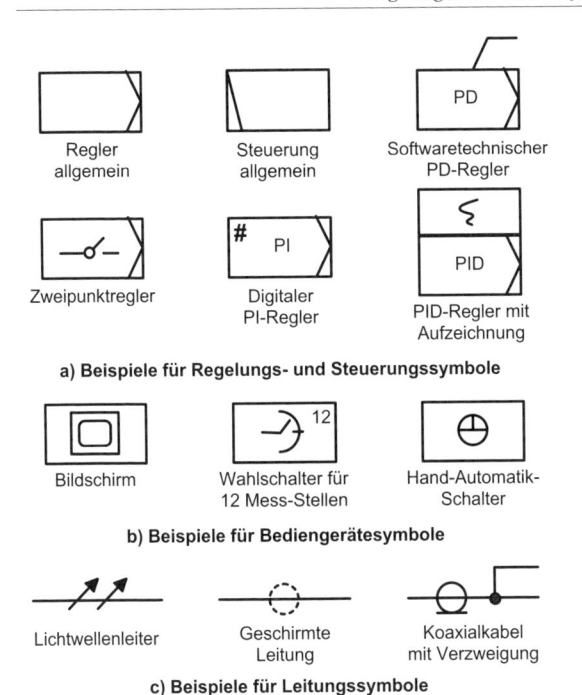

- Lichtwellenleiter
- Geschirmte Leitung
- Koaxialkabel mit Verzweigung

Bild 8.11 Weitere Symbole für PLT-Stellenpläne

Hinzu kommen drei grafische Sprachen:

- **Kontaktplan (KOP**, engl. *Ladder Logic* LL): Der Kontaktplan dient hauptsächlich zum Erstellen einfacher Verknüpfungssteuerungen (Binärwertverarbeitung). Auch die Sprache KOP ist in DIN 19239 [8.18] beschrieben. Sie ist überwiegend in den USA in Gebrauch.

- **Funktionsbausteinsprache (FBS**, engl. *Function Block Text* FBT): Diese Sprache dient der binären und analogen Prozessdatenverarbeitung mit Bausteinen, wie sie u. a. in DIN 19227-2 [8.12] und DIN 40700-14 [8.16] angegeben sind. Hiermit lassen sich PLT-Stellenpläne dokumentieren. Für softwaretechnische Realisierungen wurde darüber hinaus die Richtlinie VDI/VDE 3696-2 [8.19] entwickelt, welche einerseits eine Untermenge der in DIN EN 61131-3 [8.17] aufgeführten Elemente enthält, andererseits zusätzliche Bausteine zur Regelung mit aufführt. FBS ist die bevorzugte Sprache zur

510 8 Technische Realisierungen

Lösung regelungstechnischer Standardaufgaben zur Signalverknüpfung mit Prozessleitsystemen.

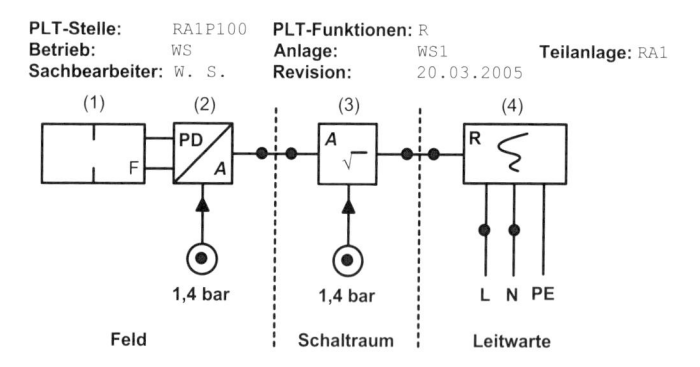

```
PLT-Stelle:     RA1P100    PLT-Funktionen: R
Betrieb:        WS         Anlage:         WS1         Teilanlage: RA1
Sachbearbeiter: W. S.      Revision:       20.03.2005
```

```
   (1)      (2)            (3)            (4)
 ┌────┐  ┌──PD─┐         ┌──A──┐        ┌──R──┐
 │    ├──┤    ├──●─┊─●──┤  √  ├──●─┊─●─┤  ∫  │
 │  F │  │    A│         │     │        │     │
 └────┘  └─────┘         └─────┘        └──┬┬┬┘
                ▲               ▲          │││
                │               │          │││
               ◉               ◉          │││
             1,4 bar         1,4 bar      L N PE

            Feld           Schaltraum     Leitwarte
```

(1): Messblende
(2): Umwandlung Wirkdruck in pneumatisches Einheitssignal
(3): Pneumatischer Radizierer
(4): Durchflussregistrierung

Bild 8.12 Einfacher PLT-Stellenplan

- **Ablaufsprache (AS**, engl. *Sequential Function Chart* SFC**)**: Die Sprache AS eignet sich besonders zur Programmierung sequenzieller Abläufe (automatisierte Ablaufsteuerungen) und zur Formulierung von Handlungsanweisungen für das Anlagenpersonal; Beschreibungen sind z. B. in DIN 19226-3 [8.20] und DIN 40719-6 [8.21] zu finden. Für regelungstechnische Belange ist diese Sprache von untergeordneter Bedeutung. Beim Zusammenspiel von Regelungen und Steuerungen wie etwa beim Anfahren von Regelkreisen sind AS-Programme jedoch hilfreich. Häufig verwendet wird der Begriff des Funktionsplans:

> Ein **Funktionsplan (FUP)** ist die Darstellung leittechnischer Aufgaben mit visuellen Programmiersprachen, ggf. ergänzt durch textuelle Formulierungen (AWL, ST).

Funktionsbausteinsprache (FBS). Elemente der Funktionsbausteinsprache sind **Funktionsbausteine**. Dies sind syntaktische Spracheinheiten, deren Inneres für den Anwender wie bei objektorientierter Software transparent ist und deren Verhalten durch Eingangssignale S_{Ei} und Parameter P_j gesteuert wird. Resultate sind Ausgangssignale S_{Ak}. Sowohl

8.1 Regelungstechnische Projekte

Signale als auch Parameter werden durch Namen identifiziert. Die Resultate eines Bausteins können anderen Bausteinen als Eingänge aufgegeben werden. Man nennt dies **Verknüpfung**; manche Hersteller sprechen auch von **Verquellung**. Den allgemeinen Bausteinaufbau zeigt Bild 8.13.

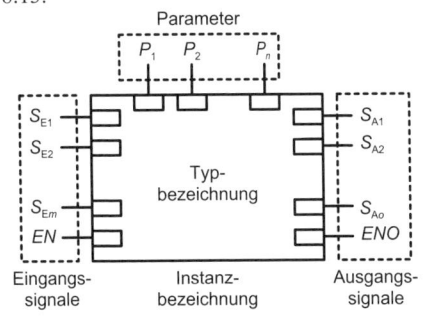

Bild 8.13 Grundsätzlicher Aufbau eines Funktionsbausteins

Stets vorhanden sind das Eingangssignal EN (*enable*) und das Ausgangssignal ENO (*enable out*). Bei EN = *true* wird der Baustein ausgeführt (*scan on*), bei EN = *false* wird die Bearbeitung übersprungen (*scan off*). In beiden Fällen wird der Wert von EN zunächst auf ENO kopiert; bei Fehlern wird ENO auf jeden Fall auf *false* gesetzt. Diesen Mechanismus kann man dazu benutzen, um Werte anderer Signale gezielt über Bedieneingriffe einzustellen, z. B. zu Testzwecken oder für Ersatzwerteingaben bei einem Drahtbruch.

Identifiziert wird ein Funktionsbaustein über eine **Typbezeichnung**. In einem konkreten Anwendungsfall (einer **Instanz**) kommt die **Instanzbezeichnung** entsprechend dem AKZ bzw. Fließbild hinzu. Für Signale und Parameter empfiehlt die Richtlinie die in Tabelle 8.7 angegebenen Datentypen. Die Menge ist deutlich geringer als bei den sonst üblichen Programmiersprachen; DIN EN 61131-3 [8.17] sieht ebenfalls weitere Datentypen sowie Felder (*arrays*) und Strukturen (*structures*) wie z. B. in der Programmiersprache C vor. Weiterhin wird für den Anwender die Möglichkeit gefordert, eigene Funktionsbausteine aus dem bereits gegebenen Vorrat konstruieren zu können.

Tabelle 8.7 Datentypen für Funktionsbausteine nach VDI/VDE 3696-2

Name	Bedeutung
BOOL	BOOLEscher Typ (*true, false*).
ANY_NUM	Numerischer Typ (Gleitpunktzahl); Wertebereich und Genauigkeit sind nicht spezifiziert.
ANY_INT	Numerischer Typ (Ganzzahl); der Wertebereich ist nicht spezifiziert.
STRING	Zeichenkette; nur als Konstante. Die Maximallänge ist nicht spezifiziert.
TIME	Zeitdauer in Sekunden, ggf. mit Nachkommastellen.

In Tabelle 8.8 sind die in der Richtlinie enthaltenen Funktionsbausteine zusammengestellt.

Tabelle 8.8 Funktionsbausteine nach VDI/VDE 3696-2

Name	Bedeutung	Name	Bedeutung
Mathematische Funktionen			
ABS_	$|u|$	ACOS_	arc cos u
ASIN_	arc sin u	ATAN_	arc tan u
COS_	cos u	SIN_	sin u
TAN_	tan u	EXP_	e^u
LN_	ln u (natürlicher Logarithmus)	LOG_	lg u (BRIGGscher Logarithmus)
SQRT_	$\sqrt{u}$	LIMIT_	Begrenzung auf $[u_{min}, u_{max}]$
NONLIN_	Nichtlineare Kennlinie	SCAL_	Lineare Skalierung
ADD_	Addition	SUB_	Subtraktion
MUL_	Multiplikation	DIV_	Division
MOD_	Modulo-Rechnung (ganzzahliger Rest von u_1/u_2)	EXPT_	$u_1{}^{u_2}$
Auswahlfunktionen			
MAX_	max($u_1, u_2, ...$)	MIN_	min($u_1, u_2, ...$)
BIT_N	Multiplexer 1-aus-n-Bit	DEMUX_B	Demultiplexer für Bits

8.1 Regelungstechnische Projekte

Name	Bedeutung	Name	Bedeutung
DEMUX_N	Demultiplexer für Ganzzahlen	MUX_B	Multiplexer für Bits
MUX_N	Multiplexer für Gleitpunktzahlen	SEL_B	Selektion eines Bits mittels Steuerbit
SEL_N	Selektion einer Gleitpunktzahl mittels Steuerbit		
Vergleiche			
EQ_	Test „ = "	GE_	Test „ $\geq$ "
GT_	Test „ > "	LE_	Test „ $\leq$ "
LT_	Test „ < "	NE_	Test „ $\neq$ "
BOOLEsche Funktionen und Flankenerkennung			
NOT_	$\neg u$	FTRIG	Erkennung fallende Flanke
RTRIG	Erkennung steigende Flanke	AND	$u_1 \wedge u_2$
OR	$u_1 \vee u_2$	XOR	$u_1 \dot{\vee} u_2$
Zähler, Flipflops, Zeitglieder			
CT	Zähler	RSFF	RS-Flipflop (Rücksetzdominanz)
SRFF	SR-Flipflop (Setzdominanz)	PWM	Pulsweitenmodulation
TOF1	Ausschaltverzögerung	TON1	Einschaltverzögerung
TP1	Monoflop		
Prozess-Ein-/-Ausgänge			
IN_A	Analogeingang	IN_B	Binäreingang
IN_I	Impulseingang	IN_W	Digitaleingang (Wort)
OUT_A	Analogausgang	OUT_B	Binärausgang
OUT_W	Digitalausgang (Wort)		
Kommunikation			
IN_CB	BOOLEscher Kommunikationseingang	IN_CN	Numerischer Kommunikationseingang

Name	Bedeutung	Name	Bedeutung
OUT_CB	BOOLEscher Kommunikationsausgang	OUT_CN	Numerischer Kommunikationsausgang
Zeitglieder und Regler			
C	Universeller Reglerbaustein (PIDT$_1$)	CS	PIDT$_1$-Standardregler
AVER	Laufender Mittelwert	DEADT	Totzeitglied
DIF	DT$_1$-Glied	INTEGR	Integrator
FIO	Allgemeines Übertragungsglied 1. Ordnung	SEO	Allgemeines Übertragungsglied 2. Ordnung
Anzeige und Bedienung			
SAM	Grenzwertschalter, auch Zweipunktregler	AM	Meldungsspeicher für Binärgröße
R	Registrierung	H_B	BOOLEscher Handwert
H_N	Numerischer Handwert		

Nach DIN EN 61131-3 [8.17] und VDI/VDE 3696-1 [8.22] können aus bereits vorliegenden Bausteinen neue Bausteine erzeugt werden, sodass man als Anwender Bibliotheken anlegen kann.

Die softwaretechnische Darstellung einer leittechnischen Aufgabe bezeichnet man als **Programm**. Programme lassen sich aus **Netzwerken** zusammensetzen; dies sind Gebilde miteinander verbundener Funktionsbausteine. (Bei textuellen Sprachen heißen solche Konstrukte **Blöcke**.) Sowohl Programme als auch Netzwerke werden mit Namen identifiziert; bei einem Netzwerk muss dieser Name mit einem Doppelpunkt enden. Die einmalige oder zyklische Ausführung eines Programms erfolgt durch eine als **Task** bezeichnete organisatorische Einheit; hierzu sind gestaffelte Prioritäten vorgesehen.

Einer der wichtigsten Funktionsbausteine der VDI/VDE-Richtlinie für regelungstechnische Standardaufgaben ist der PIDT$_1$-Standardregler CS, dessen Signal- und Parameterbelegungen in Tabelle 8.9 zusammengestellt sind. Darüber hinaus gibt es den Baustein C (universeller PID-Regler), welcher weitere Fähigkeiten wie z. B. Anstiegsbegrenzungen, Störgrößenaufschaltungen usw. besitzt.

Tabelle 8.9 Belegung des PIDT₁-Standardreglers CS

Name	Datentyp	Bedeutung	Vorbesetzung
Eingänge			
PV	ANY_NUM	Regelgröße	
SPEXT	ANY_NUM	Externer Sollwert	0.0
SPEXTON	BOOL	Sollwertauswahl (*true*: extern, *false*: intern)	*true*
SPINT	ANY_NUM	Interner Sollwert	0.0
REVERSE	BOOL	Regelsinn (*true*: revers, *false*: direkt)	*true*
DMODE	ANY_INT	Signal für D-Anteil (0: e, 1: $-x$, 2: w)	0
ION	BOOL	I-Anteil *Ein*	*true*
MVMANON	BOOL	Betriebsart (*false*: Automatik, *true*: Hand)	*false*
MVMAN	ANY_NUM	Handstellwert y_h	0.0
EN	BOOL	Bearbeitung *Ein*	*true*
Parameter			
KP	ANY_NUM	Proportionalbeiwert K_p	1.0
TI	ANY_NUM	Nachstellzeit T_n	100.0 s
TD	ANY_NUM	Vorhaltezeit T_v	0.0 s
T1TOTD	ANY_NUM	Vorhaltverstärkung V_D	0.1
MVLL	ANY_NUM	Untere Grenze y_{min} für y	0.0
MVHL	ANY_NUM	Obere Grenze y_{max} für y	100.0
Ausgänge			
ENO	BOOL	Bearbeitung *Ein*	
MV	ANY_NUM	Stellwert y	
E	ANY_NUM	Regeldifferenz e	
SP	ANY_NUM	Sollwert w	

8 Technische Realisierungen

Name	Datentyp	Bedeutung	Vorbesetzung
Eingänge			
QSPINT	BOOL	Interner Sollwert aktiv	

Die Bausteine CS und C enthalten das Vergleichsglied, einen digitalen Stellungsalgorithmus mit Begrenzung des I-Anteils und das Ausgabeglied. Eine zusätzliche Stellerfunktionalität kann z. B. über die Pulsweitenmodulation PWM erzielt werden. Geschwindigkeitsalgorithmen (→ 5.2.1.3) sieht die VDI/VDE-Richtlinie nicht vor; sie lassen sich aber leicht aus den empfohlenen Bausteinen erstellen, wenn man das Totzeitglied DEADT mit $T_t = T_A$ und das Subtrahierglied SUB_ zu Hilfe nimmt.

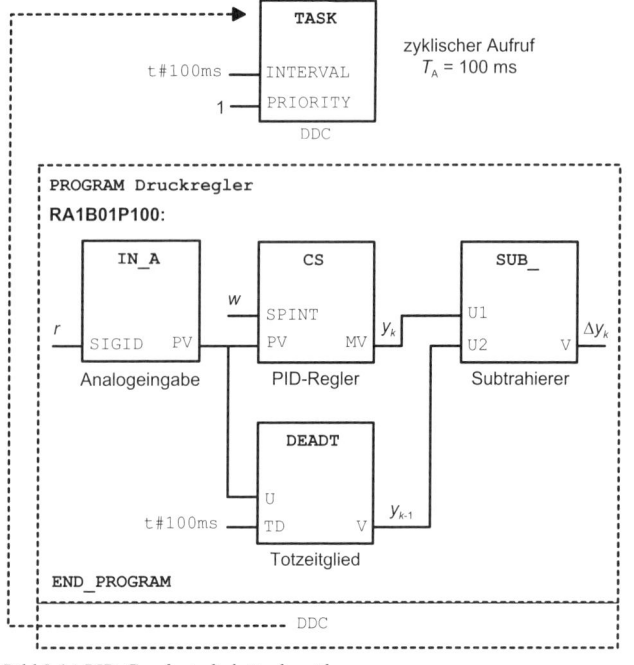

Bild 8.14 PID-Geschwindigkeitsalgorithmus

Das in Bild 8.14 dargestellte Programm namens `Druckregler` enthält das Netzwerk `RA1B01P100:`. Hierin wird der Stellwert im Totzeitglied `DEADT` gespeichert und im nächsten Zyklus vom aktuellen Stellwert y_k subtrahiert, so dass sich das Stellwertinkrement Δy_k ergibt. Das Netzwerk ist an die Task DDC gebunden, von welcher es mit der Abtastperiode $T_a = 100$ ms aktiviert wird.

Das Namensschema ist nach DIN EN 61131-3 [8.17] hierarchisch aufgebaut; Strukturierungszeichen ist der Punkt. Somit kann auch für Größen von Funktionsbausteinen das AKZ verwendet werden; es bietet sich ein Schema der Form *<AKZ>.<Bausteintyp>.<Nr.>.<Parameter>* an. Ein Beispiel ist etwa KA1B01P100.IN_A.2.PVUNIT; damit wird die physikalische Einheit (`PVUNIT`) des 2. Analogeingabebausteins (`IN_A`) der PLT-Stelle KA1B01P100 angesprochen.

Sonstige Programmiersprachen. In der Automatisierungstechnik wurden vor Beginn der internationalen Normungsaktivitäten weitere Programmiersprachen implementiert. Neben dem Einsatz maschinennaher Sprachen kamen zwei unterschiedliche Ansätze zum Tragen:

- Erweiterungen von aus dem konventionellen EDV-Bereich stammenden Sprachen um Realzeitelemente und um Funktionalitäten für den Prozessdatenzugriff. Hier sind vor allem FORTRAN- und BASIC-Derivate sowie C zu finden.
- Entwicklungen spezieller Automatisierungssprachen. Dazu gehören als bekannteste Vertreter CORAL (Großbritannien) und PEARL (Deutschland).

Diese Sprachen haben inzwischen ihre leittechnische Bedeutung weitgehend verloren. Zur Entwicklung eingebetteter Systeme verwendet man aber nach wie vor überwiegend C, für komplexe Modelle FORTRAN. Auf Simulationssprachen wird in Abschnitt 8.3 eingegangen.

8.1.2.6 Zustandsgraphen

Zustandsgraphen kann man als Vereinfachung der aus der theoretischen Informatik und der Automatisierungstechnik bekannten PETRI-Netze oder der Ablaufpläne auffassen. Sie sind in DIN 19226-3 [8.20] aufgeführt, wobei allerdings Ereignisse zum Auslösen von Übergängen nicht kenntlich gemacht werden. Mit der Entwicklung der *Unified Modelling Language* (UML) wurden auch die Zustandsgraphen präzise definiert; siehe z. B. FORBRIG [8.23].

8 Technische Realisierungen

> Bei einer Regeleinrichtung gibt ein **Zustand** an, welche von mehreren einander ausschließenden Aktivitäten diese Regeleinrichtung gerade ausführt. Zustandswechsel werden durch **Ereignisse** ausgelöst.

Auf verschiedene Zustandstypen geht Abschnitt 8.2 genauer ein. Zur Klärung des Sachverhalts sei bereits hier der Begriff der **Betriebsart** näher betrachtet. Nach DIN 19226-5 [8.2] gibt die Betriebsart an, welche Bedienmöglichkeiten bei einem Gerät wie etwa einem Rechner, einem Regler oder einer Steuereinrichtung gerade gegeben sind. Im einfachsten Fall gibt es bei Regeleinrichtungen zwei Betriebsarten:

- **Automatik**: Der Regler führt seinen Algorithmus aus und gibt die Stellgröße y an ein Stellglied oder eine unterlagerte Regeleinrichtung aus.
- **Hand**: Der Regelalgorithmus wird nicht ausgeführt, der Stellwert y wird als y_h über Bedieneingriffe vorgegeben.

Herstellerspezifisch definiert kommen meist noch weitere Betriebsarten (z. B. *Folgeregelung*, *Anfahren* u. a.) hinzu. Sinnvoll ist weiterhin der Pseudozustand *Aus*, in welchem der Regler inaktiv (z. B. stromlos) ist und keine der ansonsten möglichen Aktivitäten ausführt.

In Zustandsgraphen verwendet man die in Bild 8.15 enthaltenen Symbole. Für die Übergänge zwischen den vorstehend angegebenen Reglerbetriebsarten ergibt sich damit der Graph entsprechend Bild 8.16.

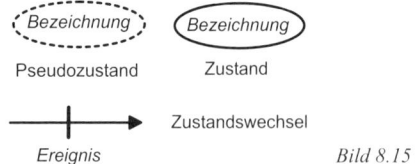

Bild 8.15 Elemente von Zustandsgraphen

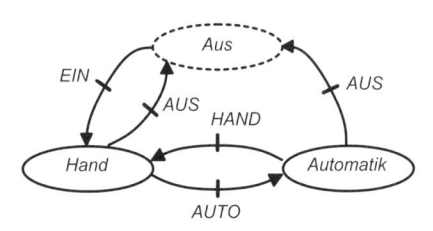

Bild 8.16 Wechsel zwischen Betriebsarten bei Regeleinrichtungen

Wechsel zwischen den Betriebsarten werden durch das Bedienpersonal z. B. mittels Tasten oder durch übergeordnete Software ausgelöst. Der Zustand *Aus* kann hier auch durch Ausfall der Hilfsenergie hervorgerufen werden.

8.2 Gerätetechnik

Norbert Becker, Norbert Große, Wolfgang Schorn

8.2.1 Anwendungsspezifische Regler

8.2.1.1 Begriffe

Anwendungsspezifische Regler (dedizierte Regler) sind ausschließlich für bestimmte Prozessgrößen (Temperatur, Druck ...) konzipiert. Hierbei werden die Regelgrößen nicht in Einheitssignale umgeformt.

Im Folgenden werden die beiden wichtigsten Reglerklassen betrachtet:

Regler ohne Hilfsenergie (RoH) beziehen ihre Energie über die zu regelnde Prozessgröße, bei Temperaturregelungen z. B. als Effekt der Wärmeenergie. Messfühler, Regler und Stellglied bilden eine konstruktive Einheit.

Regler ohne Hilfsenergie sind stets auch Kompaktregler (→ Abschnitt 8.2.2).

Stellungsregler sind Hilfsgeräte für pneumatische Regeleinrichtungen, welche für einen definierten Ventilhub sorgen. Sie werden als Folgeregler eingesetzt.

8.2.1.2 Regler ohne Hilfsenergie

Zunächst sollen Regler ohne Hilfsenergie (RoH) betrachtet werden; SAMSON AG [8.25], [8.26]; BACH [8.27]; SAMAL, BECKER [8.28]. Normalerweise müssen bei einem Regelkreis die drei wesentlichen Komponenten *Messfühler*, *Regler* und *Stellglied* einzeln mit (elektrischer) Hilfsenergie versorgt werden. Für einfache Druck-, Durchfluss-, Differenzdruck- oder Temperaturregelungen ist dies jedoch oft zu aufwändig,

z. B. für Thermostatventile bei Heizkörpern oder für Druckminderer bei Stellungsreglern. Macht man Abstriche bei der Regelgenauigkeit bzw. der Regelkreisdynamik, so lassen sich diese Regelaufgaben durch einfache mechanische Lösungen ohne zusätzliche Hilfsenergie bewältigen. Die zum Stellen benötigte Energie beziehen solche Regeleinrichtungen aus dem Prozess. Die Geräte besitzen P-Verhalten. Exemplarisch sollen zwei Regler betrachtet werden:

- Druckminderer der SAMSON AG [8.25],
- Temperaturregler der SAMSON AG [8.26].

Druckminderer. Bild 8.17 zeigt den schematischen Aufbau eines Druckminderers.

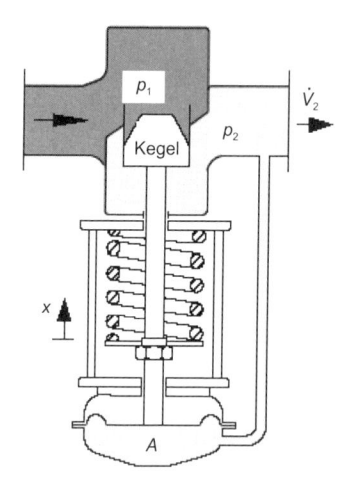

Bild 8.17 Schematischer Aufbau eines Druckminderers nach SAMSON AG

Die Aufgabe des Druckminderers besteht darin, einen definierten Ausgangsdruck p_2 herzustellen; er wird meist als Zubehör für Stellungsregler verwendet. Dazu wird dieser Ausgangsdruck der abgebildeten unteren Membran (Fläche A) zugeführt, die wiederum eine Kraft auf den bewegten Kegel ausübt. Dieser Kraft wirkt die Feder entgegen, der über die Schraube eine Vorspannung gegeben werden kann, so dass sich der gewünschte Sollwert des Ausgangsdrucks p_2 einstellen lässt. Zur vereinfachten mathematischen Beschreibung der Funktionsweise wird angenommen, dass die Strömungskräfte auf den Kegel vernachlässigt werden können, da der Kegel und der Differenzdruck $\Delta p = p_1 - p_2$ klein sind. Ist dies nicht der Fall, so lässt sich durch spezielle bautechnische Maßnahmen (Balgentlastung) die Strömungskraft auf den Kegel immer kompensieren. Im Kräftegleichgewicht gilt dann näherungsweise

$$\boxed{p_2 \cdot A = c\,x + F_V}\ ;\tag{8.1}$$

dabei ist A die Fläche der unteren Membran, c die Federkonstante und F_V die eingestellte Vorspannkraft der Feder. Umgeformt ergibt Gleichung (8.1):

$$\boxed{\dfrac{F_V}{A} - p_2 = -c\,x}\tag{8.2}$$

Bild 8.18 zeigt einen vereinfachten Wirkungsplan des Druckminderers. $f(x, p_1, \dot{V}_2)$ beinhaltet den Strömungszusammenhang zwischen der Stellung x des Kegels, dem Vordruck p_1, der Belastung $\dot{V}_2$ und dem Ausgangsdruck p_2, der hier nicht näher betrachtet werden soll.

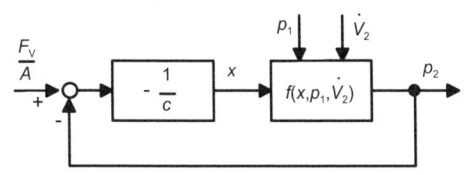

Bild 8.18 Vereinfachter Wirkungsplan des Druckminderers

Der Druckminderer ist ein P-Regler, dessen Funktionsweise man anschaulich folgendermaßen beschreiben kann:

- Im Gleichgewichtszustand kompensiert die Membrankraft die Federkraft.
- Mit steigendem Verbrauch $\dot{V}_2$ erhöht sich der Druckabfall über dem Kegel, so dass der Ausgangsdruck p_2 abnimmt.
- Gegen den sinkenden Membrandruck drückt die Feder das Ventil so weit auf, bis sich bei stärker geöffnetem Ventil wiederum ein Kräftegleichgewicht einstellt.
- In der neuen Ventilstellung ist die Federkraft und damit auch der zu regelnde Druck geringer. Die bleibende Regelabweichung hängt von den konstruktiven Daten ab.

Temperaturregler. Bild 8.19 zeigt einen typischen Anwendungsfall an einem Wärmetauscher nach SAMSON AG [8.26]. Der Fühler (Messwertaufnehmer) erfasst die Temperatur des zu regelnden Mediums (hier: Nutzwasser). Aus dieser Messung resultiert ein Drucksignal, mit dem das Ventil des Heizkreislaufes so verstellt wird, dass sich der gewünschte Temperatursollwert im Nutzwasserkreislauf möglichst gut einstellt. Temperaturfühler und Ventil bilden zusammen den Regler ohne Hilfsenergie (RoH). Der Messwertaufnehmer besitzt hier im Wesentlichen folgende Aufgaben:

- hinreichend schnelle und genaue Messung der Temperatur,
- Erzeugung eines Drucksignals aus der thermischen Energie des Messstoffs.

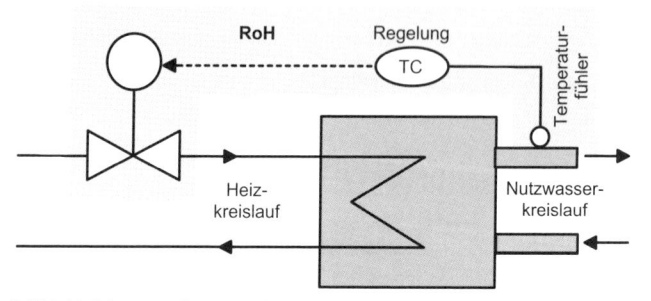

Bild 8.19 Schematische Darstellung eines Temperaturreglers ohne Hilfsenergie

Zur Messung werden das Volumenänderungsverfahren, das Adsorptionsverfahren oder das Tensionsverfahren eingesetzt.

- **Volumenänderungsverfahren**: Hier nutzt man die Eigenschaft von vielen Festkörpern, Flüssigkeiten und Gasen aus, dass sich deren Volumen V bei steigender Temperatur ϑ über weite Temperaturbereiche linear mit der Temperatur gemäß (8.3) ausdehnt.

$$V = V_0(1 + \gamma \Delta \vartheta) \qquad (8.3)$$

$\Delta \vartheta = \vartheta - \vartheta_0$

Dabei ist γ der Volumenausdehnungskoeffizient; DIN 1304-1 [8.90], V_0 das Bezugsvolumen bei einer vereinbarten Temperatur ϑ_0. Tabelle 8.10 enthält typische Werte für $\vartheta_0 = 20$ °C ($T = 293{,}15$ K);

BIERWERTH [8.24]. Bei Gasen ist für (8.3) konstanter Druck vorauszusetzen.

Tabelle 8.10 Typische Volumenausdehnungskoeffizienten für Flüssigkeiten

Flüssigkeit	$\gamma\,[10^{-4}\,K^{-1}]$
Wasser	1,8
Salzsäure	3,0
Schwefelsäure	5,7
Heizöl	9,6
Salpetersäure	12,4

Die Ausfahrlänge x des Arbeitskörpers in Bild 8.20 nach SAMSON AG [8.26] ist somit bei einem hydraulischen Medium eine Funktion der Temperatur ϑ. Wird dieser Arbeitskörper mit einem Ventil verbunden, so ist dessen Stellung von der Temperatur abhängig. Damit kann man eine Temperaturregelung aufbauen. Ist das Ventil in den Heizkreislauf eingebaut, so müsste es bei steigender Temperatur schließen. Der Sollwertsteller beeinflusst über Flüssigkeitsverdrängung die Ausgangslage des Ventils und damit den Sollwert der Temperatur. Als Ausdehnungsmedium wird z. B. niedrig viskoses synthetisches Öl verwendet. Mit der Methode der Volumenänderung erreicht man große Stellkräfte, jedoch eine geringe Übertemperatursicherheit.

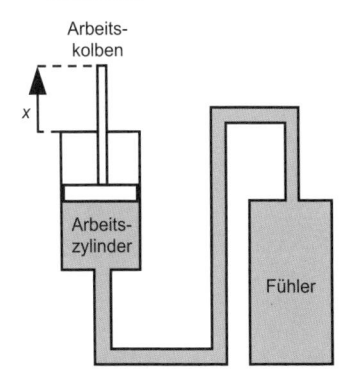

Bild 8.20 Das Prinzip der Volumenänderung bei einem Temperatur-RoH

524   8 Technische Realisierungen

- **Adsorptionsverfahren**: Hier befindet sich ein Gemisch von Aktivkohle und einem Gas (z. B. CO_2) im Fühler. Bei steigender Temperatur wird Gas aus der Aktivkohle freigesetzt. Dadurch erhöht sich der Druck. Über einen Stellbalg kann dann dieses Gas ein Ventil bewegen. Der Sollwert ist hier über die Vorspannung der Feder einstellbar, siehe Bild 8.21 nach SAMSON AG [8.26]. Die Vorteile des Adsorptionsverfahrens liegen in der guten Anpassbarkeit der Regeleinrichtung an das jeweilige Anwendungsgebiet durch Variation der Füllbedingungen und in einer hohen Übertemperatursicherheit. Der Nachteil liegt in der geringen Stellkraft.

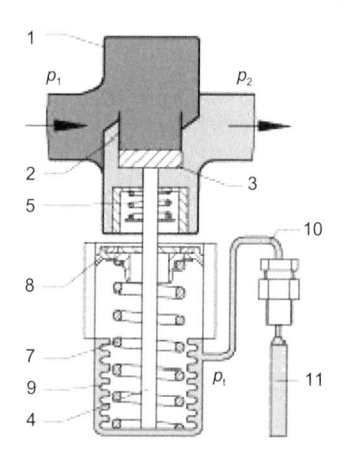

```
1 Ventilgehäuse
2 Ventilsitz
3 Kegel
4 Kegelstange
5 Ventilfeder
7 Stellfeder
8 Sollwertsteller
9 Stellbalg
10 Verbindungsleitung
11 Temperaturfühler
```

Bild 8.21 Schematischer Aufbau eines Temperaturreglers nach dem Adsorptionsverfahren

- **Tensionsverfahren**: Beim Tensionsverfahren nutzt man den Dampfdruck aus. Im Fühler befindet sich häufig eine Mischung aus Kohlenwasserstoffen. Dieses abgeschlossene Volumen einer Flüssigkeit beginnt bei einer bestimmten Temperatur unter Dampfbildung zu sieden und es erhöht sich der Druck entlang der Dampfdruckkurve. Somit kann man ein ähnliches Wirkprinzip wie beim Adsorptionsverfahren aufbauen, jedoch mit größeren Stellkräften.

8.2.1.3 Stellungsregler

Allgemeine Eigenschaften. Nach ENGEL [8.29] weisen **Stellungsregler** folgende typische Merkmale auf:

8.2 Gerätetechnik

- Die Regelgröße x ist entweder eine Linearbewegung (Hub) oder eine Schwenkbewegung (Drehwinkel).
- Die Stellgröße y wirkt auf den Antrieb, bis die gewünschte Position erreicht ist. Zur Bildung von y können Kennlinien ausgewertet werden.
- Die Führungsgröße w ist ein Druck (0,2 bis 1 bar) oder ein Stromsignal (4 bis 20 mA).
- Als Hilfsenergie wird *Zuluft* (1,2 bis 6 bar) verwendet.

Anwendungsbeispiel. Bild 8.22 zeigt einen typischen Anwendungsfall in einem R&I-Fließbild. Es handelt sich um eine Durchflussregelung, die als Stellglied ein Ventil mit einem pneumatischen Stellantrieb besitzt. Stellungsregler dienen dazu, an einem kontinuierlich arbeitenden Stellgerät, wie z. B. einem Stellventil oder einem Dosierhahn, einen vorgegebenen Hub oder Öffnungsgrad einzustellen, entgegen den wirkenden Störgrößen wie etwa Stopfbuchsenreibung und Strömungskräften.

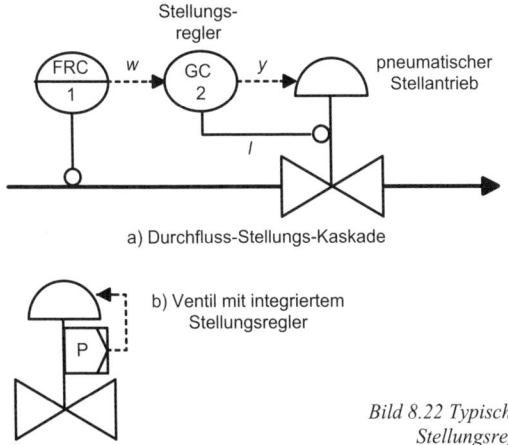

Bild 8.22 Typischer Anwendungsfall: Stellungsregler als Folgeregler

Der Stellungsregler des Ventils ist in Bild 8.22 zum besseren Verständnis separat herausgezeichnet (Teilbild a); STROHRMANN [8.30]. In der Realität wird er zusammen mit dem Ventil ausgeliefert (Teilbild b) und üblicherweise im R&I-Fließbild nicht dargestellt. Der Durchflussregler erzeugt ein Stellsignal, das dem gewünschten Hub des Stellventils entspricht. Der Stellungsregler misst – z. B. über eine mechanische Kopplung – den Hub des Ventils und vergleicht diesen mit dem Stellsignal y

des Durchflussreglers, welches den Sollwert w für die Ventilposition l darstellt. Daraus generiert er ein Drucksignal, das am Ventil über den pneumatischen Stellantrieb den gewünschten Hub einstellt. Durchflussregler und Stellungsregler bilden einen **Kaskadenregler**. Der Stellungsregler wird also in den meisten Fällen als Folgeregler (unterlagerter Regler) eingesetzt. Deshalb spielt die stationäre Genauigkeit hier keine große Rolle, da diese durch den I-Anteil des überlagerten Reglers bereits erzwungen wird. Der Stellungsregler soll nur schnell und reproduzierbar arbeiten und die Störgrößen weitestgehend unterdrücken. Man findet hier vorzugsweise P- oder PD-Verhalten. Ein I-Anteil würde dabei, auch bedingt durch die nichtlineare Stopfbuchsenreibung des Ventils, zu Dauerschwingungen führen, was sowohl dynamisch als auch aus Verschleißgründen unerwünscht ist.

Bild 8.23 zeigt die Kombination Ventil-Stellungsregler schematisch und gegenüber Bild 8.22 etwas detaillierter.

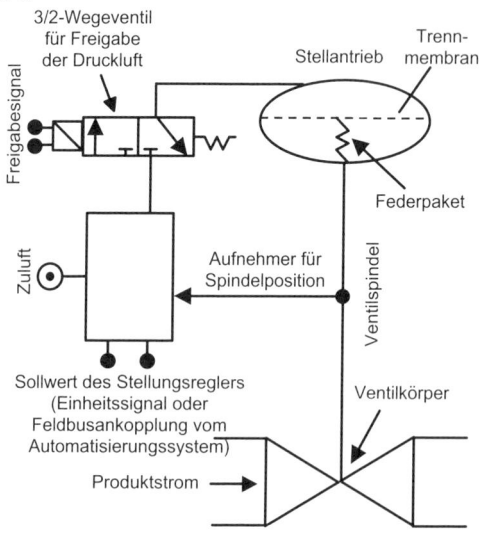

Bild 8.23 Schematische Darstellung der Kombination Stellungsregler-Ventil

Das Ventil ist hier vom Typ *federkraftöffnend* (hier ist z. B. die sichere Stellung des Ventils, die bei Ausfall der Hilfsenergie eingenommen wird, *geöffnet*), so dass die Druckleitung des Stellungsreglers oberhalb des Federpakets angeschlossen ist. Mit steigendem Druck des Stellungsreglers schließt das Ventil. Der Stellantrieb muss während des Regelvorgangs vom Stellungsregler, je nach Soll-Istwertvergleich, laufend mit Druck beaufschlagt oder entlüftet werden. Der Stellungsregler erhält den Sollwert als Einheitssignal oder über einen Feldbusanschluss. Über das 3/2-Wegeventil wird entweder die Membran mit Druck beaufschlagt oder die Steuerluft abgeblasen. Beim Abblasen nimmt das Ventil die über die Lage seines Federpaktes bestimmte Sicherheitsstellung ein (*federkraftöffnend* oder *-schließend*). Bild 8.24 enthält ein Beispiel für ein Ventil mit angebautem Stellungsregler; SAMSON AG [8.25].

Bild 8.24 Beispiel für eine integrierte Kombination Stellungsregler-Ventil

Digitale Stellungsregler. Bild 8.25 gibt einen typischen digitalen Stellungsregler wieder; SAMSON AG [8.31]. Wie aus diesem Bild hervorgeht, ist der Regler nicht in den Mikrocontroller integriert, sondern aus dynamischen Gründen analog ausgeführt. Der Mikrocontroller übernimmt im Wesentlichen nur Diagnose- und Selbsteinstellungsaufgaben, wodurch die Stromaufnahme geringer ist; KIESBAUER [8.32]. Dies wiederum ermöglicht eine explosionsgeschützte eigensichere Ausführung. Es wird zunächst davon ausgegangen, dass der Sollwert w als 4 ... 20 mA-Signal vorliegt. Optional ist die Ansteuerung über ein HART-Signal oder mittels Feldbusanschaltung möglich. Der Sollwert wird über den A/D-Wandler (4) in den Mikrocontroller eingelesen, dort für die oben erwähnten Zwecke verwendet und über den D/A-Wandler an den internen analogen PD-Regler (3) als Sollwert w weitergegeben. Den Istwert misst der Wegaufnehmer (2) (Leitplastik). Der PD-Regler erzeugt ein elektrisches Stellsignal, welches der i/p-Wandler (6) an den pneumatischen Leistungsverstärker (7) weitergibt. Der Stellantrieb des Stellventils wird

528 8 Technische Realisierungen

hierüber kontinuierlich mit Druckluft beaufschlagt oder entlüftet, bis die gewünschte Ventilstellung erreicht ist.

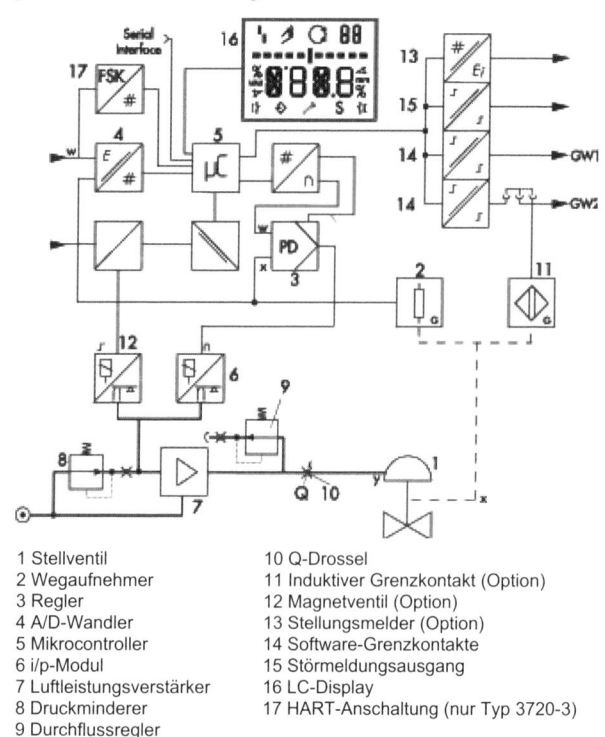

1 Stellventil
2 Wegaufnehmer
3 Regler
4 A/D-Wandler
5 Mikrocontroller
6 i/p-Modul
7 Luftleistungsverstärker
8 Druckminderer
9 Durchflussregler
10 Q-Drossel
11 Induktiver Grenzkontakt (Option)
12 Magnetventil (Option)
13 Stellungsmelder (Option)
14 Software-Grenzkontakte
15 Störmeldungsausgang
16 LC-Display
17 HART-Anschaltung (nur Typ 3720-3)

Bild 8.25 Beispiel für den schematischen internen Aufbau eines modernen digitalen Stellungsreglers der Firma SAMSON AG, Typ 3730

Neben dem Sollwert w werden zusätzlich die Signale x des Wegaufnehmers (2) und das Stellsignal y des analogen PD-Reglers in Digitalwerte umgesetzt; sie liegen damit als Information im Mikrocontroller vor. w, x und y ermöglichen durch eine intelligente Auswertung umfassende Informationen über den Zustand des Stellungsreglers, des Stellantriebs und des Ventils, die zur Diagnose oder Selbsteinstellung genutzt werden können. Während der automatischen Inbetriebnahme werden alle für eine optimale Regelung und Überwachung notwendigen Parameter selbsttätig ermittelt. Der Durchflussregler (9) in Bild 8.25 dient ausschließlich der Spülung des Gehäuses mit Druckluft, was z. B. zum Schutz gegen Korrosion wichtig ist. Beispiele für Standarddiagnosen und Statusmeldungen sind:

- Regelkreis gestört, wenn die Ventilstellung dem Sollwert nicht in der vorgegebenen Stellzeit T_y folgt.
- Strom für Sollwert zu klein.
- Temperaturüberschreitung.
- Istwerterfassung defekt. Das Gerät arbeitet dann im (gesteuerten) Notbetrieb weiter, da der protokollierte Zusammenhang zwischen Sollwert w und Stellgröße y vom Mikrocontroller verwendet wird.

Erweiterte Diagnosen bez. des Ventils und des Stellantriebs sind ebenfalls möglich. Beispiele für weitere einstellbare Eigenschaften des Stellungsreglers sind die Bereichsaufspaltung (Split-Range-Betrieb) und die Vorgabe einer gewünschten Betriebskennlinie.

8.2.2 Kompaktregler

8.2.2.1 Überblick

> **Kompaktregler** realisieren die Funktion eines Reglers, manchmal auch mehrerer Regler, in *einem* Gerät, welches als Einschub in der Tafel der Messwarte oder im Feld angebracht ist.

Es handelt sich hierbei um Universalregler, welche mit folgenden Zielrichtungen eingesetzt werden:

- Als autonome, ausschließlich vom Personal zu bedienende Geräte in Anlagen mit geringem Automatisierungsgrad, für welche ein aufwändiges Prozessleitsystem nicht lohnt,
- als prozessnahe Komponenten eines Prozessleitsystems oder
- als *Back-up*-Einrichtungen (siehe unten) zu einer zentralen Leitsystemkomponente wie etwa einem Industrie-PC.

Ein Überblick über den Stand der Technik einschließlich einer Marktübersicht findet sich in KUHN, OCHS [8.33].

Kompaktregler haben ihren Ursprung in den pneumatischen Regelgeräten, mit welchen man früher die Regelungen von Anlagen betrieb. Diese Regler wurden zunächst von elektronischen Regeleinrichtungen in Operationsverstärkertechnik abgelöst. Heutzutage sind Kompaktregler nahezu ausschließlich digital in Mikrocontroller-Technik ausgeführt.

Bei Kompaktreglern unterscheidet man zwischen **Industriereglern** und **Prozessreglern**. Regler mit dem Frontmaß 72 mm × 144 mm werden als Prozessregler bezeichnet, alle anderen Regler sind Industrieregler; siehe auch Abschnitt 3.1. Diese Unterscheidung ist willkürlich und durch die Hersteller geprägt; wesentlich ist, dass die Frontmaße einheitlich sind, um einen Austausch in der Messtafel zu ermöglichen.

Die häufigste Aufgabe bei Industriereglern ist die Regelung der Temperatur, wobei diese Geräte meist im Feld, d. h. unmittelbar an den Anlageteilen montiert werden. Hieraus resultieren hohe Anforderungen an Schutzvorkehrungen gegen Staub- und Feuchtigkeitseinwirkung. Typische Frontmaße sind 96 mm x 96 mm, 48 mm x 96 mm, 48 mm x 48 mm und 48 mm x 24 mm. Bild 8.26 zeigt einige Beispiele der Firma EUROTHERM [8.34].

Bild 8.26 Kompaktregler (Industrieregler) der Firma EUROTHERM

Universalregler sind Prozess- oder Industrieregler, die nicht für spezielle Regelgrößen, wie z. B. die Temperatur, vorbereitet sind. Diese werden im Weiteren ausschließlich betrachtet. Sie sind normalerweise in der Messwarte untergebracht und über elektrische Einheitssignale mit den Sensoren und Aktoren der Anlage verbunden. Daneben gibt es spezielle Eingangsmodule für Widerstandsthermometer, Thermoelemente und Impulsgeber. Universalregler sind damit für praktisch beliebige Regelaufgaben einsetzbar; die Funktionalität, die teilweise geboten wird, ist beeindruckend. Beispielhaft soll der folgende Überblick den Stand der Technik bezüglich des grundsätzlichen Einsatzspektrums wiedergeben.

8.2 Gerätetechnik

- **Festwertregelung.** Der Regler bearbeitet die Regelaufgabe autark, d. h. der Sollwert wird vom Anlagenfahrer über die Fronttastatur bzw. die Anzeige- und Bedienkomponente (ABK) eines Leitsystems eingestellt. Ansonsten kommuniziert der Regler mit den Sensoren und Aktoren über elektrische Einheitssignale.
- **Setpoint Control (SPC).** Der Regler erhält den Sollwert (*setpoint*) von einem Automatisierungssystem über ein Einheitssignal oder einen Feldbusanschluss. Er dient somit der Entlastung dieses Automatisierungssystems. Bei einer Störung der übergeordneten Systemkomponente kann man den Regler über die Fronttastatur auf interne Sollwertvorgabe (Festwertregelung) umschalten.
- **Folgeregelung.** Der Regler arbeitet mit einem extern vorgegebenen Sollwert, z. B. als unterlagerte Komponente eines Kaskadenregelkreises.
- **Standby-Betrieb.** Der Regler läuft im *Standby*-Modus einer übergeordneten Leitsystemkomponente. Diese Komponente bearbeitet die Regelaufgabe „hauptamtlich", gibt aber über ein Einheitssignal oder über den Systembus die aktuelle Stellgröße y an den Kompaktregler weiter, welcher diesen Stellwert intern speichert. Tritt im übergeordneten System eine Störung auf, was der Regeleinrichtung über ein definiertes Signal (**Totmann-** oder **Watchdog-Signal**) angezeigt wird, so übernimmt diese automatisch die Regelung. Bis zum Umschaltzeitpunkt oder auch beim Umschalten wird der interne Sollwert des Reglers dem Istwert der Regelgröße nachgeführt, man nennt dies *x-tracking*. Dadurch geschieht die Umschaltung stoßfrei, d. h. der Stellwert führt keinen unerwünschten Sprung aus. Den hier beschriebenen Betrieb bezeichnen manche Hersteller als DDC, was allerdings nicht korrekt ist; siehe dazu Abschnitt 3.1.
- **Verhältnisregler.** Der Regler arbeitet als Verhältnisregler mit einstellbarem Verhältnisfaktor. Auch dies ist eine Folgeregelung.
- **Bearbeiten mehrerer Regelstrecken.** In einer Regeleinrichtung sind dann mehrere Regler implementiert, z. B. eine Reglerkaskade, eine Ablöseregelung (*override control*) oder zwei unabhängige Regler.
- *Split-Range*-**Regelung.** Der Kompaktregler arbeitet mit Bereichsaufspaltung; er steuert also abhängig vom Stellwert mehrere (meist zwei) Stellglieder an.
- **Schrittausgang.** Alternativ zum kontinuierlichen Ausgang sind pulsweitenmodulierte Ausgaben oder Dreipunkt-Schrittausgaben (z. B. als Frequenzsignale zur Ansteuerung von motorischen Stellgliedern) möglich.

- **Störgrößenaufschaltung**. Der Stellgröße kann eine Störgröße additiv oder multiplikativ aufgeschaltet werden. Additive Aufschaltungen können proportional oder nachgebend erfolgen.
- **Selbsteinstellung**. Eine Selbsteinstellung (*self tuning*, → Abschnitt 8.2.2.4) ist vom Anwender per Tastendruck aktivierbar.

Neben diesen Einsatzfällen sind standardmäßig oft einfache Rechenoperationen wie die Radizierung eines Signals oder lineare parametrierbare Rechenoperationen vorgesehen. Um einen Eindruck zu vermitteln, zeigt Bild 8.27 für SIPART DR22 den Funktionsplan für eine Festwertregelung, SIEMENS [8.35].

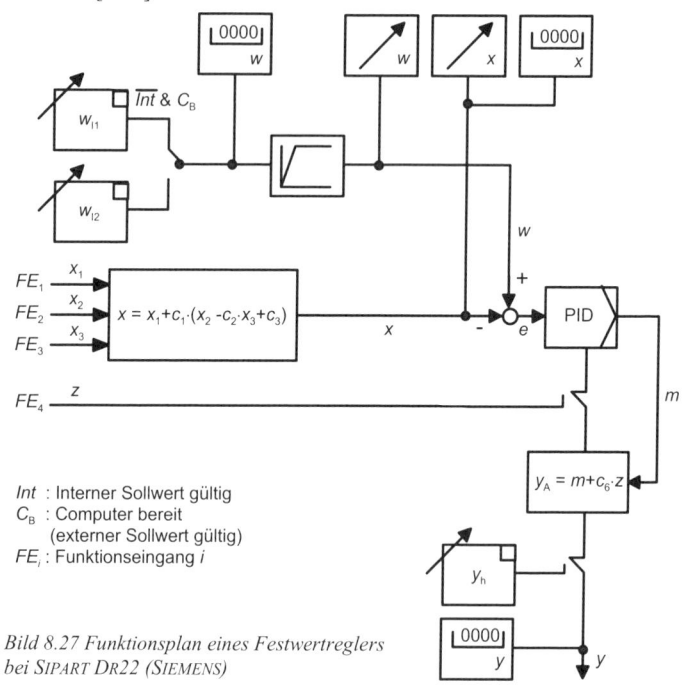

Int : Interner Sollwert gültig
C_B : Computer bereit
 (externer Sollwert gültig)
FE_i : Funktionseingang *i*

Bild 8.27 Funktionsplan eines Festwertreglers bei SIPART DR22 *(*SIEMENS*)*

Die parametrierbaren Rechenoperationen erkennt man an den Konstanten c_i. Weiterhin sieht man die Möglichkeit der additiven Störgrößenaufschaltung über *z*. Bei SIPART DR22 gibt es zusätzlich zu diesen Standardmöglichkeiten bei Bedarf einen frei konfigurierbaren Rechenbereich für Eingangssignale, z. B. um den realen Gasdurchfluss aus dem Wirkdruck einer Blende, dem absoluten Druck und der Temperatur zu berechnen.

8.2.2.2 Grundsätzlicher Aufbau von Kompaktreglern

Komponenten. Kompaktregler setzen sich grundsätzlich aus folgenden Komponenten zusammen, siehe Bild 8.28:

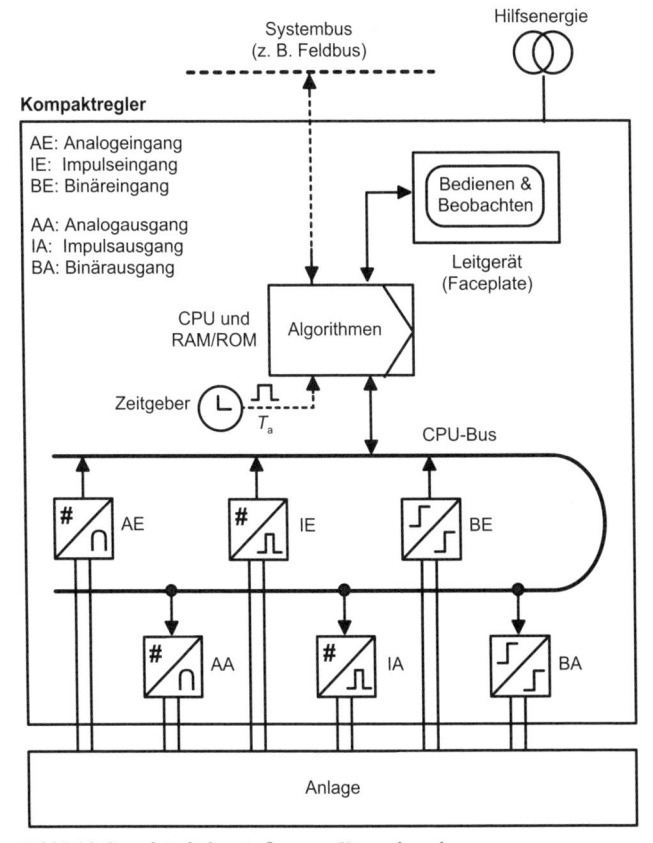

Bild 8.28 Grundsätzlicher Aufbau von Kompaktreglern

- Anschlüsse zur Ein-/Ausgabe von Prozess-Signalen (**Prozess-Signalelemente**),
- **Zentraleinheit** (CPU einschließlich Zeitgeber und Speicher für Algorithmen und Daten),
- **Leitgerät** (*faceplate*) zum Konfigurieren, Bedienen und Beobachten,
- **Hilfsenergieversorgung** sowie
- Anschluss an **externe Komponenten** (z. B. zu einem Leitsystem oder PC), über serielle Schnittstellen oder einen Feldbus.

Die Programmausführung erfolgt durchweg mit konstanter Abtastperiode T_a, welche bei manchen Fabrikaten vom Anwender festgelegt werden kann. Prozesssignale werden zyklisch abgefragt; die Verarbeitung von Unterbrechungen (*Interrupts*) ist mit Ausnahme der Zeitgebersignale zum Erzeugen von T_a bei Kompaktreglern nicht üblich.

Analoge Eingabeelemente. Analogwerte werden überwiegend als Stromsignale (I = 4 ... 20 mA) erfasst. Der Anschluss von Thermoelementen geschieht mittels Spannungssignalen (U = 0 bis 50 mV) mit nachgeschaltetem Verstärker. Das zu digitalisierende Analogsignal wird auf einen Analog-Digital-Wandler gegeben.

> Ein **Analog-Digital-Umsetzer** (ADU, engl. *Analogue-to-Digital Converter*, ADC) ist ein Bauelement, welches eine analoge Eingangsgröße (Strom, Spannung) in einen Digitalwert n umsetzt und diesen in einem **Eingaberegister** (Breite typisch 12 ... 16 Bits) ablegt. Weiterhin enthält dieses Register **Statusinformationen** über den Umsetzungsvorgang (z. B. *Wandlung abgeschlossen* oder *Messbereichsverletzung*).

Der resultierende Digitalwert entspricht der Mantisse einer nicht normalisierten Gleitpunktzahl im Bereich 0 bis 1. Normalisieren liefert die Rückführgröße r oder die Messgröße v im Einheitsbereich.

Bei Thermoelementen und Pyrometern ist eine Linearisierung über Stützstellentabellen oder Polynome erforderlich; WEBER, NAU [8.36]. Für Anzeigezwecke wird zusätzlich aus r die Größe r_M im Messbereich r_{Mmin} bis r_{Mmax} gebildet:

$$r_M = r_{Mmin} + (r_{Mmax} - r_{Mmin}) \cdot r \qquad (8.4)$$

Wenn die Regeleinrichtung mehrere Analogsignale erfasst, werden diese in der Regel über einen **Multiplexer** auf einen gemeinsamen Analog-Digital-Umsetzer (ADU) geschaltet.

Zur Digitalisierung gibt es eine ganze Reihe unterschiedlicher Methoden, von welchen zwei exemplarisch erläutert seien.

- **Momentanwertumsetzung**: Eine Steuerung gibt nach dem Prinzip der Intervallschachtelung sukzessive Bitmuster an einen Digital-Analog-Umsetzer (DAU). Dieser liefert ein analoges Ausgangssignal U_{DAU}, welches mit der Spannung U_M des anliegenden Analogwertes verglichen wird. Begonnen wird der Umsetzvorgang mit gesetztem höchstwertigen Bit $n - 1$. Ist die diesem Bitmuster entsprechende Spannung U_{DAU} kleiner als die Messspannung U_M, bleibt das Bit auf 1 stehen, andernfalls wird es auf 0 gesetzt. Dieser Vorgang wird iterativ mit den Bits $n - 2, n - 3, ..., 0$ durchgeführt, bis die Werte aller Bits und damit der zugehörige Digitalwert festliegen. Man spricht hierbei auch von **Stufenverschlüsselung** oder von **sukzessiver Approximation**. Die Umwandlungszeit t_W liegt je nach Auflösung typisch bei 10 bis 50 µs.
- **Mittelwertumsetzung**: Hierbei wird ein Kondensator C durch Integrieren der Messspannung U_M über typisch 20 ms aufgeladen. Die Dauer Δt_1 der anschließenden Entladung des Kondensators durch Integrieren einer konstanten Referenzspannung U_R mit negativer Polarität wird mittels Zähler gemessen; der abschließende Zählerstand ist der Messspannung U_M proportional. Dies ist das **Zwei-Rampen-** oder ***Dual-Slope****-Verfahren. Die Umwandlungsdauer beträgt in Abhängigkeit von der Messspannung 20 ms + Δt_1 (typisch: 50 ms).

Auch die galvanische Trennung ist auf verschiedene Arten möglich. Meist wählt man die **Kondensatorumschaltung** (*flying capacitor*). Hierbei liegen die Messspannungen U_{Mi} über die Eingangsklemmen ständig an einem zugehörigen Kondensator C_i; für die umzusetzende Spannung U_{Mk} wird der Kondensator C_k während der Umsetzungszeit t_W auf den A/D-Umsetzer geschaltet.

Analoge Ausgabeelemente. Die analoge Ausgabe von Stellwerten erfolgt über Digital-Analog-Wandler.

> Ein **Digital-Analog-Umsetzer** (DAU, engl. *Digital-to-Analogue Converter*, DAC) ist ein Bauelement, welches digitale Ausgabewerte in analoge Form (Strom, Spannung) umsetzt. Der Digitalwert wird aus einem **Ausgaberegister** (Breite typisch 10 ... 12 Bits) übernommen.

Das einfachste Umsetzungsverfahren für Analogwerte basiert auf der Summation gewichteter Teilströme mit einem Operationsverstärker. Die einzelnen Bits eines Registers entsprechen hierbei Schaltern S_k, welche zugehörige Ströme I_k entweder durchschalten oder sperren. Die Gewichte dieser Ströme sind bei geschlossenem Schalter durch Widerstände $R_k = 2^k R_0$ bestimmt. Typische Umwandlungszeiten liegen bei etwa 5 µs.

Digitale Eingabeelemente. Zählerstände und Binärwerte werden über ein Eingaberegister eingelesen, wobei man Binärwerte üblicherweise zu Gruppen à 4 Bits zusammenfasst. Auch hierbei wird eine Prüfung auf Drahtbruch vorgenommen. Zur galvanischen Trennung verwendet man **REED-Relais** (Schaltfrequenz typisch 2 kHz) oder **Optokoppler** (Schaltfrequenz typisch 100 kHz). Zählerregister weisen eine Breite von 12 ... 16 Bits auf; man verwendet sie für Durchfluss- oder Drehzahlmessungen. Beim Auslesen des Registers wird es meist wieder auf null zurückgesetzt, so dass sich inkrementelle Zählerstände Δn ergeben. Ist das Zurücksetzen nicht möglich, müssen die Inkremente softwaremäßig gebildet werden, wobei der Überlauf zu beachten ist. Der aktuelle Zählerstand Δn entspricht dem physikalischen Wert einer Prozessgröße, z. B. einem Volumen V, wobei ein streng proportionaler Zusammenhang angenommen werden kann:

$$\boxed{\frac{V}{\Delta n} = \frac{V_0}{\Delta n_0} = \text{const}} \tag{8.5}$$

Die zeitliche Änderung $r_M = q_V$ erhält man über die Näherung

$$\boxed{r_M \approx \frac{V_0}{c \cdot \Delta n_0 \cdot T_a} \Delta n} \tag{8.6}$$

Dabei ist T_a die Abtastperiode in Sekunden und c ein Faktor, um r_M auf die gewünschte Zeiteinheit zu beziehen. Soll r_M z. B. in l/min angegeben werden, ist $c = 60$ min/s. Die Größe r im Einheitsbereich ergibt sich zu

$$\boxed{r = \frac{r_M - r_{M\min}}{r_{M\max} - r_{M\min}}} \tag{8.7}$$

Digitale Ausgabeelemente. Die Ausgabe von Binärwerten geschieht üblicherweise ebenfalls gruppenweise. Frequenzsignale (z. B. zum Ansteuern von Schrittmotoren) werden mit Hilfe von Zählern ausgegeben. Bauelemente zur Entkopplung sind wie bei der Eingabe Optokoppler oder Relais.

8.2.2.3 Algorithmen

Messwertverarbeitung. Als Regelalgorithmus ist fast ausschließlich der PIDT$_1$-Stellungsalgorithmus implementiert. Manche Regler bieten auch Zweipunktalgorithmen und Istwertvorhersagen über SMITH-Prädiktoren. Typische zusätzliche Funktionen zur Analogwertverarbeitung sind

- Linearisierung von Messwerten, z. B. bei Pyrometern oder Thermoelementen,
- arithmetische Grundoperationen,
- Mittelwertbildung,
- Radizierung (z. B. für Durchflussmessungen nach dem Wirkdruckprinzip),
- Überwachen von Regeldifferenzen, Istwerten oder Istwertgradienten auf das Einhalten von Grenzwerten.

Binäre Eingangswerte können sowohl zum Erkennen von Prozesszuständen (z. B. beim Erreichen von Grenzwerten) als auch für Steuerungsvorgänge (z. B. zum Starten von Sollwertrampen) verwendet werden. Zur Weiterverarbeitung stehen meist die BOOLEschen Operationen *Und, Oder, Exklusiv Oder* und *Negation* zur Verfügung. Viele Kompaktregler enthalten weiterhin Programmgeber.

> Der **Programmgeber** eines Reglers ist ein Softwarebaustein, welcher eine zeit- und ereignisgesteuerte Beeinflussung des Reglerverhaltens und der Führungsgröße zulässt.

Der resultierende Programmregler hat neben einem oder mehreren festen Sollwerten auch eine zeitliche Abfolge von Sollwerten (Sollwertverläufe). Diese stellen eine Funktion aus einer Sequenz von Werten oder Wertänderungen und den zugehörigen Zeitpunkten dar. Das resultierende Sollwertprofil ist ein Polygonzug, bestehend aus zeitlich konstanten Abschnitten (Haltezeiten), zeitabhängigen Gradienten (Sollwertrampen) und Sollwertsprüngen (*Steps*). So ermöglicht beispielsweise der Regler R0550 der Firma GOSSEN METRAWATT [8.37] die Definition von Sollwertprofilen, d. h. von zeitlichen Verläufen (so genannten **Segmenten**) und das Zusammenfassen solcher Profile zu **Programmen**. Den einzelnen Profilen können jeweils unterschiedliche Sätze von PID-Parametern zugeordnet werden. Programmstarts sind zeitgesteuert oder – über Binäreingänge, Kommunikationsschnittstelle oder Bedieneingriffe – ereignisgesteuert möglich.

Ausgabealgorithmen. Für Stellwerte gibt es dreierlei Ausgabeformen, siehe Abschnitt 5.2:

- **Analoge Ausgabe** als Strom oder Spannung, etwa als Sollwertvorgabe für unterlagerte Stellungsregler,
- **binäre Ausgabe** bei Zweipunktregelung oder bei pulsweitenmoduliertem Stellsignal,
- **ternäre Ausgabe** (Dreipunktregelung), bei Stellgeräten mit Schrittmotor als Frequenzsignal. Bei Schrittregelung mit Rückführung wird einer der Analogeingänge für die Motorstellung konfiguriert; hierbei ist dann auch eine Laufzeitüberwachung des Stellgliedes möglich.

Manche Regeleinrichtungen lassen außerdem das Kompensieren nichtlinearer Ventilkennlinien zu. Binärausgänge werden weiterhin für Meldezwecke verwendet, etwa zur optischen oder akustischen Signalisierung von Grenzwertverletzungen.

Adaptive Parametereinstellung. Die meisten Kompaktregler besitzen die Möglichkeit einer Selbsteinstellung (*self-tuning*), die der Anwender bei Bedarf über einen Bedieneingriff aktivieren kann (**Anfahradaption**). Beispielsweise ist im SIPART DR 22 die Sprungantwortmethode für ein Streckenmodell höherer Ordnung mit Ausgleich implementiert, deren grundsätzliche Funktionsweise in Abschnitt 4.4 beschrieben ist. Oft wird auch die automatische Selbsteinstellung im Arbeitspunkt und das Umschalten zwischen verschiedenen Parametersätzen in Abhängigkeit vom Stellwert oder auch Istwert geboten (gesteuerte Adaption), z. B. für Regelungen mit Bereichsaufspaltung.

8.2.2.4 Konfigurieren und Bedienen von Kompaktreglern

Leitgeräte. Viele der modernen Kompaktregler besitzen eine Schnittstelle zu einem PC, über den sie mittels spezieller Softwaretools komfortabel konfiguriert, parametriert und ggf. bedient und beobachtet werden können. Solche Möglichkeiten bietet z. B. die Firma EUROTHERM mit ihren Softwarewerkzeugen LINTOOLS und ITOOLS [8.38]; das Konfigurieren geschieht mit Funktionsplänen wie in Abschnitt 8.1 dargestellt. Als primäre Bedienoberfläche ist aber die Frontseite (**Leitgerät** oder *Faceplate*) des Kompaktreglers gedacht.

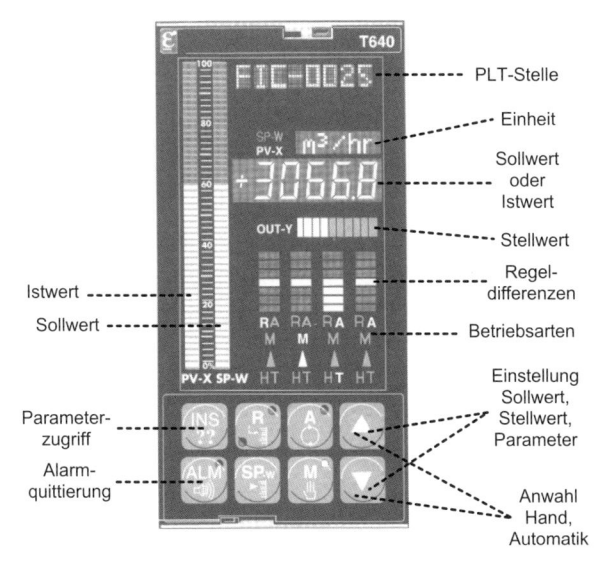

Bild 8.29 Typisches Reglerleitgerät

Bild 8.29 zeigt exemplarisch das Leitgerät des Prozessreglers T640 von EUROTHERM [8.39]. Das Gerät ist gegen Staub und Wasser geschützt; wie die meisten Kompaktregler entspricht es der **Schutzart IP65** nach DIN 40050-9 [8.40]. IP bedeutet *International Protection*, die Ziffern kennzeichnen den Schutz gegen Feststoffe (6 entsprechend Staub) bzw. Wasser (5 entsprechend Strahlwasser). In dieser Regeleinrichtung können bis zu vier Regler implementiert werden. Istwert, Sollwert und Stellwert sind sowohl über Balkendiagramme als auch numerisch darstellbar; andere Fabrikate bieten zusätzlich die Darstellung von Kurvenverläufen (Prozessgrößenhistorie). Das klassische Anzeigekonzept wird bei einigen Reglern um die Möglichkeit erweitert, Meldungen über Email versenden zu können, z. B. beim Fabrikat UDC 3200 der Firma HONEYWELL [8.41]. Das Konfigurieren, Parametrieren und Bedienen geschieht über Drucktasten; für Parametrier- und Konfiguriervorgänge stehen Menüs zur Verfügung, deren Zugang bei den meisten Herstellern durch Zahlencodes, Passwörter oder Schlüsselschalter gesichert wird. Die eingegebenen Daten werden in einem EEPROM dauerhaft gespeichert.

In Anlehnung an die analoge Regelungstechnik, und somit lediglich historisch begründbar, sind die Wertebereiche der Parameter z. T. stark eingeschränkt. Tabelle 8.11 gibt als stellvertretende Beispiele ausgewählte Daten der Prozessregler T640, EUROTHERM [8.39]; SIPART DR 22, SIEMENS [8.35] und UDC 1200, Honeywell [8.42] wieder.

Tabelle 8.11 Typische Parameterbereiche für Prozessregler

Parameter	Verwendung	T640	SIPART DR 22	UDC 1200
X_p	Proportionalbereich	0,1 ... 1000 %	-	0,5 ... 1000 %
K_p	Proportionalbeiwert	-	0,1 ... 100	-
T_n	Nachstellzeit	0 ... 150 min	0 ... 166 min	0 ... 100 min
T_v	Vorhaltzeit	0 ... 15 min	0 ... 50 min	0 ... 100 min
T_a	Abtastperiode (Eingänge)	> 20 ms	> 60 ms	250 ms
T_A	Abtastperiode (Ausgänge)	-	-	0,5 ... 512 s
T_y	Stellzeit	5 ... 1000 s	10 ... 100 s	-

Hierbei ist X_p = 100 % / K_p. Der Parameter T_y kann sowohl zur Überwachung der Ventillaufzeit als auch zum Berechnen von Pulsdauern bei **PWM-Ausgaben** (PWM: **Pulsweitenmodulation**) verwendet werden. T_a ist bei SIPART DR 22 und UDC 1200 nicht parametrierbar.

Betriebsarten. Nach DIN 19226-5 [8.24] definiert die Betriebsart, in welchem Umfang das Bedienpersonal in Regelungsvorgänge eingreifen kann (→ Abschnitt 8.1.2.6). Folgende Betriebsarten findet man bei nahezu allen Kompaktreglern, wobei die jeweiligen Bezeichnungen bei den einzelnen Herstellern unterschiedlich sein können:

- *Hand*: Hierbei ist der Regelkreis am Ausgang aufgetrennt; der Regler gibt keine Stellwerte aus und berechnet sie bei den meisten Implementierungen auch nicht. Der Stellwert y_h wird durch Bedieneingriffe konstant oder als Zeitfunktion vorgegeben. Der *Hand*-Betrieb sollte beim Einschalten der Regeleinrichtung automatisch eingestellt werden.

- ***Automatik***: Der Regelkreis ist geschlossen, die Regeleinrichtung führt die konfigurierten Algorithmen aus und liefert Stellwerte für Stellgeräte oder unterlagerte Regler. Der Sollwert w wird vom Personal vorgegeben; *Automatik*-Betrieb bedeutet normalerweise **Festwertregelung**. Meist kann in dieser Betriebsart aber auch eine Sollwertrampe gestartet werden (selbstterminierende **Folgeregelung**).
- ***SPC*** (*Setpoint Control*, nicht selbstterminierende Folgeregelung): Hierbei arbeitet die Regeleinrichtung wie in der Betriebsart *Automatik*. Der Sollwert w stammt jedoch von einer anderen Leitsysteminstanz, z. B. bei einer Kaskaden- oder Verhältnisregelung. In dieser Betriebsart kann das Bedienpersonal den Reglersollwert nicht ändern.

Üblicherweise legt der Hersteller fest, welche Ereignisse neben den Bedieneingriffen Betriebsartenumschaltungen auslösen können und welche Übergänge zulässig sind. So ist es durchaus sinnvoll, wenn die Regeleinrichtung bei Auftreten eines Fehlers (z. B. Drahtbruch beim Sensor der Regelgröße) selbsttätig vom *Automatik*- in den *Hand*-Betrieb umschaltet. Ebenfalls herstellerspezifisch können weitere Betriebsarten wie etwa *self-tuning* oder *Konfigurieren* definiert sein.

Besonders wichtig sind Maßnahmen zur stoßfreien Umschaltung vom *Hand*- auf den *Automatik*-Betrieb; der Sollwert w und – falls vorhanden – der Integrator m_I sowie der Differenzierer m_D müssen so initialisiert werden, dass die Stellgröße y keinen unerwünschten Sprung ausführt. Eine einfache Möglichkeit hierzu zeigen die Gleichungen (8.8). Die hierbei angegebene Initialisierung des Integrators gilt in dieser Form für den Fall, dass die Regeleinrichtung ohne Sollwert- oder Störgrößenaufschaltung arbeitet, andernfalls müssen auch diese Größen bei der Berechnung von m_{I0} berücksichtigt werden. y_h ist der Stellwert vor der Umschaltung.

$$\boxed{\begin{aligned} w_0 &= x \quad (\textit{x-Tracking}) \\ m_{I0} &= \frac{y_h}{K_I} \\ m_{D0} &= 0 \end{aligned}} \qquad (8.8)$$

8.2.3 Regelung mit Prozessleitsystemen

8.2.3.1 Begriffe und Komponenten

Prozessleitsystem. Wenn die Mächtigkeit der beschriebenen kompakten Regeleinrichtungen zur Durchführung der Produktion nicht ausreicht, setzt man Prozessleitsysteme ein.

> Ein **Prozessleitsystem** (PLS) umfasst mit Ausnahme der Feldinstrumentierung alle informationsverarbeitenden Komponenten, welche zum Leiten eines produktionstechnischen Prozesses erforderlich sind.

Mess- und Stellgeräte, dedizierte Regler und im Feld installierte Sicherheits- und Schutzsysteme sind mithin keine PLS-Bestandteile. Bild 8.30 stellt die Komponenten eines Prozessleitsystems mit den zugeordneten Aufgaben nach DIN V 19222 [8.43] schematisch dar.

Prozessnahe Komponenten (PNK). Prozessnahe Komponenten erfassen Informationen des Prozesses mit Hilfe von Messeinrichtungen und beeinflussen Vorgänge mittels Stellgeräten. Weiterhin erzeugen und liefern sie Informationen für übergeordnete Instanzen. Das Verhalten einer PNK lässt sich über Anzeige- und Bedienkomponenten (ABK) gezielt steuern. Man kann drei Klassen von prozessnahen Komponenten unterscheiden:

- Die in Abschnitt 8.2.2 beschriebenen **Prozessregler** nehmen Regelungsaufgaben wahr. Meist verfügen sie über elementare Binäroperationen (z. B. für Meldezwecke), Regelungsstrukturen werden häufig über Funktionsbausteine festgelegt. Prozessregler sind mit einem integrierten Leitgerät ausgestattet.
- Mit **Steuereinrichtungen** realisiert man die Verknüpfung von Schaltvariablen (**Verknüpfungssteuerung**) und sequenzielle Abläufe (**Ablaufsteuerung**). Hierzu stehen oft auch elementare Verarbeitungsfunktionen wie Vergleiche oder arithmetische Operationen zur Analogwertverarbeitung zur Verfügung. Bei **verbindungsprogrammierten Steuerungen** (VPS) wird das Verhalten durch Verschalten von Hardwarebausteinen festgelegt. Bei den überwiegend eingesetzten **speicherprogrammierbaren Steuerungen** (SPS) erstellt man Verknüpfungs- und Ablaufsteuerungen softwaretechnisch mit Programmiersprachen nach DIN EN 61131-3 [8.17]. Integrierte Leitgeräte besitzen Steuereinrichtungen standardmäßig nicht; bei einer Kompaktanlage mit eigenem Schaltschrank (*Package Unit*) sind apparatespezifische Bedientableaus vorhanden.

8.2 Gerätetechnik 543

Übergeordnete Systeme

Anzeige- und Bedienkomponenten (ABK): Schreiber, Drucker, PC / Workstation

Ingenieurkonsole (IK)

ABK:
Anzeigen
Aufzeichnen
Protokollieren
Auswerten
Eingreifen
Optimieren

IK:
Programmieren
Konfigurieren
Parametrieren

Systembus (redundant)

Prozessnahe Komponenten (PNK): Regler, Steuerung, Prozessstation, Feldbus

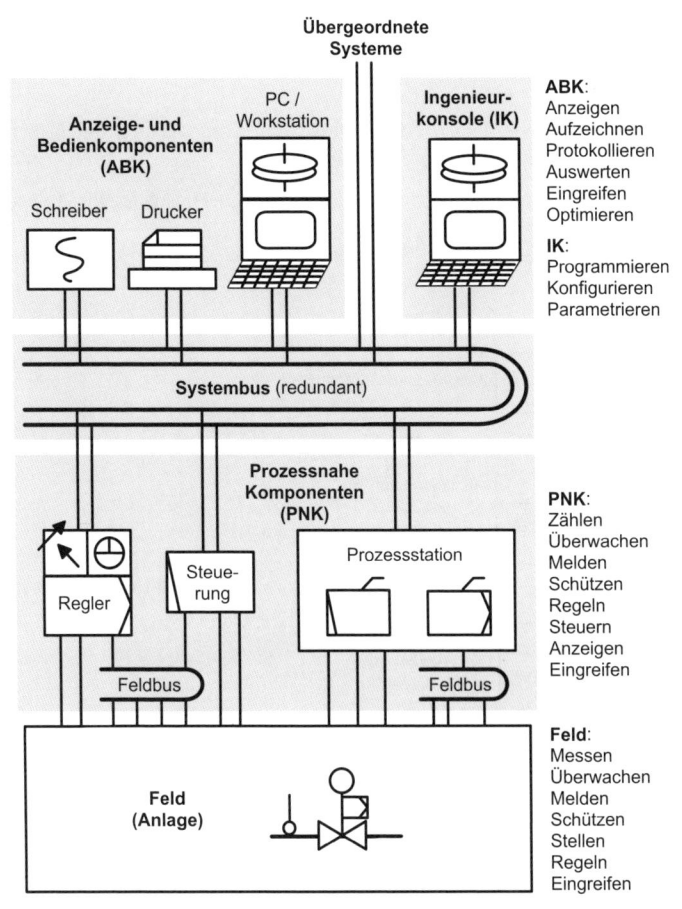

PNK:
Zählen
Überwachen
Melden
Schützen
Regeln
Steuern
Anzeigen
Eingreifen

Feld (Anlage)

Feld:
Messen
Überwachen
Melden
Schützen
Stellen
Regeln
Eingreifen

Bild 8.30 Schematische Darstellung eines Prozessleitsystems

- **Prozessstationen** (von manchen Herstellern auch als **Automatisierungsgeräte** oder **Prozessrechner** bezeichnet) vereinigen die Fähigkeiten von Prozessreglern und Steuereinrichtungen; sie verfügen somit über umfangreiche Funktionen zur Analogwertverarbeitung einschließlich Regelung und über alle erforderlichen Sprachelemente für Verknüpfungs- und Ablaufsteuerungen. Die Programmierung bzw. Konfigurierung erfolgt nach DIN EN 61131-3 [8.17] und

VDI/VDE 3696-2 [8.19] mit visuellen und textuellen Programmiersprachen. Auch bei Prozessstationen gibt es keine integrierten Leitgeräte.

Die verschiedenen Typen von prozessnahen Komponenten unterscheiden sich u. a. hinsichtlich ihrer Arbeitsweise.

- Prozessregler werden über Zeitgeber mit einer festgelegten Abtastperiode T_a aktiviert.
- Speicherprogrammierte Steuereinrichtungen laufen zyklisch; siehe Bild 8.31.

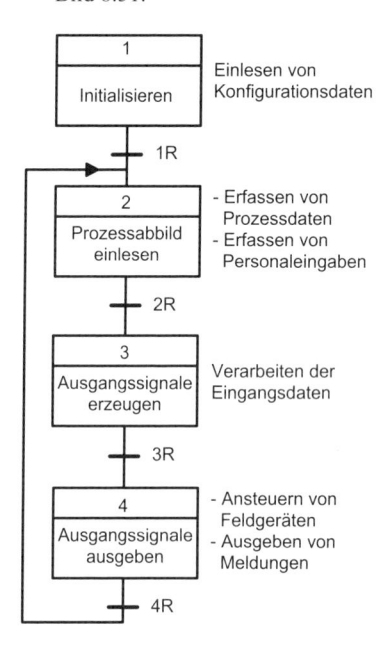

```
┌─────────────────┐
│        1        │   Einlesen von
│  Initialisieren │   Konfigurationsdaten
└─────────────────┘
         │ 1R
         ▼
┌─────────────────┐   - Erfassen von
│        2        │     Prozessdaten
│  Prozessabbild  │   - Erfassen von
│    einlesen     │     Personaleingaben
└─────────────────┘
         │ 2R
         ▼
┌─────────────────┐
│        3        │   Verarbeiten der
│ Ausgangssignale │   Eingangsdaten
│    erzeugen     │
└─────────────────┘
         │ 3R
         ▼
┌─────────────────┐   - Ansteuern von
│        4        │     Feldgeräten
│ Ausgangssignale │   - Ausgeben von
│     ausgeben    │     Meldungen
└─────────────────┘
         │ 4R
```

Bild 8.31 Arbeitsweise einer SPS

Nach dem Einlesen (1) der Konfigurationsdaten beim Start der Steuerung geschieht sequenziell das Erfassen (2), Verarbeiten (3) und Ausgeben (4) von Informationen in einer ständig wiederholten Schrittfolge. Die Dauer des Schritts (3) kann hierbei von Umlauf zu Umlauf schwanken, weil meist auch bedingte Befehlsfolgen auszuführen sind. Bild 8.31 enthält einen einfachen **Ablaufplan** mit Symbolen nach DIN 40719-6 [8.21]. Die einzelnen **Schritte** werden durch Rechtecke mit eingezeichneten Nummern und Texten wiedergegeben und durch Linien verbunden. Querstriche stellen **Transitionen** (Übergänge) dar; die Bedingung zum Weiterschalten von Schritt n auf Schritt $n + 1$ ist hier jeweils die Fertigmeldung des Schrittes n in der Notation nR (z. B. 2R).

- Prozessstationen sind mit einem – überwiegend herstellerspezifischen – **Realzeitbetriebssystem** ausgestattet; sie arbeiten mithin deterministisch im zeit- und ereignisgesteuerten **Multitaskingbetrieb**. Dies bedeutet, dass mehrere Programme zeitlich verzahnt ablaufen können; siehe z. B. VOGT [8.42]. Auch ereignisgesteuerte Programmstarts – etwa beim Zustandswechsel eines Binärsignals – sind möglich. Für konkurrierende Rechenprozesse lässt sich ein **Vorrangsystem** durch die Zuordnung von Prioritäten definieren.

Zum Automatisieren von Teilanlagen legt man eine Gruppe zusammengehörender Regler und Steuerungen fest, bzw. man ordnet den Teilanlagen im Idealfall je eine Prozessstation zu. Eine solche Kombination von leittechnischen Geräten und Teilanlagen nennt man **Automatisierungsinsel**; daraus resultiert die für Prozessleitsysteme typische **dezentrale Automatisierungsstruktur**. Die Ankopplung prozessnaher Komponenten an Teilanlagen erfolgt entweder über die bereits in Abschnitt 8.2.2 beschriebenen Prozesssignalelemente oder über **Feldbusse**, sofern die angeschlossenen Sensoren und Aktoren über die notwendige Intelligenz verfügen. Ausführliche Erläuterungen zu Feldbussystemen finden sich z. B. bei SCHNELL [8.45] und HILS, LINDNER, in [8.46].

Anzeige- und Bedienkomponenten (ABK). Dies sind Einrichtungen, welche zur Kommunikation des Bedienpersonals mit den prozessnahen Komponenten und damit der Anlage dienen. Hierzu zählen z. B. Schreiber, welche meist auch über Funktionen zur Datenverdichtung und -auswertung verfügen, und Drucker. Am wichtigsten sind **Leitstationen**, welche üblicherweise WINDOWS- oder UNIX- bzw. LINUX-basierte PCs oder Workstations sind. Sie ermöglichen sowohl textuelle, akustische und grafische Informationsdarstellung – z. B. in Form von Fließbildern und Kurvenverläufen – als auch komfortable Bedieneingriffe (→ Abschnitt 8.2.2.3). Zusätzlich zum Bedienen und Beobachten werden sie zum Auswerten und Speichern von Produktionsdaten verwendet, wobei überwiegend relationale Datenbanken wie MS SQL SERVER oder INFORMIX zum Einsatz kommen. Die hierfür notwendigen Programmkomponenten bezeichnet man als **Prozessinformations- und -managementsystem** (**PIMS**), welches oft auch in einem eigenen Rechner implementiert ist. Das Auswerten der Produktionsdaten kann mit marktüblicher

Software wie EXCEL, SAS, SPSS etc. entweder direkt auf der Leitstation oder in einem übergeordneten Produktionsleitsystem geschehen.

Ingenieurkonsole (IK). Die Ingenieurkonsole ist ein PC oder eine Workstation mit ähnlicher Funktionalität und Hardwareausstattung wie eine Leitstation. Sie enthält jedoch zusätzlich Werkzeuge zum Programmieren und Konfigurieren der anderen PLS-Komponenten, also etwa zur Softwareerstellung für prozessnahe Komponenten (→ Abschnitt 8.1) oder zum Erzeugen von Bedienbildern für Anzeige- und Bedienkomponenten.

Systembus (SB). Der **Systembus** verbindet die vorstehend aufgeführten PLS-Komponenten miteinander. Über Gateways oder Router/Firewalls werden Schnittstellen zu übergeordneten Systemen realisiert, etwa zu einem Werksnetz oder eine Internet-Anbindung. Zur Gewährleistung hoher Verfügbarkeit wird der Systembus in der Regel redundant ausgelegt. Wenn prozessnahe Komponenten über diesen Bus kommunizieren, ist deterministisches Verhalten zu fordern. Meist werden herstellerspezifische Busse eingesetzt, in neuerer Zeit erfolgt vermehrt die Nutzung von *Industrial Ethernet*.

Prozessrechner (PR). Mit dem Begriff **Prozessrechner** bezeichnet man EDV-Geräte, welche die Funktionalitäten von PNK und ABK (ggf. auch IK) in *einer* Komponente vereinen. Prozessrechner waren die ersten Computer, welche ab etwa 1960 in der Automatisierungstechnik verwendet wurden. Aus Kostengründen installierte man in den meisten Fällen nur *einen* Rechner für eine Anlage und richtete für die wichtigsten Regelkreise konventionelle Regler als Backup ein. Um die Auswirkung von Rechnerausfällen auf die Produktion möglichst zu begrenzen und um die Gesamtleistung zu erhöhen, löste man diese zentralen Einrichtungen ungefähr ab 1975 durch dezentral aufgebaute Prozessleitsysteme ab. Seit einigen Jahren werden Prozessrechner für kleine Produktionsanlagen mit geringen Verfügbarkeitsanforderungen oder für den Einsatz in Forschungsanlagen wieder angeboten. Dabei handelt es sich um WINDOWS- oder LINUX-basierte, relativ kostengünstige Rechner; siehe z. B. ALBERT [8.47]. Das zu Grunde liegende Standardbetriebssystem wird oft durch einen herstellerspezifischen Realzeitkern ergänzt.

Leittechnische Konzepte. Die vorstehenden Ausführungen zeigen, dass zur Anlagenautomatisierung unterschiedliche Alternativen gegeben sind. Prozessleitsysteme lassen sich durch Einzelgeräte (Prozessregler und Steuerungen) aufbauen. So kann man verfahren, wenn der Automatisierungsgrad relativ niedrig ist, die Anlage also überwiegend von Hand gefahren wird und einfache Regelungs- und Steuerungsaufgaben vorliegen. Ein durchgängiges Projektierungs- bzw. Bedien- und Beobachtungskonzept ist dann allerdings meist nicht gegeben, weil überwiegend Produkte unterschiedlicher Hersteller zum Einsatz kommen. Für gehobene Regelungs- und Steuerungsaufgaben (z. B. die Entwicklung und Verwendung von Prozessmodellen oder Rezeptsteuerungen, das Steuern komplexer An- und Abfahrvorgänge, das Auswerten von Produktionsdaten etc.) empfiehlt sich ein Prozessleitsystem auf der Basis von leistungsfähigen Prozessstationen und Anzeige- und Bedienkomponenten sowie Ingenieurkonsolen, welche von *einem* PLS-Hersteller stammen. Damit sind sowohl durchgängige PNK- und ABK-Funktionen als auch systemweit einheitliche Projektierhilfsmittel gegeben, und die Systemwartung wird vereinfacht.

8.2.3.2 Leittechnische Hierarchien

Funktionshierarchien. In Abschnitt 8.1 wurden Anlagenstrukturen bereits kurz vorgestellt. Aus solchen Strukturen ergeben sich auf natürliche Weise funktionale Ebenen. Bild 8.32 gibt das zugehörige ER-Diagramm einschließlich regelungstechnischer Aufgabenbeispiele wieder.

- Die **Anlagensteuerung (ALS)** koordiniert einzelne Teilanlagen mit Hilfe unterlagerter Teilanlagensteuerungen. Regelungstechnisches Anwendungsbeispiel: Teilanlagenübergreifende Zustandsregelung.
- Eine **Teilanlagensteuerung (TAS)** koordiniert die technischen Einrichtungen einer Teilanlage mit Hilfe unterlagerter Steuerfunktionen. Regelungstechnisches Anwendungsbeispiel: Modellgestützte Regelung einer Kolonne, bei welcher Prozessgrößen verschiedener technischer Einrichtungen (Heizeinrichtung, Sumpfstandregelung etc.) verwendet werden.
- Eine **Steuerfunktion (SF)** koordiniert die zu einer technischen Einrichtung gehörenden PLT-Stellen mit Hilfe unterlagerter Steuerfunktionselemente. Regelungstechnisches Beispiel: Temperatur-Durchfluss-Kaskade eines Rührwerksbehälters mit automatischer Anfahrstrategie.
- Ein **Steuerfunktionselement (SFE)** leitet eine PLT-Stelle. Regelungstechnische Anwendungsbeispiele: Einschleifige Druck- oder Durchflussregelungen mit Verriegelungen.

8 Technische Realisierungen

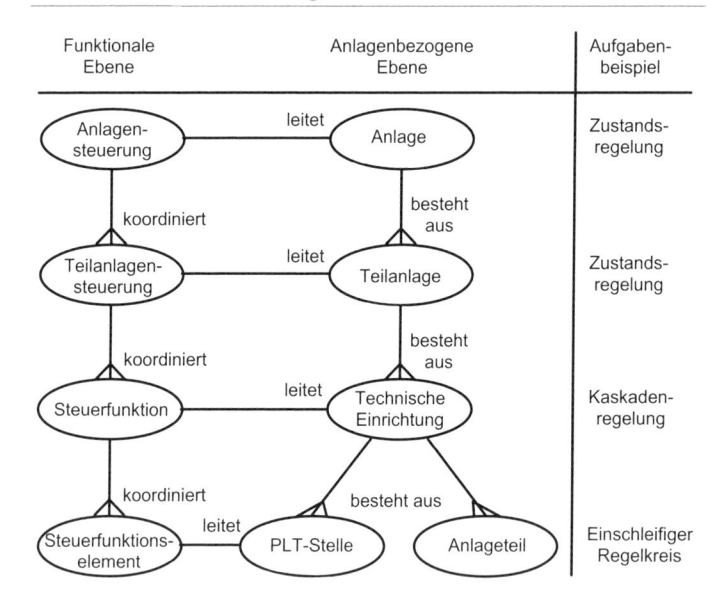

```
Funktionale              Anlagenbezogene           Aufgaben-
  Ebene                       Ebene                beispiel

                    leitet
  Anlagen-      ─────────────    Anlage             Zustands-
  steuerung                                         regelung

              koordiniert        besteht
                                 aus
  Teilanlagen-      leitet                          Zustands-
  steuerung     ─────────────    Teilanlage         regelung

              koordiniert        besteht
                                 aus
  Steuerfunktion    leitet       Technische         Kaskaden-
                ─────────────    Einrichtung        regelung

              koordiniert        besteht aus
  Steuerfunktions-  leitet
  element       ─────────   PLT-Stelle    Anlageteil   Einschleifiger
                                                       Regelkreis
```

Bild 8.32 Leittechnische Funktionshierarchien

Solche Funktionshierarchien setzt man typisch bei Rezeptsteuerungen ein, siehe z. B. SCHORN, GROßE, in [8.48]. Sowohl zum Informationsaustausch zwischen den Funktionsebenen als auch für Bedien- und Beobachtungszwecke sind definierte Datenschnittstellen erforderlich. Die aufgeführten leittechnischen Komponenten lassen sich mit Einzelgeräten wie Prozessreglern oder Steuerungen kaum realisieren; hier werden Prozessleitsysteme mit leistungsfähigen Prozessstationen benötigt.

Steuerfunktionselemente. Bild 8.33 zeigt exemplarisch den typischen Aufbau eines Steuerfunktionselements zur Regelung. Die hier eingezeichnete Steuerung realisiert die Schnittstelle zu übergeordneten Instanzen (Steuerfunktion, Bedienung und Beobachtung) und leitet unter Auswertung von Prozesssignalen u_i das Verhalten des Reglers, z. B. die Betriebsartenumschaltung oder das Anfahren. Die Größen w_h (Sollwert), BA_h (Betriebsart) und y_h (Handstellwert) sind Zielvorgaben, welche vom Bedienpersonal oder einer Steuerfunktion stammen; die effektiven Werte w, BA und y können hiervon abweichen. Dies ist z. B. der Fall, wenn Sollwertänderungen über Rampen realisiert werden; w_h ist dann der angestrebte Endsollwert, der wirksame Sollwert w wird nach einer linearen Zeitfunktion $f(t)$ auf w_h eingestellt (**Zeitplanregelung**, → Abschnitt 4.2.1). Während der Abarbeitung der Rampe kann $BA = SPC$ gesetzt werden, falls die Betriebsart SPC definiert ist. Hat w den Endsollwert w_h erreicht, wird $BA = BA_h$ gesetzt.

w_h: vorgegebener Sollwert
w: wirksamer Sollwert
BA_h: vorgegebene Betriebsart
BA: wirksame Betriebsart
y_h: Handstellwert
y: Stellwert
r: Rückführwert
u_i: Prozesssignal i
e_A: Regeldifferenzalarm

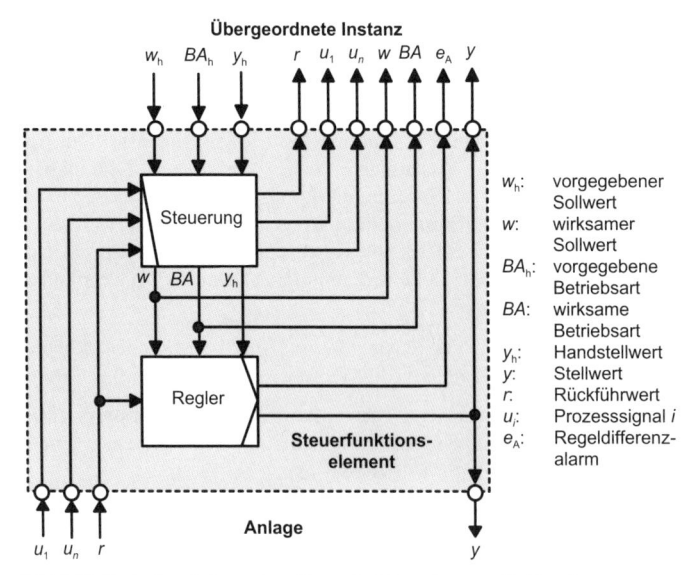

Bild 8.33 Typischer Aufbau eines Steuerfunktionselements für Regelungen

8.2.3.3 Bedienen und Beobachten

Visuelle Informationsrepräsentation. Auf einer ABK werden Informationen auf dreierlei Arten wiedergegeben:

- **Alphanumerische Darstellungen** (Klartext): Sie beziehen sich auf aktuelle Prozessgrößen und Meldungen, welche vorzugsweise auf Bildschirmen ausgegeben werden. Hinzu kommen Ausdrucke von Produktionsprotokollen, z. B. zum Dokumentieren von Chargenverläufen. Für die Regelungstechnik sind Meldungen von Sollwert- und Parameteränderungen sowie Regeldifferenzalarme von besonderem Interesse.

- **Symbolische Darstellungen**: Hierbei werden auf Bildschirmen Auszüge aus R&I-Fließbildern (*verfahrenstechnischer* Bezug) oder gerätetechnische Darstellungen bzw. Wirkungspläne (*leittechnischer* Bezug) angezeigt. Dies ist in unterschiedlichen Detaillierungsstufen möglich. Mit Fließbildern lassen sich u. a. Regelkreisstrukturen und einzelne Regeleinrichtungen wiedergeben; das Bedienpersonal kann in Fließbildern Leiteingriffe vornehmen.
- **Kurven**: Hier werden überwiegend zeitabhängige Verläufe von Prozessgrößen gezeigt; man kann somit z. B. Sprungantworten ermitteln. Gelegentlich finden sich auch Darstellungen von Prozessgrößen v_i in Abhängigkeit von anderen Prozessgrößen u_k. Die Anzeige erfolgt auf Leitstationen, wobei dann auch Leiteingriffe möglich sind, oder auf Schreibern. Moderne Schreiber arbeiten meist nicht mehr mit Papier, sondern mikrorechnergestützt mit Bildschirmen und Speichermedien; siehe z. B. EUROTHERM [8.49] und HONEYWELL [8.50]. Die Dokumentation kann dann als *Hardcopy* über einen Drucker erfolgen.

Ausführliche Hinweise zur Prozessführung mit Leitstationen gibt die VDI/VDE-Richtlinie 3699 [8.51] bis [8.56].

Bildhierarchien. Für verfahrenstechnische Anlagen schlägt die Richtlinie VDI/VDE 3699-3 [8.53] eine Bildhierarchie vor, welche sich an der Anlagenstruktur orientiert (→ Tabelle 8.12).

Tabelle 8.12 Bildhierarchie nach VDI/VDE 3699

Anlagenebene	Bild	
	verfahrenstechnisch	leittechnisch
Anlage	Anlagenbild (Grundfließbild)	-
Teilanlage	Teilanlagenbild (R&I-Fließbild)	Gruppenbild (Wirkungsplan)
Technische Einrichtung	Detailbild (R&I-Fließbild)	Detailbild (Wirkungsplan)
PLT-Stelle	-	Detailbild (Kreisbild, typisch Leitfeld)

- **Anlagenbild**: Hierin wird die Grobstruktur der Anlage z. B. entsprechend dem Grundfließbild dargestellt.

8.2 Gerätetechnik 551

- **Teilanlagen-** und **Gruppenbild**: Ein **Teilanlagenbild** ist die Darstellung einer Teilanlage als R&I-Fließbild, worin auch Regelungsstrukturen erkennbar sind. Ein **Gruppenbild** gibt die PLT-Stellen einer Teilanlage tabellarisch oder als stilisierten Wirkungsplan wieder, ggf. ergänzt durch Kurvenverläufe der zugehörigen Prozessgrößen.
- **Detailbild**: Bei der *verfahrenstechnischen* Orientierung wird hier eine technische Einrichtung als R&I-Fließbild gezeigt (TE-Bild). Bei der *leittechnischen* Betrachtungsweise sind die PLT-Stellen einer technischen Einrichtung zusammengefasst, typisch als Wirkungsplan. In einer weiteren Detaillierungsstufe werden einzelne PLT-Stellen abgebildet; man spricht dabei auch von **Kreisbildern**. Regler sind hierbei meist als **Leitfelder**, d. h. als stilisierte Leitgeräte wiedergegeben. Hinzu kommen Kurvenverläufe von zu einzelnen PLT-Stellen gehörenden Prozessgrößen; bei Regelkreisen sind dies typisch r, w und y.

Für große Anlagen empfiehlt die Richtlinie **Bereichsbilder**, welche mehrere Teilanlagen umfassen. Als Anwender kann man diese Bildhierarchie je nach Anforderung auch anders festlegen. Die Bilderstellung erfolgt projektspezifisch auf einer Ingenieurkonsole.

Bildtypen für Regelungen. Bild 8.34 zeigt ein typisches Teilanlagenbild des CENTUM-Prozessleitsystems der Firma YOKOGAWA [8.57]. In dieser Darstellung einer Reaktionsteilanlage (Rührkessel) sind u. a. Regelkreisstrukturen wiedergegeben, z. B. eine Temperatur-Temperatur-Kaskade mit Bereichsaufspaltung für Heizen und Kühlen. Die Kesselinnentemperatur führt hierbei die Manteltemperatur. Ein Beispiel für ein Detailbild auf dem gleichen Prozessleitsystem enthält Bild 8.35. Hier sieht man das **Leitfeld** (*faceplate*) sowie den Kurvenverlauf (Trend) der Rückführgröße. Im Leitfeld wird die Rückführgröße r als Balken dargestellt, Sollwert w und Stellwert y sind durch Dreiecke kenntlich gemacht. Besonders wichtige tabellarisch aufgeführte Angaben sind:

- PLT-Stelle: FIC 100
- Mode: aktuelle Betriebsart (hier: MAN entspr. *Hand*)
- PV: Rückführgröße r (***Process Variable***)
- SV: Sollwert w (***Setpoint Variable***)
- MV: Stellgröße y (***Manipulated Variable***)
- DV: Regelabweichung $r - w$ (***Deviation***)
- P, I, D, DB: Reglerparameter

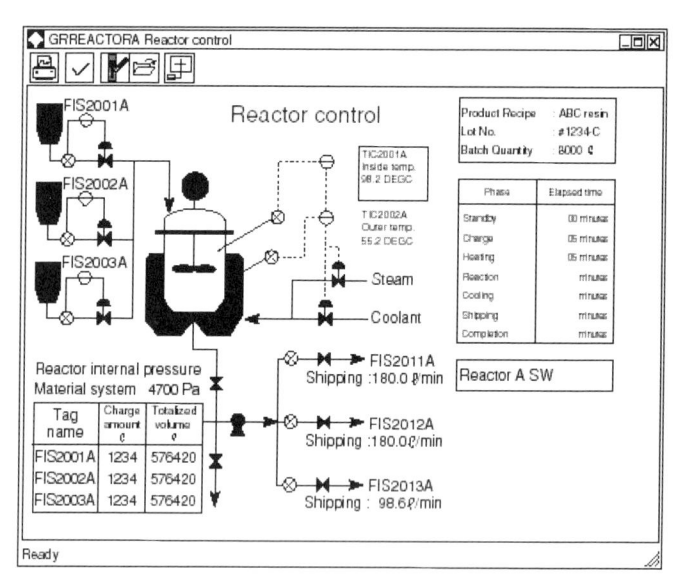

Bild 8.34 Typisches Teilanlagenbild auf dem Prozessleitsystem CENTUM

8.3 Regelungstechnische Hilfswerkzeuge

Wolfgang Schorn, Norbert Große, Norbert Becker

8.3.1 Begriffe und Komponenten

8.3.1.1 Klassen von Hilfswerkzeugen

Unter regelungstechnischen **Hilfswerkzeugen** sollen im vorliegenden Zusammenhang in Anlehnung an HOLL, in [8.58] Programmpakete folgender Klassen verstanden werden:

- **Allgemein gehaltene Lehrwerkzeuge**: Sie haben den Zweck, theoretisch dargestellte und fachübergreifende Lehrinhalte der Regelungstechnik durch computergestützte Experimente zu verdeutlichen. Hiermit sind Simulationen des Regler-, Strecken- und Regelkreisverhaltens möglich. Simulationsergebnisse können grafisch als Zeitfunktionen, Kennlinien, Ortskurven und dgl. sowie tabellarisch dargestellt werden. Einfache Regelkreismodelle kann man auch mit Hilfe von Tabellenkalkulationsprogrammen basierend auf Differenzengleichungen ($\rightarrow$ Abschnitt 5.2) erstellen.

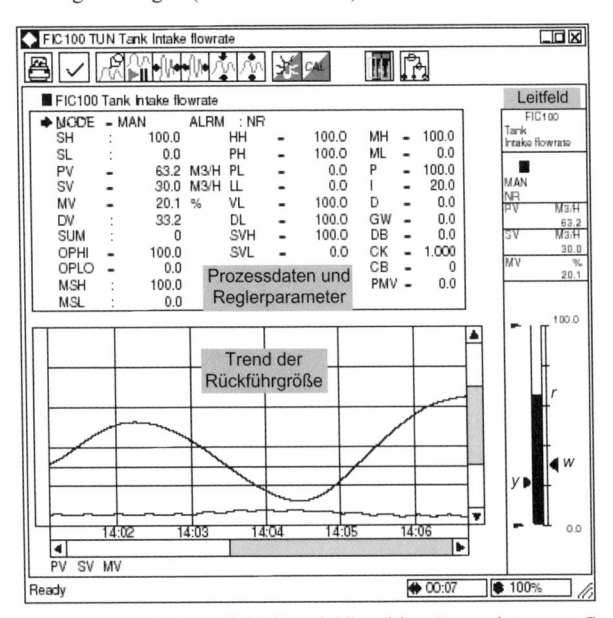

Bild 8.35 Typisches Detailbild (Kreisbild) auf dem Prozessleitsystem CENTUM

- **Ausbildungsspezifische Schulungswerkzeuge**: Sie unterstützen die Wissensvermittlung in spezifischen Produktionsberufen, z. B. für Chemikanten, Operatoren, Verfahrensingenieure usw. Die regelungstechnisch orientierten Ausbildungsgegenstände werden durch die Simulation prozessleittechnischer Einrichtungen wie Regler und Steuerungen einschließlich der Anzeige- und Bedienkomponenten ergänzt.
- **Projektspezifische Trainingswerkzeuge**: Hiermit werden konkrete Anlagen und Prozesse einschließlich der prozessleittechnischen Komponenten nachgebildet. Man verwendet sie hauptsächlich, um das Bedienpersonal auf das Führen eines bestimmten Produktionsprozesses mit dem zugehörigen Prozessleitsystem vorzubereiten.

- **CAE-Tools**: Ein CAE-Tool dient dem rechnergestützten Entwurf von Regelungs- und Steuerungskonzepten während der Planung (**Prozessdesign**). Das Kürzel CAE steht für *Computer Aided Engineering*. Hiermit lassen sich z. B. Versuche zur Regelkreissynthese, zum Anfahren von Regelkreisen, zur Analyse von Ausnahmesituationen etc. durchführen. CAE-Tools werden von regelungstechnischem Fachpersonal eingesetzt.

Das Verwenden von Werkzeugen zu Ausbildungszwecken nennt man **CBT** (*Computer Based Training*).

8.3.1.2 Prozesssimulation

Begriffe. Alle im vorstehenden Abschnitt aufgeführten Werkzeuge verwenden *Prozesssimulationen*. In diesem Zusammenhang sind die folgend zusammengestellten Begriffe gebräuchlich.

Nach VDI/VDE E 3633-1 [8.59] bedeutet **Simulation** das Vorbereiten, Durchführen und Auswerten von Experimenten mit einem **Simulationsmodell**, das die Prozesse eines Systems dynamisch nachbildet.

Der Modellbegriff wurde bereits in Abschnitt 2.5.3 eingeführt.

Unter einem **Simulator** versteht man ein Softwarepaket, mit welchem Simulationsmodelle erstellt bzw. gepflegt und ausgeführt werden können. Ein **Simulationssystem** besteht aus einem Simulator und dem zugehörigen Rechensystem (Hardware und Betriebssoftware).

Die Formulierung von Simulationsmodellen geschieht mit Hilfe von Simulationssprachen. Früher wurden insbesondere für schnelle Realzeit-Simulationen **Analogrechner** eingesetzt, bei welchen Übertragungsglieder durch elektronische Schaltungen (z. B. Operationsverstärker) realisiert waren. Analogrechner findet man gelegentlich noch im universitären Bereich, meist zieht man aber Softwarelösungen vor.

Eine **Simulationssprache** ist eine problemorientierte Programmiersprache, welche speziell zur Durchführung von Simulationen konzipiert ist.

Simulationssprachen ermöglichen die Nachbildung unterschiedlicher Prozesstypen mit Hilfe problemspezifischer Basisfunktionalitäten (z. B. numerische Integrationsverfahren, Matrizenoperationen, Zufallszahlengenerierung usw.). Sie verfügen aber meist nicht über die Flexibilität universell einsetzbarer Programmiersprachen.

Simulatoren werden bez. der Automatisierung in der Regel auf eigenständigen PCs bzw. Workstations oder auf rechnerbasierten Leitsystemkomponenten (ABK, PNK) implementiert; neuere Entwicklungen lassen auch Web-basierte Anwendungen zu. Bis etwa 1970 setzte man zur Simulation kontinuierlicher Vorgänge vornehmlich elektronische Analogrechner ein. Einen allgemeinen Überblick über Simulationstechniken geben u. a. HOPFGARTEN [8.60], SCHMIDT [8.61] und BRYCHTA, MÜLLER [8.62].

Ablauf von Simulationen. Bild 8.36 zeigt den üblichen Lebenszyklus eines in einer Simulationssprache dargestellten Prozessmodells.

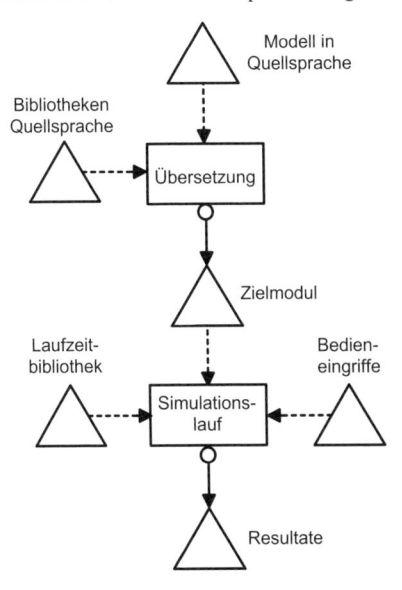

Bild 8.36 Typischer Ablauf einer Prozesssimulation

Das grafisch oder textuell formulierte Quellprogramm wird zunächst durch einen oder mehrere Übersetzer in ein direkt ausführbares oder interpretierbares Zielmodul übertragen. Danach erfolgen die durch eine Ausführungskomponente gesteuerten Simulationsläufe, je nach Sprachkonzept ggf. durch Ereignisse beeinflusst. Beim Übersetzen und bei der Ausführung werden Standardfunktionen aus Bibliotheken eingebunden.

Laufzeitbibliotheken bezeichnet man bei WINDOWS-Systemen als *Dynamic Link Libraries* (*.*dll*-Dateien), bei UNIX-basierten Systemen heißen die zugehörigen Funktionen *Shared Objects* (*.*so*-Dateien).

8.3.2 Simulationssprachen

8.3.2.1 Allgemeine Eigenschaften

Sprachkategorien. Die heutigen Simulationssprachen kann man wie in Tabelle 8.13 angegeben klassifizieren.

Tabelle 8.13 Kategorien von Simulationssprachen

Merkmal	Sprachtyp
Prozessverlauf	stochastisch orientiert
	deterministisch orientiert
	hybrid
Modelldarstellung	grafisch
	textuell
Programmausführung	direkt
	interpretativ

Merkmal: Prozessverlauf. Nach Art der zu simulierenden Prozesse lassen sich drei Sprachtypen unterscheiden.

- **Stochastisch orientierte Sprachen**: Mit diesen Sprachen kann man Prozesse simulieren, deren Verlauf durch das zufällige Auftreten unterschiedlicher Ereignisse E_k zu beliebigen Zeitpunkten t_k geprägt ist. Modelle können z. B. in Form von Ablaufsteuerungen gegeben sein.
- **Deterministisch orientierte Sprachen**: Deterministisch orientierte Sprachen waren ursprünglich dazu konzipiert, das Verhalten der klassischen, zeitkontinuierlich arbeitenden Analogrechner möglichst gut zu reproduzieren. Später kam die Möglichkeit hinzu, Modellzustände in konstanten Abtastperioden T_a zu bestimmen. In beiden Fällen werden äußere Ereignisse E_k nicht erfasst. Mit solchen Sprachen bildet man z. B. kontinuierliche Regelungen oder Abtastregelungen nach; Prozessmodelle liegen typisch als Differenzial- oder Differenzengleichungssysteme vor.

- **Hybride Sprachen**: Mit hybriden Sprachen kann man deterministische Vorgänge simulieren, auf deren Verlauf zufällig auftretende Ereignisse additiv einwirken.

Da in der praktischen Regelungstechnik überwiegend kontinuierliche Prozesse vorliegen, welche auch durch Ereignisse wie sporadisch eintretende Störungen oder Bedieneingriffe beeinflusst werden, kommen für Simulationszwecke hauptsächlich hybride Sprachen zum Einsatz.

Merkmal: Modelldarstellung. Zur Modelldarstellung verwendet man sowohl grafische als auch textuelle Sprachen.

- **Grafische Sprachen**: Deterministische Vorgänge (z. B. Regelungen) werden überwiegend in Form von **Wirkungsplänen** (→ Abschnitt 1.2.2) dargestellt. Da diese aus mit Wirkungslinien verbundenen Übertragungs- bzw. Funktionsblöcken bestehen, bezeichnet man solche Sprachen auch als **blockorientiert**. Für stochastische Vorgänge wählt man **Ablaufpläne** (→ Abschnitt 8.2.3) oder die diesen zu Grunde liegenden PETRI-Netze; siehe hierzu z. B. SCHNIEDER [8.63].
- **Textuelle Sprachen**: Hier liegen die aus der klassischen EDV bekannten Sprachkonzepte vor. Solche Simulationssprachen sind meist an FORTRAN orientiert, in neuerer Zeit auch an C++.

Merkmal: Programmausführung. Zielmodule werden entweder *direkt* unter Kontrolle des Betriebssystems oder *interpretativ* unter Kontrolle eines **Laufzeitsystems** ausgeführt (→ Bild 8.37).

- Klassische Simulationssprachen basieren auf universell einsetzbaren problemorientierten Programmiersprachen, vorzugsweise auf FORTRAN und C. Bei einem solchen Konzept wird das Modell zunächst durch einen *Translator* in die Trägersprache übersetzt; hieraus kann dann in den meisten Fällen durch Einbinden weiterer anwenderdefinierter Unterprogramme eine *Standalone*-Applikation erzeugt werden. Für Simulationsläufe wird der vorliegende Zwischencode anschließend mit Hilfe eines *Compilers* und eines *Linkers* in ein binär codiertes, architekturspezifisches Zielmodul – bei WINDOWS-Systemen also eine **.exe*-Datei – umgewandelt, dessen Ausführung vom Simulator gesteuert wird.
- Neu entwickelte Sprachen sind oft interpretativ. Dann wird das Quellprogramm vor dem Simulationslauf lediglich auf Korrektheit überprüft (d. h. analysiert) und in architekturunabhängigen **P-Code** (*Parsed Code*) übersetzt, den ein *Executor* als Simulatorkomponente

ausführt. Das Übersetzerprogramm nennt man **Parser** oder **Precompiler**.

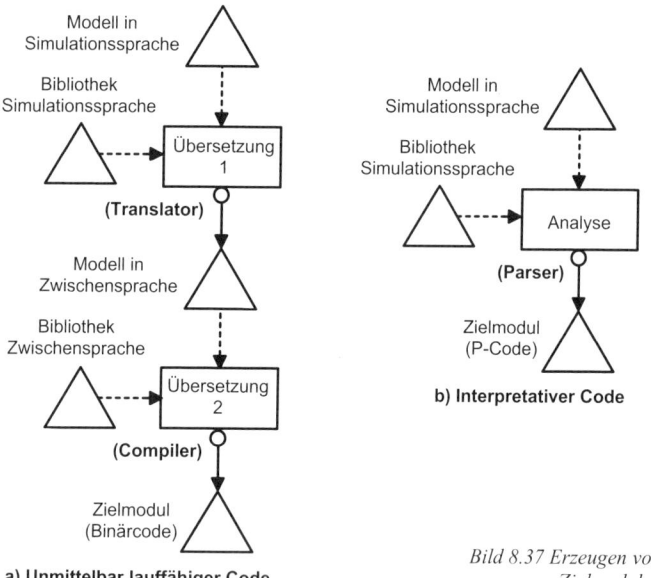

Bild 8.37 Erzeugen von Zielmodulen

a) Unmittelbar lauffähiger Code

b) Interpretativer Code

Allgemeine Eigenschaften heutiger hybrider Sprachen. Programmiersprachen zur kontinuierlichen Simulation physikalischer Vorgänge wurden bereits ab Mitte der fünfziger Jahre des letzten Jahrhunderts entwickelt, um Digitalrechner an Stelle der umständlichen elektronischen Analogrechner einsetzen zu können. Typische Vertreter der ersten Sprachgenerationen waren MIDAS (1963), PACTOLUS (1964), **CSMP** (*Continuous System Modeling Program*, ab 1965) und **CSSL** (*Continuous System Simulation Language*, ab 1967); siehe z. B. BRENNAN, SILBERBERG [8.64]. Zielsysteme waren fast ausschließlich IBM-Computer. Die Simulationsläufe erfolgten **stapelorientiert**; daher waren Bedieneingriffe während einer Simulation nicht möglich. Heutige Simulationssprachen für regelungstechnische Belange sind fast ausschließlich hybrid; sie zeichnen sich u. a. durch folgende Eigenschaften aus:

- Sie sind überwiegend **objektorientiert**.

- Zusätzlich zur kontinuierlichen Arbeitsweise lassen sie die Behandlung von Ereignissen (z. B. Bedieneingriffe) zu und arbeiten somit **interaktiv**. Bedieneingriffe können über grafische Hilfsmittel (**GUI**, *Graphical User Interface*) oder über Kommandozeilen (**CLI**, *Command Line Interface*) erfolgen.
- Sie verfügen über umfangreiche mathematische Bibliotheken (z. B. diverse Integrationsverfahren, Matrizenoperationen usw.).
- Sie lassen grafische Darstellungen – etwa für Kurvenverläufe – zu.
- Programme werden durch den Simulator meist **interpretativ** ausgeführt. Viele Simulationssprachen sind **Scriptsprachen**.

Eine generell anerkannte Definition des Begriffs *Scriptsprache* gibt es derzeit (A. D. 2006) offenbar nicht. Es lassen sich aber folgende Eigenschaften angeben, siehe z. B. SCHORN [8.65]:

- Scriptsprachen zählen zu den *problemorientierten* Programmiersprachen.
- In einer Scriptsprache formulierte Programme (**Scripts**) werden **interpretativ** (Zeile für Zeile) ausgeführt. Dies bedeutet u. a., dass bei *jeder* Befehlsausführung eine Analyse notwendig ist, was Programmläufe insbesondere zu Simulationszwecken naturgemäß unerwünscht langsam macht. Bei vielen Sprachen ist deshalb vor der Programmausführung optional das Compilieren mit entsprechender Durchsatzerhöhung möglich.
- Das Typisieren von Variablen ist nicht erforderlich, bei manchen Sprachen jedoch möglich.
- Variablenwerte werden durchweg als Zeichenfolgen (**Strings**) gespeichert. Bei Sprachen, welche Werttypisierungen zulassen, können numerisch zu verarbeitende Werte zusätzlich als Gleitpunktzahlen codiert werden.
- Bei vielen Sprachen ist der Aufruf externer Programme (z. B. von Betriebssystemkommandos) und das Übernehmen von Programmausgaben in Variablen möglich (**Kommandosubstitution**).

Die heutigen Simulationssprachen sind für unterschiedliche Systemplattformen, insbesondere meist auch für WINDOWS-Systeme, konzipiert. Wichtige Sprachen sind nachstehend skizziert.

8.3.2.2 ACSL

Wie die verwandte Sprache **CSSL-IV** (1984) ist auch **ACSL** (*Advanced Continuous Simulation Language*, seit 1975) ein FORTRAN-Derivat;

beide Sprachen eignen sich besonders gut zum Lösen komplizierter differenzial-algebraischer nichtlinearer Gleichungssysteme. Folgend wird exemplarisch ACSL betrachtet; siehe KARAVAS [8.66], MITCHELL [8.67], GAUTHIER [8.68], BELL [8.69] und ARIEL et al. [8.70].

Das Modellverhalten wird in der **ACSL-Simulationssprache** formuliert, welche neben den aus FORTRAN bekannten mathematischen Routinen u. a. über die in Tabelle 8.14 angegebenen Übertragungsglieder verfügt.

Tabelle 8.14 ACSL-Übertragungsglieder (Auszug)

Unterprogramm	Übertragungsglied
Integ()	Integration zeitabhängiger Funktionen
Intvc()	Integration zeitabhängiger Vektoren
Realpl()	PT_1-Glied
Ledlag()	PDT_1-Glied (*Lead-Lag*)
Delay()	Totzeitglied
Tran()	Rationale Übertragungsfunktion $G(s) = Z(s)/N(s)$

Das Unterprogramm Plot() ermöglicht die Darstellung von Zeit- oder x-y-Diagrammen. Anwenderdefinierte Unterprogramme können zusätzlich eingebunden werden. Gegliedert wird eine Simulation in drei jeweils optionale Blöcke:

- **Initialisierung**: Der Block beschreibt Aktionen beim Programmstart, z. B. die Definition von Konstanten.
- **Simulation**: Hier wird das dynamische Modellverhalten festgelegt. Über den Aufruf Termt() können Endebedingungen formuliert werden.
- **Ende**: Dieser Block enthält Aktionen nach Abschluss der dynamischen Simulation, z. B. die Berechnung von Bilanzdaten.

Als einfaches Beispiel soll eine Stand- bzw. Volumenstromregelung (IT_1-Strecke) mit einem *Lead-Lag*-Regler betrachtet werden, siehe Bild 8.38. Hierbei ist $q_V(t)$ der variable Behälterzulauf, q_0 der konstante Ablauf und $r(t) = V(t)$ das Volumen im Behälter mit dem Anfangswert V_0. Das zugehörige ACSL-Simulationsprogramm kann dann so aussehen:

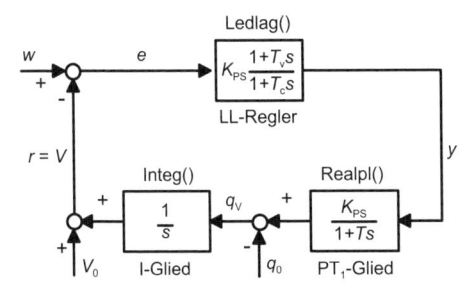

Bild 8.38 IT₁-Strecke mit Lead-Lag-Regler

```
Program IT1-Strecke und LL-Regler
" --- Demo ACSL-Simulationsprogramm --- "
" --- W. S., 03.08.2005 --- "
  Initial
    " --- Streckendaten ---"
    Constant Ts = 1.0, Kps = 5.0, V0 = 0.2, q0 = 0.0
    " --- Reglerdaten --- "
    Constant Kp = 2.0, Tv = 2.5, Tc = 0.5, w = 0.5
    " --- Simulationsende --- "
    Constant Tende = 30.0          $ "Laufzeit 30 s"
  End                              $ "Initialisierung"
  Dynamic
    " --- IT1-Strecke ---"
    qv = Realpl(Ts,Kps*y)          $ "Volumenfluss"
    if (qv .lt. 0.0) qv = 0.0
    V = Integ(qv-q0,V0)            $ "Volumen"
    " --- LL-Regler --- "
    e = w - V
    y = Kp*Ledlag(Tv,Tc,e)
    " --- Ende-Bedingung: T >= 30 s ---"
    Termt(T .ge. Tende)
  End                              $ "Dynamik"
End                                $ "Programm"
```

Bild 8.39 zeigt das Zusammenspiel der klassischen ACSL-Komponenten. Bei einer Simulation wird das Quellprogramm zunächst vom *Translator* in FORTRAN-Code übertragen und anschließend mittels *Compiler* und *Linker* in die architekturabhängige, binäre Zielsprache übersetzt. Simulationsläufe können vom Anwender interaktiv oder mit einem Script über ACSL-Kommandos beeinflusst werden (→ Abschnitt 8.3.3). Bei neueren Entwicklungen stehen grafische Hilfsmittel zur Bedienung und Beobachtung sowie zur Programmdarstellung in Form von Wirkungsplänen zur Verfügung.

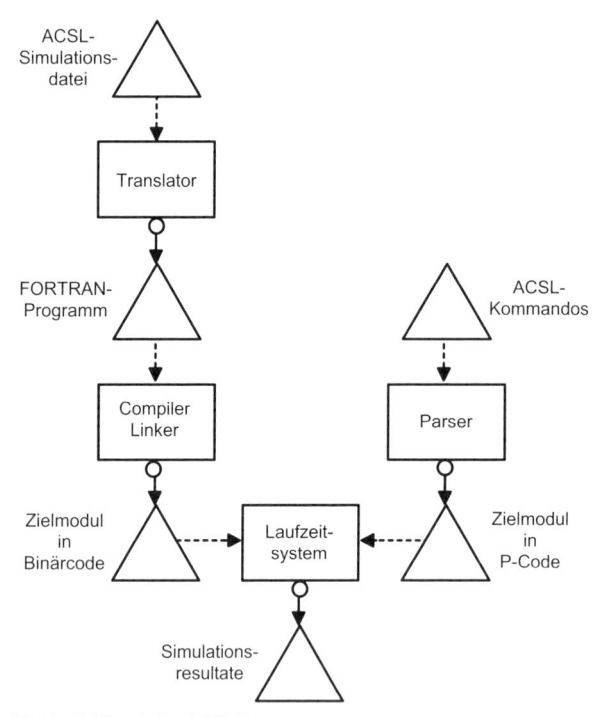

Bild 8.39 Klassische ACSL-Komponenten

8.3.2.3 MODELICA

Die an JAVA und C++ orientierte und seit 1996 für das Simulationssystem **DYMOLA** entwickelte Scriptsprache **MODELICA** ist objektorientiert. Sie wurde hauptsächlich für die Regelungstechnik, die Elektrotechnik und die Mechatronik konzipiert (→ CLAUß et al. [8.71]). Dazu gibt es umfangreiche, vom Anwender erweiterbare Klassenbibliotheken mit regelungstechnischen Symbolen, elektrischen und hydraulischen Komponenten, Funktionen für PETRI-Netze usw. Die Modellstruktur kann sowohl textuell in Form von Scriptdateien als auch grafisch definiert werden. Zur Laufzeit wird ein MODELICA-Programm zunächst in C übersetzt und anschließend in ein direkt ausführbares Zielmodul umgewandelt. Aus der Programmdarstellung in C-Code lassen sich Standalone-

Applikationen erstellen. MODELICA ist z. Zt. (2006) unter WINDOWS und LINUX einsetzbar (→ FERRETTI et al. [8.72]).

Die Syntax der Sprache erlaubt das Formulieren von Gleichungen, welche zur Laufzeit automatisch nach einer referenzierten Variablen aufgelöst werden. So beschreibt etwa

```
equation
  T*der(r) + r = qv
```

eine Differenzialgleichung 1. Ordnung, wobei `der(r)` die zeitliche Ableitung von *r(t)* symbolisiert. Das Schlüsselwort `equation` macht kenntlich, dass die Definition einer Gleichung, *nicht* die Wertzuweisung an eine Variable folgt. Wird bei der Programmausführung auf `r` Bezug genommen wie etwa in der Zuweisung

```
m = r/rho,
```

so bestimmt der Simulator den Wert von `r` durch Lösen der Differenzialgleichung.

Variablen können sowohl Skalare als auch Vektoren bzw. Matrizen repräsentieren. Gleichungssysteme lassen sich beispielsweise folgendermaßen darstellen:

```
equation
  der(x) = A*x + B*y         // Zustandsgroessen
  r = C*x                    // Rueckfuehrgroessen
```

mit den Matrizen `A`, `B` und `C` sowie den Vektoren `der(x)`, `x`, `y`, und `r`.

Ein Hilfsmittel zum Bearbeiten von Ereignissen ist das `when ... then`-Konstrukt. Man betrachte z. B. den nachstehenden Programmausschnitt:

```
when sample(0,Ta) then
  e = pre(w) - pre(r)                  // Regeldifferenz
  yI = pre(yI) + (e + pre(e))/(2.0*Ta) // Integrator
  yD = (pre(r) - r)/Ta                 // Gradient (-r)
  y = KP*e + KI*yI + KD*yD             // Stellwert
end when
```

Diese Anweisungen bedeuten Folgendes:

- `sample(0,Ta)` ist die im Beispiel zu erfüllende Bedingung. Die Funktion `sample()` prüft, ob die Abtastperiode – hier durch die Variable `Ta` gegeben – abgelaufen ist.
- In den auf `then` folgenden Zeilen wird die zeitdiskrete Größe `y` als Ausgangssignal eines PID-Abtastreglers berechnet. Die Funktion

pre() liefert dabei den Wert einer Größe zum vorherigen Abtastzeitpunkt. Symbolisiert also r den Aktualwert $r(t)$, so entspricht pre(r) dem Wert $r(t - T_a)$.

Über die when ... then-Klausel lassen sich auch stochastische Verläufe verarbeiten. Für externe Ereignisse stehen hierzu bei WINDOWS-Systemen DDE-Mechanismen zur Verfügung.

8.3.2.4 MATLAB-Scriptsprache

MATLAB (*Matrix Laboratory*) ist eine interpretative Sprache, welche zur Systementwicklung und vielfach für Lehrzwecke im Hochschulbereich eingesetzt wird und sowohl interaktiv als auch zur Programmierung von Scriptdateien verwendet werden kann. Verfügbar sind Implementierungen unter verschiedenen Betriebssystemen wie WINDOWS, UNIX / LINUX, MACINTOSH-OS und VMS. Besonderer Wert wurde bei der MATLAB-Entwicklung auf Matrizenoperationen gelegt, siehe z. B. bei BIRAN, BREINER [8.73] und HOFFMANN [8.74]. Folgend werden hierzu einfache Beispiele gegeben:

```
A = [2 2;
     0 1];           % 2 x 2-Matrix
B = A';              % Transponierte
C = inv(A);          % Kehrmatrix
[L, U] = lu(A);      % L-U-Zerlegung
Lambda = eig(A);     % Eigenwerte
d = det(A);          % Determinante
x = [1 1];           % Vektor x
y = [2 2];           % Vektor y
s_prod = x*y';       % Skalarprodukt
```

Komplexe Variable lassen sich z. B. als x = a + jb schreiben. Auch für Zustandsraumdarstellungen, rationale Übertragungsglieder, Partialbruchzerlegungen, Nullstellenbestimmung für Polynome usw. gibt es eine umfangreiche Funktionspalette. Weiterhin ist die Prozessidentifikation auf unterschiedliche Weise möglich (ARMAX-Varianten, → Abschnitt 2.5.3.4). Für grafische Darstellungen (Kurven, Histogramme etc.) bietet MATLAB zahlreiche Funktionen. Bitmap-Dateien können in Matrizen geladen und über den image()-Befehl angezeigt werden. Aus vorgefertigten Bausteinen (Tasten, Schieber u. dgl.) lassen sich Bedieneinrichtungen wie etwa Reglerleitgeräte konstruieren. Zur Entwicklung externer Anwendungen kann man MATLAB-Scripts (sog. **m-Files**) in C-Programme umsetzen; JOHNSON, MOLER [8.75].

8.3.2.5 OOCSMP

Bei **OOCSMP** (*Object Oriented CSMP*, seit 1997) handelt es sich um eine objektorientierte Weiterentwicklung der klassischen Simulationssprache CSMP; DE LARA, VANGHEHUWE [8.76]. Mit OOCSMP lassen sich u. a. partielle Differenzialgleichungen 2. Ordnung lösen; für Web-Anwendungen verfügt die Sprache über Möglichkeiten, die Bedienoberfläche auf Rechnernetzen laufen zu lassen. Der *Translator* (**C-OOL**) erzeugt aus einem Quellprogramm wahlweise ein C++-Programm oder JAVA-Applets sowie HTML-Seiten.

8.3.3 Simulationssysteme

8.3.3.1 Allgemeiner Aufbau

Komponenten. Ein Simulator umfasst typisch die in Bild 8.40 dargestellten Komponenten.

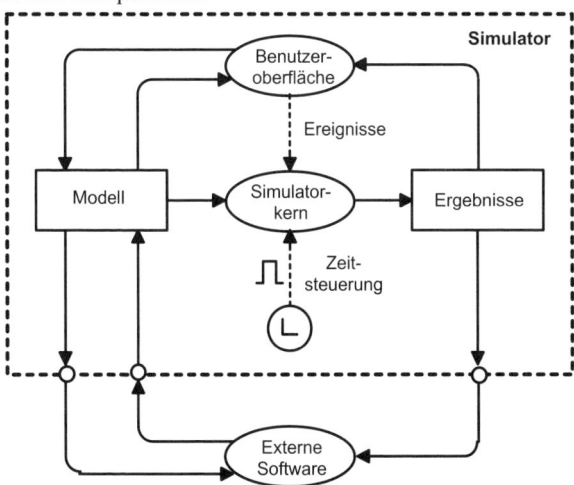

Bild 8.40 Typische Simulatorkomponenten

- **Modell**: Das Modell beschreibt die zu simulierenden Vorgänge in einer der vorstehend skizzierten Sprachen.
- **Benutzeroberfläche**: Sie dient zunächst der Modellerstellung und -pflege mit Hilfe von Funktionsbausteinen oder textuellen Programmiersprachen. Weiterhin wird sie zur tabellarischen und grafischen

Darstellung der Simulationsresultate und zur Kommunikation mit dem Simulatorkern – meist über eine Kommandosprache – benötigt. Typische Bedieneingriffe sind das Starten, Anhalten, Fortsetzen und Beenden von Simulationsläufen, das Speichern und Zurückladen von Simulationszuständen (*Schnappschüsse*), das Bedienen von Zeitraffer- und Zeitlupenfunktionen sowie leittechnische Aktivitäten wie etwa das Einstellen von Reglerbetriebsarten (*Hand*, *Automatik* etc.), Sollwertvorgaben und der Wechsel zwischen Bedienbildern.

- **Simulatorkern**: Der Simulatorkern umfasst zunächst einen oder mehrere Übersetzer, mit welchen das Prozessmodell in ein ausführbares Zielmodul übertragen wird (→ Abschnitt 8.3.2). Zur Ausführung enthält er weiterhin ein **Laufzeitsystem** (*Run Time System*, RTS), welches von der Bedienoberfläche kommende Eingriffe auswertet (z. B. *Start/Stopp*, *Anhalten/Fortsetzen* und Ändern von Modellparametern) und Simulationsresultate abspeichert. Liegt das Zielmodul in P-Code vor, kommt eine Komponente zur Befehlsinterpretation hinzu (***Executor***).
- **Ergebnisse**: Die Simulationsergebnisse ausgewählter Variablen werden fortlaufend in Dateien oder Datenbanktabellen abgelegt; bei leitsystemspezifischen Trainingswerkzeugen können sie auch in die Datenblöcke für das Prozessabbild eingetragen werden, welche in diesem Fall vom realen Prozess abzutrennen (auf ***scan-off*** zu setzen) sind. Dies bedeutet konkret, dass bei Funktionsbausteinen zur Prozessdatenein- und -ausgabe die in Abschnitt 8.1.2 angegebene Variable EN auf *false* zu schalten ist.

Bei den meisten Simulatoren sind Schnittstellen zu externer Software wie z. B. MS-EXCEL meist mittels SQL vorhanden, welche den Zugang zu Modellparametern und Simulationsresultaten zulassen.

Benutzeroberflächen. Wie bei Betriebssystemen sind auch bei Prozesssimulatoren sowohl grafische als auch textuelle Benutzeroberflächen anzutreffen.

- **Grafische Benutzeroberflächen** (*Graphical User Interfaces*, GUIs) sind sehr intuitiv; sie bieten die bei WINDOWS- und UNIX–X11-Systemen üblichen Kommunikationsmechanismen (Verwenden von grafischen Elementen und Zeigegeräten, also z. B. *Drag-and-drop*-Funktionen etc.).
- Bei **textuellen Bedienoberflächen** (*Command Line Interfaces*, CLIs) erfolgt die Kommunikation zwischen dem Anwender und dem Simulator über eine **Kommandosprache** (*Job Control Language*,

JCL), wie sie als *Shell* von UNIX-basierten Systemen oder von der Eingabezeile bei WINDOWS bekannt ist. In einer solchen Sprache abgefasste Anweisungen werden durch einen *Parser* analysiert, welcher bei Simulationssystemen den für den *Executor* des Simulatorkerns verständlichen P-Code erzeugt.

GUIs ermöglichen u. a. die Verwendung virtueller Anlageteile und leittechnischer Komponenten, z. B. die Nachbildung von Reglerleitgeräten. CLIs sind besonders gut zum Automatisieren ganzer Abläufe, etwa zur Definition von Simulationssequenzen – bei Analogrechnern als *repetierendes Rechnen* bezeichnet –, geeignet. Hierzu gibt es die Möglichkeit, Befehlsfolgen in **Scriptdateien** abzulegen, welche die Bedeutung von Quellprogrammen haben. Solche Dateien werden entweder zeilenweise interpretiert oder es wird wie in Abschnitt 8.3.2 dargestellt zunächst eine Zieldatei in P-Code erzeugt, welche dann als Einheit vom *Executor* des Simulatorkerns ausgeführt wird (**Stapelbetrieb**). Bei vielen Systemen (so etwa bei MATLAB) wird die Kommandosprache zugleich als Simulationssprache verwendet. Kommandosprachen zählen zu den Scriptsprachen.

Simulatoren wurden zunächst im universitären Umfeld entwickelt. Mit fortschreitender Automatisierung befassten sich auch Hersteller von Leitsystemen und Ingenieurbüros mit der Thematik. Einige Produkte werden weiter unten exemplarisch vorgestellt.

8.3.3.2 Ausgewählte numerische Verfahren

Moderne Simulatoren bilden reale Vorgänge mit Methoden der numerischen Mathematik nach. Zu diesem gerade im Zusammenhang mit Digitalrechnern überaus bedeutsamen Fachgebiet gibt es umfangreiche Literatur (siehe z. B. ZURMÜHL [8.77] und SCHABACK, WERNER [8.78]), und folgend soll lediglich exemplarisch auf zwei Bereiche eingegangen werden, um die Funktionsweise zu veranschaulichen.

Numerische Integration. Zu den Hauptaufgaben des Simulatorkerns zählt die Integration von Prozessgrößen. Da lineare Differenzialgleichungen höherer Ordnung durch Differenzialgleichungssysteme erster Ordnung dargestellt werden können, genügt es, die Lösung von Differenzialgleichungen erster Ordnung zu behandeln. Zur Erläuterung der prinzipiellen Arbeitsweise von Integratoren wird folgend vom Zusammenhang

$$\begin{vmatrix} \dot{v}(t) = f(t, v(t)) \\ v_0 = v(0) \end{vmatrix} \tag{8.9}$$

ausgegangen. Die numerische Bestimmung von $v(t)$ geschieht zu diskreten Zeitpunkten t_k mit der zeitlichen **Schrittweite** Δt, welche *nicht* mit der *Abtastperiode* T_a der digitalen Abtastregler verwechselt werden darf. Δt ist meist konstant und sollte nach BRYCHTA, MÜLLER [8.62] etwa ein Zehntel der kleinsten simulierten Zeitkonstante betragen. Bei manchen Algorithmen ist Δt abhängig von der Änderungsgeschwindigkeit von $v(t)$; man spricht hierbei von **Schrittweitensteuerung**. Simulationssysteme bieten in der Regel mehrere Integrationsmethoden, aus welchen der Anwender zur Laufzeit auswählen kann.

Zusammenstellungen der wichtigsten Integrationsverfahren finden sich z. B. bei BRYCHTA, MÜLLER [8.62], KARAVAS et al. [8.66] und ZURMÜHL [8.67]. Bei Digitalreglern sind meist die bereits beschriebene Trapezregel oder die Obersummenregel implementiert; in der Simulationstechnik verwendet man vorzugsweise das **Verfahren 4. Ordnung von RUNGE und KUTTA**, welches sich durch Genauigkeit, Schnelligkeit und numerische Stabilität auszeichnet. Ausgehend von einem Zustand (t_k, v_k) wird der neue Zustand (t_{k+1}, v_{k+1}) in vier Schritten mit Hilfe von Näherungen Δv_{k1} bis Δv_{k4} des Zuwachses Δv_k von v_k berechnet; Δv_k wird dann als gewichtetes Mittel dieser Näherungen bestimmt:

- Schritt 1: $\quad t_{k1} = t_{k-1}$
  $\quad\qquad v_{k1} = v_{k-1}$
  $\quad\qquad \Delta v_{k1} = f(t_{k1}, v_{k1}) \cdot \Delta t$

- Schritt 2: $\quad t_{k2} = t_{k-1} + \Delta t/2$
  $\quad\qquad v_{k2} = v_{k-1} + \Delta v_{k1}/2$
  $\quad\qquad \Delta v_{k2} = f(t_{k2}, v_{k2}) \cdot \Delta t$

- Schritt 3: $\quad t_{k3} = t_{k-1} + \Delta t/2$
  $\quad\qquad v_{k3} = v_{k-1} + \Delta v_{k2}/2$
  $\quad\qquad \Delta v_{k3} = f(t_{k3}, v_{k3}) \cdot \Delta t$

- Schritt 4: $\quad t_{k4} = t_{k-1} + \Delta t$
  $\quad\qquad v_{k4} = v_{k-1} + \Delta v_{k3}$
  $\quad\qquad \Delta v_{k4} = f(t_{k4}, v_{k4}) \cdot \Delta t$

  $\quad\qquad \Delta v_k = (\Delta v_{k1} + 2 \cdot \Delta v_{k2} + 2 \cdot \Delta v_{k3} + \Delta v_{k4})/6$
  $\quad\qquad v_{k+1} = v_k + \Delta v_k$

Erzeugen von Zufallszahlen. In der Simulationstechnik werden Zufallszahlen z_k u. a. dazu benötigt, Zeitpunkte sporadisch eintretender Ereignisse (z. B. stochastischer Prozessstörungen) zu erzeugen oder weiße Rauschsignale nachzubilden. Hierzu verwendet man **Zufallsgeneratoren**, welche eine regellos scheinende Zahlenfolge aus einem festen Wertebereich erzeugen.

Bei Generatoren nach der **linearen Kongruenzmethode** (*Linear Congruential Generators*, LCGs) werden die Zufallszahlen z_k über eine Division mit Rest nach folgender Vorschrift erzeugt:

$$\begin{aligned} x_k &= (a \cdot x_{k-1} + b) \bmod m \\ z_k &= x_k / n \end{aligned} \tag{8.10}$$

x_0 : Vorgebbarer Startwert (*seed*); $x_0 \in \mathbb{N}$
mod : Modulooperator (liefert ganzzahligen Divisionsrest)
x_k : Iterierter Divisionsrest ($0 \le x_k \le m - 1$)
a, m, n : Zahlen $\in \mathbb{N}$
b : Zahl $\in \mathbb{N}^0$
z_k : Zufallszahl; $0 \le z_k \le (m-1)/n$
k : Iterationsindex; $k = 1, 2, ...$

Man erhält eine Folge von Zufallszahlen mit der Periode m, weshalb man auch von **Pseudo-Zufallszahlen** spricht. Tabelle 8.15 gibt einige implementierte Beispiele wieder.

Tabelle 8.15 Beispiele für Zufallsgeneratoren (LCGs)

Sprache	a	b	m	n	r_{max}
ANSI-C	1103515245	12345	2^{31}	1	$2^{31} - 1$
VMS-FORTRAN	69069	1	2^{32}	2^{32}	$1 - 2^{-32}$
MATLAB	16807	0	$2^{31} - 1$	2^{31}	$1 - 2^{-30}$
MS-C v4.0	214013	2531011	2^{31}	2^{16}	$2^{15} - 1$
Turbo-PASCAL v6.0	134775813	1	2^{16}	2^{16}	$2^{16} - 1$

Generatoren, welche mit *Schieberegistern* arbeiten, bezeichnet man als **LFSR-Generatoren**, wobei LFSR für *Linear Feedback Shift Register* steht. Sie funktionieren nach folgendem Prinzip: Beim Auslesen eines Registers der Breite n (Bits $b_0 ... b_{n-1}$) werden definierte Bits b_j, b_k, b_l ... und das niedrigstwertige Bit b_0 über ein exklusives *oder*-Element (*xor-*

Gatter) zu einem Wert b_r verknüpft. Anschließend wird der Registerinhalt um eine Stelle nach rechts geschoben, Bit b_{n-1} nimmt den Wert von b_r an ($\rightarrow$ Bild 8.41).

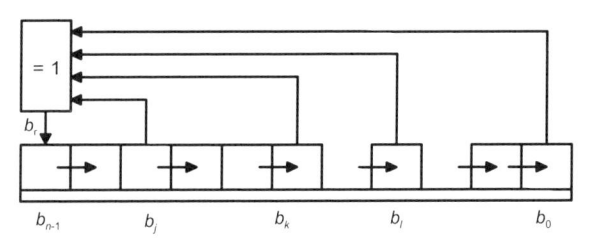

Bild 8.41 Schieberegister für LFSR-Generator

Weitere Methoden beschreibt z. B. JAIN [8.79]. Die nach den aufgeführten Verfahren gewonnenen Zufallszahlen lassen sich den verschiedenen Verteilungsarten wie Normalverteilung, χ^2-Verteilung usw. anpassen.

8.3.3.3 Ausgewählte Simulationssysteme

ACSLXTREME. Dieses Simulationssystem ist eine Erweiterung der Sprache ACSL; siehe dazu AEGIS TECHNOLOGIES GROUP [8.78]. Die in Abschnitt 8.3.2.1 bereits beschriebene Funktionalität wurde hierzu wie folgt ergänzt:

- Modelle können grafisch mit Wirkungsplänen erstellt werden.
- Für Technologieschemata gibt es eine Bibliothek mit technischen Symbolen.
- Es kann zwischen 8 verschiedenen Integrationsverfahren gewählt werden.
- Matrizenoperationen lassen sich über m-Files in der MATLAB-Scriptsprache definieren.
- Es gibt APIs (*Application Programming Interfaces*) als Schnittstellen zu externen Applikationen.
- Simulationsresultate können in EXCEL-, XML- und HTML-Format exportiert und grafisch als *.ps-, *.jpeg- und *.gif-Dateien ausgegeben werden.
- ACSL-Quellprogramme lassen sich in FORTRAN- und C-Code umwandeln.

ACSLXTREME wird mit einem GNU-C-Compiler für WINDOWS- und diverse UNIX-Systeme ausgeliefert.

Die ACSL-Kommandosprache dient der Mensch-Maschine-Kommunikation über eine alphanumerische Schnittstelle. Besonders wichtige Kommandos führt Tabelle 8.16 auf.

Tabelle 8.16 ACSL-Kommandos (Auszug)

Kommando	Bedeutung
Prepar	Definiert zu speichernde Simulationsresultate
Set	Wertzuweisung an Konstanten
Start	Startet Simulationslauf
Plot	Anzeige von Diagrammen
Stop	Beendet ACSL-Sitzung

Solche Kommandos können interaktiv eingegeben oder zur Stapelverarbeitung in einer Scriptdatei abgelegt werden.

Eine typische Kommandofolge (hier auf einer DEC-Alpha-Workstation unter VMS) zur Definition von Konstanten und für den Simulationslauf des bereits in Abschnitt 8.3.2.2 angeführten *Lead-Lag*-Regelkreises ist wie folgt:

```
$ acsl /run LL
acsl> prepar T, y, qv, V
acsl> set Kp = 2.0, Tv = 2.0, Tc = 1.0
acsl> set Kps = 1.0, Ts = 2.0, V0 = 0.2, w = 0.8
acsl> start
acsl> plot y, qv, V
acsl> stop
$
```

Rückmeldungen des Systems (z. B. der ACSL-Prompt) sind hierbei fett dargestellt.

DYMOLA. Das Paket **DYMOLA** (*Dynamic Model Laboratory*) ist eine Entwicklung der Fa. DYNASIM AB [8.81]. Typische Anwendungen sind die Realzeitsimulationen von Automatikgetrieben, Hydrauliksystemen, Robotertechnik, Elektrotechnik und Mechatronik. Die textuelle Programmierung erfolgt in der bereits beschriebenen Sprache MODELICA. Zusätzlich weist DYMOLA u. a. folgende Eigenschaften auf:

- Die grafische Prozessmodellierung ist mit Hilfe von Wirkungsplänen (Übertragungsblöcken) und mit Bausteinsymbolen (z. B. Roboterar-

men, Feder-Masse-Elementen etc.) möglich, wobei Simulationsläufe durch 3-D-Animationen verdeutlicht werden können.
- Die Bausteinbibliotheken sind vom Anwender erweiterbar.
- Diskrete Vorgänge können mit PETRI-Netzen modelliert werden.
- DYMOLA bietet mehrere Integrationsalgorithmen (u. a. EULER und RUNGE-KUTTA).
- Es gibt Schnittstellen zu MATLAB und SIMULINK.
- Die interaktive Kommunikation mit dem Simulationssystem geschieht mit einem grafischen Interface.
- Simulationsläufe erfolgen über ein einstellbares Zeitintervall.

Der Anwender wird bei der Modellentwicklung durch ein umfangreiches Online-Hilfesystem und Handbücher unterstützt.

MATLAB und SIMULINK. SIMULINK ist eine Erweiterung der Sprache MATLAB um grafische, signalflussorientierte Strukturblöcke. Beide Produkte wurden von der Fa. THE MATHWORKS entwickelt [8.82]. Neben den Sprachelementen von MATLAB verfügt das Simulationssystem im Wesentlichen über die folgende Funktionalität:

- Modelle werden in Form von Wirkungsplänen dargestellt.
- Die Bedienung kann sowohl grafisch als auch textuell (MATLAB-Sprache) erfolgen.
- Es stehen zahlreiche Integrationsverfahren zur Verfügung.
- SIMULINK enthält verschiedene Bibliotheken (*Toolboxes*) für unterschiedliche Anwendungsgebiete, typisch für die Regelungstechnik, welche vom Anwender ergänzt werden können.
- Die Anbindung an SQL-Datenbanken und externe Applikationen ist möglich, u. a. über OPC-Mechanismen.
- Externe Bausteine können als FORTRAN- oder C-Programme eingebunden werden.

Für den Anwender stehen umfangreiche Hilfe-Funktionen und Dokumentationen zur Verfügung.

WinERS. WinERS ist ein vom Ingenieurbüro DR. ING. SCHOOP [8.83] für WINDOWS-Rechner konzipiertes Automatisierungssystem, welches sowohl als PLS als auch für Simulationszwecke als Einzel- oder Mehrplatzversion (PC-Netzwerk) eingesetzt werden kann. Das Leistungsspektrum ist wie folgt:

- In Form von Wirkungsplänen können beliebige Strecken mit PID- und Mehrpunktreglern zu komplexen Regelkreisen verschaltet werden.

8.3 Regelungstechnische Hilfswerkzeuge

- Vorgefertigte Regelungsstrukturen aus dem Bereich der Verfahrenstechnik (z. B. Rührkesselkaskaden, Durchlauferhitzer etc.) mit technologischen Darstellungen bietet das Programmpaket WINERS DIDAKTIK. Anwender können eigene Technologieschemata über Bitmap-Dateien hinzufügen. Zur Ausbildung von Anlagenplanern eignen sich ergänzend die verfügbaren Apparate (z. B. ein Bioreaktor) einschließlich der PLT-Ausrüstung im Labormaßstab.
- Prozessmodelle können über Differenzialgleichungssysteme und *Fuzzy*-Blöcke definiert werden.
- Während einer Simulation sind Bedieneingriffe wie etwa Parametereingaben möglich.
- Simulationsresultate können in Dateien gespeichert und anderen Applikationen zur Verfügung gestellt werden.
- Anwenderdefinierte Funktionen kann man mittels *.dll-Dateien ankoppeln.
- Die grafische Anzeige von Simulationsresultaten geschieht über Kurven- und Balkendiagramme.

Als Begleitmaterial gibt es Online-Hilfen und ausführliche Handbücher.

CADCS. CADCS wurde von STEIN et al. [8.84] als Einzelplatzsystem zur Ausführung auf WINDOWS-PCs entwickelt. Es handelt sich um ein blockorientiertes Simulationspaket mit grafischem Editor, welches den Entwurf von einschleifigen Regelkreisen, Kaskadenstrukturen und Regelungen mit Störgrößenaufschaltungen ermöglicht. Im Einzelnen bietet es folgendes Funktionsspektrum:

- Proportionale Regelstrecken wählbarer Ordnung können mit PID-Reglern zu einschleifigen Regelkreisen verschaltet werden. Hierzu kann man wahlweise Strukturformeln für Übertragungsfunktionen eingeben oder Übertragungsglieder in grafischer Darstellung nutzen. Strecken- und Reglerparameter sind variierbar.
- Vorgefertigte Regelungsstrukturen aus der Produktionstechnik mit technologischen Darstellungen gibt es nicht; sie können auch vom Anwender nicht erzeugt werden.
- Simulationsläufe enden wie bei einer Tabellenkalkulation selbsttätig nach Ablauf eines vordefinierten Zeitraums. Während der Simulation sind keine Bedieneingriffe möglich. Wiedergegeben werden Wirkungspläne und Kurvenverläufe, allerdings keine Kennlinienfelder oder Ortskurven.
- Die Identifikation von Regelstrecken kann nach verschiedenen Verfahren (Zeitprozentwerte u. a.) automatisch erfolgen.

- Der Anwender kann zwischen mehreren Verfahren zur numerischen Lösung von Differenzialgleichungen wählen.
- Das Drucken von Bildern und das Exportieren von Daten kann mit Hilfe der WINDOWS-Zwischenablage erfolgen.

Als Begleitmaterial steht ein ausführliches Online-Tutorial sowie ein Hilfesystem zur Verfügung.

WINFACT. Dieser Produktname steht für *Windows Fuzzy And Control Tools* und bezeichnet ein CAE-Programmpaket des Ingenieurbüros DR. KAHLERT [8.85]. Das Softwaresystem beinhaltet u. a. den Simulator BORIS, welcher über eine umfangreiche Bibliothek grafischer Übertragungsglieder verfügt und dem Anwender die Möglichkeit bietet, in Simulationen Fuzzy- und Neuro-Systeme einzubinden und eigene Übertragungsglieder zu entwickeln. Über einen Soft-SPS-Block können in AWL programmierte Steuerungen implementiert werden. Für Trainingszwecke liegen vorgefertigte Technologie- und Regelungsschemata vor; das Erstellen eigener Detailbilder ist über den *Animation Builder* möglich. Zusammengefasst weist WINFACT folgendes Leistungsspektrum auf:

- Es können beliebige Regelstrecken definiert und mit PID-, Mehrpunkt- und Zustandsreglern sowie mit Fuzzy- und Neuro-Controllern in Form von Wirkungsplänen verschaltet werden.
- Die Sammlung von Detailbildern lässt sich durch anwenderdefinierte Technologie- und Regelungsschemata erweitern. Anwender können eigene Übertragungsglieder erzeugen.
- Während einer Simulation sind diverse Bedieneingriffe wie etwa Betriebsartenumschaltungen und das Anhalten bzw. Fortsetzen möglich.
- Fortlaufende Simulationssequenzen lassen im *Batch Mode* u. a. das Erzeugen von BODE-Diagrammen zu.
- Reglerparameter können adaptiv ermittelt werden.
- Für das Lösen von Differenzialgleichungen gibt es unterschiedlich wählbare Quadraturverfahren.
- Strukturbilder lassen sich im *.bmp- und im *.wmf-Format exportieren. Aus Wirkungsplänen kann C- und C++-Code erzeugt und für *Standalone*-Applikationen verwendet werden.
- Die Anbindung an externe Programme ist auf verschiedenen Wegen möglich (DDE, TCP/IP, ODBC). BORIS kann als OPC-Server oder als OPC-Client betrieben werden.

Unterstützt wird die WINFACT-Bedienung durch ein Online-Hilfesystem.

SIMAPP 2.0. Bei diesem Softwarepaket handelt es sich um ein Simulationssystem des Ingenieurbüros BÜSSER ENGINEERING [8.86]. Als Systemumgebung ist ein WINDOWS-PC (SIMAPP WORKSTATION) bzw. ein WINDOWS-LAN (SIMAPP SERVER) erforderlich. Das Erstellen von Simulationsmodellen geschieht grafisch durch Verknüpfen von Funktionsblöcken zu einem Wirkungsplan, welcher mit unterschiedlichen grafischen Symbolen und Bitmaps zu einem Technologieschema ergänzt werden kann; vorgefertigte produktionstechnische Darstellungen gibt es nicht. Zusammengefasst bietet SIMAPP 2.0 folgende Möglichkeiten:

- Es können beliebige Typen von Regelstrecken simuliert werden. Für Regelkreise stehen PID-, Mehrpunkt- und Lead-Lag-Regler zur Verfügung.
- Darstellungen im Zustandsraum sind möglich.
- Aus bereits vorhandenen Übertragungsgliedern können eigene Funktionsbausteine erzeugt werden.
- Während eines Simulationslaufs sind Bedieneingriffe – z. B. für Parameteränderungen – möglich.
- Reglerparameter können adaptiv bestimmt werden.
- Neben Zeitdiagrammen lassen sich für Analysen im Frequenzbereich BODE- und NYQUIST-Diagramme erstellen.
- Simulationsresultate können über die Zwischenablage tabellarisch in externe Anwendungen (etwa in EXCEL) exportiert werden.

Der Anwender wird durch ein ausführliches Hilfesystem unterstützt.

DIVA. In [8.87] beschreiben GILLES et al. ein für die BASF AG entwickeltes Trainingswerkzeug zur Simulation einer kontinuierlich betriebenen, aus mehreren Teilanlagen (Trennapparaturen) bestehenden Destillationsanlage (→ Bild 8.42). Nachgebildet werden nicht nur einzelne Regelkreise, sondern vollständige Grundoperationen sowie An- und Abfahrvorgänge. Basis ist das an der Universität Stuttgart entstandene Simulationswerkzeug DIVA, welches sich besonders gut zur Modellierung verfahrenstechnischer Prozesse und Anlagen eignet. Als Systemumgebung wird bei der dokumentierten Anwendung eine Kombination des Prozessleitsystems TELEPERM M (Fa. SIEMENS) mit einem VAX-Cluster (Fa. DEC) zur Prozess- und Anlagensimulation eingesetzt.

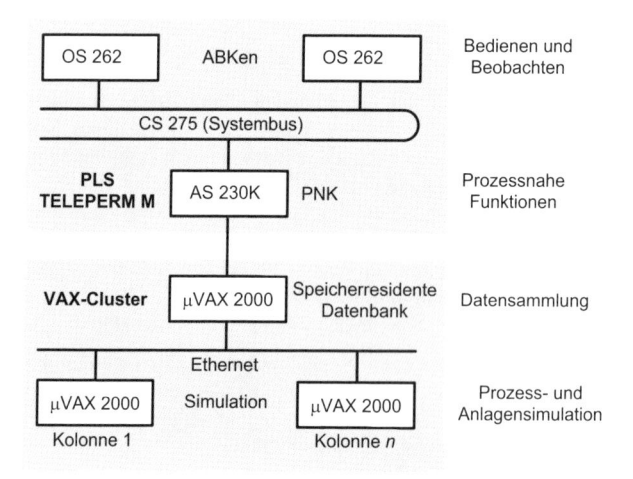

Bild 8.42 Struktur eines DIVA-basierten Trainingssystems

Das Trainingswerkzeug dient der Ausbildung des Anlagenpersonals unter Anleitung durch einen Trainer. Das Bedienen und Beobachten erfolgt mit Hilfe von Standardfunktionen und prozess- bzw. anlagenspezifischen Bedienbildern. Neben der zeitkontinuierlichen Simulation bietet das System folgende dem Trainer zur Anwendung vorbehaltene Möglichkeiten:

- Anhalten der Simulation,
- Zeitrafferfunktion,
- Abspeichern und Zurückladen von Zuständen,
- Vorgeben stochastischer Ausnahmesituationen wie Pumpenstörungen u. dgl.

Eine allgemein gehaltene Beschreibung des DIVA-Systems geben KRÖNER et al. in [8.88].

8.3.4 Control Performance Monitoring (CPM)

Begriffe und technische Motivation. Seit einigen Jahren bemüht man sich verstärkt um die systematische Entwicklung von Methoden, den Wert produktionstechnischer Anlagen zu erhalten bzw. zu steigern. Solche Methoden nennt man **Asset Management** oder **Wertmanage-**

ment. Die NAMUR-Empfehlung NE 91 [8.91], hat hierzu den Begriff des *anlagennahen Asset Managements* geprägt:

> **Anlagennahes Asset Management** bedeutet die werterhaltende und wertsteigernde Instandhaltung einer Anlage. Hierzu werden kontinuierlich oder diskret anfallende Prozessgrößenwerte sowie die technische Dokumentation ausgewertet.

Ein Bestandteil des anlagennahen Asset Managements betrifft das Verhalten der Regeleinrichtungen. Die entsprechenden Auswertemethoden nennt man *Control Performance Monitoring*:

> **Control Performance Monitoring** (CPM) bedeutet, dass das dynamische Verhalten ausgesuchter Regelkreise überwacht und dem Anlagenfahrer geeignet veranschaulicht wird.

Eine verfahrenstechnische Anlage kann mehrere hundert bis mehrere tausend Regelkreise enthalten. Nach einer Untersuchung von HONEYWELL (DITTMAR in FRÜH, MAIER [8.46]) lässt sich die Regelgüte der in der Praxis eingesetzten Regelkreise folgendermaßen charakterisieren:

- 36 % sind entweder im Handbetrieb oder im Wind-Up-Zustand,
- 10 % haben unakzeptable Regelgüte,
- 22 % sind entweder zu langsam oder schwingen zu stark,
- 16 % zeigen befriedigendes dynamisches Verhalten,
- 16 % zeigen sehr gutes dynamisches Verhalten.

Dies bedeutet, dass nur etwa ein Drittel aller industriellen Regelungen ein befriedigendes dynamisches Verhalten zeigt. Sowohl wegen des großen Mengengerüsts von Regelkreisen als auch wegen der oben genannten Untersuchung kann es in der Praxis Sinn machen, die Regelgüte automatisch zu überwachen und zu veranschaulichen. Dies ist heutzutage möglich, da die Automatisierung von Anlagen mittels Automatisierungs- oder Prozessleitsystemen geschieht, welche eine solche CPM-Überwachung als integriertes Softwaretool oder Add-on enthalten.

DITTMAR gibt in FRÜH, MAIER [8.46] einen Überblick über den heutigen Stand des CPM, wobei auch marktgängige CPM-Werkzeuge (Add-ons) erwähnt werden. BECKER et al. [8.92] führen u. a. das Beispiel eines in ein Prozessleitsystem vollständig integrierten CPM-Werkzeugs an (DELTAV INSPECT im Prozessleitsystem DELTAV von EMERSON). Die weiteren Ausführungen stützen sich im Wesentlichen auf diese beiden Quellen.

CPM-Funktionalität. Zunächst soll die Frage beantwortet werden, wie sich die Regelgüte des geschlossenen Regelkreises online überwachen lässt. Dies kann mit so genannten Maßzahlen geschehen. Dazu wird aus den Abtastwerten r_i der Rückführgröße online die Varianz

$$s^2 = \frac{1}{n-1} \sum_{i=1}^{n} (r_i - \bar{r})^2 \qquad (8.11)$$

errechnet, wobei

$$\bar{r} = \frac{1}{n} \sum_{i=1}^{n} r_i \qquad (8.12)$$

der Mittelwert und n der festgelegte Auswertehorizont (z. B. $n = 120$) ist. Diese Berechnungen laufen laufend ständig im Hintergrund, so dass nach jeweils n Abtastintervallen wieder neue Werte für die Varianz und den Mittelwert vorliegen. Die Varianz allein sagt noch nichts über die Regelgüte aus. Dazu muss man sie ins Verhältnis zu der Varianz eines möglichst gut funktionierenden Regelkreises setzen. *Gut funktionierend* soll hier bedeuten, dass dieser Referenzregelkreis eine möglichst kleine Varianz besitzen soll. Dies ist ein Regelkreis mit einem so genannten **Minimum-Varianz-Regler** (MV-Regler); siehe z. B. ASTRÖM [8.93] und UNBEHAUEN [8.94]. Der MV-Regler selbst hat in der industriellen Praxis keine große Bedeutung erlangt, da er eine hohe Ordnung aufweist und hohe Anforderungen an ein mathematisches Modell der Strecke stellt. Die Varianz s_{MV}^2 des Regelkreises mit MV-Regler lässt sich jedoch aus den real mit dem aktuell vorliegenden Regler gemessenen Abtastwerten r_i der Regelgröße näherungsweise abschätzen, z. B. nach BLEVINS et al. [8.95]:

$$s_{\text{MV}}^2 \approx s_{\text{diff}}^2 (2 - \frac{s_{\text{diff}}^2}{s^2}), \qquad (8.13)$$

wobei

$$s_{\text{diff}}^2 = \frac{1}{2(n-1)} \sum_{i=2}^{n} (r_i - r_{i-1})^2 \qquad (8.14)$$

ist. Für die näherungsweise Ermittlung der Varianz s_{MV}^2 muss also kein MV-Regler implementiert werden! In BLEVINS et al. [8.95] wird noch eine weitere numerische Vereinfachung von (8.11) und (8.14) vorgeschlagen, auf die hier jedoch verzichtet werden soll. Die Berechnung von s_{diff}^2 in (8.14) erfolgt ebenfalls laufend rekursiv im Hintergrund, so dass nach jeweils n Abtastschritten mit (8.13) ein neuer Wert für s_{MV}^2 vorliegt.

Um auf der Basis von s^2 und s_{MV}^2 die Güte des geschlossenen Regelkreises quantitativ beurteilen zu können, definiert man nun den so genannten **Variabilitätsindex** V:

$$V = \left(1 - \frac{s_{MV} + \Delta s}{s + \Delta s}\right) \cdot 100\,\% \tag{8.15}$$

wobei Δs ein Faktor für die numerische Stabilität ist (z. B. $\Delta s = 0{,}1\,\%$ des Messbereichs). Mit V kann man nun die Regelgüte im Verhältnis zum MV-Regler quantitativ bewerten:

- Ein geringer Wert von V weist auf eine hohe Regelgüte hin,
- ein hoher Wert von V bedeutet eine geringe Regelgüte und gibt Anlass zu einer genaueren Untersuchung der Regeleinrichtung.

Beispiel für ein ausgeführtes CPM-Tool. Als industrielles Beispiel soll hier das Prozessleitsystem DELTAV von EMERSON betrachtet werden. DELTAV enthält bereits ein integriertes CPM-System namens DELTAV INSPECT. Sämtliche in den dezentralen Controllern geladenen PI(D)-Reglerfunktionsbausteine berechnen neben dem Regelalgorithmus standardmäßig s^2 und s_{MV}^2 nach den oben dargestellten Methoden online für jeweils n Abtastschritte und melden dann die Ergebnisse über das Control Network an den Server von DELTAV INSPECT; dieser Server befindet sich seinerseits auf einer zentralen Engineering Station. Danach wiederholt sich alles in einem neuen Rechenzyklus. Weitere Zustandsgrößen wie

- Betriebsarten (z. B. *Hand/Automatik*),
- Inanspruchnahme von Begrenzungen bei Ausgängen (z. B. Wind-Up-Zustand),
- Sensorfehler

senden die zugeordneten Funktionsblöcke eines Regelkreises ebenfalls an den Server von DELTAV INSPECT. Diese Größen stehen dann für CPM zusätzlich zur Verfügung.

Von jeder Bedien- oder Engineering Station aus kann DELTAV INSPECT als Client aufgerufen werden. Bild 8.43 zeigt beispielhaft die Benutzeroberfläche, die eine Top-Down-Betrachtungsweise erlaubt. Links sieht man den Baum der Anlagenbereiche, deren zugehörige Loops man per Mausklick in das Performance Monitoring einbeziehen bzw. aus diesem herausnehmen kann. Die Mengenübersicht zeigt die Gesamtzahl der in die Überwachung einbezogenen Loops (dort *Modules* genannt) einschließlich einer Aufschlüsselung nach Fehlerarten.

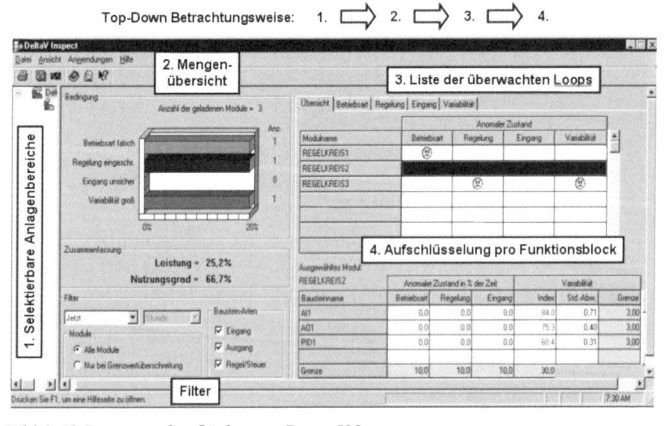

Bild 8.43 Benutzeroberfläche von DELTAV INSPECT

Die Fehlerarten sind:

- Falsche Betriebsart (z. B. *Hand,* obwohl als Sollbetriebsart *Automatik* eingestellt ist),
- Inanspruchnahme der Stellgrößenbegrenzung bei einer Regelung (Wind-Up-Zustand),
- schlecht konditionierter Eingang (z. B. bei Kabelbruch),
- zu hoher Variabilitätsindex und zu hohe Standardabweichung.

Eine Liste der in die Überwachung einbezogenen Loops ist rechts in Bild 8.43 dargestellt. Für jede Fehlerart zeigt ein Icon, ob ein Fehler aufgetreten ist oder nicht. Weitere Details sind über entsprechende Karteikarten anwählbar. Für ein ausgewähltes Loop (*Module*) zeigt der Bereich darunter für jede Fehlerart eine Aufschlüsselung der beteiligten Regler- und I/O-Funktionsblöcke. Für die oben genannten ersten drei Fehlerarten werden die entsprechenden prozentualen Zeiten ausgewiesen (die Bezugszeitspanne kann über die Filterfunktion gewählt werden), für die Variabilität der Variabilitätsindex V und die Standardabweichung s_x. Der Anwender kann für die Fehlergrößen individuelle Grenzwerte vorgeben, bei deren Verletzung ein Icon in der darüber liegenden Liste gesetzt wird. Die Filterfunktion ermöglicht verschiedene Sichten sowohl hinsichtlich des betrachteten Zeithorizonts als auch bezüglich der Loop- und Funktionsblocktypen.

Die folgenden Fehlerarten sind in Bild 8.43 ausgewiesen:

- Der Regler des Regelkreises 1 ist im Handbetrieb, obwohl die Betriebsart *Automatik* als Sollzustand eingetragen wurde (Fehler Betriebsart).
- Regelkreis 2 zeigt keinen Fehler.
- Regelkreis 3 ist dynamisch schlecht eingestellt. Daher wird beim Schwingen zeitweise die Stellgrößenbeschränkung (Fehler Regelung) angenommen, der Variabilitätsindex V und die Standardabweichung s_x überschreiten die eingestellten Grenzwerte (Fehler Variabilität).

Das beschriebene Konzept ist auch auf Anwendungen von integrierten Advanced-Control-Funktionsblöcken wie Fuzzy-Controller, neuronale Netze, *Model Predictive Control* etc. erweiterbar.

A Anhang

A.1 Begriffe und Benennungen

A.1.1 Abkürzungen

ABK	Anzeige- und Bedienkomponente
ACSL	*Advanced Continuous Simulation Language*
AKS	Anlagenkennzeichnungssystem
ADU	Analog-Digital-Umsetzer
AKZ	Anlagen- und Apparatekennzeichen
ALS	Anlagensteuerung
API	*Application Programming Interface*
AR	*Auto-Regressive*
ARW	*Anti-Reset-Windup*
AS	Ablaufsprache
AWL	Anweisungsliste
BASIC	*Beginners All Purpose Symbolic Instruction Code*
BIBO	*Bounded Input – Bounded Output*
CAE	*Computer Aided Engineering*
CBT	*Computer Based Training*
CENELEC	*Comité Européen de Normalisation Electrotechnique*
CLI	*Command Line Interface*
COA	*Centre Of Area*
COG	*Centre Of Gravity*
CORAL	*Computer On-line Realtime Applications Language*
COS	*Centre Of Singletons*
CPM	*Control Performance Monitoring*
CPU	*Central Processing Unit*
CSMP	*Continuous System Modelling Program*
CSSL	*Continuous System Simulation Language*
DAU	Digital-Analog-Umsetzer
DDC	*Direct Digital Control*
DFT	Diskrete FOURIER-Transformierte
DGl	Differenzialgleichung
DIN	a) Deutsches Institut für Normung
	b) Deutsche Industrienorm
DIN E *nn*	DIN *nn* (Entwurf)
DIN V *nn*	DIN *nn* (Vornorm)
DKE	Deutsche Kommission Elektrotechnik Elektronik Informationstechnik im DIN und VDE
DLL	*Dynamic Linked Library*

DMC	*Dynamic Matrix Controller*
DYMOLA	*Dynamic Model Laboratory*
EDV	elektronische Datenverarbeitung
EEPROM	*Electrically-Erasable Programmable Read-Only Memory*
EMSR	Elektro-, Mess-, Steuer- und Regelungstechnik
EN	Europäische Norm
ER	*Entity Relationship*
FBS	Funktionsbausteinsprache
FORTRAN	*Formula Translator*
GMA	Gesellschaft für Mess- und Automatisierungstechnik
GNU	*GNU is Not UNIX*
GUI	*Graphical User Interface*
IEC	*International Electrotechnical Commission*
IK	Ingenieurkonsole
IP	*International Protection*
ISO	*International Standardization Organization*
IT	Informationstechnologie
ITAE	*Integral of Time-multipled Absolute value of Error*
JCL	*Job Control Language*
KI	künstliche Intelligenz
KKS	Kraftwerkskennzeichnungssystem
KNN	künstliches neuronales Netz
KOP	Kontaktplan
LCG	*Linear Congruential Generator*
LFSR	*Linear Feedback Shift Register*
LL	*Lead-Lag*
LT	linguistischer Term
LV	linguistische Variable
MA	*Moving Average*
MATLAB	*Matrix Laboratory*
MIMO	*Multiple Input - Multiple Output*
MISO	*Multiple Input - Single Output*
MLP	*Multilayer Perceptron*
MPC	*Model Predictive Control*
MU	Messumformer
MUS	Messumformerspeisegerät
MUX	Multiplexer
NA	NAMUR-Arbeitsblatt
NAMUR	urspr.: Normen-Arbeitsgemeinschaft für Mess- und Regeltechnik heute: Interessengemeinschaft für Prozessleittechnik der chemischen und pharmazeutischen Industrie

NE	NAMUR-Empfehlung
NN	neuronales Netz
NNN	natürliches neuronales Netz
OLE	*Object Linking and Embedding*
OOCSMP	*Object Oriented CSMP*
OPC	*OLE for Process Control*
PC	*Personal Computer*
PEARL	*Process and Experiment Automation Realtime Language*
PID	Proportional - Integral - Differenzial
PLS	Prozessleitsystem
PLT	Prozessleittechnik
PNK	prozessnahe Komponente
PR	Prozessrechner
PRBS	*Pseudo-Random Binary Signal*
RBF	Radial-Basis-Funktion
RTS	*Run Time System*
SB	Systembus
SF	Steuerfunktion
SFE	Steuerfunktionselement
SIMO	*Single Input - Multiple Output*
SISO	*Single Input - Single Output*
SO	*Shared Object*
SPC	*Setpoint Control*
SPI	strukturerweitert proportional-integral
SPS	speicherprogrammierbare Steuerung
SQL	*Structured Query Language*
ST	strukturierter Text, *Structured Text*
TAS	a) Tetra-Acrylsilikat, Tetra-Arylsilikat
	b) Teilanlagensteuerung
UML	*Unified Modelling Language*
UTC	*Universal Time Coordonné*
VDE	Verband der Elektrotechnik, Elektronik und Informationstechnik
VDI	Verband deutscher Ingenieure
VDI/VDE *nn*	VDI/VDE-Empfehlung *nn* (Entwurf)
VPS	verbindungsprogrammierte Steuerung
WOK	Wurzelortskurve

A.1.2 Ausgewählte deutsche und englische Begriffe

Die nachstehende Zusammenstellung gibt Empfehlungen für die Übersetzung ausgewählter Fachbegriffe wieder, ohne Anspruch auf Vollständigkeit zu erheben. Hierzu wurden neben einschlägigen Wörterbüchern sowie RADTKE [A.111] folgende Regelwerke herangezogen:

- DIN E IEC 60050-351 [A.15],
- DIN V 19233 [A.21],
- DIN V 19222 [A.20],
- VDI/VDE 3550-1 [A.25] und
- VDI/VDE 3550-2 [A.26].

Übersetzungen deutsch - englisch

Abtasthalteglied	*sampling and hold element*
Abtastperiode	*sampling period*
Abtastregelung	*discrete control*
Abweichung	*deviation*
adaptive Regelung	*adaptive control*
Algorithmus	*algorithm*
Amplitudengang	*amplitude response*
Amplitudenreserve	*gain margin*
Analog-Digital-Umsetzer	*analogue-to-digital converter*
Analogsignal	*analogue signal*
anfahren	*start up*
Anwendung	*application*
Anzeige- und Bedienkomponente	*operating workstation*
Arbeitspunkt	*operating point*
Ausgabeschicht	*output layer*
Ausgabesignal	*output signal*
Ausgangsmatrix	*output matrix*
Ausgangsrückführung	*output feedback*
Ausgangsvektor	*output vector*
Ausgleich	*self-regulation*
Ausgleichszeit	*build up time*
automatisch	*automatic*
automatisieren	*automate*
Axon	*axon*
Beharrungszustand	*steady-state*
Beobachtbarkeit	*observability*
Beobachter	*observer*
Beschreibungsfunktion	*describing function*
Betriebsart	*operating mode*
Binärsignal	*binary signal*
BODE-Diagramm	*BODE diagram*

Buskomponente	*bus*
Dämpfung	*damping*
Dämpfungsgrad	*damping ratio*
Defuzzifizierung	*defuzzification*
Dendrit	*dendrite*
deterministisch	*deterministic*
Differenzengleichung	*difference equation*
Differenzialgleichung	*differential equation*
Differenzierbeiwert	*derivative action coefficient*
Digital-Analog-Umsetzer	*digital-to-analogue converter*
digitale Regelung	*digital closed loop control*
Digitalsignal	*digital signal*
diskontinuierliches Signal	*discontinuous signal*
Dreipunktglied	*three-position element*
Durchgangsmatrix	*straight-way matrix*
Eckkreisfrequenz	*corner angular frequency*
Eigenwert	*eigen value*
Eingabeschicht	*input layer*
Eingangssignal	*input signal*
Eingangsvektor	*input vector*
Einheitsmatrix	*unit matrix*
Einschwingzeit	*settling time*
Einstellregel	*tuning rule*
Entwurf	*draft*
Ersatztotzeit	*equivalent dead time*
Festwertregelung	*fixed set-point control*
Filter	*filter*
Fließbild	*flow diagram*
Folgeregelung	*follow-up control*
Freiheitsgrad	*degree of freedom*
Frequenzgang	*frequency response*
Führungsverhalten	*reference action*
Führungsgröße	*reference variable*
Funktionsblock	*function block*
Funktionseinheit	*functional unit*
Fuzzifizierung	*fuzzification*
Fuzzy-Menge	*fuzzy set*
Gegenkopplung	*negative feedback*
Gewichtsfunktion	*weighting function*
Glied	*element*
Größe	*variable*
Gütekriterium	*performance index*
Impulsantwort	*pulse response*

Inferenz	*inference*
Information	*information*
Ingenieurkonsole	*engineering workstation*
Integrierbeiwert	*integral action coefficient*
Istwert	*actual value*
Kaskadenregelung	*cascade control*
Kennfeld	*look-up table*
Kennlinie	*characteristic curve*
Kennlinienfeld	*set of characteristic curves*
Kreisstruktur	*closed loop structure*
Kreisverstärkung	*open loop gain*
Kybernetik	*cybernetics*
Last	*load*
Lastenheft	*requirement specification*
Laufzeitsystem	*run time system*
Leiten	*control*
Leitfeld	*faceplate*
Leitgerät	*control device*
Linearisierung	*linearization*
linguistische Regel	*linguistic rule*
linguistische Variable	*linguistic variable*
linguistischer Term	*linguistic term*
Messbereich	*measuring range*
Messeinrichtung	*measuring equipment*
Messmatrix	*measuring matrix*
Mitkopplung	*positive feedback*
Mittelwert	*average, mean value*
Modell	*model*
modellprädiktive Regelung	*model predictive control*
Nachstellzeit	*reset time*
Nervenzelle	*nerve cell*
Neuro-Fuzzy-System	*neuro-fuzzy system*
Neuron	*neuron*
neuronales Netz	*neural network*
Normalform	*canonical form*
Nullstelle	*zero*
Optimierung	*optimization*
Ordnung	*order*
Ortskurve	*locus plot*
Parallelstruktur	*parallel structure*
Parametrieren	*parametering*
Perzeptron	*perceptron*
Phasengang	*phase response*

Phasenreserve	*phase margin*
Phasenschnittkreisfrequenz	*phase crossover frequency*
Pol	*pole*
Programm	*program*
Programmieren	*programming*
Projekt	*project*
Proportionalbeiwert	*proportional action coefficient*
Prozess	*process*
Prozessleitsystem	*process control system*
Prozessleittechnik	*process control technology*
prozessnahe Komponente	*control station*
Prozessrechner	*process computer*
Rampe	*ramp*
rationales Übertragungsglied	*rational transfer element*
Regelbereich	*range of the controlled variable*
Regeldifferenz	*error variable*
Regeleinrichtung	*controlling system*
Regelfaktor	*control factor*
Regelglied	*controlling element*
Regelgröße	*controlled variable*
Regelkreis	*control loop*
Regelstrecke	*controlled system*
Regelung	*closed loop control*
Regelung mit Bereichsaufspaltung	*split-range control*
Regelwerk	*rule base*
Regler	*controller*
Reglerausgangsgröße	*controller output variable*
Regression	*regression*
Reihenstruktur	*chain structure*
Rückführgröße	*feedback variable*
Rückkopplung	*feedback*
Schätzvektor	*estimated vector*
Schaltdifferenz	*differential gap*
Schicht	*layer*
selbsteinstellender Regler	*self-tuning controller*
Signal	*signal*
Simulation	*simulation*
Simulator	*simulator*
Sollwert	*desired value*
Sollwertnachführung	*x-tracking*
Sprungantwort	*step response*
Sprungfunktion	*step function*
Stabilität	*stability*
Stellbereich	*range of the manipulated variable*
Stelleinrichtung	*final controlling equipment*

A.1 Begriffe und Benennungen

Stellen	*actuate*
Steller	*actuator*
Stellgerät	*positioner*
Stellgeschwindigkeit	*manipulated speed*
Stellglied	*final controlling element*
Stellgrad	*positioning degree*
Stellgröße	*manipulated variable*
Stellmatrix	*manipulated matrix*
Stellvektor	*manipulated vector*
Steuerung	*open loop control*
stochastisch	*stochastic*
Störbereich	*range of disturbance variable*
Störgröße	*disturbance variable*
Störgrößenaufschaltung	*feed forward control*
Störverhalten	*disturbance reaction*
Struktur	*structure*
System	*system*
Systemmatrix	*system matrix*
Synapse	*synapse*
technische Anlage	*plant*
Totzeit	*dead time*
Totzone	*dead band*
Trajektorie	*trajectory*
Transitionsmatrix	*transition matrix*
Übergangsfunktion	*unit step response*
Übertragungsfunktion	*transfer function*
unscharfe Regelung	*fuzzy control*
validieren	*validate*
Varianz	*variance*
Vektor	*vector*
verallgemeinerte Funktion	*generalized function*
Vergleichsglied	*comparing element*
Verhältnisregelung	*ratio control*
Verstärker	*amplifier*
Verstärkung	*amplification*
Verzögerungsglied	*lag element*
Verzugszeit	*equivalent dead time*
Vorhaltzeit	*rate time*
Vorhersage	*prediction*
Werkzeug	*tool*
Wertmanagement	*asset management*
Wirkungsplan	*action diagram*
Wurzelortskurve	*root locus plot*

Zähler	*counter*
Zeitgeber	*timer*
Zeitkonstante	*time constant*
Zeitplanregelung	*time-scheduled control*
Zeitreihe	*time series*
Zellkern	*nucleus*
Zellkörper	*cell body*
Zentraleinheit	*central processing unit*
Zugehörigkeitsfunktion	*membership function*
Zustandsgröße	*state variable*
Zustandsraum	*state space*
Zustandsregelung	*state control*
Zustandsrückführung	*state feedback*
Zustandsschätzung	*state estimation*
Zustandsvektor	*state vector*
Zweipunktregler	*on-off controller*

Übersetzungen englisch - deutsch

action diagram	Wirkungsplan
actual value	Istwert
actuate	Stellen
actuator	Steller
adaptive control	adaptive Regelung
algorithm	Algorithmus
amplification	Verstärkung
amplifier	Verstärker
amplitude response	Amplitudengang
analogue signal	Analogsignal
analogue-to-digital converter	Analog-digital-Umsetzer
application	Anwendung
asset management	Wertmanagement
automate	automatisieren
automatic	automatisch
average	Mittelwert
axon	Axon
binary signal	Binärsignal
BODE diagram	BODE-Diagramm
build up time	Ausgleichszeit
bus	Buskomponente
canonical form	Normalform
cascade control	Kaskadenregelung
cell body	Zellkörper
central processing unit	Zentraleinheit
chain structure	Reihenstruktur
characteristic curve	Kennlinie

A.1 Begriffe und Benennungen

closed loop control	Regelung
closed loop structure	Kreisstruktur
comparing element	Vergleichsglied
control	Leiten
control device	Leitgerät
control factor	Regelfaktor
control loop	Regelkreis
control station	prozessnahe Komponente
controlled system	Regelstrecke
controlled variable	Regelgröße
controller	Regler
controller output variable	Reglerausgangsgröße
controlling element	Regelglied
controlling system	Regeleinrichtung
corner angular frequency	Eckkreisfrequenz
counter	Zähler
cybernetics	Kybernetik
damping	Dämpfung
damping ratio	Dämpfungsgrad
dead band	Totzone
dead time	Totzeit
defuzzification	Defuzzifizierung
degree of freedom	Freiheitsgrad
dendrite	Dendrit
derivative action coefficient	Differenzierbeiwert
describing function	Beschreibungsfunktion
desired value	Sollwert
deterministic	deterministisch
deviation	Abweichung
difference equation	Differenzengleichung
differential equation	Differenzialgleichung
differential gap	Schaltdifferenz
digital closed loop control	digitale Regelung
digital signal	Digitalsignal
digital-to-analogue converter	Digital-Analog-Umsetzer
discontinuous signal	diskontinuierliches Signal
discrete control	Abtastregelung
disturbance reaction	Störverhalten
disturbance variable	Störgröße
draft	Entwurf
eigen value	Eigenwert
element	Glied
engineering workstation	Ingenieurkonsole
equivalent dead time	Ersatztotzeit, Verzugszeit
error variable	Regeldifferenz

estimated vector	Schätzvektor
faceplate	Leitfeld
feed forward control	Störgrößenaufschaltung
feedback	Rückkopplung
feedback variable	Rückführgröße
filter	Filter
final controlling element	Stellglied
final controlling equipment	Stelleinrichtung
fixed set-point control	Festwertregelung
flow diagram	Fließbild
follow-up control	Folgeregelung
frequency response	Frequenzgang
function block	Funktionsblock
functional unit	Funktionseinheit
fuzzification	Fuzzifizierung
fuzzy control	unscharfe Regelung
fuzzy set	Fuzzy-Menge
gain margin	Amplitudenreserve
generalized function	verallgemeinerte Funktion
inference	Inferenz
information	Information
input layer	Eingabeschicht
input signal	Eingangssignal
input vector	Eingangsvektor
integral action coefficient	Integrierbeiwert
lag element	Verzögerungsglied
layer	Schicht
linearization	Linearisierung
linguistic rule	linguistische Regel
linguistic term	linguistischer Term
linguistic variable	linguistische Variable
load	Last
locus plot	Ortskurve
look-up table	Kennfeld
manipulated matrix	Stellmatrix
manipulated speed	Stellgeschwindigkeit
manipulated variable	Stellgröße
manipulated vector	Stellvektor
mean value	Mittelwert
measuring equipment	Messeinrichtung
measuring matrix	Messmatrix
measuring range	Messbereich
membership function	Zugehörigkeitsfunktion

model	Modell
model predictive control	modellprädiktive Regelung
negative feedback	Gegenkopplung
nerve cell	Nervenzelle
neural network	neuronales Netz
neuro-fuzzy system	Neuro-Fuzzy-System
neuron	Neuron
nucleus	Zellkern
observability	Beobachtbarkeit
observer	Beobachter
on-off controller	Zweipunktregler
open loop control	Steuerung
open loop gain	Kreisverstärkung
operating mode	Betriebsart
operating point	Arbeitspunkt
operating workstation	Anzeige- und Bedienkomponente
optimization	Optimierung
order	Ordnung
output feedback	Ausgangsrückführung
output layer	Ausgabeschicht
output matrix	Ausgangsmatrix
output signal	Ausgabesignal
output vector	Ausgangsvektor
parallel structure	Parallelstruktur
parametering	Parametrieren
perceptron	Perzeptron
performance index	Gütekriterium
phase crossover frequency	Phasenschnittkreisfrequenz
phase margin	Phasenreserve
phase response	Phasengang
plant	technische Anlage
pole	Pol
positioner	Stellgerät
positioning degree	Stellgrad
positive feedback	Mitkopplung
prediction	Vorhersage
process	Prozess
process computer	Prozessrechner
process control system	Prozessleitsystem
process control technology	Prozessleittechnik
program	Programm
programming	Programmieren
project	Projekt
proportional action coefficient	Proportionalbeiwert

pulse response	Impulsantwort
ramp	Rampe
range of disturbance variable	Störbereich
range of the controlled variable	Regelbereich
range of the manipulated variable	Stellbereich
rate time	Vorhaltzeit
ratio control	Verhältnisregelung
rational transfer element	rationales Übertragungsglied
reference action	Führungsverhalten
reference variable	Führungsgröße
regression	Regression
requirement specification	Lastenheft
reset time	Nachstellzeit
root locus plot	Wurzelortskurve
rule base	Regelwerk
run time system	Laufzeitsystem
sampling and hold element	Abtasthalteglied
sampling period	Abtastperiode
self-regulation	Ausgleich
self-tuning controller	selbsteinstellender Regler
set of characteristic curves	Kennlinienfeld
settling time	Einschwingzeit
signal	Signal
simulation	Simulation
simulator	Simulator
split-range control	Regelung mit Bereichsaufspaltung
stability	Stabilität
start up	anfahren
state control	Zustandsregelung
state estimation	Zustandsschätzung
state feedback	Zustandsrückführung
state space	Zustandsraum
state variable	Zustandsgröße
state vector	Zustandsvektor
steady-state	Beharrungszustand
step function	Sprungfunktion
step response	Sprungantwort
stochastic	stochastisch
straight-way matrix	Durchgangsmatrix
structure	Struktur
synapse	Synapse
system	System
system matrix	Systemmatrix
three-position element	Dreipunktglied

time constant	Zeitkonstante
time series	Zeitreihe
timer	Zeitgeber
time-scheduled control	Zeitplanregelung
tool	Werkzeug
trajectory	Trajektorie
transfer function	Übertragungsfunktion
transition matrix	Transitionsmatrix
tuning rule	Einstellregel
unit matrix	Einheitsmatrix
unit step response	Übergangsfunktion
validate	validieren
variable	Größe
variance	Varianz
vector	Vektor
weighting function	Gewichtsfunktion
x-tracking	Sollwertnachführung
zero	Nullstelle

A.1.3 Formelzeichen

Die verwendeten Formelzeichen wurden möglichst den mit Quellennummer angegebenen Regelwerken entnommen.

Tabelle A.1 Formelzeichen

Zeichen	Bedeutung	Quelle
a	Beschleunigung	A.23
A	Fläche	A.23
A	Systemmatrix	A.3
$A(\omega)$	Amplitudengang	A.15
A_m	Amplitudenreserve	A.5
B	Eingangsmatrix	A.3
$B(u_0)$	Beschreibungsfunktion	A.3
B_y	Stellmatrix	A.5
B_z	Störmatrix	A.5
C	Ausgangsmatrix	A.3
c	Zielgröße	A.15
d	diskrete Totzeit (normiert)	
D	Durchgangsmatrix	A.3
e	Regeldifferenz	A.5

596 A Anhang

Zeichen	Bedeutung	Quelle
e	Schätzfehler (Residuum)	
f	Frequenz	A.15
F	Kraft	A.23
g	Fallbeschleunigung	A.23
g	Stellgrad	A.30
$G(j\omega)$	Frequenzgang	A.3
$G(s)$	Übertragungsfunktion	A.3
$g(t)$	Gewichtsfunktion	A.3
$G_z(z)$	z-Übertragungsfunktion	A.3
$h(t)$	Übergangsfunktion	A.3
$\mathbf{I}$	Einheitsmatrix	A.3
J	Gütekriterium, Zielfunktion	A.24
K_D	Differenzierbeiwert	A.3
K_I	Integrierbeiwert (Regler)	A.3
K_{IS}	Integrierbeiwert (Strecke)	
K_P	Proportionalbeiwert (Regler)	A.6
K_{PS}	Proportionalbeiwert (Strecke)	
K_z	Proportionalbeiwert bei Störgrößenaufschaltung	A.6
$\mathbf{L}$	Beobachtungsmatrix	A.5
L	Füllstand	A.8
L	LAPLACE-Operator (LAPLACE-Transformation)	A.28
l	Stellgliedposition	
m	Masse	A.23
m	Reglerausgangsgröße	A.15
m_e	Zusätzliche Reglerausgangsgröße	
$\mathbf{n}$	Rauschvektor	
$n(t)$	Rauschgröße	A.27
p	Druck	A.23
q	Aufgabengröße	A.5
Q	Wärmemenge	A.23
q_m	Massenstrom	A.23
q_V	Volumenstrom	A.23
r	Rückführgröße	A.5
s	Bildvariable	A.3
s	empirische Streuung	A.25
s	(empirische) Streuung	A.25
s^2	empirische Varianz	A.25
s^2	(empirische) Varianz	A.25
s_A	Analogsignal	
s_B	Binärsignal	
s_D	Digitalsignal	
T	Periode (Periodendauer)	A.23

A.1 Begriffe und Benennungen

Zeichen	Bedeutung	Quelle
T	(thermodynamische) Temperatur	A.23
T	Verzögerungszeit, Zeitkonstante	A.3
t	Zeit (kontinuierlich)	A.3
T_Σ	Summenzeitkonstante	
t_0	Anfangszeitpunkt	
T_a	Abtastperiode	A.35
T_C	Steuerungshorizont	
T_{cr}	Anregelzeit	A.15
T_{cs}	Ausregelzeit	A.15
T_E	Einstellzeit	A.36
t_E	Endzeitpunkt	A.24
T_f	Filterzeit	
T_g	Ausgleichszeit	A.3
t_k	Zeitpunkt k	A.3
T_l	Laufzeit	
T_M	Modellhorizont	
T_n	Nachstellzeit	A.3
T_P	Prädiktionshorizont	
T_r	Anstiegszeit	A.15
T_s	Einschwingzeit	A.15
T_{sr}	Anschwingzeit	A.15
T_t	Totzeit	A.3
T_{tE}	Ersatztotzeit	A.3
T_u	Verzugszeit	A.3
T_v	Vorhaltzeit	A.3
T_y	Stellzeit	A.6
$\boldsymbol{u}$	Eingangsvektor	A.2
$\hat{\boldsymbol{u}}$	Schätzwert von u	A.5
$U(s)$	LAPLACE-Transformierte von $u(t)$	A.3
$u(t)$	Kleinsignal	
u_0	Amplitude von u	A.39
u_D	Deterministische Größe	
u_k	Eingangsgröße k	A.3
u_m	Überschwingweite von u	A.3
$u_M(t)$	Großsignal	
u_R	Wert von $u(t)$ im Beharrungszustand	A.3
u_S	stochastische Größe	
u_{SD}	Schaltdifferenz bez. u	A.3
u_t	Totzone bez. u	A.3
$\boldsymbol{v}$	Ausgangsvektor, Messvektor	A.3
V	Variabilitätsindex	
V	Volumen	A.23

Zeichen	Bedeutung	Quelle
V_D	Differenzierverstärkung	A.16
v_k	Ausgangsgröße k	A.3
V_o	Kreisverstärkung	A.6
v_y	Änderungsgeschwindigkeit von y	A.6
w	Führungsgröße	A.5
$\boldsymbol{w}$	Führungsvektor	A.5
W_h	Führungsbereich	A.5
x	Regelgröße	A.5
$\boldsymbol{x}$	Zustandsvektor	A.5
$\bar{x}$	(empirischer) Mittelwert	A.25
$\hat{\boldsymbol{x}}$	Schätzvektor von x	A.5
X_{Ah}	Aufgabenbereich	A.5
X_h	Regelbereich	A.5
x_j	Zustandsgröße j	A.2
X_P	Proportionalbereich	A.16
x_w	Sollwertabweichung	A.6
y	Stellgröße	A.5
$\boldsymbol{y}$	Stellvektor	A.5
y_h	Handstellwert	
Y_h	Stellbereich	A.5
z	diskrete Bildvariable	A.3
z	Störgröße	A.5
$\boldsymbol{z}$	Störvektor	A.5
Z	z-Operator (z-Transformation)	A.28
Z_h	Störbereich	A.5
δ	Abklingkoeffizient	A.15
ϑ	Celsius-Temperatur	A.23
ϑ	Dämpfungsgrad	A.5
ρ	Dichte	A.23
μ	Erwartungswert, (theoretischer) Mittelwert	A.26
ω	Kreisfrequenz	A.3
κ	spezifischer Leitwert	A.23
σ	(theoretische) Streuung	A.26
γ	(thermischer) Volumenausdehnungskoeffizient	A.23
τ	Zeitverschiebung	
$\varphi(\omega)$	Phasengang	A.15
$\varepsilon(t)$	Einheitssprung (HEAVISIDE-Funktion)	A.3
$\delta(t)$	Einheitsstoß (DIRAC-Impuls)	A.3
σ^2	(theoretische) Varianz	A.26
ω_D	Durchtrittskreisfrequenz	A.5
ω_d	Eigenkreisfrequenz	A.3

Zeichen	Bedeutung	Quelle
ω_k	Eckkreisfrequenz k	A.3
ω_π	Phasenschnittkreisfrequenz	
φ_m	Phasenreserve	A.15
ω_o	Kennkreisfrequenz	A.3
$\Phi_{uv}(\tau)$	Kreuzkorrelationsfunktion	

A.2 Standardisierungsinstitutionen

Seit Mitte des 19. Jahrhunderts wurden zahlreiche nationale und internationale Institutionen gegründet, welche sich mit der Ausarbeitung wissenschaftlicher und industrieller Standards befassen.

> Die **Standardisierung** hat als Ziel die den menschlichen Bedürfnissen angepasste Entwicklung der Technik, wobei insbesondere Aspekte der Rationalisierung, Qualitätssicherung und allgemeinen Verständigung zum Tragen kommen. Ein **Standard** (engl. *standard*) ist eine anerkannte Regel für technische Entwicklungen unter Berücksichtigung der genannten Gesichtspunkte. Ein deutsches Synonym für den Begriff *Standard* ist der Begriff **Norm**.

REIHLEN fasst in [A.60] das Wesen von Normungsarbeiten zusammen. Wesentliche Bedeutung haben hierbei

- die Sicherheit von Mensch und Umwelt in der Produktionstechnik,
- die Austauschbarkeit von Komponenten,
- die Gewährleistung des Verbraucherschutzes durch Festlegung von Mindeststandards,
- die Vereinfachung des Informationsaustauschs,
- der Datenschutz,
- die Vereinheitlichung technisch-wissenschaftlicher Methoden,
- die Qualitätssicherung und
- die Senkung von Produktionskosten.

Die folgende Zusammenstellung gibt einen Überblick über Einrichtungen, welche für die Regelungstechnik bedeutsam sind. Quellen sind jeweils die angegebenen Web-Seiten. Die von den beschriebenen Institutionen ausgearbeiteten Regelwerke werden üblicherweise von der Industrie übernommen und – ggf. angepasst und erweitert – als firmenspezifische **Werksnormen** angewendet.

CENELEC (*Comité Européen de Normalisation Electrotechnique*). Gegründet 1973, Sitz in Brüssel. CENELEC ist ein Zusammenschluss von z. Zt. (A. D. 2006) 28 europäischen elektrotechnischen Komitees. Das Tätigkeitsfeld ist die Erarbeitung europäischer Normen im Bereich der Elektrotechnik. Web-Seite: www.cenelec.org.

DIN (*Deutsches Institut für Normung*). Gegründet 1917, Sitz in Berlin. Tätigkeitsfelder sind die Erarbeitung nationaler sowie die Übernahme internationaler Normen. Von herausragender Bedeutung für die Regelungstechnik sind die seit 1954 erarbeiteten Blätter der Normenreihe **DIN 19226** [A.2] bis [A.7]. Das DIN ist Mitglied in der → ISO. In der DDR existierte an Stelle des DIN das **ASMW** (*Amt für Standardisierung, Messwesen und Warenprüfung*), welches seit 1950 die gesetzlich als Standard verbindlichen **TGL-Dokumente** herausgab; TGL steht für *Technische Güte- und Lieferbedingungen*. Web-Seite: www.din.de.

IEC (*International Electrotechnical Commission*). Gegründet 1906, Sitz in Genf. Das IEC befasst sich u. a. mit der Normung von Maßeinheiten (z. B. des **SI-Systems**). Seit 1938 wird das *International Electrotechnical Vocabulary* zur Vereinheitlichung elektrotechnischer Begriffe herausgegeben. Besonders wichtig für die Leit- und Regelungstechnik ist **DIN E IEC 50050-351** [A.15]. Web-Seite: www.iec.ch.

ISO (*International Standardization Organization*). Gegründet 1946, Sitz in Genf. Beim ISO handelt es sich um einen weltweiten Zusammenschluss von Normungsorganisationen aus mehr als 150 Staaten. Web-Seite: www.iso.org.

NAMUR (*Interessengemeinschaft für Prozessleittechnik der chemischen und pharmazeutischen Industrie*). Gegründet 1949, Sitz in Leverkusen. Die NAMUR ist ein Zusammenschluss deutscher Unternehmen der chemischen und pharmazeutischen Industrie mit dem Ziel des Erfahrungsaustauschs und der Festlegung von Anforderungen an Geräte und Automatisierungsmethoden. Erarbeitete Dokumente werden als NAMUR-Empfehlungen (NE) bzw. -Arbeitsblätter (NA) herausgegeben. Web-Seite: www.namur.de.

VDE (*Verband der Elektrotechnik, Elektronik und Informationstechnik*). Gegründet 1893, Sitz in Frankfurt/M. Der VDE befasst sich mit Normungsarbeiten auf dem Bereich der Elektrotechnik; die erste VDE-Vorschrift erschien 1896. Wichtige Fachgesellschaften innerhalb des VDE sind die **DKE** (*Deutsche Kommission Elektrotechnik Elektronik Informationstechnik*) und die **GMA** (*Gesellschaft für Mess- und Automatisie-*

rungstechnik). Der VDE führt u. a. Gerätezertifizierungen bez. EMV (elektromagnetischer Verträglichkeit) und Sicherheit durch und vergibt entsprechende Prüfzeichen für Geräte. Hinzu kommt das VDE-Seminarwesen. Web-Seite: www.vde.de.

VDI (*Verband Deutscher Ingenieure*). Gegründet 1856, Sitz in Düsseldorf. Der VDI ist ein Zusammenschluss von Ingenieuren, Naturwissenschaftlern und Informatikern mit dem Ziel, in enger Zusammenarbeit mit dem → VDE technische Regelwerke (VDI- bzw. VDI/VDE-Richtlinien) zu erarbeiten; weiterhin bietet der VDI ein umfangreiches Weiterbildungsprogramm. Publizistisches Organ sind die VDI-Nachrichten, Fachveröffentlichungen erfolgen über den VDI Verlag. Web-Seite: www.vdi.de.

Literatur- und Normenverzeichnis

Regelwerke

DIN–Normen

[A.1]   DIN 19225: Messen, Steuern, Regeln – Benennung und Einteilung von Reglern. Beuth Verlag, Berlin 1981
[A.2]   DIN 19226-1: Leittechnik – Regelungs- und Steuerungstechnik – Allgemeine Grundbegriffe. Beuth Verlag, Berlin 1994
[A.3]   DIN 19226-2: Leittechnik – Regelungs- und Steuerungstechnik – Begriffe zum Verhalten dynamischer Systeme. Beuth Verlag, Berlin 1994
[A.4]   DIN 19226-3: Leittechnik – Regelungs- und Steuerungstechnik – Begriffe zum Verhalten von Schaltsystemen. Beuth Verlag, Berlin 1994
[A.5]   DIN 19226-4: Leittechnik – Regelungs- und Steuerungstechnik – Begriffe für Regelungs– und Steuerungssysteme. Beuth Verlag, Berlin 1994
[A.6]   DIN 19226-5: Leittechnik – Regelungs- und Steuerungstechnik – Funktionelle Begriffe. Beuth Verlag, Berlin 1994
[A.7]   DIN 19226-6: Leittechnik – Regelungs- und Steuerungstechnik – Begriffe zu Funktions– und Baueinheiten. Beuth Verlag, Berlin 1997
[A.8]   DIN 19227-1: Leittechnik – Graphische Symbole und Kennbuchstaben für die Prozeßleittechnik – Darstellung von Aufgaben. Beuth Verlag, Berlin 1993
[A.9]   DIN 19227-2: Leittechnik – Graphische Symbole und Kennbuchstaben für die Prozeßleittechnik – Darstellung von Einzelheiten. Beuth Verlag, Berlin 1991
[A.10] DIN 40050-9: Straßenfahrzeuge – IP-Schutzarten. Beuth Verlag, Berlin 1993
[A.11] DIN 40700-14: Schaltzeichen – Digitale Informationsverarbeitung. Beuth Verlag, Berlin 1976
[A.12] DIN 40719-6: Schaltungsunterlagen – Regeln für Funktionspläne. Beuth Verlag, Berlin 1976
[A.13] DIN E 1304-10: Formelzeichen – Formelzeichen für die Regelungs- und Steuerungstechnik. Beuth Verlag, Berlin 2002
[A.14] DIN E 40146: Nachrichtentechnik – Grundbegriffe. Beuth Verlag, Berlin 2004
[A.15] DIN E IEC 60050-351: Internationales Elektrotechnisches Wörterbuch – Teil 351: Leittechnik. Beuth Verlag, Berlin 2004
[A.16] DIN EN 60546-1: Regler mit analogen Signalen für die Anwendung in Systemen der Industriellen Prozeßtechnik – Teil 1: Methoden der Beurteilung des Betriebsverhaltens. Beuth Verlag, Berlin 1995

[A.17] DIN EN 60546-2: Regler mit analogen Signalen für die Anwendung in Systemen der Industriellen Prozeßtechnik – Teil 2: Anleitung für die Abnahme- und Betriebsuntersuchung. Beuth Verlag, Berlin 1995
[A.18] DIN EN 61131-3: Speicherprogrammierbare Steuerungen – Programmiersprachen. Beuth Verlag, Berlin 1994
[A.19] DIN EN ISO 10628: Fließschemata für verfahrenstechnische Anlagen – Allgemeine Regeln. Beuth Verlag, Berlin 2001
[A.20] DIN V 19222: Leittechnik – Begriffe. Beuth Verlag, Berlin 2001
[A.21] DIN V 19233: Leittechnik – Prozeßautomatisierung – Automatisierung mit Prozeßrechensystemen – Begriffe. Beuth Verlag, Berlin 1998
[A.22] DIN 69901: Projektwirtschaft – Projektmanagement – Begriffe. Beuth Verlag, Berlin 1987
[A.23] DIN 1304-1: Formelzeichen – Allgemeine Zeichen. Beuth Verlag, Berlin 1994
[A.24] DIN 19236: Optimierung – Begriffe. Beuth Verlag, Berlin 1977
[A.25] DIN 55350-23: Begriffe der Qualitätssicherung und Statistik – Begriffe der Statistik – Beschreibende Statistik. Beuth Verlag, Berlin 1983
[A.26] DIN 55350-21: Begriffe der Qualitätssicherung und Statistik – Begriffe der Statistik – Zufallsgrößen und Wahrscheinlichkeitsverteilungen. Beuth Verlag, Berlin 1982
[A.27] DIN 1304-1: Formelzeichen – Formelzeichen für die elektrische Nachrichtentechnik. Beuth Verlag, Berlin 1992
[A.28] DIN 5487: Fourier-, Laplace- und Z-Transformation – Zeichen und Begriffe. Beuth Verlag, Berlin 1988

VDI/VDE–Richtlinien

[A.29] VDI 2449-1: Prüfkriterien von Meßverfahren – Ermittlung von Verfahrenskenngrößen für die Messung gasförmiger Schadstoffe (Immission). Beuth Verlag, Berlin 1995
[A.30] VDI/VDE 2189-2: Beschreibung und Untersuchung von Zwei- und Dreipunktreglern mit Rückführung. Beuth Verlag, Berlin 1986
[A.31] VDI/VDE 2190-1: Beschreibung und Untersuchung stetiger Regelgeräte – Grundlagen. Beuth Verlag, Berlin 1976
[A.32] VDI/VDE 3550-1: Computational Intelligence – Künstliche Neuronale Netze in der Automatisierungstechnik – Begriffe und Definitionen. Beuth Verlag, Berlin 2001
[A.33] VDI/VDE 3550-2: Computational Intelligence – Fuzzy-Logik und Fuzzy-Control – Begriffe und Definitionen. Beuth Verlag, Berlin 2002
[A.34] VDI/VDE 3685-1: Adaptive Regler – Begriffe und Eigenschaften. Beuth Verlag, Berlin 1990
[A.35] VDI/VDE 3685-2: Adaptive Regler – Erläuterungen und Beispiele. Beuth Verlag, Berlin 1982
[A.36] VDI 4202-1: Mindestanforderungen an automatische Immissionseinrichtungen bei der Eignungsprüfung – Punktmessverfahren für gas- und partikelförmige Luftverunreinigungen. Beuth Verlag, Berlin 2002

[A.37] VDI/VDE 3694: Lastenheft/Pflichtenheft für den Einsatz von Automatisierungssystemen. Beuth Verlag, Berlin 1991
[A.38] VDI/VDE 3696-1: Herstellerneutrale Konfigurierung von Prozeßleitsystemen – Allgemeines zur herstellerneutralen Konfigurierung. Beuth Verlag, Berlin 1995
[A.39] VDI/VDE 3696-2: Herstellerneutrale Konfigurierung von Prozeßleitsystemen – Standard-Funktionsbausteine. Beuth Verlag, Berlin 1995
[A.40] VDI/VDE 3699-3: Prozeßführung mit Bildschirmen – Fließbilder. Beuth Verlag, Berlin 1999
[A.41] VDI/VDE 3699-4: Prozeßführung mit Bildschirmen – Kurven. Beuth Verlag, Berlin 1997
[A.42] VDI/VDE 3699-5: Prozeßführung mit Bildschirmen – Meldungen. Beuth Verlag, Berlin 1998
[A.43] VDI/VDE 3699-6: Prozeßführung mit Bildschirmen – Bedienverfahren und Bediengeräte. Beuth Verlag, Berlin 2002
[A.44] VDI/VDE E 3633-1: Simulation von Logistik-, Materialfluß- und Produktionssystemen – Grundlagen. Beuth Verlag, Berlin 2000
[A.45] VDI/VDE E 3682: Formalisierte Prozessbeschreibungen. Beuth Verlag, Berlin 2003
[A.46] VDI/VDE E 3699-1: Prozeßführung mit Bildschirmen – Begriffe. Beuth Verlag, Berlin 2001
[A.47] VDI/VDE E 3699-2: Prozeßführung mit Bildschirmen – Grundlagen. Beuth Verlag, Berlin 2003

NAMUR–Empfehlungen und -Arbeitsblätter

[A.48] NA 30: Grundzüge der Datenmodellierung mit Hilfe der Entity-Relationship-Methode. NAMUR, Leverkusen 1996
[A.49] NA 35: Abwicklung von PLT-Projekten. NAMUR, Leverkusen 1993
[A.50] NA 55: Vorgabe für PLT-Stellen zur Planung, Errichtung und Instandhaltung. NAMUR, Leverkusen 1999
[A.51] NE 58: Abwicklung von qualifizierungspflichtigen PLT-Projekten. NAMUR, Leverkusen 1996
[A.52] NE 91: Anforderungen an Systeme für Anlagennahes Asset Management. NAMUR, Leverkusen 2001

Standardliteratur

[A.53] AITKEN, A. C.: Determinanten und Matrizen. BI Hochschultaschenbücher, Mannheim etc. 1969
[A.54] BERZ, E.: Verallgemeinerte Funktionen und Operatoren. BI Hochschultaschenbücher, Mannheim 1967
[A.55] BIRAN, A., BREINER, M.: Matlab für Ingenieure. Addison-Wesley, Bonn etc. 1995

[A.56] BRECKNER, K.: Regel- und Rechenschaltungen in der Prozeßautomatisierung. Oldenbourg Verlag, München/Wien 1999
[A.57] BRONSTEIN, I. R., SEMENDJAJEW, K. A.: Taschenbuch der Mathematik. Verlag Harri Deutsch, Thun/Frankfurt 1991
[A.58] BRYCHTA, P.: Technische Simulation. Vogel Buchverlag, Würzburg 2004
[A.59] CLAUS, G., EBNER, H.: Grundlagen der Statistik. Verlag Harri Deutsch, Frankfurt/Main 1971
[A.60] CUNNINGHAM, J.: Vektoren. rororo Vieweg, Reinbek 1974
[A.61] CZYCHOS, H. (Hrsg.): HÜTTE – Die Grundlagen der Ingenieurwissenschaften. Springer Verlag, Berlin etc. 2000
[A.62] DOBRINSKI, P., KRAKAU, G., VOGEL, A.: Physik für Ingenieure. B. G. Teubner Verlag, Stuttgart 1988
[A.63] EMONS, H.-H. et al.: Lehrbuch der Technischen Chemie. VEB Deutscher Verlag für Grundstoffindustrie, Leipzig 1974
[A.64] ENGEL, H. O.: Stellgeräte für die Prozessautomatisierung. VDI Verlag, Düsseldorf 1994
[A.65] FÖLLINGER, O.: Lineare Abtastsysteme, Oldenbourg Verlag, München 1982
[A.66] FÖLLINGER, O.: Regelungstechnik. Hüthig Verlag, Heidelberg 1985
[A.67] FORBRIG, P.: Objektorientierte Softwareentwicklung mit UML. Carl Hanser Verlag, München/Wien 2002
[A.68] FRANK, H. (Hrsg.): Kybernetik – Brücke zwischen den Wissenschaften. Umschau Verlag, Frankfurt/M. 1970
[A.69] FRÜH, K. F., MAIER, U. (Hrsg.): Handbuch der Prozessautomatisierung. Oldenbourg Verlag, München 2004
[A.70] GÖLDNER, K.: Mathematische Grundlagen der Systemanalyse 1. Verlag Harri Deutsch, Thun/Frankfurt 1987
[A.71] GÖLDNER, K.: Mathematische Grundlagen der Systemanalyse 2. Verlag Harri Deutsch, Thun/Frankfurt 1989
[A.72] GÖLDNER, K., KUBIK, S: Mathematische Grundlagen der Systemanalyse 3. Verlag Harri Deutsch, Thun/Frankfurt 1983
[A.73] GRÖBNER, W.: Matrizenrechnung. BI Hochschultaschenbücher, Mannheim etc. 1966
[A.74] HARDTWIG, E.: Fehler- und Ausgleichsrechnung. BI Hochschultaschenbücher, Mannheim etc. 1968
[A.75] HART, H.: Einführung in die Meßtechnik. VEB Verlag Technik, Berlin 1989
[A.76] HERING, E., GUTEKUNST, J., DYLLONG, U.: Handbuch der praktischen und technischen Informatik. Springer Verlag, Berlin etc. 2000
[A.77] HOFFMANN, J.: Matlab und Simulink. Addison–Wesley, Bonn etc. 1998
[A.78] IGNATOWITZ, E.: Chemietechnik. Europa-Lehrmittel, Haan-Gruiten 1994
[A.79] ISERMANN, R.: Experimentelle Analyse der Dynamik von Regelsystemen – Identifikation 1. BI Hochschultaschenbücher, Mannheim 1971
[A.80] JANOCHA, H. (Hrsg.): Aktoren. Springer Verlag, Berlin etc. 1992

[A.81] KNIES, W., SCHIERACK, K.: Elektrische Anlagentechnik. Carl Hanser Verlag, München/Wien 2006
[A.82] LANGMANN, R. (Hrsg.): Taschenbuch der Automatisierung. Carl Hanser Verlag, München/Wien 2004
[A.83] LAUGWITZ, D.: Ingenieurmathematik I. BI Hochschultaschenbücher, Mannheim 1964
[A.84] LAUGWITZ, D.: Ingenieurmathematik II. BI Hochschultaschenbücher, Mannheim 1964
[A.85] LAUGWITZ, D.: Ingenieurmathematik III. BI Hochschultaschenbücher, Mannheim 1964
[A.86] LAUGWITZ, D.: Ingenieurmathematik IV. BI Hochschultaschenbücher, Mannheim 1967
[A.87] LUTZ, H., WENDT, W.: Taschenbuch der Regelungstechnik. Verlag Harri Deutsch, Frankfurt/M. 2003
[A.88] MAGER, H.: Moderne Regressionsanalyse. Salle und Sauerländer, Frankfurt/Aarau etc. 1982
[A.89] PREßLER, G.: Regelungstechnik. BI Hochschultaschenbücher, Mannheim 1967
[A.90] SACHSSE, H.: Einführung in die Kybernetik. rororo Vieweg, Reinbek 1974
[A.91] SAMAL, E.: Grundriß der praktischen Regelungstechnik. Oldenbourg Verlag, München/Wien 1991
[A.92] SCHABACK, R., WERNER, H.: Numerische Mathematik. Springer Verlag, Berlin etc. 1992
[A.93] SCHLITT, H.: Regelungstechnik. Vogel Verlag, Würzburg 1993
[A.94] SCHMIDT, G.: Simulationstechnik. Oldenbourg Verlag, München/Wien 1980
[A.95] SCHNELL, G.: Bussysteme in der Automatisierungstechnik. Vieweg Verlag, Braunschweig/Wiesbaden 1994
[A.96] SCHNIEDER, E.: Prozeßinformatik. Vieweg & Sohn, Braunschweig/Wiesbaden 1986
[A.97] SCHÖNE, A.: Prozeßrechensysteme. Carl Hanser Verlag, München/Wien 1981
[A.98] SCHRÜFER, E.: Signalverarbeitung. Carl Hanser Verlag, München/Wien 1992
[A.99] SCHULER, H. (Hrsg.): Prozeßführung. Oldenbourg Verlag, München/Wien 1999
[A.100] STROHRMANN, G.: Automatisierungstechnik 1. Oldenbourg Verlag, München/Wien 1998
[A.101] STROHRMANN, G.: Automatisierungstechnik 2. Oldenbourg Verlag, München 1996
[A.102] UNBEHAUEN, R.: Regelungstechnik, Band I. Vieweg Verlag, Wiesbaden 2002
[A.103] UNBEHAUEN, R.: Regelungstechnik, Band II. Vieweg Verlag, Wiesbaden 2002

Literatur- und Normenverzeichnis 607

[A.104] UNBEHAUEN, R.: Regelungstechnik, Band III. Vieweg Verlag, Wiesbaden 2002
[A.105] UNBEHAUEN, R.: Systemtheorie. Oldenbourg Verlag, München 1993
[A.106] V. CUBE, F.: Was ist Kybernetik? Deutscher Taschenbuch Verlag, München 1972
[A.107] WEBER, K. H.: Inbetriebnahme verfahrenstechnischer Anlagen. Springer Verlag, Berlin, Heidelberg 1997
[A.108] WIENER, N.: Kybernetik. ECON Verlag, Düsseldorf etc. 1992
[A.109] ZURMÜHL, R.: Matrizen und ihre technischen Anwendungen. Springer Verlag, Berlin etc. 1964
[A.110] ZURMÜHL, R.: Praktische Mathematik für Ingenieure und Physiker. Springer Verlag, Berlin etc. 1965
[A.111] RADTKE, K.-H. (Bearbeiter): Routledge – Langenscheidts Fachwörterbuch Kompakt Technik – Englisch. Langenscheidt Fachverlag, München 2000

Kapitelbezogene Quellenangaben

Einleitung

[E.1] DROSDOWSKI, G., GREBE, K., KÖSLER, R., MÜLLER, W. (Hrsg.): Duden Band 7 (Etymologie). Bibliographisches Institut, Mannheim etc. 1963
[E.2] CANAVAS, C.: Geschichte der Regelung und Automatisierung in der Verfahrenstechnik. Chem.-Ing.-Tech. 67(1995)6
[E.3] KRIESEL, W., ROHR, H., KOCH, A.: Geschichte der Meß- und Automatisierungstechnik. VDI-Verlag, Düsseldorf 1995
[E.4] WIENER, N.: Kybernetik. ECON Verlag, Düsseldorf etc. 1992
[E.5] DIN 19226: Regelungstechnik - Benennungen, Begriffe. Beuth Verlag, Berlin 1954
[E.6] FASOL, K. H.: Hermann Schmidt, Naturwissenschaftler und Philosoph – Pionier der Allgemeinen Regelkreislehre in Deutschland. Automatisierungstechnische Praxis 49(2001)3

Kapitel 1

[1.1] SCHORN, W., GROßE, N.: Beschreibung von Prozessen. Automatisierungstechnische Praxis 45(2003)12
[1.2] FRANK, H. (Hrsg.): Kybernetik – Brücke zwischen den Wissenschaften. Umschau Verlag, Frankfurt/M. 1970
[1.3] V. CUBE, F.: Was ist Kybernetik? Deutscher Taschenbuch Verlag, München 1972
[1.4] WIENER, N.: Kybernetik. ECON Verlag, Düsseldorf etc. 1992
[1.5] SACHSSE, H.: Einführung in die Kybernetik. rororo Vieweg, Reinbek 1974

[1.6]   DIN 19226-1: Leittechnik – Regelungs- und Steuerungstechnik – Allgemeine Grundbegriffe. Beuth Verlag, Berlin 1994
[1.7]   DIN V 19233: Leittechnik – Prozeßautomatisierung – Automatisierung mit Prozeßrechensystemen – Begriffe. Beuth Verlag, Berlin 1998
[1.8]   SCHORN, W., GROßE, N.: Begriffe zur Strukturierung produktionstechnischer Prozesse. Automatisierungstechnische Praxis 44(2002)8
[1.9]   DIN E 40146: Nachrichtentechnik – Grundbegriffe. Beuth Verlag, Berlin 2004
[1.10] GÖLDNER, K.: Mathematische Grundlagen der Systemanalyse 1. Verlag Harri Deutsch, Thun/Frankfurt 1987
[1.11] DIN 19226-2: Leittechnik – Regelungs- und Steuerungstechnik – Begriffe zum Verhalten dynamischer Systeme. Beuth Verlag, Berlin 1994
[1.12] DIN 19226-4: Leittechnik – Regelungs– und Steuerungstechnik – Begriffe für Regelungs- und Steuerungssysteme. Beuth Verlag, Berlin 1994
[1.13] DIN V 19222: Leittechnik – Begriffe. Beuth Verlag, Berlin 2001
[1.14] SCHULER, H. (Hrsg.): Prozeßführung. Oldenbourg Verlag, München/Wien 1999
[1.15] DIN E 1304-10: Formelzeichen – Formelzeichen für die Regelungs- und Steuerungstechnik. Beuth Verlag, Berlin 2002
[1.16] DIN 19227-2: Leittechnik – Graphische Symbole und Kennbuchstaben für die Prozeßleittechnik – Darstellung von Einzelheiten. Beuth Verlag, Berlin 1991
[1.17] DIN 19227-1: Leittechnik – Graphische Symbole und Kennbuchstaben für die Prozeßleittechnik – Darstellung von Aufgaben. Beuth Verlag, Berlin 1993
[1.18] DIN EN ISO 10628: Fließschemata für verfahrenstechnische Anlagen – Allgemeine Regeln. Beuth Verlag, Berlin 2001
[1.19] LANGMANN, R. (Hrsg.): Taschenbuch der Automatisierung. Carl Hanser Verlag, München/Wien 2004
[1.20] CUNNINGHAM, J.: Vektoren. rororo Vieweg, Reinbek 1974
[1.21] AITKEN, A. C.: Determinanten und Matrizen. BI Hochschultaschenbücher, Mannheim etc. 1969
[1.22] LAUGWITZ, D.: Ingenieurmathematik IV. BI Hochschultaschenbücher, Mannheim 1967
[1.23] GRÖBNER, W.: Matrizenrechnung. BI Hochschultaschenbücher, Mannheim etc. 1966
[1.24] ZURMÜHL, R.: Matrizen und ihre technischen Anwendungen. Springer Verlag, Berlin etc. 1964
[1.25] ZURMÜHL, R.: Praktische Mathematik für Ingenieure und Physiker. Springer Verlag, Berlin etc. 1965
[1.26] BRONSTEIN, I. R., SEMENDJAJEW, K. A.: Taschenbuch der Mathematik. Verlag Harri Deutsch, Thun/Frankfurt 1991
[1.27] FÖLLINGER, O.: Regelungstechnik. Hüthig Verlag, Heidelberg 1985

[1.28]	BERZ, E.: Verallgemeinerte Funktionen und Operatoren. BI Hochschultaschenbücher, Mannheim 1967
[1.29]	UNBEHAUEN, R.: Systemtheorie. Oldenbourg Verlag, München/Wien 1993
[1.30]	LAUGWITZ, D.: Ingenieurmathematik I. BI Hochschultaschenbücher, Mannheim 1964
[1.31]	SCHLITT, H.: Regelungstechnik in Verfahrenstechnik und Chemie. Vogel Verlag, Würzburg 1978
[1.32]	SCHLITT, H.: Regelungstechnik. Vogel Verlag, Würzburg 1993
[1.33]	GÖLDNER, K.: Mathematische Grundlagen der Systemanalyse 2. Verlag Harri Deutsch, Thun/Frankfurt 1989
[1.34]	GÖLDNER, K., KUBIK, S: Mathematische Grundlagen der Systemanalyse 3. Verlag Harri Deutsch, Thun/Frankfurt 1983
[1.34]	PREßLER, G.: Regelungstechnik. BI Hochschultaschenbücher, Mannheim 1967
[1.36]	LAUGWITZ, D.: Ingenieurmathematik III. BI Hochschultaschenbücher, Mannheim 1964
[1.37]	STROHRMANN, G.: Automatisierungstechnik 2. Oldenbourg Verlag, München 1996
[1.38]	LUTZ, H., WENDT, W.: Taschenbuch der Regelungstechnik. Verlag Harri Deutsch, Frankfurt/M. 2003

Kapitel 2

[2.1]	DIN 19226-2: Leittechnik – Regelungs– und Steuerungstechnik – Begriffe zum Verhalten dynamischer Systeme. Beuth Verlag, Berlin 1994
[2.2]	DIN E 1304-10: Formelzeichen – Formelzeichen für die Regelungs- und Steuerungstechnik. Beuth Verlag, Berlin 2002
[2.3]	LANGMANN, R. (Hrsg.): Taschenbuch der Automatisierung. Carl Hanser Verlag, München/Wien 2004
[2.4]	DIN 19226-5: Leittechnik – Regelungs– und Steuerungstechnik – Funktionelle Begriffe. Beuth Verlag, Berlin 1994
[2.5]	JANOCHA, H. (Hrsg.): Aktoren. Springer Verlag, Berlin etc. 1992
[2.6]	SCHLITT, H.: Regelungstechnik in Verfahrenstechnik und Chemie. Vogel Verlag, Würzburg 1978
[2.7]	VDI 2449-1: Prüfkriterien von Meßverfahren – Ermittlung von Verfahrenskenngrößen für die Messung gasförmiger Schadstoffe (Immission). Beuth Verlag, Berlin 1995
[2.8]	HART, H.: Einführung in die Meßtechnik. VEB Verlag Technik, Berlin 1989
[2.9]	Druckluftkompendium (Fa. BOGE). www.drucklufttechnik.de
[2.10]	GROßE, N.: Entwurf zeitdiskreter Ausgangsrückführungen. VDI-Verlag, Düsseldorf 1990
[2.11]	SGL CARBON GROUP: Systeme – unser Know–how. Siershahn 2002. www.sglcarbon.com

[2.12] STROHRMANN, G.: Automatisierungstechnik 1. Oldenbourg Verlag, München/Wien 1998
[2.13] EMONS, H.-H. et al.: Lehrbuch der Technischen Chemie. VEB Deutscher Verlag für Grundstoffindustrie, Leipzig 1974
[2.14] ZIEGLER, J. G., NICHOLS, N. B.: Optimum Settings for Automatic Controllers. Transactions of the A. S. M. E. 11/1942
[2.15] DIN 19226-1: Leittechnik – Regelungs- und Steuerungstechnik – Allgemeine Grundbegriffe. Beuth Verlag, Berlin 1994
[2.16] SCHULER, H. (Hrsg.): Prozeßführung. Oldenbourg Verlag, München 1999
[2.17] LUTZ, H., WENDT, W.: Taschenbuch der Regelungstechnik. Verlag Harri Deutsch, Frankfurt/M. 2003
[2.18] SCHÖNE, A.: Prozeßrechensysteme. Carl Hanser Verlag, München/Wien 1981
[2.19] NE 58: Abwicklung von qualifizierungspflichtigen PLT-Projekten. NAMUR 1996
[2.20] SCHWARZE, G.: Bestimmung der regelungstechnischen Kennwerte von P-Gliedern aus der Übergangsfunktion ohne Wendetangentenkonstruktion. Zmsr 5(1962)10
[2.21] STREJC, V.: Approximation aperiodischer Übergangscharakteristiken. rt 7(1959), S. 124 ff.
[2.22] KUHN, U.: Eine praxisnahe Einstellregel für PID-Regler: Die T-Summen-Regel. atp 37(1995)5
[2.23] JACOB, E. F., CHIDAMBARAM, M.: Design of Controllers for unstable First-Order plus Time Delay Systems. Computers Chem. Eng. 20(1996)5
[2.24] GROBE, N.: Prozessleitsystem Esuite. SPS Magazin, SPS-Special 2004
[2.25] SCHRÜFER, E.: Signalverarbeitung. Carl Hanser Verlag, München/Wien 1992
[2.26] ISERMANN, E., BAUR, U., KURZ, H.: Identifikation dynamischer Prozesse mittels Korrelation und Parameterschätzung. Regelungstechnik und Prozeß-Datenverarbeitung 22(1974)8
[2.27] SEITZ, M., KURZ, A., TOLLE, H.: Lernende Regelung von Totzeitprozessen. at 41(1993)9
[2.28] BRONSTEIN, I. N., SEMENDJAJEW, K. A.: Taschenbuch der Mathematik. Verlag Harri Deutsch, Thun und Frankfurt 1991
[2.29] HARDTWIG, E.: Fehler- und Ausgleichsrechnung. BI Hochschultaschenbücher, Mannheim etc. 1968
[2.30] MAGER, H.: Moderne Regressionsanalyse. Salle und Sauerländer, Frankfurt/Aarau etc. 1982
[2.31] ZURMÜHL, R.: Matrizen und ihre technischen Anwendungen. Springer-Verlag, Berlin etc. 1964
[2.32] SCHORN, W., SCHORN, J.: Scriptprogrammierung für Solaris und Linux. Addison-Wesley, München 2004
[2.33] RINNE, H.: Taschenbuch der Statistik. Verlag Harri Deutsch, Frankfurt/Main 1995

[2.34] CLAUS, G., EBNER, H.: Grundlagen der Statistik. Verlag Harri Deutsch, Frankfurt/Main 1971
[2.35] LEUSCHNER, H.: Zeitreihenanalysen. Vorlesungsskript der Universität Köln, o. O., o. J.
[2.36] UNBEHAUEN, R.: Systemtheorie. Oldenbourg Verlag, München 1993
[2.37] DIN 19226-4: Leittechnik – Regelungs- und Steuerungstechnik – Begriffe für Regelungs- und Steuerungssysteme. Beuth Verlag, Berlin 1994
[2.38] FRÜH, K. F., MAIER, U.: Handbuch der Prozessautomatisierung. Oldenbourg Verlag, München 2004
[2.39] LUENBERGER, D. G.: An Introduction to Observers. IEEE Transactions on Automatic Control, 16(1971)6
[2.40] PAVLIK, E.: Anschauliche Darstellung des Beobachters nach Luenberger. Regelungstechnik 26 (1978)2
[2.41] PAVLIK, E.: Aspekte des praktischen Einsatzes von „Beobachtern" für die Prozeßautomatisierung. Regelungstechnische Praxis 21(1979)2
[2.42] ACKERMANN, J.: Einführung in die Theorie der Beobachter. Regelungstechnik 24(1976)7
[2.43] SCHLITT, H.: Regelungstechnik. Vogel Verlag, Würzburg 1993
[2.44] SCHULZ, G.: Regelungstechnik. Oldenbourg Verlag, München 2002
[2.45] BUCKLEY, P. S.: Techniques of Process Control. J. Wiley & Sons, New York etc. 1964

Kapitel 3

[3.1] DIN 19226-4: Leittechnik – Regelungs- und Steuerungstechnik – Begriffe für Regelungs– und Steuerungssysteme. Beuth Verlag, Berlin 1994
[3.2] DIN E 1304-10: Formelzeichen – Formelzeichen für die Regelungs- und Steuerungstechnik. Beuth Verlag, Berlin 2002
[3.3] DIN 19225: Messen, Steuern, Regeln – Benennung und Einteilung von Reglern. Beuth Verlag, Berlin 1981
[3.4] DIN 19227-1: Leittechnik – Graphische Symbole und Kennbuchstaben für die Prozeßleittechnik – Darstellung von Aufgaben. Beuth Verlag, Berlin 1993
[3.5] DIN EN 60546-1: Regler mit analogen Signalen für die Anwendung in Systemen der Industriellen Prozeßtechnik – Teil 1: Methoden der Beurteilung des Betriebsverhaltens. Beuth Verlag, Berlin 1995
[3.6] DIN 19226-2: Leittechnik – Regelungs- und Steuerungstechnik – Begriffe zum Verhalten dynamischer Systeme. Beuth Verlag, Berlin 1994
[3.7] VDI/VDE 2190-1: Beschreibung und Untersuchung stetiger Regelgeräte – Grundlagen. Beuth Verlag, Berlin 1976
[3.8] NOISSER, R.: Anti-Reset-Windup-Maßnahmen bei Eingrößenregelungen. Automatisierungstechnik 35(1987)1
[3.9] NOISSER, R.: Anti-Reset-Windup-Maßnahmen für Eingrößenregelungen mit digitalen Reglern. Automatisierungstechnik 35(1987)12

[3.10] VDI/VDE 2189-2: Beschreibung und Untersuchung von Zwei- und Dreipunktreglern mit Rückführung. Beuth Verlag, Berlin 1986
[3.11] FIEGER, K.: Regelungstechnik, Grundlagen und Geräte. Druckschrift Hartmann & Braun, Frankfurt/M., o. J.
[3.12] DIN EN 60546-2: Regler mit analogen Signalen für die Anwendung in Systemen der Industriellen Prozeßtechnik – Teil 1: Anleitung für die Abnahme- und Betriebsuntersuchung. Beuth Verlag, Berlin 1995

Kapitel 4

[4.1] SAMAL, E.: Grundriß der praktischen Regelungstechnik. Oldenbourg Verlag, München/Wien 1991
[4.2] DIN 19226-2: Leittechnik – Regelungstechnik und Steuerungstechnik – Begriffe zum Verhalten dynamischer Systeme. Beuth Verlag, Berlin 1994
[4.3] UNBEHAUEN, R.: Systemtheorie. Oldenbourg Verlag, München/Wien 1993
[4.4] ZURMÜHL, R.: Praktische Mathematik für Ingenieure und Physiker. Springer Verlag, Berlin etc. 1965
[4.5] SCHABACK, R., WERNER, H.: Numerische Mathematik. Springer Verlag, Berlin etc. 1992
[4.6] GÖLDNER, K.: Mathematische Grundlagen der Systemanalyse II. VEB Fachbuchverlag Leipzig, Leipzig 1989
[4.7] DIN 19226-4: Leittechnik – Regelungstechnik und Steuerungstechnik – Begriffe für Regelungs- und Steuerungssysteme. Beuth Verlag, Berlin 1994
[4.8] LATZEL, W.: Die Methode der Betragsanpassung. Automatisierungstechnik (at), Heft 2, pp. 48–58, 1990.
[4.9] FÖLLINGER, O.: Regelungstechnik. Hüthig Verlag, Heidelberg, 7. Aufl. 1992
[4.10] SCHAEDEL, H. M.: Direkter Entwurf parameteroptimierter Regler nach dem Kriterium der gestuften Dämpfung. DFMRS-Jahrestagung 07.09.1995 in Bremen, Forschungsbericht 95-1, S. 117–153
[4.11] SCHAEDEL, H. M.: Neue Prinzipien des direkten Entwurfs parameteroptimierter Regler für stabile, schwingungsfähige und instabile Strecken mit dem CAE-Werkzeug SImTool, GMA–Tagung „Mess- und Automatisierungstechnik", Ludwigsburg, 18./19. Juni 1998
[4.12] SCHLITT, H.: Regelungstechnik in Verfahrenstechnik und Chemie. Vogel Verlag, Würzburg 1978
[4.13] FIEGER, K.: Regelungstechnik, Anwendung und Geräte. H&B-Druckschrift, o. O., o. J.
[4.14] DRENIK, R. F.: Die Optimierung linearer Regelsysteme. Oldenbourg Verlag, München 1967
[4.15] ZIPSE, H. W.: Verfahren zur vereinfachten Bestimmung nahezu optimaler Reglereinstellungen für proportional-integral geregelte Verzögerungsketten n-ter Ordnung mit ungleichen Zeitkonstanten. Dissertation, TH Karlsruhe 1967

[4.16] KEßLER, C.: Über die Vorausberechnung optimal abgestimmter Regelkreise, Teil III. Regelungstechnik (rt) 1955, pp. 40–49

[4.17] LUTZ, H., WENDT, W.: Taschenbuch der Regelungstechnik. Verlag Harri Deutsch, Frankfurt/M. 2003

[4.18] OCHS, S., KUHN, U.: Kompaktregler – Stand der Technik und Marktübersicht. Automatisierungstechnische Praxis (atp), pp. 74–80, 2004.

[4.19] UNBEHAUEN, H.: Regelungstechnik, Band I–III. Vieweg Verlag, Wiesbaden 2002

[4.20] BECKER, N., GRIMM, W. M., PIECHOTTKA, U.: Vergleich verschiedener PI(D-Regler-Einstellregeln für aperiodische Strecken mit Ausgleich. Automatisierungstechnische Praxis (atp) 1999, pp. 39–46

[4.21] LATZEL, W.: Einstellregeln für vorgegebene Überschwingweite. Automatisierungstechnik (at) 1993, pp. 103–113

[4.22] KUHN, U.: Eine praxisnahe Einstellregel für PID-Regler: Die T-Summenregel. Automatisierungstechnische Praxis (atp) 1995, pp. 10–16

[4.23] ZIEGLER, J., NICHOLS, N.: Optimum Settings for Automatic Controllers. Trans. ASME 64, 1942, pp. 759–768

[4.24] CHIEN, K. L., HRONES, J. A., RESWICK, J. B.: On the automatic control of generalized passive systems. Trans ASME 74, 1952, pp. 175–185

[4.25] SCHWARZE, G.: Regelungstechnik für Praktiker. Reihe Automatisierungstechnik Bd. 50. Vieweg Verlag, Braunschweig 1968

[4.26] PREUß, H. P.: Robuste Adaption in Prozessreglern. Automatisierungstechnische Praxis (atp) 1991, pp. 178–187

[4.27] SCHLIESSMANN, H.: Über die optimale Bemessung von Regelsystemen mit Laufzeit. Regelungstechnik (rt) 1959, pp. 272–281

[4.28] BUNZEMEIER, A.: Ein Vorschlag zur Regelung integral wirkender Prozesse mit Eingangsstörung. Automatisierungstechnische Praxis (atp) 1998, pp. 26–35

[4.29] JACOB, E. F., CHIDAMBARAM, M.: Design of Controllers for Unstable First-Order plus Time Delay Systems. Computers Chem. Engng. 20(1996)5, pp. 579

[4.30] PREßLER, G.: Regelungstechnik. BI Hochschultaschenbücher, Mannheim etc. 1967

[4.31] HÜCKER, J., RAKE, H.: Selbsteinstellung von Kompaktreglern – Stand der Technik. Automatisierungstechnische Praxis (atp) 2000, Band 42, Heft 11, pp. 54–59,

[4.32] GOREZ, R.: A Survey of PID Auto-Tuning Methods. Journal A, vol. 38, no. 1, pp. 3–9, 1997

[4.33] ASTRÖM, K. J., HÄGGLUND, T.: PID-Controllers: Theory, Design and Tuning. Instrument Society of America, Research Triangle Park, NC, USA, 1995

[4.34] ASTRÖM, K. J., HÄGGLUND, T., HANG, C.C., HO, W.K.: Automatic Tuning and Adaption for PID-Controllers – a Survey. Control Engineering Practice, Vol. 1, No. 4, pp. 699–714, 1993

[4.35] BLEVINS, T. L., MCMILLAN, K., WOJSZNIS, W. K., BROWN, M. W.: Advanced Control Unleashed. Research Triangle Park: ISA – The Instrumentation, Systems and Automation Society, 2003
[4.36] PFEIFFER, B.-M., MOHR, D.: Selbsteinstellender PID–Regler. atp 40, 1998
[4.37] DIN 19226-5: Leittechnik – Regelungs- und Steuerungstechnik – Funktionelle Begriffe. Beuth Verlag, Berlin 1994
[4.38] VDI/VDE 3685-1: Adaptive Regler – Begriffe und Eigenschaften. Beuth Verlag, Berlin 1990
[4.39] ESSER, S.: Untersuchung von Self-Tunern im Rahmen des S7-Toolkits für das Prozessleitsystem PCS 7. Diplomarbeit, FB Maschinenbau, FH Düsseldorf, 1999
[4.40] Bedienhandbuch S7-Toolkit. Bayer AG o. J.
[4.41] SOWA, J.: Ein Beitrag zum industriellen Einsatz selbsteinstellender PID-Regler für verfahrenstechnische Regelstrecken. Fortschrittsberichte VDI, Nr. 190, VDI Verlag, Düsseldorf 1989
[4.42] HÜCKER, J. R.: Selbsteinstellende und prädiktive Kompaktregler. Fortschrittsberichte VDI, Nr. 855, VDI Verlag, Düsseldorf 2000
[4.43] ASTRÖM, K. J., HÄGGLUND, T.: Automatic Tuning of Simple Regulators with Specifications on Phase and Amplitude Margins. Automatica, vol. 20, No. 5, pp. 645–651, 1984
[4.44] HANG, C. C., ASTRÖM, K. J., WANG, Q. G.: Relay feedback autotuning of process controllers – a tutorial review. Journal of Process Control, vol. 12, pp. 143–162, 2002
[4.45] BECKER, N.: Das Prozessautomatisierungssystem DeltaV von Fisher-Rosemount. Automatisierungstechnische Praxis (atp), Heft 1, 2001, pp. 28–40
[4.46] PREUß, H. P.: Prozessmodellfreier PID-Regler-Entwurf nach dem Betragsoptimum. Automatisierungstechnik (at), Heft 1, 1991, pp. 15–22
[4.47] PREUß, H. P.: PTn-Modell-Identifikation im adaptiven PID-Regelkreis. Automatisierungstechnik (at), Heft 91, 1990, pp. 337–343
[4.48] ISERMANN, R.: Experimentelle Analyse der Dynamik von Regelsystemen – Identifikation 1. BI Hochschultaschenbücher, Mannheim, 1971
[4.49] STREJC, V.: Auswertung der dynamischen Eigenschaften von Regelstrecken bei gemessenen Ein- und Ausgangsgrößen allgemeiner Art. Messen, Steuern, Regeln, Heft 3, 1960, pp. 7–11
[4.50] YU, C.-C.: Autotuning of PID Controllers – Relay Feedback Approach. Springer Verlag, London 1999
[4.51] MAJHI, S., LITZ, L.: Relay based Closed-Loop tuning of PID Controllers. Automatisierungstechnik (at), Heft 5, 2004, S. 202–208
[4.52] STROHRMANN, G.: Automatisierungstechnik I. Oldenbourg Verlag, München/Wien 1998
[4.53] IGNATOWITZ, E.: Chemietechnik. Europa Lehrmittel, Haan-Gruiten 1994

[4.54] SCHULER, H. (Hrsg.): Prozeßführung. Oldenbourg Verlag, München/Wien 1999
[4.55] DOBRINSKI, P., KRAKAU, G., VOGEL, A.: Physik für Ingenieure. B. G. Teubner Verlag, Stuttgart 1988
[4.56] LAUGWITZ, D.: Ingenieurmathematik II. BI Hochschultaschenbücher, Mannheim 1964
[4.57] BRECKNER, K.: Regel- und Rechenschaltungen in der Prozeßautomatisierung. Oldenbourg Verlag, München/Wien 1999
[4.58] BRECKNER, K.: Regelschaltung zum automatischen Wiederanfahren eines vorübergehend aufgetrennten Regelkreises. rtp 22(1980)1
[4.59] THEILMANN, B.: Regelkreis zum zeitoptimalen Anfahren eines Tiefofens. Siemens-Zeitschrift 45(1971)9
[4.60] THEILMANN, B., LINZENKIRCHNER, E.: Ein adaptiver Anfahrregler zur Regelung von Chargenprozessen. rtp 19(1977)3
[4.61] BAUERSACHS, O.: Automatisches Anfahren von Regelkreisen. rtp 11(1969)3
[4.62] PIWINGER, F.: Automatisches Anfahren von Chargenprozessen. rt 10(1962)1
[4.63] KOLLMANN, E.: Maßnahmen zur Verbesserung des Anfahrens einschleifiger Regelkreise Teil I & II. Regelungstechnische Praxis und Prozeßdatenverarbeitung 2/1971, 3/1971
[4.64] FIEBERG, D.: Vollautomatisches Anfahren eines Autoklaven und Regelung ohne Fremdkühlung an der Exothermiegrenze. Eckardt AG, Stuttgart 1982
[4.65] LANGMANN, R. (Hrsg.): Taschenbuch der Automatisierung. FV Leipzig, Leipzig 2004
[4.66] DIN E IEC 60050-351: Internationales Elektrotechnisches Wörterbuch – Teil 351: Leittechnik. Beuth Verlag, Berlin 2004
[4.67] STREJC, V.: Näherungsverfahren für aperiodische Übergangscharakteristiken. Regelungstechnik 4(1959)7

Kapitel 5

[5.1] DIN 19226-2: Leittechnik – Regelungs- und Steuerungstechnik – Begriffe zum Verhalten dynamischer Systeme. Beuth Verlag, Berlin 1994
[5.2] OLSSON, G., PIANI, G.: Steuern, Regeln, Automatisieren. Carl Hanser Verlag, München/Wien, Prentice-Hall, London 1993
[5.3] SCHÖNE, A.: Prozeßrechensysteme. Carl Hanser Verlag, München/Wien 1981
[5.4] SCHRÜFER, E.: Signalverarbeitung. Carl Hanser Verlag, München/Wien 1992
[5.5] WELFONDER, E.: Vergleich analoger und digitaler Filterung beim Einsatz von Prozeßrechnern. Regelungstechnik 23(1975)3
[5.6] LUTZ, H., WENDT, W.: Taschenbuch der Regelungstechnik. Verlag Harri Deutsch, Frankfurt/M. 2003

[5.7] SCHORN, W.: Prozeßrechner-Systemprogramme. Franzis-Verlag, München 1983
[5.8] SCHABACK, R., WERNER, H.: Numerische Mathematik. Springer Verlag, Berlin/Heidelberg 1992
[5.9] ZURMÜHL, R.: Praktische Mathematik für Ingenieure und Physiker. Springer Verlag, Berlin etc. 1965
[5.10] DIN 44300-1 (zurückgezogen): Informationsverarbeitung – Begriffe – Allgemeine Begriffe. Beuth Verlag, Berlin 1988
[5.11] SCHWAGER, J.: In Windowseile und schneller. iee 42(1997)10
[5.12] DIN IEC 559: Binäre Gleitpunkt-Arithmetik für Mikroprozessor-Systeme. Beuth Verlag, Berlin 1992
[5.13] WEAVER, D. L., GERMOND, T.: The Sparc Architecture Manual. Prentice Hall, USA 1994
[5.14] DIN EN 61131-3: Speicherprogrammierbare Steuerungen – Programmiersprachen. Beuth Verlag, Berlin 1994
[5.15] KERNIGHAN, B. W., RITCHIE, D. M.: Programmieren in C. Carl Hanser Verlag, München/Wien 1992
[5.16] DANKERT, J.: Praxis der C-Programmierung. B. G. Teubner, Stuttgart 1997
[5.17] DIN 19226-4: Leittechnik – Regelungs– und Steuerungstechnik – Begriffe für Regelungs– und Steuerungssysteme. Beuth Verlag, Berlin 1994
[5.18] FERRANTI LTD.: Algorithmen. Information zur Argus-500-Programmierung. O. O., o. J.
[5.19] FREYER, U.: Nachrichten-Übertragungstechnik. Carl Hanser Verlag, München/Wien 2000
[5.20] JANOCHA, H. (Hrsg.): Aktoren. Springer Verlag, Berlin etc. 1992
[5.21] STÖGRA GMBH: Schrittmotorsteuerungen. www.stoegra.de, München 2004
[5.22] TAKAHASHI, Y., CHAN, C. S., AUSLANDER, D. M.: Parametereinstellung bei linearen DDC-Algorithmen. Regelungstechnik und Prozeß-Datenverarbeitung 19(1971)6
[5.23] UNBEHAUEN, H., BÖTTIGER, F.: Regelalgorithmen für Prozeßrechner. PDV-Bericht 26, Gesellschaft für Kernforschung GmbH, Karlsruhe 1974
[5.24] KLEIN, M., WALTER, H., PANDIT, M.: Digitaler PID–Regler: Neue Einstellregeln mit Hilfe der Streckensprungantwort. Automatisierungstechnik 40(1992)8
[5.25] LATZEL, W.: Einstellregeln für vorgegebene Überschwingweiten. Automatisierungstechnik 41(1993)4
[5.26] ZIEGLER, J. G., NICHOLS, N. B.: Optimum Settings for Automatic Controllers. Transactions of the A. S. M. E 11/1942
[5.27] SCHWARZE, G.: Bestimmung der regelungstechnischen Kennwerte von P-Gliedern aus der Übergangsfunktion ohne Wendetangentenkonstruktion. Zmsr 5(1962)10
[5.28] FIEGER, K.: Regelungstechnik. Hartmann & Braun, Frankfurt/M. o. J.

[5.29]	HENGSTENBERG, J., SCHMITT, K. H., STURM, B.: Messen, Steuern und Regeln in der Chemischen Technik IV. Springer Verlag, Berlin etc. 1983
[5.30]	FÖLLINGER, O.: Lineare Abtastsysteme. Oldenbourg Verlag, München/Wien 1974
[5.31]	UNBEHAUEN, H.: Regelungstechnik II. Vieweg Verlag, Braunschweig 1993
[5.32]	ISERMANN, R.: Digitale Regelsysteme. Band 1: Grundlagen: Deterministische Regelungen. Springer Verlag, Berlin etc. 1987
[5.33]	ACKERMANN, J.: Abtastregelung: der Entwurf robuster Regelungssysteme. Band 1: Analyse und Synthese. Springer Verlag, Berlin etc. 1982
[5.34]	MANN, H., SCHIFFELGEN, H., FRORIEP, R.: Einführung in die Regelungstechnik. Analoge und digitale Regelung, Fuzzy-Regler, Regler-Realisierung, Software. Carl Hanser Verlag, München Wien 1997
[5.35]	GROßE, N.: Entwurf zeitdiskreter Ausgangsrückführungen. VDI Fortschritt-Berichte, VDI Verlag, Düsseldorf 1990

Kapitel 6

[6.1]	GROßE, N.: Entwurf zeitdiskreter Ausgangsrückführungen, Fortschrittberichte VDI, Reihe 8, VDI-Verlag, Düsseldorf 1990
[6.2]	FÖLLINGER, O.: Regelungstechnik. Hüthig Verlag, Heidelberg 1994
[6.3]	SCHLITT, H.: Regelungstechnik. Vogel Verlag, Würzburg 1993
[6.4]	GÖLDNER, K.: Mathematische Grundlagen der Systemanalyse 2. Verlag Harri Deutsch, Thun/Frankfurt 1989
[6.5]	UNBEHAUEN, R.: Systemtheorie. Oldenbourg Verlag, München/Wien 1993
[6.6]	HIPPE, P., WURMTHALER, CH.: Zustandsregelung. Springer Verlag, Berlin etc. 1985
[6.7]	ACKERMANN, J.: Abtastregelung: der Entwurf robuster Regelungssysteme. Band 1: Analyse und Synthese. Springer Verlag, Berlin etc. 1982
[6.8]	DAVISON, E. J.: The Robust Control of a Servomechanism Problem for Linear Time-Invariant Multivariable Systems, IEEE Trans. Aut. Control, Vol. 21 (1976), S. 25-34
[6.9]	FÖLLINGER, O.: Entwurf konstanter Ausgangsrückführungen im Zustandsraum. Automatisierungstechnik 34 (1986), S. 5-15
[6.10]	LITZ, L.: Reduktion der Ordnung linearer Zustandsraummodelle mittels modaler Verfahren. Hochschulverlag, Stuttgart 1979
[6.11]	FÖLLINGER, O.: Reduktion der Systemordnung. Regelungstechnik 30 (1982), S. 367-377
[6.12]	LITZ, L.: Berechnung stabilisierender Ausgangsrückführungen über Polempfindlichkeiten. Regelungstechnik 29 (1981), S 44-48

[6.13] KOSUT, R. L.: Suboptimal Control of Linear Time-Invariant Systems Subject to Control Structure Constraints. IEEE Trans. Aut. Control, Vol. 15 (1970), S. 7-563

[6.14] LEVIN, W. S.; ATHANS, M.: On the Determination of the Optimal Constant Output Feedback Gains for Linear Multivariable Systems. IEEE Trans. Aut. Control, Vol. 15 (1970), S. 44-48

[6.15] BRAMMER, K., SIFFLING, G.: Kalman-Bucy-Filter. Oldenbourg Verlag, München 1975

[6.16] PAPPAS, T., LAUB, A. J., SANDELL, N. R.: On the Numerical Solution of the Discrete-Time Algebraic Riccati Equation. Trans. Aut. Control, Vol. 25 (1980), S. 631 - 641

[6.17] O´REILLY, J.: Optimal Low Order Feedback Controllers for Linear Discrete-Time Systems. Leondres, C. T. (Hrsg.), Control and Dynamic Systems, Vol. 16 Academic Press, New York, Toronto, Sydney, San Francisco, 1980, S. 335 - 367

[6.18] KUHN, U.: Neue Entwurfsverfahren für die Regelung linearer Mehrgrößensysteme durch optimale Ausgangsrückführung. Dissertation, TU München, 1985

[6.19] DITTMAR, R., PFEIFFER, B.-M.: Modellbasierte prädiktive Regelung. Oldenbourg Verlag, München, 2004

[6.20] OGUNNAIKE, B. A., RAY, W. H.: Process Dynamic, Modelling and Control. Oxford University Press, New York 1994

[6.21] BLEVINS, T. L., MCMILLAN, K., WOJSZNIS, W. K., BROWN, M. W.: Advanced Control Unleashed. Research Triangle Park: ISA-The Instrumentation, Systems and Automation Society, 2003

[6.22] DITTMAR, R., REINIG, G.: Anwendung modellgestützter prädiktiver Mehrgrößenregelungen in der Prozessindustrie. Automatisierungstechnische Praxis 9 1997, S. 25-34

[6.23] DITTMAR, R., HOMMERSON, S.: Modellgestützte prädiktive Regelung eines Destillationskolonnensystems in einer Gaszerlegungsanlage. Automatisierungstechnische Praxis 5 1999, S. 26-36

[6.24] MARTIN, G. D., DITTMAR, R.: Einfache Vorabschätzung des Nutzens von Advanced-Control-Funktionen. Automatisierungstechnische Praxis 12 2005, S. 32-39

[6.25] CUTLER, C. R., RAMAKER, B. L.: Dynamic Matrix Control – a computer control algorithm. Proc. of the Joint American Control Conference, 1980, Paper WP5-B

[6.26] RICHALET, J. et al: Model Predictive Heuristic Control: Applications to Industrial Processes. Automatica, 1978, S. 413-428

[6.27] QIN, S. J., BADGWELL, T. A.: A survey of industrial model predictive control technology. Control Engineering Practice 11 (2003), pp. 733-764

[6.28] SCHULER, H. (Hrsg.): Prozessführung. Oldenbourg Verlag, München 1999

[6.29] SMITH, O. J. M.: Closer Control of Loops with Dead Time. Chem. Eng. Prog. 53 (1957), S. 217 ff.

[6.30] GRÄSER, A.: Erweiterung des Smith-Prädiktors bei Störgrößenaufschaltung. Automatisierungstechnik 1 1994, S. 46-52
[6.31] KALMAN, R. E.: On the General Theory of Control Systems. Proc. 1st IFAC Congress on Automatic and Remote Control, Moskow 1960. Butterworths, London 1961, Bd. 1, S. 481-492
[6.32] DIN 19236: Optimierung – Begriffe. Beuth Verlag, Berlin 1977

Kapitel 7

[7.1] V. ALTROCK, C: Fuzzy-Logic, Band 1: Technologie. Oldenbourg Verlag, München 1995
[7.2] BOTHE, H.: Fuzzy Logic. Springer Verlag, Berlin etc. 1993
[7.3] KAHLERT, J., FRANK, H.: Fuzzy-Logik und Fuzzy-Control. Vieweg Verlag, Braunschweig 1993
[7.4] KIENDL, H.: Fuzzy Control methodenorientiert. Oldenbourg Verlag, München 1997
[7.5] LANGMANN, R. (Hrsg.).: Taschenbuch der Automatisierung. FV Leipzig, Leipzig 2004
[7.6] MICHELS, K., KLAWONN, F., KRUSE, R., NÜRNBERGER, A.: Fuzzy-Regelung. Springer Verlag, Berlin etc. 2002
[7.7] SCHAEDEL, H. M.; BARTZ, R. et al.: Fuzzy-Adaption von PI-Reglern im geschlossenen Regelkreis ohne Prozesskenntnis. VDI-Fortschritt-Berichte, Reihe 10, Bd. 648, S. 56 ff. VDI Verlag, Düsseldorf 2000
[7.8] SCHULER, H. (Hrsg.): Prozeßführung, S. 275 ff. Oldenbourg Verlag, München 1999
[7.9] SUGENO, M: An Introductory Survey of Fuzzy Control. Information Sciences 36, 1985
[7.10] ZADEH, L.: Fuzzy Sets. Information and Control 8/1965, S. 338 ff.
[7.11] ZIMMERMANN, H.-J.; V. ALTROCK, C. (Hrsg.): Fuzzy-Logic, Band 2, Anwendungen. Oldenbourg Verlag, München 1995
[7.12] ZIMMERMANN, H.-J. (Hrsg.): Neuro + Fuzzy. VDI Verlag, Düsseldorf 1995
[7.13] VDI/VDE 3550-2: Computational Intelligence – Fuzzy-Logik und Fuzzy Control. Beuth Verlag, Berlin 2002
[7.20] HOFFMANN, N.: Kleines Handbuch Neuronale Netze. Vieweg Verlag, Braunschweig 1993
[7.21] LAWRENCE, J.: Neuronale Netze, Computersimulation biologischer Intelligenz. Systhema Verlag, München 1992
[7.22] LEHMANN, U. et al.: Neuronale Fuzzy-Logik. Fortschritt-Berichte VDI, Reihe 10, Bd. 648. VDI Verlag, Düsseldorf 2000
[7.23] NAUCK, D.; KLAWONN, F.; KRUSE, R.: Neuronale Netze und Fuzzy-Systeme. Vieweg Verlag, Braunschweig 1994
[7.24] ROJAS, R.: Theorie der neuronalen Netze, Eine systematische Einführung. Springer Verlag, Berlin etc. 1993
[7.25] ROSENBLATT, F.: The Perceptron: A Probabilistic Model for Information Storage and Organization in the Brain. Psychological Review 65/1958, S.386-408

[7.26] SCHAEDEL, H. M. et al.: Empfindlichkeitssteigerung in der Metallfeinsuchtechnik durch den Einsatz eines Fuzzy-Klassifikators. Fortschritt-Berichte VDI, Reihe 10, Bd. 648, S. 87 ff. VDI Verlag, Düsseldorf 2000
[7.27] SCHERER, A.: Neuronale Netze, Grundlagen und Anwendungen. Vieweg Verlag, Braunschweig 1993
[7.28] ZIMMERMANN, H.-J. (Hrsg.): Neuro + Fuzzy, Technologien, Anwendungen. VDI Verlag, Düsseldorf 1995
[7.29] VDI/VDE 3550-1: Computational Intelligence – Künstliche Neuronale Netze in der Automatisierungstechnik. Beuth Verlag, Berlin 2001
[7.30] STEINBUCH, K.: Automat und Mensch. Springer Verlag, Berlin etc. 1963
[7.31] FRANK, H. (Hrsg.): Kybernetik – Brücke zwischen den Wissenschaften. Umschau Verlag, Frankfurt/M. 1970
[7.32] SCHMIDT, R. F., THEWS, G.: Physiologie des Menschen. Springer Verlag, Berlin etc. 1993
[7.33] VOGEL, G.; ANGERMANN, H.: dtv-Atlas zur Biologie I. Deutscher Taschenbuch Verlag, München 1984

Kapitel 8

[8.1] WEBER, K. H.: Inbetriebnahme verfahrenstechnischer Anlagen. Springer Verlag, Berlin, Heidelberg 1997
[8.2] DIN 19226-5: Leittechnik – Regelungs- und Steuerungstechnik – Funktionelle Begriffe. Beuth Verlag, Berlin 1994
[8.3] NAMUR NA 35: Abwicklung von PLT-Projekten. NAMUR, Leverkusen 1993
[8.4] VDI/VDE 3694: Lastenheft/Pflichtenheft für den Einsatz von Automatisierungssystemen. Beuth Verlag, Berlin 1991
[8.5] HERING, E., GUTEKUNST, J., DYLLONG, U.: Handbuch der praktischen und technischen Informatik. Springer Verlag, Berlin etc. 2000
[8.6] NAMUR NA 30: Grundzüge der Datenmodellierung mit Hilfe der Entity-Relationship-Methode. NAMUR, Leverkusen 1996
[8.7] POLKE, B., POLKE, R., RAUPRICH, G.: Erweiterung des Phasenmodells zur integrierten Beschreibung von Material- und Energieströmen. Automatisierungstechnische Praxis 37(1995)9
[8.8] VDI/VDE E 3682: Formalisierte Prozessbeschreibungen. Beuth Verlag, Berlin 2003
[8.9] SCHORN, W., GROßE, N.: Beschreibung von Prozessen. Automatisierungstechnische Praxis 45(2003)12
[8.10] DIN 19227-1: Leittechnik – Graphische Symbole und Kennbuchstaben für die Prozeßleittechnik – Darstellung von Aufgaben. Beuth Verlag, Berlin 1993
[8.11] DIN EN ISO 10628: Fließschemata für verfahrenstechnische Anlagen – Allgemeine Regeln. Beuth Verlag, Berlin 2001

[8.12] DIN 19227-2: Leittechnik – Graphische Symbole und Kennbuchstaben für die Prozeßleittechnik – Darstellung von Einzelheiten. Beuth Verlag, Berlin 1991
[8.13] O'GRADY, P. J.: Automatisierte Fertigungssysteme. VCH Verlag, Weinheim 1988
[8.14] KNIES, W., SCHIERACK, K.: Elektrische Anlagentechnik. Carl Hanser Verlag, München/Wien 2000
[8.15] NAMUR NA 55: Vorgabe für PLT-Stellen zur Planung, Errichtung und Instandhaltung. NAMUR, Leverkusen 1999
[8.16] DIN 40700-14: Schaltzeichen – Digitale Informationsverarbeitung. Beuth Verlag, Berlin 1976
[8.17] DIN EN 61131-3: Speicherprogrammierbare Steuerungen – Programmiersprachen. Beuth Verlag, Berlin 1994
[8.18] DIN 19239 (zurückgezogen): Messen, Steuern, Regeln – Steuerungstechnik – Speicherprogrammierte Steuerungen - Programmierung. Beuth Verlag, Berlin 1983
[8.19] VDI/VDE 3696-2: Herstellerneutrale Konfigurierung von Prozeßleitsystemen – Standard-Funktionsbausteine. Beuth Verlag, Berlin 1995
[8.20] DIN 19226-3: Leittechnik – Regelungs- und Steuerungstechnik – Begriffe zum Verhalten von Schaltsystemen. Beuth Verlag, Berlin 1994
[8.21] DIN 40719-6: Schaltungsunterlagen – Regeln für Funktionspläne. Beuth Verlag, Berlin 1976
[8.22] VDI/VDE 3606-1: Herstellerneutrale Konfigurierung von Prozeßleitsystemen – Allgemeines zur herstellerneutralen Konfigurierung. Beuth Verlag, Berlin 1995
[8.23] FORBRIG, P.: Objektorientierte Softwareentwicklung mit UML. Carl Hanser Verlag, München/Wien 2001
[8.24] BIERWERTH, W.: Tabellenbuch Chemietechnik. Europa Lehrmittel, Haan-Gruiten 2001
[8.25] SAMSON AG: Einführung in die ROH-Technik. Technische Information L202
[8.26] SAMSON AG: Temperaturregler. Technische Information L205
[8.27] BACH, H. u. a.: Regelungstechnik in der Versorgungstechnik. C.F. Müller GmbH, Karlsruhe 1988
[8.28] E. SAMAL, W. BECKER: Grundriss der praktischen Regelungstechnik. Oldenbourg Verlag, München 1996
[8.29] ENGEL, H. O.: Stellgeräte für die Prozessautomatisierung. VDI Verlag, Düsseldorf 1994
[8.30] STROHRMANN, G.: Automatisierung verfahrenstechnischer Prozesse, Oldenbourg Verlag, München 2002
[8.31] SAMSON AG: Elektropneumatischer Stellungsregler Typ 3730-2 und Typ 3730-3. Typenblatt T 8384-2/3, 2004
[8.32] KIESBAUER, J.: Neues Diagnosekonzept bei digitalen Stellungsreglern. Automatisierungstechnische Praxis (atp), 2004

[8.33]	KUHN, U., OCHS, S.: Kompaktregler. In: FRÜH, K. F., MAIER, U. (Hrsg.): Handbuch der Prozessautomatisierung. Oldenbourg Verlag, München 2004
[8.34]	EUROTHERM GmbH: Diverse Druckschriften.
[8.35]	SIEMENS AG: SIPART DR 22 Controllers. Handbuch, 1999
[8.36]	WEBER, D., NAU, N.: Elektrische Temperaturmessung. M. K. Juchheim GmbH, Fulda 1991
[8.37]	GOSSEN METRAWATT GMBH: Typenblatt Universalregler R0550
[8.38]	EUROTHERM GMBH: iTools Bedienungshandbuch 2000
[8.39]	EUROTHERM GMBH: Multifunktionseinheit T640
[8.40]	DIN 40050-9: Straßenfahrzeuge – IP-Schutzarten. Beuth Verlag, Berlin 1993
[8.41]	HONEYWELL GMBH: Produktspezifikation UDC 3200
[8.42]	HONEYWELL GMBH: Produktspezifikation UDC 1200
[8.43]	DIN V 19222: Leittechnik – Begriffe. Beuth Verlag, Berlin 2001
[8.44]	VOGT, C.: Betriebssysteme. Spektrum Akademischer Verlag, Heidelberg/Berlin 2001
[8.45]	SCHNELL, G.: Bussysteme in der Automatisierungstechnik. Vieweg Verlag, Braunschweig/Wiesbaden 1994
[8.46]	FRÜH, K. F., MAIER, U. (Hrsg.): Handbuch der Prozessautomatisierung. Oldenbourg Verlag, München 2004
[8.47]	ALBERT, W.: Automatisierung von chemischen Forschungs- und Entwicklungsanlagen (F+E-Anlagen) mit PC-basierten Prozeßleitsystemen. Automatisierungstechnische Praxis 39 (2004) 7
[8.48]	LANGMANN, R. (Hrsg.): Taschenbuch der Automatisierung. Carl Hanser Verlag, München/Wien 2004
[8.49]	EUROTHERM GMBH: Datenblatt Serie 5000
[8.50]	HONEYWELL GMBH: Produktspezifikation Minitrend V5
[8.51]	VDI/VDE E 3699-1: Prozessführung mit Bildschirmen – Begriffe. Beuth Verlag, Berlin 2001
[8.52]	VDI/VDE E 3699-2: Prozessführung mit Bildschirmen – Grundlagen. Beuth Verlag, Berlin 2003
[8.53]	VDI/VDE 3699-3: Prozessführung mit Bildschirmen – Fließbilder. Beuth Verlag, Berlin 1999
[8.54]	VDI/VDE 3699-4: Prozessführung mit Bildschirmen – Kurven. Beuth Verlag, Berlin 1997
[8.55]	VDI/VDE 3699-5: Prozessführung mit Bildschirmen – Meldungen. Beuth Verlag, Berlin 1998
[8.56]	VDI/VDE 3699-6: Prozessführung mit Bildschirmen – Bedienverfahren und Bediengeräte. Beuth Verlag, Berlin 2002
[8.57]	YOKOGAWA ELECTRIC CORP.: Centum CS 3000 System Overview. 2003
[8.58]	SCHULER, H. (Hrsg.): Prozeßführung. Oldenbourg Verlag, München/Wien 1999
[8.59]	VDI/VDE E 3633-1: Simulation von Logistik-, Materialfluß- und Produktionssystemen – Grundlagen. Beuth Verlag, Berlin 2000

[8.60]   HOPFGARTEN, S.: Simulation. Vorlesungsscript TU Ilmenau 2005
[8.61]   SCHMIDT, G.: Simulationstechnik. Oldenbourg Verlag, München/Wien 1980
[8.62]   BRYCHTA, P.: Technische Simulation. Vogel Buchverlag, Würzburg 2004
[8.63]   SCHNIEDER, E.: Prozeßinformatik. Vieweg & Sohn, Braunschweig/Wiesbaden 1986
[8.64]   BRENNAN, R. D., SILBERBERG, M. Y.: Two continuous system modeling programs. IBM Journal 6(1967)4
[8.65]   SCHORN, W., SCHORN, J.: Scriptprogrammierung für Solaris & Linux. Addison-Wesley, München 2004
[8.66]   KARAVAS, A., MOHN, A., KAMP, D.: Simulation mit ACSL. VDE-Verlag, Berlin/Offenbach 1996
[8.67]   MITCHELL, E. E. L.: Advanced Continuous Simulation Language (ACSL). North-Holland Publishing Company, o. O. 1978
[8.68]   GAUTHIER, J. S.: ACSL and Simulation. Mitchel and Gauthier Ass., Concord/MA, USA o. J.
[8.69]   BELL, M.: Guide to ACSL. Middlesex University, o. O. 1995
[8.70]   ARIEL, D., MCRAE, J. R., STANISLAV, J., STOCKER, R. K.: CSSL's and simulation of gas well behaviour. Simulation 4/1992
[8.71]   CLAUß, C., SCHNEIDER, A., SCHWARZ, P.: Schaltungssimulation mit Modelica/Dymola. Fraunhofer-Institut für Integrierte Schaltungen IIS, Dresden o. J.
[8.72]   FERRETTI, G., MAGNANI, G., RIZZI, G., ROCCO, P.: Real-Time Simulation of Modelica Models under Linux / RTAI. In: Schmitz, G. (Hrsg.): Modelica – Proceedings of the 4th International Modelica Conference. Hamburg 2005
[8.73]   BIRAN, A., BREINER, M.: Matlab für Ingenieure. Addison-Wesley, Bonn etc. 1995
[8.74]   HOFFMANN, J.: Matlab und Simulink. Addison-Wesley, Bonn etc. 1998
[8.75]   JOHNSON, S. C., MOLER, C.: Compiling Matlab. Usenix Conference an Very High Level Languages, Santa Fe 1995
[8.76]   DE LARA, J., ALFONSECA, M., VANGHELUWE, H.: Web-based simulation of systems described by partial differential equations. In: PETERS, B. A., SMITH, J. S., MEDEIROS, D. J., ROHRER, M. W. (Hrsg.): Proceedings of the 2001 Winter Simulation Conference. o. O., o. J.
[8.77]   ZURMÜHL, R.: Praktische Mathematik für Ingenieure und Physiker. Springer-Verlag, Berlin/Heidelberg/New York 1965
[8.78]   SCHABACK, R., WERNER, H.: Numerische Mathermatik. Springer Verlag, Berlin etc. 1992
[8.79]   JAIN, R.: The Art of Computer Systems Performance Analysis. John Wiley & Sons, New York etc. 1991
[8.80]   Webseite der AEGIS TECHNOLOGIES GROUP: www.aegisxcellon.com
[8.81]   Webseite der Fa. DYNASIM AB: www.dynasim.se
[8.82]   Webseite der Fa. THE MATHWORKS: www.mathworks.com

[8.83] Web-Seite des Ingenieurbüros DR. ING. SCHOOP: www.schoop.de
[8.84] STEIN, G., PRETSCHNER, A., STEINERT, J. V., REHWAGEN, F.: Regelungstechnik mit CADCS. FV Leipzig, Leipzig 1998
[8.85] Webseite des Ingenieurbüros DR. KAHLERT: www.kahlert.com
[8.86] Webseite des Ingenieurbüros Büsser Engineering: www.buessereng.ch
[8.87] GILLES, E. D., HOLL, P., MARQUARDT, W., SCHNEIDER, H., MAHLER, R., BRINKMANN, K., WILL, K.-H.: Ein Trainingssimulator zur Ausbildung von Betriebspersonal in der chemischen Industrie. atp 32(1990)7
[8.88] KRÖNER, A., HOLL, P., MARQUARDT, W., GILLES, E. D.: Diva – an open Architekture for dynamic Simulation. Computers Chem. Engng. 14(1990)11
[8.89] DIN 69901: Projektwirtschaft – Projektmanagement – Begriffe. Beuth Verlag, Berlin 1987
[8.90] DIN 1304-1: Formelzeichen – Allgemeine Zeichen. Beuth Verlag, Berlin 1994
[8.91] NE 91: Anforderungen an Systeme für Anlagennahes Asset Management. NAMUR, Leverkusen 2001
[8.92] BECKER, N., GRIMM, W. M., PIECHOTTKA, U.: Aspekte des Real Time (Process Equipment) Performance Monitoring (RTPM). Automatisierungstechnische Praxis (atp) 46(2004)7, S. 24-30
[8.93] ASTRÖM, K. J.: Introduction to stochastic control theory. Academic Press, 1970
[8.94] UNBEHAUEN, H.: Regelungstechnik III. Vieweg Verlag, Braunschweig 1993
[8.95] BLEVINS, T. L., MCMILLAN, K., WOJSZNIS, W. K., BROWN, M. W.: Advanced Control Unleashed. ISA, Research Triangle Park 2003

Sachwortverzeichnis

A

Ablaufplan 544
Ablaufsprache 510
Abtaster, δ- 332
Abtasthalteglied 332
Abtastperiode 166, 333, 335
Abtastregelung 204
Abtasttheorem 336
Abtastvorgang 25
Abtastzeit 335
Adaption 172, 538
-, geregelte 307
-, gesteuerte 307
Äquidistanz 166
Aggregation 438, 493
Akkumulation 438, 443
Aktivierung 438, 441
-, MIN- 443
-, PROD- 443
Aktor 109
Alias-Frequenz 336
Amplitudengang 59, 81
Amplitudenrand 251
Amplitudenreserve 251, 252
Amplitudenspektrum 59, 337
Analogrechner 554
Analyse
-, harmonische 58
Anfahradaption 538
Anfahrvorgänge 324
Anfangswerte 54
Anlage 502
-, -teil 502
-, Teil- 502
Anlagen 23
Anlagenmodell 141
Anlagenstruktur 502
Anpasser 111
Ansteuereinrichtung 109
Anti-Reset-Windup-Maßnahme 218
Antwort-Formalismus 61
Antwortzeit 111
Anweisungsliste 352, 508
Anzeige- und Bedienkomponente 148
API 166
Arbeitspunkt 94
Arbeitspunkteinstellung 280, 326
Armaturen 109
ASMW 600
Asset Management 576
Aufschaltung
-, Einflussgrößen- 282
-, Führungsgrößen- 280
-, Last- 278
-, Störgrößen- 278, 532
Ausführungszustand 325
Ausgabealgorithmus 538
Ausgabeglied 31
Ausgangsrückführung 183, 396, 409
Ausgleichzeit 108, 150
Ausregelzeit 289
Aussage
-, elementare 438
-, zusammengesetzte 439
Automatik 325, 518
Automatisierungsgerät 543

B

Backpropagation-Algorithmus 468
Bedienen 488
Beobachtbarkeit 183, 395
Beobachten 488
Beobachter 187, 405
  -, Einheits- 189
  -, KALMAN- 195
  -, LUENBERGER- 189, 190
  -, reduzierter 189
  -, Stör- 194
Beobachtungsfehler 189
Beobachtungsnormalform 393
Beobachtungsvektor 406, 407
Bereich
  -, Aufgaben- 34
  -, Führungs- 34
  -, Regel- 34
  -, Stell- 34
  -, Stör- 34
Beschaffung 490
Beschreibungsfunktion 102
Betragsanpassung 258
Betragsoptimum 258, 291
Betragsreserve 251
Betrieb 502
  -, Multitasking- 545
  -, Standby- 531
Betriebsart 325, 518, 540
Betriebskennlinien 163
BIBO 360
Bildhierarchie 550
Block 514
Blockimpuls 315
BODE-Diagramm 83

C

CENELEC 600
Charakteristische Gleichung 49
Charakteristisches Polynom 49
Chargenverfahren 22
Control Performance Monitoring 577

D

Dämpfung, gestufte 259
Daten 24
Defuzzifizierung 433, 445
Dezibel 83
Differenzengleichung 341
Differenzialgleichung 51
  -, gewöhnliche 51
  -, homogene 52
  -, lineare 52
  -, Lösung der 52
  -, partielle 52
  -, zeitinvariante 52
  -, Zustands- 65
Differenzierer, zeitdiskreter 343
Differenzierverstärkung 212
Digitales Filter 342
DIN 600
DIRACscher Delta-Stoß 55, 61
Direct Digital Control 204
Diskrete FOURIER-Transformierte 338
Distribution 62
DKE 600
Druckminderer 520
Durchtrittskreisfrequenz 250
Dyade 41

E

Eckkreisfrequenz 82
Eigenbewegung 52
Eigenvektor 49
Eigenwert 49
Einrichtung, technische 502
Einschwingdauer 111
EINSTEIN-Produkt 441

EINSTEIN-Summe 441
Einstellzeit 111
-, endliche 379
Einzelleiteinrichtung 35
Element
   -, Ausgabe- 495
   -, Eingabe- 494
   -, PLT-Stellen- 494
   -, Verarbeitungs- 495
EMSR-Stelle 494
Epoche 470
ER-Diagramm 492
   -, Attribut 492
   -, Beziehung 492
   -, Objekt 492
   -, Vererbung 493
Ereignis 518
Ersatzstrecke 141
Ersatztotzeit 149
Ersatzverzugszeit 149
Ex-Ante-Prognose 146

F

Faceplate 538
Faltungsintegral 56
Fehlergleichung 173
Fertigung 22
Fließbild 34, 498
   -, Grund- 498
   -, R&I- 498
   -, Verfahrens- 498
Formelzeichen 33
FOURIER-Integral 81
FOURIER-Koeffizienten 58
FOURIER-Reihe 58
Frequenzgang 80
Führungsgrößenaufschaltung 404
Funktion
   -, Aktivierungs- 462
   -, Dreieck- 434
   -, GREENsche 62

-, Impuls- 61
-, Regressions- 171
-, Sattel- 434
-, Schwellwert- 460
-, Sigmoid- 435
-, Trapez- 434
-, verallgemeinerte 62
-, Zugehörigkeits- 434
Funktionsbausteinsprache 509, 510
Funktionshierarchie 547
Funktionsplan 510
Fuzzifizierung 433
Fuzzy-Controller 451
Fuzzy-Set 431
   -, Einflussbreite 436
   -, konvexer 436
   -, leerer 436
   -, normaler 435
   -, -Theorie 429
   -, Toleranz 436
   -, universeller 436

G

GAUßscher Algorithmus 47
Gegenkopplung 28, 87, 97, 187
Geschwindigkeitsalgorithmus 371
Gewichtsfunktion 55
GIBBsches Phänomen 60
Glaubensgrad 450
Gleichungssystem
   -, homogenes 40
   -, lineares 40
Gleitpunktzahl 348
Glied
   -, Ausgabe- 199, 228
   -, Regel- 199
   -, Vergleichs- 199
Grenzwertsätze 75, 359
Größe 24

-, Aufgaben- 32
-, Ausgangs- 26
-, Eingangs- 26
-, Führungs 30
-, Regel- 32
-, Reglerausgangs- 31
-, Stell- 31
-, Stör- 32
-, Zustands- 32, 65
Grundwelle 58
Gütekriterium 171

H

Halteglied 332
HAMACHER-Produkt 441
HAMACHER-Summe 441
Hand 325, 518
Harmonische Balance 101
HEAVISIDEscher Einheitssprung 61
Homogenisieren 176
HURWITZ-Determinante 243
HURWITZ-Kriterium 243
Hysterese 223

I

Identifikation 160, 161
IEC 600
Impulsantwort 62
Impulsantwortmethode 314
Impulsfolgefunktion 334
Inferenz 433
 -, MAX-MIN- 444
 -, MAX-PROD- 444
 -, SUM-PROD- 444
Inferenzmaschine 433, 437
Information 24
Ingenieurkonsole 546
Inhibitor 480
Inkrement 373
In-line-blending 271

Instanz 511
Integration, numerische 567
Integrierbeiwert 108, 209
Integrierer, zeitdiskreter 342
Interpolation 172
Inversion 41
ISO 600
ITAE-Kriterium 291

J

JORDANsche Normalform 390

K

KALMAN-Filter 195, 408
Kaskadenregelung 305
Kennlinienfeld 164, 233
Kennlinieninvertierung 93
Kennzeichnung 502
 -, Anlagen- und Apparate- 504
 -, Kraftwerks- 504
Kompensation 257
Komponente
 -, Anzeige- und Bedien- 545
 -, prozessnahe 23, 542
Konfidenz 450
Konfigurieren 488
Kontaktplan 509
Kontiverfahren 22
KQ-Schätzer 174
Kreisbild 551
Kreisrelationstheorie 22
Kreisverstärkung 235
Kreuzkorrelation 168
Kybernetik 15, 20

L

Lag-Time 221
LAPLACEscher Entwicklungssatz 46
LAPLACE-Transformation 70
Lastenheft 145, 488, 491

Laufzeit 110
Lead-Time 221
Leiten 30
Leitgerät 148, 534, 538
Leitstation 545
Lernen
 -, bestärkendes 467
 -, überwachtes 467
 -, unüberwachtes 467
Lernfähige Systeme 456
Lernfaktor 473
Lernmatrix 481
Linearisierung 94
 -, harmonische 101
Linearität 93
Linearitätsprinzip 36
Linguistische Variable 432
Linguistischer Term 432, 449
LU-Zerlegung 43

M

Matrix 37
 -, Adjunkte 47
 -, Block- 38
 -, Determinante einer 41, 45
 -, Diagonal- 38
 -, Dynamik- 423
 -, Eingangs- 188
 -, Einheits- 38
 -, -Exponentialfunktion 68
 -, Fundamental- 69
 -, inverse 40
 -, Kondition 46
 -, Modal- 49
 -, Null- 38
 -, obere Dreiecks- 42
 -, reguläre 41
 -, singuläre 41
 -, Stör- 188
 -, Symmetrie einer 174
 -, System- 188
 -, Transitions- 69
 -, transponierte 37
Messeinrichtung 32, 106, 110
Messen 29
Messwertverarbeitung 537
MIMO 143
MISO 36, 143
Mitkopplung 87
Mittelwert, gleitender 343
Modell
 -, analytisches 142
 -, ARIMAX- 182
 -, ARMA- 143
 -, ARMAX- 180
 -, Black Box- 143
 -, -darstellung 557
 -, dynamisches 142
 -, empirisches 142
 -, -horizont 418
 -, -klassen 141
 -, Parallel- 184
 -, parametrisches 142
 -, Simulations- 554
 -, stationäres oder statisches 142
 -, White Box- 143
 -, zeitinvariantes 143
Montage 490
Multiplexer 534

N

Nachricht 24
Nachrichtentheorie 21
Nachrichtenverarbeitungstheorie 21
Nachstellzeit 210
Nadelimpuls 62
NAMUR 600
Netz
 -, Feedback- 465
 -, Feed-Forward- 464

-, HOPFIELD- 465
-, neuronales 455
-, Radial-Basis-Funktionen- 465
-, rekurrentes 465
-, -topologie 463
-, -training 469
-, vollverknüpftes 464
-, -werk 514
Neuro-Fuzzy-System 486
Neuroinformatik 456
Neuron 457
-, MCP- 461
Neuronenstruktur 459
Norm 599
-, Werks- 599
Normalformen 389
Normalgleichung 174
NYQUIST-Frequenz 337
NYQUIST-Kriterium
-, allgemeines 247, 252
-, vereinfachtes 249

O

Obersumme 342
OPC 165
Optimierung 399
Ortskurve 83

P

Parameterbestimmung 182
Parameteroptimierung 290
Parameterschätzung 142, 165
Parametrieren 488
Partialbruchzerlegung 78
Perceptron 463
-, Multilayer- 463
Periodendauer 58
Pflichtenheft 146, 489, 491
Phasendiagramm 496
Phasengang 81

Phasenmodell 18, 144
Phasenreserve 251, 252
Phasenschnittkreisfrequenz 250, 251
Phasenverschiebung 82
PID-Algorithmus 369
Pivotisierung 42
Planen 487
Planung
-, Ausführungs- 489
-, Basis- 489
-, Errichtung 490
-, Grundlagenermittlung 488
-, Hardware- 489
-, Inbetriebsetzung 490
-, Projektabschluss 490
-, Software- 489
-, Vor- 488
PLT-Stelle 35, 494, 498, 502
PLT-Stellenblatt 505
PLT-Stellenplan 506
Poldominanz 409
Polvorgabe 190, 397, 413
Polygonzug 96
Prädiktion 183, 196
Prädiktionshorizont 196, 422
Prädiktor 425
Programm 514, 537
Programmbaustein 146
Programmgeber 537
Programmieren 487
Projekt 487
Projektieren 487
Proportionalbeiwert 99, 108, 149
Proportionalbereich 208
Prozess 22
-, energietechnischer 23
-, informationstechnischer 23
-, -klassen 22
-, -modell 141
-, stoffbeeinflussender 22

-, Stör- 194
Prozessgrößenrückführung 183
Prozessidentifikation 141
Prozessinformations- und
 -managementsystem 545
Prozessleitsystem 542
Prozessrechner 543, 546
Prozessstation 543
Pseudo-Rausch-Binärsignal 64
PT_1-Glied, zeitdiskretes 345
Puls 64
Pulsdauermodulation 372
Pulsweitenmodulation 372, 540

Q

Quadratische Regelfläche 290

R

Rauschen, weißes 180
Realzeitbetriebssystem 545
Realzeitfähigkeit 346
Regel-
 -abweichung 235
 -bereich 308
 -differenz 30, 235
 -differenzmeldung 206
 -einrichtung 29, 30
 -faktor 237
 -glied 31
 -kreis 18, 29, 234
 -sinn 216
 -strecke siehe Regelstrecke
Regeln 15, 18
Regelstrecke 31
-, Allpass- 136
-, Ersatz- 140
-, erster Ordnung 119
-, integrierende 107
-, mit Ausgleich 106, 292
-, ohne Ausgleich 107, 301
-, progressive 138, 304

-, proportionale 106
-, Totzeit- 127
-, verzögernd integrierend 132
-, Verzögerung höherer
 Ordnung 125
-, verzögerungsarme 118
-, zweifach verzögernd
 integrierend 134
-, zweiter Ordnung 120
-, zweiter Ordnung mit Totzeit
 128
Regelung
-, Ablöse- 284
-, adaptive 306
-, Deadbeat- 379, 382
-, Festwert- 30, 531, 541
-, Folge- 30, 531, 541
-, Kaskaden- 273
-, Mehrkomponenten- 270
-, mit Bereichsaufspaltung 285
-, MPC- 416
-, prädiktive 416
-, *Split-Range*- 531
-, Verhältnis- 270
-, von Rücklaufverhältnissen
 270
-, Zeitplan- 268, 549
Regelungsnormalform 391
Regelungstechnik 15
-, praktische 16, 19
-, theoretische 16, 19
Regelwerke 602
Regler 29, 31, 200
-, Analog- 204
-, anwendungsspezifischer
 201, 519
-, Baustein- 202
-, Deadbeat- 379
-, Digital- 204
-, Dreipunkt- 201, 227
-, Einheits- 201

-, Feld- 202
-, Festwert- 205
-, Floating-Gap- 221
-, Folge- 205, 273
-, Führungs- 273
-, I- 208
-, Industrie- 203, 530
-, Kaskaden- 526
-, Kompakt- 202, 529
-, Kompensations- 381
-, Lead-Lag- 220
-, Mehrpunkt- 201
-, Minimum-Varianz- 578
-, ohne Hilfsenergie 201, 519
-, P- 208
-, PD- 210
-, PI- 209
-, PID- 201, 207, 213
-, Prozess- 203, 530, 542
-, quadratischer P- 218
-, schaltender 203
-, selbsteinstellender 306
-, SPI- 301
-, Stellungs- 519, 524, 527
-, stetiger 203
-, Temperatur- 522
-, Universal- 201, 530
-, Verhältnis- 531
-, Warten- 202
-, Zweipunkt- 201, 225, 305
-, Zweipunkt- mit Rückführung 225
Regression, multiple 177
Regressionsanalyse 171
Relay-Feedback-Methode 318
Residuum 171
ROUTH-Kriterium 242
Rückführwert 30
Rückkopplung 18, 28
Rückwärtsdifferenz 343
Rückwärtsmodellierung 185

RUNGE-KUTTA-Verfahren 568

S

Schaltdifferenz 223
Schalten 30
Schaltfrequenz 224
Schaltperiode 224
Schaltzeit 224
Schritt 544
Schrittausgang 531
Schrittweite 568
Schrittweitensteuerung 568
Schutzart 539
Segment 537
Sekantenlinearisierung 98
Selbsteinstellung 532
Self-Tuner 306
Sensor 110
Separationstheorem 406
Setpoint Control 204, 531
Signal 24
-, analoges 25
-, Ausgangs- 24
-, binäres 25
-, deterministisches 25
-, digitales 25
-, Eingangs- 24
-, Fehler- 474
-, Groß- 98, 233
-, Klein- 98, 233
-, -ort 24
-, -parameter 24
-, stochastisches 25
-, -taxonomie 24
-, -träger 24
-, Watchdog- 531
-, -wert 24
-, wertdiskretes 25
-, wertkontinuierliches 24
-, zeitdiskretes 25
-, zeitkontinuierliches 25

SIMO 143
Simulation 554
Simulationssprache 554
Simulator 554
Singleton 435
Sinusfunktion 63
SISO 66, 143
SMITH-Prädiktor 196
Soft-Sensoren 140
Software-Erstellung 490
Sollwert 30
Sollwertnachführung 326
Sollwertvorfilter 206
Spline-Interpolation 435
split-range control 285
Sprungantwort 61, 148
Sprungantwortmethode 309
Sprungfunktion 54
SQL-Datenbank 165
Stabilität 289, 361, 396
 -, Begriff 240
 -, BIBO- 241
 -, LJAPUNOW- 240
 -, Übertragungs- 360
Stabilitätsgebiet, schönes 367, 399
Standard 599
Standardisierung 599
Stationäre Genauigkeit 289
Stellantrieb 31, 109, 499
Stellen 30
Stellenblatt s. PLT-Stellenblatt
Stellenplan s. PLT- Stellenplan
Steller 31, 228
Stellgerät 31, 106, 108
Stellglied 31, 109
Stellgrad 224
Stellhorizont 423
Stellungsalgorithmus 371
Stellungsregler 31, 109
Stellwertausgabe 371

Steuerbarkeit 183, 394
Steuereinrichtung 542
Steuerfunktion 547
Steuerfunktionselement 547
Steuerinformation 24
Steuerung
 -, Anlagen- 547
 -, Speicherprogrammierte 542
 -, Teilanlagen- 547
 -, verbindungsprogrammierte 542
 -, Verknüpfungs- 542
Stochastische Testsignale 63
Störgrößenaufschaltung 206
Störkompensation 403
Strecke siehe Regelstrecke
Struktur
 -, Kreis- 28
 -, -optimierung 290
 -, Parallel- 28
 -, Reihen- 27
Strukturierter Text 508
Summenzeitkonstante 157, 309
Superpositionsprinzip 36
Support 436
Symmetrisches Optimum 265, 291
Synapse 457
System 20
Systembus 546
Systemkomplextheorie 22
Systemkonzept 488

T

Tangentenlinearisierung 98
Task 514
Taxonomie 493
t-Conorm 441
t-Norm 441
Totzeitglied, zeitdiskretes 344
Totzone 221, 371

Training 456
Trajektorie 66
Transition 545
Trapezregel 342
Typ 511

U

Überabtastung 337
Übergangsfunktion 55, 61, 359
Überlagerungsprinzip 36
Überschwingweite 289
Übertragungsfunktion 77, 358, 395
-, Führungs- 77
-, Regler- 77
-, Stell- 77
-, Stör- 77
Übertragungsglied 26, 84
Umformer 111
Umsetzer
-, Analog-Digital- 332, 534
-, Digital-Analog- 535
Unterabtastung 337
Untersumme 342

V

Validierung 146
-, prospektive 146
-, retrospektive 146
VDE 600
VDI 601
Vektor 37
-, Beobachtungs- 189
-, linear abhängig 41
-, Mess- 188
-, Stell- 188
-, Sympathie- 433
Verfahren 22
Vergleichsglied 30, 369
Verknüpfung 511
Verstärkungsfaktor 99

Verstärkungsprinzip 36
Verzugszeit 108, 149
Visualisierung 549
Vorfilter 401
Vorhaltverstärkung 212
Vorhaltzeit 212
Vorregelung 283
Vorwärtsmodellierung 184

W

Werkstätten 23
Werkzeuge
-, CAE 554
-, Lehr- 552
-, Schulungs- 553
-, Trainings- 553
Wert 24
Wirkung 497
Wirkungsablauf 27, 28
-, geschlossener 28
-, offener 28
Wirkungslinie 27
Wirkungsplan 26, 30
Wirkungsrichtung 216
-, direkte 217
-, reversierende 217
Wirkungsweg 27
-, geschlossener 28
-, offener 28
Wurzelortskurvenverfahren 243

X

x-tracking 326, 531

Z

Zählen 29
Zeitprozentkennwerte 376
Zeitprozentverfahren 154
Zeitprozentwert 155
Zeitreihe 180
Zeitreihenvorhersage 484

z-Rücktransformierte 356
z-Transformation 353
Zugehörigkeitsfunktion 431
Zustand 518
Zustands-
  -graph 517
  -größen, wesentliche 410
  -information 24
  -prognose 196
  -raum 66
  -raumbeschreibung 388
  -raumdarstellung 187
  -rückführung 183
  -schätzung 182
  -variable 183
  -vektor 66
  -vektorrückführung 387
Zweipunktdifferenz 343
Zweipunktglied 103

Über die Autoren

Prof. Dr.-Ing. Rainer Bartz
studierte Elektrotechnik an der RWTH Aachen und promovierte zu spezifischen Fragestellungen der Mustererkennung im Umfeld von Verbrennungsmotoren. In seiner dreizehnjährigen Industrietätigkeit war er in leitender Position für die Entwicklung von Mess- und Prüfsystemen für automobile Prüfstände zuständig. Seit 1997 vertritt er an der FH Köln die Fachgebiete Regelungstechnik, Signale & Systeme, Computational Intelligence und Feldbus-Kommunikation in Lehre und Forschung. Daneben arbeitet er aktiv in der internationalen Standardisierung mit und ist Mitglied im Fachausschuss 5.14 der GMA, im ASAM und im Forschungsverbund COIN.

Prof. Dr.-Ing. Norbert Becker
studierte Elektrotechnik und promovierte auf dem Gebiet der Regelungstechnik. Er war Gastprofessor an einer ausländischen Universität und anschließend langjähriger leitender Mitarbeiter der Bayer AG. Während dieser Zeit beschäftigte er sich mit der Planung und Instandhaltung der Automatisierungstechnik für verfahrenstechnische Anlagen. Anschließend nahm er einen Ruf an die FH Düsseldorf für das Lehrgebiet Prozessleittechnik an. Seit mehreren Jahren ist er an der FH Bonn-Rhein-Sieg für das Lehrgebiet Automatisierungstechnik tätig.

Prof. Dr.-Ing. Norbert Große
studierte Elektrotechnik und promovierte im Bereich Regelungstechnik über zeitdiskrete Ausgangsrückführungen. Als leitender Mitarbeiter der Bayer AG plante er die Automatisierung von Anlagen und wirkte bei der Standardisierung von Prozessleitsystemen mit. Er lehrt nun Prozessleittechnik, Informationstechnik und Regelungstechnik an der FH Köln für werdende Elektrotechnik-Ingenieure. Er ist beratend tätig für Hersteller von Prozessleitsystemen und Anwender in der Prozessindustrie. Er ist Mitglied im Fachausschuss 6.22 der GMA und im Beirat des VDE Köln, Bonn, Koblenz.

Prof. Dr.-Ing. Martin Kluge
studierte Elektrotechnik und promovierte im Bereich Regelungstechnik. Als leitender Mitarbeiter der Bayer AG plante und betreute er IT-gestützte prozessnahe Systeme. Er lehrt nun Systemintegration und Projektmanagement an der FH Gelsenkirchen für werdende Elektrotechnik-Ingenieure. Er ist beratend tätig für Hersteller und Anwender integrierter Systemlösungen in der Industrie.

Wolfgang Schorn
absolvierte eine Ausbildung zum Mathematisch-Technischen Assistenten (Industrieinformatiker) bei der Bayer AG. Als leitender Mitarbeiter entwickelte er Methoden zur Rezeptsteuerung und zur Erfassung und Auswertung von Produktionsdaten mit Hilfe relationaler Datenbanken und unterrichtete in den Fächern Technische Informatik, Regelungstechnik und Steuerungstechnik. Er ist nun freier Fachbuchautor und hält Lehrveranstaltungen an der FH Köln.

HANSER

Behalten Sie den Überblick!

Schneider/Werner
Taschenbuch der Informatik
816 Seiten, 326 Abb., 105 Tab.
ISBN 3-446-22584-6

Das Taschenbuch spannt den Bogen von den theoretischen und technischen Grundlagen über die Teilgebiete der praktischen Informatik mit allen relevanten Basiskomponenten bis hin zu aktuellen Anwendungen in technischen als auch (betriebs)wirtschaftlichen Bereichen. Umfangreiche Verzeichnisse zu weiterführender Literatur, Normen, Fachbegriffen und Abkürzungen runden das Werk ab.

»Das große Sachwortverzeichnis macht das Buch auch zu einem wichtigen Nachschlagewerk.«   Deutscher Drucker

Fachbuchverlag Leipzig im Carl Hanser Verlag.
Mehr Informationen unter **www.fachbuch-leipzig.hanser.de**

HANSER

Der Klassiker zum Nachschlagen.

Lindner/Brauer/Lehmann
Taschenbuch der Elektrotechnik und Elektronik
696 Seiten, 641 Abb., 108 Tab.
ISBN 3-446-22546-3

Das seit 20 Jahren etablierte Standardwerk zu den wichtigsten Grundlagen der Elektrotechnik und Elektronik für Studenten, Schüler und Praktiker.

"Geballtes Wissen zur Elektrotechnik und Elektronik ... für wenig Geld. Das Werk vermittelt sowohl Grundlagen als auch praktisches Wissen und eignet sich ... ebenfalls als Nachschlagewerk."

Markt und Technik

Fachbuchverlag Leipzig im Carl Hanser Verlag.
Mehr Informationen unter **www.fachbuch-leipzig.hanser.de**

HANSER

Kompaktes Wissen zur Automatisierung.

Langmann
Taschenbuch der Automatisierung
600 Seiten, 430 Abb., 110 Tabellen.
ISBN 3-446-21793-2

Der übersichtliche Wissensspeicher für alle automatisierungstechnischen Problemstellungen.
Neben klassischen Wissensgebieten werden auch Berührungspunkte mit der Informationstechnik vorgestellt: PC-basierte Steuerungen, Feldbusse, Robotik und KI-Systeme, komponentenbasierte Programmierung und Simulation.
Das Buch wendet sich an Studenten, Ingenieure und Techniker.
Es ist unentbehrlich bei der Prüfungsvorbereitung und bei Klausuren.

Fachbuchverlag Leipzig im Carl Hanser Verlag.
Mehr Informationen unter **www.fachbuch-leipzig.hanser.de**

Regler Serie 3000

Einfach - Flexibel - Anpassbar

invensys
EUROTHERM

Eurotherm Deutschland GmbH
Ottostraße 1 65549 Limburg an der Lahn
Tel. 0 64 31 / 2 98 - 0   Fax 0 64 31 / 2 98 - 1 19
info@regler.eurotherm.co.uk   www.eurotherm.de